动物园野生动物
行为管理

中国动物园协会　组织编写

张恩权　李晓阳　古　远　编著

中国建筑工业出版社

图书在版编目（CIP）数据

动物园野生动物行为管理 / 张恩权，李晓阳，古远编著. —北京：
中国建筑工业出版社，2018.7
ISBN 978-7-112-22174-5

Ⅰ.①动… Ⅱ.①张… ②李… ③古… Ⅲ.①动物园—野生动物—
行为科学 Ⅳ.①Q958.12

中国版本图书馆CIP数据核字（2018）第091123号

动物园几乎出现在每个人的记忆中。人类作为动物大家族中的一员，本能地对其他物种充满好奇；动物园为绝大多数人创造了能够近距离欣赏野生动物的唯一机会，也自然成为最具吸引力的场所之一。伴随着社会文明的不断进步和生态文明建设的要求，动物园也应该逐渐从满足人们好奇心的休闲娱乐场所转变为物种保护机构。本书内容集中于论述野生动物行为管理技术在动物园中的应用，为促进目前国内传统动物园向现代动物园的转变提供了技术支持。行为管理是主动提高动物福利的有效措施，动物福利是动物园一切运营活动的基础。"动物园的核心职能是物种保护，但核心行动是保持动物处于积极的福利状态"。

责任编辑：郑淮兵　毋婷娴
书籍设计：韩蒙恩
责任校对：李美娜

动物园野生动物行为管理
中国动物园协会　组织编写
张恩权　李晓阳　古　远　编著
*
中国建筑工业出版社出版、发行（北京海淀三里河路9号）
各地新华书店、建筑书店经销
北京锋尚制版有限公司制版
北京君升印刷有限公司印刷
*
开本：787×1092毫米　1/16　印张：31½　字数：747千字
2018年8月第一版　2018年8月第一次印刷
定价：79.00元
ISBN 978 – 7 – 112 – 22174 – 5
（32061）

前　言

在这本书的写作过程中，动物园这个行业正在受到来自社会舆论前所未有的冲击。一方面，人们目睹了动物园越来越频发的事故以及动物们糟糕的生活状况，一部分人主张动物园行业应该关闭取消；另一方面，见到过欧美动物园优秀管理成果并深爱着动物园的人们对中国动物园行业仍寄予热切的希望，他们期待并相信动物园在未来会有更大的进步。针锋相对的观点并存是一件好事，动物园的进步离不开公众的关注，但进步的力量来自动物园内部——每一位饲养员。

以前饲养员被称作"喂动物的"，现在他们喜欢把自己称作"铲屎官"，称谓上的变化，让我们看到人与动物关系的悄然改变，以前是施予者，现在是服务者，在动物面前，饲养员开始把身份放低了。饲养员的英文是zoo keeper，它有"保管人""看护者"的含义在其中，也许这才是饲养员应有的身份，仅仅做到"喂食和铲屎"远远不够，饲养员需要把自己当作这些蕴藏无限价值的珍宝的守护者。现在这个称呼改为caregiver，更加直白而具体——给予照顾者。

如果说《动物园设计》是写给动物园管理层看的，《图解动物园设计》是写给设计公司看的，那么这本书想要写给每一位caregiver。长久以来，在中国很多动物园的管理规程中，饲养员的工作主要就是喂食和清扫，在这两项任务完成之外的工作是一个模糊的领域，没有明确的操作要求。

然而在全球范围，动物园行业正不断寻找自身在野生动物保护领域的位置。1993年世界动物园组织（IUDZG）与世界保护联盟物种委员会饲养繁殖专家组（IUCN/SSC）联合发布了第一版世界动物园保护策略——《世界动物园和水族馆在全球保护中的作用——世界动物园保护策略》，明确动物园行业对全球生物多样性保护负有责任；之后在2005年发布了《为野生动物创建未来——世界动物园和水族馆保护策略》，将动物园的宗旨定为综合保护与保护教育；而最近的一版《策略》是2015年发布的《致力于物种保护——世界动物园和水族馆物种保护策略》，它将动物园的核心目标指向物种保护。

随着科学技术的进步和研究成果的日益增加，动物园行业对自身的定位也越来越清晰，正如2005版《策略》所说——"保护是要确保物种在任何可能的自然生态系统及栖息地的可持续种群数量。"2015版《策略》则将这个定义结合了动物园的专长——"我们作为以照顾动物为核心职能的动物园专业人员，将增强对野生种群的保护力度作为首要任务是至关重要的。"要保护一个物种的野外种群，首先要做的就是以专业的水准照顾好圈养种群。拥有健康圈养种群的前提是种群管理，种群管理的基础是动物个体处于积极的福利状态，野生动物行为管理是主动提高圈养动物福利的有效手段。

2015版《策略》在呼吁各动物园成为"物种保护行业领军"的同时，明确指出了"良好的饲养方法和动物福利是繁育计划成功的基础，因此必须成为广大动物园和水族馆所有工作的基石"；"虽然动物园机构的核心目标是物种保护，但其核心行动是实现积极的动物福利"。积极的动物福利状态指在动物个体的生理和心理需求得到满足的前提下，生活于不断出现有益的挑战和选择机会的环境中所体验到的综合状态。"动物园和水族馆必须利用严格的要求、科学研究、员工的专业技能、兽医保健及监测技术，用可测量的、透明的方式，积极主动地管理和促进动物的积极的福利状态"。野生动物行为管理，正是《策略》中所推荐的维持动物积极福利状态的综合的、有效的主动措施。

野生动物行为管理主要由五个方面的工作构成，我们称之为五个"组件"，分别是展区设施设计、环境丰容（简称丰容）、行为训练、社群构建和操作日程。五项组件之间互为基础，相辅相成，各个组件的综合应用不仅是主动提高动物福利的有效手段，也是迅速解决动物行为问题的可靠途径。人们来到动物园，归根到底是来看动物的，看到什么样的动物不仅影响游客的体验，同时也关乎动物园的社会形象及生存和发展的机会。2011年出版的《动物园设计》，旨在让动物园行业内普及"什么是好的动物园设计"的理念，动物园如何向展示设计公司有效地提出设计需求；2015年出版的《图解动物园设计》旨在让设计公司了解动物园提出的设计需求并将这些专业需求予以实现；编写《动物园野生动物行为管理》的目的在于指导动物园动物日常管理实践，通过主动措施提高动物福利，为动物园的生存和发展提供基础保障。另一方面，高水平的动物行为管理实践，也能为动物园营造高水平的动物展区和实现更具有吸引力的展示效果奠定基础。

中国动物园协会在基于国内动物园发展现状和全球动物园行业发展趋势的大背景下，组织编写本书的目的在于通过提高动物个体福利，为建立繁育组合和种群管理奠定基础，从而最终实现物种保护的行业使命。本书在编写过程中，得到了中国动物园协会的各级领导，特别是谢钟士老师和周军英老师的有力支持；同时，亚洲动物基金（AAF）四川龙桥黑熊救护中心的杨青女士、裴鑫先生、王惠女士、刘霞女士和李曦女士在历次动物行为管理培训班中的卓越贡献和无私分享也对本书的编写起到了重要的推进作用。

来自SHAPE丰容有限公司的瓦莱利海尔（Valerie. Hare）、徐志毅（Jackson Zee），活力环境组织（Active Environments）的玛格丽特怀特克（Margaret A. Whittaker）、盖尔劳尔（Gail Laule），香港嘉道理农场暨植物园野生动物救护中心的黄玉云（Debbie Ng），动物需求基金会（Wildlife in Need）的碧昂卡埃斯皮诺斯（Bianca Espinos）和美国表演动物福利协会的布莱恩布斯塔（Brian Busta）等国外专家在培训班上的分享也使我们大开眼界，并坚信行为管理能够在提高中国动物园圈养野生动物福利方面发挥不可替代的作用。在这些年的资料整理过程中，香港海洋公园的吴乃江老师一直通过各种途径在国内动物园普及正强化动物行为训练技术，同时，来自美国凤凰城动物园的希尔达特雷茨（Hilda Tresz）也多次以冷峻、专业的操作实践验证了行为管理对提高圈养动物福利所发挥的巨大作用。还有多位老师，特别是那些关注动物园的朋友们，直接或间接地对我们的编写工作提供了有力支持，篇幅所限，不能一一列出，在此一并表示衷心感谢。

正是在众多关注动物园、关心动物福利的人们的共同督促下，我们竭尽所能，尽早地完成了书稿。编写过程难免匆忙，这也是受当前野生动物所面临的危机局面所迫，特别是中国本土种在各个动物园几乎消失殆尽的情况下，尽早应用行为管理技术提高圈养动物个体福利显得尤为重要。

行为管理是一项综合性实践操作程序，该程序的运行很大程度上由饲养员的工作热情决定。对于动物园中生活的野生动物个体，"爱它们有多少，就给它们多少"，是运行行为管理程序的基本保障。

编者

2018.2

目 录

.... 上 篇 ....

·········· 下 篇 ··········

上篇

第一章　动物福利与行为管理　··

2015版《致力于物种保护——世界动物园和水族馆物种保护策略》中强调："优秀的动物福利是实现野生物种保护共同目标的基本要求。"如果动物园不能保证园中圈养野生动物个体福利，那么这个机构所标榜的"保护职能"就是一句空谈。因为"虽然动物园的核心目标是物种保护，但其核心行动是实现积极的动物福利"。这一指导思想，对目前中国大陆几乎所有的动物园来说都具有现实意义。近些年来公众和媒体对动物园中动物福利状况的监督已经在一定程度上促进了动物园从业者开始关注自己园内的动物福利状况，但仅有关注显然是不够的，还需要应用科学的管理方法来满足动物的复杂需求，使动物表达更多的自然行为。这种科学的管理方法称为"动物园圈养野生动物行为管理"，简称"行为管理"。与传统动物园中所奉行的饲养管理不同，现代动物园中运行的行为管理的目标不仅要满足人工圈养条件下野生动物的存活和繁殖需求，还要提高它们的生活质量，保持野生动物处于积极的福利状态。

《世界动物园和水族馆动物福利策略》建议各个动物园采用一种简单的动物福利模型，即"五域"模型来理解、评估和改善动物福利，并在动物园所有的运行操作过程中持续践行动物福利的理念。"五域"模型并非用来精确描述动物的综合福利状态，这一模型的提出是为了促进动物园对动物福利的理解和评估。该模型将影响动物福利状态的因素划分为五个领域，其中四个领域涉及野生动物的身体状况和生理机能，分别是"营养""环境""身体健康"和"行为"领域；第五个领域是动物的"心理"状况。这五个领域之间既有关联又各自有所侧重：对动物的营养提供、环境提供和保健水平都直接影响动物行为；动物行为是否有表达机会，或者行为表达后得到的结果都直接影响动物的心理健康。

随着对动物福利研究的不断深入，人们日益认识到心理状态在动物福利中所占的比重，并更加注重通过外显的行为表达来评估动物的心理状态。在现代动物园中达成的共识是：评估动物福利状态时不能仅关注动物的身体生理指标，例如体尺、体重、繁殖状况和寿命等，动物的心理状况同样非常重要。积极的动物福利状态指："在生理和心理需求得到满足，并且环境能够为动物提供丰富、多变的有益选择和挑战时，动物体会到的综合状态。"（2015版《策略》）动物行为不仅是动物心理状态的外显表达，也是直接影响动物心理状态的重要因素。在动物园中，动物行为越来越受到关注，动物园野生动物行为管理也逐渐发展成一套由多个组件构成的完整的、科学的管理方法。行为管理的运行，能够在有限的人工圈养环境中尽可能的满足动物的复杂需求，主动在生理层面和心理层面同时提高动物福利。

第一节　动物福利

对动物福利的认识与动物伦理的发展紧密相关。18、19世纪，启蒙运动同博物学浪潮一道，唤醒了西方国家公众对他人和自然的尊重。残酷的杀戮和公然虐待动物不再为大众所接受，多数国家通过立法来禁止这些残忍的行为；20世纪，功利主义的利用动物对动物造成的损害和剥削，催生出动物权利和动物解放观念，人们开始关注动物福利，或动物的"生活品质"。公众不再容忍传统驯兽表演训练过程中采用的残忍方法，并对动物园中的动物福利状况提出质疑。尽管21世纪对动物福利的关注更多地转向野外的大量动物个体，但目前国内动物园内野生动物的福利状况仍远远不能令公众满意。提高动物福利的第一步，是认识和了解动物福利的含义。

一、动物福利的定义

长久以来，对动物福利的认识都受到人类自身情感的左右。同一动物个体的福利状况可能会因不同的人而获得迥异的评估结果。当情感因素所占的比重过多时，往往引发争论，但这种争论对提高动物福利缺乏明显的建设性。

综合了野生动物自然史和演化过程中不断与生存环境互动的各项因素，并以动物园人工圈养环境特征为依据，美国动物园与水族馆协会（AZA）所属的动物福利委员会（AZA Animal Welfare Committee）给出的定义为："动物福利，指动物自身生理健康水平和心理健康水平共同决定的对其所生活环境中遇到的各种刺激所拥有的选择机会和控制程度。"

这个定义中所描述的"控制"，指动物通过自主行为、身体和心理的适应来处理周围环境的各种刺激。这种"控制"是动物生存和演化的基本保障。在充分理解动物福利的含义后，面对生活在动物园环境下的野生动物时，我们需要问：我们应该给予动物什么？达到何种程度才能保障动物的选择机会和控制能力？

所有热爱动物的饲养员，在判断动物福利状态时，都难免"带有感情色彩"。这种"情感"有时候可能会影响动物福利的评估结果，但必须强调的是，这种对动物的关爱才是不断提高动物福利的动力。在提高动物园中圈养野生动物福利方面，情感决定人们是否"想做"，而技术是指导想做的人"怎么做"；更重要的是，情感决定了我们希望与动物建立怎样的关系以及我们如何看待它们。"你爱它们有多少，就给它们多少"，这句话的核心意图是把情感转化为行动。尽管动物福利特别是动物的心理状态是难以量化的指标，但为提高动物福利所做的各方面的实践都可以评估。行为管理组件的综合应用所产生的动物行为变化，可以通过科学的手段测量、统计和分析，这些评估结果将为进一步主动提高动物福利提供可靠的依据。

二、动物福利的状态

越来越多的游客，特别是接受过良好教育、热爱自然、喜爱动物的年轻一代，在参观动物园时已经不再满足于"见到了什么动物"，而是希望"欣赏到了动物的某种状态或某个行为"。除了外观、毛色等最直观的指标外，他们会更关注动物行为，尤其是那些看起来明显"不正常"的行为。这些行为不仅会损害动物自身健康，也会对游客情感造成伤害，而这种负面情感体验会引发公众对动物园不断地施加压力。动物表现出的下列行为，最直观地暴露出个体福利水平处于消极状态，而这些消极状态展示也必然引发游客的质疑甚至愤怒：

　　○ 自残行为——哺乳动物拔去体表的被毛、鸟类拔除羽毛、猫科动物把自己身体局部舔得血肉模糊，甚至咬掉肢体的某一部分造成残疾等。这些行为往往是因为动物生活的环境过于单一、枯燥，或者动物无法回避所承受的环境压力造成的。

　　○ 攻击行为——动物个体之间的过于频繁的攻击行为、动物对饲养员的攻击行为，甚至动物表现出的对游客的攻击欲望，往往是动物的心理承受能力已经接近崩溃的边缘，极度的压力和恐惧往往造成频繁的攻击行为。

　　○ 刻板行为——动物园中最常见到的不良为行为就是刻板行为。刻板行为指持续性的、不变的、没有目的性的重复行为，例如食肉动物表现的踱步、大象表现的晃动身体、长颈鹿表现的舌头舔舐空气等。刻板行为是动物与环境的不正常互动，是典型的福利状况不佳的标志，也是陈旧落后的饲养管理方式导致的必然结果。

　　○ 其他异常行为——大熊猫、灵长类动物，特别是大型类人猿，可能表现出"食呕"行为：即把经过咀嚼的已经吞咽的食物呕吐出来，然后再把呕吐物吃进去，或者其他"稀奇古怪"的行为。尽管目前人类对动物行为的了解仍有待提高，但某些行为明显超出了"正常"范畴，这些"怪异"行为，往往是动物福利状态不佳的表现。

　　了解动物的自然史，也包括了解物种的固有行为，以及对这些行为的正确解读。行为观察在判断动物福利状态过程中扮演着重要角色。虽然我们无法和动物用语言交流，但观察行为可以帮助我们了解它们与环境因素的互动方式。在正常情况下动物行为受到欲望、寻找、玩耍等情感的驱动，由不同的行为内驱力或心理动机引发的动物行为是具有积极作用的目标导向行为，这些行为有明确的目的，一旦目的达到，行为就会终止。福利状态较好的动物，会表现出更多的"积极行为"。它们会积极地与环境互动，不断探索环境、探寻信息，行为丰富、灵活有效，体现出该物种应对环境挑战的进化适应性。对于群居动物来说，处于和谐社群关系中的动物个体往往表现出丰富多样的社交行为。

　　反之，福利状态较差的动物会表现出更多的"消极行为"，这些消极行为包括与动物自然史不符的非自然行为、不断重复却没有明确意义的刻板行为、自残行为、怠惰、对各种条件刺激的恐惧或另一个极端——对各种刺激均不予回应，甚至陷入习得性无助等。只要对动物进行短期观察，就能够迅速大致判断出动物的福利状态，而这样的观察时间和观察角度，游客同样具备。圈养野生动物的福利状态，特别是那些明显的异常行为不再是动物园行业内部可以"消化"的问题，而逐渐成为社会关注的焦点。

　　与行为类似，动物的福利状态也分为积极状态和消极状态。积极的动物福利状态指动物个体生理和心理需求得到满足，并且环境能够不时为其提供有益的挑战和选择时，动物体验到的综合状态。《世界动物园和水族馆动物福利策略》分别将五个领域的消极状态和积极状态进行了描述和举例（图1-1），有助于我们判定"消极"或"积极"。动物福利同时受到消极元素和积极元素的共同影响，动物个体福利状态时刻处于从消极状态至积极状态过程中的某处，通过行为管理等工作的开展，在消除或减少

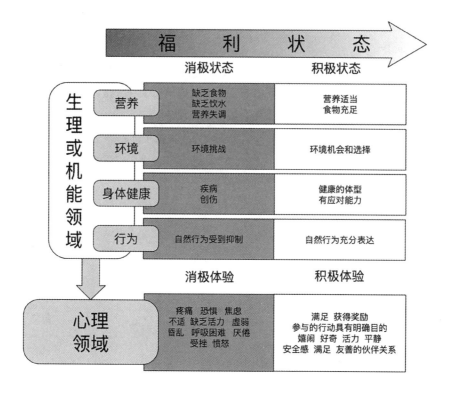

图1-1　"五域"模型中影响动物福利状态的消极因素和积极因素举例

消极因素的同时增加积极因素，就是"保持积极的动物福利状态"的各项实践的工作目标。

三、动物福利是动物园一切运营活动的基础

尽管动物园中饲养展示的野生动物数量远远少于牧场等其他形式的圈养动物数量，但这些展示个体不仅与饲养员之间保持着紧密的联系，同时也因其特殊性获得游客的广泛关注，这些个体除了自身的保护价值以外，还成为公众寄托兴趣和情感的焦点。公众对这些喜爱对象和情感载体福利状态的关注，与物种保护的基础需求一道，敦促所有动物园遵从《世界动物园和水族馆动物福利策略》中明确的承诺：

〇 努力为我们照顾下的动物实现高标准的动物福利；

〇 成为动物福利的领军、倡导者以及权威顾问；并且为动物提供注重身体与行为需求的生活环境。在此过程中我们保证：

〇 尊重我们动物园和水族馆中的所有动物；

〇 令高水平的动物福利成为我们饲养活动的重点之一；

〇 确保所有饲养决策都建立在动物福利科学和兽医科学的最新理论基础上；

〇 在同事之间构建并分享动物护理与动物福利方面的知识、技能，以及最佳操作的建议；

〇 遵守地区性动物园和水族馆协会以及世界动物水族馆协会（WAZA）制定的具体的动物福利标准；

○ 遵守辖区和国家的法规、规范和法律，以及与动物护理和动物福利相关的国际公约。

动物园中展示的动物，已经被认作大自然派驻人类社会的"大使"。这些大使的使命体现在承载和传递全球生物多样性保护的重要信息，通过在沉浸式展区中充分表达自然行为的、拥有积极动物福利状态的野生动物个体，鼓励游客了解物种保护，并启发和引导公众的行为改善和对整个环境保护的支持。为了保证动物园保护目标的实现，在野生动物保育方面，所有动物园都必须采用经过验证的最新方法来管理野生动物，以达到福利最大化。将动物福利与马斯洛的需求等级金字塔进行结合，能够更直观地表达《世界动物园和水族馆动物福利策略》的远大抱负（图1-2）：

"简言之，就是将对动物福利的关注转向马斯洛需求金字塔的最高层级——福利和康乐。树根代表的是生存必须的基础，包括营养系统；这部分以经验和科学的认知为支撑。树干代表医疗保健，满足动物身体和安全的需求。树冠代表的，是具有最佳设计和管理的动物园和水族馆能为动物提供的各种各样的与福利相关的活动。从树上飞起的鸟儿代表所有动物园和水族馆的理想——保持并鼓励动物的天性。就像一棵大树形成的复杂环境能够同时满足多个物种的需求一样，一个动物园也可以突破围墙，在更广阔的范围内促进动物福利的提高。"

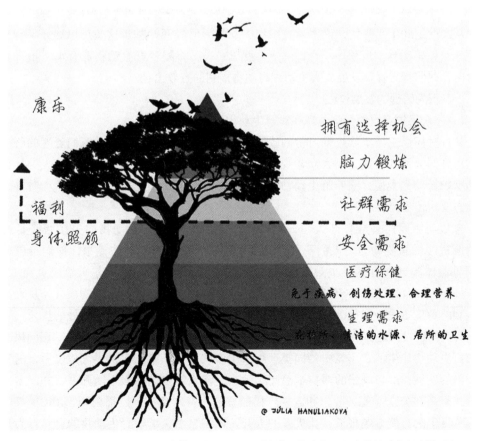

图1-2 动物福利与马斯洛需求等级的对照——引自《世界动物园和水族馆动物福利策略》

第二节　提高动物福利的途径——行为管理

在动物园中，如果动物表现得很无聊，游客马上也会感到无聊。这种感受与购票入园参观的希冀之间的反差，甚至会导致某些游客做出伤害动物的行为，例如拍打玻璃、大声呼吓动物、投喂动物，甚至投打动物等。动物园期待游客造访，对于游客的不良行为大多听之任之，这样的恶性循环最终必然导致动物的福利受到损害。动物园与其假借媒体的力量进行自相矛盾的辩解以期博得公众的同情，不如从以下几方面进行反思：

○ 动物园是否已经根据动物自然史信息，为动物创造了一个合理的生活和展示环境？是否允许动物能够表达在野外所表现的全部的自然行为？是否通过沉浸展示设计和丰富的动物行为使游客感觉到自己是来到动物家里做客，应该保持尊重和礼貌？

○ 动物园是否已经根据动物自然史信息，在不降低动物福利的前提下，通过调整本单位作息时间和日间操作规程，使动物的活跃时间尽量与游客的参观时间保持协调？

○ 动物园是否已经根据动物自然史信息，开发并持续多种丰容措施，给动物更多的选择，有效降低动物承受的参观压力，并将自己的持续努力向游客传达？公众对动物园的努力了解得越多，也越能提高参观时的收获，给动物园更多的支持。

○ 基于野生动物自然史信息制定的行为管理措施，能否让动物"忙"起来？动物的种种"忙碌"是游客乐于看到的。"忙碌的"的动物会获得游客更多的尊重和关爱。

从20世纪60年代开始，许多西方国家的动物园已经开始基于这些反思展开了行动。时至今日，不断地"反思——行动——再反思……"将圈养野生动物养育水平抬升至新的台阶，并使行为管理发展成为主动提高动物福利的有效途径。

一、行为管理的发展过程

1. 公众保护意识的觉醒体现在对野生动物的尊重

从古时候供王公贵族炫耀身份的收藏品，到启蒙运动时期令科学家们着迷的研究对象，再到开放给社会成为供大众参观的动物展品，直至今天作为大自然派驻人类社会的自然保护行动的大使，圈养野生动物的身份不断变化，这种变化也体现出人类看待野生动物态度的转变。

自从动物园向公众打开大门，200多年来公众对圈养野生动物的关注始终是推进动物园进步的重要动力。人们不愿意看到动物被囚禁在冰冷的铁笼里，他们希望在动物园里能体验到在自然界中观赏动物的情境，这种需求促成了卡尔·哈根贝克（Carl Hagenbeck，1844～1913）建造全景式动物园的想法。也许哈根贝克的初衷并非从提高动物福利的角度出发，但他满足了人们心中对自然状态下野生动物和谐相处的想象，尽管在当时人们还没有足够的渠道获得更多的野生动物自然史的信息，但生活在"田园风光"中的野生动物比生活在牢笼中的同类获得了更多的尊重。第二次世界大战以后，随着西方经济的发展，继17世纪的博物学浪潮之后，更深入的自然探索不断开展，并以多种媒体形式呈现在公众面前。杂志和电视广播的普及，特别是英国广播公司（BBC）等广播电视节目中的自然专题报道，让更多的人开始了解自然、了解野生动物的自然行为和习性。随着全社会对自然认知的提升，必然导致公众对比野外状态下和圈养条件下野生动物之间的差异，并引发对动物园中野生动物福利状况的质疑和关注。

2. 丰容构筑第一级台阶

20世纪20年代，美国灵长类学家罗伯特·雅克（Robert Yerkes，1876～1956）教授提出的行为工程学丰容理论，极大地丰富了哈根贝克实现的模拟自然环境的朴素丰容概念，促使丰容（Environmental Enrichment）成为被科学界认可的专有领域。哈根贝克与罗伯特·雅克被认为是丰容实践和研究领域的奠基人，他们共同推动了动物园历史上的第一次变革：动物园饲养管理工作的主体不再是作为管理者的人，而是被人类管理的动物。人们不断努力，通过各种丰容途径，激发圈养条件下野生动物的活力、好奇心，并努力为它们创造更多的表达自然行为的机会。丰容工作的开展，丰富了圈养动物的日常生活，野生动物在行为表达和精神上的空白被填充，减少了动物承受的环境压力、挫败感和恐惧，大幅度地提高了动物福利。在蓬勃的丰容实践的推动下，动物园中的多项工作均得到提高，特别是在治疗护理、保育手段、展示设计和笼舍设施等方面。多方面的协同进步，为提高动物福利所进行的第二次变革奠定了基础。

3. 正强化动物行为训练构筑第二级台阶

提高圈养野生动物福利的第二次变革，体现在"正强化动物行为训练"在日常饲养管理中的应用。正强化动物行为训练（Positive Reinforce Training，简称：PRT）也称为"现代动物行为训练"，以美国心理学家斯金纳（B .F. Skinner，1904～1990）提出的操作性条件作用学习理论为指导，经由他的两位学生布瑞兰夫妇将研究成果从实验室带到海洋哺乳动物训练实践中，并逐渐发展成为动物园中饲养员与野生动物"沟通"的工具。由于现代动物行为训练不依赖负强化或惩罚等负面手段，最大限度地保证了动物福利水平，使野生动物本身的自然天性和人工饲养展示环境中存在的种种限制和制约之间的矛盾得到化解和缓和，拥有健康心理状态的野生动物学会配合饲养员的日常管理实践，甚至配合兽医的日常体检和疾病治疗，从而使自身福利得以提高。

4. 行为管理构筑第三级台阶

行为管理综合了前两次变革，并结合多项相关领域的协同进步，构筑了第三级台阶。

行为管理是主动提高圈养野生动物福利的有效手段，不仅是前两级台阶取得成就的累加，还包括了以下工作方面（图1-3）：

○ 展区设施——即展示环境及设施设计，包括动物生活环境的空间构成、隔障形式、功能组合、操控设施等因素，是行为管理工作运行的物质基础。

○ 环境丰容——简称为丰容为动物创造丰富的刺激和更多的选择，并使之有机会表达更丰富的自然行为。这些自然行为，不仅是动物自身福利水平的体现，也是动物园的展示亮点。这些自然行为也为进一步开展正强化行为训练奠定了"行为

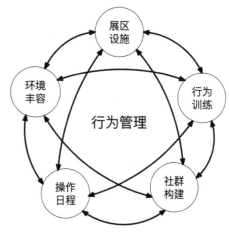

图1-3 圈养野生动物行为管理的五个组件及相互关联图示

捕捉"的基础。

〇 行为训练——即现代行为训练，是饲养员与野生动物之间的一种沟通途径，通过这种不会给动物带来负面刺激的交流，构建了动物与饲养员之间的信任。这种信任关系有效地减轻了动物日常承受的动物园中特有的、不可避免的环境压力。

〇 社群构建——从尊重动物自然史的角度出发，野外群居的物种，也应在人工饲养条件下生活在群体中。特别是对大象、灵长类动物等社群关系紧密、复杂的物种，为它们构建自然、健康、安全的生活群体就是最有效的丰容手段，也是群居动物福利最重要的保障。

〇 操作日程——操作日程的制定和执行包括饲料组成及提供方式和时间；日常清扫、消毒；动物在不同功能空间之间的调度和与各功能空间相对应的动物福利保障措施的施行；解决公众参观需求和动物不同生理状态的特殊需要之间的矛盾，等等。动物园的正常运行，必须依靠合理的操作日程，操作日程和饲养员的操作方式、工作习惯都直接对动物福利产生影响。

这五个方面的工作，也称为行为管理的五个组件。每一项工作都与其他四项相关，没有哪一个组件可以脱离其他组件获得最佳效果。下图中的简单管理实践举例能更清晰地表达各组件之间的协同关系（图1-4）。

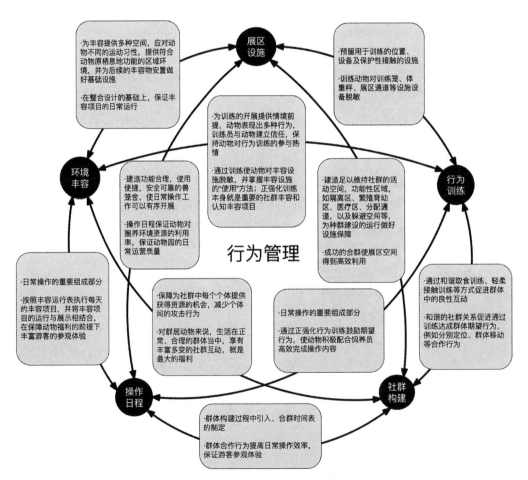

图1-4 举例说明行为管理各组件之间的协同关系

行为管理是五项组件的综合运用，其中任何一项工作的进步，都会促进其他方面的协同进步。同样，任何一个组件的不足也必然导致其他组件的功能受阻。行为管理的各项组件都与饲养员有密切关系，并主要体现在饲养员的日常操作中，是以饲养员为主力的最直接、最切实、最有效的为圈养野生动物提供最佳照顾的工作方式。

动物福利是一项难以量化的指标，谁也不能拿着话筒问它们："你幸福吗？"动物福利评估的意义在于，不管现状有多糟糕，你永远可以做一些事，让动物今天比昨天过得好一点，并且能够从数据上证明。你做的事确实对动物产生了积极影响。本书中介绍的行为管理知识体系和动物自然史信息，都只能为那些关注动物福利并有意愿、有可能为提高动物福利进行实践的饲养员提供参考。简单地说，行为管理是提高动物福利的技术手段，而对动物福利的关注和情感，才是持续努力的动力。因此，所有动物园从业者必须达成以下共识：

○ 动物福利，是动物园生存的基础；

○ 行为管理，是提高动物福利的技术手段；

○ 情感、关怀，是开展行为管理的动力，"你爱它们有多少，就给它们多少"；

○ 动物物种自然史信息和个体生长史背景，是动物园各项工作的根本出发点；

○ 自然行为是动物园展示的最高追求。

当动物出现各种问题时，行为管理为我们提供了更多的解决途径，能让我们从更全面的、更深入的层面理解动物的"问题行为"，使我们的思考范围不仅局限于问题行为本身，而是从基础设施和日常工作的各个方面进行反思，为圈养动物创造更好的生活条件。

总之，行为管理的意义在于：在动物园这种特殊环境中，充分运用综合手段使野生动物、管理人员和游客三方的利益达到一种可接受的最优状态，并在此状态下，实现动物园的核心目标——物种保护。

第二章 环境与设施设计 ································

　　动物园环境与设施设计是行为管理的运行基础。大至展区空间规划、运动场面积、隔障高度、形状、外观风格；小到丰容器械连接节点的预埋、串门开口的大小、位置，甚至开门的方向，都会影响日常操作的运行；景观的作用也不应只是"美观"，更需要营造与展示物种相符的生境、生态的氛围。动物园设计对建筑、环境的理解有别于"民用"，在功能上必须保障行为管理各项组件的有效实施。由世界动物园与水族馆协会颁布的《世界动物园和水族馆动物福利策略》对所有动物园提出的展示设计总体希望包括：

　　○ 明确了解促进动物保持积极福利状态的特殊环境需要，并将其纳入设计和展区更新的基本标准之内；确保与展示物种相符的环境要素建立在最新的、基于科学的建议之上。

　　○ 力图确保动物生理和行为需求得到满足；提供鼓励动物好奇心和参与互动的环境刺激，并为动物创造接触自然环境因素的机会，例如季节变换等；满足单独的动物个体或整个动物群体在不同时间、不同生长和生理阶段的不同需求。

　　○ 确保在展区中按照行为管理的要求，为动物个体提供隔离和独处的空间，例如与群体其他成员的隔离空间和非展示笼舍。

　　○ 确保工作人员能安全便捷的进行展区设施维护、日常对动物的照顾和行为训练等行为管理操作；在这一过程中，动物和工作人员都无需承受强加的压力或对安全的担忧，以便让饲养员全心全意地为动物筹划丰富而充实的生活。

　　○ 从全园各方面工作的角度对展区设计进行监测和质量评估；找出最有创意的解决方案并与其他机构分享。

　　○ 在展区中讲解动物福利，介绍动物园为提高动物福利做出的各项努力；为游客提供提高动物福利的贡献机会或途径。

　　○ 根据物种的特殊需要，持续为动物提供环境因素的选择和控制机会。

　　从上述总体要求中，我们不难总结出动物园设计的三个服务对象：动物、工作人员和游客。

第一节 动物园设计的三个服务对象

一、野生动物

　　野生动物无疑是动物园最重要的用户，它们中的绝大多数会在动物园里度过一生，设计师最应重视并优先满足其用户需求。为野生动物建造适宜居所，使它们远离应激和无法表达自然行为的恶劣环境，是动物园设计的首要任务。成功的展示设计为野生动物提供了适宜的人工圈养环境，环境中充满了多种引发动物兴趣的情境前提或丰容程序，使动物忙于探索和获取，并表达出典型的、多样的自然行为。动物园设计师应致力于在展示区基于野生动物自然史的知识为动物创造自然的、充满刺激的环境，使动物保持应有的活力；在非展示空间结合野生动物的生理特点和心理需求，为动物创造舒适的容置空间，并保证行为管理操作安全、高效的运行；在各个功能区域内，为动物提供机会，允许动物与同展区内同种或异种动物个体之间的互动；为动物设置免于其他个体骚扰的庇护所，使动物有机会在感受到压力、遇到攻击或伤害时进行自我防护，等等。

每一种野生动物的身体特征、生理机能、生活习性、行为能力、社群构成、生态地位、地理分布等因素都存在巨大差异，因而也有不同的圈养需求，没有哪个设计单位可以靠几次"考察"或是从互联网上"参考"几张国外动物园的图片就能设计出功能齐备的动物园或是一个场馆；动物园中也没有哪种动物的需求可以因"常见"或"普通"而被忽视，哪怕是一只松鼠、一只小鸟……所有动物的习性都应该得到尊重。一名饲养员也许并不擅长建筑、景观、设施设计，但一定能给设计师提出设计要求和建议，因为他们每天和动物在一起，或多或少地了解动物需求。当动物园准备饲养展示一个新的物种，或基于现有饲养动物的环境设施提出改进设计时，饲养员能够弥补设计师对野生动物这一最重要服务对象认知的不足，从而避免设计师在动物园设计过程中受到民用建筑设计经验的影响。然而，仅有饲养员和设计师的紧密协作还远远不能满足现代动物园的设计要求。动物园设计工作还涉及动物行为学家、行为管理专家、兽医、后勤人员、保护教育工作者、园艺师，以及动物园管理者等，需要他们根据在各自领域的知识和经验提出需求，并参与设计讨论、提出建议。没有哪个人可以集所有相关专业于一身，但在各专业协商时，应该有一位项目协调人统筹各方意见。

二、工作人员

展示设计，必须保证工作人员安全、高效地完成日常操作，例如为饲养员提供良好的观察视角，使饲养员能够清楚地判断动物所处的位置，并通过操作通道和位点的布局，使饲养员能够便捷地到达任何一个操控位置，缩减饲养员在展区内的工作时间，减少低效操作对动物造成的干扰，使游客在参观时段内获得更好的参观体验。

工作人员不仅仅指饲养员，动物园的运行需要兽医检查、日常运送饲料、转运动物、设备检修维护、植物养护等。展区设计应满足所有相关操作程序的运行和安全需要，设计师在着手设计之前应该对各方面人员的操作需求进行汇总，并在设计时统筹协调各专业人员的操作需求，在统筹设计过程中，设计结果需要得到所有相关人员的确认。

三、游客

仅仅让游客看到动物是远远不够的。好的展示设计本身是在"讲述"，讲述野生动物在野外环境中的生态作用和它们所承受的生存压力。为了使这种信息传达更加可信，必须使展区呈现应有的自然面貌，控制人工建筑的视觉干扰，使游客感受到自然环境的大场面，仿佛身临其境、沉浸于有野生动物出没的自然氛围，卓越的动物展示设计，应该使游客看到、触摸到、听到或闻到大自然。动物展示的重点，已经从动物本身转向阐述动物与环境之间的关系；动物园不再炫耀对野生动物的"拥有"，而是通过各种机会向游客展示动物园在提高动物福利方面所做的努力和动物园在维持和改善自然环境方面的成就，从而对游客在面对动物、动物园和大自然时的态度产生积极影响。

游客的参观需求是动物园在城市中存在的根本原因。一方面游客是经济来源，无论从资金还是社会舆论方面，游客的支持都是动物园维持运营的保障；另一方面，游客是教育对象，动物园有责任和义务为游客提供正确的野生动物认知和环境友好行为指南。这就要求在动物园设计中既要考虑游客的游览体验，又要传达正确的保护信息。设计师往往更容易体恤游客的感受，在设计中充分考虑游客需求，但有时这种考虑会侵犯动物福利。动物园需要权衡游客和动物的利益，在"五域"模型所归纳的基本福利要求上设置设计底线。中国住房和城乡建设部颁布的《动物园设计规范》中，对动物园设计的各项指标做出了最低标准要求，各设计单位应将这些标准作为设计底线，并在此基础上努力为动物提供更多的资源保障。在世界动物园水族馆协会（WAZA）、欧洲动物园水族馆协会（EAZA）和美国动物园水族馆协会（AZA），以及中国动物园协会（CAZG）制定的各个物种的饲养管理指南中，对各个物种的环境设计提出了更高的、更具体的要求，各设计单位应认真学习，在满足动物福利要求的前提下提升游客的参观体验。

动物园设计必须是多专业的协同作业过程，协同设计的目的是实现"动物友好设计"，这是保持动物处于积极福利状态的基本保障。

第二节　动物友好设计

一、动物友好设计的定义

动物友好设计指以野生动物自然史知识为基础，在保证圈养动物福利和各相关方安全的前提下，丰富展示效果，提高操作效率，降低运营成本，从而实现动物园环境友好实践的设计方式。

无论在哪里建造动物园，一个物种所需要的环境指标都只受进化结果的影响。动物友好设计的实质是从动物需求出发，保障在动物园中对野生动物的各项管护手段的实施，从而保持积极的动物福利状态。因此，了解计划展示物种的自然史信息是所有设计工作开展之前的必修课。在这个阶段，动物园有义务、有责任为设计公司提供资料或相关内容的培训。只有这样才能把动物最有特色的一面展示给游客，只有让游客赞叹动物，动物才会获得尊重。饲养员的工作就是照顾动物，相比传统的类似"喂牲口"的操作标准，野生动物的饲养方式经历了两次重要变革，在丰容和现代动物行为训练的基础上，行为管理已经成为现代动物园通用的管理模式。行为管理各个组件的运行也要求动物园设计师必须为饲养员提供便捷、安全、高效的工作条件，使饲养员能够对动物进行全方位的管护。

动物园都希望降低运营成本，但是降低成本不等于牺牲动物福利；能满足动物需求的某些设施也不一定要耗费巨资。通过规划有效的参观路径、对游客视线角度的控制、合理安排建筑材料、巧妙运用功能分离原理、减少过多的装饰性元素等措施，都可以缓解资金限制与动物福利之间的冲突。

动物友好设计的综合要求几乎对每一名建筑、景观或园艺设计师来说都是陌生的领域。这个领域不可能只属于某个专业，更不可能仅属于某个人。实现动物友好设计，必须是也只能是多专业协同作业的结果。

二、动物友好设计的发展和现状

1. 困境和出路

动物园设计大师乔恩·科（Jon Coe）在20世纪60年代一次参观动物园后，决定把"圈养动物的人工环境设计"作为毕生的事业。他回忆道："在那座老旧的、空气中充斥着大象恐怖的尖叫和渗透了每个角落的酸臭味道的大象馆里，三头被铁链拴住的大象在打斗。沉重的钢铁脚镣拴在大象腿上，控制着每一头象的活动范围，以避免它们之间造成严重的伤害。饲养员叉着双手倚靠着墙壁，对眼前的景象感到茫然无助。"

Jon问道："它们为什么打架？"

饲养员回答："因为它们被脚镣拴着。"

Jon又问："为什么用脚镣拴着它们？"

饲养员回答："因为它们打架。"

Jon很快意识到，解决这种矛盾唯一的出路就是"基于动物行为需求的动物园设计"。然而半个多世纪过去了，对绝大多数动物园来说，对动物开展的环境丰容举措往往是对现有不合适的、不充足的动物建筑空间、设施设备和不合理的操作实践的补偿。他对这种不能体现"动物友好设计"理念的、并非基于动物行为需求的设计现状进行了分析。他认为形成这种局面的原因主要有以下几方面：

○ 绝大多数动物园的建筑，都是在丰容理念得到重视前修建的，这一点在发展中国家尤为突出。

○ 绝大多数设施设计，都以方便饲养员的日常操作为设计目的，并不顾及动物福利。

○ 许多已颁布的动物园设计标准都以某物种所需各项条件的最小需求而不是合理需求作为基准，而且，几乎从未涉及动物个体的特殊需求。

○ 动物园的主要决策者或设计师不了解动物的行为需求，或者跟不上行为管理的发展现状和趋势。

○ 在亚洲和南美洲国家，动物园园长往往由政府指派，缺乏管理动物园的专业知识和实践经验。

○ 欧洲的一些市政官员，忽视动物需求，往往从各种设计竞赛中根据个人喜好选择建筑设计师，而不考虑该设计师对动物园的认知程度和设计经验。

○ 丰容专家和动物行为专家在动物园中的地位往往不高，难以影响园级重大决策。

正如Jon所描述的，动物园设计水平参差不齐、圈养野生动物福利难以保障的现状，是一个世界性的问题。解决这一问题唯一的出路就是"动物友好设计"。现代动物园设计必须满足圈养展示环境中野生动物的各项需求、饲养员和其他保育工作者的操作需求，并为游客提供最佳参观体验。动物友好设计基于野生动物自然史知识，为动物创造出充满刺激和挑战的人工环境；基于不断改进的保育要求，为饲养员和其他工作人员营造安全高效的操作设施和条件；基于动物园的社会责任，通过展示，向游客传递情感和环境保护理念，展示动物园为提高动物福利所付出的努力，改善游客对动物园的认识，并引导公众对动物、自然以及自身行为的关注。

2. 对"好"的展示设计的认识过程

尽管有据可查的圈养野生动物的历史超过4000年，但直到18、19世纪，公众才有机会参观这些笼中珍禽异兽。把猛兽从牢笼中"解放"出来的，是哈根贝克。1906年，他在汉堡首创"全景"式动物园，这种具有"田园风貌"的展示效果令人耳目一新，经过后续多年多家动物园的模仿和提高，直到1941年，在美国纽约布朗克斯动物园发展成为具有"自然风貌"的非洲草原展区。20世纪50、60年代，"自然风格"动物展示设计风靡一时，然而这种场景几乎仅仅是满足了游客的希冀，直到两位动物园行业的领袖，动物园生物学之父海因海地格（Heini Hediger，1908～1992）和世界野生生物保护学会（WCS）创始人威廉·康韦（William Conway）严肃地指出：仅有人们眼中的"自然风格"是不够的，动物园展示设计必须引入"动物友好"设计，并满足野生动物在人工圈养条件下的生物学和行为学需求。这一点从20世纪50年代中期提出后，始终是负责任的动物园设计师的座右铭。1968年，威廉·康韦发表了著名的《如何展示一只牛蛙》，这篇文章一经发表就在全世界动物园行业内引起了巨大反响，时至今日，仍被全行业视为指导动物园设计和运营的"圣经"。受到这篇文章的影响，多家动物园在保证动物福利的前提下，展区设计日趋"自然化""生态化"，并在20世纪80年代逐步形成了"沉浸"式展示设计：公众仿佛置身于野生动物在野外的栖息地环境中，观察野生动物的自然行为，并获得身临其境的体验。此时游客的注意力已经从动物身上逐步转移到动物与环境的关系上。最新的动物园展示设计进展出现在21世纪初，例如在瑞士苏黎世动物园中的"马达加斯加"展区，游客与野生动物置身于同一生态环境中，游客的参观体验仿佛是"到动物的家中做客"。人、动物、环境、历史、文化等多项因素被整合在一起，游客获得的不再仅仅是知识，更多的是感悟。

在海地格和康韦提出动物园设计的总原则后，经过近几十年的发展和实践检验，现代动物园对"好"的动物展示设计已达成以下共识：

○ 展区内动物所处位置的高度与游客参观视线持平或高于游客参观视线；避免动物被环视参观；动物展示区应该设置视觉屏障，以避免游客视线贯穿展区。

○ 允许动物选择所处位置以减少来自游客视线的压力；允许动物在温暖的或凉爽的区域、高处或低处、潮湿或干燥的区域之间进行选择；允许动物自主选择是否出现在游客参观视线范围内。

○ 群居动物必须群养展示；禁止展出残疾、畸形的野生动物。

○ 禁止在展区内放置与动物自然属性格格不入的人工物品，例如在猕猴展区中放置儿童摇椅或在大熊猫展区内放置儿童滑梯之类的玩具；展区内的物品应呈现自然风格，并与动物原生栖息地风貌相融合。

○ 展区景观尽量模拟野生动物自然栖息地风貌，采取措施隐藏隔障，使游客难以辨别控制动物活动范围的方式，借助特殊设计手法形成的视错觉营造沉浸气氛。

○ 主题展区在游客看到动物之前就开始在"参观引导前奏区域"营造与本展区展示物种相关的沉浸气氛和生态感受。这个区域的游客通道地面铺装和护栏都尽量采用与动物展区相同的材料、元素。

○ 在一个生态主题展区中，不应该展示来自不同生态类型的野生动物；不同的生态主题展区之间要形成景观过渡地带，以实现不同展示主题之间的平顺转换。

以上这些特点能够基本体现目前被现代动物园广为接受的展示设计要求，但仅仅依靠硬件的设计建造还远远不足以充分满足动物的动物福利。

从20世纪90年代开始，现代动物园开始通过丰容项目的运行来提高动物的活跃程度，并努力使野生动物表达更多的自然行为。随后，丰容需求开始与展示设计结合：在动物园展示设计中，越来越注重野生动物的生物学和行为学需求。那些融入丰容需求的动物园展示设计，为动物创造了更多选择机会和操控可能，这些机会和能力，正是动物福利的核心内容。《动物园设计：荒野幻想的真实再现》（Zoo Design: the Reality of Wild Illusions）的作者保莱考斯基（Polakowski）相信：21世纪的动物园展示设计将呈现"整合"的发展趋势，展示内容将涵盖生物多样性、环境因素的相互影响、栖息地保护等，并为游客提供更多了解和帮助动物、环境的机会。在这一发展进程中，以下三点将贯穿整个动物园设计过程：

○ 展示设计必须满足野生动物的生理、行为和社群需求；创造机会并鼓励动物表达该物种典型的自然行为，保持积极的动物福利状态。

○ 展示设计必须保证日常饲养管理操作规程安全、有效的执行。

○ 动物展示必须激发观众对野生动物和自然环境的情感，使动物园在公众中产生正面影响。

第三节 为动物设计

符合动物友好设计要求的展区指能够使用各种灵活机制运行丰容项目，实现动物生活环境的日常变化，使动物置身于具有丰富的选择和控制机会的生活区域；该区域中也应包括行为管理所必需的设施设备，例如体重秤、通道系统、串笼或挤压笼，以便让所有动物在经过正强化行为训练后都能学会接受非损伤性的医疗护理。

在全世界动物园中饲养展示的野生动物种类超过1000种，每个物种都有其特殊的"用户需求"，但总的来说可以归纳为以下这些设计要点：

一、场地空间

动物园应该把尽可能多的土地资源留给动物。许多传统动物园把大片土地用来拓宽参观道、营造园林景观，花费巨资建造与保护信息无关的游乐设施和"文化广场"，在动物场馆面积上反而斤斤计较。动物园最重要的用户是动物，只有在展区面积足够大的前提下，才有可能加入更多的符合野外栖息地的自然元素和环境丰容基础设置，从而保证展示环境的复杂和丰富。复杂的展示环境，有助于动物表达丰富、多变的行为，并保持积极的福利状态。动物展区的面积，应保证野生动物免受游客参观带来的压力；同时，非凶猛动物展区规模也应该在饲养员或其他保育人员与动物同处于展区内时，动物不会感到窘迫或威胁。在设计之初，就应该考虑展区内动物个体数量，过少的动物数量尽管会使游客难以发现动物，但总好于过度拥挤的展区。展区内动物数量过多，是国内动物园中常见的严重有损动物福利的现象。展区功能构件的自然化处理，例如人工岩石、水池驳岸或隔离壕沟也应适度，不能因为景观效果的考虑而削弱动物对场地的占用率。

二、躲避空间

展区中，需要为动物提供足够的庇护所，使动物有机会免于其他个体的攻击，并使动物在无法忍受环境压力的情况下，有机会躲藏并获得安全感。庇护所的形式多种多样，唯一的共同点是设计依据均源于野生动物自然史信息和野外栖息地特点。蔽护所可能是一块巨大的人工岩石，也可能是远离游客的内舍，或者是一片密集的树丛。对于那些树栖或半树栖的物种，庇护所可能是抬升的通道、栖架或平台。研究表明，在拥有足够的庇护所的情况下，动物往往表现得更加"勇敢"，这种勇敢可能体现在更多的出现在游客视线内，也可能体现在表达更丰富的自然行为。各种风格和建造方法构筑的"本杰士堆"，不仅具有景观作用，也发挥着庇护所的作用，受到庇护的不仅是展示动物，还有多种本土小型动物和植物。

对于以社群展示形式生活于同一展区的动物，充足、有效的庇护所具有更重要的意义。庇护所可以减少群体内部因繁殖原因造成的雄性之间的攻击行为，也能有效减少因生育幼子造成的雌性个体之间的争斗。雌性个体间的争斗广泛存在于犬科动物和鼬科动物中，在动物园中常有非洲野狗、细尾獴或水獭群体中雌性个体相互攻击甚至造成动物伤亡的情况发生。对于群体展示动物来说，庇护所还通过创造形成"亚群体"的机会，来维持整个群体的动态平稳。

为动物考虑得越周到、环境越复杂、干扰越少，动物感受的压力就会越小，越容易出现在游客视线当中；反之，越是空旷的场地，动物越会寻求躲藏，那种生怕游客看不到动物而将"杂物"剔除、灌木修清的运动场，强迫动物暴露于游客视线之下，是置动物福利于不顾的原始、粗暴的管理手段。

三、园区植被

丰富的植物种类不仅具有景观价值，对动物来说，植物本身也是丰容物，甚至是具有治疗作用的"草药"。然而有些植物，对展区内的动物可能有毒，在展区中严禁种植或存在有毒的草本植物、灌木或乔木。不仅如此，还应该注意植物表面不应长有尖刺，这些尖刺可能对动物或饲养员造成伤害。国内北方动物园中饲养的袋鼠，常常因为展区内针叶植物的存在受到伤害，即使是落在地上的针叶，比如松树或柏树的针状叶，都会造成袋鼠表皮损伤，甚至继发感染引起死亡。在自然风格的展区中，难免会有更多种类的植物开始生长，特别是本土植被，饲养员应加强展区内的巡视，在植物专家的帮助下及时发现并去除有害植物。展区内植物的维护修剪也很重要，过度生长的植物或乔木折损的枝杈，都有可能为动物攀爬逃逸创造机会。

在选择展区植被时，应遵循以下原则：

〇 选择在动物园所在区域和气候条件下可以存活的特定植被种类，用于模拟野生动物的自然生态植被景观；

○ 在展区内，通过精确的树木修剪和植被组合，塑造展区的生态景观特征；

○ 采取有效措施，减少动物对植被造成的负面影响；

○ 通过多种植物，特别是本土植物的组合应用形成自然的生态演替；

○ 将死去的树木应用于展区中，与活生生的植被融为一体。

四、环境资源多样化

所有室外展区，都必须为动物提供饮用水和遮阴。饮用水的供应设施和方式必须符合动物饮水的行为特点。例如，有些爬行动物只通过舔舐植物或岩石表面的露水或流动水补充身体所需要的水分，而对饮水盘中的静水视而不见。展区中设计建造的供动物饮水的池塘或溪流，在符合自然风格的同时，必须注重水深、水池侧壁坡度和水池构造不会给动物和操作人员带来危险。对水池底部和侧壁表面进行刮擦处理，可以降低动物或饲养员滑倒的风险。在北方地区，室外展区的朝向应保持东南方向，这种朝向不仅可以使展区最长时间的获得阳光照射，并且可以在寒冷的冬季减少从西北方向吹来的冷风。作为展区背景的人造岩石墙体可以很好地阻挡寒风，密集种植的树木也可以起到防风作用，这一点在北方动物园展区设计中至关重要。在展区设计之初要考虑丰容的融入方式，丰容设施可以作为展区内的固定设施，比如水池、具有调节温度功能的人造岩石、用于藏匿食物的木屑池等；也可以作为临时性项目在展区内实施、运行，从而实现更加丰富、多变的展示环境。固定的丰容设施或临时性的、按照丰容运行表执行的丰容项目的位置选择也应符合游客的参观需求，将丰容设施或项目安置在游客视线范围之内，动物和丰容项目之间的互动，是最精彩的展示内容，也是动物园开展现场讲解、保护教育的最佳平台。保持动物的状态和活力，最有效的措施就是为他们提供尽可能多的选择机会，让他们发现更多的兴趣点，并通过与环境刺激之间的互动实现对环境因素的操控。动物实现对环境因素的控制，是一种自我强化过程。充分、及时的正强化必然会塑造出充满活力和自信的展示明星。

五、保障设施

1. 分配通道

近些年，现代动物园展示设计出现了一种新趋势，即基于展示物种的自然史信息和生境要素实现类似"轮牧"的展出方式。几个独立展区组成一个展示群组，每个独立展区都通过精心设计并实现对不同展示物种多方面的适应。每个展区都通过分配通道与动物容置空间，例如饲养管理后台和非展示笼舍相连，实现动物在不同展区之间的互通。这种设计方式，可以使动物在不同的时间段造访不同的展区，为动物提供了更多的选择、更多变的环境和更具挑战的环境刺激。同时，这种设计方式通过对空间的重新整合成为提高动物园原有展示资源利用率的新途径。位于亚特兰大动物园的福特非洲雨林展区，四座室外展区通过室内的夜间笼舍互联，这种设计允许展区内生活的一群大猩猩在四天中每天都能使用一个不同的室外展区，每四天进行一次轮换。费城动物园将这种概念进行了扩展，将整个动物园的资源进行整合，完成了"全景动物园"（Zoo 360°）项目。这种革命性的设计理念带来了令人惊叹甚至令人感动的展示效果。但毫无疑问的是，这种展示设计模式必须依靠正强化动物行为训练来保证动物学会利用这些新出现的环境资源。

通过目标训练，饲养员可以引导或指示动物朝期望的方向运动，最常应用的引导方式就是让动物向接近饲养员的方向移动，或者处在饲养员身侧与饲养员保持相同方向并行移动。在这种情况下，动物的串门或分配通道一定位于接近饲养员的位置，以确保饲养员可以根据动物的行为表现对动物进行及时强化。长距离的分配通道，需要在分配通道侧面设置饲养员操作路径，以便在动物行进过程中饲养员能够持续对动物的行进给予强化。分配通道与饲养员之间的隔障方式，应该允许饲养员方便地将适当的食物奖励交给动物。一旦动物掌握了分配通道的使用方法，则不再需要持续的强化也能够在分配通道内行进，到达指定区域，并最终学会享受这种复杂多变的环境资源。

2. 保护性接触训练设施

现代动物行为训练作为行为管理的一个组件，其运行必须依靠特殊的设施保障，训练操作面应满足易于观察、保证安全和便于操作等条件。同时，训练成果也使得更加多样化的展区设计手段成为可能，例如上面提到的"轮牧"展示方式，就必须以成功的行为训练结果为运行前提。行为训练工作的开展、动物饲养管理模式的改进与展区设计，特别是设施设备设计之间存在互相制约、互相促进的关系，硬件设施的改进和饲养员训练水平的提高两方面互为支撑，缺一不可。

管理野生动物是一项危险的工作，尤其是大型动物，无论两者之间是否存在信任关系，饲养员与动物直接接触都具有潜在危险。开展行为训练必须建立在安全和便于操作的设施设计的基础之上。动物园中饲养的许多物种都属于高度危险物种，如食肉动物、大型食草动物、大型类人猿等，在饲养管理中禁止饲养员与这类动物直接接触。但是由于人工环境与动物野外环境之间的差异，为了保证动物的健康，需要采取多种人为干预措施，其中多项措施必须与动物身体接触才能够完成，例如常规采血、体表修饰、个体标识等，如果每次操作都要强制保定或麻醉，会对动物福利造成更大损害，其风险也是任何动物园都难以承担的。

戴斯芒（Desmond）和劳尔（Laule）在1991年提出了"保护性接触训练"概念，这种训练方式让动物学会将待处理的身体部位暴露于隔离防护设施之外，以便饲养员或兽医进行检查或处理，例如大象训练墙的应用、大熊猫和黑猩猩笼舍操作面上设置的采血架等等。这些设施的正确应用使原本在非麻醉状态下难以完成的管护措施可以安全、便捷地实现。保护性接触训练操作面的设计需要保证在训练操作过程中饲养员和动物都有通透的视野，并能够随时了解对方的位置和动作。

六、混养

在一个区域内，同时展示不同种的野生动物称为混养展示。这种展出方式有别于上面提到的"轮牧"运行方式，也产生了不同的效果。与"轮牧"方式类似，混养展示也提高了动物园的资源利用率，这种资源不仅仅是土地资源，也包括人力资源。比起每个展区中只饲养展示单独物种的动物，混养展示可以在原有条件下饲养展示更多的物种。混养展示有助于增加动物行为的复杂性，游客有机会看到同种动物个体之间的互动行为，甚至也以看到不同种动物之间的互动行为，这种展示形式不仅更符合野外关联物种之间的关系，对动物来说，也是一种重要的社交丰容平台。成功的混养基于对相关物种自然史信息的了解，以此为前提设计的复杂展区，同时照顾到强势物种和弱势物种的福利要求，有效降低了非期望行为发生的几率，使游客获得更丰富的参观体验。但混养展示也存在分类接近的物种间杂交、疾病的种间传播等风险，最频繁出现的问题是过度的攻击行为。尽管攻击行为是一种自然行为，但有些状况会导致攻击行为失控。第一种情况是同一物种个体间存在过度的资源竞争时，导致攻击行为的频发；另一种情况往往发生在分类学上距离较远的物种间。不同物种的动物由于不熟悉其他物种的行为意义，例如警告、威慑，丧失了攻击行为发生前的"缓冲机会"而导致攻击的发生。对于那些存在"捕食——被捕食"关系的物种，不能采用真实混养的方式，可以考虑通过精心设计的隐蔽隔障将不同的物种隔离开，但在游客看来，这些物种仍处于同一环境中，也就是"视觉混养"设计手法的应用。例如非洲草原展示主题中，往往采用视觉混养的方式将非洲狮和斑马、羚羊放置在同一个游客视野中。从保护教育信息传达的需求考虑，应该选择自然分布于同一地理区系或同一生态类型中的物种，并且物种间不能存在严重的、不可调和的攻击行为。有些物种，如某些羚羊，天生具有对其他物种的偏执的攻击倾向，在混养展示物种选择时不予考虑。

七、隔障

多种形式的隔障可用于动物围护，具体选择哪种形式，由展区内的动物和预期的展示风格决定。即使是同一种动物，也有多种选择。选择的理由虽不尽相同，但都应符合"动物友好设计"的要求。

动物活动范围周边围护设施选材和施工工艺，必须考虑动物身体特征、行为方式和力量等因素，避免夹住动物身体或身体的一部分，特别是头、四肢和尾部。材料边缘保持光滑、无毛刺，避免对动物和操作人员造成损伤。在非展示区域内使用的墙体围护，需要保证表面光洁、便于清理、不透水，减少凸棱、折角或缝隙，避免形成清洁死角或有害生物的容身之所。隔障破损不仅有可能造成动物逃逸，也可能给有害生物进入展区提供机会。日常检视和维护对保持隔障的功能至关重要。

动物园中常见的隔障类型包括：

1. 围网

各式各样的围网是应用最普遍的隔障形式，围网造价低廉，施工方便，更新容易，这些优势再加上与一些环境要素的组合应用，会降低围网的审美劣势。比如在钝化成黑色的围网两侧种植绿色植物，这种组合使游客很难注意到隐藏在植物丛中的围网；围网围护的展区，在游客参观面或参观视点的位置与位于遮阴棚中的玻璃幕墙组合应用，有助于改善参观效果。顶部开敞的展区往往采用围网顶部设置反扣、上部贴覆亚克力板围护或在围网基部设置电网等措施使动物无法攀爬或不能接近围网，但对于那些善于攀爬、跳跃的物种，特别是猫科动物和灵长类动物来说，类似的处理无疑会减少展区的使用率。现代动物园中近些年出现的设计趋势是使用不锈钢绳网对整个笼舍进行封闭，从而为那些善于攀爬的动物创造最大的空间利用率。无疑这种全封闭的网笼对动物更友好、适应性更强，更便于实施"轮牧"式展示。但围网也存在弊端，例如容易被人为恶意损坏，也容易被暴风雪损坏。围网材料和施工工艺都决定了围网的可靠性和使用寿命，需要定期检查以保证围护效果。总之，与其他的隔障方式相比，围网有多项优势，采用不锈钢绳网封顶的展区能实现更多的变化，最有利于动物园的展示更新。

2. 墙体

墙体隔障也有不同的材料和工艺选择：木板墙、砖墙、混凝土墙，等等。利用展区原有地貌，在土崖表面进行的混凝土喷浆固化，是一种自然、牢靠的墙体隔障的形式。墙体相比围网更牢靠，但不易伪装，常见的"自然化"处理是在墙体表面进行自然纹理的装饰，这种装饰对工艺和审美都有很高要求，而且要特别注意不能形成动物攀爬借力的着力点。在墙体与动物之间密植树木，也可以起到较好的掩饰效果，但往往需要通过电网对树木进行围护，使动物不能破坏植被、接近墙体。更好的伪装方式需要园艺专家的参与：在墙体顶部安置种植槽，种植槽本身形成反扣，槽内单独设计排水、给水设施设备，选择与展示物种生态类型相符或相似的本土植物并配置适当的种植基质。本土植被不需要太多的维护，并容易迅速形成稳定、自然的风貌。种植槽中下垂的藤蔓植物如果过度生长，可能会为动物提供逃逸"软梯"，应定期修剪或铲除。

3. 壕沟

● 干壕沟

干壕沟是近些年国内动物园常用的隔障方式。设计得当的干壕沟除了在坡度设置、视点高度设置有特别的设计手法以外，要想实现视错觉，必须限制游客的视线角度。遗憾的是效果越好的干壕沟占用的土地资源越多，在面积有限的动物园中，如果大量采用这种隔障方式，势必与动物利益形成竞争。追求参观效果的同时采取"动物友好设计"的方式，是仅在游客参观点或游客视线至相邻展区的延伸范围内应用干壕沟，这样做足以形成视错觉和视觉混养的效果。即使是局部使用干壕沟，也可能出现动物进入壕沟而隐身于游客视线的状况，通过在壕沟斜坡边缘设置隐蔽的电网或在壕沟底部铺设大块的、嶙峋的石块，可以防止动物进入沟底或降低动物在沟底行走和趴卧的舒适度，避免动物在沟底长时间停留。干壕沟的坡度和坡面处理也应考虑到动物不慎坠入壕沟后有机会从沟底脱身，这一点也适用于饲养员。

● 水壕沟

水壕沟的实质是狭长的水体隔障，是一种容易融入周围环境的动物围护方式。水壕沟同时也为动物提供了饮水的机会，并且水体本身对动物来说也是重要的环境丰容组分。但要维持水体的上述功能，需要保持水质。维持水质的成本很高，这一点在设计时必须充分考虑。有些动物天性怕水，灵长类展区不建议采用水体隔离，水体对多种灵长类来说充满危险，黑猩猩、长臂猿等动物溺水死亡的事故曾多次发生。即使是那些善于游泳的物种，北方冬季水体表面的薄冰也是一种威胁：岸边的冰面常常导致食草动物踩破冰面落水，动物在水中挣扎时，尖利的冰面边沿常常给动物造成严重的外伤。北方动物园应用水体隔离时，必须采用水流泵、气泡泵或局部加热的方式避免水体结冰。这一点至关重要。曾有美洲虎溺死在水体隔离薄冰之下的惨痛记录。在设计水体隔障时，应遵循以下原则：水体的隔离作用体现在限制动物的跳跃能力从而避免逃逸，而不是限制动物进入水体。

4. 钢琴线隔障

并排竖立的、在紧拉力作用下的细钢丝绳是一种新颖的隔障形式，动物园业内称为"钢琴线隔障"。这种隔障方式可以在保证通透视觉的前提下让游客听到动物的叫声并闻到动物的气味，这两项都是重要的展示内容。钢琴线隔障用于毗邻展区之间的隔障时，可以营造连贯的视觉景深。需要注意的是每根钢琴线之间的空隙不能造成动物头部的嵌塞，对食肉动物来说，间隙宽度应保持动物前肢不能穿过。尽管钢琴线隔障可以创造新颖的参观体验，但施工工艺要求复杂，且必须进行日常维护，以保证细钢丝绳的张拉强度。每根钢琴线都需要独立的拉力控制旋钮，且展示面需要特殊的结构和刚性材料制作框架，总体来说建设和维护成本较高。

5. 玻璃幕墙

位于室内展厅中的中小型展箱或橱窗，带有外框的玻璃面作为参观面的同时也可以作为操作门，这种设计大多应用于两栖爬行动物或无脊椎动物展示。大面积的玻璃幕墙往往需要与其他隔障方式组合应用，位于棚屋中的落地玻璃幕墙可以创造通透的视觉效果，并为游客创造近距离观察动物的机会。玻璃幕墙参观面的应用需要精确的设计和严谨的施工工艺，多层夹胶玻璃本身就成本高昂；不仅如此，采用玻璃幕墙也意味着更频繁的清洁和维护：室外环境中竖立的玻璃幕墙，在露点温度时，由于自身导热系数高于相邻环境，往往会在清晨甚至上午时间段内结露；北方动物园中玻璃幕墙在冬季会结霜，这种凝华现象导致玻璃幕墙失去通透性。展区周边大范围应用玻璃幕墙隔障，会严重影响展区内的通风，并在温室效应和热辐射自激的双重作用下在展区内形成高温，这种过热的环境会在夏季对展区内的动物福利造成严重损害。另一方面，很多动物都会对玻璃幕墙视而不见，特别是鸟类。对于所有的鸟类特别是大、中型鸟类的展示面，应谨慎使用玻璃幕墙，即使限于场地条件不得不应用，也要在玻璃上粘贴飞翔猛禽或树枝剪影警示图案，避免鸟类冲撞。玻璃幕墙被称为"鸟类杀手"，对雉鸡类和猛禽具有巨大的杀伤力。即使是其他物种，在受到惊吓时也会"慌不择路"，撞向玻璃。在安装有玻璃幕墙隔障面的展区内新引入动物时，要对玻璃表面进行处理，常用的方法是用面粉熬制的浆糊贴一层报纸或遍涂肥皂水，减少动物冲撞的可能。这种方法便于在动物熟悉展区后对玻璃幕墙的清洗。

6. 栏杆

栏杆是一种坚固的隔障形式，但由于其糟糕的视觉效果和安全隐患而渐渐被现代动物园淘汰。传统动物园中常见的锈迹斑斑的栏杆往往使游客对动物园产生负面印象，甚至把动物园想象成动物监狱，动物理所当然地被视为囚犯。这种参观效果难以唤起游客对动物的尊重，甚至投打、投喂动物的现象屡禁不止，严重地损害了动物福利和动物园形象。另外，竖立的栏杆也会干扰动物的双目成像，造成动物对距离判断的失误。食草动物视角开阔，但在眼前反而有盲区，位于盲区内的竖立栏杆，可能给动物造成致命损伤。国内有些动物园已经开始采用方格网代替栏杆，应用于操作面的方格网对动物和饲养操作人员都更友好、更安全。

7. 电网

电网只能用于二级或三级隔障，决不能用作终极隔障，即仅用于限制动物在展区内的活动范围，而不能用于展区与外部环境之间的隔障。各种形式的电网常用于展区内的植被保护，或避免动物进入壕沟底部等展示死角。对不同的物种，电网形式和电压各不相同；需要每天检查、测量电压以保证电网的正常运行，并配备后备电源以防不测。对动物来说，电网可能是最不友好的隔障方式，因为电网发挥作用的原理是对动物进行惩罚。在极端情况下，动物可能克服对电网的恐惧，并短时忍受电击的痛苦而破坏电网，造成事故。横向并列排布的、紧贴地面架设的电网，可能造成动物嵌塞遭电击致死，这种情况在犬科动物、熊科动物展示过程中都有发生。总之，电网应作为最后考虑的隔障形式，一旦决定应用，必须慎重设计，谨慎选择电网形式，并保证日常检测、维护的便捷。

通过对以上各种形式隔障的分析可以看出，每种隔障都有其优势和不足。遵循动物友好设计的原则，通过对各种隔障形式的灵活组合，兼顾展示效果和动物福利是现代动物园的通用做法。

八、非展示笼舍

位于游客视线之外的非展示笼舍，即我们常说的"后台"或"后台容置空间"，是运行行为管理各项措施的必要保障。作为展区设计的必要组成部分，非展示笼舍多用于动物的夜间或其他非展示时段的容置，也用于特殊状况下为动物提供免于打扰的空间。尽管非展示笼舍会占用部分场地，但其所带来的诸多便利和功能保障不可替代。生活在北方动物园中的分布于热带或亚热带的野生动物，在漫长的冬季，拥有保温条件良好的室内空间是起码的福利需求；群养动物有可能因为外伤、病患或个体间争斗而必须单独饲养，后台容置空间能很好地解决这个问题，并由于其操作的便捷性，更便于日后该个体重新融入群体。非展示笼舍的另一项重要功能体现在引入其他动物个体时，饲养员可以实现更到位、更有效的操作。设计用于引见功能的非展示笼舍都具有便于操控的串门，可以有效地将动物合笼或分开，从而避免动物之间造成严重的伤害。

非展示笼舍为饲养员创造了免于外界打扰的开展行为管理操作的区域，可以方便地按照日常饲养管理和训练操作要求设置操作位点，不断根据动物需求和饲养管理操作要求进行功能上的完善。这个区域也是开展正强化行为训练、对动物进行日常近距离检视和培养动物与饲养员之间信任关系并使野生动物对各种必要的人为管理操作脱敏的场所。

非展示笼舍应配套安置保定笼。保定笼可以极大地提高动物行为管理工作的水平和深度，并可以减少动物因为治疗、注射或麻醉所承受的压力和风险。保定笼的设计必须符合物种体型、行为方式、力量等特点，同时还需要结合行为管理目标，如日常称重、超声波检查、五官检视、体表触摸等方面对保定笼进行特殊加工。设置保定笼的最佳位置是在动物展区和后台容置空间之间或不同的功能空间之间，并将保定笼作为动物的必经通道。让动物对保定笼脱敏是一项基础的、重要的行为管理目标，在这一过程中不要应用惩罚或负强化的手段，否则会对动物造成长期的负面影响。

九、温度、湿度和通风控制

室内空间需要加热、通风和空调系统，以保证动物处于合适的温湿度范围之内、减少室内异味，保持设施设备的干燥，避免锈蚀和细菌滋生。每种动物的温度要求都必须参照物种自然史信息，通风量的设计也需要考虑动物排便的频次和成分，在保证温度的前提下，要尽量保证空气清新。室内空气中的刺激性气味不仅会干扰动物的嗅觉，也会使游客对动物园产生负面影响。在设计动物建筑时，保温、通风和空调必须预先考虑，尽管可以在建筑结构、材料等方面采用绿色节能的标准进行设计，但必要的设施设备一定要预先安置，并预留维护、检修工作空间。

每种动物耐受的环境温度范围不同，这一范围称为热平衡区域，这个区域位于临界温度上限和下限之间。在该温度范围中的动物不需要增加代谢产热或者激活蒸发热损失机制来保持体温。当环境温度在临界低温的附近徘徊时，动物往往会通过增加进食、增加活动量、抱成一团或者从环境中寻找保暖材料，如披裹毛毯、选择木屑垫材等生理或行为的方式保持温度。动物友好设计往往将大环境温度设置于适合温度范围的低限，或略低于适宜温度，以避免动物出现热应激；在展区局部设置高温加热点，形成动物生活环境中的温度梯度；同时为动物准备充足的资源，例如保温材料、地面铺垫物、能够接近高温位点的栖架，等等，给动物足够的选择机会，使动物有可能通过自主行为应对环境挑战。新生动物往往需要更高的环境温度，由于幼年动物在生理机能调节和行为能力等方面均不具备成年动物的能力，所以不能与成年动物同样对待。

环境温度和湿度都受到饲养管理方式和建筑格局的影响，建筑材料和结构、栖架、地表铺垫物、筑巢材料、饲养展示群体数量、动物年龄构成、通风方式、日常清理打扫的方式和频率，等等都会造成温度、湿度的浮动。绝大多数动物都需要一定范围内的温度梯度，对有些动物来说，如幼鸟和所有的变温动物，温度梯度的设置至关重要。现代动物园采用"分离原理"进行大空间和小空间的分离设计，通过保证大空间的基础温度和在小空间内保持更高的温度的方式保证动物对环境温度的需要。

展示环境的湿度也需要控制，尽管对于多数哺乳动物来说这一点没有温度要求那么严格，30%～70%范围之间的相对湿度范围都能被大多数动物接受。有些物种会需要较高的环境湿度，特别是雨林物种、热带爬行动物和两栖动物。过低的环境湿度有可能造成哺乳动物皮肤干燥、爬行动物蜕皮困难、半水生两栖物种的干燥应激，等等。通风条件差的室内高温环境中，湿度过高会加剧动物的热应激，这种热应激会迅速造成两栖动物的死亡。对南方地区在特殊季节遇到的环境湿度过高的情况，只能依靠主动通风和除湿设备的协同应用来降低封闭空间内的湿度。

展示环境的通风条件和空气质量对动物福利也会产生重要影响，室内笼舍必须考虑人工强制通风设计。尽管绿色建筑自身结构的优势有利于自然通风，但也需要装备人工强制通风设备。主动通风设施补充新鲜空气，排除污浊空气，特别是在夏季湿热的气候条件下，保持室内环境适宜的温度、湿度条件。送风机和排气口的类型和位置与展示环境之间的对应关系、通风量、空气流通路径、通风对环境温度的影响都需要在设计之初进行严谨的计算和设计，建议所有的动物园室内笼舍都装配新风系统。另外，在动物生活的区域，快速的局部气流会迅速降低动物体表的温度，这就是人们常说的"贼风"。对幼年动物来说，贼风往往是致命的。避免贼风主要靠空间围护的设计和建造工艺。对于大多数卧地休息的动物，要在围护结构底部设置隔板，避免"扫地风"，同时也要给动物提供充足的地表铺垫物，保证动物的睡眠质量。一般情况下，要求室内环境的空气交换量为10～15次/小时，但这只是宽泛的要求，空间大小、动物种类、体型、群体数量、地表垫材类型、打扫清理方式和频率等，都是通风设施的设计和运行依据。

十、光照

光照对维持动物正常的生理发育、形态和行为都有重要意义。不适当的光周期、光照强度和光谱组成都可能成为应激因子。同时，许多因素也可以影响动物对光照的需求，特别是在室内饲养展示的物种，必须结合物种自然史信息和生理代谢特征区别对待。冬季北方日照时间短，长期在室内的热带物种如果没有人工照明干预，可能会导致繁殖障碍。光照周期对于多种动物的繁殖行为起到关键调节作用。多数爬行动物需要光照中含有足量的UVB波段的紫外线，以保证正常的代谢和生长需要。紫外线中UVA的光谱成分也会促进爬行动物取食，这一点也适用于室内展示的鸟类。在不同物种的动物饲养展示空间，需要考虑光源的类型、照度和照射时间，多数情况下光照可以与局部加温点结合应用，以形成温度梯度；局部的低照度环境也可以为有些物种创造隐蔽空间。室内笼舍应尽量采用允许紫外线透过的透明材料建造的采光天井，这样可以在保证室内空间的基础光照强度的同时满足动物对紫外线的需求，这种来自阳光的紫外线相比人工提供的紫外线光源对动物和饲养操作人员都更安全。

十一、降噪

各种设施设备的运转、动物发出的声响和日常操作中产生的各种噪声，以及游客喧哗及拍打围护设施产生的噪声和振动，都会对动物福利造成消极影响。85分贝以上的噪声，可以导致动物嗜酸性粒细胞减少、肾上腺质量增加和繁育能力下降。噪声对灵长类动物产生的主要危害是导致血压升高。动物对声音的敏感程度往往数倍于人类，在展区设计时应该考虑尽量减少噪声和振动对动物的影响。最有效的方式是把产生噪声及振动较大的设施设备尽量远离动物生活的场所，在必须进行特殊维护保障的动物展区，例如日常需要大强度通风、水循环过滤等设备的展区，应单独设计远离动物的设备运转区域，以减少噪声对动物的影响，同时也应避免设施设备运转产生的噪声对游客的干扰。展区内使用的构件材料、设备结构和工艺，都会决定噪声水平。金属串门的制造工艺和操作方式都需要进行降噪处理；保证所有设备的平滑运转也是有效降低噪声水平的措施。在有可能出现游客干扰的展区，应设计"振动阻断"，以减少游客拍打玻璃幕墙产生的噪声和振动直接传递到动物展箱。除了设计、建造和运行保养方面的种种考虑，最重要的是饲养员的日常操作应尽量减少不必要的噪声，轻拿轻放打扫工具、食盘水盘、温柔的开门关门、在接近动物时提前给予声音信号、绝不大声呵斥动物，等等，都是保证动物福利水平的良好工作习惯。在圣地亚哥动物园的大型灵长类动物的室内空间内，采用轻声播放舒缓的轻音乐的方式来"中和"饲养员操作和设备运转产生的噪声。尽管对这种操作的实际效果尚未进行科学论证，但目前仅从动物的行为观察结果看来，这种措施是有效的。与此相反，有些原始动物园常在园区用高音喇叭循环播放背景音乐，试图增加"游园气氛"，这不仅会使游客欣赏野生动物时无法感受沉浸氛围，对动物来说也是一种噪声。长时间被迫收听强节奏音乐，会加重动物应激。

第四节　为饲养管理人员设计

尽管动物是动物展区最重要的使用者，但在展区设计时也必须考虑到动物园管理人员，特别是饲养员的需要。安全便捷的空间、设施设计，可以使饲养员专心高效地工作，从而有更多的时间和精力为野生动物提供最佳照顾。如果饲养员在日常操作中时刻处于紧张状态，则不会有意愿与动物建立良好关系，甚至在操作中表现粗暴，对动物使用恐吓、驱逐等负强化甚至惩罚手段。同时，也要考虑在一些高强度作业中，如整体更换垫材、更新大型丰容设施等工作，需要为大型机械保留足够运作空间。如果空间过于狭窄，只能靠饲养员人力肩挑手提，必然会有损饲养员的工作热情。

一、操作区和通道

动物的展示安排、动物日常在后台容置空间和展示空间之间通道的进出、日常清扫和行为训练操作和行为观察等因素，决定了空间资源分配、通道、串门、操作位点等设计细节。现代动物园中对野生动物采取的行为管理措施相比传统动物园更丰富、更复杂，对操作区的设计要求也更高，这些新要求主要体现在多功能的操作面和更宽敞的操作空间。传统设计中的操作通道应根据行为管理的运行要求进行调整，局部形成操作区，而不再仅仅是通道的概念。在现代动物园的操作区中，饲养员会与动物进行更多的交流，交流的方式就是日常正强化行为训练。

二、门

后台操作区饲养员出入的操作门和动物出入的串门，展区饲养员出入的操作门和动物出入的串门，以及在两种区域都有必要设置的大型物料转运门等，构成一套门禁组合，控制动物、人员和物料的空间位置。饲养员操作门，必须形成双层防护，避免动物逃逸。动物串门应尽可能应用推拉门。相比于垂吊门，通过拉杆或轮轴钢索系统控制的推拉门可以对动物进行更可靠的控制。要做到这一点，需要进行周密的操作通道设计，保证饲养员能够到达任何一个操作位点，而不必对串门进行远程控制。统一的推拉门设置，能够降低饲养员日常操作的复杂性，避免操作手法和控制方式的频繁变化引发操作失误。

三、工作环境

动物园设计不仅要保证动物的舒适、安全，同样也要为饲养员和其他操作人员创造安全的工作环境。特别是在后台容置区，应尽量保证宽敞明亮，视觉通透，饲养员可以清晰判断动物所处的位置和行为趋势。位于拐角处的门或通道，应设置凸面镜，使饲养员在操作位点就可以观察全局，如果有条件，还可以安置监控探头。但这些措施都是对场地条件限制的补救，越复杂的设施越容易存在隐患，而且设备的日常检修和维护也会占用饲养员宝贵的时间，而这些时间本应用于开展更频繁的日常丰容和行为训练工作。明亮通透的操作区，还可以避免饲养员和动物之间因突然近距离出现而造成的惊吓。

四、操作地面处理

在展区内为动物创造复杂多变的环境时，也应该考虑饲养员的操作需求，特别是考虑到饲养员操作时可能会借助一些工具，例如独轮车、水管和刷子。当饲养员双手或单手被操作工具占用时，应特别注意展区地面的坡度和光滑程度。在每天冲刷的地面和水池侧壁，都需要进行防滑处理，例如将混凝土表面刮毛形成糙面，或者单独为饲养员预留操作路径，并在坡度较大的坡面一侧为饲养员安装扶手，以保证饲养员的操作安全。室内展区的排水设计非常重要，地表积水对动物和饲养员都是安全威胁。无论地表是否有铺垫物，都应设计有效的排水系统，并且允许饲养员能够便捷地清理和检修排水系统。

五、危险动物操作区

在危险动物操作区中的串门或操作门上，应该摆放警示牌，标明动物是否在展区内和饲养员可否安全进入某个区域；所有类似区域，操作门和串门都需要同时上两把锁以确保安全。所有锁闭装置都必须处于饲养员可以安全方便接触到的位置，以便及时操控。在危险动物展区，例如猛兽、大型灵长类、象、毒蛇等展区内，必须配备应急报警和急救设施，例如报警电话、警报铃、灭火器、捕捉网或抗蛇毒血清。在现代动物园中，各种规格的钢绞线轧花编织网经过热镀锌处理后被广泛应用于危险物种的操作隔障面，这种隔障方式对动物和饲养员都更友好、更安全。

六、光线、通风、温湿度控制

保证室内笼舍适宜的温度、湿度和通风、照明灯条件，需要多种设施设备，对这些设施设备的操控位点，例如按钮、开关、通风窗开闭摇杆的位置，应位于饲养员可以安全方便操控的位置，并远离动物的接触范围。日常各种设备的开启、闭合和调控，应与日常操作规程相符，并在日程中规定设备检测、维护的时限，以确保设备正常运转。实现这一点，需要给饲养员预留宽敞的操作通道和操作空间，并同时考虑预留物资或工具的储存空间。

七、有害生物防控

展区中的有害生物，会严重损害动物福利，并可能对设施设备造成威胁。它们不仅会掠夺本应属于展区内动物的饲料，还可能传播疾病，甚至攻击、捕食展示动物；在展区中频繁出没的有害生物，特别是老鼠、蟑螂，会在游客心目中对动物园造成负面影响。消灭有害生物，会消耗饲养员大量的日常工作时间，但效果不一定令人满意。最有效的防控措施就是消除"藏匿空间"。藏匿空间指那些对有害生物来说"进可攻退可守"的隐蔽空间，往往是墙体夹缝、地表空洞或设备设施之间的缝隙。在设计之初，应该对墙面和墙角的材料、施工工艺、建筑构件交接方式等方面预先考虑，尽量消除展区运行过程中有害生物的落脚点和避风港。对已经建成的展区，重点是堵塞各处的空洞，封闭不同建筑材料和构件之间的缝隙。饲养员应经常检视展区围护设施，及时修补小的漏洞，避免有害生物入侵。

所有为饲养操作进行的设计规划，都应以保持积极的动物福利状态为目的，同时必须保证饲养员的福利。只有被善待的饲养员才有可能善待动物，这也是"动物友好设计"的体现。

第五节　为游客设计

为饲养员考虑的设计，最终都会惠及动物福利；为游客考虑的设计亦然。有利于动物福利的设计最终也会使游客获得最佳的参观体验。

动物园中的一切游客可见部分，都在有意无意地影响游客对动物、对动物园的感觉、信任和观点——这是不是一家善待动物的动物园？我在这里应该善待动物吗？我应该支持这家动物园吗？等等。做好以下两方面的工作，将直接改善观众对动物的态度。

一、把最好的一面展示给游客

游客在什么场景中看到什么状态的动物，可以通过设计来控制，并直接影响游客的感受。

1. 营造自然风格的环境

人类对于陌生事物总会根据自己熟悉的相似事物做出假设判断：大多数人看到野生动物所联想到的相似对象是牛、马、羊或是猫、狗，因为这些是我们所熟悉的家畜和宠物。与野生动物相比，家养动物具有经过人工选育改良而成的特质，比如温顺、不怕人，适应人类的食物，等等，这些特质让我们更容易与它们相处。如果笼舍建造得和农场一样，这种假设判断会被强化：规格统一的成排笼舍让人联想到养殖场、围成一圈的围栏让人联想到牧场。如果游客只把野生动物当作另类的家养动物，他们就会做出面对家养动物时的行为：抚摸它们，喂它们食物，逗弄它们，甚至拿它们取乐。

动物园必须刻意打造有别于家养动物模式的展示场所，淡化人工痕迹，让游客专注于野性之美。到动物园参观的绝大多数游客，很少有机会到野外自然栖息地欣赏各种野生动物，对"野外"的想象往往是"没有人工痕迹"。研究表明，游客总是希望动物的展出环境与自然生境相符，或者说，游客总是希望看到野生动物原本的生活状态。动物园应该通过各项措施尊重自然、满足游客的想象，这包括对人工建筑的适当遮掩，在游览路线上应用更多的自然材质，减少园林式的景观造型而保留植被的自然形态，等等。动物园设计首先为游客创造身处荒野的园区景观，更进一步的设计重点体现在基于野生动物自然史信息，通过模仿其自然栖息地的各种环境因素为动物创造出复杂多变的展示空间。展区中的动物有机会获得丰富的刺激、处理来自各个环境因素的挑战，动物的自然行为被不断强化；游客有机会看到动物表现出丰富的、具有物种典型特征的自然行为，看到动物与展示环境中生物的和非生物环境组成元素之间的互动，了解到动物对环境的适应，感受到进化形成的自然奇迹；动物园有机会按照保护教育信息传递的进程使游客领会到环境与动物之间紧密依存的关系，认识到尊重环境对保护珍稀物种的重要意义。

2. 视线内的"自然"与视线外的"人工"

动物园必须借助多种建筑形式和设施设备的运行才能保障野生动物的复杂需求，为了不破坏游客的视觉感受，需要把与自然景观格格不入的人工设施隐藏起来。"功能分离设计原理"的运用便于将人工建筑藏匿在游客视线以外，对于那些受到场地限制无法与展区拉开距离的功能建筑，也需要通过植被掩饰或建筑表面自然化处理的方式加以隐藏，使游客较少地感受到人工建筑痕迹；同样，各种设施设备也应当通过设计巧妙遮挡，排风换气设备产生的噪声对动物和游客都是负面刺激，这些设备应远离动物和游客所处的区域。在展区靠近参观面的地点相对集中地布置对动物有吸引力的丰容项目，使游客有机会近距离地欣赏野生动物之美；在游客视线范围内的其他地方如背景、地面，也需要以生态元素为参照模拟自然风貌，以形成与展示物种相符的环境气氛。

3. 营造沉浸气氛

在游客可接触或近距离感受的范围内，采用和展区内一致的、符合展示物种野外栖息地的环境因素，使游客获得身临其境的感觉是沉浸式展示设计的基本手法。传统动物园中通常惯用的整齐的地面铺装、修剪成形的植物、平整划一的框架线条，容易将参观者与展区内的场景剥离，产生"置身事外、冷眼旁观"的参观情绪，破坏了产生同理心的环境氛围。在参观位点，游客脚下的铺垫物、身边的岩石纹理、头顶遮阴的藤蔓、周边的植被都与展区内一致，会对游客产生潜移默化的影响，使游客产生"在大自然中观赏野生动物"的感觉，这是一种比仅仅看到动物更深刻的参观体验。

4. 植被

植被选择对模仿动物自然栖息地的景观非常重要，这些经过慎重选择的植被种类在动物园中往往形成与游客心中熟悉的城市风貌不同的"异域情调"，营造出展区的沉浸气氛。展区中的植被本身就是重要的物理环境丰容组成部分，为动物提供遮阴、庇护所和作为新奇食物的来源。植被修剪需要服从于环境塑造，与其强调园林修剪的技术含量，不如提高园艺工作者对动物原生环境的审美认同，让游客感受不到的人工修剪才是自然风格展区最需要的修剪。植被与人工项目组合也可以增加展区的自然感，比如掩映在丛中的人造白蚁丘、栖息地特有的岩石形状或纹理、人工藤蔓、倒伏树干，等等，都有助于创造"异域的神秘感"。这些环境因素的丰富组合，增加了动物展区的复杂性，丰富了展示内容，为动物园保护教育信息传递奠定了基础。

二、为游客体验规划"界限"

"让游客感觉自己进入了野生动物的家园"是动物园设计的追求；让游客由衷欣赏和尊重动物是动物园展示的目的；让人们感觉到自己的行为是受限的是动物园正常运行的保障。"喜欢是放肆，但爱是克制"，这并非剥夺了游客的权益，而是引导游客以正确的方式在正确的位置看到被正确照顾的动物。传统动物园总是希望给游客更多的"自由"，例如允许游客自由选择参观路线、自由选择停留地点、自由选择与动物的距离，甚至自由选择怎样对待动物，然而这种"自由"并不会给游客带来更多的便捷和体验，当游客离开动物园时，他们带走的也不是对动物的赞叹。

为了引导游客获得应有的参观体验，在动物园展示设计中，应该遵循以下原则：

1. 限制游客参观位点和视线延伸方向

在特定的区域允许游客停留，集中展示内容并创造最佳的视觉效果。对于那些难以掩饰的人工建筑痕迹、设施设备或隔障措施，应将它们放置在游客视线之外。参观面整个暴露或展区360°可视的连续参观路径所呈现的是缺少变化的展示场景，不仅不能丰富游客的参观体验，还浪费了游客的参观时间。长时间观看一个场景又不得不走完整条参观路径，或者一眼看尽全场而失去好奇心使游客兴味索然。这种设计也不利于人工环境因素的处理，同时也会给动物造成过多的视觉压力。传统动物园青睐这种参观方式的原因，一是施工简单，二是多年固守成规，三是认为这样做可以减少游客拥堵。然而，现代动物园所采取的方式正相反，这是由于减小参观面可以节省隔障材料；从立意新颖上讲，一点一景能带来多种感官刺激；从解决拥堵方面考虑，将游客参观路线设计成单行线，并沿参观路径顺序展开故事线索，这种展示内容排布方式可以实现对游客进程的有效控制；非参观路径相对较窄，但在参观位点预留"膨大"区域，以避免游客蜂拥造成的阻塞和参观资源的竞争。事实证明，在这样的"有限"参观环境中，游客获得的更多。

2. 限制游客在动物面前出现的高度

确保游客参观位点所处的位置略低于动物所处的高度。研究表明，位于游客视线水平面以下的动物，会感受到更多的压力。灵长类动物和猫科动物在处于游客水平视线以上几倍于动物身高的位置时会感到安全、放松。所有展区应该摒弃居高临下俯视动物的参观方式，避免产生"人类凌驾万物之上"的即视感，这与动物园希望表达的态度相悖。

3. 禁止游客接触动物

在任何参观位点，或展区周边，都必须采取严格措施避免游客与动物身体任何部位接触，这一点不容置疑。每年各动物园因游客接触动物造成的事故从未间断，或伤害游客，或伤害动物，无论事故起因如何，只要隔障设施未能形成有效隔离，动物园的责任就无可推卸。通常，在展区外沿种植绿化隔离带或展区内沿增加一层防护，使动物不能接近展区边缘，以及在参观面使用玻璃幕墙等都是常用的隔离手段。每一个对动物负责任的动物园都不会对游客肆意投喂视而不见，否则"保护"一词就是自欺欺人。对国内动物园来说，在未来较长的一段时间内，采取严格的手段禁止游客投喂动物都是一项重要的设计任务。

动物园设计是一项系统工程，必须在多专业的协同努力下才可能实现动物友好设计，并同时满足饲养员和游客的需求。除了动物保育专家以外，教育工作者、园艺工作者、科研人员和经营责任人都应该参与到最初的头脑风暴和概念设计阶段。在展示设计过程中，还需要定期召集这种大范围、多专业人员参与的讨论，以保证各个专业最初的建议能够得到保障和正确贯彻。所有参与者都应该小心谨慎、精诚合作，直到将动物引入展区。最后，设计团队还需要对动物引入展区后设施设备的应用状况进行评估协助。

动物友好设计需要众多人员的参与和付出大量的时间。圈养野生动物值得我们为它们提供最好的照顾；饲养操作人员的安全同样重要；当游客欣赏活跃的、表达自然行为的动物时，动物园才有可能发挥"综合保护和保护教育"的职能。动物园的运行目的，不仅仅体现在影响游客的知识和情感，更应该落实到让公众采取实际行动来支持动物园，并且加入到野外物种保护行动中来。

第三章 丰容概述 ·······································

　　动物园中的野生动物，不只是远离了世代生息的家园，同时失去的还有表达自然行为的机会。动物园给动物提供了遮风避雨的房屋、饮食无忧的三餐，我们以往认为这是对它们的恩惠，但野生动物在漫长的进化过程中获得的印在基因中表达天性的机会被剥夺得所剩无几，这一点在过去被我们有意无意地忽略。而今，人们认识到丰容是对圈养条件下野生动物的补偿，而绝不是施舍。对于圈养野生动物，我们亏欠太多。

　　为了保证动物园中圈养野生动物处于积极的福利状态，《世界动物园和水族馆动物福利策略》呼吁所有的动物园：

　　○ 将丰容策略和实践根植于动物园中所有动物的日常管理中，定期审核丰容运行策略，并为员工提供长期培训的机会，以保证丰容工作的进步。

　　○ 从丰容实践的各个分类为动物提供挑战、选择机会和赋予动物力量，最大限度地保障其心理健康；建立灵活的、可调整的丰容工作机制，满足各个物种自然史需求的特异性。

　　○ 将正强化运用于丰容和行为训练工作中。

　　○ 坚持对丰容项目进行评估，并与同行分享经验、教训，共同提高丰容的知识和实践水平。

　　○ 将环境丰容的需求纳入展区设计和更新工作中。

　　○ 与游客分享丰容故事，以增进人们对动物生态学和动物福利方面的理解和认识。

　　○ 使用具体而目标明确的丰容设计以满足动物特定的行为需求。

第一节　丰容发展史概述

一、世界动物园丰容发展史

　　过去的几十年中，在世界动物园范围内环境丰容的研究和实践在广大饲养员的爱心驱动下蓬勃发展，尽管一开始对丰容的复杂性和功用认识得还不够透彻，但不可否认的是，丰容工作在这段时间内取得了巨大的成就，逐步从实验室扩展到动物园野生动物饲养管理实践中。在广大饲养员的热心参与下，丰容实践直接促进了动物园圈养野生动物福利的空前提高。可以预见，丰容的发展方向必然是将丰容实践与操作日程进行系统整合。作为行为管理的重要组件，丰容在现在和将来都会更有针对性地有效提高圈养野生动物福利。

　　1. 对丰容的认识

　　环境丰容（Environmental Enrichment，简写为"EE"），也被称为行为丰容（Behavioral Enrichment）、行为扩增（Environmental Enhancement），或者直接称为丰容（Enrichment）。大约在十几年前，丰容还被看做是一项游离于日常饲养管理工作之外的短期临时性工作，但目前已经成为现代动物园动物管理操作日程的主要组成部分。

丰容是多项基础学科和应用科学领域与实践互相融合的综合性、系统性的工作，正是由于丰容的"包罗万象"，对丰容的定义也一直在不断修正。施弗森（Shepherdson）在1998年指出："丰容是一项动物饲养管理的原则，这项原则旨在识别和提供必要的环境刺激，以使动物达到最佳的心理和生理健康状态。"在此基础上，美国动物园水族馆协会（AZA）在1999年提出了一个更综合的定义："丰容是基于动物生物学特性和自然史信息而不断提高动物圈养环境和饲养管理技术的动态进程。丰容通过改善圈养环境和提高饲养管理实践水平来增加动物的选择机会，使动物有机会表达具有物种特点的自然行为和能力，保持积极的福利状态。"

在实践中，人们渐渐认识到丰容实践主要是为动物提供适合物种特异性的各种挑战、刺激和机会，其中包括动态环境因素、认知挑战、社交机会和与人类的良性互动等吸引动物的环境刺激。这些刺激促使动物表达能够引致强化结果的自然行为，并有效缓解动物承受的压力，在生理和心理层面使动物处于积极的福利状态。在现代动物园中，丰容已经成为饲养动物的基本原则，并影响动物园各方面工作的决策。

2. 促成丰容出现的历史条件

如果说动物园的历史体现了人类文明的进步过程，那么丰容工作的发展，更直接地反映出人类的自我反省和对其他物种的日渐尊重。如同动物园行业的发展始终伴随着科学进步的支撑与公众的敦促一样，丰容的产生也是在文明进步过程中科学技术与行业自省相互碰撞的结果。

（1）兽舍条件的改变

1907年，在德国汉堡斯特林根，卡尔·哈根贝克创建了"全景式"动物园，将动物从牢笼中解放出来，让它们首次生活在与自然相仿、景观复杂的人工环境中，这是最初的"自然主义丰容"的典范——让动物园中的野生动物摆脱单调的笼舍，身处更自然、更复杂的开敞环境中，感受到了更丰富的刺激。这项创举不仅获得了巨大的商业成功，同时也为后来的动物园奠定了展示设计的基本框架。

（2）科学家与饲养员的贡献

1925年，美国灵长类学家罗伯特·雅克（Robert Yerkes 1876～1956）在对实验室中动物行为进行观察研究后，提出"动物需要拥有一定的时间和资源来玩耍和工作"，这里所说的玩耍和工作，指符合动物自然史的自然行为动机释放机会。他最早提出了"丰容"的概念，并被视为"行为工程学丰容"实践的创始人。很快，"丰容"概念就引起了自动物园和相关领域的多位生物学家的关注，并逐步发展出更复杂的分支，广泛应用于动物园圈养野生动物饲养管理工作。一开始，丰容只是少数对动物抱有极大热情的饲养员在尝试，随着人们看到丰容给动物生活带来的转变，越来越多的饲养员开始参与其中。到上世纪末，在西方国家的动物园中，丰容的应用范围和成效几乎呈几何级数增长，与丰容相关的科学研究领域也取得了长足的进步。

（3）法律与技术的支持

1992年，美国农业部通过立法，明确要求"灵长类动物的饲养条件必须具备环境提升的能力，并具备环境提升操作程序"（APHIS，1992）。1993年，位于美国波特兰的俄勒冈动物园，后更名为城市华盛顿公园动物园，举办了首届国际丰容大会（ICEE）。这次丰容大会首次为来自世界各地的动物园丰容研究人员和饲养员提供了一个交流和共享丰容经验、观念和创意的机会。大会的一项重要成果是《第二自然——圈养野生动物丰容》（Second Nature: Environmental Enrichment for Captive Animals.Shepherdson et al.，1998）的出版。从那以后，国际丰容大会每两年举办一次。

（4）交流与分享促使丰容工作蓬勃发展

丰容工作，需要依靠丰富的想象力和极高的创造力才能将理论和经验应用到实践中，转化为具体的设施、装置或操作流程。不同丰容实践者之间的沟通交流由此变得愈加重要，这种需求在1992年催生出了第一份公开通讯《丰容技术》（The SHAPE of Enrichment），这份通讯目前已经成为一份包括最广泛的丰容创意收集、研究和讨论的国际性专业通讯。后续的以互联网为基础提供的网页服务和电子邮件系统，在丰容信息的传播方面扮演了重要角色。对这些海量信息，不列颠野生动物饲养员协会（ABWAK）（Field，1998）和美国动物园饲养员协会（AAZK）（Stark，1999）前瞻性地进行了系统的收集、整理和校对，并汇编成各自的丰容工作指南，有效地指导了各会员单位的丰容实践。

（5）动物园社会角色的转变

除了立法、出版物和资源共享对丰容工作的推进，公众日益增加的对动物园中动物福利状况的关注也极大地促进了丰容发展。大家普遍意识到，尽管关于动物福利的理解存在争议，但在提高圈养动物福利方面，还有很多事情可以做。与此同时，动物园的社会角色也发生了转变：20世纪80年代，由于意识到全球环境恶化带来大量的动物栖息地丧失，西方国家动物园将自身的职能定义为"诺亚方舟"，着眼于保存珍稀物种，以便日后进行野外放归。那时动物园的运行策略主要以广泛收集物种并进行抢救性繁育为目标。遗憾的是，进入到20世纪90年代，人们发现原有的想法过于天真：尽管有成功的范例，但对绝大多数动物来说，成功的再引入都面临重重困难，其中最严峻的挑战就是栖息地丧失。这种始料未及的状况使动物园行业意识到，仅凭自身的力量无法挽救大多数物种，只有全体民众共同提高环保意识，减少自然栖息地的缩减速度，才有可能实现"野生动物在自然栖息地的数量增长"。于是，动物园开始将圈养野生动物当作"大自然派驻人类社会的大使"，寄希望于通过有教育意义的展示与公众共同推进"综合保护"。为了使这一行业宗旨更加可信、获得更广泛的支持，动物园的工作重点重新回到园中动物的日常饲养管理和福利改善方面。随着动物园关注重点的回归，每天直接面对动物的饲养员的作用被凸显出来，特别是那些热心开展丰容工作的饲养员，成为改善动物福利的中坚力量。

3. 世界动物园丰容发展现状

（1）惠及的物种增多

今天，在现代动物园中，丰容工作对象从最初的以灵长类为重点扩大到几乎所有脊椎动物类群。丰容已经成为常规饲养工作，几乎在动物园中生活的所有物种都成为人们开展丰容实践和研究的对象，针对不同物种的实践大大充实了丰容资料库，特别是食肉动物的丰容工作，受到越来越多的研究人员和饲养员的关注。

（2）对丰容原理的深入理解

人们对于丰容基础概念层面的认知日趋深入，特别是行为动机对动物行为的影响逐渐得到认同。行为动机理论的一个重要内容是：动物的行为受到动机的影响。动物在从事某活动时，并不一定只有一种动机。比如，虽然是饥饿导致了动物的觅食行为，但觅食行为并不是单一行为，它是由多个动机驱动的、分不同阶段来完成的一整套行为序列。动物做出什么样的行为是由内部动机和外部环境决定的，动物在与环境因素的互动中，从环境得到"回应"，动物从各种回应中获得强化，保证了动物的生理和心理健康。环境越复杂，动物可能得到的回应越多，这一点也解释了为什么生活在相对复杂的环境中的动物往往比生活在简单环境中的动物更健康的原因。

（3）具体、明确的丰容目标

丰容实践越来越针对明确、具体的目标，并通过任务分解逐一达成，各项任务间既有区别也有重合。丰容目标被分解成可以实施并能够接受评估的具体分项，常见的丰容实践包括：

○ 不断增加环境新鲜感、多变性和复杂性，使动物表现出更丰富的行为多样性和积极的社群互动行为。

○ 与现代动物行为训练结合，制定针对具体行为的丰容项目，增加动物表达特定期望行为的机会。

○ 满足动物的特殊行为需求，鼓励动物表达物种特有的自然行为。

○ 激发良性社群互动行为，通过对性别比例、年龄构成、亲缘关系和生存、繁育经验等因素的组合建立和谐展示群体。

○ 探索增加环境复杂性的多种途径，并确保与物种生物学相适应。例如：增加地表垫料的种类，如土壤、树叶、垫草、园艺护根等。对这些地表铺垫物作为"环境组分"可以分别进行效果评估；通过在垫层中隐藏食物、气味和偶尔出现的昆虫或其他野生动物，又可以对出现的不同行为另行评估。

○ 关注动物的心理健康和影响个体福利的更多细节，展区隔障设计和展区内景观设置注重为动物提供隐蔽空间，保护动物隐私，为动物表达领地行为创造条件；在隐蔽空间中预留逃避路径，保证展示群体中个体间的安全互动。

○ 尝试给动物提供更多样的玩具和新奇物，探索开发能够提高动物认知能力并表达更多探究行为和富有创造力的玩耍行为的丰容物。

○ 从单一丰容设施上评估其多种福利改善效果。如展区中的攀爬设施在增加展区空间的利用率方面；在为动物提供遮阴区域和温度梯度、通风梯度、光照梯度等小环境气候梯度方面；在为展区中的其他动物个体创造躲避空间方面；给动物提供在游客面前拥有的躲避机会方面，等等，对同一丰容项目产生的多种效果分别进行评估。

○ 设计有针对性的认知挑战设施，例如各种机械装置、益智喂食器或由计算机控制的与动物之间的互动设备，为动物提供探索和掌控环境因素的学习机会。

○ 变换食物的投喂方式和加工方式，例如隐藏食物或给动物提供没有经过精细加工的、含有骨头、内脏和毛皮的尸块和整个的水果，让动物拥有表达与野外相符的自然取食行为的机会；评估动物对不同食物提供方式表现出的觅食、取食行为，以及对展示效果的影响。

（4）规范的丰容运行程序

确定明确的丰容目标，通过规范的丰容运行程序保障丰容项目能在运行中不断得到调整，最终达到预期目标是现代动物园丰容工作呈现的共性。这一程序包括：通过了解丰容对象物种自然史和行为生态学信息，比较圈养环境与自然条件之间的差异，确定丰容目标，例如增加哪种行为或减少哪种行为。虽然一个丰容项目可能引起多种行为变化，但在设定丰容目标时，只针对一种行为；在对比环境条件差异的基础上，确定通过什么丰容手段来达到行为目标。达到一个行为目标可以有多种丰容手段，同样，一种手段也可能会应用于多个行为目标；必须通过对运行前后动物行为的对比来评估丰容的实效；将经过评估证实有效的丰容项目列入项目库，在日常工作中根据丰容运行表持续运行。

（5）动物园整体支持

丰容的作用范围从改善饲养管理操作程序逐渐扩展到影响动物园的整体运营方针。丰容实践与饲料供应和兽医保健一样融入日常饲养管理操作，成为日常工作的主体。所有的丰容项目都具有说明文件，内容包括目标制定、实施程序、记录保存和评估结果。丰容工作的管理列入动物园管理制度中，并具有清晰明确的职责定位。同样，为了保证丰容的运行，动物园提供足够的资金支持、人力保证和充分的信息资源。高水平的丰容工作通过更多的专业技术人员参与和在不同领域的专家指导下正常运转。研讨会、丰容顾问专家组、专业学术会议对丰容的推进作用日趋明显。总之，丰容工作成为动物园整体工作的贯穿线索之一，并获得全园整体支持。

（6）动物园之间合作

目前丰容研究面临的难题之一是对丰容领域日益加深的理解和假设往往受到单个动物园中样本数量的限制，难以得到统计学方面的验证。除了引入计算机技术对原有数据进行整理、分析以外，更有效的统计方法是将不同动物园中的同一物种看作一个样本组。这不仅需要多个动物园之间的合作，同时对各动物园的丰容运行一致性（处理一致性）也提出了更高的要求。这种协同开展的丰容实验，已经在黑犀和大熊猫两个物种上取得了成功，这种成功无疑为未来丰容实验研究创造了更多机会。实验数据的积累，有助于未来对丰容运行进行修正，甚至突破物种层面，进而能够为某个物种中不同年龄、性别、社群地位的个体单独地进行丰容设计。同样，更多的实验结果也会对既往的丰容设计和实践进行修正。

二、丰容在中国动物园的发展与现状

1. 丰容概念的引入

1995年，北京动物园副园长张金国教授在赴美考察访问中获得一份首届世界丰容大会文件汇编，这份资料指导了北京动物园最初的丰容实践。"丰容（Environmental Enrichment）"最初被译作"环境丰富度"（张金国，1995，北京动物园）。2002年，中国动物园协会与美国史密森学会华盛顿国家动物园在北京动物园举办了首次培训班，其名称为"动物行为丰富度研讨会"，仍然沿用了"丰富度"这一译名。之后几年，同样的培训班分别在上海动物园和广州动物园举办过两次，对推动中国动物园丰容工作的开展起到了巨大的作用。随着对丰容认识的提高，以及更广泛的资料来源和行业交流，港台动物园的译本"丰容"逐渐替代了"丰富度"获得认可，"丰容"既有充盈笼舍空间之意，更有丰富动物生活内容之意，这种理解比较全面地反映了这项工作的本质：丰容的本质是实践过程，而不是指标。

2. 陷入名词理解的误区

受原文"Environmental Enrichment"的影响，丰容常被机械地理解为"环境丰容"，动物园早期的丰容工作几乎都集中在对笼舍环境的改造方面。搭建栖架、种植植物、堆建山石，甚至是人造自然纹理背景墙，墙面彩绘，都被认为是"环境丰容"归于基建工作，而将"行为丰容"作为另一项工作，归于日常饲养管理工作之外的额外补充。这种理解造成了笼舍环境建设、日常饲养管理和丰容项目实施三方面的割裂：栖架的搭建往往并不适合饲养的物种，一旦损坏则需要基建部门修理、植物死亡或被动物破坏需要园艺部门处理；从塑石到背景画，所起到的作用主要体现在"使展区在游客眼中看起来更自然"，并没有为展区中的动物提供任何操控机会，几乎与提高动物福利无关；日常操作中的丰容实施则完全依靠饲养员的参与热情，作为"专项工作"开展的丰容项目往往很快失效，昙花一现。目前，对环境丰容的正确理解仍有待提高。

"Environmental"是形容词，意为"与环境相关的"。圈养动物能感受到的一切，都是动物"周围的情况和条件"：展区的大小、室内的温度、地面的材质、空气中的味道、眼前的游客、身边的饲养员等等，都是动物能感受到的"环境"。简而言之，动物在圈养下的所有生活内容，都与人为提供的环境有关。物理环境和动物的生理、心理状态共同组成了一个动态的"环境"。但遗憾的是，即使到今天，仍然存在对"环境丰容"理解的误区，而将丰容工作与日常饲养管理实践相割裂。

3. 饲养员的主导作用有待提高

饲养员与动物最接近，他们熟悉动物个体的差异，了解动物的脾气秉性，只有让饲养员成为丰容的主导者，由他们提出需求、设计项目、动手制作、观察效果、调整方案、更新内容，才能推动丰容持久、规范地运行。现代动物园在丰容开展之初完全依靠饲养员的参与热情，所有热心开展丰容项目的饲养员，都应该受到褒奖、其行为得到强化。

另一方面，饲养员对圈养动物来说也是强烈的环境刺激，因为动物几乎没有躲避的可能。饲养员在操作区大声喧哗、呵斥动物、不必要的操作噪声和振动、违反动物生物学特性的操作日程，等等，对动物来说都是嫌恶刺激，这样的饲养员执行丰容项目往往达不到应有的效果。任何试图通过技术培训和管理规定推行丰容的努力都必须以饲养员的爱心为基础；而丰容必须从饲养员的自我检视开始。

4. 鲜有"以目标为导向"

在丰容项目设计过程中，对丰容物"外观风格"的偏好和争议、对展区"整洁"的要求、对"园林情趣"的追求等干扰因素仍在阻碍丰容工作的进行，鲜有贯彻"以目标为导向"的丰容实施原则。丰容的目的是提高动物福利，不是丰容设计者文化底蕴及审美情趣的体现。丰容的目标在于增加期望行为，减少非期望行为，从这样的目标出发，就会放下管理者和操作者的个人偏好，去选择最有利于达成目标的丰容手段。

我们眼中的"自然"与"不自然"，只是丰容的两个起源形成的不同风格。哈根贝克的自然主义丰容中，为环境增添复杂性是丰容工作的主要实践领域，追求展区设计和环境设施模拟自然环境，这种丰容理念的局限在于不能为动物提供全方位的刺激和选择机会；灵长类学家罗伯特·雅克提出的"行为工程学理论"对原有的自然主义环境丰容进行了补充，通过精心设计的设施和器械能够从更多方面为动物提供选择和操控机会，但这些设施设备很难以"自然"的面貌出现。两位奠基人共同搭建了丰容工作的基础，使"环境丰容"成为完整的系统，作用互补。

如果游客对丰容有误解，例如对展区中出现的行为工程学丰容设施设备难以接受，则需要保护教育工作进行说明和解释，这种部门间的协同工作方法不仅不会降低展区的参观效果，还会增加游客的参观体验，并向游客传达更多的保护教育信息。

国内动物园丰容工作进展缓慢，最根本的原因是对丰容的认识还停留在初级阶段，没有充分理解丰容与行为管理其他组件之间的联系，也没有将保证动物处于积极的福利状态作为动物园各项实践的核心。绝大多数动物园还处在丰容的学习借鉴阶段，缺乏项目评估，鲜有动物园建立丰容项目库并按照丰容运行表将丰容实践融入日常饲养管理工作。

第二节　丰容的本质和作用

一、丰容的本质

丰容不仅指玩具、栖架和喂食器，丰容是良好的动物饲养管理方式，是提高动物福利的实践过程，并作为动物饲养体系中重要的日常程序，贯穿于动物园整体工作运行当中。丰容是以动物行为生物学及其自然习性的研究为基础，改善圈养动物生存环境的动态过程，增加动物的行为选择机会，诱导该物种自然行为的表达，从而提高动物福利。圈养生活环境是一个广义的概念，不仅指园中的物理环境，而是包括动物能够感知的所有刺激因素。在这些刺激因素中，影响力最大的就是人类。饲养员对圈养野生动物来说是最大的、不可回避的环境因素。因此，改善环境应该从饲养员的自身改变开始，更多地采取"动物友好"操作方式，减少对动物造成的嫌恶刺激。这不仅是丰容的基础性工作，也是在饲养员和动物之间建立信任关系，开展正强化行为训练的前提。

丰容为动物创造选择机会，赋予动物处理刺激挑战的能力。动物通过处理环境中出现的刺激得到期望的结果，这个过程也体现出操作性条件作用原理的作用：动物做出我们所期望的自然行为，因为这个行为反应，动物得到正强化结果，从而使该自然行为在未来出现频率增加。通过对动物物种自然史和动物个体生长经历的了解，饲养员确定应该鼓励动物表达哪些自然行为，并通过丰容程序或正强化行为训练引导该行为的表达，并确保动物在完成期望行为后获得强化。动物福利的本意就是动物选择、处理各种刺激的机会和能力，为动物提供丰富的刺激选择并赋予动物处理刺激的能力就是丰容的本质。野外生活的动物会面临各种挑战，尽管动物园中的人工圈养环境与野外有巨大的差别，但动物本身所具有的处理挑战、解决问题的动机仍然存在。饲养员需要经常为动物制造"困难"或其他认知挑战，为动物创造行为动机的释放机会。当然，饲养员所提供的挑战必须从物种的生物特性出发，避免给动物造成挫败感。

行为不是孤立存在的，任何一个行为，都是连续行为链中的一个环节。对某个行为的管理途径主要有两个方向：一个方向是在行为出现前创造情境前提，诱导该行为的发生，这个方向的工作主要由丰容工作构成；另一个方向是在行为发生后集中管理该行为的结果，这部分工作除了创造机会让动物获得自我强化结果以外，主要依靠饲养员采用操作性条件作用原理实施的正强化行为训练。丰容是以目标为导向的动态实践程序，在众多的目标中行为目标始终占有最重要的位置。经典条件作用和操作性条件作用并非仅作用于正式的行为训练过程中，也作用于日常饲养管理实践中。为动物表达自然行为创造情境前提、对动物表达的期望行为给予强化不仅可以达到改善行为的目的，同时也是饲养员和野生动物之间交流和沟通的途径，对野生动物的生理健康和心理健康产生积极影响。

基于以上对丰容本质的理解，我们可以用最简单的语言揭示丰容的实质："提供选择，赋予力量。"允许动物选择是否"使用"丰容项目、用什么方式"使用"，即使动物不使用丰容物，也是它们的一种选择；使动物有能力控制圈养环境的一部分，解决各种挑战和难题，并表达自然行为后获得强化。

二、丰容的作用

1. 提高动物福利

（1）丰容有益于动物生理健康

丰容的直接作用是保证动物的身体健康，延长动物寿命，增加动物免疫功能；为群体展示的动物创造更和谐的生活状态，减少个体间的攻击行为和其他伤害。精神健康的动物更容易融入环境，免于惊吓等应激因素对精力的消耗，更积极的与丰容项目互动，保持旺盛的活力，乐于探索更广泛的环境资源。

（2）丰容有益于动物精神健康

实验结果显示，丰容有益于增加动物大脑海马区的体积，并有益于促进记忆的形成、组织和贮存。精神健康的动物，会表现出更积极的情感反应、更准确的方向和空间定位；同时，丰容能够增强动物的学习能力和模仿技能，使动物对脑力锻炼、感知挑战做出积极的反应。刻板行为是动物园中常常出现的非正常行为。近期的研究表明，刻板行为的表现与动物的精神健康状况紧密相关。早在几十年前，神经心理学家就发现动物的认知能力受到该个体生长环境复杂程度的影响，丰容环境中长大的动物个体认知能力高于未丰容环境中成长的个体。进一步的研究证明了不同生长环境的动物个体脑组织解剖构造存在差异，不仅幼年动物的生长环境会造成差异，即使动物在成年后，丰容也具有使动物的脑组织进行重组的能力。

野生动物在人工圈养条件下，每天所承受的环境刺激与自然状态条件下存在巨大差异，这种差异除了表现在环境因素过于单一外，还集中体现在动物每天不得不面对的来自人类的环境刺激：动物每天都要服从饲养管理人员对日常生活的"安排"，同时还要面对大量游客的参观。这些刺激给动物带来物种进化过程来不及适应的生存压力，尽管这些压力并没有减少动物获取食物、繁殖后代的机会，但会威胁到动物的精神健康。动物们会感到无聊、沮丧，甚至在难以承受的压力下崩溃。这些精神问题的直接表达，往往体现为刻板行为，甚至更糟糕的自残行为，例如啄羽、拔毛、咬尾等。

开展丰容工作的初衷和一贯指导方针就是弥补人工环境条件与野生动物的特殊需求之间的不足。动物园内受限的、单一的环境无法满足动物的自然需求是早已达成的共识，动物与生境的互动不仅体现在生物学层面，还更多地体现在行为学方面。动物园环境尽管可以满足多数动物的生存需要，但难以满足动物经过长期自然进化形成的行为学需求，动物无处释放的基于内在驱动的行为需求往往表达为不断重复的、没有明确功能意义的刻板行为。摇晃身体、甩头、来回踱步，等等，都是动物园中常见的刻板行为的表现形式，但这些刻板行为在自然界中不会出现。

尽管人们对刻板行为产生的原因和存在的意义还没有彻底了解，但目前占主导的认识是刻板行为往往与动物幼年期的成长经历和目前所居住的枯燥单一的人工环境有关。刻板行为可能是动物对动物园环境的一种行为适应，并有可能帮助动物释放压力。行为学家认为，刻板行为表示动物正在试图应对自然行为难以得到表达机会的不理想的环境状况。例如食肉动物中常常表现出刻板行为的大型猫科动物、熊科动物、犬科动物等，长期进化赋予它们一连串的行为动机：搜寻猎物、追赶猎物、捕猎和杀死猎物、处理动物尸体和进食，这一系列的行为动机是动物的本能，即使为动物创造了一个食物充足的人工圈养环境，动物的内在行为动机仍然在发挥作用，促使动物通过其他的能量消耗形式表达出来。动物行为学家相信，这就是动物产生刻板行为的根本原因。最新的研究进展阐述了一种更广为接受的理论，而这个理论恰恰反映出丰容对保证动物精神健康的重要性。这种理论认为，刻板行为是由压力引起的大脑机能异常所导致的；压力导致了刻板行为最初的发生，尽管后期这种压力可能被移除，动物仍然会保持刻板行为的表达。这也许能够证明单一环境产生的压力能够给动物的大脑机能造成损害，这种损害表现为动物外显的刻板行为之下的精神异常（zoochosis），这种精神损伤对动物和饲养员来说都是危险的，也是公众所不能接受的。

（3）丰容有益于动物行为健康

丰容基于物种自然史的考虑，努力使动物的行为构成更接近自然状态，并有充分的机会表达自然行为。动物的行为表达，受到内部驱动和外部强化双重作用的影响，实验中发现的动物乐于"劳作取食"的现象就是内部驱动对行为影响的佐证。1969年，生物学家阿兰（Alan Neuringer）通过实验证明：当给动物提供两种取食机会，一种是动物需要"劳作"才能获得食物，而另外一种是不需劳作随意取食，动物往往选择"劳作取食"。这项研究结果表明，动物本身具有在复杂混乱的环境中寻找食物的生物学需求。后续开展的大量关于"劳作取食"的研究资料显示：相比于从饲养员那里轻易获得食物，动物更喜欢通过自己的努力获取食物奖励。这些研究结果引发出"反对不劳而获"的丰容理念："在人工饲养条件下，特别是在那些单一饲养操作模式下的动物园，如果拒绝为动物提供寻找食物的机会，致使动物的生物学需求无法满足，会直接导致动物沮丧和压力的增加。"通过环境丰容，为动物提供更复杂的刺激，能够让动物表达出丰容计划所预期的自然行为；动物应对各种环境刺激时所拥有的反应能力，正是动物在进化过程中获得的适应能力的表现。

丰容实践还能够协助组建健康完整的动物展示群体,这一点对群体中新出生的个体行为发育至关重要,群体中成年个体的行为技能也有机会在晚辈和后代中得到传承。

2. 丰容能有效提高管理水平和效率

动物园中,动物所处的位置、饲养管理操作实践、游客的组织都必须遵循一定的程式来达到一种安全、有效的运营状态。在保证动物福利的前提下,饲养员对动物所处位置的控制和相应位置的操作项,基本上能够体现日常管理的主要内容。丰容工作缓解了日常饲养管理对动物造成的压力,建立和维系了动物与饲养员之间的信任关系,使动物更愿意服从饲养员的操作安排,实现在游客参观时段到达指定区域的展示安排,保证动物园的展示内容和正常运营;另一方面,在对动物进行繁殖配对或其他目的的个体引入时,经过丰容的环境能够使每个个体拥有安全的庇护所和逃避路径,从而保证引入更安全、更有效。动物出于无聊或内部行为动机难以表达等原因,往往会对展区设施,如隔障、绿化、栖架等造成破坏,丰容工作为动物提供了更丰富的刺激,并允许动物通过自然的方式表达固有的行为动机,从而减少了动物对笼舍和设施的损耗。

3. 丰容有助于丰富游客体验,提高保护教育信息的可信度

缺乏活力的动物,会让动物园的展示效果大打折扣。任何高水平的动物园展示,都只能以高水平的动物福利为基础。"景观效果""传统氛围""文化格调",等等,都不能弥补糟糕的动物福利状态给游客参观体验造成的恶劣影响。如果一位游客在不同的时间参观,所看到的都是在同一个角落、保持同样姿势的同一种动物,动物园就会失去让游客再次造访的机会。在娱乐高度发达的年代,只有充满活力的动物才能保持动物园对公众的吸引力。相比于体型和外观,动物的动作和行为是更高级的展示内容,在这些动物行为中,丰富多变的具有典型物种特征的自然行为无疑最具有吸引力。对目前国内的动物园来说,直接参与物种的野外保护还不现实,对野外环境最大的支持就是面对公众开展以自然为主题的保护教育。仅仅是向游客展示动物的外观已经不能满足游客的需求,通过展示动物的行为、动物个体之间的交流、动物与生存环境之间的互动,可以在更深入、更广泛的层面上向游客传达保护教育信息。这种独特的、不可替代的教育方式有助于游客认识到动物和环境之间的依赖性,从而唤起人们的环境保护意识。同时,活跃、健康的动物会使动物园在公众面前保持正面形象,并获得更广泛的支持。

4. 丰容有助于提高保育项目的成功率

丰容的运行,直接改善动物个体福利,有效建立和维持动物展示群体;在物种繁育计划实施过程中,保证繁殖个体的安全引入,使动物获得更多的繁殖机会,提高珍稀物种自然繁殖率;繁殖的后代也有更多可能融入原有群体,获得更多生存技能,从而使幼体成活率显著提高;成年动物生活在一起并能够从成年个体学习生存技能的幼年动物,将具备更强的野外生存适应能力,为未来可能实施的再引入奠定基础。

5. 丰容最终会使饲养员受益

与未丰容环境中生活的动物相比,拥有良好丰容环境的动物个体会表达更完整的自然行为谱,特别是物种的典型行为和积极主动的社交行为。丰容环境中的动物具有更强的应变能力,更能主动配合饲养员的行为训练,并能更快掌握新的期望行为。另一方面,动物表达的广泛的自然行为谱又为饲养员教授动物新行为时应用的"行为捕捉"提

供了更多选择。"爱它们有多少，就给它们多少"，同样，动物也会对饲养员的付出给予回报，这种回报不仅体现在动物表现的更健康、更活跃，更加配合饲养员的日常操作和训练指令，还体现在"对饲养员进行了丰容"。也许一开始饲养员不会感受到动物给予的丰容效果，但饲养员会逐渐意识到与动物之间的关系愈来愈复杂：当动物在你的丰容实践作用下表现得越来越机敏、越来越聪明时，你会发现现有的知识和技能储备已经很难让动物兴奋起来了。这意味着你已经成功地在你和动物之间搭建了更高级的交流平台，在新的高度上，你甚至需要和动物"斗智斗勇"——你不得不更努力地吸取更多的知识，参考更广泛的信息资源。不知不觉中，你自己的精神状态也会更加积极、顽强。当你认识到这一点时，你应该感谢动物、感谢自己：丰容使你的人生更丰富，更积极。饲养员的这种自我提高，也会通过健康活跃的动物展示，影响到公众。

第三节 丰容实践的分类

每个人如今都可以从互联网上获得海量丰容实践信息，在面对令人眼花缭乱的各种资讯时，始终不要忘记丰容的目标是为动物创造不断变化的、兴致盎然的生活环境，并为它们提供各种挑战。你所提供的挑战难度应处于动物的操控能力范围之内，保证动物能够通过努力战胜挑战并获得正强化。无论将丰容项目划分到哪一类，丰容的实质不变。

一、丰容分类图表

在动物园的丰容工作实践中涵盖了众多富有想象力、独创性的技术、设施和实施过程。所有的这一切，都是为了给动物提供充分的情境前提，使动物接受更多、更复杂的环境刺激，并对这些刺激作出回应。丰容实践从模拟动物自然取食行为的设施和实践操作，例如人工建造的白蚁丘、利用PVC管加工改造的益智喂食器、切成小块并散布在展区各个角落的食物，到那些能提供更广泛的感官刺激的能够让动物操纵、玩耍和探索的器械和玩具；适宜的社群互动、包括物种内个体间互动和不同物种个体之间的互动，甚至包括正强化动物行为训练，都被认为是丰容实践。从更大的格局考虑，对老旧的、单一的混凝土笼舍进行的改造，例如在地表铺设更多种类的自然材料构成的垫材，或在展区中种植更多的植被，都属于丰容实践。丰容还在更高的层面和更广泛的范围发挥作用：在新展区的设计过程中，综合各方面专业贡献的"动物友好设计"，能够最大限度地为动物提供表达自然行为的机会，所以，这种新展区的设计实践活动，也被认为是丰容。由此可见，在动物园中，与动物直接或间接有关的一切考虑和实践，都可以视作丰容。

丰容几乎涵盖动物园的所有操作层面和环节，为了便于丰容工作持久、有效的开展，需要将各种丰容项目进行分类。对丰容进行分类，是建立丰容项目库的前提，更是制定丰容日常运行表的保证。丰容技术组织（SHAPE of Enrichment）将丰容实践划分成5个类别：

○ 社群丰容

○ 认知丰容

○ 物理环境丰容

○ 感知丰容

○ 食物丰容

这种分类方法清晰明了，有利于对纷杂的丰容实践进行归类、建档，便于纳入项目库中。有过丰容实践经验的饲养员都会注意到：任何一个丰容项目都可能具有跨类别的多个功能。比如，在兽舍中添加垫材，属于物理环境丰容项，但动物踩在垫料上会感受到新鲜的触觉刺激，又实现了感知丰容的目标；日常开展的正强化行为训练，不仅是重要的动物与饲养员之间的社会交流途径，同时也为动物创造了劳作取食的机会：在训练过程中，动物通过接收饲养员发出的指令，然后自主决定是否表达完成期望行为并获得食物强化。这一过程同样体现出食物丰容和认知丰容的关键要素。由此可见，每个类别不同的丰容项目之间都存在联系。正如图3-1所示：所有的类别，都是丰容整体实践的一部分，并和其他类别互有关联。

通过丰容分类图示，我们可以了解丰容工作的不同工作方向。各个工作方向的综合运用，目的都是为动物创造一种动态的圈养环境，例如：

○ 给动物提供攀爬设施、庇护所、营巢的材料以及丰富多变的允许动物"操控"的物品或材料等。

○ 为动物提供多样化的食物种类和变换的食物提供方式；应用多种方式加工食物或模拟自然状态为动物提供食物、隐藏食物等。

○ 为动物提供新鲜的感官刺激，例如冰块或来自其他动物个体的味觉刺激等。

○ 构建符合物种自然史需求的展示种群，维持和谐社群关系。

○ 为动物创造劳作机会，并保证动物付出劳作后会获得正强化。

○ 饲养员与野生动物之间通过正强化行为训练建立相互信任的关系。

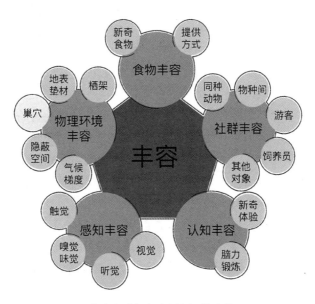

图3-1　丰容实践各个分项之间的关联图示

动物园必须意识到野生动物付出的代价，并对此心存感激。但仅有感激是不够的，这些大自然派驻人类社会的大使值得我们付出更多。我们付出再多的努力，与野生动物付出的代价相比，都是欠缺的。

二、食物丰容

食物丰容是最常用的丰容类型，对野生动物来说，吃是生活中最主要的内容，但吃可不仅仅是"吃"这么简单。当动物自由取食时，普遍显示出对劳作所得的食物的偏好，动物对食物有"显著的行为关联需求"（Dolins，1999）。"劳作取食"（Contra freeloading）实验证实很多动物宁愿通过"劳动和工作"获得食物，而不愿意直接吃现成的食物。

动物的自然取食过程包括寻找食物、获取食物、处理食物等一系列行为，这是物种自我强化的体现，必须允许它们有表达这些物种典型行为的机会。表达行为并获取食物，对动物在未来能否保持其自然取食行为非常重要，自然取食行为也是动物保留野外生存能力的关键，对物种存续具有现实意义。即使动物终生都会在动物园中生活，食物丰容仍然有多重积极影响：动物内在的行为动机决定了它们更倾向于劳作取食，食物丰容使个体内在行为动机产生的压力得到释放的机会。食物丰容是通过引发动物"劳作"或"思考"获取食物的任何方式，对动物来说食物本身就是强化物。动物通过自己的"劳作"获得食物的同时，得到强化，这一点对整个"劳作"过程中出现的多种自然行为的保持非常重要。游客更希望看到"劳作"中的动物表现的自然行为，食物丰容对动物和游客来说都是最受欢迎的。食物丰容也会作用于饲养员：选择恰当的方式给动物提供食物，是日常饲养管理工作中最重要的内容之一。食物本身就是强化物，要么让动物自己强化自己，要么饲养员通过正强化行为训练强化动物。

食物丰容主要有两种途径：为动物提供多变的食物和不断改变为动物提供食物的方式。无论采用哪种途径，都要认识到：动物每次获得一点食物，都是一次丰容或行为训练的机会。在动物获得食物过程中，饲养员应该参照物种自然史资料和个体生长经历，尽量为动物提供多项环境刺激，将每一次食物丰容的机会充分利用，不要拘泥于丰容类别的限制而白白浪费了与动物之间建立信任关系的机会。

总之，动物对食物有多期待，饲养员就应该对食物丰容有多重视。

（一）新奇食物

新奇食物指能为动物带来新鲜感的食物，通常不在常规饲料的清单当中，甚至是动物并不想吃掉的食物。动物园受到知识和运行效率等方面的限制，为动物提供的食物种类相比大自然的馈赠要单一许多。新奇食物可以引起动物多种行为能力的锻炼和感觉器官的综合调用，甚至刺激动物开动脑筋思考应对，在这方面对动物健康发挥的作用甚至远远大于食物本身的营养价值。例如季节性食物，包括季节性水果、植物嫩芽、花朵等等；或平时很少提供的"特制"食品，如水果冰棒、果汁果冻、血液果冻等等。

更多的为不同物种提供新奇食物的详细信息，请参照SHAPE等一些网站分享的丰容资料库。在美国动物园饲养员协会（AAZK）编写、亚洲动物基金（AAF）和中国动物园协会（CAZG）组织编译的《丰容指南》中，甚至还提供了多种新奇食物的"烹饪食谱"。

在为动物提供新奇食物时，饲养员需要与动物营养师和兽医预先讨论，以免造成中毒、消化不良、营养失衡等。记住，新奇食物的意义远远不限于为动物提供营养需要。

（二）变化喂食方式

1. 变化喂食方式的意义

自然状态下的绝大多数动物的完整觅食过程包括：动物通过对环境气味、声音和视觉因素的判断，意识到食物的存在；通过追踪气味痕迹等途径搜寻食物，通过追逐、捕捉、猎杀、挖掘、攀爬、探索或长距离游走来获得食物；得到食物后，动物发挥物种特有的行为能力来处理食物：撕开猎物尸体、抓碎整个的水果、敲开坚果的硬壳，等等。在这一过程中，动物的所有感官几乎都会参与，各种生存技能都得到锻炼和强化的机会，这一点正是食物丰容的终极追求。

在野外，动物获得食物都需要付出时间和精力，觅食往往占用了动物能量消耗和活跃时间分配的绝大部分；每个物种都有其特殊的、典型的进食/捕食行为，这些进化的结果形成动物身体上、生理上及行为方面对取食的适应；人工圈养环境中，野生动物长期进化所形成的自然觅食行为被机械的喂食方式抑制，觅食的行为动机无处释放并渐渐形成内在压力；被剥夺了劳作取食机会的动物会寻求其他行为方式缓解内在压力，这往往导致不可预测的"非期望行为"，最常见的就是刻板行为。

理解取食行为对动物的重要性，可以让我们认识到游客投喂的严重危害：不可控的食物构成和来源会给动物带来健康隐患；动物园以"亲密接触动物"为借口的有组织的投喂活动，实际上剥夺了动物"劳作取食"的机会，本质上是以牺牲动物福利为代价的创收途径；任何形式的投喂都会导致动物对投食者做出"乞食行为"，这种行为在自然界不会出现，是一种恶劣的非自然行为，会直接导致动物园保护教育信息传达的失败。

2. 变化喂食方式的操作建议

增加动物觅食活动量的目的在于延长取食时间和增加取食过程中的能量消耗，而增加动物取食难度的重点在于创造挑战，让动物在获得食物过程中表达更丰富的行为。常用的操作实践包括：

〇 粗加工——不对食物进行精细加工，把处理食物的工作留给动物，例如给动物提供带皮毛的尸块、完整的瓜果、蔬菜。

〇 分散饲料——将小块的饲料分散到展区各处，例如种子、昆虫、蔬菜水果小块；给食肉动物提供饲料时可以将肉块分割成个小份，分散到展区内的角落或栖架上，增加觅食过程的运动量；食草动物的饲料，无论是草料还是颗粒饲料，都应该尽量分散以延长动物觅食距离和时间。

〇 藏匿食物——将小块饲料藏匿到展区的各个空间，如树洞中，石块下，草堆里，地面下；或者放进密封容器，如把肉块用稻草包裹后藏在纸壳制成的"猎物"体内等等；展区中应该铺垫各种自然材料的地表垫层，以便埋藏食物；将隐匿或埋藏食物的位置相对集中于游客参观面附近，使游客看到各种有趣的动物觅食行为，丰富游客的参观体验。

〇 益智喂食器——在动物园行业中几十年来积累的各种各样的"益智喂食器"的资料，是取之不尽的宝库：喂食管、复杂喂食管、喂食桶、喂食球、食物串、喂食篮、喂食瓶、喂食盒、喂食板、门式喂食器、抽屉式喂食器、层叠式喂食器、悬挂喂食、喂食桩等等，从丰容资讯网站上都可以获得具体的设计制作或应用说明。

○ 在笼舍外提供饲料——上面提到的多种喂食器，除了在展区内应用，也可以应用在采用围网隔障围护的笼舍以外。在笼舍外设置的喂食器可以增加动物的取食难度，同时也便于饲养员清理、填充和更换。豹子、灵长类、熊等善于攀爬的动物可以应用顶部喂食盒/笼；大象等其他食草动物等不善于攀爬的动物可以应用侧壁喂食盒/笼，等等。

食物丰容往往是开展丰容工作的切入点，因为动物会积极回应。饲养员也最容易在食物丰容工作中获得成就感，这也导致了在动物园中食物丰容往往占据很大比重。随着对其他类型丰容实践的认识和运用，食物丰容所占比重应该有所下降。

三、感知丰容

感知丰容的目的是刺激和锻炼动物的感觉，包括触觉、嗅觉/味觉、听觉、视觉等等。动物感知环境刺激是行为反应的前提。野外环境中的刺激是多样的，尽管每种动物的感官能力有所侧重，但以下感知丰容措施具有普遍适用性：

1. 触觉丰容

相比展区人工建筑材料冰冷坚硬的质感，麻布、树皮、纸张、羽毛、水体以及水中的浮标都可以为动物提供丰富的触觉刺激。水中的浮标、绑在弹簧上的麻袋和弹力绳上的羽毛一样，因为会借着浮力或弹力的作用产生与动物行为的"对抗性"而使动物兴致盎然。松散的麻袋、刷子、绳索、人造草皮、木屑、松木刨花、泡沫、气流、悬挂的树枝和滚筒等等都会为动物带来更多的触觉体验；大象、犀牛等厚皮动物，往往需要更多的"蹭痒"设施；蜥蜴和蛇也需要丰富的环境表面质感，以保证顺利蜕皮。

2. 嗅觉/味觉丰容

同种动物或异种动物的分泌物、动物粪便、芳香植物、毛发、其他动物使用过的垫料等都可以成为天然气味丰容物；人工合成香精、香水也会对多数猫科动物产生积极的刺激。处于发情期的动物对异性气味非常敏感；将气味丰容和展示位点相结合，往往会使动物在游客参观视线范围内表达更丰富的自然行为。

3. 听觉丰容

所有可以让动物摆弄后发声的器物，如铃铛、空心的原木或类似沙锤的能发声的东西都会对动物的探究行为产生听觉回应；在展区周边播放展示动物自然生态中其他动物的鸣叫声和自然的流水声、树叶声等声音，不仅有利于营造展区气氛，同时也是对动物的听觉刺激。美国圣地亚哥动物园在大型灵长类展区的后台播放舒缓的轻音乐，用于缓解动物在狭小空间中承受的日常操作噪声形成的压力。

4. 视觉丰容

在圈舍内，为动物提供镜子、染色的垫料、悬挂的光盘和五颜六色的木块都是行之有效的视觉丰容措施；在圈舍外，悬挂的光盘、玻璃幕墙上的黏性玩具、遥控汽车或其他快速移动的物体、风中摇曳的羽毛和动物能看到的临近展区的其他动物，都会对动物产生视觉刺激。

四、社群丰容

社群丰容对动物福利的重要性被忽略得太久，出于害怕动物打斗、食物摄入量不易控制、外来个体难以融入群体等原因，很多群居性动物被单独圈养，或者仅仅为了满足繁殖的需要而成对饲养。

对群居物种来说，生活在群体中会使它们感到安全，群体成员间的交流有助于表达情感，消除压力，建立、巩固等级关系，学习新技能，等等。即使是独居动物，在野外也不会真正"独居"，它们会观察、探索，或与其他物种互动，例如寻找、识别，或研究同类留下的痕迹。对于群居动物来说，没有什么比让动物生活在一个合理的群体中更有利于动物福利的提升了。经过科学的社群构建实现的同种动物或异种动物的混养，会为每个动物个体带来更多的互动机会；精心设计的"视觉混养"也会对彼此可见却不可触及的动物产生社群丰容作用；通过分配通道系统使动物获得到达其他动物生活环境的机会，感受到探索陌生环境的惊险刺激，对动物来说更是具有挑战性的体验。在美国费城动物园实施的"Zoo 360°"项目，就是这种思路的应用范例。

动物的社群丰容往往对动物行为产生巨大的影响，无论是独居动物还是群居动物，都需要进行社群丰容。有多种途径可以应用于社群丰容，由于受到以往认识水平的限制，以下重要的社群丰容尚未引起足够重视：

○ 所有会引起动物注意，并与动物"互动"的东西，如镜子、不倒翁玩具、浮力玩具、弹性物体、悬挂的大型物体、斜坡上总是滚下来的大球，等等，尽管不是其他动物，却因为能够给该个体带来与环境因素的互动机会而引起动物的关注。

○ 临近笼舍的野生动物，例如在临近动物活动区域安置野鸟喂食平台、为园区内生活的本土野生动物提供水源或庇护所，都能将这些动物吸引到笼舍附近，为圈养动物带来新鲜刺激。

○ 饲养员是动物的重要社群丰容要素。饲养员日常操作与动物之间的互动对动物来说是不可避免的交往体验；训练员、兽医，也是动物不得不面对的互动对象，鉴于此，任何一位动物保育人员都应该尊重动物、规范行为，并通过正强化行为训练建立与动物之间的信任关系，以减少动物在日常操作中承受的压力。

○ 游客对动物来说也是社群丰容因素。保证游客与动物之间的良性互动必须以展区设施设计为基础，并在此基础上对游客参观行为进行引导。任何一家动物园在解决设施缺陷之前一味指责游客的不文明行为，是推脱责任的表现，更是对动物福利的漠视。

五、物理环境丰容

物理环境丰容不仅是对原有展区单一性的补充，也奠定了其他丰容类别的运行基础，是"动物友好设计"中最应该重视的设计内容。物理环境丰容大致概括为以下几方面：

1. 栖架设置

栖架/攀爬设施的丰富性和多样性体现在直径、质地、高度、高差、弹性、可移动性等方面；以目的为导向的天然风格和人工风格栖架的应用都可以发挥为动物创造自然行为表达机会和提高展区空间利用率的作用；在群养条件下，应保障每只动物个体都有机会使用栖架。

2. 地表垫材

垫材多样化能够为动物提供更丰富的环境刺激和选择机会，同时也是其他丰容类别的重要载体。垫材变化性体现在质地、颗粒度、深度、可搬运性、可变性（变形、撕扯）等方面。常见垫材包括：松散的泥土、沙土、腐殖土、水、泥塘、木片、木屑、树皮块、园林护根、小石块、原木堆、夯实的泥土、石块、石板、草地、灌木、新鲜树叶、干枯树叶、稻草等。

提供垫材的方式也可以是多样的，例如通过淋浴、水池、溪流等途径提供水；成堆提供固态垫材，如土堆、草堆、木屑堆，让动物自己刨散开；室外展区往往需要不同垫材的组合，对各种材质的选择应符合动物自然史信息、展示群体构成等方面的需求，保证垫材能够为每个个体提供刺激和机会。垫材的组合越丰富越好；位于游客参观面附近的垫材，可以延伸到展区外游客参观中，游客脚下的垫材如果与动物展区内垫材一致，会让游客有机会体验动物的生活环境，这种材质延伸，是沉浸式展区设计概念的常见应用。

3. 为动物提供巢穴/营巢材料

即使在单独动物个体展区中，提供的巢穴也应不止一处，留给动物选择机会；给群居动物提供巢穴时，应保证数量充足，减少因为争夺巢穴引发的过度攻击行为；考虑到动物的选择偏好，在巢穴的尺寸、质地、朝向等方面应存在差异，形成多样化；有些动物善于自己营造巢穴，在展区中应该为它们提供自己动手建造巢穴的场所和材料。为动物提供的营巢材料不仅要求数量充足，同样也要求形式多样，材料的质地、可搬运性、可"加工"性等特性都要有所考虑，给动物选择和进一步加工的机会，直至动物自己满意。

4. 提供庇护所、隐蔽处、视觉屏障，这三种设施既有联系，也有区别，能够有效降低动物承受的环境压力

庇护所指展区内的安全居所，为动物提供躲避日晒、淋雨和冷风的场所。设计时应注意多样化的朝向和高度、多个入口和出口、没有死胡同、弱势动物遭到追赶时不会受困；隐蔽处指能够让动物体会到躲避感的物体或植被。群居动物展区中提供足够的隐蔽处，能够为动物创造隐蔽取食的条件，有效减少因为取食引发的攻击行为；利用动物的行为特点，可以将动物更乐于选择的隐蔽处与展示参观面结合，既保证动物福利，又能丰富游客的参观体验；视线屏障指部分阻挡视线的设施，主要应用于防止动物见到参观者、防止动物见到同一展区内或展区外的其他动物、在游客参观区设置局部视线屏障，避免360°环视参观。视觉屏障不仅会减少展区内动物承受的视觉压力，还有助于对游客的参观行进过程进行调动和组织。

5. 展区内小环境的气候梯度营造，为动物提供更多选择

对所有动物来说，气候条件梯度都是生存的基本保障。气候梯度包括可见光、紫外线的光线梯度；加热点与周围大环境之间的温度梯度；由水池、湿地和干燥环境构成的湿度梯度；在展区不同位置，由不同通风量、风速形成的通风梯度等。

6. 隔障方式选择和设计建造

隔障设计不仅要考虑限制动物活动范围和游客的参观感受，也要照顾动物福利。曾经风靡一时的壕沟隔障尽管可以创造在游客眼中"自然的、无视觉障碍"的展示效果，但由于壕沟本身占地面积往往会导致动物活动面积减少而与动物福利形成竞争。现代动

物园已经重新审视这种隔障方式的应用，并开始拆除壕沟，采用对动物更友好的使用钢丝绳编织网建造的顶部封闭展区。这种展区围护形式会为动物提供更大、更有效的活动空间。

展区隔障设计，不仅用于控制动物的活动范围，还应发挥分区作用，为动物提供视觉屏障和庇护所。隔障本身也应该成为动物可以利用的丰容资源，例如攀爬、遮阴或用于藏匿或分散食物。为了保证上述功能，建议将多数展示兽舍和展区都设计成不锈钢绳网封顶的形式，特别是猫科动物和灵长类动物。这种封闭空间带来的参观视觉上的"损失"相比动物获得的更多丰容机会来说，可以接受，况且这种"损失"可以通过多种形式进行弥补。

7. 为动物提供必要的功能空间，并保证空间应用的灵活性

目前国内动物园普遍存在展区功能空间不足的现象，缓冲区的功能没有引起足够重视。其根本原因是多数动物园的动物饲养管理水平原始、落后，不思进取，没有主动设法提高动物福利。设置临时缓冲区可以根据实际需要转换成展示区、合笼交配区、个体引入缓冲区、产仔区、隔离区等。国内动物园中饲养展示着大批食草动物，由此产生的游客参观和清理活动场时产生的裹挟着粪便的扬尘污染之间的矛盾日益突出，解决这个矛盾最有效的方法就是增加夜间隔离区，减少展区内的粪便量，同时为锯茸等必要的管理措施提供与游客视线隔离的操作、恢复区，以免给游客造成负面体验。

在各区域之间为动物创造非接触感知或有限接触机会，如在板材门上面开孔，设置方格网和插板，形成可以打招呼的门。这种设计是实现分步动物引见的基础，会有效提高社群构建的成功率；在动物活动范围内预设功能拓展基础，展区地面设置"坑式"区域，便于增添、变更或移除地表垫材；使用大量锚具位点和圆环螺栓，用于固定喂食器、栖架、吊床等丰容设施，并且为固定临时隔障提供固定位点，以便实现临时性区域分割，这种功能预留设计会有助于成功合群。

在创造空间灵活性的同时，让不同动物在不同的时间段分别享用特殊设计的"丰容空间"可以解决为动物提供高品质的丰容项目和展区维护工作量增加之间的冲突，这种新的功能空间的补充，目前已经成为一种设计趋势。

展区排水设计要考虑到清扫方式的需要和动物粪便的物理性质以及排便行为特点，多数情况下需要加大排水坡度、扩大排污管道口径以保证排水通畅。室内排水管道尽量采用明沟排水以便于排水系统的清理维护；在使用生态垫层的室内或室外展区，应进行特殊的排水设计，并通过正确的维护方式，例如对消毒剂的选择、翻动的频率和材料更换周期等环节的控制，保证生态垫层的使用寿命和卫生标准。

六、认知丰容

认知丰容涵盖范围很广，几乎任何丰容手段都会引发动物的思考和判断，但以下措施对动物的脑力开发具有更直接的作用，例如益智喂食器、为动物提供新奇的体验、为动物解决问题创造机会和条件等等。日常正强化行为训练也是开发动物智力的有效方式，在训练过程中，动物有机会领会指令的意义，并通过行为反应和对行为结果的感受完成学习过程。在这个过程中不仅能够建立动物与饲养员之间的信任，甚至能为动物带来顿悟的快乐。正强化行为训练能够极大地提高动物福利，在这种训练过程中，允许动

物说"不"。饲养员所做的努力就是让动物觉得"值得为我们做些什么"。多数情况下，饲养员使用食物作为强化物，训练过程模拟了野外条件下动物通过"劳作"获取食物的状态：动物感受刺激、判断刺激并采取措施，直至获得食物。饲养员应用正强化行为训练的方法对动物实施主动脱敏，帮助动物战胜恐惧，参与到日常饲养管理或兽医诊疗操作中，例如串笼、采血、体检等。尽管动物园可以提供很多保障动物健康和福利的方法，但是这些方法手段的应用前提就是脱敏训练。饲养员通过正强化训练，有效保证展示群体的稳定，减少过度的攻击行为，奖励处于统治地位的动物个体允许弱势动物个体分享食物。最重要的一点是，作为认知丰容重要组成部分之一的正强化行为训练对保障动物的心理健康能产生积极的、不可替代的作用。

无论采用哪种丰容措施，都应该遵循丰容工作以目标为导向的原则。保障丰容达到预期目标的途径是：

○ 赋予力量——保证动物可以控制一部分环境因素；

○ 提供机会——动物有选择余地，有选择能力、处理能力，动物对丰容物的忽略也是一种选择；

○ 保证动物处于控制地位——动物可以选择是否参与丰容或训练项目。

物种自然史和动物个体生长经历是丰容计划的设计依据。丰容工作是知识、技术、投入精力与饲养员爱心的综合应用，这几个方面缺一不可。尽管互联网时代使知识和技术的获取变得轻而易举，但饲养员的爱心和投入的精力无法通过管理规定和工作检查得到提高。对任何一家动物园来说，没有饲养员主动积极参与的丰容工作都是短寿的；尽管动物福利状态难以通过数字化的形式进行评估，但提高动物福利所采取的具体措施产生的行为改变必须应用科学方法进行评估，这也是保障按照目的为导向开展丰容的必要环节。

对丰容实践进行分类，是为了在汇总丰容项目库和制定日常运行表时保证给动物提供全面的刺激范围和选择机会。了解丰容实践各项分类的不同侧重点，并遵循丰容实践的共性要求，是保证丰容工作常做常新的必由之路。

第四节　丰容工作的运行保障

丰容是在熟习物种自然史、掌握丰容原理的前提下，以改善动物福利为目的所进行的主动实践。在实践过程中，工作的主体必然是每天照顾动物的饲养员，只有以饲养员为主导的丰容工作才可能持续。同时，丰容又需要多部门携手合作，基建、设备维护、绿化，乃至财务、后勤、宣传、教育等各部门协同，都是丰容工作高效运行和持续进步的保障。

一、遵循丰容指导方针

动物园不同于救护中心、养殖场、实验室和宠物店，动物园是面向公众的"综合保护和保护教育"机构，丰容项目的设计和运行都应该遵循《为野生动物创建未来——世界动物园和水族馆保护策略》中明确的指导方针。这些方针包括：

○ 在动物园和水族馆里虽然无法复制野外环境，但应尽可能重建动物的自然环境，并考虑动物在行为及生理方面的需求。

○ 特别要让动物能够展现其自然行为，不能因为口渴、饥饿、营养不良、疼痛、外伤、疾病、不安、恐惧、忧伤等原因而受苦。

○ 鼓励动物园和水族馆超越现有的最低标准，维持种群的健康和不受干扰的动物行为，以满足保护的目的，并向公众传达正面的保护信息。

○ 所有圈养的目标都应该建立在最佳的科学基础上，采取更高的动物福利标准。

○ 所有动物园和水族馆应该确保其动物，包括那些没有公开展览的动物，是在可让动物展现其自然行为的环境中饲养的。

○ 动物笼舍除了要有足够的空间和适宜的结构，开展丰容工作也是必需的，这样才能满足动物在野外普遍表达的行为多样性及体验多样性的需求。

○ 对野生动物在圈养环境下的管理应该进行不断的评估和审查。这对于动物园和水族馆的未来，对于实现其保护、教育和科研等核心目标的能力都至关重要。

二、全园整合，统一认识

成功的丰容工作运行必须以全园资源整合和各部门之间的协调一致为前提，这种整体运行体现在行政主管部门、教育部门、科研部门、兽医部门、公共关系部门、园容绿化部门等与动物饲养管理部门一道协同开展丰容工作。尽管上述各部门可能并不直接参与丰容实践，但也应该从各部门的职责出发对丰容工作给予支持。例如在展区中使用的行为工程学外观风格的丰容项目可能会引起游客的误解，将展区内的纸箱、PVC取食器看作"垃圾"，这时候需要宣传部门和保护教育部门的说明引导，使丰容工作获得更广泛的支持；落叶是大自然在一年当中不断给予圈养动物的馈赠，无论作为食物或者地表垫材都会提高动物福利，如果各级领导仅出于防火的顾虑或卫生、景观的"标准"而剥夺了动物享受落叶的机会，无异于因噎废食；如果在展区中建造的隐蔽所使动物有时处于游客视线之外，影响游客参观体验，公关部门应该发挥作用，向游客介绍丰容的意义，而不能简单粗暴地拆除一切遮蔽物，让动物长时间地暴露在游客视线压力之下。

各级管理机构和相关部门应对以下认识达成一致：简单进行展区面积扩大并不一定能够提高某些动物的福利状况，根据物种自然史信息增加的展区环境复杂程度往往能够更有效地改善动物福利；在动物园面积有限的情况下一味追求"视觉无障碍"的游客参观方式，必然会损害动物利益，这种损害不仅体现在壕沟占用了大量的土地资源，也体现在开敞的展区对丰容设施应用的限制；丰容工作的目标是提高动物个体的福利水平，在群体饲养展示条件下开展的丰容工作一定要注意惠及每个动物个体，"让个别动物受委屈，但多数动物感觉更好"这种说辞是无稽之谈。

活体动物作为圈养野生动物的饲料，往往会引发部分游客的反感，特别是将活体脊椎动物作为饲料在展区内直接提供给食肉动物时往往引发抗议。这种难以通过公关部门和教育部门处理的问题只有在隔离区通过食物丰容操作的方式解决；展区内野生动物在繁殖期间的争斗、交配行为，也可能使部分游客感到不安和尴尬，需要保护教育部门在展区现场开展更多的教育说明工作，以维持这种自然行为的表达机会。

丰容的开展和顺利运行，需要全园统一认识，统一行动。在推行丰容工作过程中，唯一的行为准则是提高动物福利。

第五节 丰容原则——针对个体

动物福利只与动物个体有关，作为提高动物福利措施之一的丰容程序，也必须以提高动物个体福利水平为目的。只有个体在丰容条件下表现出可以被观察到的行为改善，才意味着动物福利水平的提高。只针对动物个体制定丰容计划、项目实施和结果评估，是丰容工作的原则。尽管对动物福利水平的评估难免带有主观性，但有一点必须达成共识：丰容应以野生动物在自然栖息地中所表现的习性状态作为物种行为健康的参照，并通过丰容工作的开展弥补人工饲养条件与野外栖息地之间的差异；除了依据该物种的自然史信息，动物个体成长环境和经历的特殊事件、个体偏好、脾气秉性同样是制定丰容计划的重要依据。

在开展丰容之前，我们需要对动物个体的以下信息进行收集，并加以分析

1. 物种自然史信息，主要包括该物种的简要演化过程、物种特征、典型行为、繁殖生物学特点、与环境因素的关系和互动方式，等等。在制定丰容计划前，我们应提出并解答的问题主要包括：

○ 动物的野外生态环境是什么类型的，荒漠？热带雨林？湿地？

○ 动物自然栖息地的地表覆盖物是什么，石块？腐殖土？落叶？沙子？

○ 动物野外环境的湿度、温度范围是多大？有没有季节性变化？当温度或天气变化时，生活在野外的动物如何对这些变化做出回应？

○ 动物在野外藏身的位置在哪，树上？洞穴中？草丛里？

○ 动物在野外状态下是树栖的、陆栖的还是水栖的？或者有时会栖息于不同的环境？

○ 一天中什么时候动物最活跃，白天？夜晚？晨昏活动？活跃模式是否随季节而改变？

○ 动物在野外的主要威胁是什么？是否反抗天敌？逃避天敌的方式是什么，逃跑？隐蔽？伪装？

○ 动物与同种动物进行沟通、察觉天敌的方式是什么？寻找食物、交配机会或其他伙伴的主要感官是什么，视觉？嗅觉？听觉？

○ 什么是使动物自身感到舒适的行为，互相梳理毛发？沙浴？在泥水里打滚？晒太阳？

○ 动物的自然社会结构是怎样的？究竟是单独的、成对的、一雄多雌还是一雌多雄的？群体内的动物个体数量的平均范围是多少？

○ 同一群体中个体间的平均距离是多少？相邻两个群之间的平均距离是多少？

○ 该种动物最主要的社会行为有哪些？攻击行为经常发生吗？求偶行为是什么？通过什么行为确定该个体在群体中的社会地位？哪些行为是玩耍行为？

○ 动物的社群结构是随季节变化还是一生不变？是否会临时组成亚成体群、单身汉群？

○ 动物是否保护他们的领地？如何保护，粪尿标记？鸣叫？领地的规模？

○ 动物是否随季节变化在不同的栖息地之间迁徙？每种栖息地各有哪些特征？哪些特征是动物所偏好的？

○ 动物如何获得交配机会，通过炫耀？通过标记？炫耀行为是什么？标记方式是什么？

○ 动物在哪里哺育幼体？在巢里，巢的位置、大小是怎样的？在洞穴里，它们使用什么材料筑巢或营造洞穴？

○ 父母是否同时照顾幼体？幼体是早成的还是晚成的？幼体要被父母照顾多久？

○ 动物在野外的食物类型是什么，杂食性？食肉？食草？食虫？食物是否随季节变化？是否随年龄变化？

○ 动物在野外的主要食物是什么？它需要吃多少种食物？采取何种行为去寻找和获得食物？是否通过使用工具获得食物？是否储藏或藏匿食物？

○ 动物在哪里休息或睡觉？

获得这些信息有多种渠道，图书馆和负责任的网站是可靠的信息来源。

2. 动物的个体生长经历、生长环境和偏好

应该通过详细的动物档案提前了解该动物个体有何种健康问题，是否患有关节炎、肥胖症、糖尿病、肢体损伤等等；该动物个体有何种行为方面的问题？是否有过对特殊事件的恐惧？是否存在攻击行为？是否有过刻板行为，甚至自残行为？等等；该个体以往的生活环境是什么样的？是否曾经从展区逃逸？该个体是否是人工育幼个体？否曾经接受过动物行为训练？接受的是传统动物行为训练还是现代动物行为训练？等等。

3. 动物在动物园中的主要"职责"

对于重点繁育物种，丰容的主要目的是在繁育的不同时期，例如配对、营巢、生产、育幼阶段鼓励自然繁殖行为的表达和繁育过程的成功。气味丰容、社群丰容都是工作重点。在动物管理区配备安全的个体间相互引见的串门、为动物创造相对干扰较少的生产和育幼环境、为动物准备充足的庇护所和营巢、筑巢材料和条件等方面都是工作重点。在动物繁育区，各处的隔障应避免对动物幼体造成损伤，隔障缝隙也要考虑动物幼体的体型，以免造成动物幼体逃逸或嵌塞。

对于展示动物，或处于繁殖期以外的动物个体，应该综合应用各种丰容方式以保持动物的活力和自然行为的表达。为了提高展示效果，可以根据游客参观时段调整操作日程以保证动物的活跃时段与相对集中的游客参观时段相符；展区内结合展示参观面布置"丰容区域"，例如在这些游客视线最好的位置增加地表铺垫物的复杂性、设置红外加热板、在垫层中藏匿食物或提供其他方式的感知丰容措施，会使动物有更多的时间出现在游客最佳的视线范围内，并高频率地展示自然行为。

作为保护教育程序中最吸引人的组成部分，项目动物的丰容应该以社群丰容为主。在日常饲养管理过程中加强交流，建立饲养员、保护教育工作者与项目动物之间的信任；通过正强化行为训练方式使动物对不同人员的靠近和接触脱敏；在日常利用各种机会保

持项目动物和饲养员或游客之间的互动，使项目动物在公众面前感受的压力逐渐减少，并能够按照饲养员的指令表达符合教育程序需要的该物种的典型自然行为。

对于计划实施再引入项目的动物，饲养员应注重减少和动物之间的互动，穿戴伪装服以弱化人类形象，动物生活环境应远离人类因素的干扰；在饲养环境中注重食物丰容，增加取食难度，模拟该物种在野外获取食物的全部程序；尽量创造与放归地点相似的环境，为动物保持多种自然行为奠定基础；社群丰容以增加动物与野外可能遇见的同种或异种动物之间的交流为主；必要时采用缓冲放归过渡方式。

4. 繁殖期个体丰容要点

发情期、交配期的动物往往具有攻击性，对异性气味敏感，雄性动物展示求偶、炫耀行为。为了减少这个阶段频发的攻击行为，或者为处于劣势的雌性提供庇护，应该在环境中增加弱势个体逃逸路线、视觉屏障和庇护所。

怀孕期、临产和育幼的动物环境应当避免来自游客、饲养员和其他个体的干扰，展区中增加庇护所和动物营巢材料。一般情况下，和幼体在一起的母体往往较平常更具有攻击性，饲养员在进行日常操作与动物接触过程中应当注意安全。需要强调的是：任何先进设备和技术支撑的人工育幼都不及自然育幼更能保证幼体的身体和行为、生理和心理的健康发育。

5. 老年、幼年个体丰容要点

老年动物由于患病风险增加，应加强日常体检频率，所以作为社群丰容组成部分的正强化行为训练应当成为丰容工作的重点；老年动物活动能力减退，展区中的丰容设施高度、操作难度、强度和坡度都需要进行适度调整，以避免年老动物个体生活过于艰难。

对幼年动物来说，尽最大努力保障幼体和成年动物一起生活是最重要的丰容手段；幼年动物往往活动能力强、好奇心强，是丰容工作的重点对象，但同时也应避免展区设施可能对幼年动物造成的损害，因为往往这些设施都是为了成年动物设计的。

6. 不同性别个体丰容要点

群居动物中，不同性别的动物生长环境可能存在差异。例如，动物园中大量饲养展出的鹿科动物，为了减少个体间的攻击行为，有些动物园会将所有成年雄性个体合群，并与雌性个体隔离饲养。雄鹿鹿角生长过程中，有一段时间会出现鹿角表面绒皮脱落的现象，此时可以在展区内悬挂一些粗树枝，提供剐蹭鹿角绒皮的机会，以促进绒皮脱落。这个过程不仅是精彩的展示内容，也是难得的现场保护教育讲解机会。

性别不同、繁殖角色不同、需求不同、典型行为不同、力量攻击力不同，这些因素都是丰容计划制定时需要考虑的因素。例如，雄性红腹角雉展示典型求偶炫耀行为的前提条件是在环境中具有足够大的隐蔽物，如果我们的丰容目标是这个雄性红腹角雉个体表达求偶炫耀行为，那么就必须在展区中安置一块大石块、一个矮土丘、一段粗树干或者一丛灌木，以形成动物表达自然行为的情境前提。

7. 社群中不同等级地位个体的丰容要点

通过正强化行为训练鼓励处于统治地位的动物个体与弱势动物个体分享食物，减少统治个体对弱势个体的过度攻击行为；在环境中提供充足的隐蔽空间和便捷的逃逸通道，以减少弱势个体承受的来自统治个体的压力。在提供丰容设施时，注意做到分散提供，并保证设施数量一定多于社群中动物个体数量，避免由于资源竞争引发的过度攻击行为。

8．个体偏好

提供两个或更多选择，观察动物更喜欢哪个设施、哪种饲料、哪种地表铺垫物等，以便了解动物的个体偏好；动物对饲养员也有偏好，一种普遍的现象是大型凶猛动物往往偏爱女性饲养员，但也有些灵长类动物喜欢"欺负"女性饲养员。了解动物偏好，并不妨碍其他丰容项目的运行，应继续为动物提供多种选择，但应确保所提供的选择中包含了动物最喜欢的丰容项。

9．特殊事件

个体成长过程中经历的意外伤害、逃逸事件、人工育幼阶段等特殊经历都会影响丰容项目的运行效果。特殊事件的影响往往是深远的，在经典条件作用下，当有些中性刺激转变为条件刺激之后，尽管在一段时间内没有受到无条件刺激的强化而不再引起动物特定的行为反应，但我们在制定丰容计划时，应考虑到经典条件作用的自然恢复现象，并对个体所经历过的特殊事件谨慎对待。

丰容与提高动物福利的各项措施一样，必须以动物个体为工作对象，动物个体的多种因素都需要考虑在内。为每一个动物个体提供力量和选择才是最切实的丰容；同样，丰容计划的制定也必须建立在动物个体的基础上。

第六节　丰容项目运行

开展丰容工作，首先需要饲养员改变观念、工作习惯以及知识结构；改变把饲养野生动物当作是"喂牲口"的工作方式；了解动物的需求、了解动物在圈养下所承受的压力和以往不被人们在意的痛苦；改变每日除了打扫、喂食外别无他事的工作习惯，用更多时间观察动物的行为、它们之间的交流和情感表达方式；改变不愿学习、不愿查阅资料的习惯，多翻阅书籍文献、观看野外拍摄的动物视频资料；改变简单通过不可靠网站收集动物信息的习惯，多从美国动物园与水族馆协会（AZA）、欧洲动物园与水族馆协会（EAZA）、美国动物园协会（ZAA）、丰容技术网站（SHAPE）等专业网站获得必要的资料。丰容工作所要求的持续变化性，也决定了饲养员必须具备持续学习的能力。

目前在国内动物园中进行的丰容工作大多数还处于借鉴尝试阶段，即按照多方获取的资料实施丰容项目。这一阶段的特点是尽管运行了大量的丰容项目，但丰容项目设计不规范，很少以目标为导向，更多表现在对丰容效果缺乏评估。尽管通过观察动物在丰容前后的不同反应，就能让我们初步判断这个项目的效果，但这种判断往往是定性的。未经应用行为学研究方法进行量化评估的丰容项目几乎没有持续改进的可能，直接的结果就是丰容工作水平停滞不前。现代动物园已经进入以丰容项目库和运行表的应用为特点的日常运行阶段，在这些动物园中，饲养员是丰容的主导者，他们的热情与智慧是最强大的丰容源动力。

丰容项目的运行环节较多，为了便于掌握各个环节的工作重点，可以大致将丰容项目运行过程划分为五个阶段：

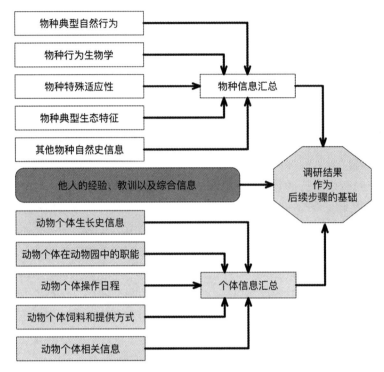

图3-2 前期调研信息来源图示

1. 研究阶段

研究阶段不只是阶段性的工作，而是更多地体现于饲养员日常的学习和积累。对丰容对象的认识和了解是逐渐积累起来的，除了书本上和动物档案记录中能收集的信息以外，饲养员在日常工作中通过与动物之间的交流，特别是通过正强化手段交流的成果，可以加深对动物个体的了解。前期调研阶段需要收集、汇总的信息如图3-2：

2. 确定目标阶段

丰容实践是以目标为导向的操作过程，尽管不同丰容分类项的运行目的都是提高动物福利，但丰容目标本身必须是具体的、可以观察到的、可以测量的。丰容的目的和目标有联系，也有区别。例如我们常说：运行某项食物丰容的目的是延长动物的觅食时间，为此，我们制定的目标是"在现有觅食时间的基础上延长50%"。目的主要表达方向和期望，目标则体现为指标。

就像将丰容实践进行分类是为了更全面地为动物提供机会和选择一样，丰容目的也分成不同的类别。分解后的丰容目的更单一，更便于测量，有利于对丰容效果做出准确评估。

动物的行为变化为不仅是动物福利状况是否改善的直观表达，也是饲养员能够直接观察判断的指标。例如在群养动物中，处于强势地位的首领会独占喂食器或庇护所，并攻击企图获取这些资源的其他个体，甚至造成伤害。这种情况往往只发生在人工圈养条件下，这是由于人工环境的复杂性欠缺和饲养管理手段的限制所造成的。如果我们的努力方向是"减少攻击行为"，那么我们的行为目的可以定为"使统领动物更加宽容，具体表现为分享行为的增加",则可以通过提供更多的喂食器、喂食地点以及展区内增加局部视线遮挡、合群训练等手段实现行为目标。常见的行为目的是增加期望行为、增加行为多样性、增加活动量和减少非期望行为,等等。

圈养条件下,因为饲料摄入过量和运动量不足,常出现肥胖动物。减少体重,使动物恢复健康的体型和运动能力,是常见的生物学相关丰容目的。如果我们把丰容目的确定为提高身体适应性,那么我们的目标就可以确定为延长取食时间或增加动物运动量等。此时动物的取食行为持续时间就是我们的观察评估指标。生物学目标的实现,往往采用气味丰容、互动玩具、增加栖架、变换垫料、延长取食时间等手段达成。常见的生物学目的包括提高身体适应性,控制体重和良好的运动协调能力;提供脑力锻炼机会,增强动物智力,为动物创造更多的学习机会;减轻压力,减少应激行为,等等。

有些动物会对展区设施设备造成破坏,这种破坏不是指对丰容设施设备的破坏性操作,而是指对展区隔障、展区内植被和一些功能性设施的破坏行为。以在动物园中常见的黑熊为例,它们是对展区设施设备破坏力最大的物种之一。黑熊善于挖掘、攀爬、撕扯、推举、摇晃,而且力大无穷。如果将丰容目的确定为减少动物对展区设施设备的破坏,那么将动物的这些自然行为引导到我们提供的丰容物上就是行为观测指标。可以通过为黑熊提供更多的带有树皮的原木和树枝树杈堆、在展区中增加地表垫层的复杂程度等丰容措施实现这个目的。常见的后勤管理目的包括:减少笼舍损耗,高效串笼以提高操作日程执行效率,在动物有选择的前提下增加动物在游客视线内的可见度,等等。

丰容目的一定要具体,且必须对应可观测的行为指标变量,否则无法通过行为观察或其他研究手段获得可信的丰容效果评估结果。

3. 确定测试版本阶段

达到同样的丰容目的,往往有多种方法和途径。选择丰容策略、制定丰容计划和提供必要的资源配置就是本阶段的任务。

首先需要团队成员一道进行头脑风暴,提出所有的可能的方案,每个人脑海中的任何想法都请提出来;不要评估想法本身,并将每条想法都记录下来。同时参考别人是怎么做的,以获得更多灵感。丰容想法数据库(EIDB)Enrichment Idea Database(www.enrichment.org)是非常有价值的信息来源;从饲养员论坛、动物园行业期刊、通讯等途径可以获取更多资讯。在信息收集过程中要分析不同来源的"好主意"的生物学基础,再结合本园条件、游客行为特点和自己管养的动物个体进行调整,所有想法一定要最终落实到动物个体。

多数情况下,选定的方案并不是"最好"的方案,而是最可行的方案。方案的落实受到多种制约因素的影响。常规制约主要来自资金、人力资源匮乏、丰容物外观引发争议、兽医或营养师不能提供可靠支持,等等。替代方案指目前受到制约而不可行的方案。替代方案并非差的方案,随着动物园的进步往往成为日后丰富丰容项目库的重要项目资源。选定方案和替代方案都需要详细记录、制作项目列表,并妥善保存。

选定方案需要以下明确的内容:

〇 明确的丰容目的和行为指标:例如,如果将锻炼动物后肢力量作为丰容目的,那么行为指标就是动物仅凭后肢站立的次数和持续时间。

○ 明确的应用范围：丰容措施针对哪只动物？还是展示群体中的每一只动物？丰容项目运行地点是在展区？还是在操作区、隔离区、缓冲区？等等。

○ 确定丰容材料：丰容设施或设备制作或建造使用的材料是什么？

天然材具有更安全、易于获得、外观自然、在自然风格的展区中看起来不突兀等优点，但同时也存在诸如携带病菌、昆虫、不容易进一步加工、功能有限、容易损坏等缺点；人造材料具有可清洗、消毒、反复使用、难以损坏、操作加工空间巨大、适合非展区应用等优点，但同时也存在诸如需要高价购买、在自然风貌的展区中视觉效果不和谐、需要妥善保存的空间和定期维护等缺点。通过材料组合应用往往能实现最佳丰容效果，例如将人工材料处理成自然外观的样子，常见的例子有消防水龙带制作的藤蔓和表面处理成自然风格外观的PVC管。有些天然材料具有明显的人工外表，例如麻袋、纸壳箱、麻绳等，这些材料便于加工、功能扩展性强，往往受到饲养员的欢迎。成功的应用如用纸箱结合食用颜料彩绘制作的纸质动物模型，在模型中塞上食草动物味道熏染过的稻草，这种丰容项目在老虎和狮子展区中实施，会给动物和游客都带来兴奋的体验。

方案确定后，有必要建立批准文件。批准文件的意义在于将选定方案中所确定的目标、人力资源、应用材料和应用范围落到实处，并提供必要的保障。在这个过程中应保证饲养员的工作积极性。尽管丰容项目的运行可能需要多方面的参与和协调，但必须保持饲养员始终是丰容工作的主体，这种主体作用不能被其他人员替代。

应尽量保证每一个动物个体都有机会享受丰容带来的益处；对"风险"的存在达成共识，经过丰容处理的环境对比单一枯燥的环境，对动物来说不仅意味着更多的刺激、挑战和机会，也意味着更多风险；认识风险、接受风险，但必须事先预测风险，并通过实际行动降低风险；努力想象各种促进丰容效果的方法，饲养员的想象力是丰容工作不断进步的保障，在制定批准文件时，不要简单粗暴地否定"异想天开"的点子。批准文件必须包括作为附件的丰容计划书，对计划书中所调用的资金、物资和人力资源予以保障，并对丰容过程中可能与其他部门产生的沟通协调进行统筹，以保障丰容项目的运行。

4. 运行、评估阶段

丰容项目的运行和评估总是同时进行。丰容主管保障物资供应和各方面协调，其中应包括项目评估。实验法评估需要更多专业技术人员和行为学专家的参与，而快速评估和丰容项目评分法则可以主要由饲养员完成。所有的丰容项目必须经过评估之后才能编入项目库。不仅在新的丰容项目运行期间需要评估，现有的丰容项目也应该定期接受评估以确定丰容方案依然有效。评估的主要方法是通过观察动物行为来确认每一项丰容措施是否能够使动物表现出我们预期的行为变量。

5. 丰容项目库的建立和补充

建立丰容项目库是日常丰容运行的保证。丰容的日常运行，需要以项目库与运行表的结合为保障。设计项目、运行和评估项目，将成功的项目列入项目库，不断重复这个过程，使项目库内容不断增加。项目库的补充必须依靠动物园所有部门和所有专业背景工作人员的参与，包括饲养员、保护教育人员、园艺师、经营主管等所有对改善动物福利有兴趣、有能力人群。通过丰容和保护教育工作的结合，使游客了解丰容的意义和实践方法，会使动物园获得更多的支持。

丰容是行为管理的重要组件之一，行为管理是有效提高动物福利的主动措施。行为管理的实践应当从学习动物自然史开始，并通过目标确定、测试、评估、修正的循环往复不断提高。学习是实践的基础、科学方法是衡量实践操作的标尺，但所有技术手段的应用前提是饲养员的爱心和工作热情，这一点至关重要，不可替代。

第七节 丰容安全运行

相比四壁平整、地面空旷的兽舍，丰容之后的环境更复杂，相应的卫生标准保持难度和意外伤害等风险也会增加，但丰容给动物带来的益处要远远多于风险隐患，丰容通过给动物创造表达自然行为的机会减缓动物的内在压力，促进动物的身心健康，增加动物的抗病能力，因此风险绝不是拒绝丰容的理由。认识到风险的存在，才能主动采取行动，减少对动物可能的伤害。随着丰容经验的累积，对风险的预判可以降低危险发生的机率。

在任何新的丰容项目实施之前，都应该进行风险评估。在设计丰容项目、制作丰容器械时，必须对丰容物的材料特性进行充分了解，并基于动物的物种特性、行为能力、个体特点，设想动物与丰容物之间可能出现的各种互动方式。丰容风险主要体现在以下几方面：对动物自身造成伤害、伤害到其他动物、对员工造成伤害、伤害到游客、动物逃逸、影响饲养员正常管理操作等。

一、常见的对动物造成伤害的安全隐患

1. 孔洞的大小

丰容物表面孔洞的大小，必须根据动物个体解剖特点和行为方式进行慎重考虑：孔洞过大容易导致动物的部分肢体进入孔洞形成嵌塞；孔洞过小则可能卡住动物的牙齿或趾爪。当展示群体中出现新生个体时，需要对原有所有丰容器械重新进行检验，以免对幼年动物造成伤害。

2. 容易导致肢体缠绕的绳索

绳索是常用的丰容项目，但常用并不代表可以大意。由于绳索本身或绳索破损后形成的纤细游离线头缠绕住动物四肢、头部、犄角、趾爪等原因造成的动物损伤甚至死亡，是动物园中常见的丰容安全事故。

3. 锋利的边缘或尖角

尽管在丰容物制作时我们可以避免物体表面出现锋利的边缘和尖角，但动物对丰容物的破坏可能使丰容物的断口出现锐利的边角。硬质材料丰容物，如PVC、树枝、木质器械等材料被破坏后，容易形成锐利的边缘或尖角。应密切注意器械完好程度，一旦发现器械破损或被动物破坏形成安全隐患，必须立刻从动物生活环境中去除。

4. 缝隙的宽度和角度

多种动物头骨解剖结构都是前窄后宽，在遭遇狭缝时，容易出现"进得去但出不来"的状况，这种状况往往直接导致动物颈椎损伤造成死亡。特别是"V"形缝隙，更容易导致卡住头部或蹄部的事故发生。在物理环境丰容过程中，栖架的制作和组装，必须结合动物物种特点。注意在栖架分叉或不同栖架交接处避免形成小角度的狭缝；在有蹄类动物展区中，开口向上方或斜上方的狭缝应进行特殊处理。

5．丰容物重量和联结牢固程度

人工搭建的栖架或"本杰士堆"的倒塌，往往会压住体型较小的动物并造成伤害。在一些中小型灵长类动物展区中，此类事故时有发生。在设计建造丰容物时，丰容物自身重量必须与丰容物的固定方式相适应，以避免坍塌砸伤动物。在地面固定支撑柱，不能将树干或竹竿直接埋在土中或混凝土中，这种固定方式非常容易引起木质腐朽并导致栖架整体结构坍塌。

6．误食

丰容物的大小必须大于动物可以张口吞入的体量。在食物丰容时，新奇食物与装盛食物的容器材料应用也要注意。在使用纸质材料时，不能用于装盛水分较大的或黏稠的饲料。饲料中的水分、汤汁会浸湿纸张或硬纸板，使动物难以辨别吞入口中的是否为食物。例如在纸壳箱中放置的鲜肉流出的汁液会浸湿部分纸箱，导致食肉动物误食。湿饲料只能使用不会被动物误食的材料装盛，而纸类制品只能用来装盛干制饲料或坚果等。如果采用纸箱制作食肉动物的"猎物"，在将鲜肉塞入纸箱内部之前首先应该在纸箱内塞满干燥的稻草，并用稻草包裹鲜肉放入纸箱，使鲜肉的血水被稻草吸附，不会沾湿纸箱引起食肉动物的误食。丰容用的纸箱必须去除所有胶带和金属钉，表面粘贴不干胶标签的纸箱不能用于丰容，以免造成对动物的伤害。

7．对动物期望过高

有时候为了加强动物在某些方面能力的锻炼，我们会专门设计一些丰容项目。例如为了恢复老虎跳跃、攀爬的能力，我们可能将肉块挂在木桩顶端。根据查阅的自然史信息对该物种跳跃能力的描述所设定的悬挂高度往往对圈养个体来说都超高了：长期生活在单调环境中的动物或年老个体的运动能力都会有所下降，也许动物可以勉强跳跃抓到食物，但落地时关节可能会受伤。这时候除了降低悬挂高度外，还需要对落地的地面进行软化处理。

8．对其他动物个体的伤害

在群养动物展区中引入新成员时，必须进行谨慎操作，通过观察判断该群体是否能够接纳新个体，有必要通过"打招呼的门"或其他保护性接触设施进行非接触性感知和有限接触引见阶段，并严格遵循合群操作每个阶段的注意事项和运行步骤，以免造成个体伤害。在群养动物展区中安置丰容设施时，应根据该群体社会阶层特点和稳定性等现状确定提供丰容项目的数量，以免因争夺丰容物而导致的过度攻击行为对弱势动物个体造成伤害。

二、常见的对人员造成伤害的丰容隐患

1．对员工造成伤害

大型类人猿、大象等具有高等智力并能够有力地精确控制"工具"的动物，有可能通过破坏丰容设施，并将其作为"武器"攻击管理人员；复杂的环境布置也会对饲养员的操作形成安全隐患，饲养员在复杂环境中操作时必须保证精神集中。

2．对游客造成伤害

大型类人猿和大象也有可能将笼舍内的丰容设施作为投掷武器攻击游客。游客受到攻击时表现的惶恐、逃避行为和喧闹对动物来说是一种强化，往往有过攻击游客"经验"的动物会不断寻找机会再次"欣赏游客的窘态"。在这类动物展区，所有的丰容物都要保证不被动物破坏、拆解，地表的石块也必须及时清理，以免游客受到伤害。

三、动物逃逸的风险

固定不牢靠的丰容物，特别是树杈、树干、石块，常常被动物用作逃逸的阶梯。受到以往行为结果形成的强化作用的影响，动物一旦有过"自己动手，成功逃逸"的经验，将不断尝试各种机会。饲养员应每天对展区内丰容物进行检查，以便及时发现隐患。

四、消除丰容风险隐患的途径

除了对丰容风险进行预测，丰容过程中的检查检查再检查是保障丰容项目安全运行的法宝。日常检查的内容包括：检查物品的损耗程度，特别是容易被动物拆散的绳索、编织网，确保破损的部分不会对动物造成损伤或导致误食；为了锻炼动物平衡能力搭建的"可以移动的"器械往往采用"活动"连接的固定方式，这些"松散连接点"是日常检查的重点；检查物品的清洁程度，特别是食物丰容器械，一旦污染，需要立即清洗、更换。

制定有效的安全操作规程，并严格执行：所有带入展区的工具器械都要带出来，掉在地上的任何工具和材料都要随时捡起来，避免遗忘；随时把粗糙锋利的边缘锉平整；不要在笼舍之间传播疾病或寄生虫，在使用粪便、分泌物、蛇蜕、羽毛等作为丰容物时，需要得到兽医确认，或经过无菌化处理；不要损坏或改变展区结构，特别是注意不要削弱展区周边隔障的维护功能；保证增加的丰容项目都可以"被撤销"也是保证丰容安全最基础的原则；广泛查阅资料，如同收集丰容想法一样，尽量多收集丰容事故的资料，以吸取他人的教训。在保证丰容安全运行方面，他人的教训往往更有参考价值。

执行丰容操作的饲养员也要注意时刻照顾好自己：无论使用何种工具，特别是电动工具，在为动物制作丰容器械时，需要特别注重操作安全；一个树干、绳索交互纵横的展舍对松鼠和猴子来说是充满乐趣的，但对饲养员来说可能"危机四伏"。在日常管理操作时也要注意安全，只有在保证自身安全的前提下，才可能更好地照顾动物。爱动物，首先要从爱自己开始。

认识到丰容有风险，就像了解孩子在成长过程中必须经历考验一样。没有人会因为担心孩子受伤而禁止孩子跨出褪褓；同样，任何人也没有理由出于对风险的担忧而拒绝开展丰容工作。这不仅不负责任，而且愚蠢，是对物种保护职责的亵渎，甚至是犯罪。

第四章 丰容项目评估 ·······························

《世界动物园和水族馆动物福利策略》强调："对丰容效果进行测量非常重要，这样可以确保资源的有效利用，并确保采用的丰容方法为动物带来了切实的福利提升"，此外，"丰容的评估还有助于在动物园和水族馆大家庭内达成合作和进步。分享成功经验和失败教训对整个动物园和水族馆大家庭皆有裨益。"

所有丰容项目都需要经过"设计—执行—评估—改进"的运行过程才能进入项目库；当项目库中的内容足够丰富、可以满足日常运行的需要时，还要通过评估来调整丰容项目运行周期，以便制定有效的项目运行表。丰容项目都以明确的目标为导向，对项目是否有效、有效程度的描述不能只是"看起来效果不错""我觉得动物很喜欢"。丰容项目评估就是为了摒弃这些主观的判断，通过描述行为变量，运用统计学方法，用数据证明丰容项目对提高动物福利发挥的积极作用。

动物福利状态的评估需要综合各种技术手段和大量设施、设备的支撑，在动物园中，对动物福利最便捷的评估方式就是观察动物的行为表现。现代动物园致力于评估行为管理的具体方法是否有效，但往往不直接评估动物的福利状态，而是评估行为管理每个组件是否达到了预期目标，即通过行为观察来确认每一项行为管理措施是否使动物表达更多的期望行为，或减少了非期望行为。这种评估模式，将复杂的、难以具有说服力的福利状态整体评估分解为单项的、有数据支撑的"行为管理措施"有效性的评估，从而使评估结果更可信。

每一个丰容项目在运行之前就应该制定评估计划，将丰容前的行为作为丰容后行为的对照基准。在被列入项目库之前，应对丰容项目进行全面的评估；日常丰容工作以运行表为主要执行依据，运行表的制定同样需要以丰容评估为依据。在下列情况下，必须对丰容项目进行评估：

〇 对以前没有引进过的新物种，尽管可以从物种自然史信息和动物个体档案等方面获得一些有价值的基础参考资料，但在执行丰容项目时，必须进行项目评估；通过评估为新引进动物建立项目库，验证相似物种丰容项目库中的丰容项目对该个体是否有效。

〇 运行新的丰容项目，如放置新的丰容物品时，需要进行评估。

〇 基于安全的考虑，应对一些丰容项目或物品定期进行安全性评估。

〇 展区设计调整的设计阶段和刚改造完成的展区，都需要进行丰容评估，以保证动物友好设计发挥应有的作用。

〇 对丰容项目进行初期有效性评估和长期有效性评估，以便掌握动物对丰容项目"习惯化"的时间，用以调整运行表中丰容项目的重复周期。

〇 动物社群出现变化，例如新出生个体、个体引入或输出等，都需要对丰容项目进行评估，以体现行为管理的实施对象只针对动物个体、并只关注动物个体福利提高的原则。

丰容评估报告也是衡量一个动物园丰容发展水平的标尺，如果某个动物园的丰容工作"蓬勃发展、全面开花"，但却鲜有丰容项目评估报告，则说明该动物园的丰容工作仍然处于"借鉴尝试"的初级阶段。在动物园之间分享丰容经验时应提供评估报告，以便完整、准确的传达丰容项目信息。高水平的评估报告可以整理成为学术论文，具有更高的研究和推广价值。

第一节 动物园动物行为学研究概述

丰容项目效果的评估途径以行为测量为主，所采用的方法和手段是动物行为学研究方法在动物园中的具体运用。在开展丰容项目效果评估之前，应该首先对动物园中开展的动物行为研究有一些基础了解。

一、行为研究的类型

动物行为学包括基础研究和应用研究，基础研究的目的在于提高人们对生物体和生物现象的理解和认识；应用性研究的目的在于解决在实践中遇到的具体问题。

1. 动物园中进行的行为学基础研究

动物园是开展动物行为学基础研究的最有价值的场所之一，研究方向主要包括：

〇 行为学比较研究——对进化史相近的动物进行比较研究。研究者不可能走遍世界去研究每一种动物，而动物园中可能有几种亲缘关系相近的来自不同地区的动物，所以它们所共存的动物园是进行比较研究的理想场所。

〇 发育研究——在动物园可以近距离观察动物，功能完备的设施设计和现代动物行为训练能够实现定期称重、测量体尺，甚至进行采血、取样，动物园是研究动物身体发育和行为发育的理想场所。

〇 认知研究——动物园很适于研究动物的学习和记忆，因为我们可以对动物进行测试或给它们出难题。我们可以给不同种的动物出相同的难题或给同一种动物出不同的难题，以实现对动物认识水平更深入的了解。

〇 交流和社群行为研究——动物园是研究动物交流和社群行为的重要场所，可以对动物进行实时、可靠的监测，相比野外的研究条件更容易记录到一些少见的行为，比如动物鸣叫或炫耀。研究结果有助于理解动物的社群行为，但必须考虑到圈养条件对社群行为的影响。

〇 对条件变化的反应——在动物园中可以改变动物生活的环境状况，比如变换饲料、展区环境条件、局部气候条件，甚至调换与某个动物生活在一起的同伴来研究动物对环境因素变化做出的行为反应。

行为学基础研究成果也许不会直接用于饲养管理制度和丰容运行方式的改善，但这些结果一定会对动物园进一步提升动物福利策略的制定有所启发。

2. 动物园中进行的应用行为学研究

在动物园中，行为学应用研究往往用于直接评测动物园的日常管理水平，并有助于改善工作方式。需要解决的行为问题来自饲养员对动物福利的关注或动物园在丰富游客参观体验、提高保护教育水平方面的更高追求。例如如何减少动物表现出的刻板行为？或者如何延长动物在游客参观时段自愿停留在游客视线范围内的时间？如何减少动物个体间的过度攻击行为？等等。研究范围往往包括：

○ 动物之间能否和谐相处？——受到个性、争夺支配地位或者是季节性行为变化等影响，有时会出现动物个体之间互不相容的问题。我们可以对问题行为的起因进行研究，并缓解这一问题。

○ 提高或控制动物的繁殖——往往野生动物在人工圈养条件下的繁育存在很多问题，动物行为研究有助于找到问题的原因，并通过研究结果促进或限制动物的繁殖。

○ 提高动物福利——在动物园可以用实验方法来检验我们所采取的某种措施对于动物福利是否具有积极的影响。

○ 行为调整——例如希望减少过度的攻击行为。应用行为学研究可以有助于控制攻击行为。这项工作同样从行为观察开始，通过观察找出攻击行为的特点，例如谁攻击谁？在什么时间发生攻击？在那里发生？等等。

○ 展区评估——行为研究方法还常用于对展区进行评估，了解游人是否容易看到动物，同时还关注动物是否均衡地利用展区？展区是否足够大？展区内是否拥有足够的庇护所让动物有地方躲避游客造成的压力？等等。

○ 动物引见——出于繁育或展示群体成员调整的目的，需要将动物个体"引见"给另一个动物个体或引入既有群体，通过对这个过程的研究和控制，能够有效避免动物个体的福利状况受到严重损害。

○ 动物健康监测——动物行为监测是评估动物健康状态，特别是动物精神健康状态最有价值、最便捷的手段。

处理动物园中野生动物出现的行为问题需要广泛收集该物种的野外生物学知识，这也是开展行为管理工作必须以学习动物物种自然史知识和了解个体生长经历为基础的原因。

二、动物园中开展动物行为学研究的意义

动物福利最直观的判断依据就是动物的行为表现，因为行为表现往往是动物的生理或心理健康状态最先表达的信号，例如：

○ 动物生病——动物行为变化往往是最早出现的，也可能是唯一可见的动物患病表现。这些变化可能包括活动方式的改变、活动量减少、社群关系改变等。

○ 动物心理需求是否得到满足——行为学研究是判断动物心理健康水平的可靠途径。动物都具有获得激励和不同程度的控制环境因素的心理需求，动物的行为表现在一定程度上能够反映出这些心理需求是否被满足。

○ 动物对新的环境条件能否适应——动物如果对日常生活失去控制，就会感到压力，甚至可能会生病。例如在展区内引入了一只新动物个体，或者笼舍的环境发生了改变，又或者日常管理方式出现了变动，动物能否适应这些变化？都可以通过行为观察来了解动物对变化的适应程度。

○ 动物所处生理周期的判断——例如动物进入或结束发情期。动物行为监测是判断动物是否正要进入繁殖季节或繁殖周期是否行将结束的依据。跟踪记录动物行为变化，有助于在动物进入发情期之前做好充分的准备，发情期的动物会更具有攻击性，有可能损害其他个体的福利水平，甚至威胁到操作安全。

○ 饲料供应是否合理——观察动物的取食行为，可以判断动物对饲料供给是否满意。

○ 动物社群结构是否合理——在圈养条件下构建功能健全的动物社群是一项艰巨的任务。通过行为研究可以判断是否存在同一环境中的动物个体数量不足或者过多，或者笼舍空间不合理等问题。如果个体间出现持续的攻击行为、刻板行为、自残行为和食欲减退等现象，那么这些消极的行为表现足以说明该动物群体的社群结构有待调整。

○ 动物学习行为的研究——在动物园中开展的内容丰富的正强化动物行为训练是研究动物学习行为的绝佳机会；同样，这方面的研究成果也会直接改善日常动物行为训练工作，并增加新颖展示设计手法的应用范围，为游客带来更丰富的参观体验。

第二节 丰容项目评估中应用的行为学研究方法基础知识

以饲养员为主体的日常丰容实践，包括调整丰容设计、决定丰容项目的优先程度、确定丰容目标、辨别安全和健康问题、评估是否达成行为目标、检测动物对丰容项目的反应是否出现习惯化以及判断丰容项目的长期效果，等等。丰容工作的每个方面都需要随着丰容项目的进行跟进评估，对饲养员来说，行为观察是唯一便捷的评估手段。

在行为观察的基础上，通过采集动物的粪便、分泌物甚至血样来测定各项生理指标和激素水平，是更全面的动物福利水平评估方式。但这种评估方式需要多专业技术人员的参与和生理生化实验室作为研究保障。显然这种评估方式不适合作为饲养员日常丰容项目评估的手段，但作为一种更严谨的动物福利监测手段，应该在有条件的动物园尽早开展。

尽管行为观察研究方法需要大量的时间、周密的研究计划、专注的观察和训练有素的参与者，但行为观察法容易掌握，饲养员经培训就能掌握正确的观察和记录方法；比起其他研究方法，行为观察法成本最低，除了计时秒表、望远镜和计算机之外几乎不需要其他的高端设备；动物行为学研究具有广泛的用途，是一种强有力的工具，有很多的动物行为学文献可供参考；行为研究可以获得大量的信息，只需要通过行为观察，往往都能学到比最初所计划的更多的动物知识。

一、通过行为观察进行丰容评估的三种方法

丰容评估的三种方法，也被理解为三个等级，分别是实验法、快速法和丰容项目评分法。实验法是三种方法中最全面的评估手段，快速法和丰容项目评分法都是基于不同的目标和要求对实验法的简化应用，但三种方法的基本要素相同，都包括实验设计、动物行为谱、观察记录和结果分析。

　　尽管三种方法被划分为三个等级，但在重要性方面三者之间没有差异。对于不同丰容项目的应用条件和丰容目的，每种方法都有用武之地。无论采用哪种方法，饲养员必须认识到：动物行为研究需要时间，不可能仅仅通过一天的观察就获得可信的结果。通常每天需要观察好几个小时才能准确地勾画出动物的行为特点。动物行为对外界的影响十分敏感，外界干扰会影响动物行为，并进而影响到研究的结论。所以进行行为研究必须制定周密的计划，从而将外界的影响降低到最小。行为观察是一项严谨的科学实践，必须严格遵循日程表全神贯注地观察所研究的动物。

　　二、行为观察法在丰容项目评估方面的应用

　　动物行为学经过近100年的发展，已经形成了严谨、系统的理论和研究方法。这些理论、方法和术语都直接运用于动物园中的丰容评估；另一方面，行为学研究使用统计学方法进行数据收集和分析，丰容项目评估属于行为学研究的一个细小分支，在选择丰容评估方法时不能仅从动物物种行为特点出发，还需符合统计学对数据的要求。

　　（一）行为观察实验设计的前提设置

　　1. 实验条件

　　实验条件指在研究过程中，观察对象（动物）所体验的环境是否包含待评估丰容项目。

　　○ 对照组：也称为基准组，指处于无待评估丰容条件下的动物，即本组动物生活环境中没有加入待评估的丰容项目，但可以包含其他的与本次评估无关的丰容项目。

　　○ 实验组：也称为处理组，指处于待评估丰容条件下的动物，即本组动物生活环境中加入了待评估丰容项目，除了这一点，其他条件与对照组相同。

　　2. 变量

　　变量指实验条件下的差异。在丰容评估中是否提供待评估丰容项目所形成的环境条件差异和提供差异后动物行为产生的行为变化都称为变量。

　　○ 自变量：指饲养员改变的量，这里指在环境中增加的待评估丰容项。丰容评估的原则是每次实验仅提供一个自变量，即每次只增加一个丰容项。同时增加多个丰容项目，例如在为动物提供新的地表铺垫物的同时，也改变的饲料的提供方式，则无法判断究竟是哪个丰容项引起了行为变化。丰容效果评估过程与日常丰容运行之间的区别即在于此：<u>丰容效果评估，每次只提供一个丰容项目作为环境变量；而丰容的日常运行，则鼓励同时运行多个丰容项目，给动物提供更多的机会和选择。</u>

　　○ 因变量：指行为观察者测量到的动物行为变化。在丰容评估中指的是：因为饲养员所提供的自变量，即增加丰容项而产生的动物行为变化，这种行为变化被观察、记录并测量统计出的变化就是因变量。

　　3. 间隔期

　　指特定的时间段。根据所制定的研究目的、提供的丰容项和所观察动物的行为特点，将观察周期划分成不同的时间段。每个时间段，称为间隔期，根据观察需要的差异，例如观察内容是行为事件或是行为状态的不同，间隔期有可能是5秒、20秒、1分钟、15分钟，甚至是1小时不等。应用全事件记录法时，需要全时段观察，不存在间隔期。

（二）丰容项目评估中常用的行为变量测量内容

动物行为可以分为外显行为和内隐行为，动物园中开展的丰容效果评估工作只关注动物的外显行为。动物的外显行为也同时具有多重属性，有些行为属性尽管可以描述，但很难进行量化比较，所以与动物行为学研究一样，动物园中进行的丰容项目评估工作中，只关注那些"可以被观测到的、可以量化的；可以对不同的量化指标进行比较的行为属性"。这些行为属性包括：行为持续时间、行为发生频率、行为潜伏期、行为强度和行为列表/内容等方面。

1. 行为持续时间：指动物在某一行为上所花费的时间。测量结果可能有以下形式：

○ 某一行为的持续时间：例如"动物取食时间的平均值为5分钟""动物平均每次梳理毛发的持续时间为2分钟""动物平均每次后肢站立时间为1分15秒"等。

○ 在全部观察周期内，某一行为所占的时间百分比：例如，经过测量，发现动物取食时间所占时间比例为："从8∶00～11∶30这段时间内，动物平均会花17%的时间进食"等；

2. 行为发生频率：指动物的某一行为多久发生一次，也表示在特定时间段内，行为发生次数。例如："动物平均每小时进食3次"等；

3. 行为发生顺序：指行为发生的先后次序。任何一个行为，都处于一个连续的行为序列/链中，不同的行为发生顺序会指示行为发生与丰容项之间的关联。例如："78%的标记行为都立即发生在探究行为之后"等；

4. 行为潜伏期：指动物从接收到刺激至做出行为反应之间的时间长度。这项指标在实际应用过程中会根据实验条件进行调整，有时会被调整为"动物做出相同的两种行为之间的时间间隔"。例如"动物平均每55分钟进食一次。"

5. 行为强度：指动物行为的剧烈程度，按照观察积累的经验，可以将行为划分成不同的等级。例如用"威慑""冲撞"和"撕咬"来表示动物的攻击行为强度逐渐加强。

6. 行为列表：指提供丰容项后，所观察到的行为多样性指标。例如：将整个的西瓜作为新奇食物丰容项提供给黑熊后，观察到动物出现：嗅闻、舔、用爪子抓、推、追逐、进食等行为。这项指标会直观反映出丰容项对动物行为产生的影响，有助于判断丰容项能否鼓励动物自然行为的表达。

（三）丰容项目评估中常用的行为测量方法和记录方法

对动物行为进行的观察和记录，都可以称为"取样"（sampling），指从全部样本中按照不同的目的抽取一部分样本进行处理，也就是说取样指仅对全部样本中的一部分样本进行测量和比较。在丰容项目评估工作中，我们也只选择与丰容目的相关的某种或几种行为进行观测，对动物行为所进行的观察和记录，都仅仅是动物所有行为样本的一部分，所以都称为"取样"。唯一的特例是在行为记录过程中，如果采用"连续记录"行为记录方法，则要求在观察期间内记录动物所有的行为表现，这种记录方式要求记录动物的全部行为样本，而不是仅仅记录行为样本中的一部分，所以不称为"连续取样"，而是称为"连续记录"。

1. 行为观察方法

行为观察，也称为行为测量、行为取样，共有四种方法：

● 随意取样（Ad libitum sampling）：

也称任意取样，即观察者可以任意选择动物的行为进行观察记录，而不是只记录几个目标行为。由于没有目的性，这种行为观察方法仅仅适用于对动物行为的初步了解，掌握一般性认识，往往用于正式的动物行为研究之前的准备阶段。如果没有进一步以提出假设或以明确的实验目的为导向的实验设计，随意行为取样的成果不能转变成为有科研价值的行为学研究成果。

● 目标取样（Focal sampling）：

目标取样法，简称"目标法"，也称为"焦点法"，指每个观察时段只观察一只动物的行为，并对其进行记录。如果观察对象为多只动物，则首先需要进行动物个体识别，然后给每个个体编号。例如需要观察4只动物，动物编号为：1#、2#、3#、4#。在进行动物观察时，同样是每次只观察一只动物，但需要按照预先确定的顺序和观察时段轮流对动物进行行为观察，并记录结果。每一轮个体全部观察完毕后，再按照同样的顺序开始新一轮的观察，如此循环往复，直至观察结束。假设预先设计的观察顺序是1#——2#——3#——4#动物，每5分钟为一个观察时段，在每个观察时段之间设定5分钟的观察间歇。那么从上午9：00开始观察，则观察记录的顺序与时间的对应方式如下表：

时间	观察目标	行为	备注
9：00～9：05	1#		
9：10～9：15	2#		
9：20～9：25	3#		
9：30～9：35	4#		
9：40～9：45	1#		
……	……		

如此往复循环，直至观察周期结束。

目标法在时段内观察记录动物行为，可以获得更多的个体行为信息并能够测量动物行为的持续时间，适合于单只动物或少数动物个体的丰容评估。尽管同样采用目标法，在一个试验周期中分别观察多个动物个体，比长期观察一只个体能够获得更多的关于该物种的行为信息。

● 扫描取样（Scan sampling）

扫描取样法简称"扫描法"，指一次同时观察所有动物个体的行为、并进行记录。采用扫描法观察动物行为时，首先也需要辨别动物个体，经过预先观察，确定少数几种行为作为观察内容。扫描法的实施方式与雷达扫描的方式一致：以观察者为圆心，每次观察时，观察者视线均按照同一方向（顺时针方向或逆时针方向）逐一扫过所有动物个体，并记录观察瞬间动物的行为。由于需要同时观察多只个体，往往需要简化行为谱，以保证观察结果的准确性。

扫描法只观察和记录动物在经过每个时间间隔时刻的瞬时行为。例如，如果将间隔时段设定为5分钟，设定计时秒表每5分钟蜂鸣一次；观察者只有在蜂鸣的瞬间对动物进行扫描观察记录，迅速对每个个体进行观察记录之后，则不再对动物进行观察，也就是说每次观察之间有接近5分钟的时间间隔。直到下一次蜂鸣时，观察者再次扫描观察动物。这种瞬间观察的方式，很难捕捉到出现几率较少的行为，也无法获得可靠的动物行为事件持续时间方面的数据。

● 行为取样（Behavior sampling）

行为取样法指在观察一群动物时，只观察某种特定行为的发生，以及哪个个体表达了这种行为。行为取样法往往用于观测某种罕见的、但具有重要意义的行为，例如打斗行为、交配行为等。每次这类行为的发生，都会对动物社群产生重要影响，所以需要特别进行记录，但如果应用目标取样法、扫描取样法进行观察则这些罕见行为往往会被漏掉。行为取样法常与目标取样法和扫描取样法同时应用，因为这类特殊行为都会以显著的方式表达，易于观察到、及时判断、记录，不会影响目标取样法和扫描取样法的进程。由于行为取样法只关注那些罕见的、显著的行为表达，所以行为取样法也被称为"显著行为取样法"。

2. 行为记录方法

行为记录方法分为两类，共三种。一类是连续记录，另一类为时段取样。时段取样又可以分为瞬时取样和1/0取样。

● 连续记录（Continuous recording，CR）

连续记录是最有力的记录方式，观察者记录在观察期间的动物表现的所有行为，并对每个行为的每次发生都记录。记录行为时，同时标注时间，则可以记录下准确的行为持续时间、行为发生频率、行为发生顺序和潜伏期；如果记录行为时不进行时间对应，则观察记录结果只反映全部观察时段内动物行为的发生频率和先后行为顺序。

● 时段取样（Time sampling）

时段取样指将观察周期划分成多个长度相等的时段，与各时段分界点对应瞬间的取样方法为瞬时取样；对应各时段期间的取样方法为1/0取样。

- 瞬时取样（Instantaneous sampling，IS）：瞬间取样只在准确的时间点记录观察结果，这个时间点就是各时段的分界瞬间。瞬时取样法记录的结果易于进行数据分析，所以在丰容评估过程中应用较多。这种记录方式可以记录下行为的大致持续时间。采用瞬时取样，需要穷尽的行为谱，即行为谱中需要包括"其他行为"或"动物不可见"。

- 1/0取样（One-zero sampling，1/0）：1/0取样指在每个观察时段内记录某几种行为是否发生，行为发生记录"1"，未发生则记录"0"。在采用"1/0"取样法进行记录时，不需要穷尽的行为谱，只关注少数几个目标行为是否发生，不记录行为发生的次数和持续时间和强度。由于这种记录方式只能收集有限的信息，所以评估结果准确度不高，一般用于行为变量的初步研究阶段。

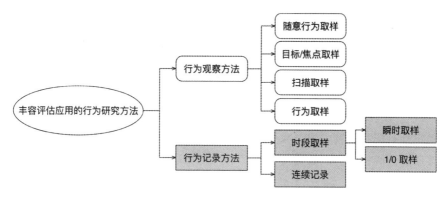

图4-1 行为观察方法和记录方法图示

行为观察和记录方法（图4-1）在实际应用于丰容项目评估过程中，可能会进行部分调整或根据评估需求对不同观察、记录方式进行组合。选择什么方法、进行怎样的调整、采用哪种组合方式都取决于实验条件的限制和丰容项目实施的目的。

第三节 实验法丰容项目评估

动物行为研究是圈养野生动物管理的有力手段之一，用于发现繁殖迹象或攻击行为，提高动物引入和繁殖的成功率、评估环境和环境丰容项目的效果、减少动物健康方面出现的问题。绝大多数动物园的饲养员实际上已经开展了行为观察工作，并在饲养管理日志中以注释或描述的形式记录下日常所见。这些信息片断是有价值的，但其中绝大多数的描述都是非量化的，有时甚至难以为他人所理解。这些信息如果能够与严谨的行为观察记录方法结合应用，会极大地促进动物饲养管理水平的提高。

实验法是最详尽、可信的评估方式，但实验设计和运行过程复杂，往往需要占用较多的人力资源，例如行为学专家、专业技术人员和志愿者的共同参与。实验法主要应用于科研、新丰容项目试用、展区更新、社群变化、对新物种的丰容项目应用探索等方面。实验法采用标准的动物行为研究方法，快速法和丰容项目评分法可以沿用这一方法的实验设计模式。

一、丰容项目评估的实验设计模式

行为学应用研究的特点首先是明确目标：确定需要解决什么问题，然后探索和研究不同的方法和途径达成目标的程度，这一点与基础研究以发现问题为目的有本质的区别。实验法丰容项目评估作为行为学应用研究的一项实践领域，一般都符合以下实验设计模式：

（一）明确丰容目标

1. 行为目标

以改善动物行为作为丰容目标是最常见的丰容目标设定，也是饲养员日常通过观察最容易获得评估结果的丰容方向。行为改善，指根据物种自然史信息和管理需要，以增加期望行为、减少非期望行为的实践过程。野生动物的自然行为，大多数属于期望行为，例如通过提供气味丰容项，刺激动物表达气味标记这一自然行为。

2. 生物学目标

生物学目标，指通过相对长期的丰容项目运行，经过大量的行为改变的积累，使动物的生物学指标得到改善。例如通过改变环境复杂性来增加动物的活动量，使过度肥胖的动物个体体重恢复到正常范围之内并保持健康体型。

3. 后勤管理目标

后勤管理目标指通过丰容，减少动物对展区内设施设备、展区隔障、绿化植被等后勤管理要素造成的损害。例如通过在展区内分散捆绑新鲜树杈来减少雄鹿在展区内绿化植被上剐蹭鹿角的行为，降低动物对树木的损害。

无论是哪种目标，实质上都是通过丰容给动物更多的选择，使动物表达更多的期望行为，并最终提高动物福利。在有些情况下，自然行为不一定是期望行为，例如上面提到的雄鹿在鹿角骨化阶段往往会用鹿角剐蹭树木，使鹿角表层茸皮尽快脱落，这种剐蹭行为是自然行为，但如果动物在展区内的绿化树木上频繁剐蹭并对树木造成损害时，基于后勤管理目标的考虑，这种自然行为就不再是期望行为。此时，我们可以针对这个问题设计出丰容项目供雄鹿选择，例如在展区内分散捆绑树枝作为丰容物，诱导雄鹿到丰容物上表达自然行为，此时的剐蹭鹿角属于期望行为。特别需要强调的是：如果自然行为导致非期望后果，应采取丰容手段分散动物自然行为的表达场所或时间，而不是抑制动物自然行为的表达。

（二）提出问题

开展行为观察研究的第一步是清晰地提出一个研究问题，这个问题能够准确的反映你到底要知道什么。提出的问题应该具有特异性，不与无关的内容混淆。清晰明确的研究问题能够有助于选择何种观察和记录方式，并有助于对收集到的数据所代表的行为含义的理解。有时候研究问题来自于饲养员的日常工作：也许饲养员一直有个愿望，例如减少所饲养的熊表现出的刻板行为，据此设定的目标是"通过丰容项目的实施，减少50%的刻板行为"。那么研究问题就是：丰容项目能否有效减少动物出现的刻板行为？在提出问题阶段，还需要基于丰容目标来确定希望动物出现的行为表现，即哪种，或哪几种行为的改变；或者是非行为指标，例如位置、距离等指标的数值差异能否证明目标是否达成。

1. 示例1

○ 丰容项目目标：为展区内的一对狐狸提供认知丰容，增加环境中的刺激，使这对狐狸表达更多的探究行为。

○ 提出问题：某个丰容项目能否增加狐狸的探究行为？

○ 确定探究行为的行为表现：通过对狐狸物种自然史和行为特点的了解，我们将动物在自然条件下表现的探究行为作为行为指标，例如注视、嗅闻、轻咬、抓扒等行为的出现频率和持续时间。

2. 示例2

○ 丰容项目目标：使动物在游客参观时段内，更多的出现在游客视线中。

○ 提出问题：采用环境丰容手段，例如在游客参观玻璃幕墙附近增加气味丰容项目是否能够增加动物停留在玻璃幕墙附近的时间？

○ 确定探究行为的行为表现：动物在距离游客参观玻璃幕墙5米范围内的时间占游客参观时段的比例。

（三）设计研究方法来解答问题

研究方法的实质是比较：比较未丰容条件下和丰容条件下动物行为的差异——有没有差异，差异是多还是少？结合上面的两个示例，则研究方法分别为：

1. 示例1

○ 测量在没有提供待评估丰容项目的展示环境中，这对狐狸在一定时间段内表现探究行为的频率和持续时间；

○ 在环境中增加待评估丰容项目，其他条件不变；

○ 测量提供待评估丰容项目后的展示环境中，这对狐狸在一定时间段内表现探究行为的频率和持续时间；

○ 比较丰容前和丰容后的行为差异，判断该待评估丰容项目是否引起行为变化以及对变化量的分析。

2. 示例2

○ 在不提供气味丰容的条件下，测量动物在距离玻璃幕墙5米范围内的时间占游客参观时段的比例；

○ 在玻璃幕墙附近提供气味丰容项目，并保持其他环境条件不变；

○ 测量在提供气味丰容的条件下，动物停留在距离玻璃幕墙5米范围内的时间占游客参观时段的比例；

○ 比较丰容前和丰容后动物停留在距离玻璃幕墙5米范围内的时间占游客参观时段的比例的差异，判断气味丰容是否达到目的。

二、确定实验方法

丰容评估所采用的行为学观察研究方法，受到动物园中动物数量和展示条件的限制，往往需要做出一些调整。

（一）确定样本量

确定样本量，就是决定研究项目中要观察的动物数量，可能是单只动物，也可能是多只动物。有些研究项目要求必须对一群动物进行观察，例如研究丰容项目是否减少了展示群体中个体间的攻击行为等。一般来说，样本量越多越好。观察的动物越多，越能减少因为动物个体差异造成的对实验结果的影响，使实验结果更可信；同时，大样本量更符合统计学的要求，更有可能通过统计发现更深层面的问题或者引发更多的假设。遗憾的是，动物园中提供的样本量往往十分有限。

丰容评估的目的在于判断丰容是否对特定的动物个体或群体产生积极作用，而不在于某一物种的生物学研究，只要实验结果的推论不超过试验中涉及的动物个体范围，那么评估结果就是可信的。

例如某动物园仅饲养展出一头雄性犀牛（编号为：K12-1）。我们的研究课题是"气味丰容能否增加动物的领地行为"，那么尽管我们的实验样本仅有一个，但只要我们在研究结果中所作出的推断没有超出样本范围，那么我们的结论就是不容置疑的。这样的结论可能是"气味丰容可以引起犀牛（K12-1）的领地行为的增加"；而如果我们把推断扩大、超出样本范围，例如我们的结论是"气味丰容可以引起犀牛领地行为的增加"，那么我们的推论范围就扩大到整个物种。也许这个推论是正确的，但显然不具备足够的说服力。如果要增加该结果的可信度，则需要与其他动物园合作，将更多犀牛个体作为实验样本，获得更多数据。

（二）根据样本数量和实验条件确定比较对象

在丰容评估中，样本数量，指可以参与实验的动物数量；实验条件指实验过程中动物的环境条件；比较对象指丰容前和丰容后的研究对象。

1. 对象内比较

指对照组（未提供丰容项目组）和实验组（提供丰容项目组）都是同一对象（动物）。例如比较三头熊在丰容前和丰容后的行为变化。观察、测量的对象都是这三头熊，只是实验条件（是否提供丰容项目）不同，而实验对象都是相同的动物。这种对象内比较法，是动物园丰容评估中应用最广泛的研究方法。

2. 对象间比较

指对照组（未提供丰容项目组）和实验组（提供丰容项目组）不是同一对象（动物），但是类似的动物。例如比较丰容条件下三只熊的行为表现与非丰容条件下的另外三只熊的行为差异。对象间比较需要更多的样本（参与实验的动物），样本的"类似"不仅表现在都是同一物种，还要求在展示环境、年龄、性别甚至个体成长史相类似。显然，这样的实验条件，比起对象内比较法，要求更严苛，在动物园丰容评估中也很少有机会应用。

（三）建立行为谱

研究问题一经确定，下一步的工作就是建立一份行为谱。

1. 行为谱的定义

行为谱是一份计划研究的行为的列表，列表上的每个行为都必须有一个清晰的定义。行为谱可繁可简，这一点取决于研究问题的设定。根据研究问题可以创建一个包含30个行为的行为谱，也可以创建一个只包含5个行为的行为谱，但行为谱上列出的行为一定是与研究问题相关的行为。例如，如果观察对象是鸟类，研究问题是判断它们是否为繁殖做好了准备，则创建的行为谱理应包括：营巢行为、炫耀行为和交配行为；在以减少熊的刻板行为目的的丰容项目评估行为观察项中，显然需要在行为谱中列入踱步、甩头等刻板行为。

2. 行为谱的内容

行为谱往往同时包括行为的两种类型和由丰容目的决定的非行为观察项。行为的两种类型分别为行为状态和行为事件：

○ 行为状态：指持续时间较长的行为，例如进食、休息、理毛等；

○ 行为事件：指持续时间很短的行为，甚至行为转瞬即逝，例如鸣叫、气味标记、排尿等；

○ 非行为观察项：对于有些丰容目的，观察项并非动物的具体行为，而主要观察动物所处的位置。例如动物是否出现在游客参观面的玻璃幕墙内侧？动物是否在位于游客视线高度以上的位置休息？展示群体中，动物个体之间是否保持一定的距离？等等，此时的观察项可以描述为：在木屑垫材上、位置高于第二层栖架、动物个体之间的距离大于一个动物身长，等等。有时，基于研究目标的设定，会先将展区划分成几个区域，然后观察动物在哪个区域停留，而不关注动物在这个区域范围内表达什么行为。

3. 制定行为谱的原则

（1）准确定义

在行为谱中每个行为都必须有一个清晰描述的定义，以避免对行为理解的歧义，每一个拿到行为谱的观察者根据行为定义都会准确的做出判断。例如"进食"这个行为，如果不进行清晰的描述则会引起观察者的困惑：如果动物仅仅是用前爪抓住食物可以定义为进食吗？动物在咀嚼一个并非是食物的物体时可以定义为进食吗？

行为谱由行为名称或行为缩写代码以及行为描述组成。行为缩写代码指为了保证迅速记录行为而将行为谱上的行为名称缩写为1–2个字母，这样在记录行为时可以节省时间。

例如：

○ 动物不可见（NV）：如果观察者看不到动物的头部，并且不知道此时动物在做什么，请记录NV；同样当不确定动物在做什么的时候，都应记录NV，不要猜测动物的行为。

○ 进食（FE）：动物将食物送进嘴里，处理或咀嚼食物，动物的口部必须包含在行为动作中，在动物仅仅用前爪持握食物时，不要记录FE。

○ 移动（LO）：动物在展区内移动至少两个体长的距离，移动方式包括走、跑和攀爬、跳跃或飞行。

○ 踱步（PC）：动物至少按照同样的路径重复移动三次。也包括动物在移动过程中的某处相同的位置重复相同的动作，例如在固定的位置停下来，转头看回到室内笼舍串门的行为。

○ 休息/睡觉（RS）：动物趴卧、坐姿或者倚靠其他物体的表面，除了偶尔调整一下姿势一直保持位置不变。

○ 安静警觉（AL）：警觉，动物四足着地或者坐姿、卧姿，但保持对环境刺激的警觉，不停转动头部或嗅闻空气。如果仅仅是睁了一下眼睛或者稍稍变化了一下休息的姿势，不能记录为AL。

○ 其他行为（OT）：行为列表中未包括的行为。

（2）互相排斥原则

在行为谱中，动物不能同时做两个行为。如果动物本身表现的就是两个以上行为的组合行为，例如斑马在奔跑的同时鸣叫，此时在行为谱上，这一组合行为可以是"奔跑"或"鸣叫"，对那个行为进行记录由研究目标决定：如果研究目标是比较动物的运动量，则"奔跑"更重要；如果研究目的是动物之间的攻击行为强度，则"鸣叫"更重要。另一方面，如果你采用全事件记录法对动物进行观察记录，则这个行为组合就是"奔跑鸣叫"。总之，当动物出现一个行为时，必须在行为谱中只有唯一的对应项，或对应到其他行为（OT）项。

（3）穷尽原则

动物行为，是动物与环境的复杂互动，往往由出乎意料的行为变现；或者动物表达的行为内容远远超过研究目的所主要关注的行为列表。在这种情况下，行为谱的制定需要按照穷尽的要求列出"其他行为"或"动物不可见"等项，使所有动物表现的主要行为项以外的任何行为都能够与之对应，以便后期数据处理时符合统计学的要求。

在使用"全事件记录法"进行观察记录时，不必列出"其他行为"，而应该对所有观察到的行为进行准确描述；在使用1/0取样法记录行为时，只需关注特定行为是否发生，行为谱无需符合穷尽原则。

（4）准确描述并对行为项的定义达成共识

行为谱中的每一个行为项，都必须有清晰明确的描述，以避免造成观察者对动物行为判断上的犹豫或混淆。根据研究目的，可以将行为划分成细小的部分，也可以将几个行为组合合并为一个行为项，但无论何种情况，都必须清晰描述。清晰描述的另一个目的，是对于那些相对复杂的、需要多人参与的评估项目，保证所有参与观察的实验人员都能对某一行为项产生同样清晰的认识，并达成共识。只有这样，才可能确保观察结果的一致性和准确率。

4. 行为谱的应用示例

以评估丰容项目改善一对老虎的行为表达效果为例：

在这项行为观察研究过程中，采用扫描取样法和行为取样法进行数据收集，评估丰容项目能否改善动物的行为。观察阶段采用AB型研究计划表，分别在丰容前和丰容后收集动物的行为数据。

● 扫描取样

扫描取样时间间隔设定为1分钟，每分钟结束时在原始数据表上记录每个动物个体的行为数据。给每个目标行为一个由两个字母组成的缩写，以保证记录的速度。每次观察周期设定为45分钟。

扫描取样行为谱：

行为名称	缩写代码	行为描述
进食	FE	动物在用嘴处理或吞入食物，进入到口中的东西必须是食物
休息	RS	动物在一个地点躺下或者坐下，偶尔改变姿势，眼睛可以闭上或睁开，但不会用眼睛或调整头部角度去观察环境
移动	LO	动物在展区内移动，包括走、奔跑、攀爬或在水池中游泳
警觉	AL	动物并非处于移动状态，在一个位置但保持警觉。动物可能会环顾展区，或者调整耳朵或鼻子的方向搜寻声音或气味
理毛	GO	动物用爪子或舌头清理自己的体毛
社交	SO	动物与展区内的其他动物个体进行互动。包括友好的行为、攻击行为、性行为或相互理毛行为
探究	EX	动物探索展示环境中的物体。动物可能会用爪子、嘴、鼻子对物品进行探究。行为包括嗅闻、撕咬（物品不是食物）、用爪子拨弄物体

续表

行为名称	缩写代码	行为描述
异常行为	AB	所有的非正常行为。包括踱步、甩头、摇晃身体、向游客乞食等
不可见	NV	动物不在视线范围之内
其他行为	OT	本列表没有包括的行为

● 行为取样法

对显著行为的每一次发生都进行记录。将行为的发生记录在原始数据表的"注释"栏中。对于每次行为事件，需要记录行为的缩写代码和由哪只动物表达了这个行为。

显著行为包括：吼叫、气味标记。

（四）制定研究计划表

研究计划表指评估实验运行中对不同实验条件下动物行为表现进行观察的时间安排表。为了使计划表简单明了，分别用户字母A和字母B代表不同的实验条件。

1．AB型研究计划表

○ 条件A——表示<u>基准</u>条件，指未提供待评估丰容项目的环境条件；

○ 条件B——表示<u>处理</u>条件，指提供了待评估丰容项目的环境条件；

（1）AB型研究计划表获得的数据特点

AB型研究计划表能迅速简单比较丰容前（A）和丰容后（B）的动物行为变量，在丰容评估中应用最广泛。典型的AB研究计划得到的实验结果图表如图4-2：

（2）AB型研究计划表时间安排示例（1个丰容项目，编号为"1"）：

○ 白色方块对应天数为条件A，即未提供丰容项目的基准条件；

○ 灰色方块对应天数为条件B，即提供编号为1的丰容项目的实验条件；

○ 黑色方块对应天数为观察间断期。

2．ABA型研究计划表

○ 条件A——表示基准条件，指未提供待评估丰容项目的环境条件；

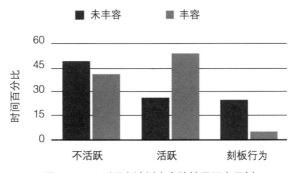

图4-2　AB型研究计划表实验结果图表示例

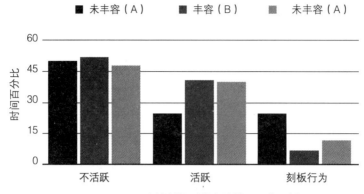

图4-3 ABA研究计划得到的实验结果图表示例

○ 条件B——表示处理条件，指提供了待评估丰容项目的环境条件；

○ 条件A——表示基准条件，指恢复到未提供待评估丰容项目的环境条件，此时的环境条件与从未提供过丰容项目的条件类似，但有差别。

（1）ABA型研究计划表获得的数据特点

ABA型研究计划表增加了一次验证，从研究的角度看是更好的研究计划，因为数据可信度更高，但这种计划表要求较长的实验周期。典型的ABA研究计划得到的实验结果图表如图4-3：

（2）以ABA型研究计划表为例，制定随机研究计划表时间安排示例

● 传统的ABA型计划表时间安排（1个丰容项目，编号为"1"）：

○ 白色方块为基准条件观察时间（5天），即未丰容条件观察时间；

○ 灰色方块为处理条件下的观察时间（5天）；

○ 黑色方块为间断时间，即不做观察的时间，分别为处理（提供丰容项）前的2天和处理后的1天。

● 随机设计的ABA型计划表时间安排（例如仅对编号为"1"的1个丰容项进行评估）：

○ 白色方块为基准条件观察时间（1天），即未丰容条件观察时间，随机分布于试验周期内；

○ 黑色方块为间断时间，即不做观察的时间，在实验期内随机分布，分别为1天、1天、2天、3天、1天；

○ 灰色方块为处理条件下的观察时间（1天），随机分布于试验周期内；

随机设计的研究计划表，减少了环境因素可能对实验结果的干扰，使实验结果的可信度增加。

● 2个丰容项随机设计的ABA型计划表时间安排（丰容项编号分别为"1"和"2"）：

随机设计的研究计划表，分散了基准条件和处理条件在时间上的分布，使评估多个

丰容项成为可能。在实验周期内评估多个丰容项，并非指同时给动物提供两个以上的丰容项，而是在不同的时间给动物提供单独的丰容项，这些单独提供的丰容项不会同时对动物的行为产生影响。

○ 白色方块为基准条件观察时间（1天），即未丰容条件观察时间，随机分布于试验周期内；

○ 黑色方块为间歇时间（1天），即不做观察的时间，在实验期内随机分布；

○ 灰色方块为处理条件下的观察时间（1天），随机分布于试验周期内，方块内的数字代表不同的丰容项；深灰色方块代表1号丰容项，浅灰色方块代表2号丰容项。

采用随机设计同时评估两个丰容项，可以迅速比较两个丰容项的丰容效果，缩短实验周期。在按照丰容运行表运行丰容项目的效果评估时，不必每次只评估一个项目，而是可以在一个时间段内对按照运行表随机提供的多个丰容项目进行评估，甚至评估整个运行表。

（五）选择行为观察方法和行为记录方法

动物行为研究以对行为的观察和记录获得的变量为依据。行为观察，也称为行为测量、行为取样，共有四种方法：随意行为取样、目标取样、扫描取样和行为取样；行为记录方法分为两类，共三种：连续记录、瞬时取样和1/0取样。这些研究方法在动物园丰容项目的评估应用中会进行适当调整和组合应用。选择哪种方法取决于丰容目标和研究问题。

将丰容目标设定为减少动物作出某种刻板行为，例如来回踱步的持续时间，则需要能够提供动物表达该行为的准确的持续时间或者可靠的持续时间估计值。共有三种方法供选择：

1. 连续记录

应用连续记录法，可以获得在行为观察期间动物行为表现的完整记录。需要记录下来行为谱上每个行为的开始时间和结束时间。这个结果提供了动物在每个行为上花费时间的准确数值。由于这种方法需要多人参与和大量精力的投入，所以往往只能采用目标取样法对单个动物个体进行行为观察，出于同样的原因，在应用连续记录法时，行为谱也必须简洁。

2. 扫描取样

采用扫描取样法时，首先应将观察时期划分成相等的时段，时段也称为观察回合。例如每隔一分钟或30秒作为一个观察回合。借助计时秒表的提示音，在每个时间段结束时记录动物的行为。观察时段的合理设置，可以提供可靠的动物在各种行为上面花费时间的估计值。对于那些行动相对缓慢、不经常变换行为的动物，例如树懒、大象和多种爬行动物，可以采用较长时间的观察时段；对于那些行动迅速、经常变换行为的动物，例如鸟类、灵长类和小型哺乳动物，应该采用短暂的观察回合。通过扫描取样法，可以同时研究较多动物个体和较多的行为。这种方法容易掌握，也是动物园中应用最广泛的动物行为观察研究方法。

3．1/0取样

1/0取样是三种取样方法中最简单的，但同时也是精确性最差的，尽管如此，由于这种方法应用便捷，所以在动物园中仍具有广泛的用途。与扫描取样法相同，观察时期被划分成多个观察时段，当每个观察时段结束时，在这个时段内如果目标行为没有发生，记录"0"；如果目标行为发生了，则记录"1"。事实上在1/0取样法的实际应用中，往往采用更简单的方式：如果行为出现了，就做个标记，例如"X"，如果行为并没有出现，则不做任何标注。

其他应用于动物园丰容项目评估的行为数据收集方法还包括：

4．行为取样法

这种研究方法是最佳的行为事件研究方法。这种数据收集方式的结果有助于判断行为事件的发生频率。记录结果示例：

- 10：01：02排尿
- 10：01：35鸣叫
- 10：03：17气味标记
- 10：04：55炫耀

- ……

显然，得到这样的结果不能仅靠一名观察人员。在实际观察过程中，至少需要两名人员的参与：其中一人负责观察、判断动物的行为，并说出在行为谱上对应的行为名称；另一人则负责读取时间，并对时间和行为进行记录。采用先进的记录设备可以减少现场的观察人员数量，但往往会延长实验人员数据处理的时间。

5．随意取样

随意取样也称为"现场记录"，实际上这种取样方法和饲养员日常的饲养观察记录没有区别。因为饲养员的管理日志往往都是采用随意取样的方式进行的信息记录。这种记录结果往往不是量化的，而是对当天所见动物行为的语言描述。这种行为记录方法必须与严谨的行为观察记录方法结合使用才能发挥更大作用。

上述这几种取样方法基本上可以满足动物园开展丰容项目评估的需要。除了掌握这些方法，最重要的莫过于在观察期间始终保持对动物的关注。观察过程中，观察人员必须排除其他因素的干扰，专心致志地把注意力集中到动物身上。

（六）绘制行为观察记录表

行为观察记录表包括两类，一类为信息表，也称为原始记录表；另一类为数据统计表。两类表格可以分别绘制，也可以结合到一张图表上。

1．信息表

根据实验设计制定的原始记录表保证了行为记录的实效性和准确性。观察者在原始记录表上记录时，不需要做出不必要的抉择，可以迅速在表格中正确的位置填写记录；如果多人参与行为观察，则每个人都应使用相同的原始记录表；每张原始记录表都必须预留表格抬头，在表格抬头中记录日期、观察时间（指每天中对动物进行观察的时段）、环境条件（可能包括天气、实验环境周边事件等）、观察者姓名和特殊情况备注。

2．数据统计表

数据统计表是在原始记录表的基础上，对每天或每个观察周期的观察记录的简单统计。数据统计表可以是单独的表格，也可能与原始记录表合并，即在原始数据表的每行、每列最后增加求和项或其他统计项；每一次观察周期结束后，由观察者本人完成数据统计表的填写，这样做是为了再次检验原始记录，由于数据表在第一时间对原始数据进行简单统计，所以本身就是有效的检查原始数据的手段，在每个观察阶段结束后及时统计原始数据会节省最终数据统计分析时间；如果数据统计表单独成表，则与原始记录表一样，必须预留表格抬头，在表格抬头中记录日期、观察时间、环境条件、观察者姓名和特殊情况备注。

（七）制定实验规则

实验规则的制定，就像体育竞赛规则的作用一样。体育竞技规则保证比赛的公平公正，观察规则的制定保证了观察结果不被观察者的个人意愿所左右，也可以减少偶然事件对动物行为的影响。实验规则包括：

1．必须在信息收集之前就制定好规则，以避免在信息收集过程中受到观察结果影响而"变通"规则，造成对结果的偏差。

2．针对研究的各个方面都列出规则，减少人为偏好和偶发事件的影响。如果是多人参与观察，必须保证每个观察者都理解并遵循观察规则。

3．观察回合的制定。例如，观察动物的行为状态，可以将每个回合时间设定为30秒，即每30秒记录一次行为；如果采用行为取样法，则在行为事件发生时立即进行记录。观察回合一经制定，观察者必须严格按照既定的时间间隔（例如2分钟）形成的回合对动物进行观察，每个观察回合的开始和结束只受时间间隔的决定，不能受到在回合内动物出现的行为表现干扰。

4．所有为了符合统计要求和提高实验结果信度的规则。

（八）观察地点的选择

动物园是一个特殊的环境，在动物园中饲养员观察动物的地点选择需要保证在饲养员能够观察到动物的同时，动物行为不受到饲养员出现的影响。应提前了解研究区域，找到最佳观察点，有时也需要观察人员四处走动以保持动物在视线之内。尽管动物每天可能会与众多游客"会面"，但它们还是有能力迅速判断出谁是工作人员、谁是游客。特别是对饲养员，即使穿着"大众化"的衣服，也会被动物迅速识别出来。频繁的日常接触中基于经典条件作用和操作性条件作用的学习经验，动物往往已经学会将饲养员与某些操作关联起来，从而影响动物的行为表达。为了解决这个问题，可以通过经常在非观察时期出现在动物视野内的方式，使动物习惯于饲养员出现在身边而不受影响，或者通过隐蔽物窥视动物。也可以由饲养员制定观察计划，请志愿者完成日常观察。这种情况特别适用于室内展区中或其他饲养员"无处躲藏"的现场条件。采用可靠的远程监控也可以解决这一矛盾。

（九）志愿者培训

在绝大多数现代动物园中进行的行为观察研究项目，都离不开志愿者的协助。请志愿者协助进行行为观察能够获得更多数据；志愿者可以减轻饲养员的工作负担，例如需要在夜间通过监视器进行行为观察，志愿者可以提供帮助；与志愿者协作还给公众提供了一个独特的了解科学研究、生物学和动物园野生动物饲养管理的机会。与志愿者协作，也可以使饲养员学习更多的领导技巧，学习如何成为一名优秀的项目管理者。但这也会给饲养员带来一些额外的工作，例如制定日程表和技能培训。培训时间取决于研究的难易程度；如果志愿者要在动物附近观察动物，培训内容要包括如何确保人和动物的安全。志愿者可能会导致数据可靠性降低，必须通过培训和可靠性测试来防止发生这样的问题。如果数据要用于发表或向学术会议提交，就必须进行可靠性测试，保证志愿者理解研究方法、正确地区分动物个体和行为、对行为谱上列出的行为认识达成一致。

数据可靠性检测方法是饲养员和志愿者在同一时间对相同的动物进行数据收集。测试期间饲养员不要与志愿者交谈或试图帮助他们。观察结束，检查每个人的结果是否一致。如果志愿者的结果与饲养员的一致，说明结果是正确的。将一致的数量除以总数（一致的加上不一致的）得出符合率，一旦志愿者数据准确率达到85%，就可以认为结果可信。如果未达到85%，则需要花更多的时间对志愿者进行培训。

三、数据处理

行为观察数据处理形式主要为绘制数据图表和统计、分析：

1. 绘制图表

○ X轴（横轴）——表示观察的目标行为

○ Y轴（竖轴）——表示经过统计的观察结果

图表应尽量简洁，不要试图包含太多信息，好图表的特点是"一目了然"（图4-4）。

饼图可以反映行为表现在丰容前后的差异，但不利于直观的比较，较少应用，例如图4-5：

2. 数据统计

丰容评估中常用的统计值包括平均值、中位数、众数、百分比、出现率等，这些统计值都用于描述同组行为数据。使用统计软件（SPSS）对丰容前后动物行为的两组数据进行比较，如果差异显著，则可以验证假设。丰容评估的假设一般为"假设通过增加一个丰容项目，可以引起动物行为的改变"。统计的结果，往往通过以下数值表示：P值、相关性、可信度、标准差和标准误。

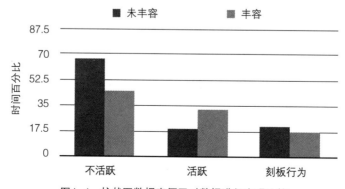

图4-4　柱状图数据表便于对数据进行直观比较

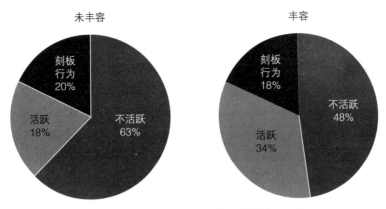

图4-5　丰容前后行为状态的比较饼状图示例

3．数据分析

（1）分析对象

分析对象由研究设计和研究问题决定，在对行为的观察记录之前已经确定。动物园丰容评估常见分析对象有两类：一类是行为状态，常通过行为状态占总观察时间的百分比表示；另一类是行为事件，常用行为事件发生次数、频率和持续时间的平均值表示。

（2）数据汇编

数据汇编以研究过程中所有问题的各个方面为线索，全面汇总数据。这些线索可能是：动物个体、笼舍、性别或动物的行为类别，等等；数据汇总后，比较不同条件（丰容前和丰容后）或不同对象（不同的丰容项目）的数据差异。分析条件（丰容前和丰容后）差异，可以判断丰容项是否达到预期目的；分析对象（不同的丰容项）差异，可以比较不同丰容项产生的丰容效果。

四、丰容评估常用比较内容

（一）行为观察项比较评估

1．基准条件和丰容条件比较，即丰容前后的动物行为比较。常用的比较项目为：

○ 丰容项所引发的行为，往往指期望行为

○ 行为所花费的时间

○ 行为发生频率

以丰容前后动物行为花费时间的比较为例：

例1——基准条件和丰容条件下，熊在行为观察周期内的各种行为所占时间百分比的比较结果如图4-6：

例2——基准条件和丰容条件下，狮子在行为观察周期内的行为所占时间百分比的比较结果如图4-7：

2．丰容项比较

○ 不同的丰容物/丰容项之间的比较——比较每种丰容物/丰容项所引发的行为和行为花费时间。

以比较不同丰容物丰容效果为例，统计结果如图4-8：

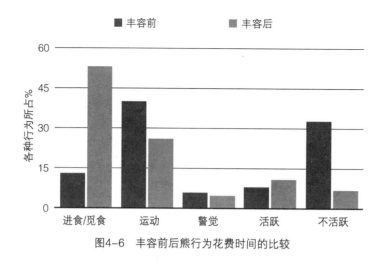

图4-6　丰容前后熊行为花费时间的比较

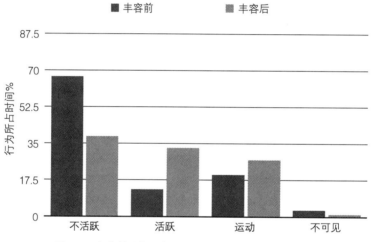

图4-7　丰容前后狮子行为所占时间百分比的比较结果

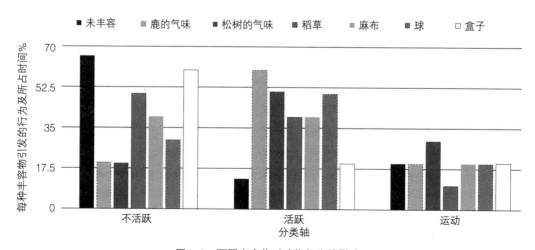

图4-8　不同丰容物对动物行为的影响

3. 丰容类型的比较

○ 食物类丰容与非食物类的效果比较

○ 动物对人工材质和天然材质的喜好程度比较

等等。

（二）非行为观察项比较评估

不以行为观测值为比较对象的分析对动物园的动物饲养管理和展示效果提升，也有重要意义，例如对动物所处位置、区域、个体间距离、动物所处高度等的评估。

1. 对丰容影响动物所处位置的评估

游客来到动物园，都希望能够看到动物，但如果为了这一点而舍弃了动物福利，使动物在展示时间无处可藏，显然违背了动物园的行业操守。解决这一矛盾的方法就是行为管理。在行为管理的多个组件中，丰容往往发挥的作用最大。常用的操作方法如下：

○ 首先评估动物对地表材质的偏好，鼓励动物在游客的主要参观时间段内出现在游客面前；

○ 在游客视线范围内，增加丰容物，评估动物与丰容物之间的距离，保证游客参观效果；

○ 将展区划分成不同的功能区域，其中包括动物隐蔽区、动物活动区和最佳展示位置区域，在保证动物有选择的前提下，延长动物在最佳展示位置停留的时间；

○ 当动物自愿出现在最佳展示位置的前提下，通过进一步的丰容措施，使动物展示自然行为。

如此循序渐进，从基础工作做起，是提高展示效果的正确途径。否则，一味的强调游客看见动物，而不从行为管理的角度采取主动措施，必然对动物福利产生负面影响，是一种原始落后的管理方式。

例如评估在游客视线范围内增加的丰容项能否使动物在可以隐藏的前提下自愿出现在游客面前？是否能让动物更长久的停留在动物参观范围以内？由于评估内容只关注动物是否停留在目标区域（游客能够看到的区域）内，而不关注动物所表达的行为，所以类似的评估不以行为测量值为比较对象。在实验设计阶段将展示区划分为不同的区域位置。一般将展区分为三类位置：最佳展示区域、动物可见区域（动物可见，但游客体验不佳，例如动物所处的位置尽管在游客可视范围内，但距离游客较远）、动物不可见区域。

位置评估示例：

● 展区区域划分：

– 最佳展示区域：A1、A2

– 动物可见区域：B1、B2

– 动物不可见区域：C1、C2

与评估内容相应的特殊行为谱可描述为：当动物身体的50%以上出现在某个区域，则对应的记录为该区域编号；

C1	C2
B1	B2
A1	A2

游客参观区1　　游客参观区2

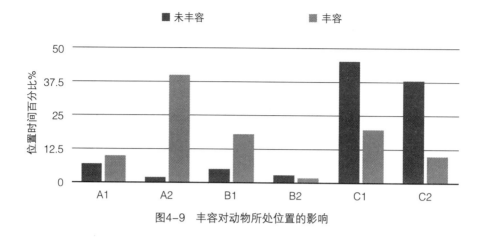

图4-9 丰容对动物所处位置的影响

● 制定观察时段和回合制定——每天观察的观察时间应以游客高峰的时段为设计依据，例如10：00~14：00；每个观察回合定为5分钟；

● 行为观察记录方法：目标取样法结合瞬时取样法，每5分钟记录动物所在区域编号。

评估结果如图4-9：

2．评估动物对不同地面材料的偏好

这种评估，也是动物饲养管理的基础评估，通过了解动物对不同地表材质的偏好，再结合饲养管理和游客参观的需要，可以对展区内的地面进行不同材质的铺装，以照顾到各相关方的利益。

此时的行为谱对应的是地表材质，不是行为。

行为谱示例：

○ 水泥：动物>50%的身体部分与水泥表面接触

○ 草地：动物>50%的身体部分与草地接触

○ 水面：动物>50%的身体部分与水面接触

○ 树干：动物>50%的身体部分与树干接触

○ 丰容物：动物与丰容物进行任何形式的接触

采用目标取样结合瞬时取样的记录方法，每5分钟记录一次动物所处的位置。

评估结果如图4-10：

五、评估结果汇报

经过上述步骤，可以从两个角度提交评估报告：

1．使用描述性数据，用于准确报告动物在不同条件（基准条件和实验条件）下的行为表现；对于短期或长期的丰容项目均可提供可信

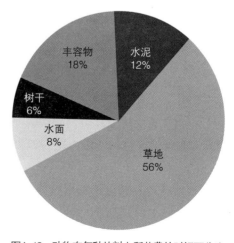

图4-10 动物在每种垫料上所花费的时间百分比

的评估结果；基于丰容经验和评估结果，对其他动物或情况可以做出合理推测。

2．在足够的样本数基础上完成的"假设——检验"统计结果，用于推导出其他动物和情形可能出现的状况，并整理成文在业内期刊发表。

第四节　快速法和丰容互动评分法丰容评估

快速法和丰容互动评分法是实验法的简化应用，在动物园中更适合饲养员单独在日常工作中进行丰容评估。

一、快速法丰容评估

快速法与实验法类似，实施过程一致，只是不必像实验法那么严密。这种评估方法对观察时间和取样的要求比较宽松，所以更容易在饲养员执行日常管理操作的同时对丰容项目进行评估。快速法的评估结果不如实验法有力，但对于一些评估项目，同样具有足够的可信度。

快速法评估运行过程中各个环节和应用的技术手法与实验法一致。这种评估方法也需要编定行为谱，但行为谱更简化，只关注少数行为类别。行为类别可能由几种类似行为组成。例如将跳跃、攀爬、行走等行为归为"运动"。

快速法能够准确描述这些动物在这些条件下的行为表现，所以不仅可以用来对丰容项目短期或长期效果的评估，同时也可用于对其他相似动物和相似情况基于经验的分析进行推导。主要应用范围包括：检查丰容项目的有效性、检查动物对丰容项目的习惯化时限、在夜间运行的丰容项目互动痕迹评估、丰容项目与动物物种的相适应程度等方面。

二、丰容互动评分法

丰容互动评分的特点是采用评分系统，只关注动物与丰容物的互动行为。这种评估方法简单、直接，用时短，非常适合饲养员的日常丰容项目评估。丰容互动评分系统采用特殊的、经过"处理"的行为谱。行为谱被转化成分值，评估之前需要根据动物与丰容物互动的行为和行为强度，将分值设定为0、1、2、3等，分值越高，代表动物与丰容物的互动越强烈。

丰容互动评分评估方法将观察的行为集中于动物与丰容物的互动行为上，可以准确描述和报告动物与丰容物的互动方式和强度，非常有利于进行多项丰容物的偏好评估，同时也是丰容物引发的互动行为强度的有效评估手段。这种评估方式，对丰容项的长期和短期效果，以及基于经验和分析对其他相似情形的推导都有重要作用。丰容互动评估的主要应用范围包括：所有的新丰容项目的有效性评估和丰容运行表的制定；通过评估动物与丰容物之间的互动水平判断动物的习惯化周期，确定丰容运行表的实效性，调整运行表中项目轮回周期。

第五节　评估结果报告

评估是检验丰容是否按照"以目标为导向"实施的重要手段，评估的结果能证实一个丰容项目是否达到了效果，评估不是目的，改进才是目的，同时也是对丰容计划执行者的重要强化。这种强化，不仅体现在饲养员所管养的动物福利水平的提升，也在于饲养员得到了总结和报告的机会。丰容结果评估报告的主要内容有：

1. 报告内容——描述丰容项目中涉及的主要内容，包括：

○ 动物：观察目标动物和种名和数量

○ 丰容目标：预期达到的目的

○ 研究问题：使用了哪种丰容项目、使用哪种观察方法和记录方法、取样、数据统计

○ 方法：丰容项目的实施过程

○ 评估结果：统计图表是最好的方式

○ 分析：解释结果的含义

○ 对未来的建议

2. 报告形式——丰容项目评估报告的价值

○ 以论文形式发表在业内期刊

○ 以汇报形式与同行或上级交流

○ 以文档形式存入项目库

丰容评估采用的方法，同样适用于其他行为管理方式和手段的效果评估。动物行为管理是主动提高动物福利的途径，每个"以目的为导向"的设计与运行措施是否能够达到设计目的，是评估的内容。不评估动物福利整体状况，只评估具体的行为管理措施是否达到实验设计的行为改善目标，是对动物福利进行评估的更可信的方式。

动物福利只关乎动物个体，动物园中进行的评估对象也多以动物个体或少量个体组成，评估结果能够准确描述采取行为管理措施前后动物行为表现的差异，并且，在不超过样本合理演绎范围内，仍然可以基于经验和数据分析，对其他相似情形做出令人信服的推导。

2017. x. 22

第五章 丰容工作日常化 ··································

丰容工作日常化是保证动物接受持续多变的丰容项目的唯一手段。判断动物园中野生动物的福利状况的一个简单、直接的方法就是观察动物对丰容项目的行为反应和反应的潜伏期。野生动物在圈养环境中享有选择机会的多少和处理环境刺激的能力直接反映福利状态水平。设想一下：某动物园中的一只老虎，被突然出现在展区中的一个装满稻草的麻袋包吓坏了；另一个动物园中的一只老虎在同样情况下迅速做出探究、撕咬等自然行为。这两种行为表现之间的区别，就是两个动物园中老虎福利状态的差距。同样是一个装满稻草的麻袋包，一种情况是给动物带来恐惧和压力，另一种情况是给动物带来刺激和机会，这种差异意味着哪个动物个体拥有掌控环境的能力；对于行为管理工作来说，则意味着动物园是否实现了丰容工作的日常化。日常化的丰容能够持续多变地给动物带来刺激和机会，而间断性的，甚至是罕有的丰容项目，有时候不仅不会提高动物福利，甚至会使动物感到窘迫和压力。

第一节 丰容工作日常化的保障

一、从态度转变到日常运行
任何一个动物园都是从对动物福利态度的自我改变开始，逐步进展到"丰容日常运行"阶段；在达到丰容日常运行阶段后，再通过图5-1中纵向的保障措施来保证日常丰容工作的持续和改进。

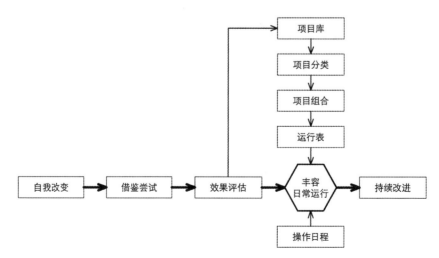

图5-1 动物园丰容工作发展进程图示

自2002年中国动物园协会首次与美国史密森学会华盛顿国家动物园联合举办丰容培训班以来，丰容工作在许多动物园都有不同程度的开展，但总的来说丰容运行所呈现的共性都是突击式的、间歇性的、饲养部门独立运行的或机械照搬式的。绝大多数动物园对动物福利的态度还没有发生本质的转变，丰容工作还处在"自我改变"和"借鉴尝试"阶段。这种状况的长期存在不仅由于缺乏职业技能培训和职业道德教育，也由于过分强调各级领导或管理者在丰容工作中的作用，而忽视了广大饲养员的贡献和热情。这些问题不仅出现在目前国内的动物园，也同样出现在丰容工作刚刚开始运行的西方动物园中。经过几十年的发展，现代动物园逐步摸索出一套有效的丰容运行保障体系。这种保障体系比起那些奇妙的丰容"点子"，更值得国内动物园学习，因为这种体系最终保护和促进的是饲养员的工作热情，有了这种工作热情，自然会有更多的丰容创意。丰富的、持续涌现的丰容项目是建立丰容项目库和制定丰容日常运行表的前提。

当丰容发展到日常化运行阶段，丰容成为常规饲养工作的一部分，就如同喂食、清扫一样必不可少。在这种工作状态下，饲养员对动物的热爱和对丰容投入的热情，对每个丰容项目产生的效果都起到至关重要的作用。

二、丰容运行要素

饲养员的工作热情是丰容持久运行的前提，但丰容毕竟不是饲养员一个人的事，丰容项目还须包含几项基本要素，这些基本要素与饲养员的工作热情相结合，才能使提高动物福利这一行业准则体现在动物园的各项工作中，而不再是一句空话。这些基本要素包括：

1. 项目说明

丰容项目描述，包括明确的项目目标设定、丰容项目重点、各项工作的责任人和必要的人力、物资保障。丰容项目的重点，指在着手丰容资源分配时，辨别重点物种或个体的实际需要，并结合丰容重点提供针对具体目标的设施、设备；同时，也要考虑该丰容项目对其他物种或个体带来的益处或风险。

2. 报备

正式的丰容计划不仅需要实施计划，而且需要必要的批准程序。当丰容进入日常运行阶段时，应该广泛吸收各个领域具有专业素质的人员共同协作，为丰容项目提供专业意见。在丰容工作中应用新的技术或将某项丰容技术应用到新的物种，都需要兽医和营养师的认可。项目报备不仅可以保证丰容的效果，也能让更多的人参与进来，并从不同的专业角度出发将丰容的风险降到最低。

3. 建立丰容项目库

已经运行过的丰容项目应该记录归档，并进行系统整理保存，形成丰容项目库。这些资源将为制定丰容运行表提供重要参照，并为日后的丰容效果评估提供依据、启发对提高动物福利的更多思考。充实、丰富的丰容项目库，是保证日常运行项目的多变性和持久性的前提。

4. 制定运行表

丰容的日常运行，需要预先做好规划，为每个展区制定以周期为单位的项目运行时间表，以便于提前安排工作计划，例如操作日程的调整、物资准备和协调相关人员配备。人员配备包括除饲养员以外的其他人员，例如提前召集协助进行行为观察的技术人员或志愿者应用实验法对丰容项目进行评估。预先制定出丰容运行计划时间表，还能够保证每日丰容项目内容的多变性和持续性。常见的方式是针对所饲养的动物，从丰容项目库的各类别中抽取适合此类动物的不同项目，排列组合成在一定周期内项目不重复的运行表，尽管每个运行表覆盖的运行周期可能不同，但需要至少提前一周将运行表制定完毕，并提交各个相关方做好运行准备。

5. 评估改进

项目评估和持续改进措施必须被列入日常丰容运行程序当中。对丰容项目的评估是建立丰容项目库的必要途径，也是确定日常运行表的重要依据。尽管绝大多数评估文件不能达到学术论文的要求，但并不代表没有价值。对本动物园开展的丰容项目进行整理和评估，并在行业内部分享，不仅能够获得更多的建议，也能为其他动物园提供参考。在动物园内部，评估结果可以清晰描述动物在丰容项目运行前后所表现的行为差异，并能够对操作日程调整、展区改造、展示群体构成等多方面工作提供改进依据。当然，经过评估的丰容成就，也能使丰容工作更具有说服力，并获得更多支持。

三、合作支持

丰容的日常持续运行，需要基础设施保障、经济支持、组织机构的授权和推进以及合格的饲养员和各项工作的负责人。尽管动物园规模不同、经营管理手段存在差异，但保证动物福利的基本要求是一致的。通过丰容等工作方法主动提高动物福利，是动物园行业最起码的行业操守。

1. 动物园的整体支持

丰容工作需要全园各部门的支持和参与，并为各级领导和人员所熟知。动物饲养管理、兽医保健、饲料营养、行为研究、园林绿化和后勤保障部门都是丰容工作的参与者。作为园长，也必须了解丰容项目运行状况并通过协调各部门的资源对丰容工作给予支持。

2. 丰容项目的执行者和责任人

饲养员的日常操作规程中，必须清晰描述其所应承担的丰容工作责任和义务，并将丰容工作列入日常操作程序。为了保证日常丰容工作不断改善和提高，有必要对所有丰容工作的参与者进行定期专业培训。

有效开展丰容项目，需要负责人或负责团队。无论是单独的丰容主管或多人组成的丰容工作委员会成员，都应具备与自身责任相符的知识、兴趣和在动物行为研究方面的专业技能，同时具有足够的沟通、协调能力以使得全园各个层面、各个部门都能够了解丰容工作的意义，并给予必要的支持。

尽管丰容主管或丰容工作委员会成员本身应当具备足够的知识和能力，但丰容程序的评估和持续改进仍然需要更多的人员参与，这些人员包括动物种群规划制定人员、动物主管、专家顾问和一线饲养员及其他直接参与丰容项目运行的所有人员。丰容主管和丰容工作委员会负责项目协调、项目评估、员工培训，并有责任通过参与行业内交流和查阅业内期刊来保证动物园丰容工作跟上行业的发展。就像兽医保健和饲料营养保障一样，丰容工作不再是可有可无的选项，而是提高动物福利的必由之路。

3. 经济支持

丰容工作的运行需要足够的资金支持，例如支付致力于设计并运行丰容计划的人员报酬，主要指丰容主管和丰容委员会成员的劳动报酬和临时参与丰容项目，例如短期协助进行丰容评估的人员费用；丰容物资准备费用、展区调整、改造费用；参加行业内交流和培训的差旅及会务费用、获得参考资料的费用或聘请专家顾问费用，等等。

4. 信息资源

丰容项目制定必然以对相关动物的研究和对物种行为生态学知识的理解为基础。缺乏上述知识领域的支持，丰容项目的运行结果必然大打折扣，甚至难以满足动物的需要。为了保证基础信息的支撑作用，丰容主管或丰容委员会必须拥有充分、可靠的信息来源。可以通过互联网、动物园协会、业内期刊、行业通讯、书籍或聘请顾问等多种渠道收集信息，以供丰容项目设计参考。

5. 饲养员的工作热情是一切的基础

动物园全园丰容工作的整体性体现在：饲养员和科研人员共同提出丰容计划，丰容委员会进行决策和运行安排；饲养员主要运行丰容项目，科研人员主要负责评估；园领导负责协调丰容资源的调配和各部门的协作；保护教育部门负责将动物园为提高动物福利所做的努力和在自然保护方面做出的贡献传达给公众，并获得公众对动物园事业多方面的支持。这一切，都以饲养员的工作热情为前提。

第二节　丰容项目库

丰容项目库是随着丰容工作的开展，自然形成的信息数据库。丰容项目库最早的形式是每位饲养员丰容实践的简单记录，这些宝贵的实践经验不断积累、汇总形成了项目库的原型。将这些项目信息通过统一的方式和线索进行整理、分类，并反过来应用于指导丰容实践，即实现了从原始信息积累到丰容项目库的转变。丰容项目库是丰容工作发展到一定阶段的必然产物，也是保证丰容工作日常化的必要前提。

一、建立丰容项目库的意义

饲养员基于个人工作热情和喜好所收集、调整的丰容创意，在应用于自己所管养的动物个体时所获得的实践经验，是最宝贵的信息来源，也是构建丰容项目库最坚实的基础。如果不将这些经验进行汇编整理，丰容工作将止步于借鉴尝试阶段。建立丰容项目库最重要的意义就是对本园的或其他动物园的丰容实践经验进行收集整理，以保证每一次饲养员的丰容实践都成为他人今后可以借鉴和参考的基础、保证丰容工作范围的不断扩展和整体工作的持续进步。

丰容项目库在经过收集整理阶段之后，必将发挥指导丰容实践的作用。按照不同线索或分类整理的项目库可以保证动物接受持续、全面的丰容刺激。动物园中常见的现象是饲养员往往更钟爱食物丰容，形成这种局面的原因主要是饲养员往往会从为动物提供食物丰容过程中获得更强的、更及时的强化。这种强化作用会使饲养员更愿意重复进行食物丰容操作。通过丰容项目库的建立和运行表的结合，可以避免过多使用食物丰容。因为尽管食物丰容可以迅速调动动物的行为反应，但也存在一定的风险，例如不加控制的食物丰容会使动物偏离正常饮食结构，导致营养问题，例如肥胖；在群养动物中添加益智喂食器可能在动物群中引起攻击或伤害，为得到食物而导致的个体间的过度攻击行为，等等。最重要的是，动物需要的是包括五个丰容类型的全面的环境刺激，而食物丰容只能满足其中的部分刺激需求。饲养员可以从食物丰容过程中直接的获得成就感，但动物的福利需求往往会在无意中被忽视。丰容项目库的建立，可以保证为动物提供全面的环境刺激，将丰容工作的目标始终定向于保持积极的动物福利状态。

绝大多数的圈养野生动物一旦感受到丰容的乐趣，或者说一旦具备了处理丰容刺激的能力，那么对饲养员来说就形成了"喜忧参半"的局面。一方面饲养员通过不断的创意为动物提供越来越复杂的刺激，不断绞尽脑汁给动物"出难题"，并享受自己管养的动物解决难题时的得到的快乐；另一方面，动物们在不断处理这些越来越复杂的挑战时也会变得越来越聪明，认知能力不断提高，各种难题都会被动物们一一破解，如果仅凭饲养员一己之力面对越来越聪明的动物，则难免捉襟见肘。这时候就需要一个由全世界的饲养员同事所共同构建的丰容项目库，以保证为动物们提供更丰富的、多变的、新鲜的丰容刺激。

建立丰容项目库的另一个意义，正如我们已经感受到的，就是为了分享。按照统一的格式、内容、分类等要求编制的丰容项目库不仅会促进本园的丰容工作日常化，也会为其他动物园提供借鉴。从借鉴到分享，不仅反映了丰容项目库的日益完善，更能反映出动物园的丰容工作水平已经跟上了时代发展的脚步。

二、建立丰容项目库的方法

1. 丰容项目收集

各个动物园在建立丰容项目库时应主要从两个来源进行项目收集，首先是本园曾经或正在进行的丰容项目，这些项目经过在本园的实际运行，往往具有最高的实用性；另一个来源是其他动物园的丰容实践。丰容工作从20世纪50年代开始首先从西方动物园中运行以来，已经积累了大量的经验，动物园或动物园协会已经将这些丰容实践按照一定的格式整理成为现行的项目库，从动物园之间的专业交流或互联网上，可以收集到大量的信息。特别是2012年亚洲动物基金会（AAF）从美国动物园饲养员协会（AAZK）获得《美国动物园饲养员协会丰容手册》的翻译许可后，与中国动物园协会（CAZG）协同组织翻译的《美国动物园饲养员协会丰容手册》为各个动物园贡献了大量的丰容项目信息；同样，不列颠野生动物饲养员协会（ABWAK）编辑出版的《丰容指南》、多利野生动物保护基金会（DURRELL WILDLIFE CONSERVATION TRUST）共享的《通过环境丰容管理动物行为——野生动物救护中心应用要点》、丰容技术网站（The Shape of Erichment，www.enrichment.org）等机构分享的丰容信息资源，都是非常有价值的丰容项目参考。在罗伯特·杨（Robet J. Young）撰写的《圈养动物环境丰容》一书中，列举了大量丰容项目参考信息资源。以上列出的现有资源已经能够满足国内动物园所饲养展示的绝大多数物种的丰容项目设计需求。

2. 丰容项目的整理分类

（1）项目库文件内容

从各种途径获取的参考信息，首先需要用统一的格式内容进行整理，以保证丰容项目信息的完整和应用于准确的动物个体。美国饲养员协会推荐的丰容项目文件中包括以下内容：

○ 项目编号：每个项目对应一个编号不仅有利于项目统计和管理，也便于进行检索和整理。更重要的意义在于编号本身并不反映丰容项目的具体内容，更有利于制定丰容运行表时遵循随机选用的原则，例如B-0306。

○ 丰容类别：指该项目主要的目的，按照丰容类别进行的归类。例如：食物丰容类。

○ 项目名称/操作：丰容器械的名称或丰容操作的名称，例如"软梯"或"在展区内堆放新鲜树枝"等。

○ 外观：指丰容物的外观是自然外观或是人工外观，例如在展区中堆放新鲜树枝，称为自然外观；如果在展区中放置纸壳箱，则称为人工外观。

○ 适用对象分类：例如适用于小型猫科动物。

○ 预计成本：大致的估算值或以往经验积累。

○ 项目描述/操作说明：例如：将新鲜的鱼和苹果、胡萝卜切块后提前一天冻结成两个半球形状的冰块；在应用前用食盐将两个半球粘结成一个篮球大小的"冰球"，在北极熊进入展区前将"冰球"放置到水池中。

○ 项目调整：指应用该丰容项目时可能出现的根据动物个体特点或季节特点进行的调整。

○ 材料/原料：例如在上面"冰球"项目中，需要的材料和原料包括：两个半圆形的塑料盆；纯净水、新鲜的鲅鱼1公斤、苹果块1公斤、胡萝卜块1公斤、食盐10克。制作设备为冰箱或冰柜。

○ 外形尺寸：指丰容器械或设施的大致尺寸。

○ 图解/照片：对于丰容器械的使用，如果用文字难以描述清楚，应提供操作图解或以往运行照片。

○ 安全注意事项：指采用本丰容项目存在的安全隐患，并提出避免造成损失的操作注意事项。

○ 备注：其他需要特别说明的情况。例如该丰容项目与其他某个丰容项目联合应用于展区时，可能存在安全隐患等。

○ 项目提交人/所属部门：指该项目的收集者或整理者，该人员所属部门。

（2）项目库文件示例：（以美国动物园饲养员协会提供的参考资料为依据）

项目编号：	NB-0306		丰容目的（类别）	食物丰容/新奇物丰容
项目名称/操作	水果冰串			
外观	___√___人工外观		_____自然外观	
适用对象	小型灵长类动物			
预计成本	￥30.00			
项目描述/操作说明	提前一天将水果放入碗中，同时放入一根麻绳，使麻绳一端冻结在冰块中，另一端用于悬挂或拴系。			
项目调整	为了减少糖的摄入量，在冰块中只加入少量水果块，另加入10g面包虫。			
原料/材料	苹果100g，面包虫10g，500ml塑料碗一只	外形尺寸		10cm×5cm左右，可悬挂
图解/照片				
安全注意事项	注意观察，避免麻绳缠绕动物			
备注	可以多个连成串，适用于群养动物 			
项目提交人	SUNNY LEE		所属部门	保护教育中心

（3）项目库文件分类

项目库应建立电子文件，并应具有按不同项目/条目检索的功能。

例如：低成本项目，则可以通过检索"预计成本"低于50元的项目进行整理归纳。

按丰容类别，例如：食物丰容类、物理环境丰容类、认知丰容类、社群丰容类和感知丰容类项目。需要说明的是，多数丰容项目都可能从多方面给动物带来良性刺激，在对不同的丰容项目归类时，可以只从最主要的丰容功能进行分类。例如：在展区中铺设刨花，并在刨花中藏匿瓜子，刨花本身虽然可以造成物理环境丰容的效果，但这个项目的主要目的是鼓励动物的觅食行为，那么这个项目就可以归为"食物丰容类"。

按动物分类——根据各个动物园中展示物种特点和动物在展区内布局的特点，可以按照丰容项目表中"适用对象分类"进行检索整理。例如：大型猫科动物、大象或半水栖龟类等。

3. 丰容库的更新

新项目的收集、设计、测试和评估，保证了每个丰容项目的有效实施，也使得丰容项目库中的内容不断丰富。不断更新和扩充的丰容项目库能够保障丰容项目的日常运行，只有项目库中的内容达到一定数量，才有可能为动物提供丰富的、不断变化的日常刺激。采用丰容项目库结合日常运行表的方式，是目前最有效的将丰容工作融入日常饲养管理的手段。

第三节　丰容项目运行表

一、日常运行表的意义

日常丰容运行表对动物的意义，有点类似于单位食堂制定的菜谱。良心食堂会根据员工们的营养和口味需要制定每周或每两周，甚至更长时间都不会重样的菜谱。正如员工们都会对食堂做出客观的评价，动物也在评价着饲养员。我们能否照顾到圈养动物对各种环境刺激的需求，并超越饲养员的个人喜好为动物提供涉及多个类别的丰容项目，都靠丰容项目运行表的制定和执行。如果食堂天天只供应茄子炖土豆，相信会给很多员工造成心理阴影。

预先制定的丰容项目运行表的运行周期可长可短，每个运行周期可能是两周，也可能是1~2个月。如果你的丰容项目库中已经拥有充足的选择余地，你甚至可以制定更长时间的丰容运行表。在丰容运行表覆盖的运行周期内，除非遇到特殊情况，都应该严格按照运行表上列出的项目进行丰容操作。由于提前预知下一步的丰容项目，便于饲养员提前准备物资，并预先调整日常饲养管理操作流程，以保证丰容项目的运行。

丰容项目运行表使丰容工作更有计划性，按照一定原则制定的计划表不仅会为动物带来全面的刺激，也能够对丰容项目库中的项目进行实践检验，并作出调整和改进。丰容项目运行表和丰容项目库的关系类似于你出牌的水平和你是否抓到一手好牌，两方面都会影响牌局的走势，但都不是绝对的；正如好牌手会让手里的牌更有力一样，好的丰容项目运行表也能让丰容项目库发挥更大的作用。

二、制定日常运行表的方法

1. 兼顾分类

运行表中的项目应该兼顾所有类别的丰容项目，同一天进行的多个丰容项目应该具有各自的丰容目的。例如一天中实施的三个丰容项目，可以分别选自于丰容项目库中的三种类别：物理环境丰容、认知丰容和社群丰容。

相邻日子之间的丰容项目也应该尽量减少重复，但有两类比较特别。必须每天都要进行的丰容项目包括：

○ 食物丰容：绝大多数动物都需要每天提供饲料，饲料的种类、加工程度和提供方式应该是多变的。这种以每日常规饲料供应为目的的食物丰容手段可以每天重复使用，但每天的提供方式应有所变化。日粮饲料以外的食物丰容项目，应该获得动物营养主管的许可，并在一定的时间段内进行定量控制。

○ 正强化行为训练：正强化行为训练，特别是针对日常饲养管理操作需求的行为训练，如串笼训练、配合饲养员近距离观察身体、脱敏等，既是饲养员与动物的交流机会，对动物来说也是社群丰容的重要途径。在行为训练过程中，饲养员会为动物提供一些动物最偏爱的饲料，这些饲料营养成分亦应该计算到动物总体营养供给水平中。日常正强化行为训练是维持饲养员与动物之间的信任关系的重要手段，同时也作为动物社群丰容项目，需要每天进行。

2．特殊需求

丰容的原则是必须惠及动物个体，当动物个体出现特殊情况时，应当调整运行表，以保证动物个体受益。当展区内动物社群发生变化时，例如出现新出生个体或新引进个体，则原有的运行表必须进行调整，以维持动物社会关系的稳定，减少非期望行为的发生。

3．保证随机性

在介绍建立丰容项目库时，我们曾经强调过给每个项目赋予一个编号。在确定丰容项目应用对象的前提下，将各个丰容项目按照不同丰容类别进行分组，每个组中只填写丰容项目编号，将这些编号进行排序。采用随机方法选择序号，序号后面对应的丰容项目编号所代表的丰容项目选入运行表。这种随机抽取项目列入运行表的方法能够有效保证丰容项目的持续变化。

4．丰容运行表制定方法示例

本示例来自美国史密森学会国家动物园于2002年提供的参考资料，在此列出，仅供参考。

● "1-2-3法则"：

对应数字	运行法则说明
1	• 每周在饲养员的日常饲养管理日程中，至少包括1次丰容项目
2	• 同一个丰容项目，在一个月中不能以同种类型的丰容项目的身份出现2次*
3	"1-2-3法则"适用于下面3类动物： • 除了大象以外的有蹄类 • 除了鸦科鸟类和鹦鹉类的其他鸟类 • 爬行动物

*例如：给羚羊提供新鲜树枝作为食物丰容类别，供动物啃食，此时该项丰容属于食物丰容；如果在一个月内第二次提供新鲜树枝，供动物剐蹭身体，则此时该丰容项目属于感知丰容。同一个丰容以不同的身份运行时，饲养员所关注的目标行为也应该相应变化。

● "2-4-6法则"：

对应数字	运行法则说明
2	• 每周在饲养员的日常饲养管理日程中，至少包括2次丰容项目 • 同一个丰容项目在展区中持续运行（存在）的时间不能超过2天
4	• 同一个丰容项目，在一个月中不能以同种类型的丰容项目的身份出现4次
6	• "2-4-6法则"适用于下面6类动物： • 灵长类动物，每2天一次丰容运行； • 熊，每2天一次丰容运行； • 猫科动物，每2天一次丰容运行； • 大象，每周2次丰容运行 • 鹦鹉和鸦科鸟类，每周2次丰容； • 海洋哺乳动物，每周2次丰容运行

三、丰容项目运行表示例

本示例文件由亚洲动物基金（AAF）提供。

亚洲动物基金运行的黑熊救护中心饲养的动物以亚洲黑熊为主，这些熊与动物园所饲养的熊相比有一些特殊之处：

○ 全部是被救助的取胆熊，在这些熊的以往个体经历中，身体和心理都曾遭受过重创。

○ 全部接受了绝育手术，没有繁殖期可能会出现的问题。

○ 全部摘除了胆囊，食物中不能含有肉类。

○ 群养。虽然黑熊是独居动物，但救护中心的黑熊经过合群训练后，可以接受其他成员，它们被分成大群在几个运动场中共处。

尽管如此，救护中心的黑熊仍然保持着本物种的自然史特征，以及表达自然行为的天性，它们的行为需求与动物园中所饲养的健康亚洲黑熊是一致的。

（一）亚洲动物基金（AAF）黑熊救护中心丰容运行说明文件

在成都和越南黑熊救护中心运行的丰容程序是一项与饲养员日常饲养管理实践紧密交织的运行程序。这项综合的工作程序为被救护的黑熊在心理和生理方面的恢复和福利水平的提高提供了保障。

1. 丰容程序

两座救护中心均以提高被救护黑熊的生理和心理方面的健康为终极目标，丰容程序为这些动物选择表达生存必须的基本行为创造了条件。

丰容程序包括：

（1）社群丰容

○ 动物与动物之间，例如：群养

○ 动物与人员之间，例如：饲养员、训练员、参观者

○ 其他方式，例如：镜子

（2）认知丰容

○ 神经刺激，例如：正强化行为训练、益智喂食器

○ 新奇体验，例如：新奇的味道、原木、树桩、玩具、Kong（一种硬质橡胶玩具）、浮标、球

（3）物理环境丰容

○ 攀爬设施，例如：高台、攀爬设施、圆锥形帐篷撑架

○ 垫料，例如：干竹叶、刨花、树皮块、树叶

○ 庇护所，例如：水泥管

（4）感觉丰容

○ 触觉丰容，例如：新鲜树枝、稻草、树皮、树叶、刨花

○ 嗅觉和味觉丰容，例如：香草、精油、调味剂（香料）、香水、食物

○ 声音丰容，例如：声响、丛林声音的录音回放、轻柔的音乐

○ 视觉丰容，例如：位于高处的瞭望平台（让动物能够从动物展区内看到展区外面的事物）、色彩丰富的丰容物品、镜子

（5）食物丰容

○ 新奇食物，例如：应季的水果、蔬菜、调味酱

○ 食物提供方式，例如：散布的食物、随机的食物提供方式

2．丰容运行表

丰容运行表都是通过仔细安排后编订的，基本的原则是在一周内的每天都需要不同的丰容项目，即不能有任何两天的丰容项目是重复的（表5-1）；同理，每周的丰容项目在以一个月为运行周期的时段内，也不能重复。在黑熊救护中心中，日常丰容实践与包括"玩具、涂抹膏和其他丰容项"的列表结合运用，这种方式保证了丰容项目的新奇性和涂抹膏的应用（表5-2）。这项列表每三个月检视和更新一次，并允许经常性地在丰容运行表中加入新的项目。丰容运行表每12个月更新一次。

群养熊丰容运行表示例　　　　　　　　　　　　　　表5-1

	周五	周六	周日
上午	用麻绳串起蔬菜并悬挂于高处、麦片混合物、粗竹筒喂食器、玩具3	涂抹膏7，玩具4，香草/香料、细竹筒喂食器、芝麻油	装有干果的PVC喂食器放置于高处，玩具5，橡胶球内装米饭混合物、美味冰块串
下午	听觉刺激物、涂抹膏1、其他3	旱坑内堆放垫料、装有面条混合物的原木喂食器，其他4	香草/香料放置在原木堆上，涂抹膏2、其他5

与丰容运行表中丰容项目共同使用的玩具、涂抹膏和其他丰容项示例　表5-2

编号	涂抹膏	新奇物品/玩具	其他
1	吉士粉	悬挂塑料桶&柳条编织篮筐	臭豆腐
2	菠萝酱	装有填充物的麻袋&消防水龙带制作的方形玩具	巧克力酱
3	草莓酱	按摩球&拖把头	豆腐卷
4	酸奶	银色的盘子&地板刷	烟熏豆腐干

3．特制的丰容运行表

针对以下类群动物的特殊需求，编订特制的丰容运行表。

○ 群养熊——丰容运行表（主表）为救护中心的所有群养熊而设计，每个笼舍中群养熊的数量从2头至20头不等。

○ 术后恢复期的熊——刚刚经过手术的熊，在恢复阶段医疗护理的需求是最主要的。

○ 运输笼中的熊——当熊经过手术恢复期，在确定可以将熊引入兽舍或安全与其他的熊混养之前的阶段，它们暂时饲养于运输笼中。在这个阶段中，会对它们的情绪和行为状况进行监测和评估。

○ 单独饲养的熊——由于种种原因，有的熊无法与其他的熊共处。它们在一定时期内需要单独生活并需要一些特别的关照。

○ 室内饲养的熊——由于医疗或管理的特殊需要，有些熊生活在室内环境中。对于室内饲养的熊需要制定不同的运行表。

○ 幼熊——幼年熊的福利需求与成年熊不同。特别制定了三种不同的丰容运行表以适应幼熊的三个生长发育阶段，直到它们成年后，再为它们制定常规丰容运行表。

4．丰容项目最小供给量

由于受到资源和场地的限制，救护中心中往往需要将多个黑熊个体进行群养，在群养条件下有必要规定最小的丰容项供给量。低于最小供给量的丰容项目会导致熊之间的攻击行为。最小丰容项目供给量的确定需要根据群养熊个体的数量和展区的面积决定。

5．人员分工

熊展区园艺管理组负责协助进行工作量较大的丰容物的转运、简单的设备维修、树木保护、展区地被植物维护等。额外的玩具由熊饲养组和园艺管理组的工作人员利用本土资源制作，所以不会出现这类玩具的匮乏。按照丰容运行表的安排，动物厨房制作和分发大冰块、喂食管、米饭混合饲料、面条混合饲料和果冻，这些食物丰容物与日常饲料一起发放到各个熊舍。

6．行为观察

饲养员日常需要对动物行为进行持续的观察。行为观察有可能包括特殊的关注重点以便对黑熊个体或群体有更清晰的了解。对于判断引发动物非期望行为的因素，这些行为观察发挥了至关重要的作用，同时通过观察也可以有助于制定行为调整计划并缓解多方面的顾虑。丰容程序中会对特殊的动物个体或群体进行特别说明，然后采用经过调整的丰容运行表。

典型的行为研究包括：季节性的刻板行为、攻击行为，例如威慑，或者互动行为。黑熊的互动行为观察对黑熊实施群体饲养工作起到指导作用；行为观察也应用于不同丰容项目效果的评估。

7．季节变化

在成都黑熊救护中心，夏季和早秋季节亚洲黑熊更加活跃，食欲旺盛，这个阶段需要每天将熊召回两次，即每天中午会将熊召回室内兽舍，这种操作成功减少了多只黑熊个体的刻板行为。成都黑熊救护中心中的棕熊和部分黑熊、越南救护中心中的大多数熊会在全年保持每天两次将熊召回室内。

在秋季，熊的食欲旺盛，需要给动物提供高能量饲料，例如将栗子和花生散布于活动场中。

在有可能的情况下，按照已证实对动物无害的植物清单为动物提供新鲜的枝叶。

8．夜间管理

出于安全方面的考虑，一般情况下会在夜间将熊收回室内兽舍；但如果笼舍设计符合安全要求，也会为黑熊创造夜间在室外活动的机会。位于成都的黑熊救护中心中有一处笼舍，室外活动场的隔障与邻近活动场的隔障相邻，但彼此独立，于是形成了这个活动场事实上有两层隔障的状态，由于原来只能有一层隔障承担的防止逃逸的功能分别由两层隔障承担，相当于为防止动物逃逸上了双保险，所以在这个展区中，黑熊可以在夜间到室外活动场活动，这为动物创造了夜间享用丰容设施的机会，同时在运动场内分散隐藏的部分日粮还能鼓励黑熊的夜间觅食的行为。

（二）以2014年11月丰容运行表为例：

1．丰容项目附表——特殊丰容物（涂抹膏、新奇玩具和其他项）信息表

2014年2月丰容运行表

（涂抹膏、新奇玩具和其他项）

以下丰容物品同当前应用的丰容运行表中列出的丰容项目一起使用。列表中的丰容物可以在活动场中保留一整天。

编号	涂抹膏	新奇物品/玩具	其他
1	沙拉酱	浮枕和轮胎	花生酱
2	桂圆莲子八宝粥	蓝色桶和白色塑料桶	爆米花
3	麦片混椰奶	装有填充物（垫料）的尼龙网兜和悬挂竹筒组合玩具	臭豆腐
4	黑莓酱	装有填充物（垫料）的麻袋（用绳子拴住挂起或是拴在某个位置）	烟熏豆腐干
5	酸奶	塑料球	红枣
6	黑芝麻酱	消防水龙带制成的方形玩具和条形玩具	草莓酱
7	奶酪	蓝色、黑色、黄色塑料管等	凉粉

注意：如果某种物品的存量很少或者被损坏，立即通知饲养主管。如果无法获得该物品，饲养主管/熊区经理则会建议使用另一种替代物品直到恢复该物品的库存。

2．2014年11月丰容运行表

第一周	上午	下午
周三	香草/香料，玩具3，涂抹膏1，芝麻油	趣味圆木，PVC喂食管，其他1，悬挂美味冰块
周四	竹筒取食器，涂抹膏2，米饭混合物，玩具7	橡胶球，蔬菜串于麻绳上，散撒干果，其他2，垫料堆
周五	趣味圆木，其他3，玩具5，麦片混合物	香油喷雾喷在直立的树桩上，涂抹膏3，听觉刺激物
周六	涂抹膏4，麦片混合物，竹筒取食器（悬挂），玩具1	香草/香料，干果只能高置，旱坑内堆放垫料，其他4
周日	趣味圆木，玩具6，涂抹膏5	坚果/瓜子，其他5，芝麻油，小号冰糕
周一	将所有食物，都放置于熊不能直接吃到的地方，如：放在原木堆下，杂草内，水泥洞，趣味喂食器里等。果冻，米饭混合物，竹筒取食器（高置），玩具2	香草/香料，涂抹膏6，其他6
周二	涂抹膏7，玩具4，面条混合物	干果，其他7，橡胶球（高置），新鲜蔬菜

第二周	上午	下午
周三	米饭混合物，悬挂中号冰糕，涂抹膏3，玩具1	干果放于各悬挂物品中，垫料堆，其他1，竹筒取食器（悬挂）
周四	所有主食类不能放于木质材料上，其他地方都可以。香草/香料放于攀爬架上，玩具2，其他2	趣味圆木（悬挂），涂抹膏5，新鲜蔬菜
周五	蔬菜串于麻绳上供悬挂，麦片混合物，竹筒取食器，玩具3	听觉刺激物，涂抹膏1，其他3，装有果冻的橡胶球（隐藏）
周六	涂抹膏7，玩具4，香草/香料，芝麻油	在旱坑内放置垫料，装有面条混合物的趣味圆木，其他4
周日	高置装有干果的PVC塑料管，玩具5，橡胶球内装米饭混合物，玩具冰糕	香草/香料放在圆木堆上，涂抹膏2，其他5
周一	其他6，趣味圆木，玩具6	坚果/瓜子混合物，香油喷雾喷在直立的树桩，涂抹膏4
周二	新鲜水果，麦片混合物，小冰糕，涂抹膏6，玩具7	干果，竹筒取食器，其他7，芝麻油，

第三周	上午	下午
周三	熊区组长组员决定怎样使用玩具等物品置于活动场，如：那些熊未回到室内笼舍时未在室内应用的趣味物品类，或是很久没使用过的一些额外玩具，等等	
周四	趣味粗竹筒（隐藏），其他2，玩具3，成堆的底层物，悬挂玩具冰糕	麦片混合物，听觉刺激物，涂抹膏6
周五	其他3，玩具1，悬挂新鲜蔬菜，香油喷雾	米饭混合物，涂抹膏3，芝麻油

续表

第三周	上午	下午
周六	香草/香料，玩具6，其他4	竹筒取食器（悬挂），涂抹膏1，抛洒干果
周日	趣味圆木（高置），玩具7，涂抹膏7，其他5	蔬菜串于麻绳上供悬挂，在旱坑内放置垫料，装有麦片混合物的橡胶球，芝麻油
周一	香草/香料，涂抹膏5，玩具4，果冻	干果，面条混合物（放于高处），其他6，PVC喂食管
周二	米饭混合物，果冻，玩具5，小号冰糕，高置装有新鲜水果的竹筒取食器	坚果/瓜子混合物，趣味圆木（隐藏），涂抹膏2，其他7

第四周	上午	下午
周三	垫料堆，竹筒取食器（悬挂），玩具1	悬挂中号冰糕，涂抹膏5，香草/香料
周四	涂抹膏7，玩具4，趣味圆木	米饭混合物，其他2，芝麻油
周五	散洒干果，涂抹膏2，玩具5	新鲜蔬菜，其他3，香油喷雾喷在悬挂物品上
周六	麦片混合物，玩具6，其他4，趣味圆木	果冻，在旱坑内放置垫料，涂抹膏6，竹筒取食器
周日	蔬菜串于麻绳上供悬挂，米饭混合物，香草/香料，散撒干果，玩具3	橡胶球，听觉刺激物，涂抹膏1，其他5，芝麻油
周一	面条混合物，干果，小号冰糕，玩具7，趣味圆木	香草/香料，涂抹膏4，PVC塑料管，其他6
周二	新鲜水果，涂抹膏3，竹筒取食器（隐藏），其他7	坚果/瓜子混合物，装有麦片混合物的橡胶球（隐藏），玩具2

3. 运行注意事项

○ 在每天可以两次将黑熊召回室内兽舍的季节，需要在黑熊活动场内运行两次丰容项目；在每天只能将熊召回一次的季节，活动场内所有的丰容项目都在上午运行。

○ 如果动物拒绝进入室外活动场，需要每天为位于室内兽舍的黑熊提供四次丰容项目，具体的丰容项目请参考阶段性丰容项目库和运行表。

○ 丰容物应放置在不同的高度和位置，这样做的目的是鼓励黑熊的探索、觅食、筑巢和玩耍行为，也能增加动物的活动量和锻炼机会。每次丰容运行过程中，丰容物悬挂的位置都应不同。

○ 确保所有带孔的取食器，比如竹筒取食器，橡胶球等，都用一块水果或蔬菜堵住取食孔，以防止内部食品掉落。

○ 当悬挂趣味物品时，确保悬挂的位置足够安全，避免熊被麻绳绊住或腿被缠住，不要使用松散的环形物。

○ 在放置新的丰容物品之前，必须移除活动场内上个时段的丰容物品；但在列表中列出的玩具、涂抹膏和其他项丰容物可以在活动场中放置一整天。

○ 确保丰容物品均匀地分散在整个草场中。每个时段不要把丰容物品放置在相同的位置以增加多变性，这样就可以防止熊习惯性地在相同的地点取食。

○ 每天必须翻动所有垫料，例如稻草、树皮、树叶、刨花等，以保持铺垫物的新鲜；清除被污染的垫料，并按照计划日程更换新鲜垫料。

○ 饲养员按照丰容运行表评估丰容物库存，当某项所需的丰容物库存量不足时应及时向主管汇报。如果丰容运行表上的某项丰容物无法提供时，应立即通知主管，并用其他丰容物替代。

○ 黑熊活动场内的大型丰容物，例如原木、原木堆、石块堆、可以移动的玩具等。可以结合园林植物管理组的工作人员在场内进行植被围护的时间表，请他们协助每周移动一次这些丰容物。园林植物管理组也会在不同的黑熊活动场之间移动交换大型丰容物，例如交换大型原木或悬挂大型硬质塑料球。

○ 熊饲料应该以某种食物丰容的方式在活动场中提供给。将熊饲料放入竹筒内、趣味圆木、圆木堆、攀爬架、石头堆、玩具内或者与其他丰容食物混合使用，等等。不要仅仅把熊饲料倒在地面上，而是应该像其他丰容物品一样被放置于各个不同的位置、不同的高度，并且每次丰容时段食物丰容的提供位置都要有所改变。

○ 饲养员每次进入活动场进行丰容操作时，都应该重新摆放、堆放石块堆和原木堆，并确保每次将食物放置在堆的表面或掩埋于堆下面等不同位置。

○ 麦片/米饭混合物：详见混合物轮换说明。

○ 饲养员需认真观察熊对丰容物品的反应，若有任何异常的行为应向饲养主管汇报。

（以上丰容项目库、项目运行表以及运行说明文件均为由亚洲动物基金（AAF）提供，在此表示衷心感谢！）

第四节 丰容信息资源

在建立自己的丰容项目库之前，应该广泛参考他人的经验。互联网已经提供了海量资源，在享用这些信息的时候，请谨记：丰容只关乎动物个体，即你所照顾的动物个体；了解该个体的物种自然史和个体生长档案信息，可以让网上的资源发挥更大的作用。以下是部分丰容参考网络资源。*

● 动物园组织：

美国动物园饲养员协会（AAZK）：http://www.aazk.org

美国动物园饲养员协会委员会：http://www.aazk.org/Committees/committees.htm

迪士尼动物王国动物丰容项目：http://www.animalenrichment.org

沃思堡动物园的丰容在线网站：http://www.enrichmentonline.org

美国动物园和水族馆协会（AZA）：http://www.aza.org

英国野生动物饲养员协会（ABWAK）：http://www.abwak.co.uk

● 相关组织：

丰容技术网站：http://www.enrichment.org

国际应用动物行为学学会（ISAE）：http://www.sh.plym.ac.uk/isae/home.htm

动物行为研究协会（ASAB）：http://www.societies.ncl.ac.uk/asab/

动物行为学会清单：http://www.animalbehavior.org

● 与动物行为有关的相关网站和组织：

动物福利大学联合会（UFAW）农业公司、其产品和地址清单：http://www.ufaw.org.uk

美国农业部（USDA）：http://www.nal.usda.gov

火奴鲁鲁动物园动物丰容项目：

http://www.honoluluzoo.org/enrichment activities.htm

圈养动物的环境丰容灵长类动物丰容：

http://www.well.com/user/elliotts/smse enrich.html

美国灵长类动物学家学会（ASP）：http://www.asp.org

灵长类动物丰容参考书目：

http://www.animalwelfare.com/Lab animals/biblio/

灵长类动物的环境丰容：

http://www.animalwelfare.com/Lab animals/biblio/enrich.htm

灵长类动物实验室时事通讯：

http://www.brown.edu/Research/Primate/enrich.html

一份简短的论文，介绍了通过迷宫喂食器和多样化饮食对圈养动物进行丰容的成功方法：

http://www.psyeta.org/hia/vol8/rice.html

对笼养恒河猴的环境丰容:图像资料

http://www.primate.wisc.edu/pin/pef/slide/intro.html

灵长类动物信息网——环境丰容操作性条件作用：

http://www.primate.wisc.edu/pin/owagner.html

灵长类动物丰容：http://www.primate-enrichment.net

福尔瑟姆市动物园救护中心之友丰容专栏的页面：

http://www.home.earthlink.net/~ffzweb/enrichment.htm

环境丰容剪贴簿——关于丰容技术、玩具、方法和意见的清单：

http://www.well.com/user/abs/dbs/eesb

俄勒冈动物园的环境丰容：http://www.oregonzoo.org

美国史密森学会华盛顿国家动物园的环境丰容：

http://www.natzoo.si.edu/ConservationAndScience/Animal

（以上信息库，主要摘录自《美国动物园饲养员协会丰容手册》）

第六章　现代动物行为训练综述 ....

　　动物园中的圈养野生动物，生活环境和内容与栖息地差别迥异，这种区别主要表现之一就是野生动物与人类之间不可避免的行为交集。发生在野生动物与饲养员之间的接触对动物来说是无法回避的严重的压力来源。在野外，动物往往主动回避人类，但在动物园中与饲养员、其他管理人员和游客接触是不可避免的。丰容可以弥补人工圈养环境与野外生活环境的差异，保证动物在人工环境下拥有表达天性的机会，现代动物行为训练则是要缓解日常管理操作给动物带来的压力，通过正强化手段教授动物学会在人工圈养条件下的生活技能；在建立信任关系的基础上让动物积极配合饲养员和兽医的管理操作。如果说丰容使动物园的野生动物饲养管理水平上到第一级台阶，正强化行为训练则是在此基础上的搭建的第二级台阶。丰容工作的主要方向是通过为动物创造表达天性的机会来保证动物的生理、心理健康，而正强化动物行为训练的努力方向在于让野生动物在接受管理人员的操作、满足游客参观需求的同时不再承受过多的压力，始终保持积极的动物福利状态。

　　动物园的核心使命是物种保护，但动物园的核心行动是保持积极的动物福利状态。野生动物在动物园中的使命一是健康种群的存续，二是作为传递自然信息的大使，引导公众为保护行动助力。这是我们可以接受将野生动物圈养于动物园中的唯一理由。本书中不会介绍与动物园行业宗旨相悖的训练手段和程序。尽管驯兽表演采用的传统动物行为驯练方法拥有更长的历史、对动物行为产生的影响更大，但这种驯练方式与现代动物园"一切以保证积极状态的动物福利为基础"的宗旨相悖。现代动物行为训练是人类科学和文明进步的产物，是学习心理学在通过调整动物行为以保证动物心理健康研究方向的具体应用，也是动物园通过行为管理主动提高动物福利的重要途径之一。

第一节　动物训练的历史

　　西方有一种说法："动物训练的历史，和狗的历史一样长。"无疑，这句话中提到的动物训练历史阶段包括了对野生动物的早期驯化。在这段漫长的历史中既有探索和时间的磨合，也有智慧与迷信的较量；既有对动物心理的猜测，也有通过科学实验对行为学原理的探索和应用。

一、动物训练源于动物驯化

　　大约在一万五千年前的中亚地区，人们逐渐开始以原始村落的形式聚居生活，相对集中的食物储存和生活垃圾吸引了鼠类向村落周边聚集，尾随而来的是以鼠类为食的狼。狼帮助人类消灭了老鼠，避免了疾病的传播；狼对猛兽敏锐的感知力还能帮助人们预警，这使得那些能够包容狼群在周边生活的村落更加壮大；同时，那些逐渐适应与人类近距离生活的狼群因为有了稳定的食物来源，种群也得以发展。狼群中个体的基因变异，产生了能够使狼具有消化人类剩余食物中主要的营养物质的基因，这个基因的浓度在与人类紧密生活的狼群中不断增加，直到使大多数的狼具备了消化谷物等淀粉类食物的能力，甚至可以直接接受人类的喂养。食物、生活环境、社群关系的改变，使狼逐渐失去野性，转变为人类的伙伴——狗，这个转变中训练原理发挥的作用和对动物行为的影响持续了万年以上。

二、野生动物收藏热

另一种类型的动物训练，与持续了几千年的野生动物收藏热同步出现。古代帝王都热衷于把从未被人类驯化的野生动物圈养起来，以彰显拥有者的权力和财富。最早关于圈养野生动物的记载出现于公元前2500年的古埃及。从位于孟菲斯附近萨卡拉墓葬的壁画和象形文字中，可以看到古埃及人饲养的多种野生动物，包括羚羊、埃及狒狒、鬣狗、猎豹、鹤、鹳和隼。法老图特摩斯三世在位于卢克索附近的卡纳克神庙庭院中饲养了大批野生动物；拉姆西斯二世饲养了作为宠物的长颈鹿和狮子。古罗马时期，庞大的帝国版图扩张至横跨欧、亚、非三大洲，随之而来的是那里的大批野生动物，特别是大型猛兽被掠走，送入了贵族们的血腥斗兽场，成为权贵阶层巩固自身统治地位的大众娱乐工具。在18世纪的博物学浪潮中，西方列强从各自的殖民地中收集了大量的野生动物，这些野生动物或者被制成标本，或者被圈养在自然史博物馆。

人们为了让野生动物在异乡"活下来"，通过各种手段对野生动物的行为进行"调整"，使它们能适应人类的管理。事实上，在收藏热背后，无数野生动物死在了捕捉、运输中，剩下的也因为得不到正确的照顾很难达野外环境中的平均寿命。直至17世纪启蒙运动兴起之后，动物福利问题才开始得到少数改革者的关注。

三、驯兽表演对野生动物的摧残

18世纪中期欧洲进入掠夺时代后，随着大批"奇异动物"的输入，野生动物在异地饲养的成活率有所提高，人们不再满足只是将它们作为研究和少数人观赏的对象，而是希望这些野生动物能创造更多的财富，于是催生出一种新的公众娱乐形式——驯兽表演。让野生动物在舞台上表演人类的杂技动作，这些动作或惊险或滑稽，但这些行为与动物的自然行为毫不相干，于是"聪明"的人类开始尝试各种办法来训练动物。人们发现"胡萝卜加大棒"是实用而高效的训练方法：饥饿的动物为了获得食物可以表现出惊人的忍耐力，而惩罚手段可以快速制止动物的反击。这种传统训练方式需要动物从年幼时期就开始接受训练，这时它们的反抗力最低，驯兽师需要不断使用负强化和惩罚手段巩固自己的强势地位；马戏表演的流动性使动物不得不生活在仅能容身的铁笼内随马戏团颠沛流离，动物的处境可想而知。接受表演训练的动物在身体上承受的虐待对动物造成的损害和传统训练方式对动物的精神和心理健康的摧残往往导致动物伤残或精神崩溃，甚至攻击人类。

驯兽表演曾经风靡欧美，但如今已日落西山。少数马戏团中残存的驯兽表演项目日益受到国际社会强烈的谴责和严格限制。但是，与人类文明发展方向相悖的是时至今日仍然有许多小型流动马戏表演团体仍然流窜在中国各地，甚至有些动物园还与马戏团进行"合作经营"，成为影响整个动物园行业生存的毒瘤。驯兽表演节目中所设计的情节主要表达的信息无非是："人类能够凌驾于动物之上，让它们听命人类做出超出它们能力的动作；动物是滑稽可笑甚至愚蠢的，它们是人类的玩物。"由于驯兽表演对人们，特别是儿童对待动物的态度所造成的负面影响，越来越被大多数国家的公众厌弃和反对。动物园的社会职能与行业宗旨更不应该允许这种原始、野蛮的娱乐形式存在。传统训练方式下的野生动物生活状态无法满足动物福利五项自由中的任何一条，允许或正在经营驯兽表演项目的动物园本身是漠视动物福利的反面教材，甚至是阻碍人类文明进步的社会公害。驯兽表演造成的这种对动物的不尊重往往直接扩大为对人类同类的不尊重、对环境的不尊重，并导致人类的膨胀和狂妄，最终加速人类物种的灭亡。越来越多的人已经意识到：传统马戏中的驯兽表演本质上是原始、野蛮的，甚至是反人类的。

四、现代动物训练的开端

第二次世界大战后，随着西方国家经济和科技的发展，人们对海洋世界的向往导致水族馆、海洋馆或"海洋世界"等以饲养展示海洋哺乳动物为主的动物园开始兴起。那个时代受到建筑材料和技术的限制，水生哺乳动物的展示效果与陆地动物差异巨大，于是海洋馆的经营者寄希望于通过海洋动物表演来吸引更多的观众。20世纪50、60年代，当美国的一些海洋馆和海洋公园开始对海洋哺乳动物进行表演训练时，那些从马戏团中转行到海洋馆工作的驯兽师们发现在马戏团中惯用的那一套训练方法对这些在水中自由游动的哺乳动物根本不起作用。在大型水池中训练海豚，任何形式的惩罚都鞭长莫及；而以往那些在马戏团中"行之有效"的通过限制饲料造成动物饥饿而迫使动物屈从的措施往往直接导致动物生病或死亡。此时，一种不以给动物施加负面压力而能让动物作出期望行为的训练方法成为唯一的指望。这套训练方法，就是现代动物行为训练的雏形——应用操作性条件作用原理实施的正强化行为训练。

现代动物训练是早期海洋哺乳动物训练员与两位具有行为心理学研究背景的科学家玛丽安·布瑞兰（Marian Breland）和凯勒·布瑞兰（Keller Breland）共同实践所获得的成果。20世纪50年代，凯伦·布莱尔（Karen Pryor）是夏威夷海洋世界工作的一位训练员，布瑞兰夫妇提供的这套训练方法，特别是凯勒对海豚训练的直接参与，首次将桥接刺激（简称为"桥"）引入行为训练过程中。"桥"作为行为标定工具应用于行为训练实践中，使布莱尔受益匪浅。多年后布莱尔撰写了《别毙了那只狗》，这本书几乎成了现代动物训练工作者心目中的圣经。经过互联网的快速传播，布莱尔为推广现代动物行为训练理念做出了巨大贡献。这一贡献体现在她把斯金纳阐述的操作性条件作用原理应用到了更广阔的范围，特别是家养宠物和动物园中野生动物的行为训练领域。

第二节　现代动物行为训练的兴起

动物园为了保障野生动物在有限空间下的福利状态，必须由饲养管理人员直接对它们进行照顾并实施大量的管理操作手段，如串笼、体检、处理社群关系等，这些操作会引起动物本能的抵触。行为训练的主要目的就是让动物适应动物园特殊的圈养条件中的各种管理操作带来的压力、建立与饲养员之间的信任关系、学习掌握合作行为，以具备在动物园中生活的必须技能。

一、动物训练

动物训练的过程，也是动物学习的过程。

动物训练的目的是造成动物行为的稳定改变；训练的过程同时也是动物的学习过程。影响或改变动物行为的原因很多，例如动机、疲劳、性成熟、病痛、受伤或服用药物等都可能临时改变动物行为，但这些改变行为的途径，对动物来说并不是学习。学习（Learning），指主体基于练习或经验导致的行为的稳定改变。学习包括三个要素：学习主体、练习或经验、行为改变。

如果用这三个要素重新组织一下"学习"的定义可能更容易理解：动物（要素1）通过练习或取得的经验（要素2）对之前的行为产生的改变（要素3），这种行为改变具有一定的稳定性。除了表面上的三个要素，在要素2（练习或经验）中，还有潜在的角色——练习和经验是谁提供的？是人主导提供的还是环境提供的？如果动物所得到的练习和经验是人类主导发生的，这种学习类型就称为训练。于是迈伦（Mellen）和埃利斯（Ellis）在1996年提出："学习的定义为由于练习或者经验而导致行为上的改变；当练习或经验是由人类主导发生的，这个过程就称之为训练。"在动物园中，可以从另一个角度理解训练：训练是"训"不是"驯"。驯：指"使服从"；训：指"学习与教授"。从用词的区别，我们可以得到一个简单的定义：在动物园中开展的动物行为训练就是教授野生动物如何生活在人工圈养环境中。

水族馆、动物园、繁育中心、实验室和野生动物救护中心都是人工圈养环境。人工圈养环境指人为创造并进行持续管理的环境，环境空间可能仅仅是一个笼子、一间屋子，也可能是一片园林，但无论人工环境多大、多复杂，都不能与动物的野外生存环境相提并论。这种差距不仅表现在面积、复杂程度和互动因素的差距方面，更重要的一点是人为管理操作对野生动物的影响。在圈养环境中，操作人员是影响力最大的环境因素。在保证动物福利的前提下，让野生动物主动适应这种差距、掌控人为管理下的各种环境因素，就必须教授野生动物一些生活在圈养条件下的经验技能，使它们获得适应和配合管理操作的行为改变，这种教授过程，就是行为训练。这个定义更多的体现出了责任感：人类对在人工环境中生活的野生动物应当担负的责任，这种责任应最终体现于保持积极的动物福利状态。教授，指信息从教的一方向学的一方单向传递，而在我们所倡导的以改善动物福利状况为目的的现代动物行为训练中，教与学是相互的——训练过程实质上是人与动物之间信息交流的过程，动物在饲养员的指导下学习配合日常管理操作；饲养员领会动物行为反应所表达的信息、解读动物的感受，从而为它们提供更有针对性的、更有效的照顾。

随着全球圈养动物保育水平的进步，越来越多的动物园改变了旧有的动物照顾方式，在提高动物福利方面取得了丰硕成果。先进的医疗手段和设备广泛应用于兽医工作；在动物心理学、生物学研究领域获得了更深入的研究成果，这些成果不断应用于野生动物管理实践；动物福利观念的普及对日常饲养管理操作的科学化、展区设计功能化提出了更高的要求，丰容工作的常态运行为行为训练创造了更多机会，等等。社会文明发展和动物园行业的多项进步共同促进了从传统动物行为训练到现代动物行为训练的转变。

二、现代动物行为训练（Morden Training）

现代动物行为训练的特点是应用经典条件作用和操作性条件作用原理，采用以正强化为主的训练方式，鼓励动物表达期望行为。这种训练方式兴起于巴甫洛夫阐述经典条件作用和斯金纳阐述操作条件作用原理之后，而传统动物训练的产生则远在这两项学习理论被发现之前。基于巴甫洛夫、华生、桑代克和斯金纳等人的贡献，与传统动物训练相比，现代动物训练对动物产生的负面影响更小、学习效果更稳定。

学习行为是所有动物都具备的行为类型，也是动物生存和演化的保障。随着博物学浪潮之后达尔文等先驱对生物学做出的巨大贡献，以及启蒙运动所带来的对人类自身的探索和重视，必然导致了动物行为学和人类心理学的交叉。这种交叉经过百余年的发展，已经充分融入心理学研究领域。现代心理学认为：人类心理活动时刻受到社会性的影响，如果去除社会性的干扰，则个体心理活动多数将回归自然本质，而这种自然本质可以通过动物行为实验加以证明。出于这样的渊源，现代动物行为训练被划分到心理学的研究范围中。同时，人类对待动物的方式对动物心理健康造成的影响也开始受到人们的重视。

现代动物行为训练主要运用操作性条件作用原理，这一原理体现在"某一行为重复发生的机率与该行为产生的结果相关"。进一步的阐述是：动物的行为受"强化"和"惩罚"两个因素的影响；强化指增加动物某一行为重复发生的几率的刺激，惩罚指减少动物某一行为重复发生的几率的刺激。每个因素和与之相对应的两种提供方式所组成的四种训练手段及对动物行为产生的影响可以总结为：

○ 正强化：通过给予一个动物喜欢的刺激来增加该行为出现的机率。

○ 负强化：通过移除一个动物厌恶的刺激来增加该行为出现的机率。

○ 正惩罚：通过给予一个动物厌恶的刺激来减少该行为出现的机率。

○ 负惩罚：通过移除一个动物喜欢的刺激来减少该行为出现的机率。

传统动物训练与现代动物训练的区别不在于训练原理，两种训练类型都采用经典条件作用和操作性条件作用学习原理，但传统动物训练采用正强化、负强化、正惩罚和负惩罚所有手段影响动物行为；而现代动物训练则主要采用正强化训练手段，只有在极特殊的情况下少量应用惩罚手段。然而这方面的差异只反映了训练手法的表观区别，两种训练方式的本质区别在于：在传统动物训练中，人处于统治地位，利用动物的恐惧调整动物行为，希望动物学习的行为是接受使役或娱乐表演等以人类为中心的目标实现；动物园中开展的现代动物行为训练，人类不再处于统治地位，对动物行为的调整基于人与动物之间的信任关系，目标行为的设定是为了保持积极的动物福利状态。

传统动物行为训练的历史，超过一万年，而现代动物训练的历史，大约只有70年，在动物园中开展正强化动物训练的历史，不足30年。动物训练方式和目的的变革与人类文明的进步紧密相关。

第三节 现代动物行为训练的师承

现代动物训练是源自生理学与心理学的应用科学，训练的过程和手段都基于科学研究成果，有严谨的理论、原则和计划，没有丝毫不可公开之处。毫无疑问，一位技艺高超的训练大师会使训练过程充满创造性，但必须认识到训练的本质是一门科学，是不同领域中多位伟大科学家探索、研究、实践所累积的成果，这个过程充满传奇，我们必须向这些大师们致敬。了解现代动物行为训练的师承，也有助于理解训练原理。

一、现代动物训练原理的发展过程

动物行为训练理论的发展和原理的应用，与心理学的发展同步。在学术界，动物行为训练被列入动物学习心理学的研究范畴。在动物行为训练中应用的学习心理学原理，等同于科学法则，总是在发挥作用，并会永远发挥作用。就像热量总会从高温物体流向低温物体一样，学习心理学的原理总是在对动物行为产生影响，并会永远产生影响。这也是合格的饲养员必须掌握训练原理的原因。学习心理学的基本原理构成了动物行为训练的全部理论体系，或者说，动物行为训练是学习心理学原理在调整动物行为方面的应用。所以，在了解动物训练原理之前，首先要向那些促进心理学，特别是学习心理学取得重大进展的大师们致敬：

• 查尔斯·达尔文（Charles Darwin，1809~1882）

西方国家始于于17世纪的启蒙运动和博物学浪潮，在发展过程中有一个共同的里程碑：达尔文在1859年出版了《物种起源》。《物种起源》通过描述家养动物在人工选择下经过多个世代产生的外观可视的差别，向人们揭示了一条"肉眼看不到的"生物进化规律——物竞天择。"肉眼可见领域的科学"曾经是博物学最初的定义，《物种起源》将博物学推进到了万物缤纷表象下更深刻的层面。在达尔文的著作和思想的影响下，生物学迎来了空前的发展，动物行为学、生理学、生态学等学科相继出现萌芽。达尔文发现和解释了生物进化的原理，但对生物进化现象的描述和探索性的解释实际上很早就出现了，其中最具代表性的就是法国博物学家拉马克（Jean Baptiste Lamarck，1744~1829）。科学发展的过程就是注意到现象、发现各种现象之间的规律；探索规律下面的原理；用原理返回来解释现象并将原理在更广泛的范围应用，心理学的发展也不例外。

• 威廉·詹姆士（William James，1842~1910）

达尔文的物种进化理论，不仅推动了生物学的发展，在当时人们的意识形态领域同样造成了巨大的震动：哲学逐渐摆脱宗教和神学的束缚开始爆发式的发展，而原来作为哲学体系中重要组成部分的心理学也开始逐渐与哲学脱离，从古希腊时代最初的"灵魂之科学"逐渐发展为"研究人类心理活动及其发生、发展规律的科学"。在心理学发展领域，达尔文学说的忠实拥趸发展出"机能主义心理学"，他们的研究领域为"心理机能或功能在人对环境的适应过程中是如何发挥作用的"。机能主义心理学的代表，同时也是将心理学拉上科学发展之路的先导者是美国学者威廉·詹姆士。詹姆士出身哲学世家，在哈佛大学教授解剖学、生理学和哲学，在对多个领域的认知和理解进行综合后，詹姆士在1890年出版了第一部著作《心理学原理》，这不仅是一部传世之作，也为心理学确定了科学地位。在这本书中，他提出："只有实践的结果才是判断思想观点是否正确的标准。"在《心理学原理》的众多读者中，桑代克无疑是将机能主义心理学继续发扬光大的中坚。

● 爱德华·李·桑代克（Edward Lee Thorndike，1874~1949）

桑代克出生于美国麻省，自幼性格腼腆，学习成绩优异。大学期间主修英文的桑代克取得了该校50年来最优异的成绩，但在读了《心理学原理》后，开始对心理学研究心驰神往，果断从卫斯理大学转学到哈佛大学，专门选修詹姆士的生理学和心理学课程。桑代克将动物研究引入到心理学研究领域，同时也促进了教育心理学的发展。他的一生硕果累累，被公认为动物心理学的开创者、心理学联结主义的建立者和教育心理学体系的创始人；他提出了一系列学习的定律，包括效果律和多重反应律等。1912年，他当选为美国心理学会主席，继而在1917年当选为国家科学院院士。桑代克的理论，对后来的学者产生了深远的影响，特别是"效果率"对学习心理学的重要贡献。通过著名的"迷笼实验"，桑代克指出，"应对环境刺激产生良好效果的行为更可能在将来重复发生"，即"行为再次发生的几率，受到行为本身产生结果的影响"。

● 伊凡·彼德罗维奇·巴甫洛夫（Иван Петрович Павлов，1849~1936）

对心理学，特别是学习心理学的发展起到重要促进作用的不仅有心理学家，还有动物生理学家。就像桑代克从文学转向心理学一样，巴甫洛夫在致力于心理学研究之前，是一位伟大的动物生理学家。巴甫洛夫研究的专题是胃液的分泌，在验证了神经对生理行为的控制作用后，他于1904年获得了诺贝尔生理学奖。在大量的实验过程中，他和他的实验助手都发现了狗唾液分泌的规律，并以此为研究对象，并最终发现并解释了经典条件作用原理。经典条件作用现象从物种起源之初就存在，是动物适应环境的最重要的学习能力之一。经典条件作用原理指出：在经典条件作用建立之后，尽管条件刺激和非条件刺激同样能够引起动物的生理反应，但行为反应实质不同。由非条件刺激（食物）引起的反应（唾液分泌）称为"生理反射"；条件刺激（铃声）引起的相同的反应（唾液分泌）称为"心理反射"。心理反射是动物通过学习而形成的反应。巴甫洛夫提出的经典条件作用理论，促进了学习心理学的研究进展，他也被公认为高级神经活动生理学的奠基人。

● 约翰·华生（John Broadus Watson，1878~1958）

以詹姆士、桑代克为代表的机能主义心理学的发展，再加上巴甫洛夫将生理学和心理学相结合后取得的经典条件作用研究进展，促进了行为主义心理学的诞生。同桑代克一样，华生也是詹姆士的学生，但与他的导师的研究领域主要集中在"思考、习惯、情绪等行为是怎样帮助人类生存下来的"不同，华生所倡导的行为主义心理学所研究的兴趣是外显的、可观察的行为。他认为科学的心理学研究方法是抛弃"内省"，并强调：任何心理活动都不应该妄加猜测，而是应该通过对刺激（特定环境中发生的事件）和动物的反应（肌肉动作、腺体分泌活动或其他外显行为）之间联系的观察进行研究。华生采用巴甫洛夫的经典条件作用原理来解释行为，并将这一研究方法应用到人类心理学研究领域。行为主义心理学的发展促使心理学成为一门独立的自然科学，摆脱了作为哲学的一个分支的学术地位。

● 伯尔赫斯·弗雷德里克·斯金纳（Burrhus Frederic Skinner，1904～1990）

在行为主义心理学研究领域，取得最高成就的无疑是斯金纳。斯金纳在大学期间主修文学和语言学，但是在那段时间他读了巴甫洛夫的《动物高级神经活动（行为）客观研究20年经验：条件反射》和华生的《行为主义》等著作过后，毅然前往当时心理学的最高学府——哈佛大学学习心理学。浓厚的兴趣、勤奋的学习和睿智的思考，最终使斯金纳成为继以华生为代表的行为主义心理学之后"新行为主义心理学"的奠基人。斯金纳的成就，主要体现在他对操作性条件作用现象的研究和原理的阐述。操作性条件作用理论指出：机体的行为不仅受到刺激的影响（经典条件作用理论），更多的情况下，自主行为都受到行为结果的影响（操作性条件作用理论），这种影响也被归纳为"强化理论"。强化理论指出："强化刺激既不与反应同时发生，也不先于反应，而是随着反应发生"。动物必须在做出正确的行为反应后，才会得到"报酬"，这种"报酬"就是强化刺激，强化刺激使这种行为反应得到增强，这是动物的另一种重要学习方式。斯金纳的操作条件性作用理论主要形成于在实验室中进行的动物实验研究过程中。他的主要实验研究对象是老鼠和鸽子，实验助手是他的两个学生：玛丽安·布瑞兰和凯勒·布瑞兰夫妇。在他们对实验动物的研究过程中，大量的实验操作产生了心理学研究的一项副产品，也可以说是学习心理学原理的一个新的应用领域——现代动物行为训练。

二、现代动物行为训练实践的师承

与学习心理学的发展过程一样，现代动物行为训练的实践传承过程中也有一些闪亮的名字：

● 布瑞兰夫妇——玛丽安·布瑞兰和凯勒·布瑞兰（Marian Breland和Keller Breland）

1930年代，美国动物行为学家斯金纳在巴甫洛夫阐述的经典条件作用原理和华生倡导的行为主义、桑代克提出的"学习率"的启迪下，阐述了操作性条件作用现象、规律及原理。他通过大量的实验和对实验数据的精确描述和统计，不断修正操作性条件作用原理，并对强化作用进行验证和分析。显然如此海量的动物实验是他一个人无法完成的。1938～1943年，玛丽安和凯勒·布瑞兰成为斯金纳的开山弟子，他俩系统地学习并掌握了操作性条件作用理论后，留在了斯金纳的研究小组中，作为他的研究助手协助斯金纳进行动物实验。而且，他俩结婚了——他们就是布瑞兰夫妇。

1942～1943年，布瑞兰夫妇在二战期间协助斯金纳为军方训练鸽子。尽管这些鸽子最终并没有在战争中引导导弹，但在这段时期，布瑞兰夫妇与斯金纳一起，发现了塑行（Shaping）对动物行为产生的巨大影响。在实践中，他们不断应用操作性条件作用原理，系统掌握了包括塑行在内的动物训练原理和方法。

1943年，布瑞兰夫妇离开斯金纳，从斯金纳那里学习到的操作性条件作用训练方法和对塑行训练技术的掌握，给他俩带来巨大信心，他俩开设了一家"动物行为训练公司"（ABE：Animal Behavior Enterprises）用以维持生计，并逐步开始面向以宠物狗主人为主的宠物拥有者提供动物训练咨询服务，甚至开始尝试训练鸡、浣熊、仓鼠等多种动物。在这段时间，训练动物的种类不断增加，而且训练环境也与当初斯金纳实验室中的环境差异越来越大：接受训练的动物活动范围更大，在这种情况下几乎不可能在第一时间通过食物强化动物的正确行为。新的训练环境条件迫使布瑞兰夫妇创造出更有效的训练方法。1943～1944年，他们首次在强化环节加入"响片"作为条件强化物，并将这种响片发出的"咔哒"声称为"桥接信号"或"桥接刺激"（Bridging stimulus），简称为"桥"（Bridge）。1947年，玛丽安·布瑞兰撰写了第一本操作性条件作用训练手册，将自己从恩师斯金纳那里学来的操作性条件作用原理和他们夫妇丰富的动物训练经验结合在一起，开始对民间的动物训练从业者或宠物主人传授现代动物行为训练理论和技巧。至此，诞生于哈佛大学心理系的操作性条件作用学习原理开始在民间应用。布瑞兰夫妇也因此被视为将象牙塔中高深的理论带到民间的当代普罗米修斯。

科学原理的作用，就像前面提到的：总在发挥作用。操作性条件作用原理的应用也是如此：1950年代，布瑞兰夫妇首先创造了一套对狗进行训练的方法，在这套方法中，响片和食物奖励共同组成了强化系统——这几乎是现代动物行为训练的范本。在这个"范本"的指导下，1955年，布瑞兰夫妇在阿肯色州开办了"智商动物园"（IQ Zoo），用于展示通过操作性条件作用原理训练的多种动物的"神奇本领"。很快，在布瑞兰夫妇的帮助下，海洋哺乳动物训练师和鸟类训练师开始应用操作性条件作用原理来改善动物训练技术，因为这两类动物的训练通过传统方法很难取得成功。1955年布瑞兰夫妇撰写了首部海豚训练手册，这本手册对操作性条件作用原理在动物训练中的应用实践起到了指导作用，成为那些在海洋哺乳动物和鸟类训练领域难以取得进展的传统训练方法沿用者的福音。

● 鲍伯·贝利（Bob Bailey）

1962年，美国海军雇用布瑞兰夫妇对动物训练师和学生进行训练，在这些学生中，就包括鲍伯·贝利。1964年，鲍伯·贝利成为美国海军史上首位动物训练负责人，并为海军训练第一头海豚。1965年，鲍伯·贝利加入布瑞兰夫妇开办的ABE（动物行为训练公司）。在凯勒·布瑞兰先生病故后，鲍伯成为该公司的主要管理者，并与玛丽安结婚，婚后玛丽安的全名改为玛丽安·布瑞兰·贝利。1990年，玛丽安和鲍伯关闭了ABE，将全部精力转向行为训练顾问和教学。玛丽安·布瑞兰·柏雷于2002年病逝，鲍伯·贝利仍在欧洲和日本继续从事教学工作。

● 凯伦·布莱尔（Karen Pryor）

1963年，凯伦·布莱尔在夏威夷的海洋生命公园训练海豚，在发现传统的训练方法无效后，在布瑞兰夫妇的影响和直接帮助下，特别是凯勒将"桥"引入海洋哺乳动物行为训练工作中后，她开始应用操作性条件作用原理对海豚进行训练。1971年，凯伦·布莱尔从海洋生命公园辞职，成为专职海豚训练和行为项目顾问，并开始写作。1984年，凯伦·布莱尔出版了《别毙了那只狗》（Don't shoot the dog）。这本书的中文译本经由台湾黄薇菁老师翻译后，业已出版。1992年，凯伦·布莱尔和葛瑞威克斯（Gary Wilkes）、英格利莎朗伯格（Ingrid Shallenberger）在旧金山举办了首次"响片训练培训班"，以响片训练为代表的正强化动物行为训练方法理念获得公众的逐渐认可。1992年至今，凯伦·布莱尔仍在通过书籍、论文、研讨会、视频和颇受欢迎的网站（www.clickertraining.com）不断传授现代动物训练理论和方法。在互联网的高效传播作用下，欧美多家动物园开始以《别毙了那只狗》为主要指导手册开展正强化动物行为训练，这种训练方式逐渐发展为现代动物行为训练，并在保证动物积极的福利状态方面发挥出不可替代的作用。

在这个实践过程中，动物行为训练与动物丰容、设施设计、操作日程和展示群体构建等圈养动物的主要工作方面不断融合，逐渐构成了圈养野生动物行为管理这个新的平台。这项工作开展至今，只有大约30年的历史。我们都身处这个历史发展阶段，我们本身就在创造历史。这一点，在国内的动物园，体现的更加真切。遗憾的是心理学在中国不属于基础教育的范畴，几乎每一位动物行为训练原理的初学者都会面对学习和理解的障碍，对此，唯有付出更多的努力。

第四节　现代动物行为训练在提高动物福利中发挥的作用

现代动物行为训练的目的不是为了提高饲养管理者的认知，也不是为了提高日常饲养管理的工作效率，也并不服务于野外动物个体，而是直接作用于人工饲养环境中的野生动物个体，保证动物园中的野生动物处于积极的福利状态。

现代动物行为训练对提高动物福利的作用主要体现在以下几方面：

1. 为圈养动物提供体能锻炼的机会

野生动物在野外自然环境长期进化的结果，不仅使一个物种具备了为获取食物、躲避天敌、寻觅伴侣、实现繁殖而终日劳作的能力，它们的身体和精神也适应了这种劳作状态。在动物园中，动物不需要长途跋涉、不需要躲避天敌、不需要为了获得食物而奔波，甚至不需要为了获得交配机会而争斗。圈养的生活状态与野外同种个体的差异过于悬殊，而这种巨大的差异在一代个体上体现出来，对于物种长期进化积累的根植于基因中的适应性来说无疑太过剧烈，在动物个体所经历的一个世代的短暂时间内来不及进化出对人工环境的适应能力。这种状况不仅发生在动物园中的野生动物身上，同时也发生在人类社会中：发展中国家在食物极大丰富先于全民健康知识普及和良好生活习惯养成之前出现的状况下，糖尿病、高血压、高血脂等多种疾病发病率迅速增加，这种状况也是由于人类进化无法适应饮食结构和生活习惯在短期内的巨变造成的。

现代动物园的运行策略都以物种自然史为依据，通过行为管理组件的协同运用，最大限度地为动物提供环境刺激，让动物释放那些在传统动物园中单调的饲养管理模式下无处表达的行为动机。然而，环境刺激有时候对动物来说意味着危险，甚至给动物造成恐惧和压力，最常见的情况就是我们精心为动物提供的一个丰容设施，而动物从来都不会光顾。行为训练可以增加动物的"自信"，有效的解决这个问题。实际上，通过正强化行为训练在动物和饲养员之间建立的信任关系会使得动物更"自信"，更能积极的把控饲养员提供的各种锻炼机会、享用环境丰容设施项目，利于保证动物个体拥有健康的体型和良好的体能。

2. 提供精神刺激

野生动物在自然环境中总会遇到各种刺激和挑战，解决问题的过程为它们提供了精神锻炼的机会。在人工饲养条件下，除了一些益智丰容项目可以提供精神刺激外，行为训练也为动物提供了一条学习途径，使动物保持感受刺激、判断局势、采取行动的能力；正强化动物行为训练使饲养员与野生动物之间沟通和建立信任成为可能，这种信任关系有助于缓解动物承受的心理压力；行为训练本身，也是丰容工作中认知丰容和社群丰容项目的重要组成部分。

3．增进合作行为

合作行为训练使我们能有更多手段来照顾动物、提高动物福利，其目的是惠利于动物，如果将行为训练简单的划分为饲养管理训练和配合兽医诊治训练，是将训练的受益对象集中到了饲养员和兽医等管理者身上。有些动物园能够在平常完成一些动物训练项目，例如串笼、称重、体检等等，这些训练项目在食物诱导下动物很快就可以掌握，但若不是以饲养员和动物之间的信任关系为基础，一旦出现特殊情况，例如动物伤病或展区位置调整，当动物的恐惧大于食物的吸引时，动物往往不能完成平时能够完成的习得行为。这种状况甚至导致了很多人对动物训练的作用的质疑："既然在需要的时候用不上，那为什么还要训练？"提出这样的质疑，是因为并没有真正认识到合作行为的基础是长期正强化行为训练在饲养员和动物之间形成的信任关系。信任关系能减少动物在特殊性情况下承受的压力和恐惧，缓解应激反应，并有效避免非理性行为的出现。总之，在饲养员与野生动物互相信任的基础上开展的训练才是真正以提高动物福利为目的的现代动物行为训练。

在饲养管理工作中，现代动物行为训练保证了动物配合完成日常操作、减少动物的过度攻击行为、保证兽医诊疗的操作和效果；保证日常监测体重以便跟踪健康状况、怀孕过程体重变化、动物生长发育评估等；实现修剪趾甲、爪子，修饰蹄子；例行动物外观和身体检查、训练动物自愿参加X光检查和超声波检查；保证确实的服药和疫苗接种；保证在紧急状态下，饲养员和兽医有机会接近野生动物并采取及时的诊疗措施，等等，这一切都是合作行为，这些合作行为的目的都是为动物提供最佳照顾，并保证动物处于积极的福利状态。

4．提高对动物的管理能力

动物园的日常饲养管理，需要通过控制或引导动物通过各种通道或串门到达指定区域来实现；展示过程中对动物群体的合群和必要时的个体隔离是实现高水平展示的必要保障；基于繁育控制和种群管理的需求，动物需要在各个动物园和保护中心之间转运，在转运过程中动物的装笼、运输、个体的引见和隔离都会影响动物园整体计划的运行，现代动物行为训练会对上述各项操作起到保障和促进作用。

5．保障动物、饲养员、游客三方安全

在需要对动物进行保定或麻醉的情况下，正强化行为训练结果会减少动物承受的压力，降低动物受伤的危险。例如通过训练动物自愿进入压缩笼接受注射代替在展区中强行捕捉保定动物或麻醉动物来降低动物或饲养员受伤的危险。在饲养员和动物之间建立信任关系，会减少操作风险，例如一旦发生游客闯入事件，饲养员可以在长期信任关系的基础上及时召回动物，或进入展区阻止动物对游客的伤害，避免恶性事故的发生。

开展现代动物行为训练的初衷是使动物获益，在此基础上也必然会对保护教育、科学研究、物种保护、提升游客参观体验等方面产生促进作用，虽然这些"额外的益处"可以作为开展行为训练的正当理由，但并不是我们从事动物行为管理工作的主要原因。行为管理的目的就是保持动物积极的福利状态。始终需要强调的是：在动物行为训练工作中，不能为了考虑机构利益，例如满足各种经营活动的商业追求而缩减动物福利标准。

现代动物行为训练对提高动物福利具有不可替代的作用，特别是对目前国内动物园动物饲养展示环境条件较差的现状来说，更是一项有效缓解动物承受压力的、迫在眉睫的工作程序。自从中国动物园协会于2004年与台北动物园合作举办动物行为训练培训班以来，国内多家动物园都开始尝试进行动物行为训练实践，并在一些动物园中取得了明显的进展，然而对大多数动物园来说，由于饲养员对训练原理的理解还远远不够，往往训练工作在开始以后不久就陷入了瓶颈，没有取得实质性进展。这种现状，必须尽快改变。

第七章　现代动物行为训练原理　·························

现代动物行为训练原理主要包括经典条件作用原理和操作性条件作用原理，尽管饲养员在行为训练过程中在不同的训练环节和实现不同的训练目的时分别采用不同的训练原理，但动物总会同时通过这两种途径学习。在开展动物行为训练实践之前，饲养员必须首先学习和掌握训练原理，行为训练每一个环节的推进都必须遵循训练原理。由于原理中的一些术语的中文译法表达不能完全反映原文的所有含义，所以还需要饲养员掌握术语的完整含义和英文缩写；由于训练是人与动物的互动过程，有些含义相近的术语因表述的主体不同可能有多个用词。

条件作用（Conditioning）是动物最主要的学习途径。条件作用也称为条件反射、条件制约，包括经典条件作用和操作性条件作用，这两种条件作用反映了动物的两种学习方式的实质。在经典条件作用下，动物学到的行为是受"前提"因素制约，即在行为之前出现的刺激所导致的行为反应；在操作性条件作用下，动物学到的行为是受"结果"因素制约，即行为之后产生的结果对行为反应的影响。

第一节　经典条件作用

20世纪初，俄国生理学家伊凡·巴甫洛夫在进行消化生理研究时，发现了经典条件作用现象：在经历过多次"摇铃——喂食、摇铃——喂食、摇铃——喂食……"的重复过程后，他的实验动物狗即使在没有见到食物的情况下，听到铃声也会开始分泌唾液，即狗学会了铃声与肉之间的联系。巴甫洛夫把这种学习现象称为条件作用。随着对心理学领域的进一步探索，人们将这种条件作用称为经典条件作用（Classical Conditioning），也称为巴甫洛夫条件作用，或相对于"操作性条件作用"而言的"反应性条件作用"。

一、关键术语

1. 反射（Reflex，缩写R）

反射是动物天生固有的"刺激——反应"联系。这种联系不需要学习，与生俱来，即反射会自动发生，不受意识控制。这种反应可以表现为外显的行为，也可以表现为内在的生理反应或情绪变化，例如腺体分泌、心跳加速、焦虑、兴奋、恐惧、压力、挫败感等。

2. 无条件刺激（Unconditioned Stimulus，缩写US）

无条件刺激，也称为非条件刺激，指能引起某种内在或外显反应或反射行为的刺激。例如针刺会引起动物的躲避、向动物面部喷水会引起动物闭眼、看见肉会引起狗分泌唾液、低温会引起动物毛发竖立等。无条件刺激既可能是动物喜欢的事物，也可能是动物嫌恶的事物。

3. 无条件反应（Unconditioned Response，缩写UR）

无条件反应指无条件刺激引起的先天的反射反应，是动物的本能反应。正如上面所举的例子中针刺会引起动物的<u>躲避</u>等反应，这些反应对动物来说是先天的，不必经过学习就能表达的行为反应。无条件反应也称为非习得性反应。

4. 中性刺激（Neutral Stimulus，缩写NS）

中性刺激指不能引起动物某种行为反应或反射行为的刺激。在动物园里，动物的生活环境中充斥着各种各样的刺激，并不是每项刺激都会引起动物的某种反应，例如铃声、响片发出的咔哒声、哨音等等。在建立起条件作用之前，或者说在动物学习之前，这些刺激对动物来说是中性的，不会引起特定的反应。

5. 条件刺激（Conditioned Stimulus，缩写CS）

条件刺激指一个中性刺激与一个无条件刺激在多次同时或紧密相继出现之后建立了关联，从而使这个中性刺激转变为能够引起某种特定行为反应的刺激，这一过程简称"配对"。例如：巴甫洛夫实验中本来属于中性刺激的铃声在多次重复与肉紧密相继出现后成为"已经建立起了关联"的铃声，虽然同样是铃声，但对狗来说，它学会了听懂这个铃声的含义，或者说铃声起到了和肉一样的刺激作用，能够导致实验中的狗分泌唾液。

6. 条件反应（Conditioned Response，缩写CR）

条件反应，也称为条件反射，指动物通过学习，在中性刺激与无条件刺激之间建立关联后，中性刺激转变为条件刺激并引发的行为反应或反射。例如：通过学习，巴甫洛夫的狗在听到铃声之后就知道马上会有肉吃了，即使在没有见到肉的情况下也会分泌唾液；同样，圈养条件下的野生动物经过学习，在听到响片发出的咔哒声或哨子发出的哨音后就知道自己刚刚完成的行为"做对了"、好吃的马上就来了。由于条件反应是建立在学习基础上的行为反应，所以条件反应是一种习得性反应。

各术语的说明简表如表7-1：

经典条件作用术语说明表 表7-1

关键术语	缩写	概述	示例
中性刺激	NS	不能引起动物某种特定反应的刺激	铃声
无条件刺激	US	能够引起动物某种先天反应的刺激	肉
条件刺激	CS	初期是某种中性刺激，经过与无条件刺激配对后，转变成能够引起某种反应的刺激	铃声（经过配对后）
无条件反应	UR	由无条件刺激引起的非习得性行为反应/反射	唾液分泌
条件反应	CR	由条件刺激引起的习得性行为反应	分泌唾液

二、经典条件作用实验过程和原理

1. 经典条件作用建立前

条件作用建立前，即在动物学习领会条件刺激和无条件刺激之间联系之前（图7-1）。

2. 经典条件作用的建立过程（图7-2）

图7-1 无条件刺激（肉）引起无条件反应（分泌唾液）：US→UR
中性刺激（铃声）不引起动物的行为反应（分泌唾液）：NS→无反应

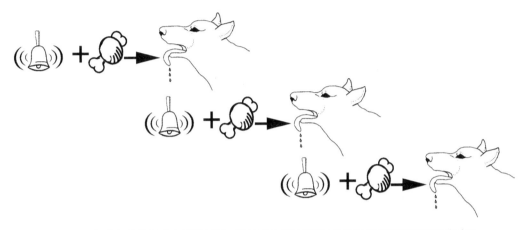

图7-2 经典条件作用建立过程图示，重复多次将铃声和肉紧密相继提供给实验狗的过程

建立中性刺激和无条件刺激之间联系的过程也称"配对"过程，缩写表示为：NS+US→UR重复多次后，NS转变为CS。实验操作过程为：首先提供中性刺激（铃声），紧接着提供无条件刺激（肉），引起狗的反射行为（分泌唾液）；不断重复这个过程，即反复将无条件刺激（肉）紧随中性刺激（铃声）提供给狗。配对过程的实质是不断强化的过程。强化物是无条件刺激（肉），强化的行为是条件反应行为（分泌唾液）。

建立条件作用的过程，就是动物的学习过程。

3. 经典条件作用建立后（图7-3）

经典条件作用建立后，中性刺激转变为条件刺激，缩写表示为：CS→CR，即R由CS导致，形成CR。

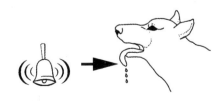

图7-3 经典条件作用建立后，铃声由中性刺激转变为条件刺激，引起实验狗的条件反射

　　狗通过学习，掌握了中性刺激（铃声）和无条件刺激（肉）之间的联系，于是铃声转变为条件刺激同样引起了狗分泌唾液的行为反应，此时的唾液分泌由铃声引起，属于条件反应。中性刺激经过与无条件刺激配对后形成的条件刺激具有中性刺激的外壳和无条件刺激的内涵。对狗来说，尽管条件刺激以铃声的形式出现，但实际的含义是肉。

　　通过实验过程图示我们可以看出：动物的学习发生在中性刺激与无条件刺激多次紧密相继出现的配对过程中；学习的成果就是中性刺激转变为条件刺激，并能够引发条件反应。这种学习是强化的产物：每次在中性刺激后紧随出现的无条件刺激都是对条件反应行为的强化。实验证明：只有当无条件刺激紧随中性刺激出现时，才会对动物出现的行为反应起到强化作用，并促进中性刺激转化为条件刺激。

三、经典条件作用的建立及应用

　　经典条件作用通过"配对"建立，即中性刺激（NS）通过反复与无条件刺激（US）相继出现而转变为条件刺激（CS）。提供中性刺激和无条件刺激的先后顺序和两者之间时间间隔的不同，对形成经典条件作用的进程产生重要影响。经典条件作用在现代动物行为训练工作中主要应用于建立"桥"，而"桥"是现代动物行为训练中最重要的行为标定工具。根据中性刺激的数量和中性刺激与无条件刺激的出现形式，经典条件作用的建立过程分为直接配对和间接配对。了解间接配对现象有助于探索圈养条件下野生动物表达的诸多异常行为的形成原因。

　　（一）经典条件作用的建立

　　1. 直接配对

　　直接配对指将一项中性刺激与无条件刺激进行一对一的配对。

　　根据中性刺激和无条件刺激之间是否存在时间重叠，或两种刺激分别出现的顺序和间隔的不同，配对方式分别为痕迹条件作用、延迟条件作用、同时条件作用和时间条件作用。

　　（1）痕迹条件作用

　　痕迹条件作用的配对过程是：中性刺激NS首先出现；在NS结束之后，无条件刺激US出现，两者之间不存在时间重叠，但紧密相随，即NS结束后，US立即呈现；在NS结束之后和US出现之前，没有其他刺激。多次重复这一配对过程后，NS转变为CS。

　　两个刺激之间间隔的时间长度，即US紧随NS的程度，对形成经典条件作用意义重大。在提供NS之后应"立即"提供US，所谓的"立即"指的是两者之间的时间间隔不超过0.5～1.5秒。在现代动物行为训练工作中，由于响片和哨子发出的声音都很短暂，为运用痕迹条件作用创造了前提。具体的操作就是先按响片，响片结束后立即给食物，不断重复这个过程，将这些短暂声音转化为"桥"。这种操作过程对饲养员来说更容易，可以更从容的在响片和哨子发出的声音结束后给动物提供食物。

　　（2）延迟条件作用

　　延迟条件作用的要点是：中性刺激NS先出现，无条件刺激US后出现；两者之间存在时间上的重叠；在US出现之后，NS结束。多次反复后，NS转变为CS。

　　延迟条件作用同样会有效建立经典条件作用，但这种配对方式在动物园行为训练建立"桥"的过程中作用不大。因为动物行为训练过程中所使用的桥，例如响片或哨子发出的声音（NS）都很短暂，持续的时间不足以坚持到饲养员将食物（US）提供给动物。

（3）同时条件作用

同时条件作用指NS与US同时出现，这种配对方式也会建立经典条件作用。例如在建立"桥"的过程中按下响片的同时把食物提供给动物，但事实上这两个操作很难达到同步，因此并不建议使用。

（4）时间条件作用

时间条件作用指没有明显的NS，但US按照有规律的时间间隔出现。例如动物园中每天上午10点钟喂食，尽管在喂食之前没有任何信号，但经过一段时间后，每到10点动物就会守候在门口等待喂食。在动物园中这种现象很常见，但对现代动物行为训练几乎没有应用意义，反而是我们希望减少的非期望行为。

2．间接配对

如果有一个以上的中性刺激，例如NS1和NS2，在NS1与无条件刺激US直接配对后形成一个条件刺激CS1，CS1可以引发动物的条件反应CR，这时的CS1对动物来说等同于US的含义；在此基础上，如果将另一个中性刺激NS2与CS1进行配对形成了另一个条件刺激CS2，则CS2同样可以引发条件反应。在这个过程中，NS2并没有与US直接配对，但同样引发了CR，这种配对现象称为间接配对。如巴甫洛夫的实验中发现，狗在对铃声形成唾液分泌反射之后，把铃声（CS1）与灯光（NS2）配对，灯光（NS2）转化成（CS2），也能使狗产生唾液分泌反射。间接配对可以引起二级条件作用（Second Order Conditioning），甚至更多层级的条件反应，这种现象称为高级条件作用（Higher Order Conditioning）。

对间接配对现象的理解，不仅有助于饲养员对动物的异常行为原因进行更深入的探索，也有助于饲养员在有需要的情况下完成指令替代，例如用声音指令替代肢体动作指令。

（二）经典条件作用在现代动物行为训练中的应用

1．建立"桥"

"桥"也称为桥接信号，是现代动物行为训练中必不可少的行为标定工具。动物园中最常应用的桥就是响片发出的"咔哒"声和哨子发出的哨音。这两种声音起初对动物来说都是中性刺激，不会引起动物特定的行为反应。应用经典条件作用学习原理可以将响片发出的"咔哒"声和哨子发出的哨音从中性刺激转化为条件刺激，从而使动物通过学习领会这两种声音和食物之间的联系，令"桥"发挥应有的作用。桥的作用在于行为标定，即在准确的时刻告诉动物哪个行为做对了，相当于在第一时间告诉动物："你做对了！""你刚刚完成的动作就是我想要的！""这个动作太棒了！"所以对动物来说"桥"也是一种强化物。

以响片的应用为例，建立桥的过程如下：

在动物处于安静、平和的状态下，饲养员将动物平时喜好的食物分成小块放置在手边。在动物面前按动响片发出"咔哒"声后马上给动物提供一小块食物、按动响片发出"咔哒"声后马上给动物提供一小块食物、按动响片发出"咔哒"声后马上给动物提供一小块食物……多次重复以上操作。在这一过程中，经典条件作用原理体现在"直接配对"

的应用，即中性刺激（相片发出的咔哒声）与无条件刺激（食物）进行一对一的配对；配对方式为痕迹条件作用：中性刺激NS首先出现（按动相片发出咔哒声），在NS（咔哒声）结束之后，无条件刺激US（好吃的）紧随出现。两者之间不存在时间重叠，在咔哒声结束0.5～1.5秒之内，饲养员给动物提供好吃的，如此多次反复，直到配对完成。

按照正确的方法，一般经过两到三轮的训练过程，响片发出的咔哒声或哨音就能够变成对动物来说具有特殊意义的条件刺激——"桥"；每轮训练过程中配对次数一般为10～15次。如果经过这样的训练过程没有成功的建立桥，则一定是饲养员操作失误或是动物有听觉障碍。但更糟糕的情况是动物正处于恐惧之中，可能是这两种声音把动物吓坏了，因而动物拒绝学习。此时应停止建立桥，先通过经典条件作用中的行为消退原理让动物对响片和哨子发出的声音脱敏。

2. 判断异常行为诱因

间接配对现象在动物园这种对野生动物来说充满了各种干扰因素的环境中时有发生。间接配对常常引起"不明原因"的动物异常行为，甚至对日常工作造成负面影响，应尽量避免。了解间接配对的形成过程可以让我们发现动物异常行为的原因，然后应用经典条件作用的消退原理来消除。在面对动物出现的原因不明的行为问题时，需要对动物和环境因素进行更认真的观察、甄别和联想：圈养条件下动物的很多行为表现或内在的生理状态的诱发原因往往都不是直接的、显而易见的，有很多潜在的、过去经历的、不为我们平时注意到的刺激源都会影响动物行为或情绪。很多动物的异常行为是由于饲养员操作中不经意的不良操作习惯长时间重复出现，并在间接配对作用下使动物习得的。

在自然界中，动物出于生存的本能，需要对那些有助于生存的信息进行加工和处理，在经典条件作用中，首先出现的条件刺激预示着无条件刺激的发生，在这一过程中，动物的大脑学会了新的期望，即在某种条件刺激出现后肯定会出现特定的无条件刺激，而此时，条件刺激已经使动物的身体做好了相应的准备，以便对无条件刺激做出迅速的反应。对动物来说，这是重要的生存保障。

需要注意的是：经典条件作用下，动物做出的行为是一种反射反应，不受意识控制，因而应用于动物行为训练时存在很大风险，容易对动物造成伤害。例如，一旦动物建立了铃声一响就要往前冲的条件反应，它无论在哪里听到铃响都会起跑，哪怕周围环境有障碍，这是非常可怕的。另外，无论是积极的或消极的无条件刺激通过经典条件作用都能与中性刺激建立起条件反应行为，由于有些内在的反射反应不易观察到，应尽力避免那些消极的反应损害动物福利。

经典条件作用发生在饲养操作中的所有方面，并且每时每刻都在发生，所以，在任何情况下，当你认为动物做出了"错误行为"时，请先检视自己哪里做错了。动物不会做错的事，它们只会基于长期进化的结果，从物种特点出发做对自己有利的事。

3. 避免习得性无助

在研究经典条件作用的过程中，还发现了一个预期之外的现象：长期处于无法避免的嫌恶刺激中的动物会产生一种消极行为反应——习得性无助（Learned Helplessness）。当动物反复试图逃避一个嫌恶刺激都以失败告终后，会逐步放弃逃避的努力，即使出现成功逃避的机会，动物也不再进行逃避的尝试。这是一种极度消极的福利状态。这样的动物在国内动物园中很常见，它们本能的排斥对新鲜事物的探索，将一切外来刺激都当作嫌恶刺激。正因为经典条件作用下动物的习得行为不受意识控制，所以对动物的影响也是深刻的，那些消极的行为反应会严重损害动物的福利状态。

学习过程是不可逆的，虽然学过的东西可能会忘记，但经过了学习过程的动物与未学习过的动物还是不一样的，学习所引起的内部变化是永久的。经典条件作用的主要作用体现在建立了一个预示重要事件的符号。这种作用在日常饲养工作的各种操作过程中产生的潜在影响多数是在不经意间发生的、容易被人们忽视的。这些影响有时是积极的，有时是负面的。被经典条件作用影响的动物对接收到的刺激没有选择，做出的反应也不受意识控制，如果经典条件作用建立的情境前提不是出于关爱，则动物所预测出的就是一个负面事件的来临，处于这样的压力中的动物往往处于消极的动物福利状态。间接配对现象提醒每一名饲养员在日常工作中应该时刻检视自己的行为，避免因为不良的操作习惯而致使动物处于消极的福利状态中。

四、经典条件作用的消退

1. 行为消退

形成经典条件作用后，如果在条件刺激发生后不再伴随无条件刺激出现，则条件反应将逐渐消失，这个过程称为"行为消退"。这一过程体现出强化对行为反应的影响：经典条件反应建立以后，如果多次只给动物提供条件刺激，而不提供无条件刺激加以强化，结果将是条件反应的强度逐渐减弱，直至消失。

例如，对经过学习已经将铃声视为条件刺激，并在听到铃声后表现出条件反应（分泌唾液）的狗，如果重复多次只给铃声，而不用食物强化，则铃声引起的唾液分泌量将逐渐减少，甚至完全不能引起唾液分泌。条件反应行为不再被无条件刺激强化即形成行为消退。

2. 行为消退在动物园中的应用

了解行为消退的作用原理，有助于我们消除或减少动物因经典条件反射作用习得的非期望行为。在一些糟糕的动物园中，常见的非期望行为表现为动物躲避饲养员，这是经典条件作用下动物的习得行为。噪声会引起动物的躲避行为，动物在某个饲养员的出现（NS）和该饲养员对动物采用的粗暴操作手段如呵斥（US）这两种刺激之间建立了联系（NS转变为CS），引发动物躲避该饲养员的条件反应（CR）。饲养员的呵斥强化了动物一见到该饲养员就躲避的条件反应。改善这种局面，应该采用行为消退的原理：即饲养员改变对待动物的态度，每次见到动物时都轻声细语，工具轻拿轻放，不再制造噪声去强化动物的躲避行为，使动物对"饲养员出现"这个条件刺激所产生的条件反应（躲避行为）逐步消退。

多数情况下判断一个动物园的饲养管理水平高低、动物福利状态的一条最简单、最直观的依据就是动物是否会躲避饲养员：如果动物躲避一个长期喂养它的饲养员，则说明这个饲养员的日常操作工作出了问题，饲养员通常是伴随着食物出现的，当动物对饲养员的畏惧超过对食物的渴求时，那么这个饲养员对野生动物来说就是一种极度的嫌恶刺激。

同经典条件作用建立过程中需要将中性刺激和无条件刺激多次配对一样，行为消退也需要经过多次反复的消退过程才能实现。即使在行为消退完成后，动物还存在"自发性恢复"现象。如果在行为消退后条件刺激再次被无条件刺激强化，条件反应就会很快恢复，这说明经典条件作用的消退不是原先已形成的联系的消失，而是联系暂时受到抑制。这种现象提醒各位动物园工作人员要随时随地注意自己的行为，避免不经意间再次以"嫌恶刺激"的角色出现在动物面前。

第二节 操作性条件作用

操作性条件作用（Operant Conditioning），也称为操作性条件反射、工具性条件作用，或斯金纳条件作用，是一种由行为结果引起的自主行为改变。以达尔文、巴甫洛夫、桑代克和华生的研究和理论成果为基础，美国心理学家斯金纳首先提出了这种条件作用，并探讨了操作性条件作用的原理，为心理学的发展做出了巨大贡献。操作性条件作用与经典条件作用一样，是伴随着物种的进化过程出现的，是动物生存的必要学习能力，也是动物适应环境、获取食物和交配机会、躲避天敌和恶劣环境刺激的保障。

一、操作性条件作用理论的产生基础——学习律

操作性条件作用理论的核心内容是"行为受到结果的控制"。这一理论的产生以学习理论研究先驱桑代克的"学习律"为基础。桑代克指出："一个反应再次发生的几率是由这个反应所产生的效果决定的"，这条学习规律被称为"效果律"。

桑代克通过"迷笼实验"验证了这一论点，实验揭示了一只饥饿的猫如何学会打开迷笼（图7-4）：他首先制造了一个"迷笼"，在迷笼内部设置了一个机关，一旦从内部触碰这个机关，则迷笼的门自动打开。他将一只饥饿的猫放入迷笼，笼中的饿猫能够看到笼外的食物，却无法得到。一开始，这只猫会进行各种尝试，乱叫、乱抓、乱咬，在这些尝试性的行为过程中，猫无意间碰到了机关，迷笼打开。猫从迷笼中逃出并获得了食物。这样的实验重复多次以后，猫被困的时间越来越短，在触碰机关前尝试的其他行为也越来越少。实验的结果是猫学会了从内部打开迷笼的行为——只要碰到机关即可打开迷笼。

图7-4 迷笼实验箱图示

在一系列相似的实验研究基础上，桑代克提出了学习的联结理论："学习就是建立情境与反应之间的联系或联结"。简单地说，学习就是建立联结，联结的建立遵从一定的规律，这些规律被称为"学习律"。对学习律内容的理解有助于加深对动物行为训练原理的认识。

1. 效果律

效果律指"反应结果与反应之间的联结"，即动物习得行为的加强与抑制受行为之后的效果的决定。若行为之后获得奖励（愉悦结果），则该行为得到加强；若行为之后获得惩罚（嫌恶结果），则行为被抑制。效果律是在动物行为训练中最常见的学习规律：例如饲养员召唤正在室外展区活动的棕熊回到室内兽舍，棕熊选择回到室内或继续留在室外受到这两种行为产生的效果支配。如果每次棕熊回到室内兽舍即可享受可口的食物和饲养员的夸奖（获得愉悦结果），那么以后在同样的情境下，棕熊重复听从召唤回到室内兽舍的行为将不断加强；如果每次棕熊每次回到室内兽舍得不到食物，甚至受到饲养员的责骂（得到嫌恶结果），那么以后在同样的情境下，棕熊重复听从召唤回到室内兽舍的行为将受到抑制，即棕熊"越来越难被叫回来"。

2. 练习律

练习律指："刺激与反应之间的联结因练习、重复使用而增强，因不使用而减弱"。即"学习发生于重复中"，不断重复联结建立的过程，会使行为的出现率更高、行为表现更稳定。在动物园中开展的正强化动物行为训练也遵循这一规律：每天都要保证一定的时间段进行行为训练：新行为需要通过重复学习来完善，已经掌握的行为也需要通过不断重复来巩固，重复学习可以使动物的习得行为得到加强。

3. 准备律

准备律是对效果律的补充，主要关乎学习动机，"动物能否做出反应，也受到自身动机影响"。处在发情期的动物，寻找配偶的需求超过一切，这时获得食物并不是它行为的主要动机，在这种情况下，平时乐于参与训练并获得美味食物的动物往往会表现得心不在焉。

上述三条学习规律被称为"主律"，在此基础上，桑代克又提出了五条学习"副律"，分别是多重反应律、定势律、优势要素律、类化反应律和联结转移律。这些规律的阐述都在斯金纳对操作性条件作用的研究过程中起到了重要的促进作用，他在桑代克和其他先行者的研究基础上逐渐发现了操作性条件作用的原理，并对上述学习规律进行了更清晰的描述和解释。

二、操作性条件作用的建立和原理

斯金纳认为反应行为应分为两类：一类是由刺激引发的行为反应，称为应答性反应，这类行为常表现为不受意识控制的行为或反射；另一类是无需前置刺激，由有机体自发产生的行为反应，由于这类行为的实质是动物对环境因素进行的某种"操作"，所以称为操作性行为，简称操作行为。操作行为主要指受到意识控制的、有目的的行为；操作行为的学习遵循"A、B、C学习法则"，即操作行为（B—Behavior）同时受到情境前提（A—Antecedent）和行为结果（C—Consequence）的控制。

（一）建立操作性条件作用的实验过程

1. 实验的第一阶段——B+C学习模式

斯金纳设计了不同形式的"斯金纳箱"。这种实验装置允许动物在一定范围内自由活动，对动物的自主行为不加限制。实验动物做出的自主的、连续的行为都能够通过观察和仪器记录转化成明确的测量结果。斯金纳箱的基本设计模式包括便于对动物进行观察的透明材质制成的箱体；箱内有特殊的开关，开关操控形式被设计成与实验动物的行为能力和方式相符的体积和力度：如果实验对象是白鼠，则开关被设计成一个白鼠可以按动的触控开关；如果实验对象是鸽子，则开关被设计成鸽子可以啄动的按键。箱内的开

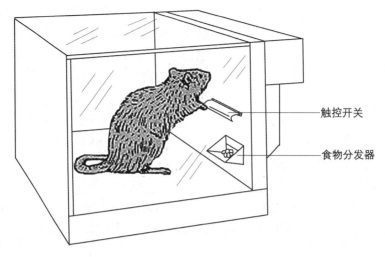

触控开关

食物分发器

图7-5　斯金纳第一阶段实验图示

关同时与箱外的两类装置相连，一类是分发食物的装置，另一类是反应数据记录装置。当动物触动开关，数据记录装置对试验期间箱内动物的某项操作行为的发生次数、持续时间和发生频率进行记录；同时，分发食物的装置马上会给箱内的实验动物提供一小块食物作为奖励。

实验的第一阶段（图7-5）清晰的演示了操作性条件作用的建立过程：

刚被放入斯金纳箱时，动物会出现盲目、随机的活动和行为，偶尔触发开关后，动物立即获得了食物奖励；此后，动物在开关附近活动的时间明显增多，在开关附近活动，增加了触碰开关的机会，使动物获得了更多的食物奖励；最后，动物学会了直接触动开关获得食物，盲目随机的行为不再出现。这个操作性条件作用的建立过程可以简述为"B+C学习模式"，即操作行为（B）受到行为结果（C）的影响。

2．实验的第二阶段（图7-6）——A+B+C学习模式

指示灯

触控开关

食物分发器

图7-6　斯金纳第二阶段实验图示

在"B+C"学习模式基础上，斯金纳改变了实验条件，加入了情境前提（A）：一个在行为（B）之前出现的辨别性刺激（A）。这个辨别性刺激是中性刺激，例如发光键、灯光或声音，在实验之前这个刺激对动物来说不具有特殊的生物学意义。

第二阶段的实验规则如下：动物只有在辨别性刺激（A）出现时触动开关才会得到食物。即只有红灯亮时触碰开关才能获取食物，红灯熄灭时触碰开关不能获得食物。实验初期，动物会忽视红灯信号，不管红灯亮或者不亮都会一味地碰触开关，这种行为的结果是有时能够获得食物，有时不能。很快，动物就会注意到红灯与获得食物的关联：红灯亮时，动物积极触碰开关、得到食物；红灯熄灭时，动物不去触碰开关。

此时动物的学习不仅体现于在行为（B）和结果（C）之间建立了联系，而是将情境前提（A）、行为（B）、结果（C）三者联系在一起。这种学习模式简称为"A+B+C学习模式"。

（二）操作性条件作用学习原理

动物自发行为产生的结果对该行为产生影响，即动物将行为（B）与结果（C）两者之间建立了联系。这个过程中，食物奖励就是对触碰开关这个行为的强化物（Reinforcer），强化物产生的作用称为强化（Reinforcement），即操作性条件作用下的习得行为是强化作用原理的体现。

在第一阶段的"B+C学习模式"中，主要体现强化对行为的重要作用：动物在斯金纳箱中自主做出了多种随机行为，但只有触碰开关这个行为（B）让动物获得了食物这个愉悦结果（C）。这个动物自主操作进行的触碰开关的行为获得了强化，于是这个行为得到加强、再次出现的几率增加。

在第二阶段的"A+B+C学习模式"中，情境前提（A，红灯亮）和结果（C，获得食物）都会对行为（B，触碰开关）造成影响，但两者的影响方式不同。C导致了B的出现，A是否出现决定了B出现后能否获得C。这时的A指特定的前提刺激，也称为"辨别性刺激（S^D）"。动物通过多次主动尝试对情境前提中的多种中性刺激进行分辨，直到能够辨别出辨别性刺激（S^D），并将这种前提刺激与行为和获得强化之间建立联系。当S^D出现时，动物做出操作行为；当S^D不出现时，动物不做出操作行为。这种学习模式，用学习心理学的术语表达即为："通过强化增强了行为，并将该行为建立在辨别刺激上"。

第二阶段动物的"A+B+C学习模式"实际上就是动物行为训练的第二步：在动物的习得行为前加入指令，并最终实现刺激控制（Stimulus Control），即只有饲养员发出指令后，动物做出期望行为才能获得奖励。训练的成果是动物服从饲养员发出的指令做出期望行为。

三、操作性条件作用的消退

在上述两各个阶段的学习过程中，都强调了强化对操作行为重复几率的影响，强化可以提高操作行为在未来的重复几率；在操作条件作用建立后，如果终止强化，则操作行为将受到抑制，直至消失。

1. 行为消退

如果动物的习得行为不再获得强化，则该习得行为将逐渐减少，直至消失，这种现象称为行为消退。行为消退的速度与多种因素有关，特别是受到强化物的大小（强度）

和该行为建立过程中所经历的强化程式的影响。量大的、高强度的强化物一旦不再提供，则导致更迅速的行为消退；连续强化程式作用下的习得行为消退速度较快，间隔强化程式作用下的行为消退速度缓慢。

2．行为消退在现代动物行为训练中的应用

（1）创造更多行为捕捉的机会

在行为消退的初始阶段，动物往往会表现出更高的反应速率和反应强度，这种现象称为"消失前行为爆发"。在此过程中，动物的爆发行为反应可能会符合新的期望行为的要求，及时捕捉并强化这个行为，可以使动物掌握新的期望行为并获得强化。

需要注意的是，消失前行为爆发反映出动物内在情绪和压力的变化，对动物来说是一种负面体验，是动物产生挫败感的征兆，这种挫败感可能引发狂躁和攻击行为，所以这种行为捕捉途径并不适合训练初学者应用。

（2）应用行为消退减少非期望行为

操作性条件作用中的行为消退只能抑制习得性非期望行为，并且饲养员必须了解该非期望行的强化途径才能利用行为消退减少非期望行为，例如饲养员经过黑猩猩笼舍时，黑猩猩向饲养员吐口水这种行为。饲养员被吐到口水时"掩面奔逃"的行为反应成为黑猩猩喜闻乐见的强化物，而这个强化物每次都会及时出现，因此黑猩猩向饲养员吐口水行为是习得的，是被饲养员的被吐口水后的行为反应强化了的。采用行为消退的方式可以使这种非期望行为逐渐消失：每次黑猩猩向饲养员吐口水时，饲养员不做出反应，保持对黑猩猩吐口水的漠视，将有效消除这种非期望行为，但由于存在消失前行为爆发现象，往往饲养员在短期内必须忍受更多的、更猛烈的口水攻击。

四、行为结果（C）对行为的影响

动物的行为结果主要分为受到强化或受到惩罚。强化，指行为获得积极结果；惩罚，指行为获得消极结果。如果行为后动物没有获得期望的结果，尽管没有遭受惩罚，也会表现为行为消退。

（一）强化（Reinforcement）

强化对动物行为的影响，统称为强化理论，也称为强化原理，是最重要的行为学习原理。在经典条件作用和操作条件作用学习过程中，强化都是影响习得行为的决定因素。

强化，指引起行为重复发生的几率增加的过程，即行为被加强的过程。当某个行为被随之而来的结果加强，则这个行为在未来更可能再次出现。在强化原理中，包括以下重要概念：

1．强化物（Reinforcers）

强化物指能够提高动物某个行为在未来重复发生几率的刺激。按照该事件是否能够直接满足动物的生物学需求，分为初级强化物和次级强化物。

（1）初级强化物（Primary reinforcers）——能够直接满足动物生物学需要的事件，动物天生就喜欢、不需要依赖于学习或早期经验就能够对行为起到强化作用的事件。例如：水、食物、温暖、性行为、玩耍等。

（2）次级强化物（Secondary reinforcers）——指原本对动物来说没有特定生物学作用的中性刺激经过与初级强化物通过经典条件作用建立联系后而具备强化作用的事件。由于次级强化物必须通过经典条件作用的学习过程才能发挥强化作用，所以次级强化物也称为条件强化物（Conditioned reinforcers），或习得强化物。

"桥"是响片发出的咔哒声和哨子发出的哨音，是现代动物行为训练中最常应用的次级强化物。

2. 强化手段

强化手段指强化物出现的方式，如果以饲养员为主体提供强化物，强化手段为提供强化物的方式。

（1）正强化（Positive Reinforcement）——指在动物完成期望行为后由饲养员添加愉悦刺激，这种愉悦刺激是行为的结果。正强化能够增加该期望行为在未来重复发生的几率。

例如：在动物园中训练动物从笼舍进入转运笼箱。正强化训练方式是为动物创造平静的环境条件，在动物进入笼箱后马上给动物提供"桥"和食物来强化这个进入转运笼箱的行为，动物在未来进入转运笼箱的行为将得到加强。

（2）负强化（Negative Reinforcement）——指在动物完成期望行为后饲养员移除厌恶刺激，又称为"逃避训练"或"回避训练"，动物通过完成正确的行为，逃避或者回避某种正在承受的负面刺激。负强化能够增加该期望行为在未来重复发生的几率。

案例：同样是训练动物进入转运笼箱为例：被水冲击是动物的嫌恶刺激，在动物拒绝进入笼箱时，饲养员用水冲击动物，当动物为躲避水冲而进入笼箱后饲养员停止冲水，嫌恶刺激消失，动物的惊恐和压力也随之缓解，动物在未来进入转运笼箱的行为得到加强。显然，负强化尽管会迫使动物表达某个期望行为，但会对动物造成负面影响。

尽管负强化训练（NRT）效果显著并能够迅速见效，但应该考虑动物在负强化训练过程中的体验：要想使训练有效，必须提前给动物提供一个嫌恶刺激，这个训练过程对动物来说是不愉快的，并产生更多的负面后果：动物会把饲养员、笼箱等因素与遭受水冲刺激之间建立关联，甚至会回避训练员；频繁的负强化可能给动物造成难以承受的压力，增加动物的攻击行为，甚至引发动物自残，所以在现代动物园中推行的现代动物行为训练中不包括负强化这种训练手段。

3. 影响强化作用的因素

某个事件能否起到强化作用，受到多方面因素的影响。这种影响主要分为以下几方面：

（1）情境前提

情境前提涵盖物种自然史、动物个体经历、即时训练情境、动物个体生理状态等综合情况，尤其是动物与训练员之间的信任关系，这种信任不仅是决定强化物是否能够发挥强化作用的前提，也是开展正强化行为训练的基础。如果动物畏惧训练员，则正强化行为训练也无从开始。

（2）强化强度

强化强度由强化物的量和强化持续时间决定。

多数情况下，在动物园均采用食物作为初级强化物。使用食物当作初级强化物时，每次动物完成一个期望行为之后都应当只提供小块或少量的食物。这样做的原因有几方面，首先训练中动物获得的食物及营养成分不能超过一定的比例，应使用少量的、动物最喜食的饲料；其次，为了保持动物持续参与训练过程的热情，也不能使动物很快对进一步获得食物失去兴趣；处理成小块的、少量的食物强化物便于训练员提供给动物，使强化发生的更及时。如果某个期望行为对动物来说难度较大，动物需要付出更多的尝试、选择和努力才能达成时，饲养员应该提供比平时更多的食物作为"大奖"。大奖传达的信息是：动物付出的努力值得获得更多的强化。需要注意的是，量大的强化物，会使动物形成更强的预期，一旦没有完成期望行为而得不到强化时，动物感受的挫败感也会比较强，这种挫败感可能会导致动物放弃训练。而采用小量的强化物进行训练时，即使由于没有完成期望行为而无法获得强化，动物体会的挫败感也较弱，对保持参与训练热情的干扰也较小。

动物享用食物或其他愉悦刺激的过程长短，就是强化持续时间。根据训练内容的不同、期望行为的差异，强化持续时间的长度也不同。在训练短时行为事件时，例如转身、接触目标棒或张嘴等，往往提供短时强化，因为可以在行为发生之后迅速强化动物，并且可以保持训练的节奏；在训练持续时间较长的行为状态时，例如期望行为是动物紧贴隔障操作面，在接受兽医超声波检查时较长时间内保持平静则需要提供长时间的强化，因为动物在保持期望行为的整个过程中需要不断获得强化，持续的强化不仅能够强化动物的行为状态，还能够减少动物的恐惧。例如在给黑猩猩做B超检查时，用塑料洗瓶或通过吸管不断给动物提供它最喜爱的果汁直至检查结束。

（3）强化物的变化性

强化物的变化性，对动物来说就是食物奖励的新奇性。多数野生动物，特别是杂食性的动物，往往不止钟爱一种食物。通过参考物种自然史信息和动物个体生长档案，应该为动物选择多种食物作为强化物。例如在训练大象时，变换采用苹果块、红薯块、葡萄、香蕉、饼干等不同的食物作为强化物。使动物保持对新奇强化的期待，可以有效保证强化效果，提高训练成绩。

（4）强化的直接性

强化直接性，指强化随行为发生的紧密程度。提供强化物的时刻与行为完成的时刻之间间隔越短，强化物对该行为的强化作用越明显。由于每个行为都处于一个连续的行为进程当中，不及时的强化可能会强化期望行为之后做出的行为。强化直接性在现代动物行为训练过程中具有重要意义，准确把握提供强化物的时机，对保证动物理解饲养员的意图至关重要。在实际训练过程中，往往必须依靠"桥"来体现强化的直接性。

（5）强化的相倚性

强化作用的相倚性也称为一致性，即动物完成期望行为后是否每次都能获得强化。强化作用的相倚性分为不同的强化程式（Reinforcement schedule）。强化程式对动物学习新行为和动物习得行为的保持都产生重要影响。强化程式总体分为连续强化和间歇强化两类。

○ 连续强化（Continuous reinforcement，CRF）——指对动物的每一次正确行为反应均给予强化。连续强化适用于新的期望行为学习过程中和该行为的习得初期。

○ 间歇强化（Intermittent reinforcement，IRF）——指仅对动物完成的正确行为反应中的一部分行为进行强化，所以间歇强化也称为"部分强化"，用于习得行为的巩固和保持。

4. 强化程式对动物习得行为的影响

在动物习得期望行为后，对该行为稳定性的保持应采用间歇强化程式。所谓行为稳定性，就是该行为抗消退能力的大小和该行为能否维持在较高的表达水平。间歇强化因不同的依据分为比率程式和间隔程式。以动物正确反应行为的数量为参照的强化程式为比率程式；以期望行为之间的时间间隔为参照的强化程式为间隔程式。

（1）比率强化程式：

根据每次强化前动物完成行为反应的数量是否一致，比率强化程式又可分为固定比率强化程式（Fixed Ratio,FR）和可变比率强化程式（Variable Ratio，VR）。

● 固定比率强化程式——指动物每完成一定数量的行为反应，即可获得强化，如果这个数量是1，用FR1表示，则意味着动物的每次正确行为反应均可获得强化，即连续强化程式。如果这个数量是3（FR3），则表示动物每完成三次期望行为后都会获得强化；

● 可变比率强化程式——指每提供强化之前，要求动物完成的行为反应数量不固定，但都围绕一个平均数，例如VR3表示动物平均完成3次正确行为反应后才会得到强化，也许在完成2次正确行为反应后即获得强化，但下一次要完成4次正确行为反应才会获得强化。

（2）间隔强化程式：

按照时间间隔是否一致，间隔强化程式又可分为固定间隔强化程式（Fixed Interval,FI）和可变间隔强化程式（Variable Interval，VI）。

● 固定间隔强化程式——指在一定的时间间隔后，如果动物能做出正确行为反应，则可获得强化。这种强化程式既依赖于时间又依赖于动物的正确行为反应，不足或超出规定时间间隔的行为反应都不能获得强化。例如每1分钟强化一次，用VI1分钟表示，这意味着动物在接近一分钟结束时完成的正确行为反应会得到强化，而提前或错后的行为反应都不会得到强化。

● 可变间隔强化程式——指每次给予强化之间的时间间隔不等，但时间间隔遵循一个平均数。例如VI3分钟，意味着每次基于强化的时间间隔不等，但平均为3分钟，可能是2分钟，也可能是4分钟。

实验证明，采用间隔强化程式有利于习得行为的保持，使该行为获得更强的抗消退能力，但同时也会造成另一种后果：习得行为一直保持在较高的水平，即动物总会表达这个行为，即使不再对该习得行为进行强化，动物也会坚持做出这个行为，需要经过长时间才能实现行为消退。这一点与连续强化程式不同：在连续强化程式作用下，一旦终止强化，则动物的习得行为将很快消退。

在动物行为训练过程中，当动物学会一个新的习得行为后，应采用间隔强化程式对该行为进行维持，只有经过间隔强化程式维持的行为才是稳定的行为。在开始学习另一个新行为之前，应当对已习得的期望行为使用间隔强化程式加以"稳固"。在稳固习得行为的过程中，主要采用可变比率强化程式（VR）对习得行为进行强化，也可以采用几种强化程式综合运用的方式。经过间隔强化程式强化的习得行为，很难消退。

不同强化程式在动物行为训练中的应用如图7-7：

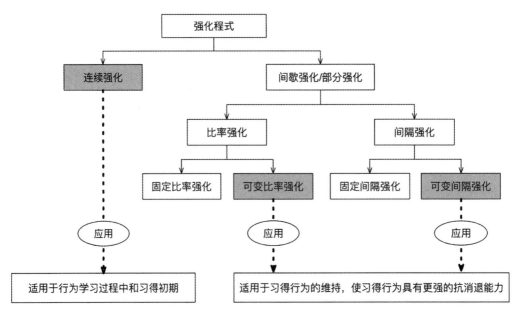

图7-7　强化程式在现代动物行为训练中的应用

　　无论采用哪种学习方式，强化都对行为改变起关键作用。行为反应包括所有的可视、可测量的外显的行为，例如眨眼、站立、奔跑等，也包括唾液分泌、心率加快等不易观察到的内在反应。正强化训练是一个从动物的多种行为反应中筛选"期望行为"的过程，这无疑是一个动物不断试错的过程。对饲养员来说，及时给予强化的作用是尽量减少试错的回合，及时告诉动物"你做对了"；对动物来说，及时获得强化的作用是能在第一时间知道"我做对了"，减少挫败带来的压力。

　　应用强化理论可以有效控制动物行为，包括增加期望行为和减少非期望行为。在动物园中，控制不是目的，让野生动物学会在人工圈养环境中的生活技能、减少日常压力，进而保持积极的动物福利状态才是现代动物行为训练的目的。圈养野生动物需要不断学习，以便应对在动物园中仅仅依靠动物本能难以逾越的挑战，例如按照日常操作规程到达指定地点、接受兽医的日常体检、按照饲养员的指令完成特定的合作行为，等等。愉快的学习过程本身，也是动物自我强化的过程，使动物获得自信、释放压力、满足好奇心，但饲养员必须牢记：实现动物快乐学习的前提是饲养员必须对训练原理有充分的理解和认识。

　　（二）惩罚（Punishment）

　　在动物行为训练领域，惩罚是一个具有特定含义的术语：惩罚是一个行为结果，对行为产生抑制作用，即该结果导致了这个行为在未来重复发生的几率减少。因为惩罚发生在行为发生之后，所以并不能使这个行为得到纠正，只会让动物认识到刚刚完成的行为"错了"，但并不会"告诉"动物怎样做出正确行为。惩罚不仅会抑制某个特定的行为，也会对动物的其他行为产生抑制作用。

　　惩罚是行为控制的手段，不具有任何报复的含义；采用哪种控制行为的手段，仅以能否保持积极的动物福利状态为依据。

1. 两种惩罚手段

（1）正惩罚（Positive Punishment）——在动物表现严重非期望行为之后立即给予厌恶刺激，以抑制该行为的重复发生。

严重的非期望行为指会给动物自身或其他动物或饲养员造成严重伤害的行为。当动物出现这类行为时，有必要采用正惩罚的手段使这种非期望行为迅速消失。例如在猫科动物实施表皮缝合手术后，动物往往会舔舐伤口。如果忽视这种行为，则不利于伤口的愈合，甚至引发更严重的健康问题，此时必须对该行为进行制止。最有效的方法之一就是在动物舔舐伤口的时候，向其面部少量喷水，以阻止舔舐行为。为了减少在这个过程中动物承受的压力，应积极强化其他行为，使舔舐伤口的行为尽快消失。舔舐伤口是动物天性，属于非习得行为，对于严重损害动物福利的非习得行为，只有通过惩罚才能使之消失。

（2）负惩罚（Negative Punishment）——动物表现非期望行为之后，立即将其正在享受的愉悦刺激移除，以抑制该行为在未来重复发生。在人类社会生活中最典型的负惩罚例子是酒驾后吊销驾驶执照，酒驾这个错误行为的后果是移除了酒驾者继续开车的机会，这个惩罚对他今后再次出现酒后驾车的行为具有抑制作用。在动物行为训练中负惩罚手段属于高级操作，需要有经验的训练员完成，对于动物训练的新手来说，应谨慎使用。负惩罚的应用包括"最小强化方案"（LRS，即正强化训练暂停）和"罚时出局"（Timeout，即正强化训练中止）。这两种操作的实质都是移除了动物继续获得强化物的机会。

2. 影响惩罚效果的因素

影响惩罚效果的因素与影响强化效果的因素类似，惩罚或强化对动物行为的影响，都遵循操作性条件作用的原理，这一点与强化作用相近。

（1）情境前提的影响

某个厌恶刺激能否起到惩罚作用，受到情境前提和刺激强度的影响。情境前提主要包括：

● 物种自然史

动物物种自然史的影响主要体现在哪种刺激对动物来说属于厌恶性刺激，对于这个问题的探讨不属于动物训练领域的研究范围，在动物园中，能够被接受的对野生动物采取的厌恶性刺激包括向其面部喷水或在动物伤口涂抹苦味剂，以避免动物对自身的伤害。

● 动物的个体经历

尽管属于同一物种，但个体的不同经历也会决定某个刺激是强化还是惩罚，以及惩罚的强度。

● 即时训练情境

动物是否愿意参与训练决定负惩罚手段能否奏效。负惩罚手段产生作用的前提是动物对行为训练保持较高的参与热情，这种情境前提下采用最小强化方案和罚时出局才可能发挥抑制非期望行为的作用。如果动物参与训练的热情不高，对尽快结束训练的需求大于获得更多强化物的需求，那么负惩罚手段，特别是Timeout反而会变成对动物表达的非期望行为的负强化，因为此时停止训练正是动物求之不得的"嫌恶刺激移除"。

（2）惩罚强度

○ 嫌恶刺激强度

总的来说，嫌恶刺激强度越大对非期望行为的抑制作用越强。应用正惩罚操作过程中，嫌恶刺激必须严重到给动物造成负面影响才会产生效果，这也是现代动物行为训练严格限制使用正惩罚手段的原因。

〇 负惩罚持续时间

最小强化方案的持续时间根据正强化训练过程的强化物提供频率从1秒到几秒之间不等，如果强化物提供频次高，则LRS持续时间短；如果强化物提供频次低，则LRS持续时间可能会延长至几秒，但一般情况下不超过3～5秒。LRS的意义在于让动物意识到刚才的行为没有像以往那样迅速得到强化。

罚时出局的持续时间较长，根据动物做出的非期望行为的严重程度和动物参与训练的热情，以及对进一步获得更多强化物的渴望程度，从1分钟到几分钟不等。Timeout的意义在于让动物意识到刚才的行为导致了训练员带着强化物从眼前消失，即在一段时间（一般为几分钟内）继续获得强化物的机会被移除。

（3）惩罚的提供方式

〇 惩罚的直接性——指惩罚随严重非期望行为发生的紧密程度。给予惩罚的时刻与行为完成的时刻之间的间隔越短，惩罚对该行为的抑制作用越明显。一般来说，时间间隔应保证在0.5～1.5秒之内。由于每个行为都处于一个连续的行为进程当中，不及时的惩罚可能会导致其他行为受到抑制。

〇 惩罚的相倚性——惩罚的相倚性也称为一致性，即动物是否每次做出非期望行为后都会受到惩罚。对于那些可能严重损害动物福利的非期望行为，应在每次行为之后都给予惩罚，迅速抑制该行为。如果不能保证每次在动物表达严重非期望行为后都给予惩罚，则会造成类似间歇强化的效果，该非期望行为会变得顽固，并难以消除。

3．惩罚的弊端

惩罚会导致消极的动物福利状态，所以在动物园中绝不允许使用任何体罚形式的惩罚。任何形式的惩罚，都会产生以下负面后果：

（1）异常行为增加——惩罚会导致动物挫败感和压力，这种不良情绪反应有时会表现为攻击行为、挫败感或由此引发的自残或其他异常行为。

（2）正常行为受到抑制——对某一行为的惩罚也会抑制与这个行为相关的其他行为，而这些其他行为可能并不是非期望行为，如探究行为；频繁使用惩罚手段将会减少动物学习的欲望，延长行为潜伏期或使动物处于怠惰的状态，失去参与训练的热情。

（3）行为掩饰——动物可能会因害怕而隐藏一些异常行为，由于这些行为产生的内在影响难以观察到，使得行为突然暴发时产生更恶劣的影响。

（4）惩罚只传达有限信息——惩罚仅仅告诉动物哪个行为是错的，并没有指示什么是正确行为，动物受到惩罚后不会改善某个行为，导致饲养员丧失改善动物行为的机会。

（5）嫌恶刺激关联——动物会很快将惩罚与施加人进行配对，配对的结果是施加惩罚者成为条件刺激，即该人的出现导致了惩罚，而不是因为动物的某个非期望行为导致了惩罚。在这种情况下，动物会对实施惩罚的人产生回避和恐惧，进而在刺激泛化作用下对其他工作人员也产生厌恶。一个明显的例子是在动物园中兽医总是最不受动物欢迎的人，动物甚至会讨厌所有和兽医同样装扮的人。

（6）惩罚破坏动物与饲养员之间的信任关系——正强化行为训练的基础是动物与饲养员之间的信任关系，一旦这种信任关系被破坏，即失去了正强化行为训练的情境前提，最糟糕的情况就是整个训练过程对动物来说都成为厌恶性刺激。往往一次惩罚就会破坏长期通过正强化行为训练建立起来的动物与饲养员之间的信任。

（7）惩罚的滥用——由于惩罚可以迅速抑制动物的非期望行为，相比其他手段更迅速、更直接、更简单，所以饲养员往往会被惩罚后产生的快速、明显的结果所强化，导致惩罚的滥用。

五、强化与惩罚的比较分析

强化与惩罚的作用都体现出行为结果对行为的影响；强化使行为受到加强，惩罚使行为受到抑制；行为结果分为刺激的添加（正强化、正惩罚）和刺激的移除（负强化、负惩罚）。

在一个行为后添加不同的刺激物可以产生正强化或正惩罚作用。正强化通过在期望行为出现后添加一个愉悦刺激导致该行为在未来重复发生的几率增加；正惩罚通过在非期望行为的出现后添加一个嫌恶刺激导致该行为在未来重复发生的几率降低。

在一个行为后移除不同的刺激物可以产生负强化或负惩罚作用。负强化通过在期望行为出现后移除一个动物正在经受的嫌恶刺激导致该行为在未来重复发生的几率增加；负惩罚通过在非期望行为出现后移除一个动物正在享受的或将持续感受的愉悦刺激导致该行为在未来重复发生的几率降低。

强化和惩罚的作用原理如图7-8：

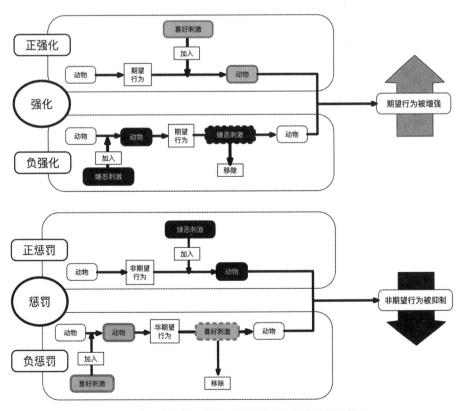

图7-8　强化和惩罚手段在动物训练中的运行及结果简图

六、情境前提（A）对行为的影响

在前面介绍过的建立操作性条件作用的第二阶段实验中，在"B+C"学习模式基础上，斯金纳改变了实验条件，加入了情境前提（A）。通过实验过程，我们了解到红灯是否闪亮最终决定了实验动物是否触动开关。

与这一实验过程类似，动物园中所进行的现代动物行为训练也符合（A+B+C）学习模式。在这种学习模式中，对动物来说，前提包含了训练环境中各种刺激、训练员、操作工具、训练器材、声音、光线，等等。通过接受训练，动物学习到只有当某个特定刺激出现时完成期望行为才会获得强化。在训练过程中，这种特定刺激就是饲养员发出的指令（Cue）。

（一）刺激辨别

动物从众多刺激中辨别出具有特定意义的刺激的过程称为刺激辨别。表现为动物通过学习了解到只有在特定的前提刺激出现时做出特定行为才可能得到强化的过程。这个特定的前提刺激称为辨别性刺激（Discrimination Stimulus，简写为：S^D）。

（二）刺激控制

当动物学会了识别辨别性刺激以后，动物是否表达特定行为反应将受到该辨别性刺激的控制：S^D出现，动物表达行为反应；S^D不出现，动物则不会表达行为反应，这一现象称为刺激控制。刺激控制之所以能够形成，是因为只有在特定的前提，即辨别性刺激出现时表达的行为才会获得强化，因此在辨别性刺激出现时动物表达特定行为的情况在未来重复发生的几率才会增加。

刺激控制也可以表述为"将行为建立在辨别性刺激上"；在动物训练过程中，则可以描述成"把动物的期望行为建立在指令上"，因为指令就是辨别性刺激。

（三）刺激泛化与刺激辨别

刺激泛化和刺激辨别都是动物生存的必备技能，刺激泛化是对刺激的相似性的反应能力，刺激识别则是对刺激的差异性的反应能力。

1. 刺激泛化（Stimulus Generalization）

当动物形成某种条件反应之后，与特定的条件刺激相似的其他刺激也能引起同样的条件反应，这种现象称为刺激泛化。此时相似刺激虽然没有直接与无条件刺激建立联系，但也能引起动物相同的行为反应。刺激泛化现象在训练中主要应用于动物学会对渐变的指令信号做出相同的行为，即实现指令转换。

2. 刺激辨别（Stimulus Discrimination）

刺激辨别指动物对不同刺激产生不同反应的现象。与刺激泛化一样，刺激辨别也是动物在自然界中生存所必须的学习能力，进化结果使动物能在一定程度上将特定刺激和其他刺激区别开来，选择性地只对特定刺激做出反应。刺激辨别在训练过程中的应用体现在：动物在接收到不同的指令后，能分别做出相应的不同行为。例如在大象修脚塑行训练过程中包括多个不同的指令："头""侧身""抬脚"，等等，每个指令对应一个期望行为，动物只有学会对不同的指令表达不同的行为才能达到塑行训练的整体要求。

第三节　经典条件作用和操作性条件作用的比较

经典条件作用和操作性条件作用之间既有相通之处也存在很多差异，我们仅从与动物行为训练相关的几个重要方面进行说明：

1. 动物的学习状态不同

在操作性条件作用学习过程中，动物有自主选择表达何种行为的能力和机会，它们可以选择做或者不做某个行为，这就是"操作"的本意，即动物有选择不同行为以获得不同结果的机会；在经典条件作用学习过程中，动物不可逃避地被迫接受某种刺激，并表达行为反应，所以经典条件作用也称为"反应性条件作用"，即动物的行为表达是被动的、不受意识控制的，没有选择机会，因而有可能对动物造成负面影响。尽管经典条件作用非常重要，但除了在建立桥接刺激过程中应用外，并不适合在行为训练初学者人群中应用。

动物是否拥有选择的机会非常重要。从提高动物福利的出发点考虑，必须允许动物做出选择。动物在选择的时候能够给饲养员提供反馈信息。这些信息有助于饲养员对训练过程进行判断和调整，并最终获得更好的训练结果。

2. 强化出现的时间不同

在经典条件作用过程中，强化发生在行为之前，是行为的"前因"：一个可以强化动物做出这个行为的刺激引发了动物的行为反应。

在操作条件作用过程中，强化发生在行为之后、紧随行为出现，是行为的"结果"：一个具有强化作用的行为结果导致了动物再次做出这个行为反应的几率增加。

3. 应用范围不同

经典条件作用主要应用于建立"桥"的过程中；而操作性条件作用则广泛应用于现代动物行为训练的各个方面。应用操作性条件作用原理训练出的行为都可以被观察到，为训练员和动物之间的交流创造了必要条件：训练员通过对动物行为的观察，判断该行为反应是否符合期望行为的标准，并给予动物及时的强化。

采用操作性条件作用原理进行动物训练，可以使动物拥有选择机会。尽管饲养员都希望动物能100%地按指令做出正确的行为反应，但当动物选择做或者不做饲养员要求的期望行为时，其实动物是在向饲养员提供信息。当动物拒绝做出某种行为时，向饲养员传递的信息是：要么是"我被你吓到了！"要么是"我感到很困惑，你究竟要我做什么？"或者是"我不明白你到底是什么意思？"当动物有选择的时候，才有可能给我们提供信息，而这种信息会帮助饲养员提高训练操作水平。

经典条件作用能够解释动物所表现出的本能行为。动物园中的很多环境刺激会导致野生动物的条件反射行为。在应对难以解决的"不明原因"的行为问题时，多数情况下经典条件作用理论，特别是对间接配对现象的了解会帮助饲养员对该行为的起因进行可靠的分析，并采取有效控制手段。

尽管操作性条件作用和经典条件作用之间存在显著差异，但需要强调的是：所有的动物都同时通过这两种方式进行学习，即：两种学习方式总是同时发生。每次当你教你的动物学习一个期望行为时，动物都会时而通过经典条件作用学习、时而通过操作性条件作用学习。

第八章　现代动物行为训练实践 ·························

现代动物行为训练指在动物园中应用的正强化动物行为训练（Positive Reinforce Training，简称：PRT）。在动物园中只有当动物表现出的非期望行为对自身或其他个体造成严重危害时，才允许饲养员使用惩罚训练手段。在此情境下采用的惩罚手段与正强化手段的目的一致，都是为了保障动物福利。

动物园中对各种野生动物开展现代动物行为训练历史并不长，却取得了令人瞩目的进展。训练内容主要包括维系和谐社群关系训练、适应日常操作管理训练、配合兽医治疗检查训练，等等，动物在训练过程中学习到的行为都有助于保证该动物个体处于积极的福利状态。经过近30年的发展，现代动物行为训练已经成为行为管理的重要组件之一，在主动提高圈养野生动物福利方面发挥不可替代的作用。现代动物行为训练的特点和原则是"一切以信任为基础"（Everything Based on Trust，简称：EBT）。

尽管现代动物行为训练中所使用的手段少于传统动物行为训练，但在保障动物处于积极的福利状态方面却发挥出更大的作用；这种训练方式给动物选择机会、不提供负面刺激，使它们逐步掌握在圈养环境中的生存技能，减少日常承受的心理压力，对动物个体生理和心理健康都产生积极影响。在正强化行为训练过程中，动物自愿参与行为训练过程，而且有选择行为反应的机会。这也是操作性条件作用学习途径与经典条件作用学习途径的重要区别之一。在经典条件作用学习过程中，动物往往处于活动受到限制的状态，而且动物所做出的行为反应也不受意识支配。现代动物行为训练与行为管理其他组件的协同应用，组合成为主动提高动物福利的最佳照顾动物的方式。

在现代动物园中饲养员往往同时担任训练员的角色，因为在动物园中主要推行的是"合作行为训练"，而这些合作行为主要出现在饲养员对动物的日常管理过程中，必须也只可能由饲养员亲自完成。饲养员必须了解动物行为训练的基本原理、掌握一定的实践技巧，并能够以提高动物福利为目的，在不采用负强化和惩罚手段的情况下对动物行为进行管理，其训练过程可以简要归纳为图8-1：

尽管在操作日程中规定的正强化行为训练操作时段可能仅占饲养员与动物接触时段中的一小部分，但在训练过程以外，饲养练员与动物之间应始终保持良性互动状态。饲养员必须充分了解动物物种自然史和个体生长经历，努力为动物创造良好的生活环境、提供合理饲料和及时医疗，以确保动物的健康。

提高训练水平的唯一途径是饲养员对现代动物行为训练原理的掌握和不断的实践、交流和学习。起初，当饲养员面对动物开始训练实践时，动物也会和饲养员一样感受到压力。减少动物在训练过程中的困惑和压力，唯有依靠饲养员自身训练水平的提高。对动物来说，没有"演练"的概念，所以饲养员必须通过自身努力，并做好充分的准备后再开始行为训练实践。

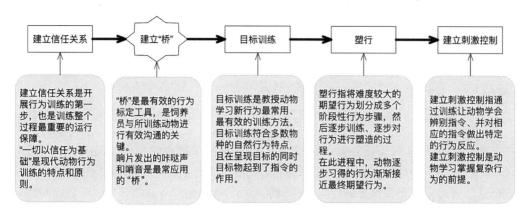

图8-1　现代动物行为训练的基本步骤图示

第一节　行为学习"三要素"

对动物来说接受行为训练的过程就是学习的过程。饲养员对动物开展行为训练和动物接受信息并改变行为的学习过程同时发生，在这一过程中的三项要素分别是：

○ 情境前提（A：Antecedent）

○ 行为反应（B：Behavior）

○ 行为结果（C：Consequences）

这三个要素之间的相互作用规律称为"A、B、C三段一致性"，或称为"A、B、C"学习法则。这一规律不仅体现在动物行为训练过程中，也体现在人类学习过程中。

一、"A、B、C"学习法则在动物和人类学习过程中的体现和差异

1. 动物的学习规律

在上一章中，通过对强化原理的介绍，我们了解到行为结果（C）对行为反应（B）的影响。在动物的学习过程中，动物的某个行为如果得到行为结果的强化，则这个行为在未来的重复几率就会增加。这一学习过程在斯金纳进行的第一阶段实验中得到充分体现；在动物被行为结果强化而习得某个行为后，训练员如何控制该动物个体在何时表达这一行为？这时候就需要饲养员选择一个指令（A），并让动物学习领会这个指令的意义，并根据指令（A）表达行为（B），在让动物领会指令的学习过程中，关键的因素仍然是对行为结果（C）的控制：即只有先出现指令（A），动物表达特定的行为反应（B）后，动物的行为反应才能得到愉悦的结果（C）；在没有指令（A）出现时动物表达的行为反应（B）不会获得愉悦结果（C）。很快，通过选择在何时提供行为结果（C），即选择性强化过程，能够很快让动物学会听从指令（A）表达行为（B）。这一学习过程在斯金纳进行的第二阶段实验过程中得到充分体现。

从上述动物学习过程中，我们不难看出行为结果（C）对行为（B）的影响要远远大于指令（A），图8-2-1可以直观地反映动物学习过程中结果（C）和指令（A）对行为（B）的影响力的差异：

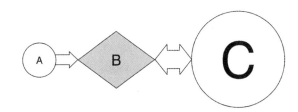

图8-2-1　"A、B、C"学习法则在动物学习过程中的体现

2．人类的学习规律

"A、B、C"学习法则不仅是动物的学习法则，也是我们人类从小到大的学习途径。尽管人类学习与动物学习之间存在本质上的相似性，但由于人类的社会学习能力和复杂学习能力远远超过动物，所以人类和动物在学习的过程中，A和C对行为B的影响力有所不同，在人类学习过程中，A对B的影响力往往大于C对B的影响。

例如，当教孩子学会吃东西前洗手的行为时，我们会先给他讲很多道理：手上有细菌，不洗手抓东西吃会生病，等等，把因果利害都讲清楚，然后加上一个指令"去洗手"，如果孩子不去洗手你可能还会加重语气来强调这个指令，敦促孩去洗手。这个过程中，对饭前洗手这个习得行为（B）起到决定性作用的是说明和命令（A）。人类可以理解复杂的语言，有想象的能力，可以预判行为的后果，因此人类的学习行为中，A和C相比较，A发挥的作用更大。

图8-2-2可以直观地反映人类学习过程中指令（A）和结果（C）对行为（B）的影响力的差异：

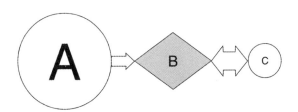

图8-2-2　"A、B、C"学习法则在人类学习过程中的体现

3．"A、B、C"学习法则在现代动物行为训练中的应用

受到自身学习经验的影响，刚开始实践行为训练的饲养员在对待A和C时，往往沿用自己熟悉的学习方式和关注点。最典型的错误就是在给动物指令（A）后，如果动物没有按照指令完成动作（B），训练初学者往往会试图增加指令的强度：要么增大肢体信号幅度，要么提高发出指令的音量，或者不断重复发出指令，然而这种对指令的强调并不会有助于动物更好的完成行为（B），反而会造成指令混乱。因为对于动物来说，这些表达幅度逐渐加强的或重复多次的指令可能代表着不同的含义。即使在经过多次反复后，动物偶尔表达期望行为，这个指令本身也已经失去了辨别性刺激的意义，甚至会给后续的训练带来难以克服的障碍。

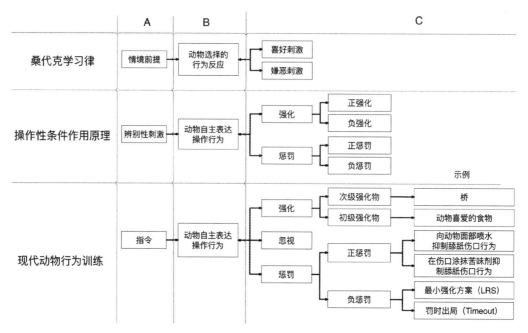

图8-3　三种状况下"A、B、C"学习法则的体现

　　饲养员必须认识到动物学习模式中C所发挥的作用更大,即在动物训练过程中,关注点应该放在结果(C),指令(A)应尽可能清晰简单,尽管A-B-C是连续的过程,缺一不可,但在动物训练中最应该关注的是C(结果)。由于在动物园中只推荐正强化训练,因此C意味在动物表达期望行为后,马上给动物提供喜好食物作为表达该希望行为的愉悦结果。

　　关注结果(C)才是动物行为训练的关键,这需要饲养员明确地知道到底如何提供强化结果才能影响动物行为,这也是动物行为训练的成功要义——用强大的结果影响行为,而不是强烈的指令。"强大的结果"就是强化物的质量和强化时机的结合。所以,开展行为训练的第一步,是在研究动物物种自然史和个体生长经历的前提下,给接受训练的动物个体找到动物喜好的强化物,例如可口的食物、动物喜欢的对待方式、动物喜欢的玩具等,总之是接受训练的动物喜欢,并力图获得的事物。通过为动物提供正强化,逐渐与动物建立信任关系,是后续所有行为训练取得进展的保障。

　　4. "A、B、C"学习法则与动物行为训练之间的关系

　　在"A、B、C"学习法则中,桑代克提出的学习律和操作性条件作用的各个元素以及动物行为训练中的各个环节的对应关系如图8-3:

　　二、情境前提(A)

　　(一)综合的情境前提

　　现代动物行为训练是科学原理的应用,训练原理的正确应用一定能保障训练步骤的推进,但在面对动物园中的各种野生动物时,首先需要认识到它们是有感知的鲜活生命,并非按下开关键便能启动或停止的机器。现代动物行为训练允许动物做出选择,对动物来说是一个自主学习的过程,所以饲养员需要为动物创造一个轻松、愉快的前情氛

围，使动物保持参与训练的热情。

在动物园中，"教授"意味着使野生动物学会在人工圈养环境下生活的能力；动物的行为表达可以反映出它们对人工环境的适应程度。与宠物训练和家养动物训练不同，在动物园中开展的野生动物训练会面临更复杂的环境，需要更多努力来构建训练基础。虽然在A，B，C学习法则中，A主要指训练员发出的命令（Cue），但这个指令是否能被动物理解受到多种因素的影响，这些影响因素一起构成了前情（Antecedent），我们称之为综合情境前提。

1. 物种自然史特性

物种自然史特性决定了某个选择使用的强化物是否能够满足该物种的生物学需要。在动物园中大多使用食物作为强化物，不同的物种对食物有不同的偏好，选择动物最喜爱的食物和最便捷、最迅速的提供方式才能够保证食物发挥强化作用。例如训练大象时的强化物可以选用切成小块的苹果，而在训练老虎时强化物通常选用肉末攥成的小肉丸等。

2. 动物个体经历

不同的动物个体会有各自的成长经历和习得的经验，这些因素都构成了综合的情境前提；不同的情境前提会对同样的刺激能否起到强化作用产生巨大的影响。例如老虎a和老虎b：老虎a是本园出生的个体，生长过程中没有负面经历，对饲养员充满信任。每天下午，当饲养员根据操作日程召唤它从室外展区进入到室内兽舍后，都会用水管给它做淋浴，老虎天性喜欢水，特别是在炎热的夏天，淋浴是老虎a的喜好刺激，强化了动物服听从指令进入室内兽舍这个行为；老虎b是刚从其他动物园转运过来的，在转运过程中饲养员使用高压水龙冲击、大声呵斥等负强化手段迫使它进入转运笼箱。这段负面经历必然在老虎b的心理上造成持久影响，此时，水龙冲刷对它来说就是一种嫌恶刺激。这种情况下，如果饲养员在将老虎b从室外召唤到室内后，同样也采用水管淋浴的方式，那么老虎受以往痛苦经历的影响会将淋浴当负面刺激，于是在未来老虎听从饲养员指令进入到室内这种行为将受到抑制，即老虎b将抗拒饲养员召唤它进入室内兽舍的指令。可见，同样的刺激对具有不同经历的个体行为可能会产生不同的影响。

3. 即时训练情境

训练环境、设施条件、天气情况、不同饲养员的操作技巧等都会影响训练效果，从这方面改善和提高训练效果需要长时间的仔细观察和辨别，逐渐将训练环境调整到利于强化物发挥强化作用的状态；饲养员自身的情绪状态也会被动物敏锐地察觉到，如果饲养员情绪不佳请不要进行训练操作，不要让动物受到饲养员不良情绪的影响。

4. 动物个体生理状态

动物是否处于发情期、休眠准备期？动物是否处于饥饿状态？动物是否正在忍受伤病？这些因素都会影响强化物的作用。处于发情期的动物食欲减退，甚至躁动不安，原本有效的食物强化物此时可能不再具有强化作用，应及时更换强化物或调整训练计划。

5. 动物与饲养员之间的关系

饲养员和野生动物之间的相互信任关系是开展正强化动物行为训练不可或缺的基础和前提。抚摸、梳理毛发等强化手段能否发挥作用，完全依赖于动物与训练员之间的信任关系。如果饲养员由于日常的粗暴操作，使自身成为动物的嫌恶刺激，那么饲养员的每次出现就构成了负强化的情境前提，此时动物最希望得到的强化是饲养员尽快从面前消失。

在国内多数动物园中，受传统饲养管理的操作习惯和经验承袭的影响，专业技能培训内容中对动物的尊重教育缺失，造成饲养员忽视建立与动物之间的信任关系，甚至有些饲养员本身对动物来说就是"嫌恶刺激"，动物不愿主动接近饲养员，更不会自愿参与到行为训练项目中来。即使有的饲养员相信动物"就听我的话"，这种"听话"也并非现代行为训练所需的"信任"。信任不是依赖，也不是服从，更不是畏惧，它是基于双方平等所建立起来的关系，在训练中动物获得的食物是完成期望行为后应得的"报酬"，而不是饲养员居高临下的"施舍"。在现代动物行为训练过程中饲养员面对接受训练的动物时所处的角色地位应该是：不在动物社群关系中占有统领地位、不被动物视为威胁、不使动物处于无路可逃的境地。

信任关系难以定义，没有一种科学原理能够对信任关系作出解释，也无法解释信任关系为什么会在影响双方个体行为过程中发挥重要作用。但缺少信任这一情境前提的行为训练注定举步维艰。那些已经引起动物嫌恶的饲养员，不能从事训练工作。当动物信任饲养员时，它们才可能靠近训练操作位置、参与训练进程；当它们没有压力时，才愿意在饲养员面前表达一些行为，饲养员才有可能捕捉到期望行为。野生动物不同于家养动物，很少有天生喜欢人类的个体，它们的敏感本能又可能使已经建立起来的信任因为饲养员的一个不经意的错误行为而崩溃。建立信任需要一个长期的过程，饲养员必须有足够的耐心，经过长时间的正强化操作和良好的日常操作习惯来获得动物的信任。

每次饲养员与动物接触，动物都在学习；饲养员每次与动物互动，都在向动物传达一定的信息，这种学习和信息传递，不只是发生在训练过程中，而是发生在每时每刻。饲养员每次从动物笼舍边经过、每次接近动物、每次与动物打招呼、每天在动物感受的范围内所做的一切事，都会让动物学到一些东西。饲养员不仅是在手里有食物的情况下才会获得动物的关注，动物每时每刻都在观察饲养员，饲养员的一举一动都会影响到动物与饲养员之间信任关系的建立和维持。

（二）特殊的情境前提（A）——指令（Cue）

1. 指令的选择

饲养员发出的指令（Cue）是训练过程中最重要的情境前提。指令是饲养员发出的一个信号、一个动物能够感受到的刺激。饲养员提供指令、动物识别这个指令刺激并做出正确的行为反应，并获得强化物，当这一过程达到稳定重复状态时，这个指令即转变成与该行为反应相对应的辨别性刺激（S^D）。

有多种信号可以作为训练中饲养员应用的指令，可以是视觉信号、声音信号、触摸信号，等等。在选择信号时，应考虑到动物的生物学特性和训练时的环境状况与训练目的。选择有效的指令信号应遵循以下原则：

（1）简单易行

如果信号过于复杂，连饲养员都难以保证每次准确重复，训练进程必将受阻。可能有多名饲养员在不同的时间训练动物的同一行为，不同饲养员在给予同一指令时语速、语调，或身体指令的幅度变化差异，都有可能给动物带来困惑，因此所有参与训练项目的饲养员应该共同确定某个指令的简单表达方式，并使同一指令表达尽量保持一致。

（2）易于辨别

指令与指令之间应有明显区别，避免过于相似，否则动物会在刺激泛化作用的影响下陷入困惑，甚至陷入挫败等更严重的心理损害。

（3）动物能感受到

如果你的动物视力不好，则你不应该使用视觉信号，你可以选择声音信号或触觉信号；如果你的动物听力不好，则你不应该使用听觉信号，你可以选择视觉信号或触觉信号，等等。

2. 指令的应用

（1）加入指令的时机

很多行为训练初学者都会在训练一开始就教授动物听从指令，但斯金纳的实验过程以及后续的多项科学研究的结果证明：最有效的教授动物识别指令的方法是待行为习得后再加入指令。

（2）保持指令一致

在动物训练管理程序中，项目主管和训练专家在检视过程中发挥的作用，不仅在于评估行为标准、强化时间和强化物，同时也要对指令的提供进行严格的评判：检查是否每一个饲养员都能用同一种方式提供同一个指令。特别是对于那些长寿的动物，在漫长的生命过程中有可能接受来自不同饲养员的多个期望行为训练操作，每个期望行为都需要对应的指令，这些指令之间的差别可能很小。在这种情况下，更要保持每个指令的一致表达，否则动物会因为太多的猜测和试错无果而陷入困惑、沮丧，甚至挫败。

（3）指令转换

指令转换是一种用新指令替代原有指令的操作过程。多数情况下，不必要在目标行为不变的情况下改变原有指令；但也有些情况，需要将一个行为的指令转变成为另一个指令，这种转换，通过"渐变"（Fading）的途径实现，渐变发挥作用的原理是：当动物形成某种条件反射之后，与特定的条件刺激相似的其他中性刺激也能引起同样的条件反应，这种现象称为刺激泛化。

指令转换有两种形式，一种是改变指令幅度，但指令性质不变；一种是改变指令性质，即用完全不同的指令替代旧有指令，指令性质的改变也称为"指令替代"。

● 幅度调整

幅度调整指通过一小点、一小点的幅度变化，将原有指令转变成为另一种指令。在这一过程中，指令的性质并没有变化，例如动作还是动作，但幅度变化了；听觉指令还是听觉指令，但音量变化了等。幅度调整可以实现各种大幅度的指令渐渐通过小幅度的变化，最终成为幅度很小的指令，例如将原有的饲养员手臂在空中划出一个大大的"V"，转变成仅用一根食指向上抬了一下；从目标棒大幅度上下移动，转变到饲养员手指上下移动。每天都只做一点点的幅度变化，经过几周后即可以实现指令转换，在这个过程中如果某一天指令改变的幅度过大，造成了动物的困惑，则需要退回几步，重新从小的幅度变化开始。

● 指令替代：

指令替代指不同性质指令之间的转换：例如从视觉信号转变为听觉信号。转换的过程是在旧有指令前加入新的指令。例如训练一只水獭游到水池中，原有的指令是用手臂指向水池，我们计划用新的声音指令"游!"替代手臂指向水池的原有视觉指令，则指令替代的操作方法是：重复多次"游!"+手臂指向水池、"游!"+手臂指向水池、"游!"+手臂指向水池、"游!"+手臂指向水池……不断地重复，直到我们刚刚说出"游!"，手臂还没有指向水池时，水獭就已经游进水池，即表明指令替代已初步成功。

指令替代，是经典条件作用中间接配对现象的体现。

三、行为反应（B）

现代动物行为训练的目的是影响、改善动物行为，以保证动物处于积极的动物福利状态。关于行为（B），应达成以下共识：

1. 期望行为和非期望行为的界定

在现代动物行为训练中，我们所希望动物学习掌握的行为统称为"期望行为"；希望通过行为训练消除的行为统称为"非期望行为"。期望行为以合作行为为主，例如按照指令移动到指定位置或在指定位置保持某种姿势等；非期望行为主要包括个体间的过度攻击行为和动物对饲养操作或人工环境的恐惧等。期望行为不一定都是动物的自然行为，但一定是有利于保持动物处于积极福利状态的行为，例如配合兽医进行体检或取样；非期望行为也不一定是非自然行为，但一定是有损动物福利的行为，例如野生动物对人工环境出于本能的恐惧而拒绝接受兽医的近距离检视等。

在行为训练中，期望行为也称为"目标行为"。

2. 建立行为标准

桑代克提出的学习率中有一条"多重反应率"，指动物在自主选择的情况下，在面对某种环境刺激时，所表达的行为反应是多样的，即在某种特定环境条件下，动物会做出多种不同的行为。在这些行为中，到底哪个行为是期望行为？在期望行为表现到何种程度时应该给强化？从多样的行为当中精确的标定期望行为有两方面的要点：首先是建立行为标准，即"期望行为看起来是什么样的"，然后就是当动物的行为反应符合期望行为的行为标准时，及时对行为进行标定（Marking），并给予强化。桥作为行为标定信号，本身也具有强化作用。

在训练动物之前，必须对期望行为进行清晰的描述。只有对行为做出明确的说明或描述才能让饲养员有效地判断行为并及时按动响片或吹哨。例如，训练一只金钱豹进入转运笼，期望行为的标准是："动物整个身体进入转运笼，趴卧在笼中，尾巴收于身体一侧；关闭转运笼吊门，动物保持平静"。这个期望行为无疑需要一步一步地达成，每一步都会有每一步的行为标准，也许最初的步骤是训练动物见到转运笼后保持平静，那么这一步的期望行为标准为"动物保持平静，到达日常接受训练位置，动物将注意力集中到饲养员身上，等待饲养员的指令"。

四、行为结果（C）

在上一章介绍的强化理论中，我们了解到行为结果（C）对动物行为产生的作用和影响结果作用发挥的两项基本要素，即"给予动物什么结果"和"什么时候给予结果"。现代动物行为训练的特点就是采用正强化手段，所以我们只选择动物的喜好刺激作为在动物行为反应后获得的结果。

（一）选择强化物

强化物指能够提高动物某个行为在未来重复发生几率的刺激，即喜好刺激、愉悦刺激。强化物分为初级强化物和次级强化物。

1. 初级强化物

初级强化物指能够直接满足动物生理需求的环境刺激因素，因此也常被理解为自然/本能强化物，即不必通过学习，动物生来就很享受的一类强化物。例如：食物、水、性行为、遮阴棚、空气等等所有动物需要的、能够满足其生物学需求的事物。在动物园行为训练过程中最常使用食物作为初级强化物，本书中所提到的初级强化物基本上都是指食物。除了食物，也有其他形式的初级强化物，例如抚摸、搔痒、梳理被毛等，但无疑食物是动物训练过程中最常用的初级强化物。在实际操作时，最有效的方法是让动物自己选择。动物的选择会告诉你：不同的动物个体最喜欢哪种食物？当动物胃口不佳时选择哪种强化物？在什么时候变换不同的强化物以保证强化效果？等等。

正强化训练中，不能通过让动物处于饥饿状态来保证食物的强化作用。为了保证食物在训练过程中具有强化作用，通常将动物日粮分成三类：满足日常营养需求的主要食物作为常规日粮，供动物自由取食；动物比较喜欢的食物用于丰容项目；动物最喜欢的，且便于饲养员及时提供给动物的食物用作初级强化物。

2. 次级强化物

次级强化物是原本对动物来说没有特殊生物学意义的中性刺激，在经典条件作用下经过与初级强化物配对后转化为条件刺激，是动物通过学习才能具有强化作用的刺激，所以次级强化物也称为习得强化物，或条件强化物。现代动物行为训练最常使用的次级强化物是响片发出的咔哒声和哨子发出的哨音。在训练中，我们称这类刺激为桥接刺激，简称为"桥"。

"桥"是一种动物经过学习才能具备强化作用的次级强化物，动物在经典条件作用的学习过程中，将中性刺激（响片发出的咔哒声和哨子发出的哨音）与初级强化物（食物）之间建立关联，从而使中性刺激（响片发出的咔哒声和哨子发出的哨音）转化为条件刺激（"桥"），发挥强化作用。

（二）掌握提供强化物的时机

现代动物行为训练的对象各具特色、训练环境多样，为动物提供的食物也多种多样，与此相应的为动物提供食物的方式也不同。仅仅使用食物作为初级强化物对动物的行为反应进行强化，难以做到"在第一时间"强化动物的行为，即很难保证在动物完成期望行为后0.5~1.5秒内及时将食物提供给动物。解决这一矛盾的方法，就是应用次级强化物——"桥"。

"桥"的作用在于能够使饲养员把握给动物提供强化结果的时机。因为"时机把握是成功训练的关键"、"时机把握决定一切"，所以"桥"的应用，是成功开展正强化动物行为训练的保障。行为训练中，既要关注提供什么行为结果，也要关注提供的时机，这两点同样重要。为了能在准确的时间点对期望行为进行强化，必须应用"桥"这种有效的行为标定工具。准确把握给予"桥"的时机，是现代动物行为训练中最关键的操作技术。

第二节　"桥"

影响强化作用的两个最重要的因素是强化物本身的质量和提供强化物的时机。在训练过程中，动物表达的期望行为往往突然出现、转瞬即逝，在这种情况下尽管可以给动物提供食物作为初级强化物，但难以把握提供强化物的时机。强化原理强调：强化物只有在行为结束后0.5～1.5秒之内提供，才会对该行为起到强化作用，但由于动物园环境中操作隔障面和食物类型的限制，在动物表达期望行为之后到获得食物之间的时间延迟往往超过1.5秒。如何使动物在刚刚表达的行为和"迟到"的食物强化物之间建立联系？解决这一矛盾的关键工具，就是"桥"。

一、"桥"的由来

论证操作性条件作用的实验都是在实验室条件下"斯金纳箱"中完成的，斯金纳箱的特点是高度的灵敏性，能够及时提供反馈。箱中的实验动物在完成目标行为之后会马上得到食物奖励，而且对实验动物是否作出目标行为，并不是通过实验人员的观察判断，而是通过可靠的机械和电子操控系统进行判断。显然，这样的实验条件在动物园中的训练操作环境条件下难以呈现。

1943年，布瑞兰夫妇离开恩师斯金纳的实验室，开设了一家动物行为训练公司，开始面向宠物犬主人提供动物训练服务，并开始尝试训练鸡、浣熊、仓鼠等多种动物。与原来的实验室工作环境条件相比，他们训练动物的种类不再限于老鼠和鸽子，而是不断增加的、行为各异的多种动物；另一方面，训练环境也与当初实验室中斯金纳箱的条件迥乎不同。在新的训练环境中，动物不会受到活动范围的限制、对动物完成期望行为的判断以及强化物的提供必须依靠他们两个人的观察判断，而没有可靠的机械、电子系统的协助。新的训练环境迫使布瑞兰夫妇创造出更有效的训练方法。在这种动物可以自由活动的训练条件下，几乎没有可能在动物完成期望行为后的强化有效时间（0.5～1.5秒）内给动物提供食物，这种强化延迟，导致了动物困惑：它们不知道是前一个动作还是后一个动作获得了肯定。动物的困惑严重影响了训练成效，一个新的解决方案呼之欲出。1943～1944年，布瑞兰夫妇首次在强化环节加入"响片"作为次级强化物，并将这种响片发出的"咔哒"声音称为"桥接刺激"（Bridging stimulus）或"桥接信号"，这一术语被简称为"桥"。但这一简称往往令人困惑，即便是对那些母语是英语的人来说，亦是如此。人们对"桥"的理解都是在水面上，或其他不可逾越的鸿沟两端搭建的一种设施，从而可以使人或物跨越鸿沟或从水面的一端到达另一端。也许回顾最早的海洋哺乳动物训练有助于理解这个术语：20世纪50～60年代的美国，早期的海洋馆都建在海边，训练员都在大型的开阔水域中训练海豚。他们需要一种手段告诉可能身在远处的海豚："你刚刚做了一件很棒的事！"或者说："你的行为表现棒极了！"但是海豚所处的位置太远了，以至于训练员不可能在那么远的距离及时给海豚提供初级强化物——好吃的鱼。在凯勒·布瑞兰的指导下，训练员们在海豚刚刚完成期望行为的准确时刻发出一种声音——往往是在水中具有更强穿透力的尖锐哨音。训练员通过及时提供哨音告诉海豚："你刚刚的动作太棒啦！"这种哨音与响片发出的"咔哒声"一样，都是"桥"。在这个例子中，桥似乎变得更容易理解：桥是连接海豚完成目标行为后再游回训练员身边获得初级强化物（鱼）之间的时间鸿沟的"纽带"。在动物行为训练中，"桥"的作用不是连接空间，而是跨越时间鸿沟。

在准确的时机强化行为的操作称为"行为标定"（Marking），行为标定让动物了解自己表达的哪个行为或行为的哪种状态能够获得强化。"桥"所发挥的作用就像给饲养员和动物都戴上了所罗门王的指环，保证了动物与饲养员之间的有效沟通，仿佛动物能够听懂饲养员对自己说："好！""太棒了！""谢谢！""你刚刚完成的行为就是我想要的！"

饲养员"标定"动物一连串行为反应中的哪个特定动作至关重要，无论是初级强化物还是条件强化物，让强化物能够对特定行为产生影响的关键都是"时机"，即给予强化的时间点。只有把握恰当的时机，才能保证你提供的强化物强化了你希望动物表达的特定行为，而不是其他行为。如果未能在恰当的时机给予强化，则动物将只能学习到"错误信息"。需要特别注意的一点是："动物学习到了错误信息"，而不是动物"错了"：由于信息在错误的时间点出现，导致"提供给动物的信息本身就是错误的"，因此错不在动物，而在于饲养员。由于"桥"可以在准确的时间点对期望行为进行强化，起到对行为进行准确标定的作用，所以"桥"又称为"标定讯号"，是最有效的行为标定工具。在正确时间点通过"桥"标定行为也是现代动物行为训练中最关键的操作环节。

在人类社会中，也存在多种习得强化物，最常见的就是金钱。钱作为一张纸片之所以具有强化物的作用，是因为通过社会生活学习，每个人都知道钱能换来食物、娱乐等初级强化物。同样，经过经典条件作用学习后，动物也会有类似的认识：条件强化物意味着它会带来初级强化物。婴儿不会渴望得到钱，因为没有足够的社会学习经验使婴儿认识到钱能带来更多的愉悦刺激；同样，没有经过经典条件反射作用学习的动物，响片发出的咔哒声和哨子发出的哨音仅仅是中性刺激，不会引发特殊的行为反应，不具有强化作用。

二、"桥"的选择

"桥"是一种刺激，该刺激作为行为结果能够对行为起到强化作用。"桥"由中性刺激转化为强化物的前提是动物在经典条件作用下将中性刺激（咔哒声或哨音）与非条件刺激（食物）进行关联，从而使中性刺激转变为条件刺激。在这一配对过程后"桥"才会产生强化作用。由此可见，"桥"是一种次级强化物，或称为条件强化物、习得强化物，是动物经过学习才会使之具有强化作用的刺激。"桥"的种类多样，可以是响片发出的咔哒声、哨声、语音"好极了！"等，也可以是非听觉讯号，只要应用正确，各种讯号都能发挥对动物进行精准行为标定的作用，保证在训练过程中动物能够清楚了解饲养员的意图。"桥"的选择，必须遵从以下四项原则。

1. 一定是动物容易感觉到的讯号

例如，大多数海洋哺乳动物训练师都会选择使用哨子，因为哨音能够在水中传播的更远；动物园中大多数饲养员选择响片。如果动物有听力障碍，则必须找到动物感受到的其他讯号，视觉讯号、触觉讯号都会发挥和听觉讯号同样的作用。

2. 讯号本身必须统一并易于重复

也许有不止一位饲养员对动物进行训练，每个饲养员都应该能够轻松地重复同一个标定讯号，这也是在许多动物训练中都使用响片的原因。响片的特点是，只要按动响片，它一定能发出几乎完全一样的声音，无论按得快还是慢、用力或不用力，响片都不会发出不同的声音。如果使用语言作为标定讯号，有些人声音高亢、有些人低沉；当我们说"好"时，语速有时很快，有时很慢；有的人语调丰富、有的人语调平缓，来自不同地方的人有时还带着不同的方言。这些差异在动物听起来都可能代表着不同的意义。使用响片发出的统一的声音作为行为标定讯号可以避免动物的困惑。

3. 讯号在纷繁复杂的环境刺激中，必须具有特殊性

如果训练环境成天被哨声包围，则再选择使用哨音作为行为标定讯号就会让动物感到困惑。应该找到一种动物生活环境种的特殊信号，例如特殊的声音，这种特殊声音应该是在行为训练过程以外的其他时间段动物感受不到的。使用响片的饲养员，不要闲着没事在工作范围内按动响片，多数动物听觉敏锐，这种没有意义的无效讯号会让响片发出的咔哒声失去标定作用。同样，标定讯号也不能作为呼唤动物开始训练的信号，所有饲养员要时刻提醒自己："桥"是结果，不是指令。

4. 行为标定讯号本身，不能引起动物的不适，即讯号本身不应该成为对动物的不良刺激

响片对有些动物来说是非常好的行为标定讯号，但有些动物则不然：当按动响片时有的动物可能会被吓一跳，有时候甚至是被吓得转身逃走。如果动物对响片的声音感到恐惧，则不要使用响片，转而使用一些别的不会成为动物不良刺激的讯号。饲养员必须花时间找到哪种行为标定讯号对动物来说是合适的：响片、哨音、词汇、视觉讯号、触摸，等等，只要正确的选择到适合动物的讯号，就都能发挥行为标定的作用。实践证明，响片是一种最适合发挥条件强化物作用的"桥"，所以有必要对惧怕响片声音的动物进行脱敏训练，减少动物对响片发出的咔哒声的恐惧，逐渐接受这种咔哒声，并将其视为条件强化物。

5. "响片桥"的优势

响片是最推荐的行为标定工具。大量实验数据证明，通过引入特定的"响片桥"可以加速动物的学习过程。"响片桥"的应用，通过减少动物的困惑、避免动物的挫败感，保证了饲养员与动物之间的有效沟通，缩短了动物学习的周期。越来越多的宠物犬主人开始选择响片所发出的短促的、独特的"咔哒"声作为"桥"来标定动物行为，并自称为"响片训练者"（Clicker Trainer）。响片训练者声称通过响片训练会取得比使用语言"好！"作为"桥"更好的训练成绩。这种效果使响片的应用从家犬迅速扩散到不同类型的动物训练中，如鸟类、猫和马等。响片训练大师布莱尔女士甚至将响片引入到人类的一些学习领域中。

随着响片变成越来越受欢迎的"桥"，动物园中的饲养员也开始越来越多地选择应用响片。"响片桥"能够通过避免语音造成的含糊刺激来提高饲养员清晰标定期望行为的能力。以往应用的"语言桥"尽管单词一致，但同一个饲养员或不同的饲养员在语调、音量的差异还是会给动物造成困惑。由于饲养员必须能够在动物表现的行为序列中"如针尖般精确"地指出哪个具体的行为反应是正确的，这就要求桥接刺激物本身必须是能够迅速产生的、不连续的、独立的信号，才能将准确信息传达给动物。响片就是这样一种能够提供标准音调和固定持续时间的声音讯号行为标定工具，响片发出的声音的长度和

音调都不会变化，不存在"兴奋的"或"沉闷的"咔哒声；而且所有类型的响片，即使是不同厂家的产品都会发出恒定的声音。实验证明：响片在标定行为方面效果更好。采用响片比采用语言"好!"节省了三分之一的时间。采用"响片桥"比采用"语音桥"进行训练所需要的时间更短、所需要的初级强化物也更少。"响片桥"和"语音桥"在训练初期的效果差异非常显著。在时间有限的情况下，专业训练师使用响片会让训练进展的更快；在整个行为训练过程中，响片对学习所发挥的作用不仅表现在使动物的行为能够及时、稳定地获得强化，还通过减少动物的挫败感保持动物和训练者之间的信任关系。

三、"桥"的作用

在现代动物行为训练中，"桥"的作用不可替代；能否正确使用"桥"也成为判断动物行为训练操作是否符合现代动物行为训练标准的依据。在训练过程中，"桥"作为行为结果（C）对行为产生的重要作用体现在：

○ 通过行为标定，告诉动物哪个行为做对了；

○ 作为下一步提供初级强化物的信号；

○ 在一系列行为中对某个具体的符合期望行为标准的行为进行肯定；

○ 允许在动物行为完成后与提供初级强化物之间存在短暂的时间延迟，保证饲养员可以更从容地给动物提供适合的初级强化物。

1．准确标定行为

当不能在第一时间（动物目标行为完成的瞬间）立刻给予动物初级强化物（例如食物）的时候，响片、哨音能够帮助你跨越这段时间上的"鸿沟"。虽然这段时间可能很短，甚至不超过3～5秒钟，但这种"拖延"已经不足以使动物在行为与强化之间建立关联了，因为动物能够建立"行为——结果"关联的有效时间在0.5～1.5秒范围内。所以虽然间隔仅有3～5秒，也是不可跨越的鸿沟。响片和哨音，可以帮助饲养员在最精准的时间点，即动物刚刚结束目标行为的瞬间给动物提供强化，等于告诉动物："你做对了!""你太棒了!"只有响片和哨音这种简易方便的设备和简便的操作方式才能保证饲养员迅速完成按动或吹哨的动作；只有精确地在正确的时间点给予行为标定讯号，才能使动物理解饲养员所希望的行为到底是什么，或行为属性的精准程度。

2．划定行为界限

"桥"作为行为标定讯号，还能够在不同的行为之间划定界限。能够让动物准确的区别每个行为，这一点也是塑行训练所必需的。塑行训练的第一条法则就是将复杂行为拆分成多个简单步骤，即多个简单行为，强化每个小的进步，逐渐达到目的。在这个过程中，每个步骤，即逐渐接近最终目标的每个行为，都需要通过行为标定讯号给予肯定。

3．短暂替代初级强化物

"桥"作为条件强化物，还会起到短期内替代初级强化物的作用。动物经过经典条件作用原理习得的对条件强化物的认同是不受意识控制的。在有些训练过程中，目标行为复杂、连续，在每个行为步骤完成后，为了保证行为进程的速度，往往只提供条件强化物而不提供初级强化物，而此时动物仍然能够将"桥"当作一种强化，继续完成后面的目标行为，而不必在每一步阶段行为之后都必须获得初级强化物。

4. "居间桥"（Intermediate Bridge）的作用

行为过程中的桥称为"居间桥"，指动物正在朝期望行为迈进过程中饲养员提供给动物的肯定信号，这个信号的意思是告诉动物该行为没有结束，但动作正确。有很多类型的信号可以作为居间桥——手势、可视或可触觉号等。基于信任关系，来自饲养员的各种关注的表情或言语都可以成为"居间桥"。"居间桥"可能在饲养员发出指令后不断重复出现，直至动物完成期望行为，多数情况下应用于使动物保持符合标准的行为状态。

例如，期望行为是大象将身体一侧倚靠在训练墙上并停留一段时间，在表示行为界限的"结束桥"出现前始终给予"居间桥"来让动物保持这个姿势，"结束桥"划定了行为界限，意味着动物可以不再响应这一指令，允许它变换姿势并获得初级强化物奖励。"居间桥"为动物在完成期望行为的过程中提供持续的肯定和鼓励。如果"居间桥"使用的信号与"结束桥"一致，则在行为结束时饲养员应用其他事件表示行为已经完成，例如给动物提供食物、训练员位置发生改变、发布语音指令、结束指令或转移到下一个指令等。

"居间桥"可以是口头给予的信号，常使用口头信号"好"作为"居间桥"。饲养员通过可调节语气、重音、语速和音量，以增加其有效性和实用性。适当的使用"居间桥"可以显著减少训练时间和学习过程中的错误，也是挽救行为状态即将崩溃或行为退化的一个重要工具。"居间桥"可以用来稳固动物的行为状态，确保动物的行为状态符合标准，对增加期望行为的持续时间、强度、速度、高度等参数非常有效。

"居间桥"的作用：

○ 不作为行为完成的信号；

○ 将过程行为串接起来，形成最终的期望行为状态；

○ 表示"保持""坚持住"等意思。

"居间桥"的应用，必须建立在动物和饲养员之间的信任关系上，这也是EBT（Everything Based on Trust，一切以信任为基础）原则的体现。

四、无处不在的"桥"

有时候可能看不到响片或哨子在训练过程中出现，例如在动物听不到响片或哨子的声音的情况下，饲养员不使用这种动物感受不到的讯号，而使用触摸刺激或者视觉刺激，例如按下手电筒让动物感受到光斑代替响片或哨子的声音信号。在这种情况下不是不使用"桥"，而是不使用常见的"响片桥"或"哨音桥"。

另一种情况是，在饲养员能够及时给予食物的训练条件下，动物学习某个新的单独期望行为的训练初期，只要能获得初级强化物就能引发学习行为，而作为条件强化物的响片或哨音是否存在并不影响动物学习的发生。但这种情况只发生在特定条件下某个新行为训练的初期，随着训练的推进、期望行为日趋复杂，必然会引入重要的行为标定工具——"桥"。

在现代动物行为训练工作中，桥是必须的行为标定工具，桥无处不在。

五、"桥"的建立

建立桥是经典条件作用原理中"直接配对"的应用过程：中性刺激NS（响片发出的

咔哒声）与无条件刺激US（食物）进行一对一的配对，结果是中性刺激NS（响片发出的咔哒声）转化为条件刺激CS（桥）。

推荐的配对方式是痕迹条件作用，即中性刺激NS（响片发出的咔哒声）首先出现，在NS结束之后，无条件刺激US（食物）出现。两者之间不存在时间重叠，但必须保证紧密相继出现：在NS结束0.5～1.5秒之内，US出现，如此多次反复，直到配对完成。

以建立响片桥为例，配对过程为：按动响片、立即提供食物；按动响片、立即提供食物；按动响片、立即提供食物……通过这种方式会迅速建立经典条件作用，绝大多数动物在一个训练过程中，就能学会将响片发出的咔哒声视为条件强化物，一般不会超过2～3轮训练过程，每轮大约重复10～15次配对操作即可。

如果经过三个训练过程而动物仍然未能学会将哨声认作条件强化物，一定是饲养员在哪方面做错了：也许动物听不到声音，或者动物此时对食物没有兴趣，或者哨声与食物的前后时机没有把握好，或者哨声伴随着的是一种厌恶刺激，总之动物不会犯错，错的一定是饲养员。也许是因为饲养员给动物提供的并不是他们希望获得的，但最常见的原因是缺乏训练基础，即动物并不信任饲养员，甚至惧怕饲养员、不愿意主动接近饲养员，如果不得不处于与饲养员非常接近的状态下也因为承受过度压力而难以进入学习状态。

六、"桥"的应用技能训练

桥的熟练使用需要大量的练习，需要注意的一点是，不要在动物面前练习，因为在练习中初学训练的饲养员可能会犯很多错误，这些错误不仅会导致动物的困惑，更会给未来的训练设置障碍。刚开始接触动物行为训练的饲养员一定要在同事面前，或者在练习游戏中勤加练习，以提高"桥"的使用技能。在游戏或实践中锻炼对动物行为的观察能力和把握给予"桥"的时机，有助于使饲养员具备在最恰当的时机给予"桥"的技能，对动物行为进行精确的标定。

有很多提高"桥"的应用技巧的练习或游戏，例如以下练习途径：

1. 小球练习——"小球反弹游戏"

使用一个核桃大小的硬橡胶小球。这种小球本身具有很大的弹性，无论碰到哪种硬质的表面，都会反弹。选择一个大的房间，房间里到处都是硬质表面，特别是硬质地板。然后把小橡胶球使劲扔出去，小球每次碰到任何物体的表面，都要求参与游戏的饲养员吹响哨子或按动响片。练习的过程就是：扔球、观察、吹哨或按动响片。每次当小球击中一个物体的表面，等同于动物做出了目标行为，参加游戏的饲养员必须在第一时间，即0.5～1.5秒内提供行为标定讯号。

这个练习游戏的重要作用就是锻炼参与者的观察力，所有人的目光必须紧随小球的移动，与平时正式行为训练中对动物行为的观察状态一致。因为只有认真仔细的观察，才能准确地把握提供行为标定讯号（桥）的时机。这个游戏，能够让饲养员提高把握时机的能力。

应反复进行多次"小球反弹游戏"，直到每一名游戏的参与者都能够准确掌握给予讯号（桥）的时机。这个游戏的另一个好处是能够同时给多名饲养员提供了锻炼观察力的机会。最终，随着小球的每次反弹，现场所有参与游戏的饲养员都应该同时按动响片，只发出一个声音。

2. "手指游戏"

这种游戏练习至少需要两个人完成。一位饲养员（甲）负责随机向空中伸出手指，另一位饲养员（乙）根据甲伸出的手指数量决定是否给予"桥"。游戏规则是：乙注意看甲的右手，当甲只伸出一根手指时，乙按动响片；当甲伸出两根或两根以上的手指时，乙不要按响片；当甲伸出拳头时，乙也不要按响片。注意，只要甲伸出一根手指，无论指向哪个方向、无论伸出哪根手指，乙都要按动响片。游戏一开始，甲会慢慢伸出手指，但随着游戏的进行，甲会越来越快。在参与这个游戏的时候，可以随意使用响片或哨子发出的声音作为"桥"。

在这个游戏中，甲乙双方都需要练习，互换角色，甚至开展竞赛——每次游戏时，甲以较慢的速度开始，然后逐渐将伸出手指的速度不断提高，不断给乙增加难度；当角色互换时，按动响片的一方也会经受考验。游戏的结果往往是伸出手指的一方引来抱怨："你的动作太快了!""动物才不会像你那么快!"但事实上动物会的，它们会的，它们就会那么快! 动物的动作非常快!

这个游戏的益处显而易见：在初学训练的饲养员开始动物训练实践前，有机会在自己的同事身上进行练习。饲养员必须多在同事身上练习，直到拥有把握给予"桥"的时机的能力，才能正式开展训练实践。每个人都会犯错，在与同事的训练游戏中犯错，远远比在实际训练中动物面前犯错要好得多。饲养员在动物面前犯的错误，会影响两者间的信息交流效果，直接导致动物感到困惑，甚至陷入挫败。

3. 行为标定游戏

行为标定游戏有助于饲养员体会在接受训练过程中动物的感受。在这个游戏中，饲养员分别扮演动物和训练员；双方不用语言沟通，扮演训练员的人只能用响片发出指令，引导扮演动物的人完成一个确定的目标行为，但扮演动物的人预先并不知道目标行为的具体内容。

例如，目标行为是"动物"拿起桌子上的一瓶水。训练员利用响片引导"动物"的行进方向——当"动物"不清楚转向哪方时，由于不能用语言询问，"动物"会尝试向各个方向转身，当转向面对桌子的方向时训练员按响片，转向其他方向时不按响片；训练员不断通过"选择强化"按动响片促使"动物"的行为逐渐与目标行为接近：当"动物"走到桌子前时按响片来告诉他做对了、当"动物"手伸向水瓶时按响片……直到扮演动物的人完成拿起水瓶的动作。

刚刚开始学习行为训练的饲养员应该尽量多的进行训练游戏练习。事实上，有众多类型的游戏可以选择，其中任何一个游戏都能改善饲养员训练水平和能力。不要在动物身上练习，而要在同事身上练习。这种练习不仅有趣，而且会使饲养员的技能不断提高，时刻不要忘记：

"在人身上犯错，不要在动物身上犯错!"

七、应用"桥"的注意事项

充分发挥"桥"的作用，除了保证在准确的时机提供"桥"以外，还要从以下方面保证正确的应用方法：

1. 标定行为时只需要按一次响片，不要连续按

有时饲养员在动物某个动作完成得特别好的时候，会兴奋地按动一连串响片，这是一种常见的错误做法。这时作为奖励的食物可以增加，但响片只能按一次。在整个训练过程结束后，可以连续几次按动响片，相当于告诉动物："今天的训练就到这里，你做的太棒了！"然后给动物提供更多量的食物，保证训练过程以成功和快乐结尾。

2. 当按错响片时，不要给食物

由于动物的行为是连续的，而且行为动作变化很快，即使是训练经验丰富的饲养员也不一定每次都能及时的给予"桥"，多数情况下会滞后。这种情况在训练初学者中更常见，这时饲养员已经确定看到了动物完成了期望行为，但因为自己错过了给予"桥"的时间，往往出于自责还是给动物提供了食物，这样做反而会加重动物的困惑，并对进一步的训练造成严重干扰。正确的做法是一旦在不正确的时机提供了桥接刺激，不要给食物奖励，重新投入训练。

3. 任何正确的行为都要给"桥"，但不一定每次都给食物

在训练新行为时使用连续强化，即每次给予"桥"后都提供食物，特别是在训练减少攻击行为时，始终使用连续强化。在训练动物保持行为状态时，不必要每次给予"桥"后都提供食物，因为"桥"可以发挥强化物的作用，为了保证动物期望行为不被进食打断，可以在连续提供几次"桥"之后再提供食物。

4. "桥"只用于标定符合标准的期望行为，不能做其他用

在有些动物园中，饲养员使用响片发出的声音来吸引动物的注意，甚至作为召唤动物从室外活动场进入室内笼舍的信号；有的饲养员在开始训练时会按几声响片以吸引动物的注意。这些都是错误的操作，尽管"桥"确实可以有效引起动物的关注，但要始终记住："桥"是结果，不是指令。在上述错误做法中，都把"桥"用做了指令。这种错误操作说明这些动物园中的饲养员不理解训练原理，直接导致的结果就是动物行为训练很快就转变成动物在训练饲养员。

第三节　训练新行为

训练新行为的实质是让野生动物学习在人工圈养环境中的生活技能。动物每习得一个新的行为，都有利于保持该个体的积极福利状态。这些技能所带来的益处包括：

○ 动物学会平和地接受管理人员的接近；

○ 在日常管理、兽医护理和科研工作中，动物自愿配合，保证各项工作的质量；

○ 动物获得自信，减少因操作步骤、人员和地点变动所带来的恐惧感和由恐惧引发的攻击行为；提升丰容项目的运行效果、使动物获得更多的脑力锻炼机会；

○ 动物表达更多个体间良性互动的积极社会行为，弱势个体免于过度攻击行为的危害，使动物引入工作更平顺、更有利于群居动物个体生活在群体中；

○ 动物表达更多的积极行为，减少不正常行为和刻板行为对动物生理、心理健康的危害；等等。

野生动物生活在动物园中，会面临持续的挑战，所有动物园都必须持续地开展现代动物行为训练，以保证动物学习到必要的生活技能；更重要的是，饲养员必须与动物之间建立信任关系，以保持动物积极参与训练过程的热情。这种稳固持续的信任关系，是训练新行为最重要的情境前提。

一、训练方法

在动物园中有许多方法可以教授动物学习掌握新行为，其中最有效的训练方法是目标训练。

（一）目标训练（Targeting）

1. 目标训练是最有效的训练方法

目标训练的全称是"动物接触目标物训练"，指训练动物学会用身体的某一部位接触目标物（Target）。由于在目标训练过程中，动物始终处于行为不受限的状态，即动物可以选择接近目标物或远离目标物，整个训练过程动物都占据主动，自主决定是否听从指令接近目标物，因而动物所承受的压力最小，最可能表达期望行为。因为在大多数情况下，动物主动接触某个物体这种期望行为与动物的自然行为相符，动物都可以轻松完成。目标物本身也会发挥"指令"的作用，在训练初期饲养员无需发出指令，仅提供目标棒，再进行有效行为标定就能够教授动物学会很多新行为。在此基础上，即动物学会期望行为后，很容易加入指令，建立刺激控制。

2. 目标训练的内容

目标训练是一种在动物园中应用范围最广泛的、符合动物自然行为特点的正强化行为训练手段。通过目标训练几乎能够教会动物掌握所有的期望行为。绝大多数的期望行为都可以通过目标训练的三方面学习内容达成。目标训练的内容可以归纳为：

• 指导动物大幅度移动；
• 指导动物精确的小幅度移动；
• 使动物保持行为状态，例如处于某个位置或保持某种姿势；

这三项训练内容经过灵活组合后几乎可以构成所有的期望行为。

3. 目标物的选择

饲养员的手、目标棒、展区中固定的位置或设施等，都可能作为让动物接触的目标物。目标棒是最常见的目标物。目标棒的选择受动物物种特点和期望行为的行为标准两方面决定；训练操作隔障面的形式也会影响目标棒的选择；如果动物个体对目标棒有过负面的经历，则需要更换目标棒的样式；对视力不佳的个体，应选用更醒目的目标物；训练复杂行为时，有时需要两个目标棒，比如一个用来引导头部的方向和位置，一个用来引导身体的方向和位置；根据期望行为的要求，有时候会选择在远离饲养员的位置固定一件物体作为目标物，例如一块木板或一小段塑料管等。

4. 目标训练步骤

（1）吸引动物注意力：动物行为训练过程中，饲养员常用手作为动物的注意力焦点，训练动物接近饲养员的手、触碰饲养员的手，并等待下一个指令。

（2）选择使用目标棒：当动物行为在远离饲养员的地方发生时，饲养员使用目标棒作为手（目标物）的延伸。目标棒会引导动物行进的方向和身体朝向。对于绝大多数动物来说，目标棒就是饲养员的手或者一段末端固定浮漂或小球等醒目物体的长杆。

（3）目标棒的应用步骤：

○ 第一步：饲养员通过使用目标棒轻触动物来教会动物"接受目标棒的碰触"这个行为。首先饲养员使用目标棒轻触动物，在目标棒与动物身体接触的瞬间，给予"桥"，随即给予初级强化物（好吃的），强化动物<u>平静接受目标物轻触</u>的行为。为了巩固这个行为，应重复多次这样的操作。

○ 第二步：教授动物通过小幅度的移动主动接触目标棒的行为。在第一步的基础上，饲养员将目标棒放在离开动物身体几公分的位置，等待动物主动接触目标棒。在这个阶段，动物学习到：只要接触到目标棒，都会获得强化。于是动物会主动通过小幅度的身体动作接近并接触目标棒。此时饲养员迅速给予"桥"和初级强化物，强化动物<u>主动接触目标棒</u>这个行为。

○ 第三步：通过目标棒引导动物完成大幅度的行为或动作。第二步的训练经过几次成功的重复之后，饲养员将目标棒稍稍远离动物，当动物继续接近目标棒并与目标棒接触时，强化动物。最后，动物将跟随目标棒完成大幅度的行为动作，在这个过程中需要及时强化动物<u>跟随目标棒</u>的行为。此时，目标棒即可用于塑行，在进一步的复杂行为训练中引导动物逐步完成分解动作。

目标的形态多种多样，目标训练的手法也变换无穷，只要应用得当，几乎可以训练出无穷的动物行为。目标物，特别是目标棒，是现代动物行为训练过程中最常用的工具；目标训练在动物园中是最常用的、最有效的教授动物掌握新行为的训练方法。

（二）其他训练方法

1. 行为捕捉（Scanning\ Capturing）

行为捕捉，指当动物在饲养员面前表达某种行为，而这种行为又恰好是饲养员希望动物表达的期望行为时，饲养员及时用"桥"标定这个行为，并提供食物对这个行为给予强化；待这个行为稳定后，逐步加入指令，建立刺激控制。

行为捕捉是指饲养员强化动物自己表达的自然行为，这一行为表达并非由于饲养员发出的指令。当动物展示的自然行为恰好是我们所需要的期望行为时，饲养员立即用响片或哨音强化这个行为（动作）。行为捕捉训练方式也称为"扫描"（Scan）或"自由塑行"（Free Shaping），无论叫什么名字，行为捕捉指饲养员及时强化动物表达的自然行为，并使这一自然行为成为稳定的期望行为的训练方法。在加入指令后，这些行为可以被塑行成为更复杂的期望行为。有些动物行为只能通过行为捕捉的方式进行训练，例如训练动物听从饲养员的指令排尿，以便获得合乎要求的尿样等。

2. 食物诱导（Baiting）

食物诱导，指让动物看到食物，并在食物引导下完成期望行为。在猛禽训练中，饲养员会让鹰看到手中的食物，并用食物引导动物从远处飞到饲养员手上。这种训练方式称为"食物诱导"，指饲养员向动物展示食物、并引导动物完成行为的过程。

有些饲养员认为这种训练方式会导致动物对食物产生过多依赖。但饲养员应该了解所有的训练方法，了解每种训练方法的功能、优点、使用条件和限制等，尽管不应该过于频繁的使用食物诱导的方法，但饲养员也应该认识到"食物诱导"有利于动物理解饲养员的意图，帮助动物战胜恐惧，到达某个指定地点或表达某个期望行为。

在应用食物诱导训练方法操作过程中，食物自然成为一种目标，或者说，食物诱导训练是一种特殊的目标训练。在多种手段都不奏效的情况下，应用食物诱导法会有助于动物进入全新的、令动物感到不安或者不舒服的环境中。例如训练猫头鹰进入转运笼：饲养员将猫头鹰放到宠物转运笼箱门口，起初猫头鹰往往拒绝进入转运笼箱。此时饲养员向猫头鹰身后的笼箱内投掷一小块老鼠的尸体，这块食物往往能成功地将猫头鹰引诱到转运笼箱深处。在动物对新鲜事物感到恐惧时，利用食物引诱，可以有助于动物战胜恐惧，缓解动物承受的压力，尽快习得期望行为并获得强化。

3. 肢体辅助（Modeling）

肢体辅助指饲养员抓住、按住、拖着、推着动物身体或身体的一部分，然后进行移动，直到动物的身体姿势、位置或状态达到期望行为标准的过程。饲养员可能只是在一开始的时候接触一下动物身体，也可能在动物完成整个行为过程中都在和动物保持身体接触。在任何情况下，只要饲养员和动物有任何身体上的接触，就可以称为肢体辅助训练。也许对大多数动物园中的野生动物，特别是危险动物，或大多数希望动物学会的期望行为来说，肢体辅助训练并非是最好的训练方法，但在有些情况下，只有肢体辅助训练法能够发挥作用。

肢体辅助训练方法在动物园中应用较少，主要由于受到动物园设施设计与行为训练需求之间差距的限制。动物园中开展的动物行为训练历史不过30年，而很多动物园中的设施设计惯用模式已经存在了上百年。保护性接触训练是一种将设施设计与训练要求紧密结合的新型训练方式，极大地提高了动物福利。肢体辅助训练在保护性接触训练过程中大有可为，发挥着不可替代的作用。最常见的应用范围是通过肢体辅助，使动物身体或身体的某个部位与训练操作面接触或训练动物身体的一部分进入到某个期望的位置，例如训练灵长类动物将上臂伸入采血架等希望行为。

4. 环境限制（Environmental Manipulation）

环境限制训练指预先构建一个让动物没有选择余地的环境条件，在这一环境条件下动物只能做出期望行为的训练方法。常见的例子是训练动物进入压缩笼。压缩笼最合理的位置应该处于动物必须到达的两个功能空间之间，例如室内笼舍和室外活动场之间，并作为唯一的通道构成动物的必经之路，让动物没有其他选择。例如训练老虎平静地进入压缩笼或训练笼。训练笼是个小空间，动物往往拒绝进入，如果将训练笼放置在功能性空间之间时，训练笼就成为唯一的通道，是动物必须经过的一个空间，这就构成了环境限制。环境限制结合脱敏训练，可以很快实现训练目的，让动物每天习惯从训练笼构成的通道中穿过。

5. 行为模仿（Mimicry）

行为模仿也称为社群学习（Social Learning）。以往模仿训练多用于训练鹦鹉模拟各种声音，动物园中动物的模仿学习发生在群居动物或尚与母亲一起生活的幼年动物和社群中动物个体间互相模仿。在动物园中幼年动物跟随或模仿年长动物期望的行为，有助于使幼年动物更适应人工饲养环境。在幼年动物长大后，即使原来的示范动物，例如年长动物或接受过训练的动物个体不再做出动作示范，经过行为模仿学习过程的幼年动物长大后也会完成期望行为。有资料显示，目睹过其他动物个体训练过程的动物，在日后参与到同样内容的训练过程中时，往往比没有观看过该训练过程的动物个体更快习得期望行为。

二、塑行（Shaping）

1. 塑行简介

塑行实际上就是上述多种训练方法的组合应用。当期望行为过于复杂时，直接依靠单一的训练方法难以达到目的，此时就需要将期望行为分解为多个小的部分，然后再把每个小部分结合起来以达到最终的期望行为标准，这个"拆分和组合"的过程就是塑行。将复杂期望行为过程分解成为多个简单的小的步骤，会让动物更容易达成，并拥有持续获得正强化的机会。在复杂行为训练过程中，经过多个简单行为的达成并不断获得正强化的过程，称为"渐进达成"。这种渐进达成的关键，就是将训练过程分为多个步骤，每个步骤对动物来说都不难、动物稍加努力都会获得正强化，并在整个训练过程中保持积极的参与热情。

对野生动物来说，多数行为都不可能一次就学会，都需要循序渐进，逐步实现。这种逐步学习的过程就是塑行的实质。人类很多行为也是通过塑行学习掌握的。例如学习骑自行车。绝大多数孩子从骑小三轮车开始。儿童阶段过渡到两侧装有辅助轮的双轮车，然后逐步去掉辅助轮，渐渐掌握骑行更大的自行车，最后能够掌握变速自行车的骑行技巧。这些阶段或步骤中，每一步的进展都逐步接近最终结果，每一点进步都会让学习者欣喜愉悦。这些愉悦刺激会强化学习者继续练习，直到学会骑行自行车为止。同理，动物学习复杂行为，也需要通过塑行的过程分步学习，并在每一步都获得强化。

在动物训练，亦即动物学习过程中，动物逐步接近期望行为的每次进步都称为"渐进"。塑行的过程就是强化动物的每次渐进，直到它们学会复杂的期望行为。

例如训练一只大象从开放展区接近训练墙，然后配合饲养员对左侧前蹄进行检查和修整。

塑行过程大致如下：

第1步：训练大象接近训练墙，行为标定+强化；

第2步：训练大象头部接触1号目标棒，行为标定+强化；

第3步：训练大象头部与1号目标棒保持持续接触状态，行为标定+强化；

第4步：训练大象左侧前肢接触2号目标棒，行为标定+强化；

第5步：通过2号目标棒引导左侧前肢进入趾甲检查修整操作孔，行为标定+强化；

第6步：训练大象保持静止，接受饲养员检查和修整趾甲，行为标定+强化；

等等。

2. 可变的塑行过程和一致的行为标准

有多种方法能够教授动物学习到新的、复杂的期望行为，每个饲养员必须选择适合的方法。当训练同一个行为时，不同的饲养员可能采用不同的训练方法和途径，甚至不同的饲养员在塑行训练过程中会选择不同的阶段行为。每个饲养员都需要按照其所在动物园的实际状况、设施设备条件和被训练动物个体的情况、兽医的意见等因素做出适合的选择。

　　尽管塑行过程可以多种多样，但对同一个期望行为，必须保持一致的判断标准。当有两名以上的饲养员对同一只动物进行训练时，所有参与训练的饲养员对某一行为标准的认识和判定必须一致。当某个期望行为被赋予一个定义、描述或行为标准时，同一只动物的其他饲养员必须认同并严格执行，避免使动物陷入困惑。如果不同的饲养员对于同一行为"应该看起来的样子"都有各自不同的观点、理解，或者每个饲养员对行为标准的认知和判断不同，那么可怜的动物就会从不同的饲养员那里得到不同的信息。而这些来自不同饲养员的同一指令所指向的期望行为本应该是一致的。有时，动物行为训练中出现的问题，并非是因为饲养员本人不够优秀，而是因为饲养员与饲养员之间没有达成一致。每一名参与对同一只动物行为训练的饲养员必须保持应用同样的行为标准，否则接受训练的动物必然会陷入困惑、沮丧甚至挫败。

　　3. 布莱尔提出的训练实践指南——"塑行法则"

　　实践对提高训练水平的重要性不言而喻，通过实践可以不断积累经验，加深对动物学习原理的认识和理解；在实践中发现更多问题、探索更加广阔的知识领域。任何饲养员一旦开始训练实践，都会发现布莱尔提出的"塑行法则"的价值。

　　布莱尔是一位具有丰富训练经验的训练大师，职业生涯早期有幸受到斯金纳弟子布瑞兰夫妇的指导，从那以后她基于多年的实践总结"塑行十项法则"，对训练实践具有重要的指导作用。这十项原则引自她的著作《别毙了那只狗》，如果每个饲养员都能读懂布莱尔写的《别毙了那只狗》，那对所有圈养条件下的野生动物个体来说都将是福音。

　　布莱尔的塑行法则并不是严格的科学定律，而是10项很有价值的建议。如果询问任何一位经验丰富的训练师："您认为最重要的训练原则是什么？"或者："请您给出10条最具有建设性的关于行为训练的指南。"也许每个人都会给出不同的建议。但在其中必然会有一些内容会与布莱尔提出的十项原则相同或类似。

　　为了便于读者理解，我们直接引用了原文，并根据动物园中的实际情况进行了解读。

　　（1）Raise criteria in increments small enough that the subject always has a realistic chance for reinforcement.

　　让动物有更多的得到强化的机会——塑行时，逐步提高行为标准，将复杂行为分成多个简单的、小的步骤，让动物能够有机会获得多次强化。

　　（2）Train one aspect of any particular behavior at a time; don't try to shape for two criteria simultaneously.

　　让动物更明白你到底要的是什么，不产生困惑——每次训练，只针对一个行为或一个行为属性（例如行动的方向、高度、力量等）进行训练；当训练一个复杂行为，例如训练一只豹在训练笼中展现出尾巴以便兽医采血。这个期望行为由多个分解后的行为步骤构成，每个行为步骤都对应一项行为标准，例如把尾巴展现给兽医、保持静止、让兽医接触尾巴、忍受擦酒精、忍受插入针头等，每个行为步骤都对应不同的行为属性/标准，塑行过程中饲养员每次只能增加一个新的标准，或者说每次只能对动物行为的某一个方面提出新要求。

　　（3）During shaping, put the current level of response onto a variable schedule of reinforcement before adding or raising the criteria.

间歇强化能让动物对指令有更好的回应，使已经掌握的学习成果更稳固；在每个新习得的行为都经过间歇强化固定后，再开始下一个新行为的训练。间歇强化，可以使行为拥有更强的抗消退能力，保持行为反应的稳定性。

（4）When introducing a new criterion, or aspect of the behavioral skill, temporarily relax the old ones.

在训练新的行为标准时，可以适当放松对原有已经学会的行为标准的要求——动物都害怕新鲜事物，在遇到新鲜事物时，原来已经掌握的习得行为往往会表现得不尽人意。当饲养员引入一个全新的要求时，有些动物本来已经能够达到的行为标准可能不会总是被动物严格遵循。例如训练一只动物保持静止不动以便采血，当饲养员第一次带来一位兽医，或进行其他的对动物来说是全新的操作时，动物可能不会保持安静，这是正常现象。此时应该放松对既有行为标准的要求，因为面对陌生刺激动物往往会陷入紧张，饲养员应该放松行为标准并尽量给予强化，使动物恢复信心。

（5）Stay ahead of your subject: Plan your shaping program completely so that if the subject makes sudden progress, you are aware of what to reinforce next.

占有先机——在塑行前，一定要制订一套完整的塑行计划，这个计划应该能够指导饲养员在整个塑形过程中的每个步骤。当每个步骤都按计划完成后，或者动物出现突飞猛进的进步时，饲养员一直知道下一步要做什么。所以在训练前必须制定短期和长期的训练计划和目标。

（6）Don't change trainers in midstream; you can have several trainers per trainee, but stick to one shaper per behavior.

在训练新行为的过程中，不要更换训练员——在训练一个新行为过程中最好只由一名饲养员进行训练操作，不要通过2～3名饲养员共同参与训练某只动物的一个新行为。因为在新行为的训练过程中，多名饲养员不可能在所有方面都严格保持一致，这样会令动物感到困惑。可以由多个饲养员训练同一只动物，但每个饲养员只训练一个新行为。训练一个新行为时，训练员的操作手法一致性非常重要，训练过程中不要更换训练员。

（7）If one shaping procedure is not eliciting progress, find another; there are as many ways to get behavior as there are trainers to think them up.

若训练计划无法取得进展，改变原有计划——所有饲养员都希望动物拥有完成期望行为并获得强化的机会，可是有时候尽管已经制定了一个周密的计划，但动物始终没能学习掌握新的行为。这说明这份计划只是饲养员心中的完美计划，并不是动物能够接受的训练计划。如果计划不起作用，则应该改变计划。哪怕从头再来，改变原计划，否则动物会承受更多压力。

（8）Don't interrupt a training session gratuitously; that constitutes a punishment.

不能无故停止训练过程，尽管这种情况在当今手机横行的时代时有发生。当一个饲养员正在训练时，突然手机响了，于是他立刻转身离去开始对着手机讲话，可是此时动物却在想："咦，出什么事了？！""你为什么离开我？"对动物来说这是一种典型的无故停止训练的负面体验。如果没有正当理由突然中止训练进程，会令动物感到困惑、挫败。这种停止类似于"罚时出局"的负惩罚训练手段，在动物并未表达严重的非期望行为时如果突然接收到"负惩罚"手段会令动物产生困惑甚至挫败感。一定要保持训练时注意力的集中，不可无故终止训练进程，在训练过程中饲养员不要随身携带手机。

（9）If behavior deteriorates, "go back to kindergarten"; quickly review the whole shaping process with a series of easily earned reinforcers.

后退几步，重新燃起动物的参与热情——当某个行为停滞不前、长时间没有进展，而且动物已经长时间没有得到强化的情况下，必须回到上几个步骤，让动物重新拥有获得强化的机会。如果动物感到困惑，并长时间无法取得进步，饲养员应该退回到前面几步。尽管我们都不愿意退回到以前的步骤，但事实上不得不这样做。当动物感到困惑时，它们也很痛苦，并渴望得到强化，而此时让动物重拾信心并得到强化的方法就是退回几步，让动物完成以前习得的、能够容易完成的行为，并获得强化。这种手段会有效减少动物因为困惑感受到的压力，以便动物有一个新的开始，以更好的学习状态参与后面的训练。

（10）End each session on a high note, if possible, but in any case quit while you're ahead.

以成功和快乐结尾——训练过程应该充满乐趣，如果每次都以快乐和成功结束训练过程，那么动物都会期盼下一次的训练课程。所以，保持训练过程中的乐趣并以快乐结尾，会使动物更乐于与你合作开展下一次的训练程序。

这些法则就是被训练员称道的10大法则。这些法则都不是科学原理，但都是极有价值的建议。牢记这些建议并在实践中应用，一定会对提高训练实践水平起到巨大的帮助作用。

三、建立刺激控制

在训练初期，我们通过结果控制行为，当动物完成的期望行为符合行为标准后，也就是B+C完成后，下一步的工作就是"将期望行为建立在刺激控制上"，即在行为B前加上前提A，让动物在听到训练员的指令后表达期望行为，通过应用刺激控制手段，实现A+B+C三段一致性。

（一）刺激控制的应用

在斯金纳进行的第二阶段实验研究过程中，在小白鼠学会按动触碰开关获得食物之后，斯金纳增加了一个情境前提：红灯亮或不亮。他将"游戏规则"设定为："只有红色灯亮的情况下，小白鼠按动触碰开关才能获得食物；而在红灯不亮时，小白鼠按动触碰开关，不会获得食物。"很快，小白鼠就学会了等待红灯亮起才去按动触碰开关并获得食物。

如果把这个实验与大象抬脚接触目标棒训练进行对照，更便于对刺激控制的理解。在训练初期，大象只要抬脚碰触目标棒，完成期望行为（B），饲养员就会用响片和食物（C）来强化这个行为，于是大象很快就会熟练地掌握抬起脚碰目标棒这个行为。在此基础上，给这个行为加上一个指令，例如饲养员说出语音指令："脚!"等同于引入了一个新的辨别性刺激。饲养员说出"脚!"相当于斯金纳实验中的红灯亮起，大象抬起脚接触目标棒即能获得强化；当饲养员没有说"脚!"时，相当于斯金纳第二阶段实验中的红灯没有亮起，这时如果大象抬脚接触目标棒，则饲养员不给予强化。这种有选择性的强化导致的结果就是大象学会了只有饲养员发出"脚!"这个指令时，它才会抬脚接触目标棒，相当于斯金纳实验中小白鼠学会了等待红灯亮起才去按动触碰开关并获得食物。斯金纳实验和大象目标训练的各个元素对照如图8-4：

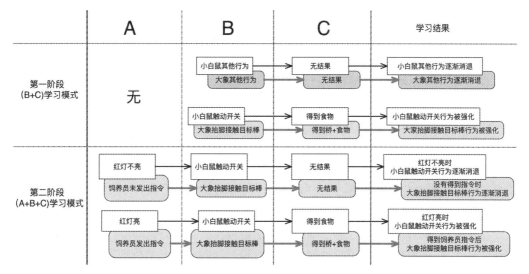

图8-4 斯金纳小白鼠实验和动物园大象行为训练各阶段学习过程对照图表

刺激控制，就是将动物行为建立在辨别性刺激上，让动物能够分辨出不同指令并表达每个指令所对应的特定行为。

（二）建立刺激控制——让动物学会识别指令

1. 加入指令的时机

很多行为训练初学者都会在训练一开始就给动物发出指令，这相当于没有经过B+C训练，直接进行A+B+C训练，显然这种操作不符合动物的学习行为模式。这种训练方式的弊端在于：如果在一开始就使用指令，这个指令会与动物随之出现的所有行为绑定在一起。这些行为中有些并不是期望行为，甚至是负面行为，也会与指令绑定在一起。已经绑定的负面行为难以去除，当日后要去除这些非期望行为时，动物会陷入困惑。也许有些人使用这种一开始就给出信号的训练方法也取得了成功，但随着训练的进程，很有可能使动物面临更多的困惑和沮丧。在动物学会完成一个符合标准的期望行为后，再逐步提供这个行为的指令，则这个指令只会与这个正确行为绑定。斯金纳的实验过程以及后续的多项科学研究结果证明：最有效的教授动物识别情境前提（A）的方法是等动物掌握了B+C后，再加入指令A。分成两步加入指令的方式对动物来说很明了，更易于理解，训练速度也会加快，动物也会少经历一些挫败。

2. 加入指令的操作过程

动物在B+C的学习过程中，已经学会了通过表达特定行为B来获得强化，此时往往出现动物主动表达行为B以期获得食物。在加入指令之前，只要动物表达B就会获得强化，而在加入指令过程中，在饲养员没有发出指令A的情况下，如果动物表达B则不会得到强化，这一过程等同于短暂的"行为消退"。尽管可以抑制动物表达行为B，但也会给动物带来困惑甚至挫败感。饲养员必须对这种情况有明确的了解。在加入指令操作过程中根据动物表达行为的强度和频率变化估测动物的心理状态，及时调整操作手法，加入指令，为动物创造得到强化的机会。

在这一过程中，动物往往会承受更多压力，甚至处于负面的心理状态中。饲养员必须努力减少动物所承受的压力。动物承受压力的原因是，在加入指令之前的训练过程中，动物处于"主动"地位，即动物可以主动表达特定行为并获得强化；在加入指令后的训练过程中，动物逐渐失去主动地位，而饲养员逐渐回归主动地位。饲养员通过选择性强化，重新占据主动地位，同时动物也失去了主动获得强化的机会，并必须按照饲养员提供的指令A来选择是否表达特定行为B以获得强化C。

经验丰富的训练员会在训练原理的指导下，再加入指令的训练过程中采取灵活的操作手法，在逐步占据主动地位的同时尽量减少动物承受的压力。但这种理想状态必须基于丰富的实践经验，建立刺激控制的环节对所有训练初学者都是一个难题，有必要聘请有经验的训练师进行现场指导。

（三）判断是否成功建立刺激控制的标准

布莱尔提出了四项刺激控制法则，这些法则被动物园中的饲养员和海洋世界的训练师一致认为是动物训练必须遵循的底线。只有经过这四项法则的检验，才能说明已经成功的将期望行为建立在了指令上，从而证明训练是成功的。

这四项标准是：

● 给予指令，动物立即表达目标行为；

● 不给予指令，则指令所绑定的目标行为从不出现——在训练过程中，如果教授动物张嘴接受口腔检查，当动物学会张嘴行为以后，当然可以在非训练期间自由张嘴，这毫无问题，但在训练过程中，你并不希望它不停张嘴。有时候，当动物学会了一个新的行为，它们会很喜欢这个行为，往往因为是这个行为曾经获得强化，它们会不停地重复这个行为，但这些行为并不是以指令为前提的。例如张嘴，它们可能在得到"张嘴"的指令后张嘴，也可能在没有接到指令时也张嘴，在训练过程中，没有接到"张嘴"指令就出现张嘴行为是非期望行为，则这一条没过关；

● 一种行为，不会因为其他的指令而出现——同样，当你教会动物一个新行为，动物很兴奋，甚至兴奋到无论你给动物什么指令，它们都会表现这个行为，很明显这一条也没过；

● 同一个指令，不会引起其他行为——如果你给动物提供一个指令，而动物反应的是一个以前学到的或者其他的、但并不是这个指令的目标行为时，则说明动物对指令的理解仍然是困惑的。你仍需要努力，让动物处于刺激控制之下；

成功的行为训练起码要符合上述四项准则，否则不能证明已经对期望行为建立了刺激控制。在国内的动物园中，建立刺激控制的环节往往被忽略，直接导致的结果就是在开展行为训练一段时间后，整体训练状态从"饲养员训练动物"转变成"动物训练饲养员"。当然，这种状态尽管看起来很鼓舞人心，但行为训练工作不会取得进展。

第四节　脱敏训练

一、恐惧的危害

在自然条件下，野生动物对周围异常环境因素的恐惧是保证个体存活的本能，恐惧感可以让动物免于天敌的掠食、避免进入危险的环境或领地、与竞争对手保持安全的距离、及时发现和辨别环境中的危险因素，并及时采取行动。但是在人工饲养环境中，野生动物表现出的恐惧往往成为适应人工环境和接受照顾的障碍。恐惧的危害主要表现在：

1. 恐惧对动物行为有重要影响

恐惧的不利影响体现在动物行为的多个方面，例如对展区资源利用率低下、动物总是躲藏于饲养员的观察视线和游客参观视线之外、对丰容项目避之不及，等等；过度的恐惧还可能导致动物冲撞伤及自身或展区中的其他个体。

2. 恐惧会破坏社交行为

在同种群体中，恐惧会造成动物个体被排斥在群体之外，或者另一种极端，弱势个体出于恐惧表达的攻击行为，但这种攻击行为往往招致更强烈的攻击，使该个体受到更大的伤害。在动物与饲养员的互动过程中，动物对饲养员的恐惧也使饲养员无法采取更有效的措施改善动物福利，兽医也没有机会近距离对野生动物实施可靠的诊疗手段。

3. 恐惧造成动物学习停滞

处于恐惧之中的动物，会将饲养员当作嫌恶刺激甚至是威胁，这种状况从根本上破坏了正强化行为训练的情境前提：躲避饲养员，或者说饲养员这种"威胁"尽快从动物面前消失才是感到恐惧的动物个体最希望获得的结果。在这种情况下，动物学习停滞。

4. 恐惧影响动物福利

恐惧造成动物内分泌失调、消化机能紊乱、代谢失常，同时，如果动物长期处于恐惧之下，也会严重影响动物的心理健康，甚至陷入"习得性无助"。习得性无助会导致动物放弃对环境刺激的选择和处理，或者处理环境刺激能力低下，甚至丧失应有的行为动机。

恐惧对动物福利造成的各种伤害不容忽视，必须主动采取措施降低动物的恐惧感。

二、消除恐惧

（一）利用经典条件作用降低恐惧

1. 动物本身具有适应或习惯化的能力

学习是一种适应过程，习惯化是动物适应环境的主要途径之一。习惯化指由于刺激的反复呈现所导致的动物行为反应强度降低或减少的现象，这种现象类似于经典条件作用中的行为消退。习惯化使动物有能力"忽视"那些反复出现但又不会造成特殊后果的刺激。当环境刺激有规律的呈现时，动物习惯化的适应过程会加快。习惯化还具有刺激强度效应：即低强度的刺激反复呈现较容易使动物快速形成习惯化，但强烈的刺激则很难实现习惯化。习惯化是一种积极的学习过程，与反应疲劳或习得性无助造成的放弃行为反应有本质的不同，是我们在脱敏训练中可以利用的动物学习能力。

2. 应用经典条件作用原理，采取系统脱敏的方式降低动物恐惧

应用系统脱敏的前提是了解引起动物恐惧反应的条件刺激。尽管识别这些条件刺激需要长期的观察和饲养员对环境因素和日常操作环节的分析判断，甚至需要借助动物行为学家的帮助，但这些努力都是值得的。系统脱敏对消除动物的恐惧和焦虑非常有效，可以大幅度提高动物福利。具体的操作步骤就是在动物平静、放松的状态下，为动物呈现微弱的、以往能够引发恐惧行为的条件刺激，同时保证刺激的幅度不足以引发动物的恐惧和焦虑反应。逐渐增大刺激强度，保证动物始终处于平静和放松的状态，由于条件刺激多次单独出现，没有伴随无条件刺激的强化，在这种行为消退作用影响下，这些条

件刺激将失去引发动物恐惧条件反应的作用，逐步转化为中性刺激。在整个过程中，保证动物始终处于平静放松的状态非常重要，为动物提供的刺激强度必须从极微弱开始，缓慢逐渐提高，在这个过程中，还应该加入操作性条件作用原理的应用，通过为动物提供喜好刺激来强化动物的平静。

3. 在日常管理操作中，时刻注重脱敏

脱敏是动物的学习行为之一，动物学习总是经典条件作用和操作性条件作用共同作用的结果。在日常的操作过程中，饲养员需要保持良好的操作习惯和熟练的操作技能。运行状态良好的设施设备和饲养员娴熟的操作技巧都会降低对动物的刺激。在动物捕捉、持握、保定、装笼、运输等操作过程中，饲养员的技巧是否熟练、兽舍串门开关是否顺滑、运输笼箱是否设计合理、操作是否便捷、饲养员把持动物的方式、力度，等等，都会对动物的行为反应和心理造成影响。总之，饲养员的操作应尽量避免成为导致动物恐惧行为反应的刺激。

通过经典条件作用原理降低动物恐惧的工作主要体现在日常操作中，在特殊情况下，当动物处于极度恐惧的状态时，这种方式难以发挥作用。为了避免这种状态的频繁出现，必须将经典条件作用与操作性条件作用原理进行综合应用，这种有效的方式就是"脱敏训练"。

（二）利用操作性条件作用原理主动降低动物的恐惧——脱敏训练

1. 脱敏训练简介

脱敏训练指通过应用操作性条件作用原理帮助动物战胜对某种情境、过程或人员的焦虑和恐惧。脱敏的过程是将让动物恐惧的事件拆分成许多小的步骤，并且训练动物不断对每个小的步骤脱敏的过程。在动物战胜每个小的步骤之后都会获得强化，渐渐地，使整个事件变得不再那么可怕，动物最终对整个事件表现出放松和平静。在整个过程中，饲养员必须让动物了解你的每一步操作过程，不要试图蒙蔽动物。事实上动物十分清楚将要发生什么，在这种情况下动物能否对"可怕"的刺激保持冷静，完全取决于训练过程中各个步骤刺激强度递增的幅度和每个步骤执行过程中动物表现的平静行为是否能够得到及时强化。

2. 脱敏训练的应用范围

几乎在每个动物园中，在动物看来兽医都是最可怕的人，但所有人都认同让动物接受兽医的日常检查和诊疗操作对保证动物的健康非常重要。通过脱敏训练，可以协助动物对兽医的诊治过程脱敏，甚至对注射或采血用的针头和针剂脱敏；可以让动物在兽医和医疗器械面前稳定地展现身体部位，平静接受透视或超声波检查；让动物逐步接受饲养员以外的其他人员出现在身侧，并接受陌生人的触摸；协助动物对环境条件或刺激因素脱敏，例如听到的各种声音、看到的各种事物和闻到的特殊气味等，这其中包括医疗设备发出的声音、现场出现的光线变化、身侧人员的增加、其他动物个体、消毒药水的气味，等等刺激因素。

3. 脱敏训练过程中的注意事项

（1）脱敏训练过程需要极大的耐心

脱敏训练过程中动物出现的退步（Regression）现象，是脱敏过程中的正常现象，特别是在某个在动物看来特别可怕的刺激出现时，动物的行为表现会出现退步。当动物的行为反应出现退步时，应直接回到前面的不会引起动物敏感的训练步骤，然后重新开始。此时最重要的一点是给动物创造机会完成以往可以轻松达成的行为状态，然后及时强化动物，重新建立动物对饲养员的信任。

（2）确定训练起点，保持信任关系

首先根据不同的动物个体和设施设备条件决定脱敏训练的起点，多数动物应该从训练其对操作人员的接触、抚摸脱敏开始，另外，训练动物对兽医脱敏也是重点。饲养员可以代替兽医进行前期的脱敏训练，但注射过程必须由兽医亲自操作。在整个过程中不要试图蒙蔽动物，以免破坏动物和饲养员之间的信任关系。在有些现代动物园中，那些有可能破坏饲养员与动物之间信任关系的训练内容由专门的行为训练小组实施，避免主管饲养员失去动物的信任。

（3）逐步进行，步步强化

脱敏训练的关键是逐步提高对动物的刺激程度，将整个过程划分成多个细小的步骤，并在每个细小步骤达成后及时强化动物，在整个脱敏训练过程中，给动物创造更多的获得强化的机会；逐步训练、强化，直到动物完成期望行为。

（4）"脱敏是永远的训练主题"——这是所有饲养员都应铭记的操作指南。

第五节　增加期望行为

在动物园中开展动物行为训练的实质是教授野生动物学会适应人工圈养环境的能力。这些适应能力主要表现在三方面：<u>对物理环境的适应、对人员的适应和对管理操作规程的适应</u>。对物理环境的适应包括对内舍、展区、门和通道等物理空间和空间内容物的适应；对人员的适应包括对饲养员、兽医、动物园其他管理人员和游客的适应；对操作规程的适应包括对在不同功能空间之间的转移、每个空间内可能的操作内容，以及常规或临时的健康检查和疾患处理的适应。当然，野生动物在人工饲养条件下要适应的东西还有很多，饲料、噪音、气味、光线变化、温度变化，等等。正因为人工饲养环境与动物自然环境之间巨大的差异，所以圈养野生动物的福利问题一直存在——既需要给人工圈养条件下野生动物的单调生活增加刺激，又需要帮助动物适应那些有益于保证福利，但却给它们带来压力的环境刺激。

行为训练的内容也受到设施设备和日常操作要求的影响，所以对各个动物园、各种不同的动物、每只不同的动物个体，训练内容都不尽相同，但总的要求是一致的：协助动物适应人工圈养环境和日常操作，减少动物日常承受的压力，增加动物福利。这些内容可以简称为"合作训练"——教授动物更好的与饲养员合作，以共同完成日常的饲养管理操作流程和特殊的管理需要。所以，通过现代动物行为训练所增加的期望行为，大多以合作行为为主。

一、合作行为训练

增加动物配合饲养员日常操作的期望行为的训练内容统称为"合作行为训练"。

（一）合作行为训练的意义和基本步骤

合作训练的主要内容包括动物按照要求在不同空间之间的转移、定位、展现身体部位、接受检查和处理等方面，合作训练不仅仅发生在正式训练过程当中，当一个饲养员接受了负责照顾某只动物的任务时，训练就已经开始了。动物习得合作行为之后，更容易表现出允许管理人员的接近，自愿配合管理、兽医、科研工作；动物的恐惧和攻击行为降低，动物的社群关系更积极、个体间互动更友善；更充分的享用丰容项目，减少不正常行为，等等。

合作行为的训练步骤与现代动物行为训练一致，主要包括以下几个阶段（图8-5）：

合作行为训练是现代动物行为训练的重要组成部分，也是其他要求更高的期望行为的学习基础；合作训练最重要的意义在于：在保证不破坏动物与饲养员之间信任关系的前提下，饲养员仍然能够掌控局面。

图8-5　合作训练实施步骤图示

（二）合作行为训练内容

1. 定位

让动物了解在训练过程中或日常饲养管理操作中自己应处的位置非常重要，特别是在训练初期，必须保证动物能够将注意力集中到饲养员身上并处于指定地点。动物稳定地处在饲养员面前也是正强化行为训练的必然结果，只有在这种位置关系状态下，饲养员才能清楚地观察动物的行为；动物也能将注意力集中到饲养员身上并且能够更容易的获得饲养员提供的指令或桥接刺激信息；动物近距离面对饲养员，也为饲养员及时提供初级强化物创造了条件。定位训练是一种需要严格保持的训练内容，并作为其他各种进一步行为训练的基础，因为除了少数特殊的例外，几乎所有期望行为都是以定位开始、并以定位结束的。通过不断对接近行为标准的行为进行选择性强化，动物很快会学会定位行为。

定位行为不仅是对应单个动物个体进行行为训练的基础，同时也是进行群体训练的前提条件。通过让动物识别各自的目标物、保持与目标物的接触，可以实现群居动物个体之间的隔离定位，保证饲养员对群体中每个个体逐一照顾，或者在同一笼舍中的不同位置由不同的饲养员同时训练同一群体中的不同个体，例如和谐取食训练等。

2. 目标训练

目标训练是最有效的教授动物学习新行为的训练手段，也是其他各种行为训练的基础。目标训练从简到繁、动物从被目标物接触到主动与目标物接触、从识别目标物到领会目标概念、从接触到追随目标、从接触单个目标物到与多个目标物保持接触等，往往需要经过以下各阶段的训练过程：

（1）训练动物接触简单目标

首先将目标物放置在动物头部高度，使动物能够轻松地接触到目标物。当动物对不同视线角度但同处于头部高度的目标物都能够主动接触时，逐渐加大目标物与头部的距离，使动物必须做出更大幅度的动作才能接触到目标物。

（2）增加动物接触目标物的难度

将目标物放置在高于或低于动物头部的高度，进一步增加动物接触目标的难度，动物必须趴下或者后肢站立甚至跳跃才能接触到目标物获得强化物。当动物能够完成上述动作后，可以进一步提高目标物的高度，或者增加目标物与动物之间的距离、或者将目标物放置在动物身后，训练动物接触在各个不同的位置呈现的目标物。

（3）跟随目标

当动物能够在原地主动接触目标物之后，下一步的训练内容就是教授动物跟随目标的移动。当动物即将接触到目标物时，稍稍移动目标物，使目标物处于动物的接触范围之外，每次训练动物移动的距离不断增加，直到动物可以跟随目标物长距离的移动，并到达指定位置。

（4）保持与目标物的接触

目标训练的另一项基本要求是训练动物在收到"桥"之前始终与目标物保持接触。这种行状态为是多项医疗合作行为的基础。通过逐渐延长动物接触目标物的时间，最终可以使动物与目标物保持长达几分钟的持续接触。在这个过程中可能会通过"居间桥"来强化动物保持行为状态。

（5）掌握目标物的概念

通过不断变换目标物的类型，逐渐使动物掌握目标物的概念。在动物掌握目标物的概念之后，可以将多种事物当作目标物：浮标、固定在笼舍隔障上的PVC小牌、体重秤上固定的支架、饲养员的手，甚至是激光笔的光点，等等。饲养员需要根据不同的物种和动物个体特点，以及各自的环境条件开发出不同的目标物，以保证饲养管理合作行为的达成。

（6）训练动物身体的任何部位与目标物接触

随着饲养管理训练合作行为的不断进步，饲养员也会逐渐训练动物身体的各个部位与一个或多个目标物进行接触，这种合作行为可以促进多种医疗合作行为的达成。

（7）让动物识别多个目标物

当需要训练动物完成更复杂的行为时，需要让动物理解与不止一个目标物保持接触的意义，即当身体的某一部位与第一个目标物保持接触的同时，动物会用身体的其他部位与新呈现的目标物保持接触。在这种训练过程中，动物一开始可能会表现出困惑，甚至放弃第一个目标物而去接触第二个目标物，此时需要饲养员制定塑行训练计划，对目标行为进行分解，将期望行为划分成多个逐渐接近最终标准的行为步骤，协助动物克服困惑。

3．位移训练

通过前面介绍的目标训练，可以逐步实施位移训练：即训练动物根据饲养员的指令从A点移动到B点。位移训练可以实现多重饲养管理目的，使所有的动物饲养管理实践受益。位移训练的成果可应用于引导动物通过长长的分配通道；也适用于精细调整动物的肢体位置或动作。现代动物园中广泛应用的基于功能分离设计原理的展区，往往必须以成功的位移训练为运行前提。

4．串门训练

在位移训练的基础上，可以进一步完成串门训练。串门训练指训练动物平静地通过串门，并在串门关闭过程中和关闭后保持平静。串门训练不仅应用于单独动物的位置管理，在群养动物管理过程中同样具有重要意义。串门训练可以更容易地实现动物群中个体之间的隔离，或者将某个个体与其他群居个体分开。串门训练是饲养管理行为训练中最重要的训练内容之一，各位饲养员必须对串门训练予以重视。串门训练不是一件简单的任务，目标跟随、位移训练、脱敏训练和动物对饲养员的信任构成了成功串门训练的基础。

5. 抚触训练

抚触训练的目的是训练动物允许饲养员或兽医对身体的抚摸和接触。训练动物接受抚触，是饲养员提供多种形式强化物的前提，这些强化物包括梳理被毛、瘙痒或者轻柔的抚摸等动物天生就喜好的初级强化物。对于危险的、具有攻击性的动物，应该采取"保护性接触"的训练方式。在这种训练条件下即使是最危险的动物，也可能通过脱敏和目标训练等途径接受饲养员的抚摸、梳理、把持或按摩。抚触训练的重要性显而易见，只有对饲养员有足够的信任，动物才会允许饲养员的抚触，而饲养员通过对动物的抚触又可以加深彼此间之间的信任。尽管如此，对于有危险的动物来说，尽管动物已经表现出能够接受抚触，也不能放松安全意识。对于所有危险动物，都应进行保护性接触训练，即饲养员不能处于动物的攻击范围之内。另外，即使动物能够接受饲养员或兽医的抚触，也并不意味着动物就能够自然而然地接受兽医诊疗操作。让动物平静接受兽医诊疗操作，需要有针对性的、进一步的脱敏训练。

6. 保护性接触训练

保护性接触训练是动物园行为训练最常用的方式，甚至是唯一可行的方式。除了应用于危险动物的行为训练以外，一些特殊的期望行为也只能通过保护性接触训练的方式达成，特别是训练动物接受头部检查或抚触时，动物的眼睛、耳朵、鼻孔和口腔、牙齿，都是日常检查的重点，但对这些部位的近距离检查往往需要冒着被动物咬伤的危险，保护性接触训练可以保证饲养员在免于动物攻击的情况下对动物进行近距离的观察和接触。对不同种的动物进行训练时，训练操作的隔障面应根据动物的体型、行为能力、危险性、训练操作要求、期望行为标准等要素进行调整，但多数情况下采用钢绞线轧花编织网的方格网隔障面最便于行为训练的开展。如果有必要，还可以在训练隔障面上开辟操作孔，连接特殊设备，例如采血架等。对于大象这种危险的训练对象，必须建造"L形"训练墙以保证在为动物提供全方位照顾的同时保证操作人员的安全。

二、增加动物配合兽医诊疗操作的期望行为

接受医疗配合训练不仅大大提高了兽医诊疗的便捷性，更重要的是减少了麻醉带来的风险，使动物获得接受经常性健康监测的机会。医疗配合训练和管理操作配合训练有很多重叠部分，我们仅仅按照"是否有兽医在现场参与训练过程"作为分类的依据，而不是训练的内容和期望行为的类型。这种分类方式并不能准确表达两种训练类型之间的联系和区别。每个动物园在实际开展配合兽医诊疗操作行为训练过程中应该根据本单位的实际需求和设施设备条件灵活应用。

1. 体检训练

医疗训练中，平静行为是共性的期望行为，特别是动物在接受触诊和展现身体部位时保持平静，几乎是所有医疗合作训练的基础。

（1）接受触诊

动物允许饲养员的抚触，是训练中一项的重要的目标；同样，动物能够接受兽医的触诊也是医疗训练的关键环节。让动物能够接受兽医的触诊需要不断地重复"让动物放松—让动物保持平静—对人和物脱敏—让动物接受触摸"的渐进过程。触诊可以让兽医更直接的检查动物皮肤状况、毛发状况，甚至测量心率、体尺。在动物允许饲养员或兽医的抚触后，再结合动物展现身体特定部位的行为训练，能够完成大部分的体检项目操作。

（2）身体展现训练

绝大多数的医疗项目都需要动物长时间地、平静地保持某个位置、姿势或展现身体的某个部位。这类行为统称为"展现行为"。展现行为往往从目标接触训练开始，在保护性接触条件下，往往会用到"肢体辅助"手法，当动物的展现行为达到标准后，即可加入指令。动物在听到指令后，做出相应的行为状态并保持平静，直到接收到桥接信号并得到强化。逐渐延长动物保持展现行为的时间，直到持续时间能够保证医疗操作的完成。展现行为可以协助兽医或饲养员进行采血、采尿、采精、采粪、测量体尺、超声波检查、心率测量、采集乳汁、眼睛和耳部检查等多项身体检查。

2. 采血训练

兽医必须参与制定采血训练计划，将采血部位、要求动物展现身体的部位和姿势，以及采血的主要操作过程和操作中所应用的器械、消毒药物，等等相关元素一一介绍给饲养员，并按照一定的顺序，指导饲养员进行脱敏训练。

（1）采血训练过程的分解操作步骤如下

①选定位置

选定位置包括两个方面：身体停留在指定地点；在隔障操作面的操作位置稳定展现注射部位。主要依靠目标训练保证动物在两方面的稳定定位。

②用手指或钝头的木棍接触注射部位

这一步的实质是用手指或短木棍取代原有定位训练中使用的目标棒：训练动物紧靠隔障操作面并努力接触目标棒，及时强化；期望行为达成后，用手指或短棒替代目标棒，及时强化；不断增加手指或短棒按压注射部位的力度，及时强化。

③用镊子和棉签替代短棒

当动物能够忍受手指或短棒的大力按压而保持平静后，用镊子夹住消毒棉签代替手指或短棒接触动物，及时强化；如果动物对消毒棉球气味敏感，则从棉球蘸生理盐水开始，逐步过渡到蘸酒精；逐渐增加镊子的按压力度，及时强化；逐步去掉消毒棉球，用镊子按压注射部位，及时强化……

④用注射器替代镊子

当动物能够忍受消毒棉签的气味和镊子尖端的接触按压后，使用不带针头的注射器或者带着针头盖的注射器接触动物注射部位，及时强化；逐步加大按压力度，及时强化动物的平静行为。

⑤用磨钝的针头接触和按压注射部位，及时强化动物的平静行为。

⑥使用注射器刺入皮肤并注射药物，该操作完成后，应给予比平时更大的，或动物

更期待的强化物，例如更大量的食物。这种大大的奖赏会帮助动物对注射脱敏。在动物保持平静行为的整个过程中，也可以给动物提供持续强化，例如使用吸管让动物长时间享受果汁。

（2）采血训练的注意事项

①完善设施保障

每种动物的采血部位不尽相同，所以要求动物展现的身体部位和姿势也不同，为了保证采血操作的便捷和安全，需要对操作面或操作设施进行单独设计。对于灵长类动物或部分食肉类动物进行上肢采血时，往往需要在训练操作面设置采血套筒或采血架以保证采血过程中操作人员的安全。大象一般在耳部或后蹄部采血，两种采血过程都需要在保护性接触的训练方式下进行，大象的"L形"训练墙需要在大象耳部和后蹄对应的位置设置操作口，以便进行采血操作。

②循序渐进

动物对于"极度恐怖的刺激"，例如针刺刺激的脱敏训练需要在日常不断重复进行，重复过程中需要注意：日常的采血训练都只进行到用不带针头的注射器按压采血部位，偶尔采用磨钝的针头刺激动物，强化动物的平静行为。真正的采血操作，必然导致动物忍耐痛楚，过于频繁的采血操作会破坏动物对饲养员的信任，所以在每次真正进行采血之间，应该进行多次采血脱敏训练。这里所说的"多次"指几十次，甚至上百次。

③一针原则

永远要记住一点：当兽医用针头刺入动物身体，而此时动物保持平静，则意味着动物完成了期望行为，即达到了"平静"的行为标准。即使兽医没有找到血管或者没有采到血液样本，也不意味着动物没有完成期望行为，对动物此时的平静行为必须给予"桥"和初级强化物。而且，对动物的平静行为进行强化后，在同一天或随后的几天中，都不再进行真正的采血操作，这就是"一针原则"。一针原则指在一天中无论能否成功获得血液样本，仅对动物进行一次采血操作。对于特殊状态下的动物，例如处于繁殖期的动物，也许需要更频繁的采血操作，这种情况下就需要兽医和饲养员在动物进入繁殖期之前进行更密集的采血脱敏训练，以保证动物接受更频繁的采血操作。在这种操作过程中，需要更精准的提供桥接刺激和不断变化初级强化物的质量，以保证强化效果。

④良性交流

每个能够成功进行采血训练的饲养员可能都有自己的成功秘诀，饲养员和兽医之间的配合也非常重要。在采血操作过程中，饲养员的手法、力度、重复次数、饲养员和兽医交流时的音量和语气可能都会影响动物的行为反应。所以在同行之间多交流对每个饲养员都会有所帮助。

3. 接受日常护理训练

动物园中的野生动物活动量和活动方式与野外条件有很大差异，在丰容水平低下的人工饲养环境中会出现因缺乏应有的运动磨损而导致的指（趾）甲（爪）畸形；另一方面，人工圈养条件下饲料中过量的蛋白质营养成分也会导致指（趾）甲（爪）的过度生长。对于容易发生这类问题的动物，需要在平时的饲养管理训练中特别加入对指（趾）甲（爪）的检查和修饰内容。日常的修饰非常重要，因为一旦指（趾）甲（爪）过度生长造成畸形或损伤后，仅通过少量的几次麻醉修复，很难使这些部位恢复正常功能。

（1）大象

　　大象是最需要通过正强化行为训练接受日常趾甲检查和修饰的动物。绝大多数动物园并不能为这些进化的奇迹创造适宜的生活环境。过度的营养供给、大幅度缩减的活动量、过于光滑的地面等等，都会导致大象趾甲过度生长造成的畸形，这种痛苦只能通过日常行为训练对趾甲进行检查和修饰来消除。在日常行为训练中，都必须包括趾甲检查和修饰的内容。为了保证操作过程的实效和操作人员的安全，必须采用保护性接触训练的方式，为大象行为训练单独设计建造"L形"训练墙，在训练墙的特定位置设置操作孔，保证能够对大象的四肢进行日常趾甲检查和修饰。

（2）其他有蹄类动物

　　动物园中的多种牛科动物、长颈鹿、斑马、犀牛、野驴、野马等有蹄类动物，都会出现蹄甲过度生长的状况，特别是原本生活在营养条件相对贫瘠环境中的有蹄动物，在动物园中更容易出现蹄甲过度生长的问题。面对这种状况，首先应该调整饲料的营养成分，将蛋白质的供给水平调整到合适的程度，同时增加活动场地面的复杂程度，并通过食物丰容等措施调动食草动物的活动量，增加对蹄甲的磨损。当有蹄动物已经出现蹄甲过度生长的情况时，以往必须通过麻醉或认为强制保定等方式进行处理，现在则可以通过合作训练在不麻醉动物的情况下配合特殊的保定设施实现对蹄甲的日常修饰。过程首先是让动物学会对操作人员和可能用到的设施设备脱敏，然后再逐步开始修饰，对于蹄甲严重过度生长造成畸形的情况，不能在短期内完成修饰，应当通过多次修饰，给动物逐步适应的机会，以免造成更大的损伤。

（3）爪子

　　老虎、狮子、豹等大型或者中小型猫科动物，也会由于人工环境的不合理设置而导致爪尖过度生长，最常见的原因就是动物生活环境中缺乏磨爪的场所和机会。过度生长的爪子一旦扎入脚掌中，会造成巨大痛苦，到那时动物对疼痛的敏感性会使得脱敏训练的难度变得更大。所以日常的训练中加入对猫科动物爪子的检查和修饰内容非常重要。这种合作训练往往以目标训练为主要手段，训练动物站立起来或趴卧时展现四肢。为了能在动物展现四肢时实施修饰操作，行为训练的操作面也应经过特殊设计。

4. 医疗合作训练的注意事项

（1）兽医的角色

　　为了保证医疗训练的效果，兽医必须积极参与日常的训练过程。从兽医出现在训练现场不引起动物反感开始，兽医逐渐接近训练过程中的动物，向动物展示医疗器械或设备，并最终能够接触动物并采取医疗诊治措施。在兽医实际参与训练之前，应该向饲养员介绍医疗诊治的操作内容，例如：采血或触摸等，饲养员在了解兽医诊疗要求后应与兽医一同确定动物的期望行为，并共同制定训练或塑行计划。在训练过程中，兽医应根据训练进展及时调整原有的诊疗操作计划，以便在保证诊疗效果的前提下将动物承受的压力降至最低。

（2）随时脱敏

　　脱敏对医疗训练的重要性不言而喻。动物能够自愿参与医疗训练的前提除了对饲养员的信任，还需要对在场的兽医和医疗器械脱敏。在开始阶段可以请其他工作人员打扮成兽医出现在训练现场，逐渐使动物对这个"兽医模样"的操作人员脱敏，在动物对这个"兽医"不再恐惧，并允许他近距离接触时，真正的兽医就可以出场了。兽医出场后，仍然需要进行多次脱敏训练，动物都很聪明，没有什么可以瞒过它们。脱敏的过程划分的步骤越多、越细小，脱敏效果越好，医疗训练成效也越好。

（3）精准的行为标定

医疗训练中，期望行为是平静行为。对平静行为的判断和强化，是能够成功进行医疗训练的关键技术环节。动物在指定位置保持不动，并不一定是"平静行为"，平静行为不仅体现在身体上的静止，也体现在精神上的放松。对平静行为的判断，需要饲养员对动物状况的清晰了解，特别是动物的微小举动所反映的心理状况都决定了饲养员能否在精确的时间点给予行为标定。如果动物仅仅表现出身体上的静止，而在心理上没有处于足够的平静状态下，或者说还保持着过度警觉的状态下得到了饲养员的肯定，则动物很难习得符合标准的"平静行为"。

三、合作行为训练注意事项

1. 周密计划

饲养管理合作训练，需要饲养员和兽医共同参与。在以展现身体部位为基础的合作训练之前，往往需要对训练操作面进行特殊设计或改造，以保证实现"保护性接触训练"。确定期望行为时，应该与动物物种特点相结合，并参照其他类似人工圈养条件下该物种可能出现的健康问题，并制定与之相应的训练计划。

2. 循序渐进

"未雨绸缪、循序渐进"是医疗合作训练的总体要求。在动物出现健康问题之前，就应该主动采取行为训练措施，只有在这种情况下才可能从容地实现"循序渐进"。循序渐进是脱敏训练成功的法宝，主动脱敏是饲养管理和医疗合作训练成功的关键。

3. 对所有刺激脱敏

饲养员不要想当然，不要"以为"某些东西对动物来说不算什么。动物在饲养管理训练过程中，基于以往经历的影响，可能会对一些细小的刺激非常敏感，所以对每种可能出现的和已经出现的刺激，包括操作人员、医疗器械、设施设备、药品，等等都要进行脱敏训练。

4. 精准给予"桥"——准确进行行为标定

合作行为训练过程中动物所表现的期望行为可能与其他形式的训练中要求的期望行为不同。所以首先要求饲养员能够对这种特殊的期望行为，例如保持紧靠隔障面、对诊疗操作保持平静等行为具有准确的判断能力，并及时提供桥接刺激，对该紧靠行为或平静行为进行准确及时的标定。

5. 呵护信任关系

前面介绍的"一针原则"就是保持动物对饲养员信任关系的法宝之一。除了这项原则，还有其他很多注意事项都对动物是否信任饲养员产生影响。例如不要"算计"动物，特别是在串笼训练过程中，如果通过食物引诱的方式"诱骗"动物进入目标笼箱后，在动物不防备的情况下迅速关闭笼箱串门，将严重损害动物对饲养员的信任。可以组织专门的训练小组替代主管饲养员进行一些可能破坏动物与饲养员之间信任关系的训练内容，例如采血训练等。

6. 应用多种技巧

现代动物行为训练内容丰富，并随着不同物种、不同的环境设施条件和操作要求而各具特色，广泛参考其他同行的经验会对每一名饲养员大有裨益。

7. 避免"人格化"

"人格化"是行为训练工作进步过程中最大的障碍，但事实上我们每个人都难以避免将动物人格化。人格化指将人类的特性、人格特点或情感因素加之于动物身上。人格化动物，是训练员在训练过程中最大的绊脚石。当饲养员说："哦，动物其实清楚地知道我让它做什么，但它今天就是想和我作对!"或者为动物找借口，例如"我的口令可能没说清楚，动物尽管没有做出目标行为，但既然可能是我做错了，我还是要给它点好处"，或者"这种行为虽然不是我要的目标行为，但动物做得很努力，所以我还是要奖励它"。好像这些饲养员真的了解动物在想什么似的。尽管有些借口可能是正当的，但仍然不要强化未达标的期望行为。此时的强化会让动物误认为这种未达标的行为就是你要的期望行为，并在进一步的训练过程中给动物造成困惑，甚至导致挫败感。

8. 自我情绪控制

正强化动物行为训练对动物行为的作用机制是操作性条件作用和经典条件作用心理学原理，动物的学习过程必然受到自身或饲养员"心理状态"的影响。如果饲养员不能控制自己的情绪，则当天不要进行动物训练，因为动物会对饲养员的行为表现了如指掌，失控的情绪波动会让动物陷入困惑、挫败，直接破坏动物对饲养员的信任。

第六节　减少非期望行为

动物训练过程，不会总是一帆风顺。有时候动物训练进展到某个环节，再也难以深入、有的时候动物总是不按照指令做出期望行为。这样的情况总在发生，一旦发生这状况，饲养员首先要做的就是检讨自己的训练过程，或者请更有经验的训练员来参观自己的训练工作，以期获得建设性意见。最简单的方法就是重温一下布莱尔提出的10条建议，看看其中的哪一条会对改善现状有帮助，不仅一定会有，而且往往可能不止一条。

执行训练的饲养员和接受训练的动物都可能做出"错误"行为或者非期望行为。当动物做出"错误"回应时如何应对？现代动物行为训练要求饲养员必须对动物可能出现的非期望行为做好准备，以便正确应对。由于我们坚持的是正强化行为训练，而且这里讨论的内容都面向动物训练的初学者，本书仅提供更适用于行为训练初学者的基本操作方法。正强化行为训练最重要的一点，就是<u>强化期望行为，忽视非期望行为</u>。当动物做出错误回应时，最好的应对工具就是简单忽视。当然，当发生特殊情况时，例如动物的健康受到损害，或饲养员的安全受到威胁时，不能仅仅忽视这个行为。

一、如何应对训练进展停滞

1. 记住基础的训练步骤，返回到最初的训练阶段。

例如：对毛狨进行称重训练。毛狨刚刚开始熟悉秤盘，但并不愿意跳到秤盘上的树枝上时，应该让动物休息一下。经过一段时间的休息，再次开始训练时，重新回到最初的目标训练，通过目标棒训练动物从A点移动到B点的行为。由于这些行为对动物来说已经很熟悉，所以动物能够顺利完成，同时你也拥有了强化动物的机会，这种回到初始阶段的方法，可以使动物不断得到强化，对训练过程保持更高的热情。这种状况会促进动物习得新的合作行为。

2. 将复杂行为拆分成极简的渐进步骤。

例如：训练毛狨一步一步地接近秤盘上的树枝，将让动物上秤盘这个行为划分成很小的渐进步骤，例如一点一点的逐步接近目标物，渐进达成期望行为。

3. 排除干扰。

例如：也许是因为一根树枝挡住了毛狨跳到秤盘上的树枝上的路径，也可能是树枝的角度对动物来说太为难了，这些问题都会阻碍期望行为的表达。把挡在毛狨跳跃路径上的树枝移除，或者将秤盘上固定的树枝调整为对动物来说更舒适的角度，避免环境因素对动物的干扰。

4. 控制好你自己的情绪。

饲养员应该始终明白：如果动物没有完成期望行为，则一定是自己在哪方面错了，动物不会犯错。如果毛狨拒绝参与训练，饲养员需要重新检视训练状况，从自己的操作中找原因，比如：没有清楚的提供指令、没有做到精确的行为标定，或者是动物受到某个环境因素的干扰而不能集中精力参与到训练过程中等。无论原因是什么，饲养员都不要沮丧、急躁，更不要把这种情绪发泄到动物身上。饲养员应暂时离开训练场所，等情绪平静放松下来之后，重新筹划一套经过调整的训练方案。

5. 请有经验的训练师帮忙。

例如：寻求其他训练师和饲养员的协助。训练初学者往往同时需要两方面的帮助：一方面是训练技巧的建议，另一方面是该动物个体的行为特点的信息，这些信息都会有助于加快训练进展。

6. 在他人提供协助之后，饲养员作为最初的训练操作者需要再次尝试训练过程。

例如：如果请一位有经验的训练员向你展示如何训练让一只毛狨跳到秤盘上的树枝上，在你理解他的演示操作后一定要请他留在训练现场，并观察你对他刚才演示的训练过程的重复操作。观察一件事和亲身实践一件事，往往差别很大。

7. 在训练现场架设录像机。

对所有训练初学者，都强烈建议在拍摄角度合适的安全位置架设一台摄像机。训练过程回放会有助于训练初学者训练技能的提升。多数人善于发现视频画面中人物的操作失误，哪怕视频画面中人物正是自己。饲养员在自己操作的时候，往往会忽略很多重要的细节，下意识的做出很多干扰训练进程的小动作，甚至会犯一些错误，摄像机不会放过这些错误。往往训练初学者在看自己训练动物的录像时，都会认为画面中这个家伙比动物还紧张。

二、如何应对非期望行为

正强化动物行为训练的主要运行特点是正强化期望行为、忽视非期望行为。但当动物表现出的非期望行为对其自身健康或同伴、操作人员、游客造成威胁时，有必要采取

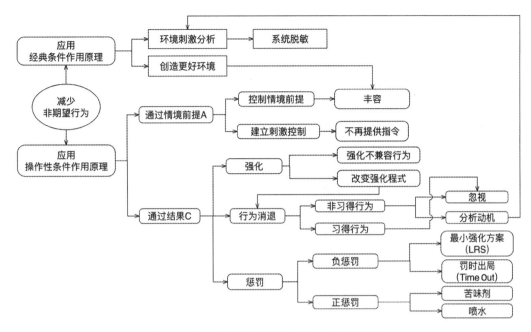

图8-6　减少非期望行为的原理及应用措施示意图

主动措施对这种严重的非期望行为进行抑制。对于非习得非期望行为，多数情况下选择忽略，或者通过分析该非期望行为的诱因或行为动机加以消除；对于习得性非期望行为，可以通过动物行为学习原理，特别是操作性条件作用原理的运用加以消除。

　　主动减少动物非期望行为的理论依据同样是经典条件作用原理和操作性条件作用原理。经典条件作用原理的应用范围主要集中在环境因素控制和系统脱敏等方面；操作性条件作用原理则可以分别应用于从行为的情境前提（A）和行为的结果（C）入手来减少动物的习得性非期望行为（图8-6）。

　　（一）应用经典条件作用原理减少非期望行为

　　1. 环境刺激分析

　　经典条件作用引发的动物行为反应除了能够引起容易被观察到的骨骼肌肉反应动作以外，还同时引起两类反应：第一类是由植物神经系统控制的内脏器官与腺体的反应，如唾液分泌、心跳加速等，动物个体系统机能也会受到影响，例如对痛觉、嗅觉或味觉敏感程度的变化，甚至产生过敏反应；另一类是情绪和动机性反应，如恐惧、紧张、压力、兴奋，等等。这两类反应尽管从外观上难以观察到，但对动物行为、心理、生理健康和整体福利都是重要的影响因素，也必然会影响动物的学习行为。

　　野生动物经过多年的进化，已经具备了适合野外生存的学习能力，学习的途径之一就是经典条件作用。动物都具备将复杂环境中的多种刺激进行关联的能力，与野外环境相比，人工圈养环境刺激持久、单一；设施设备、展示安排、管理操作等对动物的影响是多方面的、综合的、相互关联的。经典条件作用原理指出：由于中性刺激和无条件刺激之间、中性刺激和条件刺激之间都存在直接或间接配对现象，所以我们很难轻易地识别出某个非期望行为的动机究竟是什么。识别行为动机往往需要长期、专业的行为观察和对环境条件和日常操作的深入了解。这一点仅仅依靠饲养员很难做到，往往需要专业技术人员或动物行为研究专家共同参与才能找到刺激源。找到行为动机，让动物对这种动机（刺激源）脱敏或者移除这种刺激源能够最有效地消除某种非期望行为。动物能够感受到的光线、颜色、清扫工具、工作服的颜色、说话的声音、刷洗饲料槽的声音、呼唤动物的声音、现场的气味、隔障的类型，等等，这些原本的中性刺激经过经典条件作用的直接、间接配对作用后，都有可能成为条件刺激，并引起动物的条件反应行为。

我们有时候会觉得动物很"奇怪"，仿佛"突然间就不在状态了"，每到这个时候，我们不妨分析一下哪些环境刺激会导致动物的非期望行为。认真回顾一下该动物个体的生长经历和以往的生活环境与操作流程。同时，饲养员也要检讨自己的行为，排除因为误操作给动物带来的不利影响。长期处于紧张状态或承受持续的心理压力会降低动物免疫系统的功能，使个体更容易患病。另一方面，经典条件作用所引发的动物行为都往往出于本能，在不受意识控制的状态下迅速发生，这类行为很有可能给动物自身造成伤害，或危及其他动物个体或操作人员。

2. 脱敏

很多情况下，动物不积极参与到训练项目中是因为恐惧。尽管在饲养员的日常操作中，应不断在各个操作环节规范自己的行为、保持和动物之间的信任关系，但野生动物的恐惧总会存在。一个生命周期的短暂时间不可能抗拒几十万年、上百万年甚至更长的进化过程中在动物个体里积累的物种基因的力量。恐惧是野生动物的生存本能，但在人工圈养条件下，恐惧会严重影响野生动物的行为、社群关系和个体福利。同时，处于恐惧中的动物会拒绝学习，拒绝参与到行为训练进程中。在我们的日常饲养管理中，帮助动物战胜对某个环境因素的恐惧是保证动物积极参与训练进程、继而提高动物福利的重要工作内容，这项工作就是脱敏，"脱敏是永远的训练主题"。

脱敏可以通过经典条件作用实现，也可以通过操作条件作用实现。经典条件作用中的系统脱敏可以用于动物对生活环境中的多种刺激脱敏，但前提是要让动物处于放松状态，并逐步增加刺激的强度。例如有的动物会对目标棒表现出极大的恐惧，此时即可以采用经典条件作用的系统脱敏方法：在动物安静状态下，将目标棒放在它能看到，但距离很远的位置上；如果一段时间后动物没有表现出恐惧，则可以逐渐将目标棒放在离动物更近的地方；慢慢地，你可以将目标棒放在你平时在动物面前可能接触到的地方；然后将目标棒靠在身上、最后拿到手上。在整个过程中，都需要强化动物的放松和平静行为。成功脱敏的关键就是要循序渐进，一旦目标棒的位置导致了动物的不安，则应退回几步，给动物提供获得强化的机会。

3. 分析动机并移除

这是最有效的消除非习得非期望行为的手段，但也最难以做到的。例如：一只小熊猫在每次生产后都会叼着幼崽走来走去。此时应给它提供一个新的、更隐蔽的产巢的位置和更适当的巢材，甚至在更大的范围内控制各种环境刺激以消除该非期望行为发生的动机。

（二）应用操作性条件作用原理减少非期望行为

经典条件作用和操作性条件作用几乎总是同时在动物的学习过程中发挥作用。尽管上面说到的内容是从经典条件作用的学习途径进行解释，但事实上每种措施都包含操作条件作用原理的体现。

1. 通过控制情境前提（A）来增加期望行为，减少非期望行为。

（1）创造更好的环境情境前提

尽管行为主要受结果的影响，但对行为发生前环境因素的控制也会对行为产生积极影响。在行为矫正领域中，这种对行为的控制方法称为前提控制法，即操纵前提刺激以引发更多的期望行为。在运用行为捕捉的训练手段时只有行为发生了，我们才有可能对行为进行强化。通过在众多的行为中进行差别强化，以达到增加期望行为、减少非期望行为的目的。从这一点上，也能看出环境丰容的意义远不是我们以往理解的那么简单。

前提控制法包括对动物的物理环境和动物的社群关系、动物与饲养员之间的关系进行调整，以促发期望行为，并加大动物表达非期望行为的难度。

①创造期望行为的情景前提

有时候期望行为没有出现，是因为这个行为的情境前提没有出现。例如，在平坦的展区中，老虎没有机会跳跃，如果跳跃是我们希望老虎做出的期望行为，那么就应该给这个跳跃行为增加前提刺激。简单的措施就是搭建一座结实的平台，然后在平台上放置老虎喜爱的食物，老虎自然会做出跳跃这个自然行为，而这个自然行为也正是我们需要的期望行为。

②减少期望行为的发生难度

设置一种情境前提，减少期望行为的发生难度。例如将动物进入串笼作为期望行为，那么将串笼位置安放在动物每天从饲养管理区到展区之间的必经之路上是一个明智的选择。串笼的出入口高度、坡度都保证动物不必付出特别的努力就可能够轻松进入；在展区内动物串笼出入口的位置应该远离游客的干扰，而在操作区内的出入口应接近饲养员的操作位置，以便饲养员对动物进入串笼这一期望行为进行及时强化。接受正强化行为训练的动物，往往会选择更接近饲养员。

以上措施都是以增加期望行为为目的，下面的措施，都以减少非期望行为为目的，所以采取的措施正相反：

③消除引发非期望行为反应的刺激因素

动物对突然受到的刺激往往表现出惊慌失措，仓促中的行为反应很可能对动物自身或其他动物个体、管理人员、设施设备造成伤害或损失，减少这类非期望行为的有效措施就是深入了解动物，从经典条件作用的形成机制进行综合考虑，分析引发非期望行为的刺激因素，并杜绝这些刺激的出现或通过主动训练使动物对这些刺激脱敏。

④消除非期望行为的情境前提

动物向游客乞食是我们深恶痛绝的非期望行为，最有效的措施就是通过隔障设计和园区管理杜绝游客的随意投喂现象，消除乞食行为的诱因。同样，游客的投喂行为也是我们希望消除的非期望行为，除了加强教育和改善隔障设计之外，动物园自己能否做到不开设以营利为目的的投喂项目也是重要的影响因素。因为对游客来说，园方收费的投喂动物项目本身就是引发随意投喂的情境前提，而且游客随意投喂动物的行为被"免费与动物亲密接触"这种结果强化了。

⑤增加非期望行为的发生难度

展区中动物社群个体之间过度的攻击行为属于非期望行为。增加展区复杂性、提供多于动物个体数量的庇护所、分散投喂食物等措施，都可以增加个体间过度攻击的行为难度，从而减少这种非期望行为。

（2）利用刺激控制减少非期望行为

将非期望行为建立在辨别刺激/指令上，然后通过不再提供该行为的指令使这个行为不再发生。操作方法为：首先须辨别出非期望行为的强化物，然后在保证动物和操作安全的前提下多次强化这个非期望行为，然后将该非期望行为建立在辨别性刺激上，即赋予该行为一个指令。当动物的非期望行为与指令之间形成了刺激控制，即在训练期间不提供该指令则该行为不再发生的状态稳定后，不再提供该非期望行为的指令，从而将该非期望行为在训练期间消除。同时，在非正式训练期间，移除该行为的强化物，借助行为消退的作用，逐渐将该非期望行为彻底消除。例如：当你每次经过动物笼舍时，动物都会扑向围栏、向你示威。给这种行为加上一个指令"扑！"强化这种"扑"的行为，直到这种行为达到刺激控制的状态，然后再也不提供这个非期望行为的指令。

2. 通过控制行为结果（C）来减少非期望行为，增加期望行为

（1）通过强化作用减少非期望行为

①强化不兼容行为

指通过强化一个与非期望行为不能同时发生的其他行为来抑制非期望行为。例如在对大象进行修饰前蹄的训练操作过程中，大象往往会用鼻子干扰修饰过程。此时可以训练大象将鼻子前端始终保持与某一目标物接触。在大象鼻子与目标物接触期间，不断对大象给予强化。此时，大象用鼻子干扰修理蹄子的非期望行为不会同时发生；福利状态低下的动物，往往表现自残行为，特别是一些生活在条件恶劣环境中的小型猫科动物，常常出现咬自己爪子的行为，为了减少这种非期望行为，可以训练动物的张口行为，因为动物张口时不能同时咬自己的爪子并能够接受口腔检查。

②改变原有强化程式，加速行为消退

操作性条件作用原理告诉我们，不同的强化程式影响行为消退难度：某些非期望行为也许被饲养员在<u>无意中</u>给予了间歇强化，则这种非期望行为将非常顽固，很难消退。即使通过忽视、移除强化物等手段，仍然难以消除。经过原因分析和周密计划，如果在保证动物福利和操作安全的前提下允许多次提供强化物，则可以将对该非期望行为执行的间歇强化程式改变为连续强化程式。经过一段时间的连续强化后，降低该行为的"顽固"程度，然后采取行为消退的方法使该非期望行为消失。需要注意的是，动物在行为消失前，往往会表现出消失前行为爆发。饲养员在执行行为消退的过程中必须保证这种更严重的非期望行为不会给动物个体和其他个体造成伤害。

例如抑制黑猩猩投掷粪便这种行为。现实中如果不进行充分的准备和严格的规定，很难保证每一个在黑猩猩粪便"射程范围"内的操作人员都能够对这种粪便攻击"从容接受，仿佛什么都没发生一样"。偶尔的一次尖叫、闪躲都会强化动物投掷粪便的行为。可见，黑猩猩投掷粪便这种非期望行为的强化程式属于典型的可变比率强化和可变间歇强化的综合作用，是所有强化程式中最有利于保持行为强度的强化程式，所以该行为即

使在今后所有人都能"淡然面对飞来的粪便雨"情况下也很难消退。此时有效的方法是改变强化程式：集中一段时间，所有在粪便射程范围内出现的操作人员均表现出夸张的惊恐和躲避行为，使黑猩猩的每一次投掷都得到强化；持续几天后，大家果断采取统一的行动：所有人对黑猩猩投掷粪便的行为都"置之不理"，虽然在一开始，动物会出现消失前行为爆发，即操作人员可能会经受更大量的粪尿攻击，但请坚持住，因为在消失前行为爆发之后，这种非期望行为将很快消失。

（2）应用行为消退减少非期望行为

①对非习得行为的消退

对大多数非期望行为采取忽视的对待方式是正强化行为训练的基本要求。动物的行为如果始终没得到强化，则该行为在未来发生的几率将逐渐降低。然而做到这一点并不容易，有时候饲养员会在无意中强化了动物的非期望行为，即使在动物做出非期望行为时你认为已经采取了忽视的态度，但你的行为表现也有可能被动物捕捉到细微的变化，如果你的这种行为被动物理解为非期望行为的强化物，则你的"忽视"也会收效甚微。

②对习得行为的消退

习得性非期望行为更容易通过行为消退的方法消除。这类行为存在的原因很清楚，因为该习得行为是通过动物学习，特别是通过操作性条件作用原理习得的，所以我们可以通过对行为结果的控制来影响行为。例如不再给该行为提供强化，或者改变强化程式来消除该非期望行为。

有必要指出的一点是行为消退本身具有多重作用：

〇 行为消退可以使动物的非期望行为消失；

〇 行为消退会引起动物的挫败感、愤怒，有损动物福利，在严重情况下甚至引发攻击行为；

〇 在行为消失前期，动物往往表现消失前行为爆发，并在短期内造成更严重的后果；

〇 消失前行为爆发可能导致新的行为发生，其中有些新的行为恰恰又是一种期望行为，所以行为消退也会被有经验的训练员用于训练新的期望行为。

这些作用往往同时发生，形成复杂的状况，而这种复杂状况往往会超过训练初学者的判断和处理能力，所以这种训练方式并没有在如何训练新行为的内容中单独描述，因为这种方式只适用于有经验的训练员，不建议新手采用。

（3）通过惩罚来减少非期望行为：

惩罚是迅速抑制非期望行为的有效手段，也是最应该谨慎采取的手段。正强化动物行为训练不是指不采取惩罚手段进行动物训练，而是以保证动物的积极福利状态为终极目标的训练方式。只有在动物的非期望行为对动物个体或其他个体以及人员安全造成严重危害时，才允许由有经验的饲养员采取惩罚措施以保证动物福利和人员安全。惩罚的提供方式有两种，正惩罚和负惩罚，两种惩罚方式都能有效抑制非期望行为，但是在训练过程中应该首先考虑使用相对温和的负惩罚措施。

①负惩罚

负惩罚指移除动物的喜好刺激或者剥夺动物进一步获得喜好刺激机会的训练措施。

这里介绍两种常用的方法：最小强化方案（LRS）和罚时出局（Timeout）。

● 最小强化方案（LRS）：

LRS（Least Reinforce Stimulate），在训练领域称为最小强化方案。LRS是在正强化训练过程中应对非期望行为的工具，并且在制止非期望行为的同时，减少或避免给动物造成过多的压力。LRS是一种基本的应对非期望行为的工具，多数情况下，LRS被看作是3～5秒的<u>静默回应</u>。静默回应指在这3～5秒内，饲养员对动物不做任何回应，或者说不让动物感觉到你有任何变化。不要告诉动物："你错了""不对"，不要给动物造成压力，只是简单的静默。不要以任何在动物看来的"不同"来强化非期望行为。这种静默，给动物连续得到强化物的进程造成了暂停，延缓了动物获得强化物的时间。在LRS的应用过程中最重要的一点是饲养员要避免在动物做出错误回应时下意识地、并非出于本意给动物提供了强化。

LRS是一种工具，是被设计用来在饲养员面对动物错误回应时不给与强化的工具。LRS最显著的特点是<u>在采用3～5秒的静默后，要马上给动物一个肯定能够得到强化的机会</u>：给动物一个容易的、不会犯错的指令，让它表达期望行为，然后强化。这也是LRS最关键的一点。可以让动物马上从刚才接受LRS时感受到的困惑和压力中解放出来，让动物意识到饲养员还是在控制着局面——饲养员始终掌握着强化物，几秒钟后仍然会对动物回应的期望行为进行强化。在动物看来，强化不是突然消失了，而是马上就会回来，这就是LRS最关键的一点。

LRS不是一个简单的操作步骤，而是几个步骤的整体应用过程，表现为一个很短暂的停顿，在这个很短暂的停顿之后，饲养员马上给动物一个它一定能够正确回应的指令。例如向它伸出目标物，动物几乎是本能的接触目标物，而这个就是对它来说最简单的期望行为，它一定会轻松完成并得到强化。简言之，LRS是一个停顿一下马上给一个容易获得强化的指令的过程。由此可以看出LRS的几个要点：

第一步：静默停顿3～5秒；

第二步：马上给予容易、简单的指令；

第三步：对动物表达的期望行为进行强化。

上述三个步骤共同组成了LRS，而不是仅仅暂停3～5秒。LRS是一个连续的、标准的操作过程。这个过程的结果是动物会马上忽略不快，认识到只要经过努力就会得到强化，从而摆脱困窘。LRS不是在强化错误的行为，而只是为了避免训练员下意识的强化了非期望行为，暂停是短暂的，并且马上出现在非期望行为之后，这一点，也是"把握时机就是一切"的体现。就如同训练中其他的环节一样，时间点的把握至关重要，LRS必须在非期望行为之后立即给予；在短暂停顿后，马上给予动物容易获得强化的机会。短暂停顿之后马上给动物提供强化机会很重要，LRS能让动物尽快从困窘中摆脱出来，不再紧张。特别是在对那些大型危险动物训练时，困窘和紧张往往会引起它们的攻击行为；"静默"不是真正意义上的静默，没有任何事是绝对的静默。LRS的目的是将无意强化的风险降到最低：尽量不要改变你在LRS之前的状态/境况，因为境况的改变也许会被动物理解为一种强化。

常见的情况是当动物出现非期望行为时，饲养员往往本能地一下子"僵住"了。这是一种在训练初学者当中的普遍现象：如果饲养员突然僵住了，那在动物看来往往是一种明显的"不一样"。LRS不是指做出一种僵硬的姿势，只是强调不要改变环境因素——不要改变你在LRS之前的状态：如果动物在出现非期望行为时你正在挠头，则请继续挠头3~5秒；如果你当时正在和周围的饲养员交流，那请继续交流3~5秒。不要改变你当时做的事：保持你刚才的状态3~5秒，不给动物任何回应，然后再给它一个易于得到强化的指令。可能存在的疑问是：当动物出现错误回应时，眼神如何控制？是不是要注视着它的眼睛？其实这一点与"目光接触"训练无关。就像刚才强调的，如果你当时正看着它的眼睛，则请继续注视它的眼睛；如果你当时看着别处，则请继续看着别处，不要有任何变化。记住，LRS只与"不改变情境"有关，而和"目光接触"训练操作无关。

应用LRS的另一个注意事项是不要试图延长LRS的停顿时间。有些饲养员常会因为动物的错误程度而改变原则：饲养员对动物的反应感到越失望，给与LRS的停顿时间越长。这是错误的应用，增加动物压力并可能引发危险。LRS仅仅是让动物意识到刚才行为反应不会得到强化，但马上，只要按照指令进行回应，就会得到强化。LRS仅让动物意识到停顿即可，而不应因为LRS而感到沮丧。LRS只是一个信号，不应让动物感受到是与强度相关的惩罚，所以也与训练员停顿的时长无关，只要有3~5秒的停顿即可达到目的。必须认识到精准时机控制对有效训练的关键作用，这种作用与情绪无关。

多数情况下，"接触目标"指令是一种对动物来说容易完成的行为，所以常用于LRS停顿之后恢复动物的信心。短暂静默后往往不会给动物提供与LRS之前相同的指令，除非你有特别的把握，否则会让动物感到困惑，因为动物往往仍然无法做出正确回应，继续得不到强化，甚至陷入挫败和沮丧。

LRS发挥作用的前提是正强化行为训练进。如果采用的不是正强化训练方式，LRS不会起作用。动物必须处于乐于参与到训练，并享受不断通过回应指令得到强化这种状态时，LRS才会发挥负惩罚作用；如果动物不愿参与训练过程而更愿意去做一些其他的事情时，LRS不是可行的抑制非期望行为的工具。在不断得到连续强化的过程中，LRS的出现完全出乎动物的意料，所以尽管停顿时间很短暂，但仍然能够引起动物的注意。

抑制非期望行为不是一朝一夕就能实现的，需要将LRS与其他训练技术组合应用，仅仅使用LRS成效有限。饲养员要让动物明白你到底要动物做什么，但LRS不会让动物理解这一点。这也是惩罚的通病，LRS只是为了在动物做出错误回应时避免训练员下意识地强化这个非期望行为。

绝大多数正强化训练者，都自然而然的应用LRS：动物做出非期望行为，饲养员忽略这个行为，忽略时的短暂停顿，起到了类似LRS的作用，但这种停顿并不等于LRS，LRS被设计成具有严格结构的连续性操作：静默停顿3~5秒——马上给以容易、简单的指令——动物得到强化。LRS每次停顿的时长，只与你和你的动物进行训练时的强化频繁程度（节奏）有关。如果你的训练节奏很慢，则你使用LRS时的停顿时间可能会稍微延长一点，但一般情况下，都在3~5秒的范围内。

● 罚时出局（Timeout）

在动物行为训练领域，Timeout常被翻译为"训练中止"，但这种译法不能反映这种操作的实质，"罚时出局"更能表达这种训练方法的内涵。罚时出局常用于体育竞技中对运动员犯规动作的负惩罚：强制运动员暂时离开比赛现场，失去继续得分的机会。训练中的罚时出局的实质也是一种负惩罚手段：使动物暂时失去继续获得喜好刺激的训练手段。唯一不同的是，在训练过程中并非让动物离开训练现场，而是饲养员带着强化物（食物）离开一段时间。尽管离开的主体不同，但性质更接近，所以我们更倾向于将Timeout翻译为"罚时出局"。

罚时出局就是移除动物被继续强化的机会。多数情况下，当动物做出了一个严重的非期望行为，或不断重复同一个非期望行为，那么当这个行为一出现时，饲养员马上带着食物（强化物）离开。这种情况告诉动物：由于刚才的行为，导致了强化物被移走。只有精确地在准确的时间点使用罚时出局，才会发生作用，这一点也体现出"把握时机就是一切"这一原则的重要性。动物必须意识到，饲养员带着强化物离开是因为自己刚刚表达的行为造成的，如果时间点掌握的不好，则动物不能意识到是哪个行为导致了强化物被移除。

最常见的错误是，当动物完成了一个错误行为，然后回到你面前，看着你的眼睛。此时你却带着食物走了。而在那个瞬间，动物是停在你的面前，望着你的眼睛，等待你的强化或下一个指令，这本身不是错误行为，如果你此时带着食物走了，则是在告诉动物："你在这里看着我不对！"动物明明是在2～3秒钟之前作出的错误行为，而此时你给的罚时出局和这个错误行为难以建立关联。这是一种非常糟糕的时机控制。

另一个常见的问题是，同饲养员一样，动物也会感到沮丧。当动物感到沮丧时，如果你采用罚时出局，则动物会说："太感谢了！我正不想和你玩训练游戏呢！""谢了，我早受够你了！"此时罚时出局也不会发生作用。因为此时，对动物来说训练本身已经成为一种嫌恶刺激，而移除嫌恶刺激，实际上是在负强化错误行为。强化这个错误行为后可能出现的情况是：当动物厌倦训练程序并希望你离开时，就会做出这个行为，这就形成了动物训练饲养员的局面。所以，无论你或你的动物对训练感到沮丧时，聪明的做法就是尽快结束训练。因为此时训练已经成为一个嫌恶刺激，且训练过程已经由正强化训练转变成为负强化训练。

罚时出局对抑制非期望行为很有效，但前提是在精准的时间点应用罚时出局，使动物清楚地明白到底自己哪个行为做错了。如果饲养员过于频繁的使用罚时出局，这只能导致饲养员和动物之间的关系越来越糟。由于罚时出局是一种典型的负惩罚手段，所以频繁使用会让动物感到沮丧。罚时出局只有使用得当才会是一个有用的工具，但不能过于频繁的应用。如果饲养员发现训练过程需要经常应用罚时出局，则说明训练计划或操作手法出了问题，此时更需要饲养员的反省。

罚时出局是一种温和的负惩罚手段，这种惩罚发挥作用的前提是在此之前动物愿意参与训练过程，并能够保持高频率的期望行为并连续得到强化，罚时出局移除了动物喜欢的训练过程和被关注的状态，这就是负惩罚的实质。当罚时出局结束后，饲养员必须以新的面貌重新出现在动物面前，此时是一个新的互动阶段的开始，饲养员应以积极的态度重新开始训练。

②正惩罚

正惩罚指在动物出现严重危及自身健康或安全的非期望行为时，及时提供嫌恶性刺激以阻止该非期望行为。例如：一只动物总是咬自己的爪子，你可以在它的爪子上涂上苦味剂，当每次它咬爪子的时候都接收到苦味剂产生的嫌恶刺激，这种正惩罚会让动物放弃再次啃咬自己的爪子；如果猫科动物在术后恢复期间总是舔舐伤口，也可以采取向动物面部喷水的正惩罚手段抑制非期望行为。

惩罚可以降低动物行为再次出现的几率，但它也会带来风险。例如造成动物沮丧、困惑、甚至引发攻击行为；破坏训练员与动物之间的信任关系，增加日常操作中动物配合的难度，等等。

惩罚绝不是一个好的选项，但饲养员应该了解惩罚的作用原理，并避免在无意中对动物采用了惩罚手段。

第七节 如何提高现代动物行为训练技能

一、情感的作用不可替代

尽管科学原理能够发挥巨大作用，但并不意味着情感可以被忽略。饲养员必须认识到训练的重要目的之一是为了建立人与动物之间的信任关系。在动物行为训练过程中对科学原理的正确运用必须与情感相结合才能取得好的结果，信任饲养员的动物会更积极地参与到训练项目当中。

情感与科学，缺一不可。训练是严谨的科学原理的应用。成为一个好的训练员，需要学习心理学原理和动物基础科学；学习强化理论，了解什么是初级强化物、什么是次级强化物；学习掌握时间点的重要性，体会"时机就是一切"的含义，等等。这些知识对塑造动物行为来说至关重要。但所有这些，仍不足以替代人与动物之间的信任关系所发挥的作用。对动物有耐心、有爱心，将动物的需要放到第一位，甚至将动物的需求置于训练的目标之上，是保证动物处于积极的福利状态的重要原则。只有健康的动物，才有后面的一切，例如展示效果和参观体验的提升、教育项目的开展和创造更可靠的科研条件等。总之，动物第一、科学应用第二，就是好的训练。

二、训练就是交流，交流基于信任

动物行为训练最简洁的定义就是"教授"，教授过程也是动物园中野生动物与饲养员之间的交流过程。在动物园中，"教授"意味着使野生动物掌握在人工圈养环境下生活的能力，而动物的行为反应则告诉我们它们对人工环境适应的程度。与宠物训练和家养动物训练不同，在动物园中开展的野生动物训练需要更多的前提和基础，在圈养野生动物的整个生命周期中，脱敏都是严肃的主题。降低野生动物在人工饲养环境下承受的压力，最重要的一点就是降低饲养员和日常饲养管理操作给动物造成的负面刺激，实现这一目的的基础同样是在饲养员和动物之间建立信任关系。正强化行为训练，与其说是一种"教授"过程，不如理解成"交流"过程。虽然在饲养员与动物相处的每时每刻交流都在发生、动物的学习也都在发生，但由于环境因素的限制或经典条件作用的影响，饲养员难以保证这种日常的交流都能够对动物产生积极的影响，正强化行为训练可以起到主动建立信任关系的作用。

总之，在动物园正强化行为训练工作中，请牢记一条金句："一切基于信任！"

（Everything Based on Trust!简称 EBT）。

三、实践、实践再实践

现代动物行为训练是一门对操作实践技能高度依赖的技术，经验的积累只能来自于不断的实践。再成功的训练大师也不可能把他们的实践经验直接传授给你，他们给你提出的建议只能以你的经验现状为基础。你的经验越有限，获得的建议也越有限；相反，你的经验越丰富，你收获的建议也会越有价值。

动物园中物种繁多，每种动物受其基因与身体解剖结构限制，每只动物又受到个体经历、身体状况的影响，在训练实际操作中需要训练者灵活应对，这不是一本书、几个章节可以全面介绍的，因此本书中只讲述基本原理和初级方法。当饲养员面对一只鲜活的野生动物计划开展正强化行为训练时，需要得到具有丰富训练经验的训练师的指导、需要通过一切资源来收集信息，需要从你与你的同事之间进行的相互"训练"开始。

饲养员是每天直接接触、照顾动物的人，自然也是最适合作为训练员的人选，但同时也最容易受到旧有操作习惯的微妙影响，不能及时察觉和正确解读动物的感受。掌握训练技能，至少需要具备以下条件：

○ 具备获得正确的动物自然史资料的可靠途径；

○ 熟悉训练原理并能从原理出发随时查找训练中出现问题的原因；

○ 高度尊重动物福利；

○ 熟悉训练操作中的动作要领；

○ 头脑灵活，能够根据动物实时状态对训练计划做出调整。

影响动物行为的人不只是负责训练动物的主管饲养员，其他饲养人员、兽医、动物研究工作者，甚至是游客都是动物行为的塑造者，而当人们对动物行为作出调整时，动物也在塑造着人的行为。训练不只是每天开始训练项目时才会发生，只要人们在动物周围，训练时时刻刻都在发生。与开展丰容一样，从饲养员的自身反省和改变开始，才是开展正强化行为训练最坚实的起点。

第九章　群体构建 ·······································

　　自然界中，没有哪种动物是完全独居的；动物园中，构建合理的展示群体，不仅是物种繁育的前提，也是动物福利的保证。<u>对群居动物来说，与同伴生活在一起就是最大的福利。</u>

　　动物园的发展，特别是动物展示方式的进步，伴随着动物福利意识的提高和公众参观兴趣的转变。原始的"集邮册式"的、单只或成对的野生动物孤独地生活在生硬的笼舍中的动物园越来越成为社会公众舆论抨击的对象，人们更希望看到成群的动物生活在开阔、自然的展示环境中。基于提高动物福利的展示群体构建，不仅是行为管理的重要组件之一，也代表了动物园未来的发展方向：现代动物园不再将本园收集展示的物种数量作为追求的目标，而是将发展的重心调整到实现珍稀物种，特别是本土物种的永续保存方面。只有通过科学的群体构建，才有可能保证动物园自身的物种保持和动物园之间的繁育合作，直至实现动物园行业的核心目标——物种保护。无论从动物园行业可持续发展的角度，还是考虑到符合公众审美意识的进步，构建符合动物福利需要的展示群体，都是现代动物园的一项重点工作。

　　圈养环境与野生动物自然栖息地之间巨大的差异无疑会对圈养野生动物造成负面影响，综合运用行为管理各个组件的实质就是缩小这个差距，使野生动物更好地适应人工圈养环境。在自然界中，群居动物可以有效应对生态压力，自然形成的物种族群可以提高对捕食者的防御能力、增加族群生存竞争力、提高觅食效率、扩大对新的适宜生活区域的渗透、提高繁殖效率和幼体成活率、改善群体稳定性并提高对周围物理环境的改造能力；在人工圈养环境中，尽管规避了天敌威胁、食物短缺、气候变化等带来的负面影响，但有限的生存环境和暴露于各种人类活动干扰下给动物带来的环境压力同样会对动物福利造成损害。对群居动物来说，使每个个体都生活在合理的族群中，会有利于群居物种生态适应能力在圈养条件下的发挥，从而保证动物个体的福利和族群的延续。

　　尽管从动物的福利需求或是从游客的参观兴趣的角度来说，通过群体构建实现不同物种野生动物的混养展示都是众望所归，但关于这项工作的参考资料和实践仍然有限。在各个动物园中，动物个体的引入和群体管理等方面的实践操作直到近些年随着丰容和现代动物训练的推广才逐渐变得有章可循，但动物个体引入和群体管理仍然是动物园野生动物管理工作中最复杂、风险最大的工作内容之一。群体构建工作必须以野生动物自然史信息为依据、以合理的展示环境设施设计为基础、以行为管理各项组件的协同运行为保证。总之，群体构建是一项技术性工作，需要周密的计划、详实的背景信息、循序渐进的操作步骤和可靠的观察数据作为保证。一般情况下，动物园中展示群体构建工作分为以下几种类型：

○ 将单只动物个体引入没有其他动物的新环境；

○ 将动物组合引入没有其他动物的新环境；

○ 繁殖组合的引见与合笼；

○ 将动物个体引入同种动物群体；

○ 使人工抚育动物回归群体；

○ 不同物种混养群的构建。

在展示群体构建和维持过程中，主要的技术性操作包括：

○ 环境、设施准备；

○ 分阶段合群操作；

○ 通过现代动物行为训练辅助合群及社群和谐关系的维系。

这些工作步骤或方面并不能完全涵盖展示群体构建的全部内容，除了对实践中各项技术环节的把控，展区基础设施条件、饲养员的工作热情和责任心也是保证合群成功的决定性因素。

第一节　将动物引入"空"展区

"空"展区仅仅表示展区中没有其他的动物，而不是空荡荡的展区，展区丰容是成功引入的基础保障。

将单只动物个体或既有动物组合引入没有其他动物的新环境是展示群体构建中最基础、最重要、应用最频繁的工作任务，几乎在群体构建的每个阶段，都以不同形式的"引入新环境"开始（图9-1）。动物对新环境的适应是日后积极面对新的同种或异种个体的前提。动物对同种个体的熟悉，是动物最终融入同种群体的前提；动物个体融入同种群体，为构建不同物种动物的混合展示创造了条件。

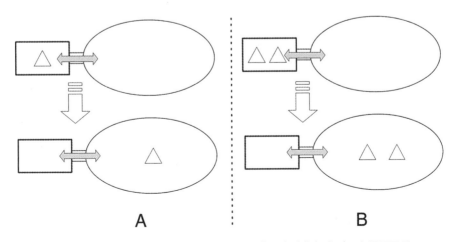

图9-1　A：将动物个体引入空展区图示B：将既有动物组合引入空展区图示

一、确定目标和工作筹划

在实施将动物个体引入一个动物不熟悉的物理环境之前，首先要确定阶段性目标。这些目标可以简要归纳为长期目标和短期目标。

● 长期目标——指饲养员平顺运行常规饲养管理手段和动物对各种环境刺激脱敏，达到稳定、安全、有效的管理模式，并保证在动物处于积极的福利状态下动物园运营所需要的各项操作日程的执行。

● 短期目标——指在引入过程中遵照循序渐进的原则不断设定并不断提高的目标；多次短期目标的设定和实现能够保证动物引入工作逐步取得进展，并最终达到长期目标。

短期目标包括让动物适应容置空间和设施、学习配合临时性的操作程序以便逐步适应正常操作日程。具体的内容指逐渐熟悉饲养管理人员、适应从室内笼舍之间或室内笼舍与室外笼舍之间的串笼操作、展示区域和非展示后台之间的串笼操作、熟悉展区隔障边界、逐渐适应游客视线压力或园内噪音形成的刺激、对相邻展区或生活区内其他动物的适应和熟悉，等等。

每一项短期目标都需要通过对动物的行为进行观察评估，以判断引入过程是否按照计划进行。每个阶段的短期目标确定达成之前，不能实施进一步的引入操作。分阶段评估短期目标有利于及早发现引入过程中的失误，及时调整引入计划，避免引入工作失败对动物和动物园造成的伤害和损失。

每次动物引入，动物园或饲养管理部门都应该成立工作小组。根据每次引入动物和新环境的特点配备与之相应的专业人员。工作小组的成员都应该具有丰富的该物种的饲养管理经验和行为观察能力，并能够对新环境中存在的各种因素可能对动物造成的影响作出预判。如果某些环境因素可能导致引入失败，则工作组成员必须提前指出并纠正这些隐患。另一方面，工作组成员必须对引入动物的物种自然史信息和该被引入个体的信息进行收集整理，这些信息不仅用于制订引入过程中的长期或短期目标，也被用于判断各阶段目标是否达成。在引入过程中，工作小组成员需要对那些特殊的"指示性"动物行为足够敏感、保持密切关注并进行记录。这些行为包括在展区中休息、睡觉、玩耍、觅食等积极行为，这些行为均表示动物对新环境逐步脱敏，标志着引入工作逐步接近成功；另一方面，当动物表现出躲藏、不停地疾走甚至冲撞隔障等消极行为时，工作组成员必须及时判断动物的行为表现并在必要的情况下终止引入操作，返回到上一个步骤，以避免对动物造成更大的伤害。在工作组成员中，最重要的角色就是该动物个体的主管饲养员。尽管工作组成员可能包括动物主管、技术人员甚至兽医、动物行为专家等不同专业背景的工作人员，但在发生紧急情况时必须由主管饲养员最终决策并采取措施。不同专业背景的人员在制定计划和过程评估过程中都会发挥作用，但由于主管饲养员对展区空间关系和操控设施最熟悉、对该动物个体的了解最深入、与该动物个体之间更熟悉，所以在紧急情况下的决策和操作运行必须由主管饲养员完成。这样的工作安排可以在有效控制局面的同时减少对动物造成的压力。

二、动物引入注意事项

在制定引入计划和阶段性目标时需要对多个事项进行综合考虑，但无疑最初都应始于对动物自身的考虑。

1．对被引进个体所属物种"能力"的评估

动物"能力"主要包括动物的运动能力、灵敏程度、力量和智力等方面。尽管这些问题在展区设计建设或改造过程中已经给予了充分考虑，但在动物引入之前再次对动物能力进行评估会有效避免动物逃逸。动物园的展示场所往往都不是为某个单一物种设计的，为了保证展示内容的更新以吸引更多的游客，动物园往往按照"某一类"动物的需求进行设计建设，灵长类动物展示区就是最常见的例子。在南方动物园中，常采用对动物并不友好的"孤岛"式设计进行部分灵长类动物展示，最常见的就是环尾狐猴或长臂猿的展示岛。尽管两种动物都不会游泳，甚至惧怕水体，可以采用这种"孤岛"式展出方式，但长臂猿相比环尾狐猴来说更容易发生溺水死亡的事故。所以，如果将长臂猿个体引入原有的孤岛展区，不能因为原来这个展区曾经成功地饲养展出环尾狐猴就可以忽视展区存在的风险。在引进长臂猿之前，需要在岸边增加更多的栖架或枝杈，并在水面下搭建落水防护网架。但无论进行怎样的改造，水面上的孤岛式展示方式在保障动物福利方面都乏善可陈。

有蹄类动物往往会由于动物园展示或运营计划的调整而在不同的展区内调换位置。尽管展区中曾经饲养展示其他有蹄类动物，但对于不同体型的动物来说，仍然需要对现有展区根据计划引入个体特点进行重新评估，特别是展区隔障缝隙的大小、展区内丰容设施能否给新引入的动物造成伤害等。大型食草动物的展场往往不适用于小型食草动物，反之亦然。设施设备造成的动物四肢、头角嵌塞或动物幼体逃逸的风险都需要根据动物的"能力"重新评估。

当动物受到过度的刺激或对新环境产生恐惧时，往往陷入应激状态，皮质醇的大量分泌会大幅度提高动物的运动能力，但遗憾的是与此同时动物的"判断力"也会随之降低。此时动物的表现往往是出乎意料的跳跃能力、攀爬能力和"勇气"，这也是电网不能作为终极隔障的原因。在应激状态下，动物会不顾一切地逃离"危险"，在正常情况下可以阻挡动物的电网此时可能形同虚设，动物园中黑猩猩在应激状态下扯断多道电网逃逸的事故曾多次发生。

基于动物个体可能出现的各种状况，饲养管理人员需要做好充分的准备，并配备足够的人力资源、应急救险预案和必要的设施设备。

2．物种的行为特征、动物在自然生态中的角色特点，甚至情绪特征等因素都要一并考虑

在动物刚刚进入到一个陌生的环境时，行为表现往往受到天性或个体既往行为经验的支配，这些因素都会对引入效果产生重要影响。有些动物天性大胆、好奇，有些动物天生胆怯害羞；自然界中的捕食者往往表现出探究和搜寻行为，而被捕食者往往表达不安或试图逃逸。例如多数食草动物的第一反应是试图逃逸，而食肉动物往往寻求隐蔽。与动物习性相应的措施包括减少食草动物的视错觉、为食肉动物提供更多庇护所或为灵长类动物提供复杂的栖架等。鸟类刚释放到大空间时极可能飞撞，在空间四周安置软网会有效避免飞撞造成的伤害；两栖爬行动物往往会冲撞展示面的透明玻璃，在一开始引入这些胆怯的动物时，必须将透明隔障面遮挡。不同物种对不同类型的刺激反应不同，对声音、光线变化、气味、人群等刺激源的判别和控制也会避免引入失败。陌生环境会

对领地意识强的动物造成压力，在引入动物之前在展区中提前放置一些动物熟悉的元素，例如动物粪便、使用过的铺垫物或玩具等，会有效缓解动物的紧张情绪。

3. 被引入动物个体的既往饲养管理信息和"脾气秉性"特点

被引入个体在原有群体中是否处于统治地位或处于从属地位？动物是否曾经表现出"神经质"或持续的高度紧张？动物是否曾经试图逃逸或有强烈的逃逸企图？甚至有过成功逃逸的经验？在动物的成长过程中或经历的人工哺育过程中是否存在可能对引入产生影响的重要事件？等等。这些因素应与动物以往所在动物园的设施设备条件细节等信息一并考虑。对动物个体既往生活展示条件的了解与动物生长史的了解同样重要，特别是设施设备、串门操作方式、串门位置处在饲养员近身或远离饲养员操作位点、动物容置空间隔障形式等。例如，如果该动物个体从未生活在玻璃幕墙隔障或电网隔障的环境中，那么如果在新环境中存在玻璃幕墙或电网，则在制定引入计划时，必须将这些因素考虑在内，并帮助动物学习和领会如何应对这些隔障设施，通过必要的手段和措施减少动物可能受到的伤害。

4. 引入过程中的人员组织

在动物刚刚进入到新环境时，必须配备足够的人员以保证对动物的密切观察。保证引入成功的关键措施是多个人员从不同的位点观察动物，确保动物时刻处于管理人员的观察之下。有些情况下，这种严密的观察需要持续几个小时甚至一整天，或引入初期的几天。观察人员需要了解物种的行为特点，并能够做到根据动物的行为表现预判动物下一步的行为趋势，提前发现可能产生的"麻烦"并及时通报、采取措施。

三、引入准备工作

（一）员工准备

1. 统一意见、团队协作

由于负责实施引入工作具体操作往往需要多名员工共同参与，在实施引入操作之前，所有员工必须统一意见，明确工作团队的领导层级，即谁有权终止引入进程或在引入过程中决定采取何种措施以保证动物的福利和人员的安全。作为团队领导者，需要让每一位员工了解在引入过程中可能出现的紧急状况，并使员工对紧急状况所采取的控制措施达成一致。例如在动物出现危险行为时，同意使用灭火器、高压水龙或制造噪音等负强化手段干预动物的行为。每一名员工都应该服从团队领导的安排，及时果断地采取必要措施；团队领导对各种工具的使用分派给具体员工，并确认该员工能够掌握这些应急器械的操作。如果动物在引入之前曾经接受过正强化行为训练，这种经历有利于动物在引入过程中保持相对平静；但已经具有的正强化行为训练成果不能作为唯一的阻止动物自残或其他伤害行为的手段。

参与引入操作的每一位工作人员，都应该了解到"判断各阶段目标是否达成的依据主要是行为评估和时间控制"。某些行为的出现，例如动物保持平静或按照正常的速率移动等，都可以作为判定短期目标达成的依据，当短期目标达成后，则应该结束本轮引入工作；另一方面，即使动物没有表现出期望的行为，但动物处于新环境中的时间已经达到预先的计划，例如在引入一匹斑马进入室外展区时，尽管动物一直在奔跑，没有表现出预期的平静行为，但如果动物暴露在新环境中已经达到预期的5分钟时，也应该果断结束本轮引入工作。

在一轮引入操作结束时，动物回到原本生活的空间，例如室内笼舍后，主管饲养员应该立即对动物返回室内笼舍这个行为进行强化，最直接的方法就是马上为动物提供可口的食物。由于实施各项操作的每一名员工都对以上安排和计划达成一致，即使该员工并非放归团队的领导，也应按照既定的安排及时采取操作，如操作串门的开合和饲料的准备和提供。

充分的准备工作，可以让参与引入工作的团队紧密协作，在第一时间干预动物的非期望行为或对动物表现的期望行为进行强化。行为判断和掌握操作时机，是保证引入成功的两条重要途径。

2. 明确分工

高效协作的前提是明确分工。团队领导的主要职责就是给每一名参与引入的员工下达具体的任务，例如将员工分散于不同的观察位置、明确谁对哪些行为进行记录、谁负责控制引入持续时间、谁负责操作哪些设施、谁负责掌控哪种器械以干预动物行为、谁及时为动物准备饲料，等等。团队中应该有至少一名成员对整个过程进行记录，包括动物的行为表现、干预措施对动物行为的影响等，这些记录应及时在团队中分享并作为资料保存，以便于在日后本园或供其他动物园同种或相似动物引入工作中参考。

3. 部门协作

动物引入对全园来说都是重大事件，除了动物保育部门的参与以外，往往需要多个部门的协助。在大型危险动物的引入计划制定过程中，需要兽医参与意见，并根据动物和设施条件做好应急保定的准备。当兽医参与引入实际操作过程时，最好都躲在动物视线以外，以减少对动物的刺激；安保部门负责协助将游客疏散到动物引入工作区域以外，如果由于动物引入导致部分参观区临时封闭，则公关部门应提前准备，并向公众作出说明；动物在引入过程中往往表现出罕见的行为或动作，摄影师或摄像师如果能够对这些罕见行为表现进行记录，则这些珍贵资料可能会应用于动物园的公共宣传和保护教育项目中；科研人员对这些罕见行为表现进行观测记录，不仅有可能发现新的研究课题，还有益于对类似状况下动物的行为进行预测。

有些特别敏感的动物，可能无法承受众多员工围观的压力，此时应将部分协同部门的员工安排在动物不能直接看到的位置，员工之间通过对讲机保持信息沟通。

（二）兽舍准备

1. 环境检视要点

在将动物引入一个新的环境之前，员工需要对该环境进行彻底的检查，这里所说的新环境既包括非展示空间也包括展区。常规的检视项和丰容基础工作如下：

○ 检查隔障是否存在缺口或漏洞；

○ 检查所有操作人员进出的门和动物的串门是否处于良好的工作状态，是否都能够顺畅开启、闭合、锁闭，锁具是否都位于便于操作的位置；

○ 检查展区内是否残留建筑垃圾，特别是混凝土渣、金属碎屑、碎玻璃、导线和木块等；在低矮的平板车上安装大块的磁铁形成的"磁力检查车"会有助于清理展区内残存的金属碎屑，特别是钉子；

○ 检查展区内的植物，对可能造成动物逃逸的、过度生长的枝条进行修剪；

○ 确保展区内的植被中不含有对动物有毒有害的植物；

○ 检查室内兽舍墙壁和地板、天花板之间的缝隙，进行清理或封闭；

○ 确认照明和通风设施的防护罩完好；

○ 检查笼舍或展区内巢箱、栖架与建筑墙体或地面是否稳固联结，并确保所有设施没有锐利的边缘或尖角；

○ 检查所有的螺丝或螺母是否紧固，灵长类动物展区中应使用内六角螺丝；

○ 检查笼舍或展区中的给水设施是否处于良好的工作状态，由于新引入的动物个体可能并不熟悉饮水点或饮水的方式，在一开始可能需要在饮水点附近增加栖架或使动物容易到达的设施，如小平台；在这些栖架或平台上放置食物有助于让动物发现饮水点；

○ 展区内如果有大型的深水水池，建议在刚刚引入动物时将水池中的水排空或降低水位，以免造成动物溺水；

○ 保证在展区内为动物创建逃避压力的路径，保证动物在感到窘迫时可以选择回到非展示笼舍或其他安全区域；引入初期有必要在展区内建造一些临时的视觉隔障或庇护性隔障，这些临时隔障可以使用木板或在木架上捆扎麻袋制作；

○ 如果引入动物是一个既有组合，比如一对动物，则需要在展区内至少为每个动物个体提供一个合适的休息区域、遮阴区域、栖架、丰容玩具和取食点。取食点的位置不能太过接近，以免处于统领地位的动物个体独霸饲料；

○ 将食物分散于展区内，以鼓励动物正常的觅食行为：将小块饲料分散藏匿于地表垫材中、将饲草分散于展区各处、在栖架各处涂抹粘稠的美味食物，等等都会使动物尽快适应新的环境并表现出自然行为；

○ 将动物原来生活环境中动物所熟悉的环境组分，例如垫材、饲草、巢箱、丰容玩具甚至粪便等元素提前放置到动物即将进入的陌生环境中，可以减少动物对新环境的陌生感，缓解动物的压力；

○ 在新环境中引入鸟类，需要特别注意防止因为飞撞给动物造成的伤害，在硬质隔障内侧临时增加软网或将光源位置临时遮蔽都能有效减少动物损伤；

○ 两栖动物和爬行动物基本上都属于"胆怯"的动物，在新环境中为它们提供充足的庇护所、保持新环境的安静、减少引入初期操作频次都有助于减少动物压力。

2. 通用措施

根据引入动物的物种特点和新环境的特点，在引入动物之前往往需要进行以下技术性操作：

（1）强调隔障

为了保证展示效果，很多动物展区的隔障被故意设计成在游客眼中"不显眼"的模式，例如位于植被前面的深色金属围网、玻璃幕墙或壕沟等。这些隔障方式对绝大多数动物来说同样是"不显眼"的，为了减少动物将这些隔障区域认作逃逸路径而导致的冲撞，需要在引入动物之前将这些隔障方式进行视觉"强调"处理，例如在深色金属围网上面捆扎彩色的布条、大块的麻袋片；在玻璃幕墙上粘一层旧报纸或者用稀薄的浆糊或肥皂水涂抹以减少透明度；在壕沟边缘摆放木杠或拉几道网球球网；在钢丝绳隔障面捆绑树枝或球网等。

（2）模拟预视

有必要在展区内，通过动物的视点对展区及临近展区或周边环境进行模拟预视，在这个视线角度可以发现哪些位置对动物来说更危险，例如哪些位置更像是"逃逸路线"。同时也可以发现动物可能看到哪些临近展区中的动物。如果临近展区中的动物是计划引入动物的天敌或竞争对手，则有必要在引入初期通过临时性视觉隔障阻挡动物视线。往往从动物的视角看来，展区周边的植被区域或游客参观视点的位置比其他的隔障位置更像是"逃逸路径"，有必要在这些位置设置临时的视觉隔障。在采取措施的同时，需要密切观察动物的反应，保证这些操作或临时性设施不会对动物造成伤害，特别是布条、软网或绳索的应用，必须处于工作人员的监视范围内。

（3）检查电网

如果展区中存在电网，则需要特别检查电网是否处于正常工作状态。如果新引入的动物没有过接触电网的经验，可以用食物引诱动物接触电网：动物在接触电网的瞬间受到电击，这种操作方类似于传统行为训练中常用的正惩罚手段，会迅速抑制动物接触电网的行为，但在此过程中需要饲养员密切关注。

（4）逐一引入

如果在一个展区中计划同时饲养展示多种动物，特别是食草动物，则需要逐一引入这些动物。在这种情况下，可能需要在引入每种动物时在动物室内兽舍和展区之间搭建临时畜栏通道。畜栏通道通常使用木条或木板搭建，大型食草动物的通道建议使用金属围网搭建。在引入初期，需要在通道两侧围栏上捆扎麻袋以阻挡动物视线，减少周边环境对动物的压力；待动物适应了封闭通道并能够在展区和室内兽舍之间按照饲养员的要求出入后，逐渐拆除麻袋，让动物逐步适应周边环境；当动物已经适应周边环境并能够按照操作日程自如进出展区后，将临时畜栏通道拆除，这个过程往往需要1到3周的时间。

（5）展区丰容准备

在新环境中充分进行环境丰容准备工作可以有效降低动物在引入过程中承受的压力，充足的庇护所、个体间的视觉隔障、到处散落的食物、新奇的味道、好玩的玩具等等，都有助于动物表达自然行为，缓解压力。

（三）针对动物的相应准备

1. 让动物熟悉室内笼舍，并将其视作安全区域

将动物引入相对较大的、开敞的和环境复杂的展示区域之前，必须让动物首先熟悉室内笼舍，并将其视为遇到危险时的"避风港"。在这段时间内，饲养员需要和动物之间建立信任。建立信任最有效的方式就是正强化行为训练，在日常操作过程中避免给动物造成嫌恶刺激、避免限制动物的活动，使动物逐渐适应日常操作过程中的关键操作，例如饮水、喂食、串笼和笼舍清理等。多数动物会在1到2周内逐渐熟悉室内笼舍环境和日

常操作规程，并不再视饲养员为嫌恶刺激。在这个过程中，饲养员需要通过正强化手段让动物学习掌握基础的合作行为，只有当动物掌握了必要的合作行为，并不再对日常饲养管理操作感到窘迫时，才会将室内笼舍当作安全区域，甚至将饲养员当做"依靠"。在这些初步引入目标达成后，才能进一步将动物引入室外展区，这一点非常重要，特别是对于那些危险动物。如果动物没有将室内笼舍当做安全的避风港而拒绝回到室内笼舍，则饲养员往往只能采用负强化的手段或可能给动物造成更大压力的麻醉或强行捕捉等措施让动物回到室内笼舍，而这些操作无疑会损害动物福利并给引入工作带来更大的麻烦。

2. 逐步改变饲料

在动物刚刚到达本园时，不要突然改变动物饲料。动物转运过程给动物造成的压力往往使动物在短时间内拒绝采食，而此时如果给动物提供与以往饮食习惯不同的食物会令这种状况持续的更久，甚至造成动物脱水或营养不良。一般情况下，需要一周以上的时间让动物逐步适应新的饲料，在此期间需要继续给动物提供它所熟悉的饲料。在从其他动物园引进动物时，需要少量引进该动物个体的原有饲料。例如食草动物从谷物到颗粒饲料的转换、大型猫科动物从马肉到牛肉或猪肉的转换、灵长类动物从蒸糕类饲料到膨化饲料之间的转换、爬行动物从鲜活饲料到冷藏饲料的转换等等，都需要一定的时间。在这段时间内，保证动物进食非常重要，因为往往运输过程会对动物造成巨大的消耗，如果不能尽早保证动物进食，将造成严重后果。

3. 给动物提供更多熟悉陌生环境的机会

动物逐渐适应室内生活环境后，在将它们引入室外展区之前，可以预先让动物熟悉一下室外展区的环境因素。例如将室外展区中的少量地表垫材或一小块草皮放入室内展区，或者将展区内的少量栖架或丰容设施放入室内笼舍让动物逐渐熟悉。如果室外展区环境嘈杂，可以预先在动物室内笼舍播放室外环境噪音的录音，使动物逐步熟悉室外环境。这些操作手段都有助于减少动物从熟悉的室内笼舍进入陌生的室外展区时面临的压力。

4. 必要的串笼训练

动物的引入工作大多起始于动物转运，而动物转运往往需要动物进入转运笼箱。动物能够自愿进入转运笼箱对保证转运期间的动物安全至关重要，任何限食、驱赶、水冲、恐吓等负强化手段都会使动物在惶恐状态下进入笼箱，这种应激状态会一直在动物转运过程中持续，给动物身心健康造成危害；麻醉动物进入笼箱的风险可能更大；反刍动物往往需要提前几天绝食绝水，麻醉注射也会引起动物体温升高，动物在从麻醉状态恢复过程中往往不能自如活动，再加上转运笼箱相对狭小的封闭空间，容易造成动物肢体损伤甚至死亡。况且，很多大型动物难以实施麻醉操作，所以训练动物自愿进入转运笼箱非常重要。动物逐渐熟悉并自愿进入转运笼箱大约需要一周的时间。大型转运笼箱可能无法长时间安放在展区内，这时候可以制作临时转运通道，并通过在转运通道内安放动物熟悉的环境因素来减少动物的恐惧和猜疑。在动物熟悉并能够自愿进入转运通道后，从转运通道将动物引入转运笼箱会变得轻松许多。关于动物转运的更多资料，例如笼箱的制作要求、尺寸、材料和在转运途中的饮水、饲料提供方式，请参阅国际航空运输协会（IATA）的有关指导文件"IATA Life Animals Regulation"。

当动物抵达本园，在将动物从转运笼箱引入到室内笼舍时，不要采用任何强迫手段或负强化手段将动物驱赶到室内兽舍中。此时应允许动物自主进入到室内笼舍中，整个操作过程不能操之过急，饲养员需要保持应有的耐心，不要急于关闭串门，以免给动物带来更多的负面刺激。动物在没有负面刺激的情况下自愿进入到室内笼舍，有助于动物尽快将室内笼舍当作安全区域，从而为下一步的工作奠定基础。

四、引入操作过程

不同物种或特殊经历个体的引入过程都会有不同的侧重点，这里只介绍通用的操作原则。

1. 时间预留

有些引入过程会很快完成，而有些则可能耗时数月。因此，成功的动物引入需要充分的时间预留。展区中所有的建筑构造、隔障维护和景观植被种植等工作必须按计划完成后才能考虑引入动物。仓促的展区建设往往会留下隐患，甚至威胁到动物的健康。展区建设所包含的各个专项工作，例如各项基础丰容项目也应有条不紊的进行，在各个专项工作完成后都需要动物饲养管理人员进行验收，以保证引入动物的健康。有必要强调的是：这种验收检查不能由引入前的笼舍检视工作替代。动物适应新环境的平均时间大约是一个月，也就是说要达到我们所制定的引入工作的最终目标至少需要一个月的时间。在这一个月当中，动物的状态和行为表现会逐一达到各个阶段性的短期目标。作为动物园饲养管理者必须认识到达到短期目标和达到最终目标之间的区别，在这段时间需要保持对动物的紧密观察，防止动物受伤，并逐渐通过提供丰容项目和正强化行为训练等行为管理方式使动物尽快学会必要的合作行为和对周边各项环境刺激脱敏。动物园的其他部门，例如市场开发部、公关部、保护教育部门等，也必须了解时间预留对动物引入工作的重要性，并根据动物引入的进展安排公共事件。

2. 引入时间

在室外进行的动物引入工作需要考虑季节和气温的因素，动物在引入过程中往往表现兴奋或应激状态，气温过低会加速动物的体能消耗，高温则会导致动物体温过热。引入操作应避开周末和节假日，最好在温暖季节的清晨进行动物引入工作，在动物园开放之前就开始引入有以下优势：

○ 没有游客或其他开园后的噪音给动物带来的压力；

○ 便于引入区域的安全管理，如果动物逃逸，园方更便于开展补救性措施；

○ 动物进入新环境后，管理人员有充分的时间观察评估动物的行为表现；

○ 引入过程中必要的行为干预措施的运行不会受到游客的干扰；

○ 从清晨到动物园开园前有更多的时间引导动物回到室内笼舍。

3. 员工安排

引入过程中需要足够的、有经验的人手参与。这些人中最重要的是动物的主管饲养员。动物园中风险较大的引入工作是将动物从室内笼舍引入到陌生的室外展区中，在这项操作中，由于引入前期动物在室内笼舍饲养期间主管饲养员已经对动物个体有了更深入的了解，让动物学会了基础的合作行为，并且与动物之间建立了初步的信任关系，所以在将动物从室内引入到室外展区的过程中，主管饲养员应发挥最重要的作用，这种作用不仅体现在决策方面，也体现在设施设备的熟练操作方面。

4. 引入过程观察

充足的参与人员能够保证在引入过程中从不同的角度观察动物的行为，同时也能保证在关键的位置，例如串门的操作位点安排操作人员。在整个引入过程中都要保证动物随时处于观测之下，各个观测人员之间通过对讲机保持及时沟通是判断动物状态的关键措施。由于在引入之前所有参与人员都已经对动物可能出现的行为状况的判断以及需要采取的行为干预措施达成了共识，所以每个观测人员都有责任判断动物的即时状况并采取必要措施，例如抢救落入水中的动物或通过使用器械或负强化手段阻止动物的非期望行为。在动物引入的第一周，往往需要保持对动物的密切观察。

5. 对动物和环境的管理措施

在有些物种的《饲养管理指南》文件中会提供有价值的物种引入注意事项，并且这些注意事项对类似物种的动物引入工作也有重要的参考价值。一般情况下，动物引入过程中都会采取以下手段：

● 与禁止驱赶动物从转运笼箱进入室内笼舍同理，在将动物从室内笼舍引入到室外展区时，也不能驱赶或强迫动物。应该允许动物自主进入新的环境；同样，在结束一轮引入工作时，也不能驱赶动物回到室内笼舍。在动物按照饲养员的指令回到室内笼舍时，必须及时给予动物正强化，最好的方式就是马上给动物提供可口的食物。

● 为了鼓励动物从"放心"的室内笼舍进入到陌生的室外展区中，可以采用食物引诱的方式。将动物喜欢的食物分成小块散落在展区各处会鼓励动物的觅食行为并缓解动物承受的压力。需要注意的是在展区中给动物提供的食物不能过多，保证动物的主要食物提供地点必须在室内笼舍，这样才能保证在这一轮引入操作结束时动物仍会回到室内笼舍。

● 当将一个既有动物群体引入新环境时，最好首先单独将最弱小的或最不具有攻击性的个体引入到新环境中。这种操作方式会让管理人员在引入强壮的或攻击性强的危险个体之前通过这些相对"温和"的动物个体的行为表现获得有价值的信息；这些温和的个体在引入到新环境后往往会因为回归群体的心理需要而更容易回到室内笼舍；同时，这些温和个体对新环境和设施及操作的适应性经验也会对群体引入大有裨益。

● 在将一群动物，特别是一群食草动物引入新环境时，暂时不对动物的室内笼舍进行清理会让动物在回到室内笼舍时感受到熟悉的信息并获得安全感；同样，将动物室内的一些熟悉环境元素散布到室外展区中也有助于减少动物在陌生环境中承受的压力。

● 如果动物拒绝回到室内笼舍，在保证动物安全的前提下，可以将室外展区和室内笼舍之间的串门打开，在室内笼舍中放置饲料，并保持室内笼舍足够的照明。室内笼舍的灯光会在夜间为动物提供回到室内安全区域的线索，室内笼舍中预留的饲料也会强化动物回到室内的行为。

6. 引入计划的评估和调整

参与引入工作的小组成员需要每天集中讨论当天的引入进展，并根据实际进展情况决定是否向园内其他部门进行通报，以便于全园整体计划安排。在每天的讨论中，小组成员需要对引入过程中出现的问题提出解决方案，并对是否达到阶段性目标作出判断。

如果问题持续出现，在尝试多种方法仍然无法促进引入进展时，有必要调整引入计划，甚至回到上一个步骤重新开始。通过及时的讨论保证引入计划的<u>弹性</u>非常重要，因为引入工作是一项涉及多方面因素、并随时需要评估调整的技术性操作过程。

引入的最初阶段无疑是最关键的时期，特别是在最初的几小时内，往往在这个时段最容易出现问题。所以在这个阶段要求所有工作小组的成员全部到位，以备突发状况。在经过最初的阶段后，可以减少参与人员，但至少保证有一名有经验的工作人员监视动物状况并通过对讲机与小组其他人员进行沟通。建议在每天早晨将动物引入室外展区和傍晚将动物收回室内笼舍时有一名工作小组成员能够协助主管饲养员进行操作。在对尚未适应昼夜颠倒的展示时间安排的夜行性动物引入时，需要调整工作小组的作息时间，在夜间实施动物引入工作。夜间动物观察可以采用轮流观察或采用监视器观察记录等方式进行。

在引入开始后的2~3周内，需要饲养员密切关注动物的进食量、粪便状态、消化状况评估和基本的身体健康指标，例如体重变化情况、体表（羽毛、鳞片、毛发）状况、是否有外伤等。除了身体状况以外，饲养员还应观察评估被引入动物的行为表现：在进入室内笼舍的串门前来回踱步或蜷缩成一团都是动物承受压力过大的表现；而觅食、洗浴（泥土浴、水浴、沙浴等）、晒太阳、在展区中睡觉等行为都是动物放松、并逐渐适应新环境的表现。

每次的引入工作都应对以下重要信息进行记录：

○ 动物种名

○ 动物呼名

○ 动物年龄

○ 动物性别

○ 被引入动物既往饲养史

○ 饲养设施和展区草图

○ 根据展区简图简单描述每天的操作过程

○ 引入结果描述

○ 对结果的评估

○ 出现的问题和解决方案

等等。

这份引入记录应该存入被引入动物的档案，并通过互联网录入动物园动物信息管理系统（ZIMS），以便在本园或动物园同行之间未来的引入工作中参考。

第二节　同种动物的引见、配对合笼与合群

动物与交配对象合笼以繁育后代、构建新的族群、加入到既有的族群、将人工育幼个体"交还"给该个体所属族群等内容都涉及同种动物之间的引见和合群。群居动物只

有在适当的族群中才能够学习掌握重要的生活技能、拥有繁育机会并学习掌握哺育后代的技能。在群体中动物个体会获得更多的安全感，并拥有符合自然习性的社会交往机会。灵长类动物和大象等物种中存在的母亲和后代之间的关系对后代成年后是否具备正常的群体生活能力影响深远。应尽量避免将幼崽与母亲分开从而避免出现更多难以解决的问题。生活在正常群体中的年幼个体在成年后也会正常表达社交行为、繁殖行为，并具备哺育、照顾后代的能力，这些能力也是动物族群能够维持、延续的保证。灵长类动物的群体管理始终是动物园关注的重点，关于这方面工作的参考资料也更丰富，在这些资料和经验总结中归纳的一些常规技术性操作原则也适用于其他多个物种的群体构建和管理工作。

一、确定目标

与将动物引入新环境一样，同种动物的合群工作同样需要制定明确的目标。例如，对构建一个非繁殖族群来说，长期目标可能是和谐共存、群内所有个体身体状况良好并都能保持健康的体重和体型。重返族群的短期目标可能是相互容忍，长期目标是保持正常水平的社群互动行为、繁殖行为和成功抚育后代。对于那些母性行为缺失的雌性个体，长期目标是使其在群体中获得正常的抚育后代的能力，而短期目标可能是让该雌性个体允许群内母性较强的其他雌性个体帮助照顾幼崽，或者允许幼崽接受饲养保育工作人员的辅助性照顾。

尽管上一节讨论的将动物引入"空"展区的工作往往最终都会成功，但动物合群难度更大，难以保证100%的成功。造成合群失败的原因主要集中在交配对象选择和动物个体的行为差异等方面，例如极度的恐惧、强烈的攻击行为、不正常的社群关系，甚至动物个体之间的"嫌弃"，等等。纽约布朗克斯动物园曾出现这样的案例：通过周密的计划和充足的时间准备，历经7个月后，他们成功地将一只成年雄性大猩猩与11只雌性大猩猩合群，但合群后这只雄性大猩猩与11只雌性中的10只关系融洽，但对其中一只雌性总是"厌弃"甚至攻击，尽管动物园做了大量的工作，但仍然无法减少雄性大猩猩对这只雌性的攻击行为，于是饲养员只能将这只被攻击的雌性大猩猩从群体中分离出来并引入到另外一个大猩猩群体中。这只雌性大猩猩被转移后，那只雄性大猩猩与10只留下的雌性大猩猩一直保持着和谐的社群关系。

二、注意事项

1. 信息收集

在上一节强调的注意事项同样适用于动物合群。深入了解物种自然史、行为特点和生态学知识是制定合群计划的依据，与熟悉该物种生物学信息的动物学专家沟通和交流对动物合群大有裨益。考察、了解计划合群个体以往的生活环境空间关系和设施设备条件、操作流程等背景资料，与前任主管饲养员交流，了解该个体的"脾气秉性"和行为特点也有助于提高合群的成功率。如果繁殖是合群的最终目标，则了解动物的繁殖行为、发情规律和繁殖周期中社群统治关系的变化对实现最终目标具有更直接的意义。饲养员基于对动物繁殖规律的了解，可以判断出群体中哪个个体更容易接纳新引入的个体、哪个更容易出现攻击行为、哪个更有可能成为新引入个体的"同盟"，等等。为了繁育后代的健康，在合群前需要确认现有群体中的亲缘关系，往往需要转移原有群体中的幼年动物或亚成年动物，以降低群体中遗传价值较低的个体参与繁殖竞争。

2．建立"同盟"

了解社群的统治层级结构有助于指导饲养员确定将哪种性别的动物引入到群体中，但更保险的措施是在引入新个体之前首先在原有群体中挑选一个或少数几个个体与被引入个体提前建立"同盟"，然后将被引入个体作为"同盟"中的一员引入到大群中（图9-2）。在旧大陆灵长类动物群体中单独引入雌性个体十分困难，该雌性个体往往很快陷入被原有群体中的雌性个体群起而攻之的被动局面。实践证明，如果首先让该雌性个体

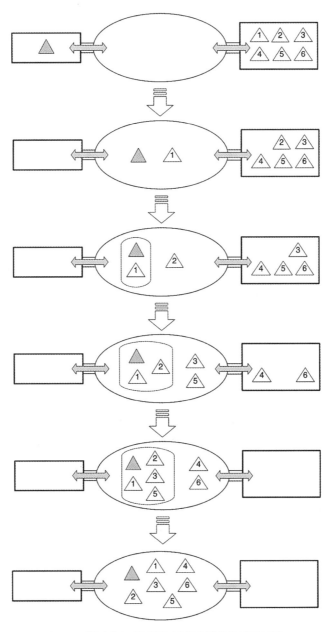

图9-2　通过建立"同盟"进行合群操作过程图示

与现有群体中的雄性提前接触，并建立"同盟"，这样在该雌性个体引入群体后会获得雄性同盟个体的保护和支持。除去性别因素，详细了解既有动物族群的"社会现状"和群体个体之间的从属关系，甚至在本群构建过程中发生过的特殊事件都有助于判断哪个个体更适合作为新引入动物的同盟。最理想的状态是让新引入个体首先与原有族群中既能够与其他族群成员和谐相处又具备"稳重性格"的个体结成联盟。当原有群体中存在多个攻击性较强的个体时，"同盟"引入是有效减少动物伤害并保证合群成功的关键，这一点对雄性和雌性个体都适用。具体的操作需要结合动物的特点，例如在将一只雄性大猩猩引入一个雌性群体时，如果被引入的雄性个体攻击性较强，则应首先让族群中占统领地位的雌性与之预先接触，并建立同盟关系；如果雄性个体胆小怯懦，则应首先与族群中社群地位最低的雌性个体预先接触。由此可见，对动物个体"性格"的准确判断会对合群决策发挥重要的指导作用。

3．时机把握

时机把握对多数合群操作，特别是以繁殖为目的的顺利合群都是决定因素。例如计划将一只雌性黑猩猩与雄性个体合群，则最好选择该雌性个体处于发情期时进行合群操作；但是，如果将一只雌性个体与其他雌性个体合群时，应避免在原有群体中有发情个体期间操作，因为处于发情期的雌性黑猩猩往往表现强势和较强的攻击性。

4．领地因素

无论群体中的雄性个体或是雌性个体，都会在展区中建立自己的"领地"，这些领地可能是一个休息位点、一根栖架、一个巢箱、一片地表铺垫物、一个平台，甚至统领动物会将整个展区视为自己的领地。当计划将其他个体引入到这种群体时，应该为新引入的个体提供不受领地因素干扰的熟悉新环境的机会。可以临时将展区中的原有群体暂时隔离，并对展区进行彻底清理，减少原有领地标记，然后将被引入个体或小群体单独进入新环境，并在不受打搅的情况下熟悉展区环境、发现饮水或饲料提供的位置、栖架、垫材等环境资源。尽管对环境进行了清理，但展区中仍会存留大量的原有群体的信息，这些气味、痕迹，或者声音都会让新引入个体提前获得群体动物的信息，但不会给新引入个体造成过多的压力。

5．师法自然

在成功进行的动物合群方面，现代动物园共有的成功经验就是"师法自然"：以动物在自然环境中相遇的情境作为合群操作的指南。几乎所有以失败告终的合群操作的共性都是"操之过急"，仓促地将完全不熟悉的个体进行合群往往导致动物难以承受的压力、剧烈的攻击、严重的伤害甚至直接导致动物死亡。对绝大多数动物来说，在自然界中与其他个体的相遇往往从闻到该个体的气味、听到声音或痕迹识别等方式开始，在动物身体接触之前，动物个体之间已经通过各种线索对对方的性别、年龄、所处繁殖周期的阶段，甚至对方的体型都有了初步了解，而这些信息对进一步是否发生身体接触及接触的方式都会产生决定性影响。"师法自然"——在合群操作中尊重自然情境，为动物创造更多通过自然方式提前了解对方的机会，有助于提高合群成功率。

6．预先改变群体结构

对于有些物种来说，在相对稳定的现有族群中引入新个体几乎是不可能的，例如细

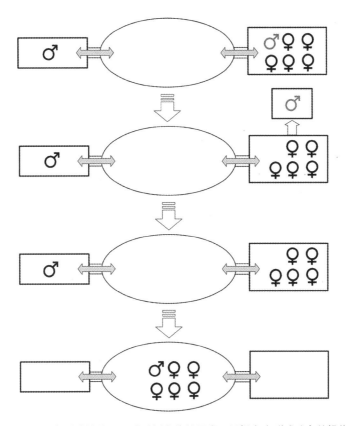

图9-3 改变现有群体结构，形成对新个体的需求，以提高合群成功率的操作图示

尾獴、刺豚鼠、水獭等物种。为了保证群体繁育后代的基因健康，当必须引进新个体时，需要预先对原有群体进行群体结构的调整。常见的做法是从既有群体中移走某个成员，以便在改变结构后的既有群体中造成对新个体的需求。被移走的成员将不会回到原有群体中。例如在调整细尾獴群体血缘关系工作中，首先移走原有繁殖雄性，再经过循序渐进的引见操作过程，是保证成功引入新雄性个体的有效途径（图9-3）。

三、准备工作

合群准备工作与将动物引入新环境时类似，但也有一些特殊事项：

（一）员工准备

1. 关注个体间的攻击行为

对成功合群最大的威胁就是个体间的过度攻击行为和由此引发的伤害甚至死亡。但何为"过度攻击行为"？在合群之前，参与合群的工作小组中所有成员必须对合群个体的攻击行为进行充分的了解，并预先划定攻击行为水平，例如将"对视相向""表现攻击姿态""吼叫"等行为列入可接受范围内，工作人员密切关注，但不干预；将"啄""撕咬"等攻击行为列入必须进行干预的范围。对攻击行为的干预主要有两种途径，分别是正强化途径和负强化途径。正强化干预行为指强化参与攻击的个体离开攻击对象的行为。这种行为干预方式需要在合群之前分别对动物进行训练，使动物学会听从饲养员的指令完成期望行为，往往是到达特定地点并获得强化；负强化干预方式包括制造噪音、高压水龙冲击甚至干粉灭火器的使用以阻止攻击。尽管这些方式都是"负面"的，但都是保障动物个体福利的必要手段。对于这一点，所有小组成员必须认同，并熟悉掌握各种干预设施设备的操作方法，以便在造成严重后果前终止过度攻击行为。

2．做好应对突发事件的准备

在一些紧急状况下，需要工作人员对动物进行身体或行动能力的控制，这也是小组成员必须由有经验的饲养员组成的原因之一。需要为小组成员提供适用的工具或器械，例如捕捉网、绳索、木棍、电焊手套、带有护目镜的头盔等。无疑这是一项有风险的任务，应该通过合群操作前期的循序渐进过程将风险降到最低，尽管如此，参与合群工作的小组成员仍然需要熟练掌握这些器械或应急工具的使用。

（二）笼舍/展区准备

1．合群/合笼地点选择

室外展区虽然比室内笼舍更大，但对动物的操控灵活性远远不如室内笼舍。室内笼舍尽管面积、空间有限，但更便于操作的串门、饲养员操作门甚至隔障操作面都为干预动物的过度攻击行为和控制动物的位置提供了便利条件。所以，对于可能发生严重攻击行为的动物合群/合笼，一般都在室内笼舍或其他操作后台、非展示活动区进行。在展区设计时，需要预先设计便于动物合群的室内笼舍，这种特殊用途的笼舍往往比一般的室内笼舍更大、具有更多的串门和更便捷的操作面。在每次合笼操作前，饲养员必须将必要的器械、设备、工具放置在安全的、便于取用的位置，同时检查所有的笼舍设施设备，特别是串门的运行状态，以确保应对可能发生的紧急事件。总之，对于那些可能发生严重攻击行为的动物合笼，地点选择应该遵循"可控性优先于空间大小"的原则。

2．丰容准备

对于那些攻击行为强度较低的动物合群或多个个体的合群，往往在室外展区进行。在展区进行合群操作之前，需要预先进行丰容工作准备，各种环境丰容措施与动物引入新环境时的工作内容相似，但在进行食物丰容时则与将动物引入"空"环境不同：在将动物引入"空"环境的食物丰容操作时我们强调不能在展区放置足量的食物，少量散布的食物有助于分散动物在新环境中承受的压力并鼓励动物的觅食行为，大量的食物仍然只在室内笼舍提供，这样才能保证在一轮引入操作结束时将动物召回室内笼舍。合群操作中，我们建议分散提供足量的食物，甚至是过量的食物，这些充足的、分散提供的食物能够有效避免由于争夺食物引发的攻击行为。食物的提供方式仍然为将食物分散成小块，然后散落到展区各个角落，并且与地表垫料混合在一起，以鼓励动物将注意力更加集中于搜寻食物上。使用这种方法能够顺利完成用其他方法难以完成的合群操作。细尾獴是一种"臭名昭著"的难以合群的动物，合群前在兽舍中散布大量活体饲用昆虫会鼓励来自不同群体的细尾獴更多的关注觅食，甚至很快结成"觅食伙伴"，有效减少攻击行为。除了食物以外，所有可能引起动物争夺的"资源"都应足量甚至过量提供，特别是那些具有营巢行为的动物，展区中应为它们准备充足的营巢位置和巢材。

3．降低狭小空间可能带来的风险

在室内笼舍或室外展区进行合笼/合群时，应避免存在动物可能进入的狭小空间，例如空间死角、巢箱、管道、单一开口的庇护所，等等。合群前应将这些设施移除或封闭空间死角，以避免被攻击的动物个体无逃避；但有些情况下，空间大小和开口适合的巢箱也可能在某些动物的合群中起到对被攻击个体的保护作用。对合群/合笼空间的准备需要小组成员之间充分的交流，以做出正确的取舍。对是否保留狭小空间的决策，主要取决于饲养员能否迅速有效对这些小空间进行操控，如果笼箱位置位于操作面附近或笼箱本身带有便于操作的串门，也可以在合群笼舍中保留笼箱。如果笼箱形成的狭小空间不可控，最好还是从笼舍移除。在小型动物的合笼过程中，后果严重的攻击行为往往都发生在狭小空间内。

（三）动物准备

1．确保动物健康

在实施合群之前，无论是计划新引进的动物还是展区中原有的动物都应处于良好的健康状态。这种健康评估必须由饲养员和兽医协同进行，因为合群引发的压力或剧烈活动往往会使原本并不显著的病情爆发。

2．药物控制

在有些灵长类动物和有蹄类动物的合群操作中，会采用药物控制动物的行为。药物作用体现在降低攻击行为和减少恐惧两方面，对不同作用的药物选择由合群的具体情况而定。短期药物的应用目的是为了让动物在逐渐熟悉新环境、新同伴的过程中保持相对平静。药物种类的选择和用量以及使用周期需要饲养员、兽医和动物行为专家、药物专家协商确定。

3．身体"修饰"

野猪、羚羊和鹿科动物在合群前，饲养员可能会对动物的身体进行修饰，例如磨钝野猪的獠牙、在羚羊角前端套上塑胶水管、锯掉鹿的干角等措施。这些措施都能够降低攻击行为造成的身体伤害。需要提别注意的是，在羚羊角上套装的塑胶水管基部容易积水并引起角鞘腐烂，饲养员应保持密切关注，一旦合群成功，尽快清除套管。

四、合群操作

为了避免过度的攻击行为，应将动物合群分成多个步骤进行。这些步骤归纳为三个阶段（图9-4）：

〇 非接触性感知阶段——动物之间可以互相闻到、看到、听到，但没有身体接触；

〇 有限接触阶段——动物之间通过特殊隔障可以实现局部的身体接触，但不会造成攻击伤害；

〇 完全接触阶段——动物完全的身体接触，动物与动物之间没有任何隔离；

合群操作按照这三个阶段逐步进行，并结合兽舍/展区特点和动物物种特点进行特殊调整，是保证成功合群的必要途径。

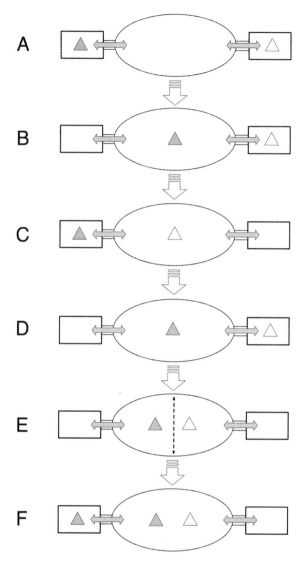

图9-4　合群操作三个阶段示例
A：现有场地条件；B、C、D：非接触性感知阶段；E：有限接触阶段；F：完全接触阶段

（一）非接触感知

合群的第一步是在不发生身体接触的前提下为动物个体之间建立互相感知、熟悉的机会。让动物彼此之间能够看到、接触对方的粪便或垫料、听到对方的声音等都是这个阶段常采取的措施。在条件允许的情况下，让动物交换兽舍或展区能够创造更多的提前感知对方的机会，让动物在不同时段分别处于同一展区也能达到相似的效果。在笼舍条件有限的情况下，需要在动物笼舍之间交换提供对方的粪便、分泌物、垫料等信息载体，以保证动物之间能够提前感知对方。

（二）有限接触

再经过一段时间的非接触性感知操作、当动物表现平静或表达出明显的探究行为时，就可以允许动物进行有限接触。最常采用的有限接触方式是在动物个体之间安置方格网，网孔的孔径必须足够小，以避免动物之间造成肢体末端的伤害。在《图解动物园设计》一书中，我们特别强调了"打招呼"的门的设计方法，由一层板门、一层网门构成的双层串门或在板门上预留可封闭的方格网窗口都会在动物合群的这个阶段中发挥重要作用。

在这个阶段，应进行正强化行为训练，以减少强势个体的攻击行为。一般将期望行为确定为强势个体在临近隔障面的位置保持平静。这种行为训练不仅会在本阶段减少弱势个体的恐惧，也会在完全接触阶段起到减少或终止攻击行为的作用。如果在这个阶段动物个体间表现出急迫的接触欲望，则应缩短这个阶段的时间，以避免给动物造成过多的消耗和压力。

对于不同的动物、不同的兽舍设施条件，有限接触可以采取的方式很多，以下是一些成功的方式：

● 临时隔障：

很多老旧动物园都选择由墙壁和玻璃幕墙参观面构成的小型兽舍展示小型哺乳动物，这些展舍甚至没有操作后台。在这种不利条件下进行的合群/合笼操作中，需要搭建临时隔障，为动物创造有限接触机会。临时性隔障可以使用木框围合的细密金属网搭建。合群过程如图9-4所示。

● "引见笼"：

引见笼实际上是一种特殊形式的可移动临时隔障，操作方式就是将被引进的个体放在细密网笼中，然后再将网笼放入既有动物的兽舍内，个体间可以通过细密网笼进行有限接触（图9-5）。这种方式适用于大多数小型哺乳动物的合群操作。

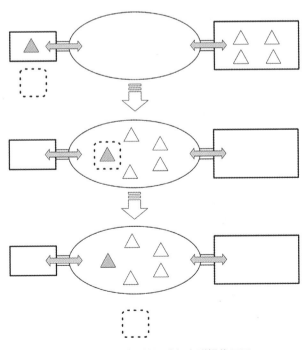

图9-5　应用"引见笼"进行合群操作图示

● 过渡性合群笼:

南美洲热带小型灵长类尽管体型娇小,却常常在合群过程中发生严重的攻击行为。这类动物的合群常常借助于一种过渡性合群笼,合群笼采用木框和金属网制作,特殊之处在于在笼子两侧的不同高度设置串门,串门连接的通道都能让动物回到安全的空间。这样可以有效避免强势动物阻断弱势动物的逃离路线,也便于饲养员观察和采取行为干预手段。在过渡笼中合群成功后,就可以将成功合群的动物一起转移到展区内了。这种过渡笼对只有一个展区并缺少操作后台的笼舍条件具有重要意义。

（三）完全接触

只有在有限接触阶段动物不再表现出攻击性或过度焦虑时,才能实施进一步的完全接触合群操作。尽管如此,在完全接触阶段动物仍可能表现出严重的攻击行为。避免这样的问题首先依靠前两个阶段对动物行为的正确评估,在评估过程中往往需要动物行为学家的建议或参与。另一方面,对于那些可能给对方造成严重伤害的动物,在实施完全接触操作时需要配备更多有经验的饲养员,并准备必要的设施或器械,以便对严重攻击行为进行有效干预。但更有效的途径往往是尽可能多地收集同种动物在本园历史上或其他动物园曾经实施的合群经验。

相对前两个阶段来说,完全接触阶段的合群操作过程和手法变化更多,在借鉴他人的经验的时候,必须结合本园的设施设备条件和动物行为管理水平,因为从不同的动物园可能得到不同的操作建议。例如,有的动物园推荐将来自不同群体的个体同时放入新展区的合群手法（图9-6）,他们的理由是:所有个体同时进入到一个新环境时,对新环境的探索热情会缓解与其他个体面对面时感受的压力,而且由于所有个体对这个环境来说都是"新来的",所以不存在"老住户"的领地意识引发的攻击行为。通过这种方式建立的动物群体会逐步趋于稳定,群体中缺乏经验的或相对弱势的个体会寻求其他对新环境更适应的个体的帮助。

而其他的动物园可能会推荐另一种操作手法,他们认为同时在新环境中放入个体会增加个体承受的压力,这种压力可能转变为失控的攻击行为。所以他们采用分步合群的方式（图9-7）:首先让每个动物个体都单独进入到新环境中,待所有个体都在没有其他个体干扰的情况下对新环境有所熟悉后,再将所有个体同时放入新环境中。具体操作分为三个阶段:第一阶段,每个个体分别在各自的室内笼舍饲养一段时间,以便动物将室内笼舍当做避风港;第二阶段,每个个体分别独自进入展区,熟悉环境并能够从展区顺

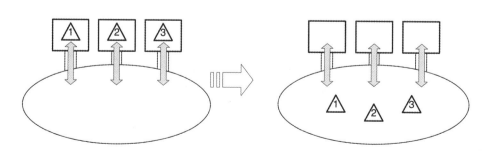

图9-6　同时将来自不同群体的个体同时放入新展区的合群操作图示

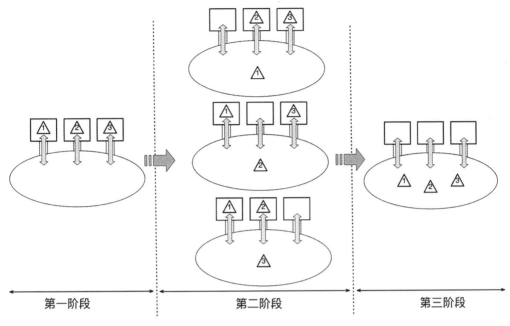

图9-7　分步合群操作图示

利回到室内笼舍；第三阶段，将所有个体同时引入展区进行合群。这种方式成功的几率更高，但显然实现这样的分步合群需要更完备的设施条件。

　　在动物合笼操作时，有些建议具有普适性。例如两个动物中的一只个体相对胆怯或弱势，则合笼地点应该选择在弱势个体的笼舍中进行。此时弱势个体具有的领地优势会增强该个体的自信，避免因过度恐惧而引发的攻击行为。在猫科动物合笼操作中，雄性个体往往强势并更具有攻击性，所以在雌性动物笼舍中合笼是更推荐的操作手法。

　　当计划在一个已经建立的群体中引进新个体时，采取哪种引进方式同时受到物种特点和笼舍条件的决定。在笼舍条件允许的情况下，将新个体逐步与群体中的少数个体分别合群比让该个体同时面对整个群体更可取。这种分步合群的操作需要对动物物种行为学有深入的认识，同时也需要更先进的笼舍条件。在分步合群操作中，对动物个体位置的控制、对各个合群阶段的行为观察和评估都需要便于观察和操控的操作区域。这种操作区的特点是：

　　○ 饲养员观察、操作面和动物容置空间之间采用金属方格网隔障而不是墙体隔障；

　　○ 动物串门使用推拉门而不是垂吊门；

　　○ 动物容置空间之间不止有一个串门，还具有另一个或多个到达分配通道的串门。通过分配通道，每只动物个体都可以安全地到达任何一个容置空间。

　　灵长类动物的合群操作对具备这些特点的设施设备条件依赖极大。只有这样的设备条件才能让新引入的个体有机会和群体中的某个个体或次群体首先建立起"联盟"关系，这种联盟关系的提前建立对保证新引入个体的安全和构建新的稳定群体至关重要。

（四）合群操作的经验总结

1. 正强化、正强化、持续的正强化

在合群过程中动物的行为表现是确定合群操作进度最重要的指标；合群过程可能进展得很顺利，例如在几周内完成，也可能充满艰辛，甚至历时数月、数年。在进行到完全接触合群操作阶段时，一开始应控制动物接触的时间不能太长。此时饲养员应该采用正强化的方式让动物彼此分开，以减少动物对整个合群操作过程的厌恶或恐惧。正强化行为训练方式不仅限于在这个环节应用，而是应该在各个环节注重正强化动物行为训练的运用，在日常操作中动物与饲养员之间的信任关系会大大缓解动物在合群过程中承受的压力。

2. 坚持

尽管在完全接触环节可能发生不可接受的攻击行为而使得这个阶段的合群工作停滞，但绝不意味着整个合群计划的终止。应该返回第二阶段甚至第一阶段坚持进行合群操作。对于有些动物来说，即使是短期的停滞，例如适逢周末而没有按计划进行合群操作，也可能破坏已经建立的合群基础。

3. 时间选择

也许夜间更适合某些夜行性动物进行合笼操作，例如在夜间进行云豹的交配合笼更安全。在合笼期间饲养员也要调整作息时间，以适应动物习性的需要。对于那些在白天已经成功合笼的动物，如果夜间没有饲养员全程观察值守，不要贸然让动物在一起过夜。特别是那些在清晨或黄昏表现活跃的动物，往往在饲养员不在现场时会对其他动物个体造成伤害。只有在白天的合笼过程中动物之间都表现出"积极的"互动行为、舒适的休息和平静的进食的情况下，才能够允许他们夜间也共处一室。当然在起初的几天夜间还需要饲养员值班看守。

4. 饥饱选择

在合笼前是否让动物进食也是个需要考虑的问题。饥饿状态下的动物个体在合群过程中可能对环境中的食物更感兴趣而减缓了个体间的冲突，但应用这种操作手法时一定要避免因争夺食物造成的攻击行为；相反，对某些食肉动物来说，饱腹感可以降低猎食行为的内驱力，从而减少攻击行为的出现。例如在云豹的合笼操作中，首先给雄性云豹提供充足的食物，弱化该个体面对雌性云豹时表现出的猎食本能，此时在雌性云豹的兽舍中进行一些环境丰容工作，例如洒落一些猫薄荷以分散雄性云豹的注意力，都有助于云豹成功合笼。在执行猫科动物合笼之前，应该给它们提供充足的食物。

5. 提前单向模拟合群

对于动物园中刚刚引进的、尚未结束隔离检疫的某些具有强烈群体生活需求的动物个体，孤独的生活状态可能导致免疫系统崩溃，这种孤独造成的压力往往比动物可能携带的疾病更具有破坏力。此时可以采用"单向模拟合群"的操作手法：将园中携带有同种动物信息的载体，例如同物种动物使用的垫料、吃剩的饲料、栖架等安放在检疫动物生活区内，让该个体产生生活在"群体"中的错觉。这种操作也能加快检疫期结束后该个体融入园中群体的进程。

6. 循序渐进

动物合笼/合群是一项严谨的技术性操作过程，需要知识、观察、决策，也需要完备的设施设备和充裕的时间。任何不负责任的决断或冒进，都会给动物福利造成损害甚至无法挽回的损失。持续的评估、完整的信息记录、工作计划的坚持和调整都必须围绕一个原则：动物能否舒适地和同伴在一起？合群操作的每个阶段性工作必须以前一阶段的成功运行为基础，按照"非接触性感知→有限接触→完全接触"的顺序进行操作是最起码的要求，在这个操作进程中，越多掌握知识和信息，越能让你发现更适合的操作手法。最后，无论动物合群最终成功或失败，都请分享这些对别人来说无比宝贵的经验或教训。

7．回归社群是巨大的挑战

回归社群指将由人类或"代理母亲"哺育的个体"返还"给本应所属的同种动物群体。回归社群操作过程多数情况下与合群所采用的方式和阶段性操作一致，但必须认识到回归社群往往比"普通合群"操作难度更大，而且合群后的结果也往往不能满足正常的社群生活的标准。与其困难重重地执行回归社群操作，不如尽量避免将幼崽从母亲身边移走。关于增加母性行为有很多成功的方法，特别是在灵长类动物方面有很多参考资料可以参照。如果不得不实施回归社群操作，则有三方面的建议：

（1）回归社群需要比"正常合群"更多地、更深入地对动物的了解；

（2）尽管操作过程与"正常合群"相似，但每种动物的物种特点对回归社群能否成功影响更大。在制定回归社群工作计划前，一定要参考与该物种合群操作的相关文献或报道；

（3）对各阶段的动物行为表现，无论是被引入个体还是现有群体的行为都需要进行评估，避免因为"感情色彩"或其他主观判断对合群操作产生负面影响。

鉴于回归社群对设施设备与操作技能和经验的严苛要求，各动物园有必要聘请在这方面有成功经验的专家进行现场指导。现场指导非常有必要，因为各个动物园的设施设备都可能需要经过改造才能满足人工育幼个体回归社群的操作需要。

第三节　不同种动物的合群混养

多种动物混合在一起饲养展示，是游客最希望看到的，但也是让我们最担心的。

对不同种动物混养的探索由来已久，同时对这方面工作的争论也从未停止。直到20世纪末那些世界先进的动物园逐渐跨入现代动物园发展阶段后，这种争论的声音才逐渐平息下来，随着三个版本的《世界动物园和水族馆保护策略》的颁布，整个动物园行业已经达成共识：动物园的职能最终应体现于物种保护，而这一目标的实现，离不开公众的支持。能否向公众传达更丰富、更科学、更能够唤起大众保护意识的信息是获取公众支持的关键。展示信息的传递随着动物园的进步而不断变化，原始的"集邮册式"的动物园仅注重展示动物个体；随着动物福利意识的增加，动物园根据群居动物的福利需要而扩大了展区，并采取群养的方式展示动物。当然这种进步不包括将大量野外独居的动物进行群养的方式，这种"群养"方式都是商业噱头，和物种保护无关。当动物园意识到自身所具有的教育职能后，向公众传达动物与动物之间的关系、动物与环境之间的关系以及人类在这种关系中可能产生的作用等方面信息的最佳平台，莫过于按照一定线索呈现的相关物种动物混养展示。当下，是否具有这种按照科学的、有教育意义的线索展开的不同种动物混合展出方式已经成为判别一个动物园是否符合现代动物园标准的依据之一。如果参照这一标准，不难看出国内近些年大量新建的动物园仍未摆脱原始水平。

一、对不同种动物混养展示方式的争论

多种动物混养展示本身具有的复杂性其实远远比"优势、劣势比较"所涉及的层面深入得多。多年来持续的争论事实上对这项工作的提高没有实质的贡献，不同阵营的人们各执一词，但大家关注的多为不同种动物混养展示的表象或个案。

正方论点主要为：

〇 由于减少了动物个体间隔离饲养展示所必需的空间和设置，提高了动物园有限空间和场地的利用率；

〇 混养展出方式无疑为游客创造了更有趣、更具有教育意义的展示内容：在展区中游客可以直观地比较不同物种体型、行为特点和与环境因素互动方式的差异，但无疑最吸引人的是不同物种动物个体之间的互动；

〇 不同动物个体之间的互动有利于增加动物个体所感受到的环境刺激，多数情况下这些刺激会有益于动物身体和精神的健康。

反方论点其实是对正方论点的另一种解读：

〇 不同物种的混养展示不一定会节约空间，对群体生活和展示物种的日常行为管理同样需要必要的设施和空间，只是这些空间和设施的排布与组合方式与个体隔离饲养不同而已；

〇 动物之间的互动尽管是引人入胜的展示内容，同时也暗藏风险。这些互动行为往往是对饲料、某个展区位置、展区内的某个庇护所等资源的竞争行为，而这种竞争行为可能会发展成为剧烈的争斗。动物的争斗行为有可能导致严重的伤害，并给参观者留下心理阴影；

〇 动物之间的互动和相互刺激也往往给动物造成压力，特别是展示群体中的弱势物种。这种压力一经产生则难以消除，长期存在的压力会逐渐表现出来，但往往为时已晚：在其他个体或物种的压力下逐渐陷入崩溃的个体或者采取不计后果的攻击行为或者自残，有些个体会变现抑郁、胃溃疡等慢性症状，当上述这些状况发展到特殊的行为表现时，动物福利水平往往已经差到难以挽回。

显然正方反方都有道理，争论可以持续，但不会解决问题。事实上所有在多物种混养方面进行过尝试的人们心里都清楚：

〇 不同物种混养的难度与展区面积成反比：展区面积越大，难度越小。近二十年来在国内兴建的众多野生动物园中，都建立了多个大型的"非洲草原"展区或"亚洲食草动物区"，并在展区内实现了不同物种的混养展示。然而这种方式并不能直接照搬到土地资源紧缺的城市动物园中。城市动物园中要想在有限的场地空间实现不同种动物的混养展示，必须依靠更高水平行为管理措施的运行。

〇 按照一定主题进行的，特别是来自同一地理区域的多种动物混养展示会创造更广阔坚实的保护教育工作基础，从而使动物园获得更多的公众支持。

〇 在城市动物园有限空间内开展混养展示，不仅是要将不同种的动物"放到一起"，而且还要保证每种动物的每个个体都能表达自然行为。动物的行为表达不仅是展示内容，也是判断我们工作水平的依据。对于群养动物个体行为的观察研究，是保证动物福利的关键指标。而这一点仅仅依靠饲养员或动物园内部的技术人员可能无法胜任，与科研院所和大专院校等社会资源开展合作是必由之路。

二、物种选择建议

1. 避免资源竞争

混养物种在自然生态中不应占用相同的资源，否则在混养展示中必然形成竞争。树栖物种经常会与陆栖物种混养，这种混养方式使不同种的动物生活在展区空间的不同层面，不仅有利于和谐相处，还会形成立体的、多层面的展示效果；另一种减少动物竞争的方式是从活动时间的角度进行动物混养：将主要在白天活动的日行性动物和在夜间活动的夜行性动物放置在同一个展示空间中。两种方式分别从空间和时间的途径实现了在同一展示空间中将混居物种分离，有效减少种间竞争。

2. 突出体型差异

当计划混养的不同物种从空间分布和活动时间两个角度都难以分隔时，可以选择体型差异较大的不同物种进行混养。例如将班哥羚羊与黄背小羚羊混养，或将白肢野牛与小型鹿科动物混养。大体型的动物一旦对周边出现的小型动物熟悉后往往不会"欺凌"它们，容忍它们的存在；相反，出于保卫领域等原因，反而是小型动物可能会对大型动物发动攻击。不同物种的体型差异并非唯一的选择依据，各物种的行为特点和自然史信息、生理周期变化等因素都需要一并考虑，必要时往往需要将可能引起麻烦的个体或物种暂时从混养展区中移走。

3. 避免好斗物种

除非展区面积巨大，否则不要选择那些"好斗"的物种进行混养。例如雄性斑马，它们不仅敏感，而且好斗。多数动物园只选择雌性斑马与其他食草动物混养；灵长类动物难以与其他物种进行混养展示已经成为业内共识：它们要么热衷于使用暴力来保护各处"领土"，要么出于过分的"好奇心"而骚扰其他物种的动物。

4. 避免杂交

可能引起杂交的物种不能进行混养；如果混养则需要采取繁殖控制措施，例如雄性动物去势或统一展区内动物的性别。这种情况在不同亚种的动物进行混养时需要特别注意，例如长颈鹿，可以采用仅展示雌性群的方式，参与繁殖的雄性长颈鹿隔离于不同亚种的雌性长颈鹿群体以外。

5. 遵循生态线索

来自同一地域或生态环境的不同物种混养展示，会创造更大的教育价值，但这种线索并非唯一的混养动物选择依据。美国圣地亚哥动物园内的"大象之旅"展区体现的是进化和环境变迁以及人类活动对自然的影响等多条线索的交织，整个展区所呈现的保护教育信息令人目不暇接、叹为观止。

6. 年龄差异

幼年动物或年轻的动物更容易适应新的展示群体，年老的动物倾向于保持旧有的行为习惯，难以改变。在选择幼年动物时，展区设计应考虑到这些幼年个体成年后的行为特点和设施需求。

7. 综合考虑

根据动物"侵略性"的差异选择物种。南美浣熊体型较小，却往往具有攻击性，但对于强壮的眼镜熊来说，浣熊的攻击性则不会造成什么有害后果，同时，眼镜熊虽然相比较来说身形庞大，但脾气"温和"，有多家动物园实现了南美浣熊和同样分布于南美州的眼镜熊的混养。灵长类动物中，鲜有"好脾气"的物种，但狮尾狒"深受好评"：相比其他种狒狒，狮尾狒更容易与其他物种合群混养。

三、多物种动物混养展示群体的建立

与前面介绍的同种动物群体构建类似，构建多物种动物饲养展示群体的前期准备工作是合群成功的重要保障。许多动物在熟悉其他物种个体后，都会与之和平相处，但熟悉过程往往需要较长的时间和必要的操作程序，特别是各个物种领会其他物种的领地示威或攻击威胁的行为表现等，在这一过程中，需要应用行为管理措施维系和谐的社群关系。

动物之间相互熟悉的过程没有捷径，必须经过足够的时间和接触机会；饲养员付出的努力和耐心必须建立在对每个物种和个体的行为特点充分了解的基础上。尽管物种特点可以决定多数动物个体的行为反应，但每个个体的反应在一定范围内都会有差异。例如非洲大羚羊往往会与其他物种的食草动物和平共处，但也有特例：有的动物个体不能接受其他动物的接近。所以，必须对物种特征和个体的"脾气秉性"进行综合评估。

物种引见操作需要详细的计划，实施过程也必须循序渐进、小心谨慎，并保持高频次的行为观察和评估。在制定计划之前，参考他人的经验或教训可能是唯一的"捷径"。在参考这些经验之前需要对对方的设施和展区条件进行细致了解，因为不同的场地条件所采取的引见操作往往有很大差异。大多数物种引见都会发生在已经有部分动物生活的展区中。在这种情况下，需要暂时将展区中的原有动物暂时移出展区。在原有动物被移出后，将新物种引入展区，并保证足够的时间和采取应有的措施使"新居民"熟悉展区条件，特别是对各种资源位点和获取方式的学习与掌握。这个阶段的操作与将既有动物组合引入新环境的操作过程相似。当经过观察评估，认为新居民已经适应新环境后，可以小心谨慎的将"原住民"引入展区。

在上一节中强调的将动物合群操作分为三个阶段的方法同样适用于不同种动物的引见和合群。这一点在洛杉矶动物园一对白犀和3只普通斑马（1雄2雌）合群过程中有充分的体现：动物园计划将一对白犀和三匹普通斑马进行合群饲养展示。展区规模大致为长34米、宽15米，这个规模相比动物的体型和数量来说，明显局促。动物园方面意识到了有限的空间给动物合群带来的难度。在制定合群计划之前，饲养员已经提前了解到这两个物种的特点：白犀相对温和，特别是选择的这一对动物，在平时的行为表现非常平和，一旦熟悉周围的环境后，能够对各种刺激表现出相当的容忍程度，尽管如此，在进入斑马的展区后，仍然可能会感到恐慌；斑马尽管体型较小，但却是大麻烦的制造者，它们很容易陷入不安状态，这种状态一旦触发，会很快演变为"狂乱"，在合群过程中很有可能伤害其他动物，但更可能伤害到自己。事实上在以往对这三只个体进行合群时，动物已经表现过类似的行为表现。鉴于此，首先进行的是"非接触感知阶段"的操作。

展区内原本就存在一个大水池和几处人工巨岩，这些设施可以分隔动物并作为视觉屏障；在展区的一侧，临近斑马室内兽舍的区域有一排栏杆，栏杆的间距允许斑马通过，但会阻止犀牛进入；在临近犀牛室内兽舍的区域也有一个栏杆围合的小区域，作为犀牛室内兽舍与主要展区之间的缓冲地带。在这个区域的栏杆上安置了一个闸门，闸门开启后犀牛可以通过（图9-8）。

• 第一步：将斑马放入展区，让它们熟悉环境，这个过程大约持续了3周（图9-9）。在这三周的时间内，犀牛被锁在室内兽舍中，斑马与犀牛之间互相看不到对方，也没有任何方式的身体接触，但位于室内的犀牛通过嗅觉和听觉可以感受到室外展区中的斑马。

• 第二步：3周后，将一对白犀从室内兽舍放出，让它们可以在缓冲区内活动，此时缓冲区的闸门保持关闭，但犀牛和斑马之间可以互相看到、听到和嗅到对方，两种动物也可以隔着缓冲区的栏杆互相接近，实现有限接触（图9-10）。这个阶段大约持续1周，通过严密的行为观察，逐步判定两种动物已经适应了对方的存在，可以完全地表达各自的自然行为，并能够遵从日常饲养管理操作程序。

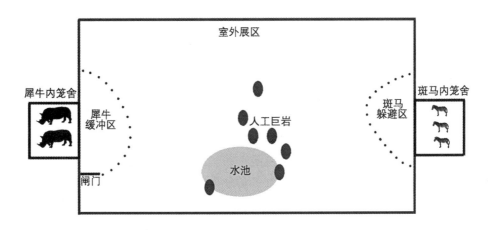

图9-8　合群场地条件示意图

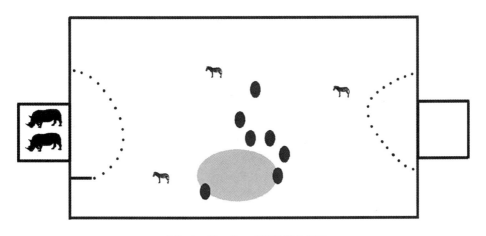

图9-9　第一步：将斑马放入展区

221

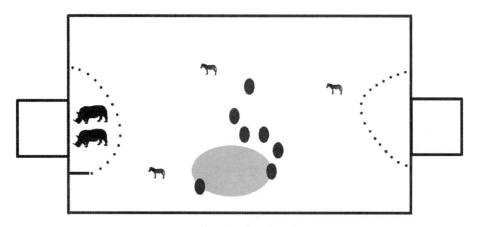

图9-10 第二步：有限接触阶段图示

● 第三步：当两种动物隔着缓冲区的栏杆相安无事后，将一对犀牛中的雌性锁在室内兽舍内，把雄性犀牛放到缓冲区中，但此时缓冲区闸门打开，犀牛可以进入到展区中，并与展区中的斑马直接接触（图9-11）。但也许是出于对室内同伴的依恋，雄性犀牛始终在室内兽舍串门附近活动，并没有走出缓冲区，但在直接面对展区中的斑马时表现平静，因为此时闸门打开，两种动物之间没有任何隔障设施；两天后，将雄性犀牛锁在室内兽舍，放出雌性犀牛到缓冲区中，同样保持闸门打开，和雄性犀牛一样，雌性犀牛也没有离开缓冲区，但对于直接面对斑马也能保持平静。在这个过程中，斑马始终在展区内活动。这种分别直接接触阶段大约持续了1周。

● 第四步：将一对犀牛都放入缓冲区，并保持闸门打开（图9-12）。由于前期两种动物已经相互熟悉，两只犀牛结伴缓缓进入有三匹斑马活动的主展区，犀牛表现得十分平静，在犀牛行走过程中，斑马会躲开犀牛，给犀牛让路，有时斑马会躲到临近自己室内兽舍的栏杆内，这个区域犀牛不能进入。当斑马意识到这个区域是"安全区域"之后，不安的表现也渐渐消失，趋于平静。此时合群的阶段目标已经达成。

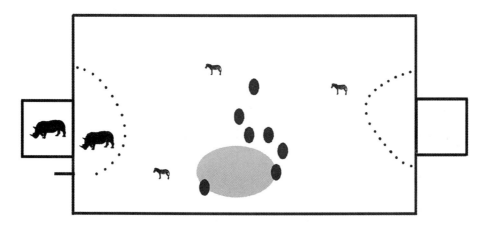

图9-11 第三步：分布实施完全接触操作示意图

图9-12　第四步：完全接触阶段和最终实现的展示效果

　　●合群的最终目标是在稳定合群的情况下，动物各自都表现出自然行为，并能够服从饲养员的日常管理操作需要，并最终适应新展区的操作运行日程。从开始进行合群操作到实现这一目标，大约用时两个月。这两个月的操作是循序渐进的，并伴随严密的行为观察和评估。可以想象的是，任何仓促的举动，都有可能导致严重后果。

　　四、保证混养展区运行的操作要点

　　1．资源冗余

　　在展区中足量提供任何可能引起不同物种间竞争行为的"资源"，有时候足量意味着"冗余"。例如对混养的树栖动物，应在展区中提供大量的栖架、树枝，并将这些"资源"分布在展区的不同位置，保证资源提供的数量超出动物个体的需求。

　　2．视线屏障

　　展区内必须设施"视觉屏障"，以保证同一展区内的动物能够选择逃离其他动物的视线压力，这一点与单一物种群养时发挥的作用一致。视觉屏障可以是一丛密集的植物、几块人工巨岩、本杰士堆、一段墙体等，在布置这些视觉屏障时不仅要考虑为动物提供庇护所，也要顾及游客的参观视线。

　　3．照顾弱势物种

　　任何有可能限制强势动物活动范围、并使弱势动物在不受打搅的情况下享用展区内资源的措施都值得尝试，例如：

　　●纤细的枝条、栖架或绳索只允许小型动物通过并接近某种资源，例如丰容取食器、加热点，而体重较大的或平衡能力较差的动物则无法到达该资源位点；

　　●竖立栏杆的间隙大小只允许小体型的动物通过，大体型的动物将被阻挡在栏杆以外，这种方式可以让小体型动物在不受大体型动物打扰的情况下进食或休息。竖立栏杆形式多样，可以使用树干、木桩、混凝土人工岩石，等等，在保证展区自然风貌的前提下，也要兼顾栏杆间的间隙可以调整，以适应不同动物或动物不同生长发育阶段的需求；

　　●利用展区内不同的光照强度来将动物分隔，这种混养方式大多应用于室内展厅。喜光的物种往往集中于光照强度较大的区域活动，而喜欢幽暗环境的物种往往选择展区内阴暗的角落活动。显然，采用这种方式主要由展区设计能否满足混养物种的自然史需求决定，在这方面动物行为专家的设计建议举足轻重。

4．避免取食竞争

喂食时间的控制非常重要，应尽可能在不同的时间给不同的物种提供食物。如果做不到这一点，则应该在展区内不同的位置分散提供食物，使每个个体都有机会获取食物，并减少因争抢食物引发的攻击行为对弱势个体造成的压力。

5．关注繁殖周期

必须密切关注混养群体中每个个体的繁殖周期。发情、怀孕或生产都会改变个体行为，这些行为改变会影响混养群体的稳定性，建议将有可能引发群体"动荡"的个体暂时移出展区，特别是处于发情期的雄性个体和临产的雌性个体。

五、食草动物混养展区的功能区设计和合群运行

（一）基本功能空间

任何动物的混养展示设计必须同时以动物自然史特点和动物展示期间的社群关系维系所需要的行为管理措施为依据，这一点在食草动物混养展区体现的尤为深刻。"亚洲食草动物展区""非洲草原展区"等展示形式一直以来都是动物园的展示亮点，但在国内城市动物园中鲜有成功的案例。究其原因，主要在于展区功能区设置不完备。从"给动物最佳的照顾"原则出发，混养展区中每个物种的设施都应由四类功能空间构成：

〇 室内兽舍——室内兽舍是动物夜间休息的地方。混养展区中的每个物种、每只动物个体都应该在结束一天的展示后，回到室内兽舍休息

〇 通道——通道指连接不同功能空间的限制性路径。动物每天早晨离开室内兽舍进入展区和下午展示结束后从展区回到室内兽舍都必须经过通道。在通道中，饲养员可以近距离观察检视动物的身体状况，必要时可以在通道内对动物实施保定以便兽医诊疗操作的执行，"陷落地板夹道"就是应用于通道内的有效的食草动物保定设施；在通道中安置体重秤还可以随时掌握动物的体重情况；通道本身也是饲养员日常对动物进行行为训练的场所之一。通道除了能够在提高动物福利方面发挥巨大作用以外，还便于结合不同的现场地形条件调整室内兽舍、缓冲区与展区之间的位置；延长的通道可以有效缓解地形高差，提高场地的利用率。缓冲区与展区之间的通道设置对保证展区的自然景观效果具有重要意义。

〇 缓冲区——缓冲区在合群过程和动物日常行为管理中的作用不可替代。在这个区域内可以实施合群操作过程中的"非接触感知"和"有限接触"阶段。不仅如此，在合并的缓冲区中通过搭建临时隔障的方式，甚至可以实现"完全接触"阶段的合群操作。缓冲区同时也可以作为动物特殊阶段的隔离活动场，例如刚刚进行过锯茸操作的雄鹿，在短期内不宜在展区内出现。

〇 混养展区——混养展区是所有物种共同生活的区域，展区中应为不同物种设置各自的环境资源，以避免不同物种之间的竞争，这一点主要通过环境丰容实现。

（二）四类功能区的空间关系及混养展区的组成

1．每个物种配置设施的四类功能区的空间关系

● 理想的四类功能区的排列方式如图9-13：

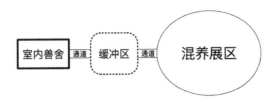

图9-13　四类动物功能区的组合方式之一：每个功能区域都由通道连接

- 或缓冲区直接与混养展区相接，中间不设置通道（图9-14）：
2. 多物种功能区的组合
- 组合形式之一：适用于缓冲区和展区之间通过通道连接的设计（图9-15）。这种组合的特点是缓冲区相接，在缓冲区内部即可完成大部分的合群操作。
- 组合形式之二：适用于缓冲区和展区之间直接接触，即缓冲区和展区之间共用同一个隔障面（图9-16）。这种组合可以分散设置缓冲区，但需要通过缓冲区与展区的协同运行才能实现合群操作。

通过以上两种方式可以看出，无论在哪种情况下，每个物种都起码拥有四个功能空间，根据展区地形特点可以采用不同的组合方式。在实际应用中，功能区组合方式不仅限于以上两种，兽舍建筑组合、从缓冲区到展区之间的通道合并等方式都有各自的优势。具体采用哪种组合方式由动物园地形条件决定，但无论哪种方式都必须保证四个基本的

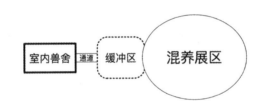

图9-14　四类动物功能区的组合方式之二：缓冲区与展区直接连接

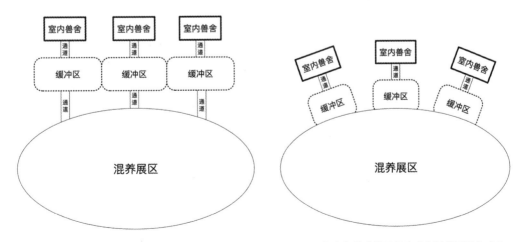

图9-15　多个物种功能区组合方式之一　　　　图9-16　多个物种功能区组合成为混养展区方式之二

功能区，否则无法实现"给动物最佳的照顾"要求。目前国内动物园食草动物展区最需要加强的是通道和缓冲区设计，通道是保证动物福利的基础性设施，每种动物进出室内外空间，都应经过具有多重功能的通道系统；缓冲区则是实现行为管理的必要设施基础条件。

（三）以缓冲区为线索，对不同功能区组合方式的简要说明

1. 原本不具备缓冲区的展区改建

①展区组合形式

在原本不具备缓冲区的展区中，要想实现满足动物福利需求的多物种混养，则必须首先增加设置缓冲区（图9-17）。如果改造的幅度或展区地形条件有限，可以在展区内增加缓冲区。在展区内增加的缓冲区之间需要保持一定的距离，以保证合群的顺利进行。

如果不同种动物兽舍相对集中，则应使用通道系统将每种动物进入展区的位置分散开（图9-18）。

②合群过程

合群过程建议大致分为以下几个阶段：

● 第一步是分别让每种动物熟悉室内兽舍和缓冲区之间的路径和操作流程，将室内兽舍认作安全的庇护所，并在室内兽舍得到可口的饲料。在这个过程中需要在饲养员和动物之间建立相互信任的关系（图9-19）。

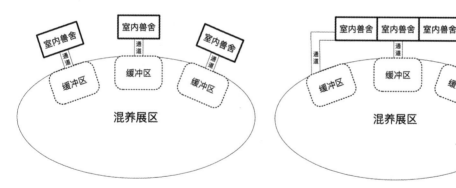

图9-17　增加缓冲区设置图示，虚线范围内为增加的缓冲区　　图9-18　增加通道系统将每种动物的缓冲区位置分散开

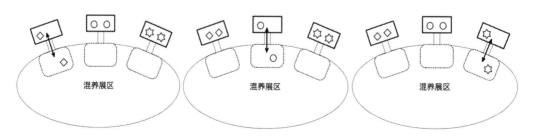

图9-19　第一步：分别让每种动物熟悉室内兽舍和缓冲区之间的路径和操作流程

● 当所有物种都已经领会并遵循"兽舍→缓冲区"之间的操作流程后，同时将所有物种放入缓冲区。在缓冲区中每个物种之间可以看到其他物种，并熟悉其他物种形成的多项刺激，这个阶段为"非接触性感知"阶段（图9-20）。

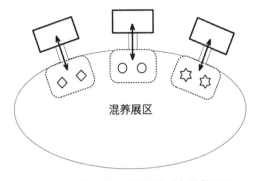

图9-20　第二步：非接触性感知阶段图示

● 下一个阶段是分别对单独的物种建立"室内兽舍→缓冲区→混养展区"的熟悉过程。当其中一个物种在混养展区内活动时，可以与其他位于缓冲区内的物种进行有限接触，即合群操作进入第二阶段（图9-21）。这个阶段的工作重点是引导不同的物种"发现"各自的资源位置，这些资源包括取食地点、遮阴棚位置和舒适的地表垫料。每一个物种的资源位点都分别接近各自的缓冲区，并与其他物种的资源位点分开，以免在合群后形成竞争。

● 当所有物种均已熟悉各自的"兽舍→缓冲区→混养展区"操作流程，并与其他物种平和地度过有限接触阶段后，即可以进入合群操作的第三阶段，即"完全接触"阶段。这个阶段的运行也应该分步进行：即首先将两个物种同时放入混养展区，待每个物种都能在有其他物种存在的情况下都能找到各自的资源位点并顺畅遵循操作流程后，再将其他的两个物种混群，直到所有物种经过排列组合都分别与其他物种合群（图9-22）。

● 合群的最后一步操作就是在以上步骤的基础上将所有物种同时放入混养展区

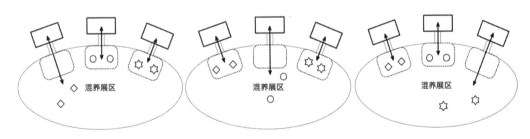

图9-21　第三步：分别在不同物种之间实现有限接触操作图示

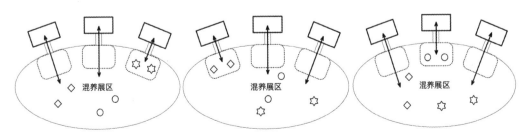

图9-22　第四步：分别在两个不同物种之间执行完全接触操作图示

（图9-23）。这个过程需要进行严密的行为观察，并在必要时对某个物种或个体进行调整。

③点评

〇 这种展区建设和合群方式的优点在于比较可靠，在对原有展区进行有限改造的情况下可以实现混养；

〇 缺点也很明显：由于缓冲区建设在展区内，而缓冲区的隔障面必须保证动物之间的有限接触，所以不可能进行厚重的自然化处理。在展区中突出了人工痕迹，影响整体展示效果。

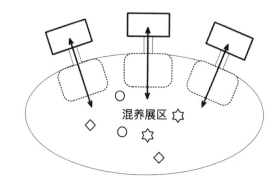

图9-23 第五步：合群完成，所有动物物种共用同一展区

2. 缓冲区设计建造在展示区以外，但与展示区相接

①展区组合形式

● 室内兽舍分散排布，如图9-24：

● 室内兽舍集中排布，如图9-25：

②合群过程

这种组合的合群方式可以参照上述操作流程，注意事项也基本一致。

③点评

〇 缓冲区位于展区之外，缓冲区的所有隔障面设计均以满足行为管理操作为目的，饲养员可以在缓冲区内对动物进行更便捷、周到的照顾。另外，由于缓冲区在游客视线以外，饲养员在进行日常操作时可以避免游客的干扰。

〇 从展区效果来说，由于缓冲区位于展区以外，不会在展区内部造成局部凸出的间隔区域，相对更有利于进行展区背景的布置。

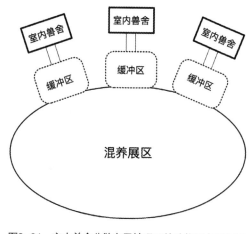

图9-24 室内兽舍分散布局情况下的功能区布局图示

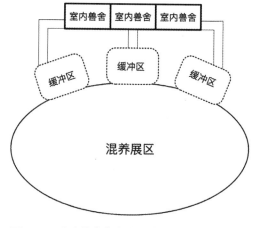

图9-25 室内兽舍集中排布情况下的功能区布局图示，使用通道系统分散缓冲区

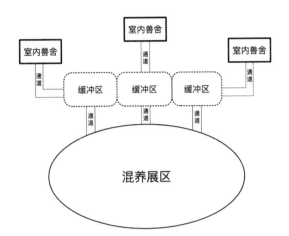

图9-26　室内兽舍分散排布情况下的功能区布局

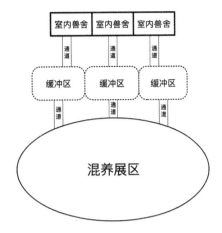

图9-27　室内兽舍集中排布情况下的功能区布局

○ 由于缓冲区直接与展区相连，所以这种功能区组合方式对展区以外的场地要求较高，在现场地形纵深有限的场所不易布置。

○ 尽管缓冲区位于展区以外，但合群操作过程中的"有限接触"阶段的实施必须在缓冲区与展区联合运行的情况下才能实现，所以尽管缓冲区没有凸出在展区内，但仍然造成了展区背景的间断。

3．缓冲区相接并与展区分离，在缓冲区与展区之间通过通道连接

● 室内兽舍分散排布，如图9-26：

● 室内兽舍集中排布，如图9-27：

从上面两种排布方式，我们可以发现这种组合方式的共性：缓冲区相接。不仅如此，这种组合方式的设计要点在于缓冲区之间的隔障面不仅可以保证物种之间的"有限接触"，还能够根据合群的进展将隔障拆除，实现缓冲区合并。

①合群过程

这种组合方式，可以通过在间隔的缓冲区外放动物或分时段进入不同物种的缓冲区等方式实现"非接触感知"阶段的合群操作；"有限接触"合群操作在相邻的缓冲区之间进行；缓冲区之间的隔障门打开或整体隔障拆除后，可以实现"完全接触"阶段的合群操作。当不同物种在缓冲区内合群成功后，再拆分缓冲区，使每个物种分别熟悉室内兽舍→通道→缓冲区→通道→混养展区的操作流程。这个过程结束后即可将动物同时通过各自的通道系统进入混养展区。日常运行过程中，保持每个物种的缓冲区之间有隔障相隔。

②点评

○ 这种组合方式的优点在于可以根据现场地形条件将缓冲区和展区分开，特别是对于现场平整面积有限或地形起伏较大的地形条件，可以通过两套通道系统消化地形高差。

○ 由于缓冲区与展区分离，每个物种仅通过通道进入展区，对整个展区的背景连续破坏较小，有利于展区背景布置。

　　○ 缓冲区完全处于游客参观视线以外，可以简化隔障设计，仅服从于行为管理的功能需要，而且日常饲养操作可以与游客参观相互隔离。

　　○ 尽管这种组合方式不要求整块较大的平整地形，但由于存在两套通道系统，所以展区的整体占地面积较大。

　　4. 缓冲区与展区分离的进阶设计

　　缓冲区与展区分离具有明显的运行管理和景观营造方面的优势，为了最大限度的减少动物进出展区的门口对展区展示背景的间隔和减少通道占地面积，在更高水平的行为管理的保障基础上，可以将缓冲区合并，并且在缓冲区与展区之间仅保留一条通道，即每种动物都通过同一条通道，经过共用的缓冲区回到各自的室内兽舍。为了保证合群的操作，在展区开始运行的阶段需要在共用的缓冲区内搭建临时隔障，以保证合群三个阶段的安全运行。其简要过程如图9-28：

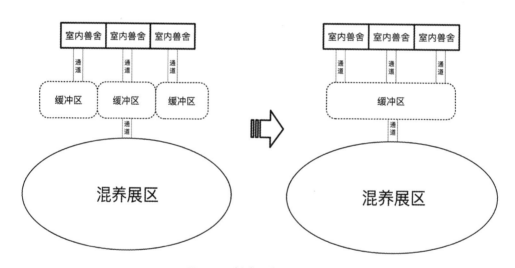

图9-28　缓冲区进阶设计图示

　　这种组合方式的设计重点在缓冲区内的临时隔障设计，并且要求饲养员具有很高的行为管理水平，特别是对日常的行为训练的强度和水平都有较高的要求。例如在展区运行初期应训练动物根据指令分别从展区经过唯一的通道回到缓冲区并最终回到各自的室内兽舍获得强化，以避免所有物种集中在同一时间挤到唯一的通道内造成拥堵或竞争。尽管对饲养管理水平要求较高，但无疑这种功能区组合方式会创造最有利于最佳的展示效果。

第四节　现代动物行为训练在群体构建中的应用

　　现代动物行为训练应用于动物展示群体构建与和谐社群关系维系，是提高合群成功率的重要技术手段，以合群或维系和谐群体关系为目的的行为训练统称为社群训练。通过正强化行为训练，有助于满足所有群体成员的社交要求，将群体内的攻击行为降到正常范围内；增进良性社会互动行为，最终使群体中的每个个体都处于积极的福利状态。

在合群操作过程中，特别是制定社群训练计划时应认识到：群体内部的攻击行为是正常的，行为管理的目的不是消灭攻击行为，而是将攻击行为降低到可以接受的水平；对于群体中的统领个体，应该认可该个体的统领权，同时通过正强化手段强化统领个体的"容忍"行为。

社群训练所应用的原理和技术手段与现代行为训练一致，但对训练技术的要求更高。社群训练必须以日常训练为基础，而且社群训练往往需要多名饲养员在多个地点同时进行，训练过程不仅要求饲养员熟练准确完成各自分配的训练任务，还要求饲养员操作之间的协调配合。群养展示的展区设计，特别是灵长类动物群体展区也必须保证社群训练需要的基础条件。

社群训练主要包括两方面的内容，脱敏训练和目标训练。

一、脱敏训练

合群往往都是从动物接触陌生环境、陌生个体甚至陌生群体开始，在这个过程中绝大多数动物都会表现出对陌生因素的恐惧。在动物感知到陌生、不确定因素甚至威胁时，会陷入不安状态。不安会增强动物的攻击性。身处陌生环境中的动物攻击行为往往出于"自卫"或恐惧，有研究表明动物的恐惧会直接引发攻击行为。而动物的恐惧都是由陌生感、不确定性和不安、忧虑等因素不断积累的结果，减少攻击行为的关键在于减少动物的恐惧感。减少动物恐惧感的着手点在于削弱动物的陌生感、不确定性和不安，提高动物对环境的掌控能力，增强自信。尽管在本章前面的内容中已经从操作手法和过程等方面进行了说明，但如果缺乏社群训练的辅助，动物合群和群体和谐关系维系仍会困难重重。

脱敏训练始于动物对饲养员的信任，建立信任必须通过正强化手段。脱敏训练的起码要求是：在动物处于紧张、恐惧的状态时，饲养员的出现不应该造成"雪上加霜"的局面，更不能成为"压垮骆驼的最后一根稻草"。

二、目标训练

在脱敏训练的基础上，大多数社群训练都借助目标训练技术的应用。最基本的训练内容包括三方面：

〇 训练动物接近并最终碰触目标物。动物接触目标物的过程可能是接近饲养员的过程，也可能是远离饲养员去接触另一处的目标物；

〇 训练统领动物在目标物处定位；

〇 引领统领动物肢体接触目标物，并逐渐过渡到轻柔接触从属个体的身体。

三、社群训练应用实践

1. 定位训练

定位训练有利于统领个体保持冷静，并使弱势个体获得躲避攻击的喘息机会。

2. 集体串笼训练

与单独饲养展示动物一样，群养动物也必须以串笼操作为前提才能完成日常管理，但群体串笼难度更大。集体串笼鼓励动物群体的集体行动，通过训练手段强化动物的集体行动，使动物学习掌握"共同移动"的行为。一旦这种行为建立后，饲养员的操作会更有效，从而有更多的时间进行提高动物福利的学习和实践，最终动物会从"共同移动"的行为中获益。

3. 分开和隔离

从群体中分开和隔离个体是许多饲养管理和兽医工作的需要。但分开和隔离动物个体会给该个体带来压力，也会在该个体和群体中的其他个体间造成压力，最糟的后果就是该个体回归群体时会面临攻击。在这种操作过程中，需要正强化行为训练的运用。正强化行为训练可以缓解分开和隔离动物时动物感受的压力；通过强化动物自愿分开的行为实现分开或隔离的操作目的，这种方式会让动物更平静，特别是对于那些群体中社会地位较低的个体，训练它们自愿分开的行为也可以为它们在面临压力时获得喘息时机。总之，正强化训练手段的应用，有助于保持群体的平静，减少过度攻击的发生频率。

4. 和谐取食训练

和谐取食训练应用于增加积极的社交行为和减少攻击行为。其发挥作用的途径主要是强化统领动物的"容忍行为"，这类行为包括允许从属个体接受食物或接近食物，表现为在从属动物接受或享用食物时，统领动物有耐心和信心等待属于它自己的那份"更值得期待"的食物；

和谐取食训练使统领动物更专注于享用食物，并在不断得到强化后对自己的统领权更有信心。和谐取食训练计划和实施过程基于统领个体，训练目的并非抹煞统领个体的统领权，而是在认可统领权的前提下保证从属个体的进食机会，最终实现群体的和谐取食。

和谐取食训练往往需要两名甚至多名饲养员同时操作，在训练过程中不要试图分散统领动物的注意力以便"偷偷"给从属动物提供食物，这种做法只能起到反作用：统领动物会更加警惕，并表现出更多的、更强的追赶和攻击行为，而从属个体也会因此承受更严重的攻击。

5. 温柔接触和亲近行为训练

温柔接触和亲近行为训练的目的是引起亲近、接触、理毛或繁殖行为。训练的途径主要是通过目标训练引领动物肢体的轻缓移动，直到与从属个体的身体轻柔接触。在这一训练过程中，也需要同时强化弱势个体平静接受触摸的行为。温柔的接触在动物个体引见过程中往往发挥重要作用，在有限接触阶段和完全接触阶段都有助于缓解动物压力，减少追赶、攻击和屈从行为，使合群或"建立联盟"的操作更有效。

6. 训练混养动物按照指令分别回到室内兽舍

对于共用缓冲区并与展区分离设计的食草动物混养展区，如果不同种动物只能通过唯一的通道回到共用缓冲区和各自的室内兽舍，训练动物遵从指令在不同的时间段进入通道回到室内兽舍可以有效避免拥堵和由竞争引发的攻击行为。此时应分别训练每种动物按照特定的指令在不同的时间段回到室内，实现稳定的刺激控制。这一点对保证高水平混养展区的正常运行非常重要。

　　对于群居动物来说，最大的福利就是让动物生活在群体中。圈养条件下无论是群体构建还是群体维系都需要科学严谨的操作。作为动物保育人员，必须坚持不懈的寻求一切方法，不断学习、创新，克服群养动物的负面因素，为动物创造应有的群居生活福利。同时，作为行为管理组件之一的群体构建，也必须依赖其他组件的协同运行才会发挥作用。

第十章 操作日程 ．．．．．．．．．．．．．．．．．．．．．．．．．．．．

操作日程指动物园野生动饲养展示工作内容和时间、地点的对应关系。操作日程是行为管理的组件之一，同时也是其他四项组件的组织协调纽带和动物园整体运营策略的决定因素。

第一节 饲养员

一、饲养员的职责

饲养员的责任就是在动物园中日复一日的照顾野生动物并保证动物园的基础运营，是动物园中最重要的人群。有些饲养员会同时照顾多种动物，也有些饲养员只负责照顾特定的种类，例如爬行动物、两栖动物或鸟类。尽管照顾的动物种类不同，但他们的职责是相同的：通过为动物提供最佳的照顾，保证动物的生理健康和心理健康，使动物处于积极的动物福利状态。

尽管因为照顾的对象不同，每个饲养员的日常操作任务可能稍有区别，但往往都包括以下内容：

〇 清理动物笼舍并提供新鲜饲料；

〇 清洗饲料和饮水容器；

〇 为动物准备饲料，这个过程包括饲料称量、分割和混合各种饲料成分；

〇 为动物提供饲料和饮水，饲料包括"活食"，例如蝗虫和麦粉虫；或者"死食"，例如冷冻后的老鼠或白鼠。多数情况下，饲养员也需要照顾这些作为饲料的动物；

〇 预先准备饲料供给和垫料更新；

〇 按照丰容运行表保持丰容项目的持续更新；

〇 监测动物生活环境，包括对气温和湿度的监控；

〇 观察动物行为表现，及早确定动物是否受伤、患病或怀孕；

〇 在日志记录本或电脑中完成日常饲养管理日志；

〇 积极参与动物园的研究项目，特别是行为观察项目，将每天动物的行为表现细节记录下来作为研究的一部分；

〇 在兽医的指导下照顾生病或受伤的动物；

〇 检查设施设备，必要的时候进行简单维护，例如修复隔障等；

〇 在营养主管的指导下，制定动物饲喂计划，监测和调整动物饲料，以保证每个动物个体的营养需要；

〇 协助进行展区设计和应用于动物的设施设备设计，在此过程中提出建议；

〇 协助完成动物繁育计划，在确实有必要的时候进行动物人工哺育，但并不鼓励人工育幼；

〇 动物运输过程中，协助动物的装卸；

〇 协助展示位置调整和动物转运；

〇 保证动物处于笼舍或展区中；

〇 解答游客的提问；

〇 为游客准备保护教育交流的讲稿和报告文件，向游客传达保护教育信息，并指导游客获得更好的参观体验；

〇 通过正现代动物行为训练，建立和维持与动物之间的信任关系，使动物更多的表达期望行为，特别是在游客面前的自然行为展示，例如训练猛禽的自由飞行行为展示；

〇 照顾游客，并保证游客不会投喂或打搅野生动物；在野生动物园中，需要特别关照游客安全，避免由于游客过度接近野生动物而对双方造成伤害。

二、饲养员的职责是动物园整体运营指导方针的体现

饲养员的职责是体现动物园整体运营方针的终极保障，正如《世界动物园与水族馆保护策略》中所指出的："动物园的核心目标是物种保护，但动物园的核心行动是保持积极的动物福利状态"，保持圈养野生动物积极的动物福利状态是饲养员最重要的使命，各动物园在规定饲养员职责时，不能对这一核心内容造成干扰。

任何一个动物园，其存在意义体现在到底产生了什么样的社会价值，动物园输出的价值和观念最终都应体现于综合保护和保护教育。动物饲养管理部门与动物园内各个部门按照整体运营指导方针紧密协作的"产品"就是物种保护成果和保护教育价值观的普及。在这个过程中，尽管任何一个单独的部门所发挥的作用都是有限的，但所有动物园必须认识到动物管理部门的职能并予以优先保障。各个部门发挥各自职能的基础是积极的圈养动物福利状态，因此对所有部门来说，首要的任务就是支持和保障动物管理部门完成其职能，并在此基础上实现动物园整体价值的产出（图10-1）。

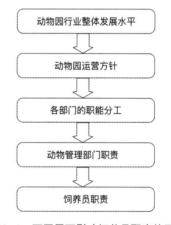

图10-1　不同层面影响饲养员职责的因素

圈养野生动物行为管理是主动提高动物福利的有效途径，同时也是科学的运行过程。行为管理各个组件的策划和运行，都需要以专业的知识和技能为依托，在动物园人力资源管理、调配方面，应该为动物管理部门配备足够的专业技术人员。本部门的管理者和饲养员，都应具备相应的知识背景和专业技能。只有这样才能保障饲养员能够有能力主动开展行为管理工作。知识和能力发挥的基础是责任心和对动物的关爱之心。"爱它们有多少，就给它们多少"这句话表达了"为动物提供最佳照顾"的初衷，而知识和技能则是"为动物提供最佳照顾"的运行保障。

第二节　操作日程的制定

一、操作日程的定义

操作日程指在空间和时间上合理分配行为管理组件，将动物必须接受的照顾由一名或多名饲养员保质保量地提供给动物。操作日程本身是行为管理的重要组成部分，也是综合运行行为管理各组件的组织安排程序。

1. 行为管理组件在展区空间上的分配

图10-2为动物园饲养展示功能区域布局模式图，能满足多种动物的基本福利需求和日常饲养管理及展示需要。在不同的功能区主要进行的行为管理操作可以简要地描述为：

（1）动物室外展区——主要完成的行为管理操作内容包括：

○ 展区清理

○ 设施设备检查、维护

○ 丰容项目运行

○ 行为观察

○ 提供部分饲料、饮水

○ 面向游客的行为训练展示

○ 展区植被养护

○ 垫料更新

○ 监测环境温度、湿度和通风状况

（2）动物室内展区——主要完成的行为管理操作内容与室外展区相似

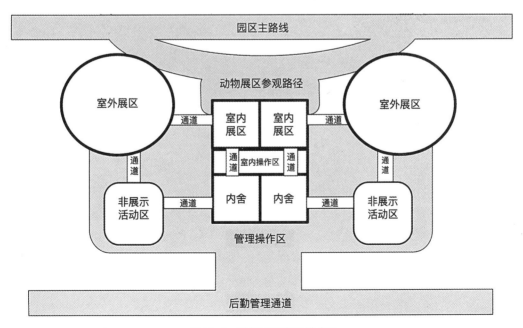

图10-2　动物展区布局模式图

（3）室内操作区——主要完成的行为管理操作内容包括：

○ 饲料准备，包括饲料或原料的短期存放、清洗、分割、称量和混合各种饲料成分

○ 在有需求的展区饲养饲用动物，例如小白鼠和昆虫

○ 近距离观察每个动物个体

○ 日常行为训练操作

（4）内舍——主要完成的行为管理操作内容包括：

○ 笼舍清理

○ 设施设备检查、维护

○ 丰容项目运行

○ 近距离观察动物状况

○ 提供饲料、饮水

○ 垫料更新

○ 监测环境温度、湿度和通风状况

○ 调整室内照明

○ 病患动物医疗护理

（5）非展示活动区——主要完成的行为管理操作包括：

○ 笼舍清理

○ 设施设备检查、维护

○ 丰容项目运行

○ 日常行为训练

○ 近距离观察动物状况

○ 提供饲料、饮水

○ 垫料更新

○ 监测环境温度、湿度和通风状况

○ 病患动物医疗护理或其他原因不能面向公众展出的动物室外活动区域管理

○ 动物个体引见或其他形式的种群构建操作

（6）通道系统——主要完成的行为管理操作包括：

○ 设施设备清理

○ 设施设备检查、维护

○ 行为训练、测量体重和体尺

○ 近距离观察动物状况

○ 必要时对动物进行保定

○ 病患动物医疗处理

〇 动物引入或离开本展区进行的串笼操作

（7）管理操作区——主要进行的行为管理操作包括：

〇 由于这部分区域远离游客视线，便于开展行为管理的所有组件

〇 该区域能够直接到达任何一个功能区，也是开展紧急情况处理的作业区

2. 行为管理组件在时间上的分配：

饲养员一天的主要操作日程既要符合动物福利的需要，也要与动物园的运营安排协调一致。如何在各个时间点为动物提供最佳照顾是操作日程的时间轴线，这条轴线能否将行为管理的各个组件的运行和动物园的运营安排合理、有效的贯穿起来，决定了能否兼顾动物福利和运营安排。以一座典型的动物展区操作日程为例，这条时间轴线与各时间点的操作内容对应关系如图10-3：

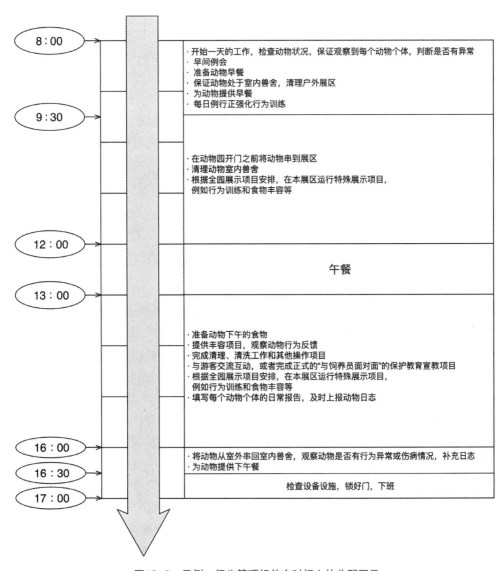

图10-3　示例：行为管理组件在时间上的分配图示

3．操作日程的计划性和弹性

操作日程本身应该是严格的计划性和可调整的灵活性的有机结合。严格的计划性可以使动物基本福利需要得到确实的保障，而适当的弹性又可以给动物带来新鲜感，有效减少动物对下一步管理操作步骤的"预期"，甚至给动物带来"惊喜"。操作流程的弹性运行本身，也是给动物提供更丰富的刺激的重要途径。就像丰容计划的制定必须遵从自然史信息一样，操作规程的制定也应尽量符合动物的野外环境，而动物的野外环境，总是处于不断的变化当中。

二、制定合理操作日程的意义

1．保持饲养员之间良好的合作关系。动物365天每天都需要照顾，而没有哪位饲养员能够保证每天上班，所以几乎每个动物个体都会接受多于2个饲养员的日常照顾，这还不包括饲养员岗位调动、离职或退休造成的人员更替。只有饲养员之间良好的合作关系才可能给动物带来最大的福利，保证游客的参观体验；

2．合理、科学的操作日程，可以在保证动物福利的基础上让饲养员更高效地完成必要操作，例如清理、喂食和将动物置于指定位置，从而有更多时间满足饲养员自身在提高动物福利方面的追求和工作水平的提升；

3．合理的操作日程，使饲养员有更多的时间进行丰容评估、展区升级改造或维护、为动物制作巢区或巢箱、更换展区内铺垫物、为爬行动物调整加热点、创造温度梯度、为两栖动物繁殖创造模拟雨季来临的喷淋或者更新维护展区隔障设施等；

4．合理的操作日程的运行使饲养员拥有更多的时间用于制定、执行和完成研究项目，并且有时间和精力检视实践效果，这些工作实践经验的积累可以整理成专业通讯、综述或论文，在专业期刊上发表。

第三节　操作日程示例

饲养员每天的工作都会有些差异，例如不同的项目、不同主题的会议、为游客准备不同主题的保护教育项目展示等，也可能会受一些意外事件的影响，往往完成全天的工作需要8小时满负荷的工作。有些饲养员还会参与行为观察研究项目或者更多的保护教育项目，这都需要他们更高效的完成日常工作以便挤出时间参与这些项目。动物园野生动物行为管理是一项需要不断学习提高的专业技术工作，每一名饲养员都需要在工作实践中不断学习才能适应动物园行业保护事业的发展要求。每天饲养员都应该挤出时间通过互联网或读书、学习业内期刊等途径不断提高自己的专业知识和技能。

一、常规操作日程示例

以某动物园为例，比较典型的饲养操作日程为：

早上8：00，饲养员上班打卡，检查动物状况后立即和同事一起参加每日早间例会。早间例会往往由区域主管或主管助理召集。区域的概念和划分因动物园而异，可能是哺乳动物饲养班组、热带雨林展区、爬行动物饲养班组或灵长类动物展示区域，等等。每一名饲养员如果有任何需要特别说明的情况或者情况进展、特别的考虑、常规操作以外的计划等都需要在早间例会说明，例如某位饲养员怀疑自己饲养的某只动物可能怀孕了，或者是计划在下午抽时间制作一个益智取食器以备明天提供给动物，制作过程需要其他两位饲养员的协助，等等。区域主管籍此了解展区内最新的境况并根据上级或兽医的安排将一天或近期的工作布置下去、协调和解决本区域饲养员的需求，或尽快向上级或其他协作部门反映。多数情况下早间例会时间都很短，有时候也会根据需要适当延长。

早间例会以后，各位饲养员回到各自的岗位，开始一天的操作。每一位饲养员的操作程序稍有不同，但所有的饲养员都具有共性的职责：展区和兽舍需要清理、给有需要的动物提供药物、给所有的动物提供食物、观察每一个动物个体的行为表现、完成必要的丰容操作程序等。在丰容程序中，也包括通过正强化训练方式与动物之间的交流。在这些主要操作内容以外，还有一些辅助性的操作内容，例如工作服的清洗、有害生物防治，等等。

饲养员日常的生产工具包括：铁铲、扫把、胶皮管、手推车、耙子、长把刷子和处理应急事件时控制动物的应急工具，例如捕捉网、灭火器等。饲养员独立或与同事协同完成每天的饲养管理工作，休息时间需要按照工作需要安排。由于周末都是游客最多的时候，所以往往周末两天都不会安排休息。年复一年，日复一日，动物每天都需要饲养员的照顾。饲养员的排班计划必须能够保证日常对动物的照顾，有些工作还需要多名饲养员或志愿者协同完成。

二、灵长类动物饲养员操作日程示例

以一位山魈饲养员的日常操作为例：

饲养员小杨照顾这群山魈已经十年了，从一名见习生到饲养员，直到现在成为主管饲养员，她已经能够独立完成一天的饲养管理操作。

每天一上班，小杨来到自己的工作室，打卡、换上工作服和靴子、沏上一杯茶，然后一边小口抿着热茶，一边走到操作通道里面检查一遍设施设备。这项工作是每天早晨到岗位后的第一项重要工作，必须确保操作区域内所有的设施设备看起来都没有异常。检查设备的时候也巡视一下动物的情况，确定每个山魈个体都在室内兽舍，并且没有行为表现方面的异常。

确定设施设备和动物无异常情况后，小杨首先检查一下动物从室内到室外的串门是否已经锁闭，确认锁闭后，她回到操作通道内，重新确认每个山魈个体都在室内兽舍中，每次都要数三遍以进行确认。这是一个很好的操作习惯，这种谨慎的操作方式从小杨当实习生开始一直坚持了十年，并且她会时刻提醒自己不能因为工作时间长了而有丝毫的大意。任何疏忽都可能演变成严重的事故。检查动物和设施设备情况后，小杨到灵长类展区办公室参加早间例会，向区域主管汇报了自己饲养的山魈群体中那只年长的雌性山魈的近况，并希望兽医进行特别关注。

早间例会结束后，小杨回到办公区打开从操作通道通往室外展区的操作门，推进一辆独轮车，带着耙子和铲子等清洁工具开始清理山魈的室外展区。由于游客已经开始逐渐入园，而且大家都希望尽快看到动物，所以小杨必须尽快完成清洁工作。尽管时间有限，但她必须将室外展区中动物的粪便、前一天吃剩的食物和被粪便污染的干草或其他垫料彻底清除；冲刷一遍展区中的混凝土地面，特别是有粪尿残存的区域，确保混凝土表面没有异物；清扫完成后，小杨还要补充一些新鲜的干草垫料，然后用耙子铺散开。

下一步的工作是沿着展区壕沟巡视一遍，检查是否有异物掉进壕沟，是否有搭在壕沟斜面上可能会成给动物提供逃逸机会的树杈，或者不慎坠入壕沟被困住的园内其他动物，例如青蛙、蟾蜍或者雏鸟等。

清理完室外展区以后，小杨需要快速制作一顿动物早餐，然后把这些食物尽量分散隐藏在展区内。每天她都会把不同的食物藏在不同的地点，尽量不让动物掌握食物的隐藏规律，按照运行表的随机安排进行食物丰容。有时候她会随身带一把木钎子，在土地上钻几个洞，然后在里面藏几颗花生；有时候在栖架的缝隙里塞几颗葡萄；有时候会把胡萝卜切成小块散落到刚刚清理干净的垫草下面。这是一项每天必须进行的丰容项目，分散隐藏食物也是减少动物社群中攻击行为和保持动物自然觅食行为的必要措施。动物非常享受每天早上搜寻食物的过程，当然游客也很乐意看到动物一出来就开始忙碌。忙碌的动物会受到游客更多的尊重。

完成在展区中分散隐藏早餐的工作后，小杨在锁闭室外展区操作门之前，会再次确认所有清扫和操作工具全部带出展区。将清扫工具清洗、归位之后，小杨回到饲料加工操作台，开始给每个山魈个体准备特殊饲料添加剂或药物。她会把不同的药剂隐藏在不同的食物里，例如藏在苹果块中或者一小团面包里。对于山魈群体中那只年纪很大的雌性个体，小杨会把止痛剂藏到一小块香蕉里以保证她能够按照剂量服药。各种药物准备好以后，小杨来到室内兽舍操作面，首先给山魈雄性首领一些食物，然后分别将需要服药的个体叫到隔障操作面之前，将包裹着药物的食物分别喂给它们。在确定动物将药物食入后，再给它们少量不含药物的食物并由衷地夸奖它们每一个个体。在这个过程中，小杨可以近距离观察每一只动物，即使对那些不需要服药的个体或者在整个群体都不需要服药的阶段也采取同样的操作，这种操作过程是一种饲养员和动物之间的交流过程，也是每天例行的正强化训练沟通环节，这一环节的坚持，有助于维持小杨和每个动物之间的信任关系。如果发现有异常情况或患病个体，小杨会尽快联系兽医或区域主管，以决定是否将该异常个体暂时隔离观察。需要隔离观察的个体暂时不能放到室外与家族群一起活动。

检视过程结束后，小杨会回到室外展区操作门的位置，用力拉拽几下门锁，确定安全锁闭后，打开动物从室内到室外活动场的串门。动物从室内兽舍到室外活动场，必须通过一个笼道。这个笼道两侧都安装推拉门，当笼道两边的推拉门都关闭后，笼道可以从固定位置拆卸下来，形成动物转运笼。这个笼道转运笼在需要动物转运或隔离处理时会发挥很大作用，但平时基本保证推拉门打开状态，使动物每次进出室内外时都必须经过这个笼道。通过正强化行为训练，动物会对笼道和推拉门的开闭脱敏。

确认山魈一家全部进入到室外展区后，小杨锁闭动物串门，回到工作室小憩一下，喝杯茶，然后将今天早上所有操作中需要记录的信息记录下来，特别是每个个体服药的情况和室外活动场中发现的异常情况以及动物的整体表现。

稍事休息之后，小杨来到室外展区观察点，在这个位置小杨可以清楚地观察每只动物的活动情况，同时也可以面对面的与游客进行交流。在观察中小杨发现那只年纪很大的雌性山魈并没有像其他个体一样到处找吃的，而是独自坐在一段树干上，这种状况比较反常，小杨决定回到工作室后将这个情况记录下来，并及时和兽医和区域主管沟通。日常对动物行为表现的观察记录是除了打扫和饲喂、丰容以外最重要的工作内容。行为观察往往能在第一时间通过动物行为表现的异常发现动物群体或个体中的特殊状况，而且这种观察也具有累积效应，小杨多年来对这群动物的认识和了解也能够帮助她更早的发现问题。及时发现动物的行为异常绝非想象中那么简单：为了避免成为天敌的捕食目标，隐藏自身的病痛状态是绝大多数野生动物的天性，即使在动物园中的人工圈养条件下，野生动物仍然会保持这种生存适应能力。能否通过行为观察及时准确的判断动物的健康状况是判断饲养员业务水平高低的重要指标。

当小杨观察山魈时，一位游客凑过来询问了几个关于动物的问题。一般情况下，小杨每天都会预留大约20分钟的时间用于和游客交流，介绍动物知识、传达保护教育信息。在需要配合保护教育部门的动物主题宣教时，小杨会安排更多的时间参与到保护教育现场活动中。与游客交流之后，小杨返回操作区，开始打扫室内兽舍。

清理每种动物兽舍的工作强度不同，但要求的工作标准是一致的。显然大象饲养员需要清理的粪便远远比爬行动物饲养员需要清理的多得多，但这并不意味着爬行动物饲养员用于清理的时间比大象饲养员少。清理山魈兽舍的工作量也不小，主要用到的工具有手推车、耙子、铲子、草叉和刷子。小杨需要将所有粪便、吃剩的饲料和被污染的垫草全部清理干净，清理时首先检查动物粪便有没有异常，然后将粪便接触的表面冲刷干净。清理干净后，首先补充干净垫草，然后在兽舍内放一些丰容物，例如塑料球和纸箱。成为一名合格饲养员最起码的条件是能够按照要求清理动物兽舍，这项工作并不像听起来那么简单，按照严格的标准清理兽舍和定期执行的消毒程序，对保证动物的健康至关重要。

小杨打扫完室内兽舍后，这一天的主要清理任务已经完成，她把室内兽舍的门锁好，并仔细检查一遍兽舍隔障的各个连接部位。尽管从现在开始到下班前在兽舍内为动物提供晚餐之前还有好几个小时的时间，但小杨每次都会在打扫完室内兽舍后及时锁闭。这样做的意义在于，如果室外展区出现突发事件，必须将动物迅速转移到室内兽舍时，不必再有安全方面的顾虑和临时锁门造成的耽搁。动物园的饲养员都必须随身佩戴对讲机，以确保信息沟通和及时对紧急事件采取措施。

小杨采用"分散投掷"的方式为展区内的山魈提供午餐。提供午餐时，小杨站在操作区屋顶的一处平台上，先给雄性山魈头领扔了一大把葡萄珠，这样做的原因是首先满足首领动物的需要，并通过散开的葡萄珠或切成小块的水果让首领动物忙于进食。如果小杨先把食物投给其他从属个体，那么雄性首领往往会迅速霸占这份食物，甚至还可能攻击从属个体，显然这种方式会破坏山魈的群体社会和谐。当雄性首领忙着享受的时候，小杨将其他动物个体的食物分别投掷到动物附近。在分散投掷食物时，小杨特别为那只早上看起来有些异常的老年雌性个体身边多投掷了一些食物，并确保她获得了足够的食物，因为她的行动已经不如其他个体敏捷了。

午餐后的时间比较充裕，这段时间往往用来进行一些特殊工作，例如在操作区或展区周边放置一些捕鼠夹、或者那些需要较长时间准备的，或者需要多名饲养员协力完成的丰容器械或设施。对群居灵长类动物来说，创造一个合理的社群对它们来说就是最大的福利，保证群体内的和谐关系也是饲养员的重要工作内容，特别是通过正强化训练方式进行的和谐取食训练也是小杨每天下午的工作内容。在下午的这段时间，小杨会根据实际需要呼唤动物个体进入到笼道中开展一些正强化训练操作，以促进自己与动物之间信任关系的建立和保持。期望行为都是以接触目标训练手段为主要途径的身体展现行为。当这些操作都完成后，如果还有时间，小杨会看看书或者通过互联网在饲养员论坛上与同行进行一些交流。

很快又到了给山魈们准备晚餐的时间了，与早餐的准备和提供方式类似，小杨会把晚餐分散隐藏到室内兽舍的每个角落，再次确认室内兽舍的每处设施设备都安全无误，然后再将室内兽舍锁好，每次锁好门后，小杨总会习惯性的用力拉拽门锁，确保安全锁闭。这是一项必要的操作环节。

当山魈们都进入到室内兽舍并开始享用晚餐时，小杨会再数三遍，以确定动物都已经回来、并检视动物外观和行为有没有异常；然后她将所有的门锁都锁好，开始写饲养日志。饲养日志完成后小杨来到室内兽舍，和山魈们道别，调暗室内兽舍的灯光照明，锁门下班。

第四节　饲养员技能水平的提升

一、动物日志

饲养员每天对动物的状态和行为、操作、特殊事件等情况的记录，称为饲养日志。饲养日志是动物园动物信息数据库和信息管理系统（ZIMS）的信息来源，也是信息系统的组成单元。构建完善的、有价值的动物园信息系统，不仅需要众多的组成单元，还需要组织这些信息单元的规则。如果将完善的信息系统比作一座大厦，那么饲养日志上的每一条记录都是建筑材料，是一块砖、一块瓦。对于建造一座大厦来说，建筑材料和施工设计图缺一不可：不能按照精心设计的规则组合在一起的建筑材料等同于建筑垃圾；没有建筑材料的设计蓝图也无异于痴人说梦。任何一个现代动物园的发展都离不开动物信息系统的建立和应用。信息不仅仅是数据，也不仅仅是饲养员日志。动物信息管理系统中所包括的信息包括动物分类、血统谱系、营养数据、兽医病历、饲养环境条件记录、繁育经历、个体生长史中各阶段的重要指标，等等，而饲养员日志仅仅是动物园动物信息系统中的一个组成部分，但却是一个非常重要的组成部分，因为饲养日志是每天动物园信息管理系统正常运转的起点，也是提前预测动物状况的依据。

（一）饲养日志中应该记载的内容

传统的饲养日志的形式往往是一个动物日志本或者一叠动物日志表格，随着近些年电脑和网络的普及，饲养日志已经逐步实现电子化、网络化。电子化饲养日志必须联网，或者是动物园内部网络，或者是互联网，因为只有接入网络这些日志记录才具有进一步融入信息管理系统的可能。否则仍然是"一堆砖块"。然而对一些没有条件在每一处动物班组配备电脑并建立局域网的动物园来说，则只能依靠饲养主管手动检索日志内容并进行归纳整理。为了便于检索和归纳动物日志的重要信息，需要规定动物日志的格式，并对记录内容进行规范。饲养日志中的内容包括：

○ 动物个体或群体名称;

○ 记录日期及当日气象条件;

○ 动物所处展区位置或编号;

○ 动物的变化情况，包括新个体出生、死亡、个体引入或输出、鸟类产蛋或鱼类、两栖类产卵等;

○ 新繁育个体父母的判别;

○ 动物个体标识的补充或移除;

○ 动物行为记录，包括正常行为和非正常行为;

○ 丰容项目和程序运行情况;

○ 行为训练项目和执行情况;

○ 兽医诊疗措施和落实情况;

○ 繁殖行为或节育措施;

○ 在本展区内动物个体的位置调整;

○ 体重和体尺数据;

○ 性别判定，指对那些幼年期间或整个生命周期中难以判别性别的物种，需要通过日常的观察，通过动物逐渐出现的外观变化、行为变化或生理活动变化及时判定个体性别，并结合个体标识进行确定，例如鹤、鹦鹉等;

○ 动物体征变化;

○ 日常操作流程变化;

○ 饲料供应及变化情况;

○ 动物粪便状况;

○ 动物兽舍内或展区内是否有异物;

○ 对动物展区或其他容置空间的设施、设备改造情况;

○ 对动物个体或群体综合评价;

等等，所有特殊事件都应进行详细记录。

这些饲养日志内容必须进入到信息管理系统作为可以被交流、共享或查询的信息单元后才会发挥作用，因此电子化日志和联网条件下实现的数据共享会大大提高信息管理的价值。

（二）动物园动物信息系统运行简介

1. 基于现状的动物园动物信息管理运行建议

对于目前大陆的动物园来说，由于并没有加入到国际动物物种信息系统（ISIS）和动物园信息管理系统（ZIMS），动物信息管理系统的运行过程大致如下:

○ 饲养员完成每天的动物日志，如果动物出现特殊情况，应第一时间上报饲养主管。

○ 饲养主管每周对动物饲养日志进行检索、整理，并将关键信息上报该物种的动物信息登录员；动物园饲料主管和该物种主管兽医同时将该物种或个体的饲料供应情况和兽医诊疗资料提交给信息登录员。

○ 动物信息登录员定期将该物种的信息上报上一级信息管理者，例如谱系登录员或谱系册保存人。

○ 谱系册保存人每年整理该物种谱系资料，并在所有拥有该物种的动物园中共享谱系资料。

2．现代动物园信息管理系统的发展现状

现代动物园都在各自动物园协会的领导下致力于动物信息的传递和共享。就像人们逐渐认识到必须依靠各个动物园中动物个体基因多样性开展繁育合作才可能长久保持圈养野生动物种群一样，动物信息只有通过共享才有价值，才能保证珍稀物种的异地保护取得实效；并且，这些有价值的信息同样也将对物种的就地保护产生巨大贡献。如果把信息比喻成资金，将更容易理解信息流通的意义。

不断恶化的环境迫使动物园不断提高长期保存人工繁育种群的能力；每个动物园的动物信息管理和交流共享与动物个体所承载的基因一样，都会在长久保存健康种群中发挥作用；动物信息本身必须具有价值，但让这些价值产生更多价值的途径就是信息传递和共享；动物信息管理系统的运行，以动物日志为起点；动物日志内容必须以符合要求的形式融入信息管理系统，这一点需要饲养员不断地学习和提高。

每个动物园都应加入国际动物园信息管理系统（ZIMS/ZOO 360），并逐步调整各自的信息记录和提供方式，不断将动物信息补充到这一信息数据库管理系统中，并最终从这一系统中获益。

二、技能培训

1．培训的意义

现代动物园要求每一名饲养员必须具备相应的专业技能，而目前国内的教育体系内没有特别针对野生动物饲养员的专业培训机构。在西方国家会有一些专门培养饲养员日常操作技能的培训机构，希望这些机构能尽快与中国动物园协会开展实质性的合作。在全世界的动物园中，饲养展示的野生动物超过千种，任何一个培训机构都不可能对每个物种的日常行为管理进行专门的培训，在动物园中保持开展职业技能培训因此显得更有价值。国内动物园的发展水平参差不齐，对于那些水平较低的动物园，直接接受来自现代动物园的行为管理专家主持的技能培训会起到事半功倍的效果。

2．培训的方式

饲养员日常培训的途径多种多样：到院校中接受生物学基础知识的培训是开展专业技能培训的基础；参加行业内的专业研讨会是获得最新知识和技能更直接的途径。

随着中国动物园协会（CAZG）与亚洲动物基金（AAF）、国际人道对待动物协会（Humane Society International）、丰容组织（SHAPE）和活力环境组织（Active Environment）等国际组织协作开展的"圈养野生动物行为管理培训班"运行以来，对国内动物园饲养员行为管理水平的提高产生了巨大的推动作用。这种培训方式的特点是理论结合动物园实际条件和操作实践。

　　行为管理培训，必须结合某个动物园具体的展区设施、设备条件和展示动物个体及饲养管理水平现状才能有效开展，并使接受培训的动物园和饲养员获得具有实效的知识和技能。之所以强调培训内容与现场和动物个体的结合，是因为行为管理的五个组件的运行都必须以现场条件和动物个体为出发点。脱离了实际条件的培训只会起到"开阔视野"的作用，而对提高某个动物园的行为管理水平收效甚微。

　　作为培训教师，在制定培训计划之前，必须首先前往接受培训的动物园进行实地考察，根据该动物园的展区设施、饲养管理水平现状和提出的培训需求制定针对动物个体的培训计划，只有这种方式的技能培训才具有实际意义。

三、综合学习

　　饲养员岗位技能培训可以解决动物园目前存在的问题，但难以为动物园提供持久发展的动力。动物园的发展，特别是动物行为管理水平的不断提高，必须依靠饲养员自身的综合学习能力。为了适应现代动物园的要求，饲养员应该积极主动地学习各种与本职工作相关的专业技术知识，以掌握多方面的技能。这些知识和技能包括：植物养护、丰容设施设计制作、展区功能设施设计、美学、生态学、心理学、教育学，等等。

　　作为一名合格的饲养员，仅仅学习以上的知识也还是远远不够的。野生动物饲养员，从事的是一项面对生命本质的崇高行业，也是实现自我人生价值的直接机会。这个行业，值得每一名饲养员全身心的投入。

第十一章　综合应用行为管理五项组件解决行为问题　……

　　综合应用行为管理的全部五项组件解决有损动物福利的行为问题的工作程序简称"问题解决程序"。行为管理是综合地、主动地为动物提供最佳照顾的工作方法，通过设施设计、丰容、正强化行为训练、群体构建和操作日程的调整五项组件的整合，为圈养野生动物创造更多的机会和赋予它们更多的控制能力。将所有组件整合在一起所发挥的效能，远远比单一或不完整应用行为管理手段更全能、更富有情感，能够更迅速地为动物提供满足生理和心理需求的环境和情境。

　　动物福利观念的引入，使饲养员日常管理操作的追求从"高效操作"转变为"提高动物适应及处理环境因素变化的能力"，目标是保持积极的动物福利状态，这是一项复杂、多元的系统工作，需要通过持续的努力才能实现。尽管我们为了提高动物福利而不断致力于满足动物生理、心理和社会生活的需要，但必须认识到：与自然界的复杂性相比，我们能做的仍然只是不断缩小圈养环境与自然环境之间的差距。动物在自然界中感受到的环境刺激是动态的、综合的、层出不穷的，为了减少圈养环境的僵化、单一和重复性的刺激，我们必须遵循自然界的规律，综合、动态地完整应用行为管理的各项组件来解决动物在圈养条件下出现的各种行为问题。不仅如此，行为管理本身是一项主动提高动物福利的综合手段，及时掌握动物行为表现的动态变化、对行为变化趋势进行预判并迅速采取综合措施也是饲养员最重要的职责之一。

第一节　行为管理与问题解决的关系

　　动物行为表现是判断动物福利状态最直观的指标。当动物表达出不同的行为时，我们常常将这些行为归纳为期望行为和非期望行为。期望行为主要包括物种典型的自然行为、正常的社群互动行为、合作行为等；非期望行为主要包括刻板行为、自残行为、过度的攻击行为等。期望行为的表达代表动物处于积极的福利状态；而非期望行为的表达则表示动物福利水平有待提高。在日常动物饲养管理过程中，我们通过行为管理的五项组件尽量让动物表达期望行为，但是人工圈养环境与动物自然栖息地之间的巨大差异仍然会导致圈养野生动物诸多非期望行为的出现。当某些非期望行为对表达该行为的个体自身和（或）对处于同一环境中的其他个体的福利造成损害或对饲养员的日常管理操作造成干扰时，就应当启动问题解决程序。问题解决程序的组成构件与行为管理一致。我们可以这样理解：在非期望行为出现之前我们所做的五方面工作是为了避免该非期望行为出现，这个阶段的工作称为行为管理；在非期望行为出现之后，我们同样通过相同的五个方面工作来减少正在发生的非期望行为，这个阶段的工作称为问题解决。这种关系可以用下图表示：

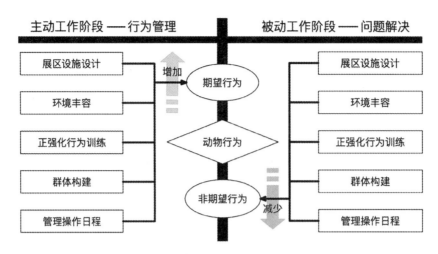

图11-1　行为管理与问题解决之间的关系图示

由图11-1可见：行为管理是主动使动物表达更多期望行为的工作，而问题解决是在非期望行为出现后的被动工作；行为管理与问题解决两方面工作的构成组件完全一致。尽管问题解决是被动工作，但绝不意味着这项工作不重要，当动物出现问题行为时，问题解决程序可以有针对性的迅速改善动物行为，保证动物的积极福利状态。

第二节　问题解决的工作程序

行为管理每个组件的实施，都基于科学的观察、评估和分析。这种科学、系统的工作方法同样也是综合应用各项组件解决动物行为问题的基本需要。只有通过科学的工作方法，我们才可能对动物的问题行为有更深入的认识、掌握问题行为与环境情境的相互关系并对问题行为的产生作出可靠的假设。基于信息收集和可靠假设所制定的操作计划才有可能消除那些引发问题行为的潜在诱因。这是一种连续的、系统的工作程序。工作流程可以简单归纳为图11-2所示：

一、现状评估和信息收集

在动物表现出非期望行为时，对该动物个体所处环境状况的评估和所有能想到的可能与问题行为相关的信息收集，是揭示动物非期望行为诱发因素的第一步。对于行为相关的基本信息，应依靠行为观察记录获得准确的数据。尽管与饲养员或其他的问题行为目击者交流可以获得更多的信息，但他人的描述只能作为参考，不能代替行为观察数据。行为观察数据不仅可以准确描述问题行为，同样也是确定工作目标的依据。

通过现状评估和信息收集，可以对问题行为有一个更全面的认识，同时也有助于我们确定问题解决程序运行的具体目标。在制定目标时，往往还需要考虑到单位运营的需要、饲养员日常操作的需要等因素，但无论从哪个方向考虑，动物福利必须置于首位。

二、建立假设

在现状评估和信息收集的基础上，对引发问题行为的潜在因素进行假设——假设由

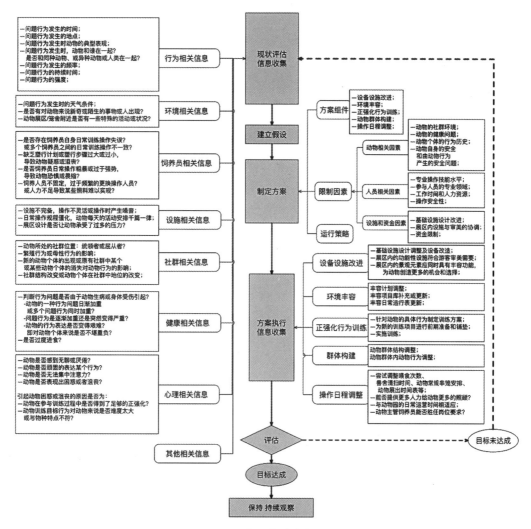

图11-2 问题解决流程图示

哪种/哪些因素导致了问题行为。在这个过程中不仅要以评估结果和信息数据为依据，同时也建议征求同事或者专家的意见。当认为问题行为是由多个原因引起时，也要相应建立多个假设。并结合每个假设制定有针对性的解决策略。

三、制定实施方案

每一项解决方案的提出，都对应一条假设，并包括具体的实施方法和步骤。这些实施方法和运行模式与行为管理一致。确定的问题解决方案往往是多方面行为管理组件的综合应用；运行策略指应用不同的行为管理组件时的时间、空间安排和相关人力资源和物资的调配。

四、实施问题解决方案

在项目实施过程中，注重相关信息的收集并做好记录，具体方法可参照丰容效果评估中采用的行为学研究方法。

五、评估

问题解决程序运行结果评估采用的方法与丰容效果评估相同，但评估内容有所区别。丰容项目评估中采用正式法评估时，首先需要确定唯一变量，即单一丰容项目，以便对影响动物行为的因素进行准确判别；在问题解决程序效果评估中，即使采用正式法评估，评估的内容往往是同时采取行为管理五个组件后的动物行为改善。问题解决程序强调迅速解决严重危害动物福利的，或影响动物园正常运行的非期望行为，不强调对某个变量的研究。这一点与斯金纳在进行操作性条件作用原理探索时采用的策略一致：他把大脑中的信息传递和处理过程看作"黑箱子"，不做猜测，而仅仅对刺激的输入和行为的输出之间的关系进行研究。在问题解决程序中，由于同时应用行为管理的五个组件，不必要深究到底是哪个组件发挥了哪些作用，即把五个组件的综合作用看作黑箱子，只评估采取综合的行为管理手段之后非期望行为的减少程度。这一点也许不符合科研程序，但饲养员应该认识到：动物福利才是最重要的方面，动物园和实验室不同，不能以伤害或漠视动物福利为代价获得研究数据。

评估主要内容包括：

1．记录：除了饲养员的日常记录以外，往往需要特殊制定的数据表格收集问题解决程序中的操作和行为信息。对于训练的新行为、问题行为出现时的境况描述、动物的攻击行为、繁殖行为等均需要予以特别关注。

2．量化信息统计结果，以判断是否能够达到制定目标中的行为改善的量。

3．采用正式方法的评估需要制定符合研究程序的实验设计，唯一与丰容项目评估的区别就是不评估某个单一变量，而是综合评估同时应用的行为管理组件的综合效果。

4．主观感受的变化：动物的福利状态有时候不能全部以明确的行为表现表达出来，而有经验的饲养员对动物的主观感受也能反映动物福利是否改善。

六、项目维持或计划调整

1．如果评估结果达到预期目的，则应保持各项操作以保持动物行为指标并持续观察。在项目维持过程中，需要特别注重保持行为训练的时间表和训练频次以避免行为消退；丰容项目的运行仍然以保持项目库的新奇性和灵活的运行表为原则；操作日程应根据季节变化或动物生理周期变化、动物园运营策略改变而作出相应调整；动物的社群结构会随着时间或某些事件的发生而改变，应随时关注动物社群的稳定性和每个个体的行为表现；对改造后的设施设备保持日常检查，以保证设备的安全、高效运行。

2．如果评估结果显示所采取的问题解决程序未能达到预期目标，则返回现状评估和信息收集阶段的工作，重新制定解决方案和执行策略。

第三节　问题解决案例分析

为了更好地说明问题解决程序和程序运行过程中各个组件之间的协同作用，本节以三个在动物园中常见的问题行为进行举例说明。

一、例1——串笼问题

串笼的实质是动物在不同容置空间之间的转移，包括进入或离开展区、在室内兽舍和功能区之间的转移和动物进入或离开转运笼等。在各个动物园中，串笼可能出现问题。如果不能实施迅速有效的串笼操作将严重限制饲养员在提高动物福利方面的贡献，例如进行更多的丰容和行为训练工作；不仅如此，串笼障碍还大幅度降低了本来就十分有限的圈养环境的空间利用率，对其他动物个体的福利也造成不利影响，当然游客的参观体验也会降低。串笼障碍的解决方案示例如下：

第一步：现状评估

在传统动物园中，问题收集和现状评估往往没有得到应有的重视，饲养员在评估现状方面所花费的时间和精力都有限，但这个步骤是后续所有步骤的依据。在这个步骤中应按照上一节图示中的线索收集各种有针对性的相关信息，例如问题行为的具体表现、何时发生、发生地点，并推测引发问题行为的潜在因素。

在出现串笼问题的群养黑熊展区中，收集到的相关信息包括：

○ 相对于室外展区来说，室内兽舍内部丰容几乎为零，地面为坚硬的混凝土材质；

○ 熊每天必须在室内兽舍过夜，往往需要在相对枯燥的室内兽舍内停留超过14小时，直到第二天上午室外展区清扫后才有机会到室外展区活动；

○ 饲养员通过食物引诱哄骗动物进入室内兽舍；

○ 熊进入到室内兽舍后，饲养员马上关闭串门，走开并进行其他的操作内容；

○ 每天串笼时间都是既定的，每天动物完全可以预期发生串笼的时间，例如每天上午从室内兽舍进入室外展区、每天下午从室外展区进入室内兽舍；

○ 处于统领地位的熊患有关节炎，它总喜欢坐在其他动物进出串门的必经之路上；

我们假设这些因素都会引起串笼障碍。

第二步：确定行为目标

克服串笼障碍，以实现在需要的任何时候实现有效、可靠的串笼操作。

第三步：建立假设

○ 室内兽舍内丰容条件差，没有给动物提供足够的刺激和机会，对动物的吸引力远远低于室外展区；

○ 对熊来说，室内兽舍不如室外展区体感舒适；

○ 往往熊在拒绝配合饲养员的指令时会获得额外的用于引诱的食物；在饲养员关注动物的时候，熊会获得更多的强化；

○ 统领个体坐在串笼的必经之路上，阻碍了从属个体进入室内兽舍；

○ 从室外展区进入室内兽舍的串门坡道坡度对患有关节炎的熊首领来说太大了；

第四步和第五步：确定方法和运行策略

解决串笼障碍问题的关键在于综合应用行为管理的各项组件，有必要同时从环境丰容、行为训练和操作日程的调整等方面同时采取措施。

环境丰容以创建对熊更有吸引力的、更舒适的室内兽舍条件为目标，计划执行的操作包括：在室内兽舍铺垫舒适垫材、为动物营巢提供材料，以提高睡眠的舒适度；在室内兽舍增加栖架，给动物更多的活动和休息位点、进食地点的选择，通过增加新鲜的枝叶、玩具和更复杂的取食器来提高室内兽舍的复杂性和给动物更多的处理环境刺激的机会；根据罹患关节炎的动物个体的特殊需要，延长坡道减小坡度以减少动物进出串门的难度。当然，根据各动物园的特点，可以实施的丰容手段远远不止这些，建议应用更多的丰容项目。

在实施以上丰容项目的基础上，开展正强化行为训练工作，让动物学会服从饲养员的口令进出不同空间、对室内兽舍脱敏、对串门的打开和关闭脱敏；调整强化执行策略，在动物服从指令成功串笼后有机会获得更多的强化物和饲养员的关注，而在动物拒绝服从指令时避免通过食物引诱强化动物；动物群体动态也会影响串笼效率，通过行为训练使动物个体之间相互远离、定位有助于在其他个体进入室内兽舍时不会受到干扰；训练工作的范围不断扩大，最终实现有效串笼。

从行为管理的角度来解决问题行为，必须坚持丰容和行为训练的协同应用，这必然涉及操作日程的调整。在这个过程中需要经常检视项目运行计划和实践过程的效果，并在必要的环节进行调整。运行调整包括：允许动物在白天短时间的进入到室内兽舍，饲养员在这个时段内给予动物关注和执行训练项目，并通过这种方式取代每天下午常规的让动物进入室内的串笼程序。在这个时段内，动物可以获得强化，并且在它们回到室外展区之前，饲养员也有机会在室外展区内增加一些丰容项目，以促进动物回到展区后表达更多的自然行为，这种操作能够减少动物的乏味感，特别是在每天临近展示结束的时候，往往动物会感到无聊，甚至表达刻板行为。这种操作日程的调整，不仅用于饲养员随时将动物串进室内兽舍进行训练和室外展区的丰容，还有助于在出现紧急状况下饲养员可以迅速地将动物转移到室内，以避免发生难以挽回的安全事故。与此同时，游客也能从动物表达的更多的自然行为中获得更好的参观体验。因为此时室外展区得到了两次实施丰容项目的机会，动物的行为表现也比原来日程中展区仅仅经过早上的一次丰容的状态更加活跃。

当串笼问题得到解决后，行为管理手段往往有机会得到更多调整，并实现更多的目的。例如管理手段更符合安全需要、在室内进行的兽医诊疗操作变得可行、动物在闭园后获得在室内外没有游客压力的情况下栖息的机会，甚至享有自由进出室内外环境的特权。这更符合动物福利的本质：动物拥有更多的选择机会和控制环境刺激的能力。在人工圈养条件下，饲养员能够提供给动物的选择机会并不多，常常需要限制动物在什么时候到达什么位置、和谁在一起、获得怎样的机会等等手段来保证日常操作的运转。作为任何一名有责任感的饲养员，哪怕仅仅出于对动物失去自由的补偿，也应该尽量为动物提供多变的刺激和动物操控环境的机会。这个问题解决程序的运行，不仅解决了长期存在的串笼障碍，同也提高了动物福利，行为管理各组件的协同应用效果远远超出了饲养员的预期。

二、例2——过度攻击

动物表达攻击行为是一种正常情况，一定水平的攻击行为是可以接受的、健康的动物社群行为表现。但在圈养条件下，有时攻击行为会升级，逐渐超出正常范围并转变成为一种危害。同种个体间的攻击行为会降低繁育后代的可能，降低从属个体的生活质量，并往往导致整个群体的社群互动行为趋于恶化。同时，过度的攻击行为也会威胁到操作人员的安全，损害饲养员与动物之间的信任关系，使饲养员处在一种恶劣的工作环境条件下照顾动物；不仅如此，过度攻击行为还会给游客留下负面印象和参观体验，但最重要的是会损害动物的福利。

以降低一群猕猴中的攻击行为为例：

第一步：现状评估

首先确定攻击行为的表现形式、在哪里发生以及攻击行为的对象。猴群中的首领雄性个体在进食期间对群体中的其他成员表现出强烈的攻击行为，但在其他时段内能够与其他个体正常互动。从属个体没有机会获得自己中意的食物，因为在进食时不仅头领雄性会独占这些资源，而且还会将其他个体驱离。即使在非取食时段内，从属个体也会远远避开统领个体。当统领雄性攻击其他个体时，饲养员往往采用大喊、制造敲击噪音甚至使用水龙喷水来阻止攻击行为。统领雄性个体是人工哺育长大的，在饲养员试图阻止攻击行为时，经常会对饲养员做出攻击行为，并总是试图抓挠饲养员，在情绪极端激动时甚至有时还会表现出啃咬自己手掌这种自残行为。事实上这只个体对所有的人都极具攻击性，经常试图攻击人类，包括游客。处于从属地位的个体不会主动接近饲养员，在有饲养员经过时会躲避。展区环境恶劣，丰容项目没有考虑到群体中每个个体的福利需求，从属动物个体几乎没有表达自然行为的机会。

第二步：确定目标

减少50%的统领个体对人和从属个体的攻击行为。

第三步：建立假设

1. 每次成功占有属于其他个体的食物时，统领雄性都会获得巨大的强化；

2. 统领雄性和饲养员在一起的时候会感到压力，并会通过攻击行为甚至自残行为表达这种压力；

3. 动物生活环境单一，缺乏足够的感知丰容元素；饲料提供方式单一，导致在喂食期间个体间的竞争；

4. 在统领雄性幼年经历的人工育幼过程中可能受到过伤害。

第四步和第五步：确定方法和运行策略

解决这个行为问题必须同时应用丰容和行为训练的手段。尽管在这种情形下丰容手段不是主导的解决问题的手段，但无疑丰容项目能够给动物带来安慰；在展区内增加视觉隔离屏障会给从属个体提供退避之所；处在视觉屏障后的从属个体由于不在统领个体的视线范围内，也会减少统领个体对群中其他个体的追赶；每天在展区内实施的丰容项目，调整为主要增加感知丰容的力度，为动物提供更多的感知刺激。将丰容项目分散到展区各处，让每个个体都拥有享用的机会。

行为训练目标可以集中于减少统领个体对同类和人类的攻击行为。首先致力于减少动物之间的攻击行为，在这方面，和谐取食训练无疑是最有价值的训练手段。这种训练方式在解决多种野生动物的过度攻击行为方面都取得了令人瞩目的成效，其中包括大象、海洋哺乳动物、食肉动物、羚羊类、灵长类动物和大型类人猿等。和谐取食训练的操作方法是饲养员强化统领个体允许从属个体接近食物、得到其他饲养员关注或其他形式的统领个体同样渴望获得的资源；首先，统领个体会获得比从属个体获得的更具有吸引力的食物，而且，在它不强占其他个体的食物时，他会得到更多的强化，往往是更好吃的食物。随着时间的推移，饲养员给与统领个体和从属个体的食物逐渐趋于一致。在群养动物中，尽管动物和动物的组合形式有所差异，但和谐取食训练都会促进个体间良性的社群互动行为。在本案例中，可以采用训练不相容行为的方法来消除统领个体的攻击行为。例如训练统领个体在喂食期间定位于饲养员面前，在他做出定位行为并得到饲养员的强化时，他不可能再去追逐从属个体。在训练期间，饲养员应对动物做出的积极的社群互动行为或其他形式的期望行为给予强化。

通过脱敏训练减少动物对人类的攻击行为。首先训练统领雄性动物对主管饲养员脱敏，然后不断增加训练现场人员，使动物逐渐对人类脱敏。强化雄性统领动物的非攻击行为，当动物表现出攻击行为时，通过行为消退的方法应对，即对动物表现出的攻击行为不予以关注，不表现出畏缩和惊恐的情绪或表情。总之对动物的攻击行为不给予任何形式的回应，因为动物往往会把人类受到攻击威胁时的夸张表情当作一种强化。教授动物学会期望行为比告诉动物哪些行为是不可接受的更加重要。可以通过目标训练的方式教授动物轻轻地碰触目标物。最初目标物需要采用即使被动物啃咬或抓抢都不会给动物造成伤害的不易损坏的材料，逐渐强化动物接触目标物的行为。渐渐地，目标物转变成统领动物的同伴，甚至是饲养员。最终，动物逐渐学会与饲养员之间的行为礼仪，并在完成轻柔碰触饲养员这个行为后获得强化。饲养员应该允许统领动物表现出适度的攻击行为和对从属动物的追逐，除非这些行为存在导致从属个体受伤的危险。

在统领个体向游客示威或做出攻击行为时游客表现的惊恐甚至尖叫都会强化动物的攻击行为。这个问题可以通过设施改造的方式解决：首先增大动物与游客之间的距离，在动物和游客之间增加遮蔽物，这些增加的遮蔽物会打断动物视野的连续性，减少动物的"被游客包围"的视觉感受。因为对所有灵长类动物来说，被"环顾"时都会感到受到了威胁。游客与动物之间的互动行为很难控制，往往需要进行设施设备调整和工程改造。

随着雄性统领个体过度攻击行为的消退，饲养员也获得了更多的机会通过行为管理来提高整个群体的福利。行为训练可以逐渐提升、转化，例如让动物学会在日常管理过程中和兽医诊疗过程中的合作行为；由于对渴望资源的竞争减少，过度攻击行为不再发生，也允许饲养员在展区中运行更多的丰容项目；游客也可以从动物更多表现的新自然行为中获得最佳参观体验；更有价值的是，饲养员有可能对整个动物群体进行动态管理，动物社群的构建和维系是保证群居动物福利的最重要的途径。最终，群体中每个动物个体的福利水平都得到提高。

三、例3——躲避游客视线

为了保证动物福利，现代动物园展区内都会根据动物的自然史需求预置丰容设施，例如为动物提供庇护所，使动物有机会躲避展区内其他动物个体或游客的视线压力。随之而来的问题可能是动物总是躲避于游客视线之外，使游客的参观体验大打折扣。我们不能以牺牲动物的福利为代价而迫使动物总是位于游客视线以内，只有通过问题解决策略来处理这个矛盾。

第一步：现状评估

〇 展区内的一对非洲狮每天在室外展区活动的时间约为9：00～16：30，在这段时间内，动物大约有接近4个小时的时间都躲避在展区内唯一的一段粗大倒伏原木后面，致使游客看不到动物或只能看到动物身体的一小部分；

　　○ 展区隔障形式为方格网围栏和位于棚屋内的玻璃幕墙的组合，游客在棚屋内透过玻璃幕墙可以获得最佳的参观觉感受，然而动物几乎从不出现在玻璃幕墙附近；

　　○ 倒伏原木位于展区中央，这个区域也是整个展区内阳光照射时间较长的地方；

　　○ 在每天下午大约15：30开始，动物开始到通往室内兽舍的串门附近等候串门打开，并经常表现出来回踱步的刻板行为；

　　○ 雄狮偶尔会趴卧在原木上，尽管此时游客可以清晰的看到动物的整体，然而雄狮趴在原木上的时间很有限；

　　○ 饲养员拥有高超的行为训练技巧，但日常行为训练仅在室内兽舍操作区进行。

　　第二步：确定行为目标

　　使动物每天出现在游客视线之内的时间超过6小时，并减少50%的刻板行为；在动物现身于游客视线内的时段里，增加动物停留在玻璃幕墙附近的时间。

　　第三步：建立假设

　　○ 非洲狮喜欢在不是特别炎热的时段内晒太阳，而原木后面的位置正是展区内阳光最充足的区域；

　　○ 原木本身是展区内唯一的庇护所，可以躲避游客围观压力；

　　○ 展区内丰容项目相对较少，特别是感知丰容项目变化不够，不足以引发动物表现出更多的探究行为。每天在展区内长时间停留后，展区对动物来说已经没什么可"留恋"的了，而此时尽快回到更安全舒适的室内兽舍，见到信任的饲养员，并接受训练和获得强化才是动物最渴望的。这种渴望表现为焦虑，并引发刻板行为；

　　○ 展区参观面玻璃幕前位于棚屋内，玻璃幕墙附近的区域只有在夏季能有阳光直射，而在其他季节都没有阳光照射。而恰恰在这些季节，动物更喜欢晒太阳；

　　○ 倒伏的原木为整个展区内唯一的制高点，出于本能雄狮往往希望身处相对较高的位置以获得更好的视野，但原木直径和上面的枝杈让雄狮不可能舒适地、长时间的趴在上面；

　　○ 展区操作日程长期固定，所有食物都在室内兽舍提供给动物，动物在室外展区尽管可从丰容项目中获得"食物"的刺激，但不会得到食物。下午打开串门并获得食物早已在动物的预期之内，不能尽早回到室内兽舍只会增加动物的焦虑。

　　第四步和第五步：确定方法和运行策略

　　在展区内再增加两处庇护所，使展区内庇护所的数量多于展区内动物的个体数，减少动物对庇护所的竞争，使动物拥有更多的选择机会。有数据表明当动物拥有足够的、可靠的庇护所时，往往会变得更"大胆"，表现为更多的时间暴露在游客视线内。新增加的两处庇护所都搭建成双层平台的结构，上层平台供动物晒太阳，下层平台为动物提供遮阴。两层平台都高出地面，在下层平台与地面之间塞满石块，既避免动物躲藏在下层平台与地面的缝隙中，同时这些堆积的石块也是日常提供感知丰容项目的位置。平台的面积允许两只个体同时舒适地趴卧在上面，为动物提供居高临下"审视"游客的视觉角度，同时保证游客可以看到与视线高度持平或略高于视线高度的动物。两层平台均高出地面，相对于地面来说更加干燥、舒适。

在玻璃幕墙展示面顶部，展区内侧增加一块热辐射板，热辐射区域正位于玻璃幕墙附近，与游客只有一块玻璃相隔。热辐射区域垫高，并铺设自然材质的地表垫材，如木块或稻草。在夏季以外，玻璃幕墙附近是最符合动物需求的、动物体感最舒适的区域。在垫层内增加感知丰容项目，还能使在这个区域长时间停留的动物表现得更加活跃。这些丰容措施在夏季显得尤为重要。

对展区方格网隔障面进行局部的封闭处理，可以在方格网隔障外侧固定木板，封闭区域宽度大约为6米，高2米。在封闭区域中间再设置一道宽度为1米的平开门，在平开门封闭时，完整的封闭面上装饰保护教育展示内容，内容主要介绍正强化动物行为训练与传统驯兽之间的区别，同时介绍动物园在提高动物福利方面的努力。平开门打开时，此处就成为动物行为训练的展示场所。这个训练展示项目的增加不仅提高了游客的参观体验，同时也作为社群丰容的项目丰富了动物的生活内容。通过参加行为训练，动物也会获得少量食物强化物，这也减少了每天下午动物回到室内兽舍的紧迫感，并减少了刻板行为的出现。

在应用了上述问题解决程序后，这对狮子逐渐成为动物园内的展示明星。动物更多的时间出现在游客视线之内，并表现得更活跃、表达的自然行为类型也更加多样。在炎热的季节游客可以欣赏在两层平台之间遮阴区内躲避阳光直射的动物，而在其他季节，动物更愿意在玻璃幕墙顶部热辐射板下面的干燥、温暖、舒适的范围内活动，甚至开始与游客"互动"，使众多游客获得了难忘的参观体验。在展区动物行为训练展示区内每天两次的训练展示受到游客的热捧，动物园根据这种状况开始安排保护教育讲解人员与饲养员一道将原本在室内操作区进行的行为训练操作转变为"保护教育体验课程"，通过这种形式的行为展示，使游客了解了为提高动物福利而进行的正强化行为训练与以娱乐为目的的传统驯兽表演训练之间的区别，在保证动物福利不受损失的前提下提高了游客参观体验，并发挥了动物园的保护教育社会职能。一举多得。

综合地系统应用行为管理组件从根本上改变了现代动物园对圈养野生动物的饲养管理方式。这种积极主动的工作方式需要饲养员有能力对动物的行为表现做出评估。合格的饲养员不仅应该通过必要的工具、技能和学识来及时发现问题行为，更要具备制定解决方案和执行策略的能力。问题解决程序是一项综合的、完整的、并具备自我检视和调整功能的多个行为管理组件的协同运行程序，该程序为饲养员提供了一个工作运行模板，引导饲养员通过最佳方式照顾动物，并保证动物处于积极的福利状态。

下 篇

第十二章　两栖动物行为管理　·····························

　　尽管在国内动物园中两栖动物饲养繁育水平很原始、展示物种很有限，但我们必须认识到它们是一个丰富多彩的动物类群。习惯上，传统动物园总会将两栖动物和爬行动物"合并"成"两栖爬行动物"来采取统一的管理策略，这种运行策略对这两类完全不同的动物来说都是悲剧。随着现代动物园逐渐将自身的发展目标定位于物种保护，野外生存状况岌岌可危的两栖动物迫切需要动物园肩负起关键的异地保护任务，其重要性甚至超越了展示功能，而将物种存续作为饲养繁育的主要目的。如果说保护的终极目的是恢复物种在野外栖息地的数量，那么近些年来在先进动物园中陆续开展的两栖动物保育项目，特别是"两栖动物方舟（Amphibian Ark）"计划则更直接地体现了动物园的保护职能。两栖动物不仅是自然生态中重要的组成部分，同时也是生境状况的指示物种，从两栖动物在自然环境中遇到的危机，可以预测到未来人类将不得不面对的生存压力。

第一节　两栖动物自然史

　　现存的两栖动物近7778种（Frost, Darrel R. 2017. Amphibian Species of the World: an Online Reference. Version 6.0），各物种之间无论在外形或习性方面都存在巨大差异。但所有的两栖动物都具有以下共性：大多数物种生活史由水生阶段和陆生阶段共同组成，这也是"两栖"一词的本源。有些物种会终生生活在水中，即使那些成年后主要在陆地生活的物种，也不能远离水源，因为所有两栖动物的繁殖都离不开水；除了繁殖需求以外，两栖动物的存活也必须依赖水环境；与其他陆生动物不同，两栖动物几乎不饮水，主要通过皮肤吸收水分来维持体内的水分含量；它们缺乏角质层保护的光滑皮肤也必须保持湿润，以完成辅助呼吸的功能；幼年阶段通过鳃呼吸获得水环境中的氧气，即使在成年后主要营陆地生活时，它们的肺也不能保障自身对氧气的需求量，必须依靠湿润的皮肤提供辅助。有些物种甚至主要通过皮肤交换气体，肺发挥的呼吸功能基本可以忽略不计。

一、两栖动物分类

两栖纲分为3个目、70多个科。

1. 蚓螈目

大约包括207种。它们一生主要生活在地面表层以下的落叶层、腐殖质或水环境中，与蚯蚓的生活环境和生活方式相似，因此外观也和大型蚯蚓非常接近：四肢消失、双目退化，但嗅觉敏锐，头骨和躯干骨骼强壮、肌肉发达，适于在腐殖层中游走和觅食。由于在自然状态下它们都会藏身于地表之下，所以在动物园中几乎没有展示。

2. 有尾目

大约包括715种。它们的共性是都具有尾巴，并基本保持了早期陆生四足动物的原始外观。在中国分布的大鲵是现存体型最大的两栖动物，可达2米，而其他绝大多数有尾目两栖动物体型都很小，身长小于20厘米。幼体与成体外表形态接近，但具有发达的鳃。少数蝾螈成年后鳃不退化，仍生活在水中，通过鳃呼吸。这类动物的进化特征显著，身体分化为头部、躯干和尾部，同时进化出了陆地生活所必需的四肢，少数种类只有前肢，适于克服地心引力将身体托离地面以便于迅速移动。多数有尾两栖动物视觉和听觉不发达，但往往具有敏锐的嗅觉。与各种鲵的体外受精方式不同，蚓螈和蝾螈类中的绝大多数种类为体内受精，雄性将精液或精包纳入雌性泄殖腔内。

3. 无尾目

两栖类动物中最大的家族，也就是我们常说的蛙和蟾蜍，大约6856种。它们的共有特征是肋骨退化或消失、腰间部骨骼强大，配合明显长于前肢的后肢，具有惊人的弹跳能力。绝大多数无尾目两栖动物通过体外受精繁育后代，它们的卵都产于水中或正对水面上方，以便卵在发育一段时间后可以随着降雨滑落到水中。蛙和蟾蜍的幼体，都称为"蝌蚪"，从水中生活的蝌蚪到陆生的成体，需要经过变态过程。正是由于这一特殊生理阶段的存在，使得无尾目成为两栖类动物中最成功的类群，它们不仅进化出更多的种类，而且广泛分布于除南极外所有大陆的淡水环境中。

两栖类动物远比我们所了解的更丰富，但它们所面临的生存危机也远比我们所认识到的更严峻。每个物种面临的困境最终都归咎于环境变化、栖息地丧失、致命的传染病等原因，而这些原因都与人类的行为有关。

二、两栖动物自然史

两栖动物是变温动物，也被称为冷血动物，它们的体温随环境变化而改变。由于不必消耗能量来维持体温，所以它们对能量的需求仅为同等体型的恒温动物（温血动物）的10%~14%，主要用于运动、生长和繁殖。这一点解释了在能量供给有限的自然环境中会同时存在大量两栖动物个体的现象，而同样的贫瘠的环境则无法供养太多同等体型的温血动物。与同为变温动物的爬行类相比，两栖动物需要的能量更低。爬行动物倾向于通过接近或远离热源来调节身体的温度，即它们会主动寻找温度条件合适的小环境，并在这样的小环境中使体温逐渐与环境温度一致；两栖动物不能像爬行动物那样通过追逐热源或接受日光浴升高体温，因为这样容易造成体内水分丧失，所以两栖动物对低温环境的耐受能力更强。不同物种的温度容忍范围都可以从生态文献资料中查到，例如在北温带分布的林蛙，在2~20℃的环境温度范围内可以活动自如，成年个体甚至可以在-7℃顺利度过冬眠；在热带丛林中分布的两栖动物则能够适应高温环境，比较典型的例如蜡白猴树蛙生活在稀树草原，它们不仅具备了在干热环境中保持身体水分不流失的技能，同时也能忍受22℃直至41℃的高温。相对于无尾目的蛙和蟾蜍来说，有尾目需要更低的环境温度，它们主要分布于亚热带和温带地区，仅有少数物种分布于热带。所有两栖动物物种都必须在维持体温和避免体内水分丧失之间保持平衡，这也是它们更倾向于选择低温环境的原因。绝大多数两栖动物生活在湿润的环境中，通过皮肤吸收环境中的水分。比较典型的是无尾目，在它们的后肢内侧具有一片几乎透明的、极薄的皮肤，称为"吸水坐垫"，具有高效的吸水功能，所以青蛙几乎从不喝水，它们只需要坐在湿润环境中，通过"吸水坐垫"就能够补充身体所需的水分。一般情况下，两栖动物通过大量吸水、大量排尿的方式维持体内的水分平衡，但在特殊的生活环境中，则必须依靠特殊的途径，例如蜡白猴树蛙会在身体表面涂抹蜡质涂层；生活在干旱地区的蟾蜍会在膀胱中储存大量水分，同时体液中保持较高尿酸浓度形成渗透压；极端情况下，两栖动物会在体表形成壳状"保护膜"，这些策略都可以减少体内水分流失。

早期四足类动物从水中走上陆地，高密度的水环境介质变为低密度的空气环境介质，身体重量失去了浮力的支撑，迫使其身体构造发生了深刻的变化，作为它们的后代，这些变化也被两栖类继承下来：

○ 两栖动物都拥有真正的舌头。舌头可以在相对干燥的空气中通过分泌黏液润湿食物，并通过舌头蠕动把食物推进消化道。舌头还可以辅助两栖动物捕食，这一点在蝾螈类和蛙类身上表现惊人。

○ 两栖动物的眼睑与腺体紧密关联，可以保持角膜湿润，也能起到清洁眼睛的作用。

○ 两栖动物具有一对"真正的"耳和具有发声构造的喉部，这种构造有利于在声波阻碍更小的陆地环境中保持个体间的声音交流。

○ 两栖动物进化出最初的"犁鼻器"。犁鼻器与鼻腔相连，便于在密度远远小于水环境的空气中，收集气味信息。这一构造在爬行动物中，功能发挥到了极致。

○ 两栖动物终生都在生长，随着个体长大或其他原因脱去外层表皮。皮肤上有密集的黏液腺，其分泌物能保持皮肤湿润，具有维持体内水平衡、辅助呼吸及保护作用。

三、动物园中两栖动物管理的特殊需求

与动物园中的其他陆生脊椎动物相比，两栖动物无疑属于最特殊的一个类群，各物种之间也存在巨大的差异。因此不具备条件的动物园建议取消两栖动物的饲养，不负责任的物种收集和展示会对两栖动物保护和公众教育起到负面的作用。面对两栖动物目前的生存危机，有条件的动物园应尽快参与到全球"两栖动物方舟（A-Ark）"这样的保护项目中来，将实现异地保护放于首位，而不是为了"增加展示物种规模"而引进两栖动物。

由于两栖动物与环境因素之间独特的互动关系，饲养这类动物的日常工作内容与其他动物类群完全不同：两栖动物的饲养员几乎不会直接对动物个体实施各种操作，而是通过对动物的生活环境进行建设、维护和管理来间接提供照顾。动物园为两栖动物提供的圈养环境不仅是保证存活，还应该使动物保持活力，能够在人工环境下成功度过各阶段的生活史，为将来野外放归奠定基础。

第二节　两栖动物行为管理

一、饲养展示环境设计建设

动物园中两栖动物饲养员面临的共同挑战是既要在有限的空间内为动物创造充分的环境要素，又要兼顾游客参观需求。两栖动物展箱必须保持一定的湿度，有动物可以随时接近的洁净水源，由布景构件或活体植物形成的庇护所，以及能够保证动物健康的光源。在为动物创建展示环境之前，饲养员要做的第一件事就是了解该物种自然分布地的

气候条件和生活环境的微生态特征：温度变化范围、降雨条件、季节交替与动物活动之间的关系、主要植被类型；动物自然史特征、行为特征，例如是地栖或是树栖、水栖物种？是否善于挖掘？日行性或夜行性？……这些资料可以通过图书资料或两栖动物保护机构的网站获得，加入两栖动物饲养员论坛也能获得直接的参考经验。总之，在动手之前需要做大量功课，这些有价值的信息会让饲养员在布置展箱时保证基础的环境要素，并在实践中通过观察动物的行为表现逐渐调整，直到为动物创造出适宜生活和繁殖的人工饲养展示环境。展箱的布置和维持除了需要饲养员的知识和智慧以外，还需要辅助设施的运行，例如喷雾装置、喷淋装置、水循环过滤和水温控制装置等。所有的努力都只有一个目标，满足动物的生存和繁殖需求，并最终致力于提高两栖动物的野外种群数量。

面对复杂的动物环境需求，饲养员应首先从以下几方面入手，满足动物的基础需求。

（一）展箱布置

除了大鲵等大型水生物种，绝大多数动物园都使用展箱作为两栖动物的饲养展示设施。水生物种根据动物的体型和行为特点，选用适合的水族箱进行饲养展示；无尾目动物的幼体，即蝌蚪也在水族箱中饲养。以往人们简单地认为通过调整水族箱中水体深度、水面占箱体底部的比例，并在水体上方"陆地"区域布置陆生两栖类所需要的环境因素，就实现了水族箱向"生态展箱"的转变，但事实并非如此简单。首先展箱必须以物种自然史的特殊需求为布置依据，不同物种的展箱需要在"基础展箱布置模式"上再进行相应调整。基础展箱布置模式包括以下几方面主要内容：

1. 防止动物逃逸的设施

绝大多数陆栖或树栖两栖动物都善于借助展箱内的布景、植被或四壁攀援至展箱顶部，所以无论是水族箱或展箱都必须进行有效封闭。展箱顶部一般使用亚克力边框和细密尼龙纱窗构成的防逃逸盖子，由于质量较轻，还需要特别的锁定机构以避免动物顶开盖子逃逸。

2. 两种模式结合

基本的展箱模式分为"展示模式"和"后台模式"。尽管两种布置模式都必须以满足动物需求为标准，但在"展示模式"的展箱中需要考虑在游客面前展示与物种相关的多种环境因素，例如活体植物种植、岩石表面机理、背景空间和动物庇护所等；而在"后台模式"中，往往去除装饰性的组成元素，完全以动物需求和便于行为管理操作为出发点。目前多家现代动物园在参与"两栖动物方舟"计划后，都采用两种模式结合运行的饲养方式：前台展示用于向游客传达环境保护信息，争取公众支持；后台饲养用于为动物和饲养员创造免于游客干扰、满足物种生存和繁育需求、操作便捷的管理条件。越来越多的动物园开始将这些后台设施也通过玻璃幕墙隔障呈现在游客面前，目的在于增加公众对动物园从事保护工作的信任度。

3. "复合底层设计"

展箱底部的透水设计对维持大多数陆栖和树栖两栖动物的饲养环境至关重要。透水设计也称为"复合底层设计"（图12-1），具体的做法是在展箱底层首先铺设一层聚苯乙烯塑料的照明格栅（照明格栅来自吊顶材料，用做展箱顶部可以减少灯光直射动物眼

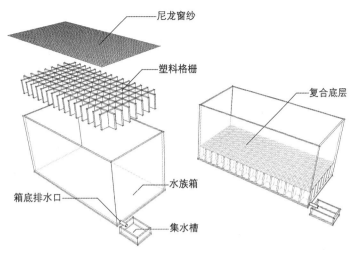

尼龙窗纱

塑料格栅

复合底层

箱底排水口

水族箱

集水槽

图12-1 两栖动物饲养箱复合底层构造图示

睛，作为底部垫层时可以隔水），大小与箱底一致；第二步是在格栅上层铺设一层或多层尼龙窗纱，并保证窗纱边缘与展箱边缘紧密贴合；第三步开始根据物种的栖息地特点布置展箱，如使用透水性能良好的天然材质做垫材或进行立体布景。展箱内的人工喷水、喷雾喷淋水，或人造水流积聚的水分通过透水层经纱网过滤流入展箱底部，再通过排水孔将这些水分汇集进入循环过滤装置。这种设计的优点是显而易见的：复合底层将水体维护与动物展箱功能分开，避免了对动物的干扰和潜在伤害；既保持不会存水，又能维持展箱内湿度；同时由于水体被引出展箱进行处理，可以采用更复杂、经济、有效的设施保证水体清洁度。

4. 背景制作

在展示区内，将动物置于与之相符的"自然环境"中进行展示，既能增加展示的吸引力、丰富游客的参观体验，又能通过强调动物与环境因素之间的关系，更有利于传达保护教育信息。在复合底层设计的基础上，展示背景多使用轻质防水材料制作。安全无毒的聚氨酯发泡材料具有黏度高、成型快、便于表面切削处理等优点，被越来越多的应用于两栖动物展箱的自然风格背景制作。对于小型展箱，首先使用聚氨酯发泡材料喷涂于展箱侧壁，同时将展示物种生活环境中的典型生态元素，例如石块、卵石、树枝、浮木、树皮、小型植物种植槽等构件一起固定于展示背景上，待发泡剂干燥后，使用壁纸刀等工具，根据设计对聚氨酯表面进行修饰，使其接近自然材质机理。需要注意的是预留的活体植物种植槽底部需要打孔，以保证植物根系排水。表面修饰完成后，可以采用硅胶涂布聚氨酯表面，然后撒上椰土等自然材质，掩盖住人工材料的痕迹。

5. 供水

由于两栖动物与水之间的紧密联系，水元素的提供方式和水质成为两栖动物异地保护成功的关键。展箱中的水源提供方式包括小水盘、喷雾、喷淋、滴流墙壁（类似于微型瀑布）、活体植被以及人工喷水等途径，这些水分的提供不仅保证了动物所需要的环境湿度，也保证了活体植被的生长。所有向展箱内补充的水分最终都通过复合箱底汇入集水槽，再进行下一步的循环、过滤。一般情况下，两栖动物展箱内的水体供应系统包括"开放回路"和"封闭回路"：开放回路中需要不断补充净水，例如喷淋、喷雾系统供水；封闭回路主要用于展箱内的水循环回路，例如小水盘、水池、滴流墙壁等。封闭回路中包括循环过滤装置，用以保证水的清洁度。开放回路进入展箱中的水都是"新鲜"的净水，可以单独用于两栖动物展箱，而封闭回路经过循环过滤后的水质只能起到维持自然景观效果和满足植物生长需求的作用，不能独立用于展箱供水，必须通过补充新鲜净水以满足动物需求。

6. 垫材

在介绍复合底层设计时，强调了对两栖动物展箱垫材的共性要求——具有良好的排水性能。排水、透水性能差的垫材会导致细菌、寄生虫的大量滋生，垫材表面或内部囤积的动物粪便产生有害的铵盐，会污染整个饲养环境，造成动物氨中毒。使用椰壳切块或椰壳土，按照一定比例掺杂膨化陶粒或其他轻质多孔聚合体、活性炭等材料的组合，可以形成排水性能良好、对动物更安全的底层材质。这种组合材质能够长时间保持疏松状态，既能通过缓释作用保持展箱内空气湿度，又具有良好的排水性能，避免了有害物质的淤积。更具自然效果的垫层材料包括泥炭藓、苔藓、水苔、砂砾和种植土，采用类似垫材时需要饲养员通过日常操作维持垫材疏松透水。不要试图在垫材中掺入珍珠岩增加透水性，因为珍珠岩具有锋利的边缘，而且由于制作材料是玻璃，往往富含有害的氟化物。动物在进食时难免会吞入一部分垫材，饲养员需要密切关注食入的垫材可能会对动物造成的危害。在选择砂砾时，必须应用边缘平滑的河砂，避免粗糙砂砾对动物消化道的损伤。用于垫材的种植土不能施肥，以避免肥料中过量的氮氨造成环境污染。

（二）水——重中之重

1. 水源

井水、泉水和雨水都可以作为两栖动物的水源，但直接应用会存在风险。所有这些自然水源都可能遭到化学污染或生物污染：地下水含氧量过低；冷泉水可能含有有害气体；井水往往含有过量矿物质成分或金属盐类，而有些盐分会有损动物健康；雨水属于软质水，但pH值不稳定，随着工业化的发展，雨水受到有害排放物污染的几率越来越高，即使是洁净的雨水，如果流经屋顶再进行收集，也会受到屋顶防水材料或金属材料污染。除了上面提到的缺陷以外，自然水体也往往会被细菌、病毒、真菌孢子或寄生虫所污染。总之，任何自然水源都不能直接接用于两栖动物饲养。桶装水或瓶装水因为缺乏统一的检测标准，质量难以保证，包装物还可能含有高分子析出物，对两栖动物造成损伤，所以不能直接使用。事实上，多数桶装水的检测手段并不比城市自来水更周密，城市自来水的水质具有稳定的保障，但对两栖动物来说，缺陷也是显著的。在自来水加工厂中使用的消毒剂含有氯和氯胺，会有少量残留于自来水中，这些物质对两栖动物不仅有毒，有时甚至是致命的。预先将自来水储存在大型容器中静置，或进行爆气处理24小时后，会降低氯的含量，但几乎不会移除氯胺。活性炭结合硫代硫酸钠的组合过滤会去除一部分氯胺，但仍然需要与重金属离子络合剂、去离子过滤树脂或生物过滤的方式才能达到符合两栖动物生存、繁殖标准的水源。

2. 水处理

由于自然来源的水和自来水都必须通过复杂的程序进行再处理才能符合动物需求，所以越来越多的机构开始使用反渗透过滤水（即RO水）作为两栖动物的安全水源。反渗透过滤方法去除了水中的大分子，最大限度地避免了水中有害物质可能对动物的伤害，但这种水太"洁净"了，以至于在使用过程中必须在水中添加可靠且可控的盐类，否则水分渗透压过低会造成两栖动物吸收过量的水，导致体内水分渗透压失衡、电解质流失。关于RO水使用的注意事项和电解质添加方法可以参照美国动物园水族馆协会（AZA）和欧洲动物园水族馆协会（EAZA）提供的两栖动物保护信息资料库。目前的反渗透过滤技术在产生1份洁净水的同时，会产生2～3份的废水，再加上滤芯的定期更换，显然运行成本较高，但对于那些周围水资源条件恶劣的动物园来说，这也是两栖动物唯一安全的用水来源。

3. 水质检测和保障系统

两栖动物直接通过皮肤吸收水分，其生活环境中的水质对个体存活的影响远远大于陆生动物。物种不同、栖息地不同，所需要的水质指标也存在差异，尽管有多项指标用于指示水质，但两栖动物饲养体系中用水需要满足的最基本要求包括硬度、pH值和含氮废物浓度。

○ 硬度：粗略的理解，水的硬度指水中溶解矿物质的浓度，特别指钙和镁两种矿物盐的浓度。平时可以使用水硬度测试笔进行检测。硬度过低或过高都会对两栖动物造成伤害，可以通过向水中添加安全的钙镁制剂的方式提高水硬度，或者通过向水系统中添加RO水来降低水的硬度。按照表示水硬度单位ppm数值的高低，将水的硬度分为四个级别：0～60ppm，为软质水，60ppm～120ppm为中硬度水，120ppm～180ppm为硬水，180ppm以上为超硬水。多数两栖动物需要软质水或中硬度水。根据不同物种栖息地水源的水硬度测量结果或参考数据调整饲养水的硬度，是保证动物体内水分正常渗透压的有效途径。

○ pH值：大多数两栖动物需要的环境水pH值在6～8之间。pH值的测量和调整可以使用商品试纸和调节剂。同水的硬度一样，根据不同物种栖息地水源的pH值测量结果或参考数据调整饲养水的酸碱度是保证动物健康的有效途径。生活在富含有机物池塘中的两栖动物可能需要微酸的水环境，例如将pH值控制在6～7。

○ 含氮废物浓度：两栖动物展箱中的动物、植物都是有生命的代谢单元，每时每刻都在排泄或分泌代谢废物，加上展箱内的饲料残渣、植物腐败后的碎屑共同构成了对动物的严重威胁——含氮废物。含氮废物的主要成分是氨、硝酸盐和亚硝酸盐。可以通过生物过滤技术，即借助硝化细菌的双重硝化作用将含氮废物转换成硝酸根。在展箱中培养活体植物，例如苔藓或水生植物，有利于吸收水环境中的含氮废物，但必须注意植物的日常维护，及时剔除枯萎、腐败部分。

保障两栖动物的水质，必须依靠一套完善的水处理系统，包括过滤系统、水温控制系统和循环动力系统。过滤系统按照从入水端到出水端的顺序依次包括物理过滤单元、化学过滤单元和生物过滤单元；水温控制系统安装于循环系统之后，为两栖动物饲养展箱提供洁净的、温度适宜的水源；循环动力系统从展箱底部将经过复合底层初步过滤的

"污水"通过水泵提供给过滤系统，然后将过滤后的净水提供给温度控制系统，并最终驱动水流回到展箱。这套系统目前已进入成熟的发展阶段，无论是该系统的建立还是维护都有专业的团队进行协助。任何计划进行两栖动物饲养展示的动物园必须建立这套水质保障系统，对两栖动物来说，这是生命保障系统。

（三）光照

合适的光照不仅能够满足展箱内动物的生长需要和提高动物的活力，也能为活体植物提供光源；照明设计不仅要营造出动物适宜的光照梯度和环境温度梯度，也能为游客创造更自然的展示效果。两栖动物同样需要紫外线成分来促进维生素D的合成，特别是在经历变态过程当中和变态后的初期，由于这段时间动物体内骨骼生长迅速，所以需要补充大量的钙质。商品用黑光荧光灯可以为两栖动物提供适度的紫外线，与普通荧光灯不同，黑光荧光灯主要提供辐射波长在350纳米左右的紫外线光波，黑光荧光灯必须与普通荧光灯组合使用才能满足动植物生长、游客参观和饲养员的操作需求。与黑光荧光灯作用相似的紫外光源目前有很多种，多数情况下，这种紫外光源的有效照射范围应小于50厘米，在这个安装位置周围要搭建不同接近程度的栖息位点和遮阴处，以便动物自主选择接受紫外光源的剂量。饲养员需要根据展箱规格和饲养物种的自然史特点仔细挑选照明设备，在使用之前必须认真阅读说明，并按照说明中的建议使用寿命及时更换紫外光源。经常性测量紫外光源的有效UVB成分也是保证照明质量的必要操作规程。

二、两栖动物的丰容

（一）概述

两栖动物的丰容主要应用于环境丰容和食物丰容方面。关于环境丰容部分的内容与展示环境构建相似。如果从丰富环境刺激、让动物表达更多自然行为的角度来理解两栖动物的丰容，则饲养员所做的大多数工作都与丰容相关，例如为了促进动物表达繁殖行为而安排调节环境条件的周期性变化等。两栖动物代谢率低，大多数时间段内表达的自然行为就是"静止不动"，不要刻意改变，但需要为它们创造更多的环境因素选择机会。饲养员的丰容工作应该致力于调整动物的生活环境，例如提供多种垫材、变换加热点位置、变换饲料种类和提供饲料的方式、位置，以及变换饲喂间隔，鼓励动物表达更多的自然行为。对两栖动物丰容的研究成果报道有限，这也许是动物园在未来的一个重要研究领域。

（二）食物丰容基础

1. 饲料供应

作为变温动物，两栖动物体温基本与周围环境温度变化保持一致，这一点与恒温动物不同，不必消耗能量去维持恒定，因此它们比同等体型的鸟类、哺乳类动物需要的能量少，也就是说，它们需要的食物也很有限。实验表明，在25℃的环境温度中，一只体重为40克（体重范围具有代表性）的青蛙每天需要1.25千卡的热能。人工饲养的蟋蟀每克含有1.9千卡的能量，所以这只典型体型的青蛙每周需要进食大约4克的蟋蟀，相当于每天2只。过量饲喂会导致动物过胖，日常对饲料量的调整应结合动物体型评价和体重数据，每年至少称量4次，以便及时调整饲料量。

两栖动物的代谢率受环境温度变化的影响很大，环境温度降低10℃，则代谢率会下降50%。因此，如果在低温环境下饲养两栖动物，则应该为它们提供更少的食物。两栖动物都是贪婪的食客，往往会过量进食，即使代谢率降低，食欲可能并不受到影响。而低温下食物会滞留于胃内，引起消化道胀气，严重时可以导致死亡。

两栖动物的取食策略多种多样，成年的两栖动物均为肉食性，但幼体，特别是多种蝌蚪可能是植食性或杂食性。水生两栖动物经过一段时间的适应，能够接受商品饲料，例如两栖动物专用的膨化饲料、颗粒饲料或细碎的全价饲料，但陆生或树栖两栖动物则基本上只进食活体饲料。它们的视神经和神经中枢对移动物体极度敏感，几乎任何在它们眼前晃动的小型物体都会迅速引发捕食行为。通过在动物眼前晃动镊子模拟饲料的"活动"引发动物的捕食行为，有些树生、陆生无尾目动物或蝾螈可以慢慢接受饲养员喂食。目前市场上可以提供的饲用动物很多，包括蠕虫、蟋蟀、残翅果蝇、蟑螂和蚯蚓。除了日常照顾两栖动物以外，饲养员必须具备后台饲养饲用无脊椎动物的能力。只有这样才能随时供应不同体型大小的饲用动物，保证进食量和饲料安全。昆虫都具有几丁质外骨骼，这类特殊成分需要两栖动物通过胃和胰脏分泌特定的酶才能消化，但花费的时间更长。饲养员应该根据饲用昆虫的不同发育阶段选择几丁质外骨骼相对柔软的时期作为饲料提供。人工饲养下自然食物不易获得，使用常规饲料需要进行一些预处理。成体雌性蟋蟀的产卵器和成体蟑螂副肢上的硬刺都可能对两栖动物消化道造成损伤，严重的情况下甚至会刺穿胃壁。有些蠕虫，要用镊子夹碎头部，特别是口器部分，然后在蠕虫仍有活动能力时尽快提供给动物食用，避免被食入后由于强有力的扭动或啃噬导致两栖动物受到损伤。蠕虫、面包虫等都富含脂肪，需要认真计算食物供给量，避免过量饲喂造成动物肥胖。

2．添加剂

大多数饲用无脊椎动物都缺乏维生素，并且钙–磷比例倒置，所以在两栖动物的饲料中添加维生素和补充钙质至关重要。维生素和钙粉主要有两种添加途径："消化道填充法"和"蒙尘法"。消化道填充法指先使用高浓度的添加剂饲料填充饲用动物的消化道，然后再提供给两栖动物进食；蒙尘法指在投喂之前，将饲用动物放入装有添加剂粉末（例如钙粉）的容器中充分晃动，使添加剂均匀地蒙在昆虫体表，然后提供给两栖动物。无论哪种方法，都必须在"预处理"后尽快提供给两栖动物食用，因为多数昆虫会尽量摆脱体表蒙尘，或很快将添加剂排出体外。饲养员在清理展箱时，需将上次投喂剩余的昆虫取出，尽管它们还有活力，但已经失去添加剂的作用了，应该让动物取食刚经过"预处理"的食物。按照上面提到的能量计算结果，保证每周饲喂1～2次，使动物在下次喂食前保持饥饿感。在理想状态下，动物应该在饲料投入后1～2小时内摄食完毕。训练两栖动物接受镊子喂食，也可以保证动物有效摄入添加剂。两栖动物典型的进食方式是直接"冲撞"猎物并吞下，往往会将镊子或夹子尖端与食物同时咬住，因此必须使用尖端钝头的镊子或夹子，以避免动物受伤。

（三）丰容项目库举例

两栖动物丰容可参照的资料有限，经过动物园验证的主要丰容项包括：

〇 玩具/动物可以操控摆弄的丰容项——树桩、树干、纸板箱、塑料链条、绳索、有盖子的桶、椰子壳、PVC管。

○ 食物丰容——乳鼠、蟋蟀、面包虫（黄粉甲幼虫）、蠕虫、藏匿食物。

○ 感知丰容——柠檬皮、柑橘皮、草皮卷、稻草、阔叶木刨花、树叶、湿润土壤、干土壤、沙子、小块岩石、树枝、展箱内设施打乱重摆、能够发出声响的东西、同类动物发出的声音。

三、行为训练

行为训练在两栖动物的饲养管理中并不常见，仅有少数无尾目两栖动物接受目标训练的报道。

四、群体构建

许多两栖动物都会表达领地行为，特别是在保卫有限的资源时，例如食物饲喂点、庇护所、繁殖地等，这种领地行为甚至会衍生攻击行为。雄性有尾目动物表达的竞争行为包括威慑、发出叫声；无尾目动物往往为了守护产卵地点或后代而表达竞争行为。可以通过减少饲养密度的方式减少个体间的竞争行为，也可以调整群体中的性别比例，减少雄性个体的数量，或者在展箱中设置更多的资源位点，例如分散喂食点和提供多处庇护所、小水池等，减少个体间的竞争行为。保护性繁育是两栖动物群体构建的核心目标。

（一）个体识别

两栖动物的群体管理，与其他物种一样，必须以准确的个体识别为基础。随着两栖动物异地保护工作的发展，多种技术应用于个体识别，其中包括微芯片技术和高分子材料皮下染色技术等，但目前这些途径在国内动物园中的应用还不成熟，只能依靠饲养员的密切观察和对个体鉴别特征的跟进掌握。一般情况下，两栖动物个体之间都能够从特殊的体表特征，例如疣粒、颜色、斑块形状等方面进行识别，饲养员需要将这些特征照相存档，以便被所有饲养员了解。有时候，这些特征会随着动物的生长而变化，此时饲养员需要跟进观察、确认并多次照相存档。

（二）性别鉴定

多数两栖类动物为雌雄二相性，即从外观可以分辨雌雄，也有少数物种很难分辨，特别是在幼体阶段。成体动物除了从个体体型和颜色区分性别以外，最主要的辨别特征是与交配行为相关的特殊外观表现。雄性无尾目动物在交配季节前肢拇趾基部会出现明显的瘤状突起，称为"婚垫"。婚垫可以让雄蛙在交配过程中紧紧地抱住雌蛙，避免因雌蛙的体表黏液导致滑脱，同时婚垫的摩擦也会刺激雌蛙排卵。在繁殖季节，雄蛙通过蛙鸣吸引雌性、宣誓领地，雌蛙缺少声囊；多数情况下，为了发出更大的鸣叫声，雄蛙下颌至喉部区域的皮肤颜色较深、松弛，这一点与雌蛙有明显区别；雄蛙的鼓膜也较雌蛙更大。当然，从是否鸣叫判断蛙类性别是更简单的途径，但需要饲养员耐心等待，并能够准确进行个体识别。有尾目动物的性别鉴定难度较大，一般雄性背部脊凸更明显，且泄殖腔两侧更膨大，腺体更明显、密集。雌性两栖动物在繁殖季节体内携卵，体型往往更大、更圆润。

（三）创造繁殖条件

两栖动物在人工饲养下，用于前台展示的展箱往往常年维持一定的环境条件，以保证动物活跃，然而这种恒定的环境条件并不利于动物的繁殖。从更有意义的领域考虑，动物园中的两栖动物饲养、展示和物种存续应该都列入异地保护计划当中，在保证展出的同时，必须进行繁育工作。列入繁育计划的动物，按照自然界的繁殖规律需要经历环境条件周期性变化，类似冬眠的低温期休眠过程有利于两性动物配子的成熟。对于那些生活在温带地区的物种，可以使用冰柜或低温储藏柜创造6~8℃的低温环境，并维持4~12周的休眠期；对于那些生活在热带地区的物种，可以将环境温度降低到16~20℃，并维持2~3周的休眠期。诱导动物进入休眠状态是一个缓慢渐进的过程，使动物进入休眠期之前，一般需要确定个体健康，提前两周禁食，然后逐渐缩短光照时间，环境温度、湿度逐步降低，并随时密切观察动物行为表现。休眠期间对休眠环境的湿度条件随时进行监控，以避免动物脱水。

在经过低温非活跃期后，逐渐改变动物环境条件，提供足量的"正向"环境刺激，例如逐渐提高环境温度、湿度，延长日间照明时间等措施，这有助于刺激两栖动物的下丘脑和脑垂体分泌激素，启动繁殖程序。对雌性动物来说表现为加速卵子成熟，并做好排卵准备；对雄性个体来说是促进睾丸形成成熟的精子并释放到尿液中；行为方面雄性开始鸣叫和抱对。人工饲养条件下实现这些环境变化很容易，此外，还可以在繁育环境中播放从野外采集的鸣叫录音，引导动物进入繁殖阶段。

这种相对剧烈的环境条件变化，尽管可以促进动物繁殖，但也存在一定风险。在改变环境条件时需要保持循序渐进的原则，密切注意观察动物的行为表现。另外，参考专业经验丰富的同行的繁育经验，保持与同行之间的交流也能避免不必要的损失。有些物种可以采用人工注射激素的方式促进繁殖，这种手段不必经过严格的环境条件周期性变化，但应用激素的前提是个体健康，而且激素只有在动物进入发情季节之后才会发生作用。

如果展箱条件允许，可以将繁育个体留在展箱中，但更好的方式是将动物转移到特殊的产卵箱中。这种产卵箱又称为"雨缸"，顶部安装人工照明，用于延长光照时间，同时设置模拟自然降雨的喷淋设施或增加湿度的喷雾设施，通过水循环和过滤系统保持缸内长时间的"降雨"过程，诱导动物进入"雨季"，开始交配、产卵。雨缸底部保留10~20厘米的水深，在水中放置"小岛"或栖架供繁育个体栖息、抱对和产卵。水中可以放置短PVC管，以便卵的附着。为了提高繁育效果，可以在雨缸周围播放同种蛙在自然界中叫声的录音，从多方面促进动物繁殖（图12-2）。

2006年，世界自然保护联盟（IUCN）出于紧急应对两栖动物壶菌感染造成的生态灾害和物种危机发起了"两栖动物方舟计划（A-Ark）"，世界动物园水族馆协会（WAZA）作为其中最重要的组成部分，积极参与了这个扭转两栖动物命运的保护项目。大量的动物园在园内开辟出单独的区域进行两栖动物的物种保护性繁育，并为未来的野外放归做准备。所有参与机构和人员都无私地分享了自己的经验教训。国内动物园中的两栖动物饲养员有必要与国际同行进行交流，并充分利用现有资源，了解和掌握两栖动物繁育过程中各个环节的关键技术，例如促进繁殖、蝌蚪饲养管理、成体动物饲养技术和种群管理等方面。

（四）动物运输

补充种源或动物园之间繁育资源调整都免不了进行动物运输，两栖动物特殊的生理特点对运输过程的要求区别于其他动物。关于两栖动物运输的技术性要求请参考国际航

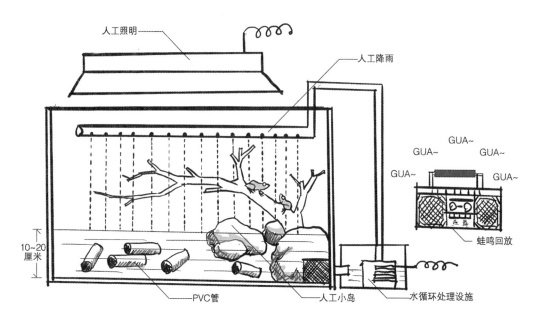

图12-2 雨缸图示

空运输协会（IATA）的相关文件，文件中对运输工具、湿度保障和耐受温度范围都作出了明确规定。例如使用具有通气孔的透明材质箱体，内部填充疏松、透气并能够保持湿度的垫材，箱体内部必须保证光滑无毛刺，运输过程中温度范围在8～30℃之间等。特殊物种或特殊发育阶段个体的运输要求需要分别对待，水生物种和处于蝌蚪阶段的幼体运输可以参照鱼类运输的要求，如果运输过程时间超过8小时，必须向容器中充氧。无尾目动物成体善于跳跃，运输过程中往往会因为冲撞造成损伤，典型的成体运输方式如图12-3所示。

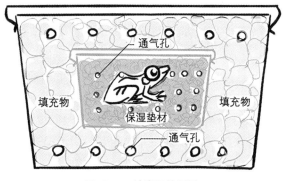

图12-3 蛙类运输图示

（五）操作日程

1. 行为观察

两栖动物行为模式多样，并表现出与环境元素之间密切的互动方式。如觅食、寻求交配机会、繁育及保护后代、守护领地、防御天敌等，其中有很多特殊行为是为了保持身体内的水分平衡、与环境之间的热交换和个体间沟通。

两栖动物具有独特的生理解剖特点，很多行为都是为了满足身体机能需求。干燥环境会造成皮肤水分丧失而失去辅助呼吸和保护功能；但环境中水分含量过多也会破坏体内的水平衡，因此两栖动物会不断在不同的湿度环境之间转移。在不同水分含量的环境中，两栖动物会表达出不同的行为方式和姿势，以调整对水分的需求。人工饲养下，应该为两栖动物创造不同湿度梯度的环境选择机会，使动物有机会表达全谱的自然行为。环境湿度条件往往和环境温度相关，所以理想的两栖动物生活环境应由温度较低、湿度较大的水栖环境——温度较高的、相对干燥的陆栖环境之间的不同梯度变化构成。

两栖动物通过化学途径、听觉、触觉和视觉途径进行交流。有些有尾目两栖动物通过分布于下颌的腺体产生的信息激素和嗅觉进行个体间交流。青蛙和蟾蜍是所有脊椎动物中最早掌握声音信号旋律的动物类群，通过"鸣叫"可以表达多种信息。有尾目的声音通信处于更原始的阶段，它们发出的声音主要用于寻求配偶、领地宣誓和敌害防御。视觉信号的作用在有些物种中发挥了重要作用，动物通过展示部分身体部位上的鲜艳颜色吸引关注或恫吓天敌。多种有尾目两栖动物腹部或四肢内侧都有强烈对比色组成的醒目区域，受到威胁时会反转身体露出这部分警戒色；有些无尾目两栖动物的四肢内侧、下侧或四肢与躯干贴附的部位，以及腹部也分布着具有警示作用的鲜艳颜色，这些区域在平时不会展示出来。

2. 日常操作管理

两栖动物饲养员每天的工作包括对展示区和后台区域的光照、温度、水质和湿度条件等指标进行监测，如果发现指标偏离正常范围，必须及时调整。

展箱或饲养箱中所有的动物粪便和饲料残渣必须每天彻底清理，减少动物生活环境中含氮废物淤积和细菌滋生。所有与水直接接触的设施，例如水盆、水盘、集水槽、过滤器、循环泵需要根据操作日程定期检查清洗。水盘、水盆需每天刷洗，避免藻类滋生，清洗后应补充新鲜的、经过过滤的净水。水温必须符合动物需求并能保持在一定范围内，可以通过能够维持恒定温度的水处理设备（如冷水机）提供净水。

绝大多数两栖动物会吞食自己身上脱落的表皮，但有些个体，特别是生活在有限空间内的树栖物种可能会将脱落的表皮粘在展箱侧壁上，必须每天清理。

仔细观察展箱中植物的生长状况，剔除腐败及过度生长的部分，避免含氮废物淤积。

展箱玻璃清理也是饲养员日常的重要工作。两栖动物展箱中往往配有喷雾或喷淋设施，或由饲养员经常向展箱内喷水以保证植物生长和环境湿度。玻璃上残留的水珠会吸收空气中的杂质沉积在展窗玻璃表面影响参观效果，需要每天对展箱玻璃进行清洁，或者在喷雾、喷水后使用无纺布或橡胶玻璃刮擦器去除玻璃表面残存水珠。坚持日常清理可以长期维持玻璃清洁度。轻度杂质沉积的清洁方法有：

（1）将动物从展箱转移。

（2）一份3%～5%的槭树酸＋一份净水，混合后的弱酸清洁剂清洗玻璃。

（3）净水彻底冲洗展箱，避免酸性物质残留。

（4）使用橡胶玻璃刮擦器使展箱玻璃彻底干燥。

两栖动物皮肤具有多重功能，非常容易受损，在饲养员日常操作中对动物皮肤的保护非常重要。所有消毒剂的使用必须谨慎；饲养员在操作过程中必须避免刺激性物质（例如手上的油汗、肥皂或洗手液残留、护手霜等）通过双手与动物皮肤接触，推荐使用不含有滑石粉的一次性乙烯基或乳胶手套接触动物。绝大多数两栖动物通过皮肤分泌有毒物质，特别是蟾蜍类眼睛后面的耳后腺分泌物有可能引起饲养员皮肤过敏，饲养员在接触动物之前或之后必须彻底洗手。移动两栖动物时，可以使用柔软细密的渔网或者使用水舀直接将动物和水一起转移到塑料袋中，以避免对它们娇嫩的皮肤造成伤害。如果不得不用手直接捕捉两栖动物，必须保持双手湿润，干燥的双手会吸附动物表皮的黏液造成皮肤受损。

小　结

　　相比其他类群，两栖动物对人工圈养小环境的依赖更紧密，皮肤的生理功能需要寻求特定环境通过热交换来保证体温。在所有环境因素中，水是最重要的元素，饲养员必须具备两栖动物展示环境的设计、构建和维护能力，并随时关注水质。动物园机构必须为两栖动物的环境需求，特别是水质需求投入充分的人力和资金，确保相关设施的配备和日常维护。对动物园来说，以两栖动物独有的展示魅力吸引游客驻足只是表面的益处，更深层的、更重要的意义在于投身物种保护工作为机构带来的社会形象提升。国内动物园鲜有机会直接参与野外物种保护工作，这不仅成为开展保护教育工作时的掣肘，也是动物园难以在科学界和大众心目中树立正面形象的根本原因。开展两栖动物的保护性繁育、积极参与国际两栖动物物种保护计划和野外生态恢复计划，能够在最短时间内补充国内动物园的短板，尽早开展，尽早受益。

附录 代表性两栖动物自然史信息表

大鲵

背景知识	动物名称	大鲵 *Andrias davidianus* Chinese Giant Salamander
	保护级别及濒危状况	极危（2004.4.30）（2004） CITES附录I（2017） 中国国家II级保护动物
	分布区域	曾经广泛分布于中国中部、西南和南部，但现今范围非常分散，主要分布于长江、黄河及珠江流域的峡谷溪流中。本种在台湾的记录可能是人工引入的结果。 *中国特有种
	栖息地和领域	它们通常在覆盖森林的山区溪流中生活和繁殖。海拔范围200～1500米，集中于300～800米。 栖息在冷凉、湍急的河流、大型溪流和湖泊中。沿岸形状不规则且石缝、岩石较多，植被茂盛。在岸边石块下、水下的洞穴或凹陷处藏身。洞穴底部多为卵石或礁石；有时也在岸上树根间或倒伏的树干上活动。 雌雄大鲵有各自的领地，雌性约40平方米，雄性约30平方米。
	自然栖息地温湿度变化范围	水质的最佳pH值为6.4，最佳水温范围为16～22℃。 水温降到10℃以下，活动逐渐减弱，进入冬眠状态。 水温在28℃以上，有时会发生"夏眠"
	动物体尺、体重范围	体长：如今发现的大多数成年个体约1米，但有验证的记录个体长达2米（M.L.Y. Chang in 1936）。 体重：一般10～20公斤
	动物寿命（野外、圈养条件下）	野外：一般50～60岁，有记录最高80岁 圈养：可达55岁
	同一栖息地伴生动物	白甲鱼（Onychostoma sima）属鲤科，鲃亚科，白甲鱼属。 宽鳍鱲（Zacco platypus）属鲤形目，鲤科，鱲属。 宽口光唇鱼（Acrossocheilus monticolus）属鲤形目，鲤科，光唇鱼属，是中国的特有物种。 马口鱼（Opsariicjthys bidens）属鲤形目，鲤科，马口鱼属。
动物的生物学需求	活跃时间	主要为夜行性,白天偶尔上岸晒阳，繁殖季节白天活动增多。 活动受光照强度和水温的综合影响
	社群结构	成体独居，幼体常集群于石滩内
	社群规模	
	食性和取食方式	肉食性。 食物主要包括虾蟹等甲壳动物、蛙、鱼、昆虫及幼虫、水蛇。有时还吃小型鸟类和鼠类。 2岁以内幼体吃无脊椎动物为主。 牙齿细小而密集，咬合力强大，可以紧紧咬住经过的猎物。 大鲵的新陈代谢很慢，可以长时间不吃东西，也可以一次吃下自身体重1/5的食物。这非常适用于行动缓慢、食物来源不稳定的大鲵

动物的行为需求	动物主要行为方式和能力	成体独居，幼体常集群于石滩内
	繁殖行为	自然环境中4~5岁，全长40厘米时达到性成熟；人工养殖条件下3~4岁，体重一般大于300克。 两性在繁殖期的主要区别是泄殖孔的形态：雄性的泄殖孔较长，左右各有一椭圆形的腺体隆起，且周围有一圈白色颗粒状突起；雌性的泄殖孔较小，周围无明显隆起。 婚配制度：大部分为单配制，少数为一雄多雌制。 大鲵的主要繁育期在7~9月（有些地区为5~6月）。 产卵前，雄性到雌性的栖息地选择好巢洞并用身体进行清洁。雌性产卵后也由"洞主"雄性看护直至孵化。 洞穴处常有树根或水草，距水面较远，洞的深度比非繁殖期的要浅，洞口窄且水流速较慢。 每次产卵300~1500枚。有时几个雌性会在同一个巢洞产卵。 孵化期30~40天左右，随水温发生变化。人工孵化的最佳水温为20~22℃。 每年繁殖一次
	育幼行为	幼体生长缓慢。由雄性护卵及照看幼鲵至四肢发育完全
	攻击或捕食行为	视力不佳，因此一般采用伏击方式捕猎，静待从身边经过的猎物，突然张嘴将其整个吞下。 有时会同种相残或吞食幼体，繁殖期争斗尤为激烈
	防御行为	遇到危险时，皮肤会分泌白色黏液
	主要感官	视觉：不佳。 听觉：较灵敏，能对不同的声音产生防御行为或被其吸引。 嗅觉：较灵敏。 触觉：身体表面的疣状突起排列形成和鱼一样的侧线感应系统，使它能根据水的波动了解周遭变化，感知猎物的位置
	交流沟通方式	
	自然条件下行为谱和各行为时间比例	
	圈养条件下行为谱和各行为时间比例	
	特殊行为	9~10月活动逐渐减少，之后深居于洞穴或深水中的大石块下，有长达6个月的冬眠期
动物的个体档案和记录	健康状况	
	动物个性	
	被哺育方式（人工、自然育幼或野外获得）	
	不良行为	
	年龄、性别	
	特殊事件	

第十三章　爬行动物行为管理　·····························

现生的爬行动物共计10450种（The Repeile Database，2016），物种之间差异巨大，被划分为4个目：喙头目、龟鳖目、鳄目（鳄形目）和有鳞目；有鳞目又进一步划分为蜥蜴亚目、蛇亚目和蚓蜥亚目。历经3亿多年的演化，爬行动物的共有特征是表皮覆盖鳞片；肺呼吸，可以完全适应陆生环境；较低的代谢率，不能维持恒定的体温；多数为卵生，也有采用卵胎生的繁殖方式。根据IUCN（世界自然保护联盟）2010年的最新统计，约有20%的已评估爬行动物物种生存受到威胁，甚至濒临灭绝，造成这种现状的主要原因是过度开发导致的栖息地丧失、气候变暖和人类对自然生态的干预，例如野外捕捉、不当"放生"引发的本土物种灭绝或疾病散播。

长期以来，博物学界和动物园一直将爬行动物与两栖动物以"同一类群"看待，并称为"两爬类"。这种分类学上的原始归纳方式，直接影响了动物园对爬行动物和两栖动物的饲养管理方式，甚至对两类动物的繁育、保护产生了负面影响。动物园必须认识到这两个类群的动物需要区别对待，重新深入了解物种自然史信息，制定动物行为管理策略。爬行动物饲养展示由来已久，但这并不能说明动物园很早就掌握了爬行动物的圈养条件需求。过去野外获取容易，动物更新频繁，随着国内爬宠兴起，动物园开始转而引入大量市场品种填充展览，使得爬行动物展示表面兴旺。另外，由于这类动物本身具备的低代谢率使它们比其他类群的动物更能"忍耐"环境条件的不足，这也意味着它们要经过漫长的痛苦状态才会死去。近几十年来，随着人们对生态学研究的深入，开始对爬行动物自然史逐步有了了解，这些知识很快被一些国外先进动物园应用于调整原有饲养策略，逐渐向物种保护发展。

中国的爬行动物正面临巨大的威胁，但由于动物园中的爬行动物饲养管理水平落后，对增加野外种群数量尚未发挥应有的作用。有些动物园甚至背离行业操守，参与到非法贸易中，成为加速物种灭绝的帮凶。

第一节　爬行动物自然史

一、爬行动物分类及特征概述

1. 鳄目

鳄目包括3科24种，其中生活在咸水水域的湾鳄为现生体型最大的爬行动物，体长可超过6米、体重超过1吨。绝大多数鳄目动物生活在热带、亚热带地区，只有北美密西西比河流域的短吻鳄和中国长江流域的扬子鳄分布于温带地区。所有的鳄目动物都适应半水栖生活，为此进化出特别的身体构造和功能，例如喉头覆盖瓣膜，允许它们能在水中吞噬猎物；鼻孔和眼睛突出于头部并呈同一水平线排列，休息或捕猎时身体仅有极少部分露出水面，其余都隐藏于水面以下；尾部进化成像船桨一样的扁平形状，在游动时提供强劲的推动力；鳄鱼的心脏结构与鸟类和哺乳动物相似，同为"两心房、两心室"的四室结构，而其他的爬行动物仅拥有"两心房一心室"的三室结构。这一区别决定了鳄鱼能够更有效地补充血液中的含氧量，完成迅捷攻击等猛烈的行为，例如在陆地上以四肢将庞大的躯干抬离地面快速奔跑。了解这一特点对饲养员非常重要，尽管鳄鱼在平时看起来总是"懒洋洋的""迟钝的"，一旦发起攻击，却是迅速、猛烈的。鳄鱼的双颚具有惊人的咬合力，上下颌布满锐利的牙齿，这些牙齿不断更换，使鳄鱼终其一生都能保持巨大的杀伤力。

2. 龟鳖目

包括13科340余种，它们共同的特点是特化的骨骼结构——龟壳。龟壳像盒子一样保护着内脏器官，多数物种的龟壳也能容纳头部和四肢及尾巴缩入。龟鳖目动物分布广泛，从湿热的雨林到干燥的荒漠；从内陆到海岛，甚至海洋深处。生活在温带地区的龟鳖目动物会采取休眠的方式度过寒冷或炎热干燥的季节，最普遍的休眠方式是冬眠。在人工圈养条件下适时为它们创造冬眠环境，并采取恰当的饲养管理策略，对保证龟鳖动物的健康和成功繁育至关重要。在动物园中习惯上将这类动物划分为：水龟、半水龟和陆龟。这种简单的、以饲养环境类型为依据的分类方式与物种分类系统差异很大，但对于确定简要的圈养环境要素和饲料供给能够起到归纳作用，例如多数水龟都是肉食性的，多数半水龟都是杂食性的，而陆龟都为素食者。尽管龟鳖目动物都不具有牙齿，但喙部锋利的角质边缘仍然具有一定的威力，有可能对饲养员造成伤害，体型较大的鳄龟甚至能咬断人类的手指。这类动物主要依靠接受阳光照射来升高体温，所以都为日行性动物。在阳光过于强烈时，生活在干旱、缺少植被地区的陆龟会挖掘地洞。龟鳖目动物的繁殖方式都是卵生、依靠环境温度孵化，孵化温度会影响后代性别。目前，野生龟鳖目动物所面临的多种生存威胁，全部来自人类对自然环境的破坏和物种资源的掠夺，特别是在中国，几乎所有种都面临灭绝的危险。

3. 有鳞目

代表类群是蛇亚目和蜥蜴亚目，占据了爬行纲约96%的物种数量，其中蛇亚目约3600余种，蜥蜴亚目约6300种。另一类群蚓蜥亚目数量较少，大约不到200种，在动物园中几乎没有饲养展示。如此众多的物种分布于极其多样化的生境中，且物种之间差异显著，尤其在形态学上更加丰富多彩。蜥蜴类的物种多样性与它们相对较小的体型有关，绝大多数体长不超过30厘米，多元化的微观生境无法支撑大体型动物的生活，却足以容纳代谢率较低的小型爬行动物探索和繁衍。它们在小环境生活中既能避免大体型天敌的骚扰，又不必经历长距离迁移就能够获得维持生命和繁殖的资源。所以在相互隔离的不同小环境中存活的蜥蜴类都拥有足够的进化空间来发展出令人瞩目的色彩和形态；同样，蛇类特殊的行动方式和威力巨大的毒液也有助于形成丰富的物种多样性。尽管物种之间差异巨大，但几乎所有的蜥蜴都生有四肢、五趾、趾端具角质爪、与躯干相比较长的尾巴、外露的耳孔和眼睑。蛇类的进化方向可谓另辟蹊径，它们完全放弃了四肢，只有极少的原始种类还保留有骨盆、腰带和后肢的残存迹象，而进化出具有惊人数量的肋骨，有些种类的肋骨超过400对，数量众多的肋骨增加了蛇类的躯干长度和力量，使它们能够通过骨骼、肌肉和体表鳞片的协作实现快速灵活的行动。与蜥蜴类相比，蛇类的尾巴较短，具有更灵活的头部骨骼连接方式，允许它们吞噬体型大于自身身体直径的猎物。蛇类进食量少于同体型蜥蜴类；所有蛇类都是食肉动物，而蜥蜴中不乏杂食性和素食性物种。为了适应延长的躯干，一部分蛇类只有一侧肺具有呼吸功能，但却拥有可以突出于喉部的气管，以保证它们在吞噬大体型猎物时仍能够呼吸。许多蜥蜴类具有脱落尾部迷惑掠食者的防御行为，同时蜥蜴类调节体温的行为也更多样、更活跃、更有效；蛇类具有特化的腹部鳞片，这部分鳞片更大、更有力、更耐磨损，能够为躯干的移动提供连续不断的动力。蜥蜴类和蛇类都具有灵敏的嗅觉感知器官——"犁鼻器"，它们通过频繁的吐舌头收集空气中的信息，这种现象在蛇类和蜥蜴类，特别是各种巨蜥中十分常见。卵生是蜥蜴和蛇类最常见的生殖方式，但两类动物中都有卵胎生的物种。蛇类和蜥蜴都会出现蜕皮的现象，这是它们体型增长的标志，与蛇类的完整蜕皮不同，蜥蜴类的蜕皮往往是分散的、破碎的。大约1/4的蛇类有毒，而蜥蜴中只有美国毒蜥（西拉毒蜥）和墨西哥毒蜥两种有毒。与毒蛇不同的是，毒蜥的毒腺位于下颌，毒液渗出的速度远低于毒蛇，但毒蜥往往咬住猎物就不松口，在不断的撕扯中毒液会慢慢进入猎物体内产生作用。

二、爬行动物自然史概述

经过3亿多年的演化，现生爬行动物几乎征服了地球上的所有生态环境：从炎热的赤道到北极圈、从湿润的雨林到干燥的荒漠、从树冠层到陆地表面或直达深深的地穴、从嶙峋的山地到淡水水域甚至海洋。之所以能够适应如此众多的环境，正是由于爬行动物特有的"原始"特征。其中最重要，但也是最容易被忽视的就是爬行动物属于变温动物，较低的代谢率使它们无法保持恒定的体温，必须借助环境因素来调节。这种方式看似被动，但优势在于节省能量，爬行动物的摄食量不足同等体型哺乳动物的1/3；当环境温度降低或升高到超出忍受范围时，它们会进入休眠状态，将代谢率降到最低，减少对食物的依赖。爬行动物"唤醒"自己的方式往往采取晒太阳、趴在被晒热的岩石表面等方式吸收热量，逐渐使体温升高到可以满足正常行动（例如搜索食物、捕食或躲避天敌等）所需要的代谢水平；进食后还需要维持一段时间较高的体温，使体内消化酶保持活性，顺利消化食物；繁殖季节，它们的体温多处于较高的水平，以保证个体间竞争和交配的需要。显而易见，饲养员必须了解不同情况下爬行动物对环境温度的依赖，以及它们与环境因素之间的互动方式，以此为依据在有限的圈养条件中促使它们表达广谱的自然行为，保持较高的福利状态，为物种繁育奠定基础。

动物园中常见爬行动物自然史信息表见本章附录。

三、爬行动物自然史特征对行为管理的特殊需求

饲养员必须对自己所管养的爬行动物自然史有深入的了解，识别确切的物种分类、明确该物种的行为特征和环境需求，并以此为依据营造适宜的展示环境。尽管有些物种从外观上看起来很相似，甚至在分类上具有很近的亲缘关系，但环境需求仍然可能存在巨大差异，不适合的展示环境往往最终会导致动物承受巨大的压力，乃至衰竭和死亡。例如，人们普遍认为变色龙都生活在高温、高湿的热带雨林中，但实际上有多种变色龙生活在非常干燥的、昼夜温差范围巨大的环境中，如果饲养环境持续高温高湿，会很快

导致动物死亡。爬行动物宠物市场中常见的饲养方式有可能对饲养员造成误导，与商业经营不同，动物园中的爬行动物饲养展示的目的是教育和保护，前台展箱不仅展示动物本身，还应该将该物种的生境主要构成元素一同呈现在游客面前，保护信息传递的基础是物种与环境之间的依存关系，最终落脚于规范人类的行为。因此，饲养员应该具备多方面的知识和能力，特别是展箱内植被种植和维护的技能，这部分的工作也许要占去超过50%的日常工作量。

爬行动物代谢率低，身体机能对恶劣环境的反应速度明显比其他物种更慢，这种生理特点被误解为对环境条件耐受力强，使饲养员不能及时意识到动物的健康出现了问题，一旦它们表现出病态或异常，往往为时已晚，难以救治。目前国内动物园中爬行动物展示总体水平乏善可陈，根本的原因就是动物园仍未将物种保护作为终极目的，不能从物种自然史层面出发，为动物创造适宜的生活展示环境和提供合理的管理措施，技术水平和资金投入均显不足，造成的窘迫局面难免受到社会舆论的批判。

爬行动物中，有很多危险物种，鳄鱼、巨蜥、蟒蛇、毒蛇都能对人类构成威胁。危险动物的饲养员，不仅要求能够掌握物种自然史信息，还需要长期的学徒或实践来掌握日常操作技能。应该首先经历饲养相对温和的爬行动物，具备实践能力后才能逐步开始学习危险物种的管理操作，即使饲养员经过实践和培训获得了应有的操作技能后，在进行部分危险物种（例如毒蛇）的作业时，也必须保证双人操作。不具备设施条件和高水平饲养员资源的动物园，严禁饲养展示毒蛇。

第二节 爬行动物行为管理

一、动物饲养展示环境

大小和材质：相对同等体型的温血动物，爬行动物的活动量要小得多，小型的展箱或展区即可以满足多数物种对活动范围的空间需求。制作展箱的所有材料必须防水，因为这类展箱中往往具备小型水体，饲养员也会根据日常要求定期向展箱内喷雾，以维持小环境湿度，这些都会对展箱构件造成破坏、降解。大多数爬行动物展箱由混凝土、不锈钢、玻璃钢、聚氨酯发泡胶背景板、塑料和玻璃组建而成；"后台"使用的饲养箱大多由玻璃和塑料制成。饲养员需要定期检查，以免箱体外观及构造连接处随着时间和水汽的侵蚀变得松散、脆弱，造成动物逃逸。

双层防护：蜥蜴和蛇类非常善于沿着箱壁或箱内的栖架寻找机会逃脱，在展箱设计、建造、维护过程中时刻需要引起重视。区域设计中必须设置"双层防护"：展箱本身构成第一层防护，展箱所在的区域也应形成独立于外部环境的封闭空间，一旦动物从展箱内逃逸，只能进入到第二层防护区域内，饲养员还有捕获机会，这个区域应保证宽敞、明亮，以便于饲养员发现逃逸的个体并便于捕捉，还应配备必要的捕捉或应急处理工具，特别是在毒蛇逃逸后，饲养员可以根据事态状况采取紧急措施，避免形成更大的威胁。

动物藏匿：多数爬行动物喜欢藏身于庇护所中，这带来了一系列矛盾。一方面，如果展箱中的庇护资源充足，动物往往会选择一处远离游客视线的位置，游客甚至完全看不到动物，降低了展示的保护教育作用；另一方面，饲养员在操作前必须观察动物所在的位置，以避免打开操作门时受到攻击或动物趁机逃逸。显然饲养员与游客一样，希望动物处在明显的位置，而这又与动物的需求相左。想解决这一矛盾，需要综合运用行为管理的五个组件，在动物福利需求和游客参观需求以及饲养员操作需求之间寻求某种平衡。在展箱设计方面，可以将庇护所与展示面结合；运用丰容措施，在展窗前相对开阔的区域提供活体昆虫喂食器吸引爬行动物进入游客视线；调整日常操作规程，减少在参观时段的操作频率，动物更有可能"勇敢"的在展箱内表达探索行为，提高游客的参观体验；调整加热点或动物喜爱的栖息地（例如栖架、水苔或被烤热的岩石等）位置，都会鼓励动物出现在游客视线中。多数爬行动物展箱的体积不允许饲养员进入，日常操作时饲养员往往会打开侧面、背面或顶部的操作门进行操作。

复杂环境：环境元素丰富的展箱会影响饲养员的操作效率，这是另一个需要化解的矛盾。在操作门附近不应该安置供动物停留的栖架或凸出于内壁表面的设施，一方面动物可以借此逃逸；另一方面，如果动物离操作门太近，每次打开展箱时也会受到干扰。展箱内所有动物可能藏身的位置，必须处于饲养员双手或使用工具可以达到的范围，以便移动掩体看到动物，观察动物个体状况。大型爬行动物的展示空间饲养员可以进入操作，同样需要防止动物逃逸；操作门预留观察口，便于饲养员进入前确定动物的位置；在操作门附近不应摆放栖架，以免动物伺机逃逸；温度和光照梯度的营造必须注重热源和光源的有效距离；所有设施、设备的位置应方便维护，并采取必要的安全防护措施，例如漏电保安器、加热灯防护网罩等。

轮休：无论小型或大型展箱中的爬行动物，都需要"轮休"，即定期享有一段时间远离游客干扰，休养生息。此间的爬行动物可以在饲养后台安静休养，也可以转移到室外照射阳光，这对保证它们的身体状态非常必要。爬行动物展箱或展区中设计需要配置便于动物"转运"的可移动设施，例如塑料盒、PVC管或可移动的栖架，饲养员诱导动物进入或停留于这些设施，然后从展区内转移至休养区。

在设计建造展箱时，有三个要素对所有圈养爬行动物都是最重要的：温度、光照和湿度。对于大型展箱或展区来说，也许这三个要素分布于不同空间，但必须分别提供动物能够到达的停栖位置。在设计时应尽量按照物种生态环境特点和动物与环境因素之间的互动关系控制三个要素的范围。有些物种的野外生活环境在圈养条件下难以复制，这时更需要饲养员尽力模拟这些生态要素，增加动物的休养生息时段，以保证动物福利。糟糕的饲养环境终会导致动物死亡，作为饲养员，不仅要保证动物的存活，更重要的任务在于通过综合运用行为管理的五个组件让动物健康繁衍。

1. 温度

热源：对变温动物来说，环境温度的影响至关重要，温度适宜，才能完成正常的代谢和生理机能，诸如消化食物、繁殖、启动免疫反应和获得肌肉活力。变温动物依靠环境因素调整体温，或通过日光浴接受阳光的辐射热，或待在加热的地表通过热传导增加体温。因此，圈养爬行动物的环境中往往同时存在这两种加热方式：位于展箱顶部的热源灯泡和位于展箱底部的加热垫。热源灯泡适合日行性物种，这些物种本身的生活习性就是在白天接受阳光照射来升高体温。热源灯泡和灯座的安装位置和材料都有讲究，灯泡和灯座在工作一段时间后会变得滚烫，必须保证动物不能直接接触到；热源灯泡的防护罩如果距离过近，有烫伤动物的威胁；高温会使塑料灯座老化变形，因此热源灯泡一定要使用陶瓷灯座；高热的灯泡遇水会急速降温、爆炸，因此灯泡和灯座的位置要远离水源，以及饲养员日常向展箱内喷水的区域；灯泡的供电电路必须进行防水处理或全部置于展箱外，以免造成水汽侵蚀和短路。

传统的热源灯泡有普通白炽灯泡和聚光灯泡两种，普通白炽灯泡照射范围大、热辐射范围广泛，适用于小型展箱或者非日光浴物种；聚光灯泡照射和热辐射范围集中，适于较大的展箱。大展箱中热源距离与动物生活的地表较远，普通白炽灯泡辐射量不足，而聚光灯的热量集中于一个小范围内，可以有效地长距离传递热能。如果在小展箱中聚光灯近距离照射范围瞬间会大幅度升高，会灼伤进入区域内的爬行动物。近些年一种"全光谱灯泡"越来越多地应用于动物园爬行动物展区中，这种灯泡可以提供热源，同时提供紫外线UVB。使用中应定期检测灯泡光线中UVB的强度，一旦强度衰减应尽快更换。夜行性的爬行动物适宜底层热传导加热，采用加热垫、加热电缆或"加热岩石"为动物提供热源。无论哪种加热方式，都必须对温度进行监控，当加热点的温度达到40～50℃时，应关闭加热电源。

温度梯度：为动物提供热源只是温度因素的一个方面，另一个方面是在爬行动物生活空间内形成温度梯度，即在展箱或展区内为动物提供低温区、中温区和高温区。不同的物种，温度梯度的总体范围和各梯度之间的差值不同，这些数据必须通过学习物种自然史和参考他人的成功经验来获得。多数分布于热带或温带的蜥蜴适宜的温度范围为22～40℃之间，加热位点的温度可能达到45～50℃。

2．光照

（1）光源

在自然界，阳光与温暖同时降临大地，在爬行动物展区中实现这一点好像也很容易，但人工光照与阳光直射之间的区别不仅是照度和色温，更重要的区别在于光谱范围。阳光是最适合生物生长繁衍的"全光谱"光源，包括红外线、可见光和紫外线，红外光谱和可见光光谱在普通人工照明灯具中都能模拟，但紫外线光谱必须通过特殊的灯泡或灯管提供。许多脊椎动物都把通过皮肤接受的紫外线当作合成维生素D的催化剂，但并非所有紫外线的波段都具有这样的生物学作用。紫外线分为三个波段：UVA、UVB和UVC。

（2）波长

UVA是紫外线中波长最长的一种光波，对日行性爬行动物有很重要的作用，主要体现在提高动物活力和增加个体间的社会行为。UVA可以穿透普通玻璃，而且也可以由全光谱灯泡提供。UVB的主要作用是让动物保持正常的钙代谢，对多数日行性爬行动物来说，必须接受UVB的有效照射才能合成维生素D，保证正常水平的钙代谢，否则爬行动物将罹患代谢性骨病（MBD）。即使在饲料中提供了足量的钙质营养，如果缺乏维生素D，钙质也不能被吸收、转化为骨骼所需要的钙质成分。普通的加热灯泡不能提供足够的UVB，UVB也不能穿透玻璃，所以在室内饲养展示的爬行动物必须通过特制的紫外线光源提供UVB。在应用UVB光源时，饲养员必须定期检测紫外线的有效强度，并注意调整光源与动物之间的距离，如果超过30厘米，几乎不会产生促进钙代谢的作用。紫外线UVC波长最短，是一种危险的光源，能迅速破坏活体细胞，一般只用于消毒。自然界中，绝大部分的UVC都因大气层阻挡而无法到达地表，而我们常用的全光谱光源不含UVC。

　　饲养员在为动物提供光照的同时，也要注意自身的安全防护。UVA和UVB都可能对人类的眼睛和皮肤造成损伤，所以在操作时，饲养员应该注意尽量减少暴露于紫外灯光下的时间。日常紫外线光照时段的长短，需要结合物种的实际需求，在提供紫外线照射期间，还应该给动物创造一定的遮阴或庇护所，使动物有机会自主选择接受或躲避紫外线的照射。并非所有日行性爬行动物都需要UVB照射，绝大多数蛇类和夜行性蜥蜴往往不需要特殊的紫外光源。总之，为动物创造的光照条件，应以动物生境特点为依据，尽量模拟动物在自然环境中与阳光的互动策略。

　　3. 湿度和水

　　湿度：在展箱中设置流动的水体、使用喷壶向展箱内喷水或采用定时喷雾装置，这些措施与通风条件相结合，可以维持爬行动物需要的空气湿度。饲养员应该灵活掌握增加湿度（喷水）与降低湿度（通风）之间的关系，并适度保证展箱内有一定时间段的"干燥期"，以避免细菌增生，并为动物创造一定的湿度梯度范围。湿度梯度无论在空间上还是在时间上，都应该存在一定的变化范围，这也是模拟动物自然生境的重要内容。展箱内使用的垫材必须具备良好的透水性能，同时具有良好的排水性能，这两种性能的结合保证了在持续向展箱内供水时，展箱底部和垫材内不会形成积水。积水会迅速导致垫材腐败、分解、滋生细菌、湿度无法降低，对大多数爬行动物来说这种环境不利于生活。指针式和数字显示的湿度计可以帮助饲养员及时对展箱内的湿度进行监测。垫材可以使用多种自然材料，根据物种自然史特征选择土壤、沙土、砾石、苔藓、椰土或多种宠物市场提供的垫材，垫材必须对动物无害，特别是不能导致消化问题。在展箱内种植活体植物不仅能为动物提供庇护所和栖息位点，植物本身也能够提高展箱内的湿度。除了少数以植物为食的物种，爬行动物展箱内的活体植物还能创造更自然的展示效果。对展箱内活体植物的维护，也是饲养员日常最重要的工作内容，很多情况下，植物养护的好，就意味着为展箱内的爬行动物创造了舒适的环境。

　　水体：展箱内的水体，无论是可移动的水盘、固定的小池塘或流动的水体，都必须保持清洁。可移动的水盘必须每天从展箱中取出、清洗；固定的小池塘或水盆需要定期将水排空，彻底清洗；流动的水体必须使用循环泵和过滤装置，建议同时使用物理过滤和生物过滤措施，以保持水质清洁。饲养员应该了解到，并非所有的爬行动物都会在水盘、水盆内饮水，很多物种（典型的如多种变色龙）只会从自然降雨、岩石或树叶表面滑落的水珠、清晨岩石或树叶上凝结的露水等途径补充水分。满足这些物种的饮水需求，必须通过饲养员向展区植被叶面上喷水、定期喷雾或模拟自然环境中岩石表面的流动水等方式。有些物种的饮水过程非常缓慢，饲养员需要耐心观察，掌握动物饮水所需要的时间，适当延长某个时段的喷雾或洒水时间。

　　二、丰容

　　爬行动物丰容以前不被重视，从行为管理的层面理解，五个组件之间是相互协调和相互渗透的关系，如果把丰容理解为"丰富圈养动物的生活内容"，那么我们做的几乎任何饲养管理工作都和丰容有关。前面提到的创造温度梯度、光照梯度和湿度梯度本身都属于环境丰容的重要组成部分；根据动物自然生境特点布置活体植物、石块、木桩、栖架，以及多种不同材质垫材的应用也是环境丰容项目。在饲养管理实践中，食物丰容产生的结果往往比环境丰容更能明显地被观察到，这并非说明食物丰容比环境丰容更重要。爬行动物的低代谢率决定了它们表达出较少的环境互动行为，需要饲养员仔细观察。水生龟鳖类会对水面漂浮的物体充满好奇；自身颜色亮丽的蜥蜴对鲜艳的颜色也会感兴趣；蛇类、蜥蜴会对新鲜气味和痕迹气味产生一系列行为反应，当然前提是这些丰容物不会因动物误食而造成危害。饲养员的日常操作本身也可以理解为社群丰容：正强化行为训练可以为动物创造学习机会和获得强化后的满足；通过谨慎选择的同物种群养和多物种混养，也是增加环境刺激、鼓励个体间社会互动行为的有效途径。

食物丰容对圈养爬行动物保持活力和表达多种自然行为能够产生明显效果，开展食物丰容的依据仍然是对物种自然史的了解和对爬行动物代谢特点的认识。

作为变温动物，爬行动物对食物中的能量需求低，在有限的环境资源中能够进化出众多的物种，在贫瘠的环境中也能允许密集个体同时存在。忽视了这一点，饲养员往往出于对动物的"关注"而提供了过量的食物。判断食物供给量的途径主要是体重、体型、体尺监测和日常行为观察，将这些数据与同行分享或参照野外数据有助于制定喂食策略。在群养展箱中，如果采取随机投食（例如使用蟋蟀喂食器）的方式，则必须密切监测所有动物个体健康数据，避免弱势个体因无法抢到取食机会而营养不足；强势个体也应避免过量进食。过量进食意味着需要更高的环境温度和更长的高温时间来消化，否则食物滞留于消化道中会造成动物死亡。而长时间高温环境又会影响到进食不足的个体的代谢水平，同样导致这些个体日趋消瘦，甚至衰竭死亡。由此可见，对爬行动物采用食物丰容策略，需要综合考虑，加热位点的位置、数量，加热时间的把控必须与日常喂食相协调。

多数肉食性爬行动物倾向于捕捉"活食"，为了保证动物健康和活力，有时必须投喂活的老鼠、鸽子甚至兔子等，在展示区投喂这些动物会引发游客的反感，对于较为复杂的大型展区来说，直接投放活体饲用动物可能会对展区设施或动物本身造成危害；动物在进食过程中如果受到游客的过度干扰，也会出现拒食甚至呕吐的情况，因此动物园应该为这些大型、危险的食肉爬行动物展区配备隔离间，让它们在远离游客视线、安全、安静的环境中捕食。

近年来，许多专业饲料公司开发出大量适用于杂食类和素食类爬行动物的合成饲料，其中龟鳖类饲料已经开始广泛应用于动物园。合成饲料营养全面、耐储存，而且非常适于分散在展区内，增加动物的觅食行为。有些饲料公司还开发出了适合食肉性爬行动物的"混合肉类饲料"，这种饲料含有更全面的营养成分，便于计量动物摄入量，而且不会引起观众不适。使用这种饲料代替活食，需要一定的时间和训练技巧，并且需要有经验的饲养员操作，以便发现和处理饲料转换中可能出现的各种问题。

关于爬行动物食物丰容的具体措施，有许多可以参照的资料。在应用他人的经验之前，需要掌握本园爬行动物饲养展示环境的特点，特别是温度提供方式、垫材类型、水体循环净化方式等，只有在各方面条件都近似的前提下，才能有效地借鉴他人的经验。

经过动物园验证过的有效丰容项包括：

○ 玩具/动物可以操控摆弄的丰容项——树桩、树干、纸板箱、塑料链条、金属链条、大型塑料桶、衣物、绳索、麻袋、聚乙烯填充的毛绒动物玩具、纸糊的玩具、松塔、空的饲料包装袋、呼啦圈、有盖子的桶、塑料蛋筐、网球、绳梯、塑料瓶、椰子壳、保龄球瓶、鹿的干角、PVC管。

○ 食物丰容——乳鼠、蟋蟀、面包虫（黄粉甲幼虫）、成年老鼠、整个西瓜、悬挂食物、藏匿食物、水果串、水果、蔬菜、兔子、鹌鹑、小鸡、南瓜、赤杨、枫木、杉木、竹子、柳树、苹果树、梨树、山梅花、山茱萸、松树、生鲜白条鸡、嫩玉米笋、葡萄、白杨树、胡颓子、玫瑰、蠕虫。

○ 感知丰容项——柠檬皮、柑橘皮、羽毛、韭黄、鼠尾草、迷迭香、芫荽、生姜、胡椒粉、肉豆蔻、小茴香（孜然）、甜胡椒、香草精油、丁香、大蒜粉、杏仁精油、香水、猫薄荷、草皮卷、鹿裘皮、稻草、园艺护根[①]、阔叶木刨花、树叶、湿润土壤、干土壤、沙子、小块岩石、刷子、树枝、展区设施打乱重摆、能够发出声响的东西、同类动物发出的声音。

作为爬行动物饲养员，还应该认识到对很多种爬行动物来说，静静地守在一个位置一动不动并不是我们想象中那种"因为无聊而无所事事"的状态，特别是对于那些"伺伏捕猎"的物种，例如多种蚺、蟒和蝰蛇，长时间静止不动本身就是它们的自然行为。爬行动物多数时间保持静止，只有在环境温度升高或捕食时才开始行动，这是变温动物低代谢率的典型表现，饲养员不必纠结于此，甚至采取起到负面作用的"丰容"措施。

三、行为训练

越来越多的动物园在爬行动物的日常操作中开始引入现代动物行为训练。目标训练是应用于爬行动物最普遍的训练方式，通过这种训练动物可以完成多项合作行为。例如象龟听从口令，跟随目标棒转移到指定位置，如自主走到地秤上称量体重；鳄鱼听从口令跟随目标棒从室外展区经过分配通道进入室内展区；使用长目标棒，涂上老鼠的味道，指导毒蛇进入隔离间进食，这项训练能够让饲养员在保证安全的前提下进行展箱丰容和清理工作；多种蜥蜴，特别是泰加蜥都会对目标训练作出积极的反应，追随目标棒进入位置或串笼。这些训练成果能大大提高饲养员日常操作效率，及获得动物身体数据以判断动物的健康状态。正强化行为训练能够在爬行动物和饲养员之间建立信任，这对于饲养员进入空间较小的展箱进行操作时减少动物个体的压力非常重要。

四、群体构建

多种爬行动物都可以进行同种或不同物种的混养展示。与所有混养展示原则一致，饲养员需要密切关注个体行为，并为群体中的所有个体创造机会，保证每个个体的福利。根据爬行动物在自然状态下的栖息位置归纳为树栖、陆栖、半水栖或水栖，有助于在有限的展示空间布置混养展示空间和选择混养物种。目前在许多现代动物园中广受欢迎的生态主题展区，将自然界同一生态中生活的典型物种，包括小型哺乳动物、鸟类、爬行动物和鱼类同时以"生态剖面"的形式呈现在游客面前，这种展示方式不仅丰富了

---

① 注：园艺护根指将园艺养护剪下的细枝打碎加土发酵后的产品。

游客的参观体验，更重要的是搭建了一个令人信服的保护教育平台，使动物园的保护教育信息传递更生动、更有效。

1．爬行动物繁殖管理

以繁育为目的混养，必须充分了解不同物种的繁殖策略。爬行动物的性别二态性在物种之间差异很大，有些从外观难以区分性别，例如多种蜥蜴、巨蜥和蛇类，当这些物种尚处于幼体阶段时，区分性别更加困难。有经验的饲养员常常通过第二性征，例如行为表现、体型大小、身体颜色、尾巴的形状的大小等特征区分性别。受过专门训练的饲养员可以使用钝头探针探查泄殖腔的方式辨别蛇类性别，但这种操作必须小心谨慎，以免动物受伤。X光检查或超声波探测，也有助于借助不同性别的特有器官分辨雌雄。有些物种在外观上具有显著的性别差异，多数雄性淡水龟前肢和尾部较长，加长的前肢用于交配时雄性能够更稳固地抱住雌性，并用前爪摩搔雌性颈部以刺激雌性接受交配。雄性闭壳龟腹甲内凹，而雌性闭壳龟腹甲平滑。多种鬣蜥和树蜥的雄性具有色彩鲜艳的喉扇，用于吸引雌性或表达领地宣誓。

爬行动物的繁殖受到环境因素的影响，例如光照、温度和湿度变化、雨季的到来或结束、食物供应的丰盈时期等。通过物种个体间的相互刺激也会促进动物发情，例如壁虎的叫声或雄性蜥蜴的炫耀行为。在人工圈养条件下，饲养员有可能通过模拟这些自然或生物因素来促进爬行动物的繁育。多数温带物种都需要经过一段低温期才能成功繁殖，饲养员可以模拟动物的这种冬眠环境，促使动物进入低温休眠状态，以提高休眠结束后的繁育成功率。引导动物进入休眠不仅是降低环境温度，同时需要多项管理措施协同运作。例如在动物冬眠前不再喂食，使动物逐渐清空消化道；在冬眠区域内保持足够的湿度；提供适宜的垫材等。逐渐减少光照时间和光照强度也有助于诱导动物尽快进入休眠期。总之，为动物提供低温休眠的机会是一项需要多方协调的工作，必须有计划地逐步进行。

2．动物运输

爬行动物的运输应遵循世界航空运输协会（IATA）中关于活体动物运输指南的规定，为动物提供合理的笼箱和途中环境控制。根据需要，在笼箱上明显的位置标示出动物的温度要求、头部位置、是否有毒等。运输过程中应采取一切措施减少动物承受的压力，轻拿轻放，对于危险物种，特别是毒蛇，必须在安全的场所采用必要的工具打开笼箱。鳄鱼等大型、具有攻击性的物种运输笼应按每个个体的实际体尺状况单独制作笼箱，容纳个体的同时保证动物不能在笼箱中调转身体的方向，这种设计的目的是让动物头部位置和朝向与运输笼箱上的方向标示保持一致，以免将动物放出时造成危险。

五、操作日程

（一）行为观察

爬行动物的行为表现受到低代谢率的影响，仅仅从行为表现来看，很难区别屈从、攻击、受伤或忍受病患的不同状态。这就要求饲养员必须注意到自己管养物种的特殊、甚至是微妙的行为表现，并非所有爬行动物都会像眼镜蛇那样夸张地表现出攻击行为。多数爬行动物会逐渐接受饲养员在展箱内的操作，但这并不意味着动物不再感到压力。这种"容忍"往往会导致饲养员难以在第一时间发现动物的异常，即使在动物生病或受伤时，也很难从行为方面及时发现。比较有效的观察技巧是关注动物调节体温的行为。在正常情况下，随着动物对日常操作规程的适应，会表现出明显的活动规律，特别是调节体温会基本遵循一定的规律，毕竟保持适当水平的体温对变温动物来说至关重要。饲养员关注动物的调节体温行为，例如是否按照日常规律接近加热位点、是否能够在加热位点保持一定时间段等，都有助于判断动物的健康状况。当动物在加热位点停留的时间明显超过日常规律时，则往往表明动物正在忍受疾病，并试图通过增高体温调动体内的免疫系统来缓解病痛，这一点与我们发烧时的体温升高具有相同的作用。另一方面就是观察动物的进食，如果动物对食物表现出行为异常，例如拒绝进食、食量大幅度减少或呕吐，都是健康出现问题的行为信号。

（二）危险物种及工具使用

很多种爬行动物会对饲养员的安全构成威胁，例如鳄鱼、巨蜥、大型蛇类和毒蛇。眼镜蛇喷射的毒液能准确击中2～3米范围内的细小目标，例如饲养员的眼睛，如果清洗不及时会导致饲养员失明，所以在对眼镜蛇进行操作时，必须佩戴护目镜。鳄鱼和大型蜥蜴不仅会咬伤饲养员，也会用强有力的尾巴扫击饲养员使其失去平衡跌倒，大型蜥蜴的爪子都很锋利，会造成很深的抓伤；蟒、蚺以巨大的缠绕力量著称，成年个体可以绞杀大型哺乳动物，包括人类，即使逃过绞杀，它们满口锐利的牙齿也会造成严重的创伤。对这些危险动物的操作，需要至少两名经过专业培训的饲养员同时进行，但最安全的操作方式是将它们串到隔离区，避免饲养员与这些危险物种直接接触。有些物种可以通过行为训练（特别是目标跟随训练）顺利进入到隔离区，但有些物种则难以通过训练引导到隔离区域。在这种情况下，饲养员必须保持高度的注意力，采取谨慎的捕捉方式。

有些物种可以使用特制的工具将动物从展区转移，例如利用蛇钩或夹子将毒蛇从展箱移出；鳄鱼可以使用长的钝头木棍驱赶。饲养员需要熟练掌握这些工具的使用技巧，在达到操作目的的同时避免伤害到动物。不同的物种对蛇钩的反应也不同，有些物种会想方设法逃离蛇钩的束缚，这就需要饲养员通过反复练习掌握蛇钩的使用技巧，用一个或两个蛇钩一起保证蛇类的平衡，将蛇控制在蛇钩上；有些物种，例如蚺、蟒或蝰蛇，往往会紧紧缠在蛇钩上，甚至沿着蛇钩向上攀援，需要用另一个蛇钩摆脱蛇类的纠缠；有些蛇类会对蛇钩产生本能的抗拒，这时候就要求饲养员迅速完成操作。蛇钩的弯曲角度会令大型蛇类感到不适，此时需要饲养员使用蛇钩控制住动物头部，然后用手臂托举蛇的身体，将蛇的体重分散在更大的面积上，减少动物的不适。夹子可以有效控制蜥蜴类，但需要注意用力的大小，以避免给动物造成伤害。有些饲养员会简单地夹住蜥蜴的尾巴，然后用手控制住蜥蜴身体的其他部位，这种操作方式尽管"简捷"，但很可能由于蜥蜴的扭动、挣扎造成尾部损伤。

所有爬行动物中，最危险的无疑是毒蛇，毒蛇可能会造成无法挽回的损失。毒蛇展箱的串门需要通过线缆或长杆操控，使饲养员可以在安全区域完成串笼操作；有些展箱缺少隔离间或者有些物种拒绝从展箱离开，在这种情况下，饲养员必须使用工具转移动物，然后再进行日常管理操作。保定和转移毒蛇的操作必须由至少两名饲养员同时进行，以免不测。转移毒蛇最安全有效的工具是透明的亚克力圆管。利用蛇类的天性，诱

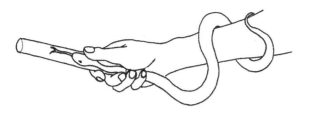

图13-1 圆管保定毒蛇方法图示

导动物的头部和前部身体进入圆管后，饲养员可以用手同时抓住圆管和蛇的身体，确保毒蛇头部处于圆管中没有转身的机会（图13-1）。需要根据不同体型的毒蛇个体配备不同口径的圆管，以确保毒蛇可以顺利钻入圆管的同时，没有在圆管内调转身体的可能。有些物种拒绝进入圆管，或者展箱空间有限难以安放一定长度的圆管，此时需要先用目标棒诱导或使用蛇钩将毒蛇先放入一个塑料桶中，当毒蛇试图从塑料桶中爬出时，再用圆管套住毒蛇头部，并迫使蛇的身体滑入圆管一段距离。这种"圆管保定"方法不仅更安全，也为进一步的兽医检查、治疗和麻醉创造了条件，但必须再次强调，这种操作必须有两名以上、经过特殊训练、有经验的饲养员同时执行。

所有毒蛇展箱的外面都必须粘贴具有明显警示作用的标识，以提醒饲养员，了解展箱内具体是哪种毒蛇。即使是临时性的毒蛇隔离箱或转运设施，也必须张贴明显的危险标识。动物园应在毒蛇展示区配备抗蛇毒血清，并通过低温保存和定期更新保证抗毒血清的活性。毒蛇展区的饲养班组，应该定期举行应急演练，模拟饲养员被咬伤后的紧急处理措施，明确每个人的分工、了解应急工具和抗毒血清的使用方法，以备不测。

毒蛇饲养后台必须宽敞、明亮，排水口、通风口必须使用细密的不锈钢网进行封闭，在明显位置安装便于触动的报警装置。饲养员需要定期检查饲养后台，保证后台干净整洁，并保持进入操作区马上锁闭操作门的工作习惯，以保证毒蛇展区的三层防护：展箱本身、毒蛇操作区和整个后台操作区。宽敞明亮的后台操作区可以保证一旦毒蛇从展箱逃逸后，饲养员能够及时在操作区发现逃逸个体并有效采取措施捕捉或处死。再次强调，毒蛇操作必须保证两人以上同时进行。

（三）几种典型物种的捕捉、持握和转运图示说明

1. 无毒蛇的捕捉

中小型无毒蛇可以直接使用蛇钩进行捕捉，而对于那些大型的无毒蛇，例如幼年的或中小型的蟒则应该由饲养员佩戴皮革手套后直接捕捉。捕捉时首先通过工具限制住蛇头部的位置，然后一手抓握住蛇的头颈部，另一只手抓住蛇的身体后部，尽量将其身体拉直，以避免手臂被缠绕。大型蟒蛇的捕捉和短途转运，需要多人协同操作，并由有经验的饲养员把持蟒蛇头部，其他人员各自保持位置，尽量拉直蟒蛇身体，避免被缠绕（图13-2）。

需要长距离运输蛇时，应将蛇放

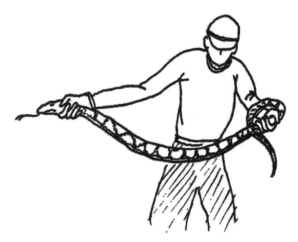

图13-2 徒手捕捉大体型无毒蛇和短途转运方法图示

入蛇袋中。蛇袋由致密的尼龙纱网制成，这种材料同时具有强度和透气性，而且材料本身是半透明的，从蛇袋外面可以大致判断袋内蛇的位置和姿势。将无毒蛇装入蛇袋分为三个步骤（图13-3）：

第一步：一只手抓握住蛇的头颈部，另一只手将蛇袋内外翻转，并把手伸入袋底。

第二步：将蛇的头颈部转移到蛇袋内的手中，此时饲养员将蛇袋和蛇头颈部同时攥在手中。

第三步：腾出来的一只手抓住蛇袋口沿，再次翻转蛇袋，同时袋内抓住蛇头颈部的手向外拉出，抖动蛇袋，保证蛇的身体全部进入到蛇袋中后，抓住蛇头颈部的手松开，攥住蛇袋口沿，双手一起将袋口扎紧。

这一操作需要在实践过程中不断加以熟悉，以减少装袋过程给动物造成的压力。如果是饲养新手，需要有经验的饲养员协助完成蛇的捕捉和装袋转运。

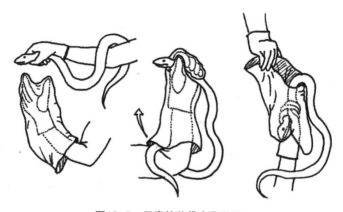

图13-3　无毒蛇装袋步骤图示

2. 毒蛇的捕捉和装袋

严禁徒手捕捉毒蛇，即使是在佩戴防护手套的情况下也不要直接用手捕捉毒蛇。除了使用透明亚克力圆管保定以外，更常使用蛇钩捕捉毒蛇。捕捉毒蛇必须由经验丰富的饲养员操作，其过程也分为三个步骤（图13-4）：

第一步：首先使用蛇钩将毒蛇放入蛇袋，完成这项操作需要同时使用两个钩，保证饲养员的双手远离毒蛇的攻击范围。

第二步：使用蛇钩提起蛇袋，保证毒蛇滑落到蛇袋底部。

第三步：使用蛇钩牵引蛇袋口沿，将蛇袋平放于平整的地面上，始终保证毒蛇位于蛇袋底部。将另一蛇钩横置于袋内毒蛇和蛇袋口沿之间，用脚踩实，将毒蛇限制在远离口沿的蛇袋底部。此时即可腾出双手扎紧蛇袋。

扎紧蛇袋口沿后，仍然使用蛇钩提起蛇袋进行转运。到达指定位置后，反向重复上述步骤将毒蛇放出。

3. 鳄鱼的捕捉

幼年或小体型鳄鱼可以由1～2名饲养员进行捕捉和短途转运，大型鳄鱼必须由多名饲养员共同协作进行捕捉和转运。无论体型大小，在转运鳄鱼时都需要使用捆扎带将鳄鱼吻部绑紧固定，以防动物张口攻击（图13-5）。

图13-4　毒蛇装袋步骤图示

图13-5　鳄鱼吻部捆扎图示

捕捉鳄鱼的第一步往往都采用套索套住鳄鱼颈部，然后进行吻部捆扎。为了便于转运，应使用绳索套住动物后肢和躯干的结合部以便分配重量。转运过程中需要另一名饲养员紧紧抓住鳄鱼的尾部，以防鳄鱼横扫尾部攻击（图13-6）。这种转运方式只适用于短途转运，长途转运鳄鱼应使用与鳄鱼体型相符的转运笼箱。

4. 龟的捕捉和把持

水生龟鳖类尽管没有牙齿，但锐利的角质喙仍可能对饲养员造成严重的咬伤。饲养员在捕捉和把持水龟时，应从动物身体后侧入手，并牢牢抓住背甲末端以避免咬伤（图13-7）。

大型陆龟体重可达几十公斤甚至上百公斤，转运时往往需要多名饲养员共同参与。需要注意的是，在抬起大型陆龟的转运过程中，饲养员的双手不要位于动物四肢和背甲之间的缝隙中。大型陆龟四肢力量强大，如果饲养员将手指伸在四肢与背甲的夹缝中，动物可能会因挣扎而收紧四肢，导致饲养员无法挣脱，甚至造成挤压伤。比较安全的抓持部位是脖颈后部两侧的背甲和尾部两侧的背甲。

图13-6　短途转运鳄鱼图示

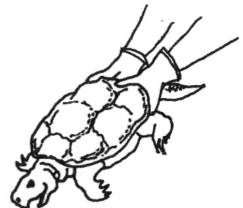

图13-7　蛇鳄龟捕捉把持图示

5. 蜥蜴的捕捉和把持

捕捉中等体型的蜥蜴时，首先要控制住动物的头颈部，使其没有机会转头咬伤饲养员，同时将动物前肢夹在手指之间，避免动物抓挠；然后另一只手攥住动物后肢和躯干的结合部位，并尽量保持动物脊柱伸直。短途转运时，保持动物背向饲养员，伸直双臂，避免动物尾巴的抽打。小型蜥蜴可以采用单手捕捉把持的方法。把持动物时，将前肢夹在手指之间，并将动物后肢和躯干同时攥住，保持动物后肢紧贴躯干，以避免动物过度挣扎造成损伤。捕捉蜥蜴时，严禁直接按住或抓握动物的尾巴，以免造成尾部断裂（图13-8）。

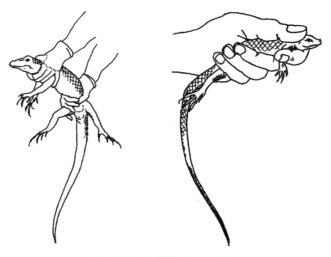

图13-8 蜥蜴把持手法图示

捕捉和把持大型蜥蜴的方法与捕捉鳄鱼的方法类似，但对于成年科摩多龙来说，几乎不可能实施徒手捕捉，必须在展示设计时考虑分配通道和保定笼的安置，并在操作日程的制定中保证动物对通道和转运笼脱敏，以便在需要时通过运输笼转运动物。显然，这是一个综合运用行为管理多项组件的应用实例。

小 结

爬行动物在国内各个动物园中都是展示亮点，直接或间接地为动物园创造效益。然而动物园为它们做的却远远不够。提高圈养爬行动物福利，能够最直接地体现行为管理五个组件的协同效应。而采取何种行为管理策略则必须将动物自然史需求和动物园的运行目标有机结合。

2015年，世界动物园和水族馆协会颁布的最新版的《致力于物种保护–世界动物园和水族馆物种保护策略》，其中明确指出"动物园的终极使命就是物种保护"。中国的动物园，提高爬行动物的保护性繁育还有很长的一段路要走，但这一步必须迈出去。对于近些年的大量新建动物园来说，坚持动物园行业操守、远离非法野生动物贸易，避免成为加速爬行动物野外灭绝的帮凶是最起码的行业操守。

附录　国内动物园常见爬行动物自然史信息表

1. 赤链蛇

<table>
<tr><td rowspan="8">背景知识</td><td>动物名称</td><td>赤链蛇 Lycodon rufozonatum
Red-banded Snake</td></tr>
<tr><td>保护级别及濒危
状况</td><td>中国三有动物</td></tr>
<tr><td>分布区域</td><td>在我国除新疆、内蒙古、青海、西藏、宁夏外大部分地区都有分布。
国外分布于俄罗斯、朝鲜、日本</td></tr>
<tr><td>栖息地和领域</td><td>山地、丘陵、平原地区均有分布（平原地区较多），垂直分布从沿海、沿湖、沿江低地到海拔近2000m。见于田野、村舍、竹林、灌丛、草地、水域附近等环境中</td></tr>
<tr><td>自然栖息地温湿
度变化范围</td><td></td></tr>
<tr><td>动物体尺、体重
范围</td><td>体长：1～1.5米</td></tr>
<tr><td>动物寿命（野
外、圈养条件下）</td><td>圈养：最长约14年</td></tr>
<tr><td>同一栖息地伴生
动物</td><td></td></tr>
<tr><td rowspan="4">动物的生
物学需求</td><td>活跃时间</td><td>多在傍晚和夜间活动</td></tr>
<tr><td>社群结构</td><td></td></tr>
<tr><td>社群规模</td><td></td></tr>
<tr><td>食性和取食方式</td><td>以鼠类、鸟类、蟾蜍（对蟾蜍毒性的耐受性较高）、蛙、蜥蜴、蛇、鱼等为食。
是各处搜索猎物的机会主义捕食者，因而食性广泛</td></tr>
<tr><td rowspan="6">动物的行
为需求</td><td>动物主要行为方
式和能力</td><td>地栖。行动时头部常接触地面。
有在溪流中游泳的记录</td></tr>
<tr><td>繁殖行为</td><td>每年5～6月开始发情交配。
7～8月产卵10余枚。
孵化期40～50天</td></tr>
<tr><td>育幼行为</td><td></td></tr>
<tr><td>攻击或捕食行为</td><td>无毒蛇。
攻击性较强，受到威胁时噬咬且不易松口。
采用绞杀的方式进行捕猎</td></tr>
<tr><td>防御行为</td><td>受到惊扰时，能由肛腺排出有臭味的分泌物；
还会将身体缠绕以隐藏头部，形成球状防御姿态</td></tr>
<tr><td>主要感官</td><td>视觉：对运动物体较敏感</td></tr>
<tr><td></td><td>交流沟通方式</td><td></td></tr>
</table>

续表

动物的行为需求	自然条件下行为谱和各行为时间比例	
	圈养条件下行为谱和各行为时间比例	
	特殊行为	
动物的个体档案和记录	健康状况	
	动物个性	
	被哺育方式（人工、自然育幼或野外获得）	
	不良行为	
	年龄、性别	
	特殊事件	

2. 黑眉锦蛇

背景知识	动物名称	黑眉锦蛇*Elaphe taeniura* Beauty Snake
	保护级别及濒危状况	中国三有动物
	分布区域或原产国	分布在东亚和东南亚的日本、朝鲜、印度、缅甸、泰国、越南和中国等国。在我国广泛分布于除东北、新疆、内蒙古、青海等之外的大部分地区
	野外活动范围（栖息地和领域）	山地、丘陵、平原地区均有分布，海拔范围从海平面到3000米。在林地、灌丛、草地、竹林、河边、农田等多种生境中出现，也见于有人类活动的城镇或农家附近
	自然栖息地温湿度变化范围	不同地区的冬眠温度有所差异
	动物体尺、体重范围	体长：可达2米以上
	动物寿命（野外、圈养条件下）	圈养：超过15岁
	同一栖息地伴生动物	
动物的生物学需求	活跃时间	日行性（清晨较活跃），有时夜晚也活动
	社群结构	
	社群规模	
	食性和取食方式	以鼠类、鸟类、鸟卵、蛙、蜥蜴、小型蛇类等为食，有时也偷袭家禽。一般一周左右进食一次

动物的行为需求	动物主要行为方式和能力	半树栖。行动敏捷迅速，擅攀爬，有时会爬到房顶或大树上
	繁殖行为	18个月龄即可繁殖。 野外5月交配，人工条件下有4月交配记录。 6～8月产卵2～17枚。 孵化期67～72天
	育幼行为	
	攻击或捕食行为	无毒蛇。野外个体的攻击性较强，受惊扰时会竖起头颈，尾部不断摆动，张嘴作出准备攻击的姿态。 采用绞杀的方式进行捕猎：用嘴咬住猎物后，迅速用身体将其紧紧缠绕致死
	防御行为	
	主要感官	视觉：对运动物体较敏感
	交流沟通方式	
	自然条件下行为谱和各行为时间比例	
	圈养条件下行为谱和各行为时间比例	
	特殊行为	

3. 乌梢蛇

背景知识	动物名称	乌梢蛇*Ptyas dhumnades* Big-eyed ratsnake
	保护级别及濒危状况	中国三有动物
	分布区域或原产国	在我国，除东北、新疆、内蒙古、青海、西藏、宁夏、山西、云南、海南外，其余地区均有分布。 国外分布于越南北部
	野外活动范围（栖息地和领域）	山区、丘陵、平原地区均有分布，垂直分布从沿海、沿湖、沿江的低海拔地区到海拔2000米左右的山区。见于田野、灌丛、草地、林下、农田及水域附近等，也在村舍民宅附近活动
	自然栖息地温湿度变化范围	适宜温度为22～30℃，湿度范围75%～90%
	动物体尺、体重范围	体长：1～2.6米
	动物寿命（野外、圈养条件下）	
	同一栖息地伴生动物	

续表

动物的生物学需求	活跃时间	昼行性
	社群结构	
	社群规模	
	食性和取食方式	以蛙类、鼠类、鸟类、蜥蜴、蛇、鱼等为食
动物的行为需求	动物主要行为方式和能力	地栖为主。行动迅速敏捷，爬行时头常昂起。 攀爬和游泳能力也很强，有夜间在树上休息的记录
	繁殖行为	每年5~7月产卵13~17枚。 孵化期50~60天左右（人工条件下）
	育幼行为	
	攻击或捕食行为	无毒蛇。 攻击性较强，受到威胁时有明显噬咬行为。 在陆地或水中主动追逐捕杀猎物，靠近后突袭并咬住猎物，且不会轻易松口
	防御行为	被捕捉后常常扭动身体、缠绕或试图挣脱，有时会排出粪便
	主要感官	视觉：眼睛大，白天视觉非常好，对运动物体更敏感。 嗅觉：较灵敏
	交流沟通方式	
	自然条件下行为谱和各行为时间比例	
	圈养条件下行为谱和各行为时间比例	
	特殊行为	一般气温降至15℃以下时开始冬眠。冬眠环境为乱石堆积的洞内，洞口位于避光避风处，洞内土壤含水量为10%左右

4. 王锦蛇

背景知识	动物名称	王锦蛇*Elaphe carinata* Stink snake
	保护级别及濒危状况	中国三有动物
	分布区域或原产国	在我国广泛分布于除东北、新疆、内蒙古、青海、西藏、海南外的大部分地区。 国外分布于越南
	野外活动范围（栖息地和领域）	山地、丘陵、平原地区均有分布，海拔范围从100~2200多米。在灌丛、草丛、岩壁、乱石堆和山溪、水塘、沟边等近水环境中栖息，也见于农田和村舍附近
	自然栖息地温湿度变化范围	
	动物体尺、体重范围	体长：2米左右

续表

背景知识	动物寿命（野外、圈养条件下）	
	同一栖息地伴生动物	
动物的生物学需求	活跃时间	昼夜均活动，夜间更活跃
	社群结构	
	社群规模	
	食性和取食方式	以鼠类、鸟类、鸟卵、蛙、蜥蜴，包括毒蛇在内的多种蛇类等为食，食物缺乏时甚至会吃同类
动物的行为需求	动物主要行为方式和能力	地栖为主。行动迅速，擅攀爬，能沿树干直线向上攀爬
	繁殖行为	每年4~5月发情交配。 6-7月产卵8~14枚（人工孵化有产18枚的记录）。 孵化期40~60天
	育幼行为	
	攻击或捕食行为	无毒蛇。 攻击性较强，受到威胁时噬咬行为猛烈。 采用绞杀的方式进行捕猎
	防御行为	受到惊扰时，能由肛腺排出有臭味的分泌物。 遭遇天敌时，不会轻易放弃抵抗
	主要感官	视觉：对运动物体较敏感。 嗅觉：繁殖期雌性发情时分泌出具有强烈特殊气味的分泌物，雄性通过气味追踪雌性
	交流沟通方式	
	自然条件下行为谱和各行为时间比例	
	圈养条件下行为谱和各行为时间比例	
	特殊行为	

5. 缅甸蟒

背景知识	动物名称	缅甸蟒（蟒蛇）*Python bivittatus* Burmese python
	保护级别及濒危状况	国家一级；CITES II（2017）；易危（2012）
	分布区域或原产国	分布在东南亚各国，在我国分布在南部地区

续表

背景知识	野外活动范围（栖息地和领域）	在热带、亚热带的中低山地区的林地、竹林、灌丛、草地、湿地、沼泽等生境中分布，有时也在城镇出现。 海拔范围100~800米。 生境内的林木植被茂密，潮湿且距水源较近，有光线充足的空地，有朽木、洞穴、岩石裂隙等躲避处
	自然栖息地温湿度变化范围	最低月平均气温在8℃以上，适宜活动温度25~33℃，相对湿度70%~80%。 对温度变化反映十分敏感，温度较高时食欲旺盛、活动频繁。还会通过变换栖息地的行为进行调节：温度较低时，在郁闭度较低的地方或裸地、植物枝头等阳光直射处活动较多；温度升高后，则到郁闭度较大的林木或灌丛中躲避
	动物体尺、体重范围	体长：6~7米 体重：50~60公斤（最重可达130多公斤）
	动物寿命（野外、圈养条件下）	圈养：超过20岁
	同一栖息地伴生动物	
动物的生物学需求	活跃时间	多在夜晚活动，白天在温度适宜时也有活动
	社群结构	独居
	社群规模	
	食性和取食方式	肉食性。 主要吃有蹄类、啮齿类等哺乳动物，也吃鸟类和两栖爬行动物。 在人类居住地附近也捕食家畜和家禽。 会选择捕食适合自身体型的不同大小的猎物
动物的行为需求	动物主要行为方式和能力	在地面和树上生活，经常在灌丛中隐藏，行动较缓慢。 擅长爬树，随着个体的体重及体长的增长，逐渐主要局限在地面活动。 喜欢浸泡在水中，游泳能力强，可以潜水半小时
	繁殖行为	1.5~4岁达到性成熟（一般2.5岁以上，雄性体长2~3米，雌性体长2.5米以上）。 婚配制度为一雄多雌（圈养）。 繁殖期较短，在3~6个月之间，不同地区时间有所差异，有11月到次年3月、1~4月、4~6月等。 产卵10~40枚左右（多可达百枚）。 孵化期60天左右（55~70天），时间长短与孵化温度有关（适宜温度30~31℃左右）。 每年繁殖一次
	育幼行为	雌蟒在孵化期间会将身体围盘在蛇卵上，对其进行保护，并通过身体肌肉有节律的收缩，使体温升高2~3℃，为孵化加温。 幼蛇孵出后数日即可独立生活，独自寻找食物和躲避天敌
	攻击或捕食行为	无毒蛇。 通过唇窝的热感应和嗅觉来搜索猎物。 通常采取伏击的捕食策略，埋伏在水中、树上或灌丛中，等待猎物进入攻击范围内后突然出击。咬住猎物并用缠绕挤压的方式将其杀死，再从头部整个吞下。 整个取食过程需要30~60分钟。吞食大型食物后，可以数月不进食

动物的行为需求	防御行为	
	主要感官	视觉：较差。 嗅觉：非常灵敏。 触觉：灵敏。 热感应：具有唇窝，可以感知环境温度的变化，并定位发射热射线的物体
	交流沟通方式	
	自然条件下行为谱和各行为时间比例	
	圈养条件下行为谱和各行为时间比例	
	特殊行为	一些分布在偏北地区的个体，在寒冷的季节会在空树、河岸的洞穴或岩石下冬眠数月

6. 网纹蟒

背景知识	动物名称	网纹蟒*Malayopython reticulatus*（*Python reticulatus*） Reticulated Python
	保护级别及濒危状况	CITES II（2017）
	分布区域或原产国	主要分布在东南亚地区
	野外活动范围（栖息地和领域）	主要生境为热带地区的雨林、湿地、林缘草地等。 经常在水域边生活。有时还会在城镇的下水道出现。 海拔范围1200~2500米。 会占据水源附近、热量条件较好的领域。领域范围25~100平方米（平均50平方米）
	自然栖息地温湿度变化范围	适宜温度为24~34℃，需要湿度较高
	动物体尺、体重范围	是世界上体长最长的蛇。 体长：3~6米，最长纪录可达7米多。 体重：68~150公斤左右
	动物寿命（野外、圈养条件下）	野外：20岁左右（最高23岁）； 圈养：18~27岁（最高32岁）
	同一栖息地伴生动物	
动物的生物学需求	活跃时间	夜行性，黄昏和夜间较活跃
	社群结构	独居
	社群规模	

动物的生物学需求	食性和取食方式	肉食性。 主要以哺乳动物为食，偶尔吃鸟类。 捕食猎物的体型随着自身的生长而变大：幼体阶段主要吃小型啮齿类和鸟类，之后转为吃体型较大的哺乳动物，如穿山甲、豪猪、猫科动物、灵长类、野猪、鹿类和马来熊等。 在人类居住地附近，有时会捕捉鸡、猫和狗。 代谢率很低，可以很长时间不吃东西
动物的行为需求	动物主要行为方式和能力	能够通过收缩和舒张腹部的肌肉，在地面进行直线运动。 同样能以直线运动爬树，在体重较轻的幼年阶段树栖较多，成年后基本只在地面活动。 游泳能力很强，经常在水中活动
	繁殖行为	2~5岁达到性成熟（雌性体长3米多；雄性体长2.5米左右）。 婚配制度为一雌多雄，在圈养个体中有孤雌生殖的记录。 会行进很长距离寻找合适的繁殖地点，生境内需要有充足的食物。繁殖期内，雄蟒到产卵前、雌蟒在孵化前都不吃东西，因而繁殖前需保证充足的能量和营养储备。 9月~次年3月繁殖，繁殖时间和当地的光周期及温度等气候条件有关。 如果交配后的气候条件不适宜，雌蟒可以将精液在体内储存一段时间再受精。 产卵8~124枚（通常25~50枚）。 孵化期60~100天（平均90天左右），孵化温度31~32℃。 繁殖间隔和食物条件有关，食物丰富的地区可以每年繁殖一次，较差的地区为2~3年
	育幼行为	雌蟒在孵化期间会将身体蜷卧在蛇卵上，对其进行保护，并通过身体肌肉有节律的收缩，为孵化加温。这种行为可以提高卵的孵化率和成活率。 幼蛇孵出后即独立生活，独自寻找食物和躲避天敌
	攻击或捕食行为	无毒蛇。 通过唇窝可以准确定位猎物。 因主动搜索猎物需要消耗的能量较多，很少采用这种捕猎方式。通常采取伏击的捕食策略，埋伏在水中或树上，等待猎物进入攻击范围内后突然出击，用缠绕的方式杀死猎物后整个吞下。 在野外和圈养条件下都有很多攻击人类的记录，是少数几有食人记录的蟒蛇之一
	防御行为	受到干扰时，会发出"嘶嘶"声
	主要感官	视觉：较差。 听觉：没有鼓膜，无法听到空气传导声波，通过耳柱骨可以感知通过地表传送的振动。 嗅觉：灵敏。通过舌头收集空气中的化学物质，再送入口腔内开口的锄鼻器中产生嗅觉。 触觉：灵敏。 热感应：具有唇窝，可以感知环境温度的变化，并定位发射热射线的物体
	交流沟通方式	通过感知躯体产生的各种振动相互交流。 在枯枝落叶层表面留下信息素后，其他个体可以从中获取性别、繁殖状况和年龄等信息

续表

动物的行为需求	自然条件下行为谱和各行为时间比例	
	圈养条件下行为谱和各行为时间比例	
	特殊行为	

7. 扬子鳄

背景知识	动物名称	扬子鳄*Alligator sinensis* Chinese alligator
	保护级别及濒危状况	国家一级；CITES I（2017）；极危（1996）
	分布区域或原产国	我国特有种，仅分布在安徽省南部
	野外活动范围（栖息地和领域）	分布在亚热带的各种湿地中。主要有以下三种类型：低海拔地区中，河道的低洼地和山谷中的沼泽、水塘及溪流的冲击平原，大多为农田开垦后的残留湿地；山谷间的稻田和水塘，上方多为农田；丘陵山地中的水库、水塘等，下方多为稻田，上方为树林。 水域状况、土质、植被等是其生境中的重要的生态因子：稳定的水环境，水位常年变化不大（水深不超过4米，繁殖期水深在0.5米以上，捕食区域不超过0.6米）；水域岸边的植被需要有较高的盖度和多样性，以保证良好的隐蔽条件和丰富的食物资源及巢材；水体附近有高大乔木、灌丛、草丛、竹林或芦苇，有利于洞口的隐藏；土壤的含沙量和硬度适中，便于挖出理想的洞穴；人为干扰较少。 除交配季节会离开洞穴数千米外，其余大部分时间待在洞穴中。个体间活动范围差异较大，从几百平方米到几千平方米不等，主要影响因素是食物资源的丰富度和分布。雄性活动区域大于雌性。 繁殖季时的游动行为可能为巡视领域，并会因领域冲突发生争斗
	自然栖息地温湿度变化范围	最低的1月的平均气温为2.3℃，最热7月的平均气温为29.1℃。 适宜活动温度为28~33℃（31℃左右），气温在16℃以下不活动。 相对湿度76%~82%。 通过晒阳行为和选择有利于保持体温的水陆环境来进行体温调节，气温升高时进入水中，降低时离开水体进入陆地环境
	动物体尺、体重范围	体长：约1.5米。 体重：约60公斤
	动物寿命（野外、圈养条件下）	
	同一栖息地伴生动物	
动物的生物学需求	活跃时间	活动周期和活动时间受环境温度的影响很大。温度较低时，多在白天活动；随着温度的升高，变为主要在夜晚活动。 在温度较高的季节（6~10月），活动性较强；温度变低后，活动性会降低乃至失去。11月到次年4月在洞穴中冬眠

续表

动物的生物学需求	社群结构	在洞穴中独居，在洞外进行觅食等活动时会聚群。 繁殖期，雌雄个体会集群
	社群规模	
	食性和取食方式	肉食性。 以螺和蚌等软体动物为主要食物，也吃虾等甲壳类、水生昆虫、鱼类、两栖爬行类、鸟类和鼠类、野兔等小型哺乳动物。有袭击家禽的记录。 食物种类与生境中食物条件和所处的生活阶段有密切联系。幼年阶段多以小型虾类、水生昆虫幼虫和小型鱼类为食。 有过量贪食习性，一有机会获得食物，就大量吞食。 食物较小时，将头歪向一侧，用一侧的齿贴近食物后将其衔起。食物较大时，会将食物衔出水面并调转方向，使食物的头部对准自己的咽部，同时挤压吞下。 进食后上下颌猛然闭合使水流从中排出，并快速甩头的"漱口"行为，可以清除齿间残留的食物残渣
动物的行为需求	动物主要行为方式和能力	两栖性动物，主要在水中生活。 会游泳和潜水，出水和入水动作很轻。 在陆地爬行
	繁殖行为	圈养性成熟时间：雄性5~6岁；雌性6~7岁。 野外性成熟时间：估计雄性9~10岁；雌性10~11岁。 1条雄鳄与2~5条雌鳄交配。交配主要发生在晨昏或夜晚，在水中进行。 繁殖季为5~9月。6~7月产卵，如果气温较高、降雨偏少、光照多，产卵期会提前。 选择植被盖度中等到偏高、落叶多、离水源2~4米、距水面高度1米左右且地势平坦的地方，用杂草等植物筑巢，产卵后再覆盖些巢材。 一般产卵20枚左右（少的不到10枚，多则50枚左右）。 孵化期一般为60~70天。孵化适宜温度范围28~35℃（最适温度31℃左右），湿度需大于70%。温度较高会使孵化期缩短，湿度不足会使孵化期延长。 孵化温度决定出生雏鳄的性别：高温（34℃）孵出的几乎全为雄性；低温（29℃）孵出的大部分为雌性。雌鳄可以通过选择不同环境温度的巢址，来对性别比例进行调节。 每年繁殖一次
	育幼行为	雌鳄有不同程度的护卵行为，有的个体在有入侵者接近巢时，会发出威胁叫声并冲过去。 会沾湿身体和把巢上的积水弄干，以保持卵和巢的适当湿度。 有保护雏鳄的行为
	攻击或捕食行为	在繁殖期，个体在游泳时发生追赶和撕咬的打斗行为。在陆地上，两只个体有时会对视长达半小时，并张嘴发出"呼-呼"声，直到一方逃走，或进行打斗。在抢占或保护巢时有撕咬和驱赶行为。 主要从黄昏开始，在夜间捕食。在游动过程中四处觅食，期间视觉、听觉和嗅觉均起重要作用。发现食物后，就迅速游近，观察后，向前猛冲，张口咬住食物。在陆地上，当食物距离较近时，会爬行接近后将食物咬住
	防御行为	
	主要感官	视觉：能适应夜晚和洞穴中的弱光环境。 嗅觉：较灵敏，比其他爬行动物发达。 听觉：灵敏

动物的行为需求	交流沟通方式	叫声：在整个活动期都有吼叫行为，但在繁殖期吼叫更频繁，吼叫多发生在白天。 繁殖期，多条个体合唱吼叫，有使分散个体集中的作用。雄性和雌性发出不同的吼叫声进行联系，以吸引异性。之后雌雄个体发出特有的求偶和回应叫声，直到双方相遇，交配时也通过叫声交流。 发出威胁叫声驱赶入侵者，保护领域。 雏鳄出壳前后发出叫声吸引母鳄注意。 气味：交配前，性腺分泌出大量性信息素，有识别和刺激异性的作用。 雌鳄用粪便对巢址和巢材进行标记
	自然条件下行为谱和各行为时间比例	喜静，休息所用时间最多，约占每天活动时间的2/3~3/4。摄食行为所占时间比圈养个体多
	圈养条件下行为谱和各行为时间比例	主要行为有：休息（分为水中休息和陆地上休息，休息时有打哈欠、伸懒腰和排泄行为）、游泳、潜水、摄食、吼叫、玩耍、晒阳、爬行、对视、打斗、摆尾、排泄等。 种群密度过大时有个体互相叠加的堆积行为，有厌食等刻板行为。 夏季休息时间占45.5%，其次为潜水占41.6%、游泳占7.1%、吼叫占2.6%，其他晒阳、玩耍等行为占2.5%，摄食行为最少占0.8%。 秋季主要行为为潜水占42.3%、晒阳占33.8%、休息占18.1%和游泳占5.7%，其他行为占0.1%
	特殊行为	

8. 湾鳄

背景知识	动物名称	湾鳄*Crocodylus porosus* Saltwater crocodile
	保护级别及濒危状况	国家一级；CITES I，部分种群II（2017）
	分布区域或原产国	主要分布在澳大利亚北部沿海地带，在太平洋、印度洋的一些岛屿及东南亚地区也有分布
	野外活动范围（栖息地和领域）	生活在热带和亚热带的各种湿地中。能耐受一定盐度的水质，因而在沿海水域及周边的河流里分布最多，也在淡水中生活。分布的湿地类型有河口、水潭、沼泽、红树林和沿海潮间带等。 湿热季节时，湾鳄通常在淡水水域活动，到旱季会迁移到河口。有时也会在海洋中进行长达几周的长距离迁移，在海域深处出现。 成年雄性领域性很强，除了雌性个体，不允许其他雄性入侵。优势雄性在繁殖季占据适宜的淡水水域，驱逐年轻个体，迫使它们到海岸线附近或海洋中活动，搜寻其他适合生境
	自然栖息地温湿度变化范围	最适宜活动的温度为30~33℃。更高即显不安，36℃时呼吸不畅；温度过低，则活动和进食减少。 大部分活动时间用来进行体温的行为调节。高温时躲避到阴凉处或潜到水下，温度低时爬到石头上晒阳
	动物体尺、体重范围	体长：成年雄性平均约4~5米，最长可达6~7米；成年雌性一般2.5~3米，最长超过4米。 体重：成年雄性平均约400~500公斤，最重可达1000~1200公斤；成年雌性76~103公斤

续表

背景知识	动物寿命（野外、圈养条件下）	预期寿命可达70岁以上，圈养平均超过40岁
	同一栖息地伴生动物	
动物的生物学需求	活跃时间	白天通常在水中游弋或晒阳，夜间捕食。活跃时间受温度影响很大，夏季更活跃，在水中活动时间更长；冬季活动程度较低，用于晒阳的时间更多
	社群结构	独居
	社群规模	
	食性和取食方式	肉食性。 取食范围是现生所有鳄类中最广泛的，并随时会根据猎物的可获得性改变捕食的种类。 幼年阶段受体型限制，主要以小型鱼类和蛙为食，也吃昆虫、多种小型水生无脊椎动物（螺、蚌、虾、蟹）、小型两栖爬行动物、鸟类和中小型哺乳动物等。 成年后取食种类更加丰富，会更多地捕食体型较大的脊椎动物，如龟鳖、蛇、鸟类、小型鹿类、野猪和灵长类等，但仍会吃一些体型较小的猎物。 捕到小的猎物后直接吞食，对体型较大的则拖拽到水下，扭转、撕碎后再进食。 偶尔会储存食物，能长达几个月不进食
动物的行为需求	动物主要行为方式和能力	两栖性动物。 游泳能力很强，动作灵活。短距离冲刺时速可达24～29公里，平时一般游速为3.2～4.8公里/小时。经常在水下活动，仅眼睛和鼻露出水面。 在陆地行动比较笨拙，腹部贴地和四肢配合前行，提速时会用前肢抬起前身行走，但不能持久
	繁殖行为	性成熟时间：雄性16岁左右；雌性10～12岁。 一雄多雌或混交制。交配在水中进行。 季节性繁殖。在澳洲于11月～次年3月的雨季繁殖，繁殖时间和降水情况有关，在不同地区间有所差异。 雄性在淡水水域标记和保卫繁殖领域。雌性通常选择离水域较近、植被很少的淡水沼泽等地，用泥和植物枝叶筑巢。 一般产卵40～60枚（最多有90枚的记录，主要由母鳄体型决定）。 孵化期90天左右。孵化期长短受温度影响，温度高时时间较短。 孵化温度决定出生雏鳄的性别：30～32℃孵出的大部分为雄性；低于或高于这个温度范围，则孵出的绝大部分为雌性。 每年繁殖一次（偶有两次）
	育幼行为	母鳄产卵后，就待在巢的附近进行保护。 听到幼鳄的鸣叫后，会把它们从巢中挖掘出来。母鳄会将幼鳄衔在口中带入淡水水域，和它们共同生活几个月。 幼鳄到8个月左右大的时候开始扩散，2.5岁时开始有领域性。到一定时间后，未成年个体会被优势成年雄性驱逐出领域
	攻击或捕食行为	咬合力非常强，动作敏捷，有攻击人的记录。 捕猎时潜伏在水中，当接近猎物后，突然跃起进行攻击，通常能一口咬住猎物，随后拖入水下进食。年轻个体可以整个身体垂直跃出水面，捕食岸边树枝上的猎物

动物的行为需求	防御行为	会用假死来进行自卫
	主要感官	视觉：灵敏。 嗅觉：较灵敏，比其他爬行动物发达。 听觉：灵敏
	交流沟通方式	叫声：湾鳄会发出多种叫声进行交流。繁殖期，雌性用吼叫声吸引雄性，交配时也有特有的叫声。雏鳄孵出后会用鸣叫呼唤母鳄，遇到危险时发出求救叫声。成体遇到入侵者时则发出威胁叫声
	自然条件下行为谱和各行为时间比例	为了减少能量消耗，除了必要的游动，更多时候在水中漂浮。 主要行为有：休息、游泳、潜水、捕食、吼叫、玩耍、晒阳、爬行、打斗等
	圈养条件下行为谱和各行为时间比例	
	特殊行为	

第十四章　鸟类行为管理 ·······························

　　现生鸟类超过1万种，几乎遍布地球上的每处角落，是所有脊椎动物中分布最广泛的动物类群。在中国所有的动物园中都有鸟类饲养展出，展出种类和个体数量往往超过哺乳动物，但饲养管理水平大多处于较原始的状态，鸟类的行为管理工作开展非常有限。多数学者认为鸟类是中生代侏罗纪恐龙的后裔，它们就是现生的"长有羽毛的恐龙"，这些经过上亿年进化并成功适应地球上每个角落的物种，却难以在动物园中的人工圈养环境里保持自然的状态，这一点充分说明：我们为鸟类建造的圈养环境和提供的管理措施太糟糕了。不以物种保护为目标的动物园不会重视鸟类饲养管理，动物园首先应该从了解鸟类物种自然史入手，综合运用行为管理的五个组件，提高圈养鸟类福利，展示鸟类自然状态和行为，丰富游客参观体验。展示就是教育，保护教育是综合保护的重要组成部分。

　　研究表明，鸟类具有的某些感官能力，特别是对颜色和声音的敏感范围都远远超过人类；关于鸟类智力的研究也逐渐证明它们具有很强的问题解决能力，甚至许多种类掌握了使用工具的技能。这些最新的研究进展，无疑是制定圈养鸟类行为管理策略的必要依据。通过不断地学习和实践，我们认识到以下几点：

　　○ 为鸟类提供的生活展示空间构成和空间大小同样重要。

　　○ 为鸟类提供自然的、营养均衡的食物与食物的提供方式同样重要。

　　○ 为同种鸟类个体之间提供良性互动机会，为可混养的不同种鸟类个体之间创造互动机会，对保证鸟类的精神健康同样重要。

　　○ 鸟类饲养展示环境需要不断更新，鸟类展示环境的人为更新与自然更新同样重要。

　　○ 了解鸟类自然史、密切观察鸟类行为，并不断调整圈养鸟类行为管理策略是提高鸟类福利的保障。

第一节　鸟类自然史

一、简要分类介绍

　　随着生物技术的发展，动物分类学领域不断推陈出新，鸟类分类学也不例外。近些年来随着DNA测序技术的应用，传统鸟类分类系统已被全面梳理和修订，新的框架逐渐建立。出于物种保护的目的，动物园有必要及时跟进鸟类分类学的最新进展，并调整原有饲养模式，以保证圈养繁育后代基因的纯正。事实上，动物园往往采用另一种"分类系统"，这种分类方式主要以鸟类行为方式为依据，对动物园来说，这种分类系统具有实用性：

　　○ 走禽：例如鸸鹋、鸵鸟、美洲鸵鸟、鹤鸵等。

○ 游禽：例如各种雁鸭、鹈鹕等。

○ 涉禽：例如鹳、鹮、鹭、鹤、火烈鸟等。

○ 攀禽：主要是指脚趾两两对生的鹦鹉等。

○ 猛禽：例如鹰、隼、鸮等。

○ 鸣禽：主要指小型雀形目鸟类等。

○ 陆禽：主要指在地面活动较多的雉鸡类。

○ 海鸟：主要指生活在海边咸水或淡水环境中的鸥类和企鹅等。

显然上述"分类系统"与鸟类分类学之间存在很多差异，但这种分类方法有助于动物园根据鸟类习性为鸟类创造展示环境和制定饲养管理策略。

二、鸟类解剖学和自然史概述

尽管动物园中惯用的分类方式可以部分反应鸟类的不同生活习性，但相比物种自然史的综合信息，这种分类系统提供的信息支持对制定管理策略非常有限。鸟类各物种间的差异，也许是所有脊椎动物中最显著的。我们应从以下几方面入手，逐步探索各物种的自然史信息：

1．该物种在自然生态系统中的位置，例如它们是捕食者还是被捕食者？抑或是食腐的"清洁工"？

2．该物种的捕食或采食策略是怎样的？

3．该物种是成对生活还是生活在大群里？是否与其他物种共享同一环境？

4．在生活领地内，例如在动物园中的鸟类展区中，该物种是否会表现出强烈的领地行为，并对其他物种或同种个体造成压力？

5．该物种的自然行为主要包括哪些典型表达方式？这些行为是否会随季节变化或繁殖期的到来而发生变化？发生怎样的变化？

6．该物种的繁殖策略是怎样的？

7．该物种生活环境的主要构成元素以及物种与环境构成之间的互动方式？

8．该物种的飞行能力如何？拥有高超的飞行技巧或彻底放弃飞行能力后，动物身体解剖和行为模式发生了哪些适应性进化？

等等。

几乎对每个物种，上述问题的答案都不相同，况且人类目前对鸟类的了解仍然存在许多未知的领域，所以尽可能多地收集物种自然史信息，是制定圈养鸟类行为管理策略的第一步。

按照国内动物园鸟类展示的物种频度，我们简要归纳的自然史信息见本章附录。

三、鸟类自然史特点对圈养行为管理策略的特殊需求

多数鸟类的日常饲养管理方式都采用饲养员直接进入展区进行操作的模式，这种操作模式往往会给鸟类造成压力。减少这种压力、避免操作对鸟类造成伤害也许是饲养员最应该注意的一点。可以通过增加展区隔离空间、通过日常行为训练教会鸟类合作行为，或通过特殊的设施设计等缓解来自饲养员操作的压力，但更重要的一点是饲养员应

努力创造一个具有"自我丰容"功能的动物生活、展示环境。相比哺乳动物的饲养操作内容来说，鸟类饲养员应更加注重展区内生物环境的建造和维护，特别是多种自然材料的应用和植物配置。选择适宜本地自然植被中与鸟类相适宜的物种，尽量为鸟类创造丰富的、不断变化的、能够"自我丰容"的生活环境，远远比大量依靠人工材料增加环境复杂性更符合鸟类的福利需求。

　　饲养员与鸟类之间的互动，会对鸟类产生积极的或消极的影响。优秀的鸟类饲养员会通过各种操作技巧和手法尽量减少消极影响，努力实现与鸟类之间的良性互动。做到这一点不是短期内实现的，在日常工作中长期坚持正强化行为训练，逐渐建立鸟类对饲养员的信任。对那些敏感的鸟类，应特别注意操作的动作和习惯，在与鸟类互动过程中，饲养员需要密切注意鸟类的行为、与自己之间的距离和鸟类所处的位置，当鸟类表现出窘迫或恐惧时，饲养员必须及时调整操作行为，包括停止前进、静立原处、后退甚至慢慢离开动物笼舍，避免突然的动作增加鸟类的压力。根据动物的反应，饲养员需要在展区中为动物提供更多的栖架和栖息位置，以保证鸟类能自主选择与自己的距离，或者在展区中增加更多的视觉屏障，为鸟类提供躲避机会。对于那些极度敏感的个体，需要采用串笼操作的方式，做到这一点需要设施保障及行为训练的运用。通过长期的日常行为观察，饲养员应该逐渐了解自己所照顾的物种或个体的行为表现、脾气秉性，并逐步掌握这些个体或物种行为模式的季节性变化规律。

第二节　鸟类行为管理

一、鸟类饲养展示环境

　　与所有动物展区设计的出发点一致，鸟类展区设计必须同时依据动物自然史信息和行为管理操作需求。

1. 室内与室外展示模式

　　鸟类遍布世界各地，跨越所有气候带，几乎在各个动物园，如果要展示具有代表性的鸟类物种，都会采取季节性或全年的室内、室外相结合的展示方式——与动物园所在地气候类型相似，应尽量采用室外展示，而对于迁徙鸟类则需要考虑不同季节的气候条件需求。处于北半球温带地区的大多数动物园对热带、亚热带鸟类的展示，都是采取冬季室内、夏季室外的展示方式。尽管有些动物园兴建了大型室内鸟类展区，试图常年将鸟类置于室内展览，但往往以失败告终。室内展区的通风条件、光照条件、温度梯度变化以及环境复杂程度都难以与室外相比，所以在任何情况下都必须保证鸟类可以有部分时间在室外活动一段时间。有些动物园采用了一种折中的处理方式，即将室内展区的天窗和侧窗设计得更便于操控，以便在温暖季节打开窗体使室内环境与室外环境的气候条件趋于相同。这种方式可以改善室内展区的通风条件和温度湿度，但往往无法改善光照条件。鸟类不仅需要一定的光照强度，它们也对不同波长的光谱，特别是对紫外线光源有严苛的需求。如果建筑材料不能允许全波段光线通过，则必须在室内展区增加全光谱灯光照明以保证长期在室内生活的鸟类健康。

　　室外展区应保证充足的植被，同时设置遮阴、挡雨的庇护所。根据鸟类的需要，还应该设置局部加热点。局部加热热源必须使用金属方格网进行保护，以免造成鸟类烫伤；加热点在鸟类接近方向的远端应该设置热量反射障板，以减少热量的损失、提高热源的热效应。给热源供电的线缆必须采用防护措施，并尽量避免鸟类能够接触到线缆（图14-1）。

图14-1　鸟类展示笼舍内局部加热点图示

　　总之，单一的展示条件不能满足鸟类的需求，无论采用室内或室外展示方式，都必须采取局部气候调控措施，例如室外设置的加热点和室内展厅装备的降温降湿的空调等，以满足不同鸟类物种的需求。

　　2. 进入式鸟罩棚

　　进入式鸟类展示也分为室内温室展示和室外展笼两类。室内温室展示规模随着建筑设计水平的提高和新材料、新技术的应用而越来越大。一些发达国家动物园甚至建造了巨型温室，采用能够允许全光谱自然光穿透的充气屋顶材料，在室内创造了同时适于植物和动物生长的良好人工环境。建造室外大型鸟类进入式展笼的成本要小得多，但无论是室内或室外，进入式鸟类展区对鸟类采取的行为管理方式是相近的。两种方式都特别注重对游客活动范围的限制，多采用两侧带有护栏的地面路径和高架栈桥的方式组织游客的参观路线。架高的栈桥不仅可以为地表植被提供更多的生长环境，同时也给地面活动鸟类留下了穿行通道。除了限制游客的行进路线，进入式展区也必须限制游客给鸟类喂食。游客投食本身作为一种强化物，会干扰饲养员的行为管理效果，同时也误导了人与动物应有的互动关系。由于在进入式展区中，鸟类和游客共处同一空间，必须将鸟类活动的空间区域建造得足够复杂，除了选择符合原生境特征的植被和地表材质以外，还必须设置足够的庇护所、栖架和繁殖巢箱；鸟类的喂食盘需要远离游客，避免由于游客过于接近而影响鸟类进食。饲养员的日常管理操作通道应在游客参观路径以外单独设计，通过一条隐蔽、通达的路线实施对展区每个角落的管理。饲养员的操作行为对展区中的鸟类来说必须是正向的互动，最起码也要做到尽量减少对鸟类的干扰。在进入式展区中还有一个重要环境元素——流水。流水声可以掩饰或"中和"环境噪声，在展区中播放与展示物种协调的鸟类鸣叫的录音也能起到类似效果。进入式鸟类展区无疑会给游客带来充满情趣的参观体验，但设计建造的难度远远高于隔离式参观模式。片面追求游客体验而忽视鸟类福利，甚至鼓励游客在展区中干扰动物的本来行为，是与动物园宗旨相悖的展示方式。

3. 笼舍建设材料

墙体、板材、硬质方格网、软质不锈钢编制绳网等材料是常见的鸟类笼舍建设材料。近些年，带有独立紧固结构的"钢琴线"平行垂直隔障形式也开始应用于部分大型鸟类展示设计中；对于中小型鸟类，最成功的非参观面隔障应用实例是使用经过钝化处理成深色的不锈钢编制绳网结合背景绿化植被组成的"隐形隔障"，这种隔障方式在游客参观效果和鸟类福利之间达到了最佳平衡。各个动物园在鸟类展区中对玻璃幕墙的应用都应该慎重，一则玻璃幕墙阻碍通风，受热后在笼舍中形成热辐射自激，造成炎热季节展区内温度过高；二则通透的玻璃极易导致展区中的鸟类撞击死亡。如果不得不使用玻璃展窗，必须在玻璃表面粘贴防撞警示图案，并将玻璃展窗安置在光线阴暗的棚屋中，以减少鸟类冲撞的可能。

4. 庇护所和气候条件控制

展区必须设置足够的庇护所。这些庇护所不仅可以让鸟类躲避游客或其他个体的视线，也能起到遮风挡雨的作用。在迎风面设置挡风板、在不同的位置安置躲避阳光和雨水的遮阴棚或巢箱，这些都是针对圈养条件下环境元素有限而必须补充的重要设施。足够复杂的展示环境可以为鸟类提供更多应对气候因素的选择，这也是一种最自然的动物展示方式。动物展区传递的是物种自然史信息，野生动物多与人类活动保持距离，表达"情调、文化"等人文景观元素较少与物种信息产生交集，应避免在设计中做过多表现，尤其是背离动物福利需求的"园林景观"建造方式。此外很多出于"环境整洁""防火安全"等原因与行为管理产生的矛盾，应该应用设计、操作规程、保护教育等手段来寻求化解，而不是简单的清除了之。与动物福利相比，这些都不足以成为减免展区环境复杂性的理由。

5. 水元素的表现

首先，水是所有鸟类自然生态中不可或缺的环境元素，动物饮水、洗浴都离不开水，湿地鸟类更需要大量的水体以表达自然的觅食行为。在鸟类展区中安置水体、水流，不仅可以让鸟类有更多的表达自然行为的机会，同时也使展区在游客看来更自然。流动的水体会带来更多的环境刺激，吸引鸟类的注意并诱发更多的自然行为，流水声有助于缓解人类环境产生的噪声。人工瀑布、叠水、人造水雾和喷淋设施、自然风格的溪流等都是常用的水元素。为了同时满足动物饮水需要和景观需要，在展区设计之初必须预留水循环和水质处理的功能空间，这些功能性设施应远离游客参观视线，并位于方便日常清理和维护的位置。在温带地区的动物园，冬季应采用大流量循环泵或电加热的方式保证水流不被冻结，以满足鸟类，特别是游禽的福利需求。

6. 地表垫材

根据鸟类自然史需求和展示方式的要求，采用多种地表材质，如自然土壤、沙土、石屑、草坪、落叶、木块、园艺护根等材料单独或组合应用，以满足大部分鸟类的需求，但需特别注意有害生物的防控。小型室内鸟类展笼可以采用的方式是建造具有排水性能的混凝土深槽，上铺无纺布或其他透水材料围护，再填入自然材质垫料；大型室内展笼，或室外展笼可以在自然材质地表下铺设不锈钢方格网，这两种方式都能有效避免老鼠等有害生物进驻展区盗取饲料或伤害鸟类。许多案例显示，在地下铺设破碎玻璃用以控制鼠害入侵的方式成效不高。

7. 功能区配置

现代动物园鸟类展区设计和建设中必须包含空间或设施的预留，主要用于个体捕捉或个体引见等操作任务。在鸟类展区中，特别是在大型的、多物种混养的展区中，必须设置可以捕捉鸟类的"陷阱笼"。为了完成个体识别、佩戴环志、接种疫苗、配对、群体构建等必要的行为管理措施，有时候必须捕捉动物，在大型鸟类展笼中如果没有类似的"陷阱笼"，捕捉鸟类几乎是不可能的。在将新的个体或群体引入展区中既有群体之前，也需要在类似的隔离笼中实现第一步"非接触感知"的引见过程，使动物彼此熟悉，这是保证引入成功的关键操作步骤之一。当群体中出现伤病个体时，视情况严重性，可能需要将受伤个体单独饲养在与展区临近的隔离笼中，与原有同伴保持视觉和声音的交流，可以降低病患个体被单独饲养的窘迫感。陷阱笼使用的前提是动物对陷阱笼脱敏，饲养员可以采用每天在笼中提供部分饲料的方式让鸟类习惯到笼中取食。一般陷阱笼都会装备"遥控"隔门，可以采用长的细绳操控，或者使用更先进的电子遥控装置控制笼门，以保证在隔门关闭时鸟看不到饲养员，不会将惊吓刺激与饲养员的出现产生关联配对，破坏饲养员与动物之间的信任。"陷阱笼"的网孔孔径必须能够避免展区中体型最小的物种从笼中逃逸，笼身也需要通过植物遮挡或采用人造模拟自然的材料进行伪装，这样做不仅可以避免破坏游客参观视线中的展区自然风貌，也有助于鸟类对"陷阱笼"脱敏。在展区启用的最初阶段，应该从"陷阱笼"开始运行群体构建工作：将待合群鸟类先在"陷阱笼"内短期饲养，然后给鸟类自由出入"陷阱笼"的机会，让它们将"陷阱笼"作为大型展区中的避风港，也有助于展示运行过程中及时捕捉动物。

二、丰容

（一）丰容概述

1. 物理环境丰容

物理环境丰容的目的是为鸟类创造复杂、丰富、充满刺激和变化的有趣环境，从而为它们表达广谱的自然行为创造条件。模拟鸟类栖息环境的多种组成元素，有利于动物个体自然行为、繁殖行为和多种社会行为的表达。丰容的基础是所饲养鸟类的生态环境和自然史信息，了解鸟类在其自然生态系统中的位置，以及鸟类与环境因素之间的互动关系、互动方式，是制定丰容工作计划的出发点。不同物种具有代表性的典型自然行为应作为饲养员关注的重点，行为恰恰能够体现该物种与环境因素之间的互动关系和物种适应性。在制定丰容计划时，务必坚持一点：对圈养鸟类来说，所有的丰容项目都不是强加给动物的，必须保证动物拥有自主选择的机会；为动物创造表达自然行为机会的同时，保证动物拥有"退避"的空间和机会，对群养鸟类来说，这一点尤其重要。

刺激匮乏的人工圈养环境会限制鸟类自然行为的表达，甚至会抑制动物的活动欲望。鸟类不仅善于飞行，它们的行动方式还包括盘旋、悬停、攀援、游泳、潜水、蹦跳、行走、奔跑、悬挂、挖掘等。对这些典型行动方式的保持，需要充足的环境要素，例如错落的植被、木桩、绳索、水池、自然材质的地面、多种物理性状的表面垫材。丰富多样的地表垫材和合理的栖架安置，会为鸟类创造更多途径保持舒适，例如用喙梳理羽毛，享受水浴、土浴、日光浴甚至"蚂蚁浴"。鸟类只有在拥有远离负面刺激、安全、舒适的环境中才可能展示这些行为。

2. 食物丰容

为鸟类提供适合的食物与食物的提供方式同样重要。

观察鸟类的自然采食策略，了解不同鸟类如何获取食物和处理食物都有助于饲养员选择提供食物的方式。鸟类可以使用喙撕扯、打开果壳、过滤食物、啄食、钻孔甚至刺杀猎物；鸟爪用来捕捉、猎杀、拖拽、蹬踏以辅助进食。为鸟类提供"活食"会让动物有机会全面展示整个捕食过程中的典型行为。采用合理的食物提供途径有助于强化鸟类保持其自然取食策略，这一点对动物的身体和精神健康都非常重要。在地表铺垫落叶、创造由土堆、土壤、石块、本土植物和荆棘共同组成的具有生命力的"本杰土堆"会吸引动物园园区内的昆虫，对鸟类来说，这些本土昆虫又成为一种重要的环境刺激。在展区中安放"活体昆虫喂食器"也能吸引鸟类的兴趣，喂食器中放置少量昆虫的食物，让昆虫短期存活，并随机爬出喂食器吸引鸟类的注意。对于主要采食种子的鸟类，在展区中种植大量的、种类丰富、动物可食的结籽草本或木本植物，会为圈养鸟类提供常年的自然食物来源，保持物种的自然采食行为；对于吸食花蜜的鸟类，可以将喂食器隐藏于植物中，伪装成花朵的外观，以鼓励鸟类自然取食行为的表达。对于嗅觉发达的食腐鸟类，可以将饲用动物尸体隐藏于展区缝隙或经过表面自然化处理的PVC管中，供食肉鸟类搜寻和处理。在混养展区中，喂食器和投喂时间应该从空间和时间两方面为不同的物种提供足够选择，以避免因为有限的食物和集中的饲喂时间引发的过度竞争行为，可以采用在笼舍的不同位置安置具有计时器控制的"食物分发器"为不同的鸟类提供食物。计时器的时间间隔随机更换，以避免动物掌握喂食规律，模拟在自然界鸟类随机取食的状况。

3. 社群丰容

鸟类的社群丰容需要格外谨慎，尽管群养鸟类和多物种混养可以增加个体间的社群互动和提高展示效果，但必须密切观察鸟类的行为表现，并采取循序渐进的个体或群体引入程序进行合群。鸟类个体间的社会关系会随着季节更替、同笼中其他个体的引进或转移、繁殖期等因素的影响而不断变化，维持群体间相对和谐的互动关系需要长期密切观察动物的行为表现，并采用"陷阱笼"等设施定期捕捉不同的动物个体进行称重或其他健康检查。当社群关系明显造成某个或某些个体福利受损，或群体间过度竞争行为频繁发生时，必须及时采取措施，调整展区中的群体构成。在繁殖季节，鸟类的竞争行为会达到峰值，在进入繁殖季节之前增加展区中的环境复杂性、创造更多的庇护所和回避空间、提供充足的巢材和巢址等措施都可以有效控制繁殖季节个体间的过度攻击行为。在同一展区混养展示物种选择方面，应广泛了解其他动物园的经验或教训，避免物种之间的蚕食。同属雀形目的大体型物种，如噪鹛，会掠食小型雀形目鸟类的卵和幼雏；部分鸦科鸟类、犀鸟、巨嘴鸟都会对同展区其他小型鸟类的繁殖造成毁灭性的破坏。

4．认知丰容

对鸟类感官能力的研究目前还处于探索阶段，但可以肯定的是多数鸟类对颜色、声音、气味的敏感程度远远超过人类。鸣禽对同种鸟类的叫声十分敏感，甚至在繁殖季节会对人工回放的同类鸣叫声表现出竞争行为。明亮、鲜艳的颜色也会吸引多数鸟类的注意力，从而鼓励它们表达更多的探究行为，或者"玩耍行为"。在鸟类展区中悬挂蛇蜕、其他展区中鸟类脱落的羽毛、橡胶或木质玩具也会使鸟类表达更多的探究行为和玩耍行为。作为丰容物的蛇蜕、鸟羽、哺乳动物的毛发（也是多数鸟类钟爱的筑巢材料）在使用前应使用微波炉或高压蒸汽灭菌锅进行灭菌处理，以免疾病或寄生虫的传播。

新的研究成果不断显示出鸟类的智力高度发达，特别是部分鹦鹉和鸦科鸟类，甚至具备解决复杂问题的能力。对于这些聪明的物种，需要饲养员给动物提供持续的学习机会和"挑战"，在这方面可以进行的探索还有很多。

世界各地的动物园，在圈养鸟类丰容方面积累了大量成功的经验，当然也有很多惨痛的教训，与同行之间广泛交流的同时共享自己的经验教训，是一名优秀鸟类饲养员应具备的职业要求。

（二）经过动物园验证的有效丰容项举例

1．金刚鹦鹉

〇玩具/动物可以操控摆弄的丰容项——树桩、树干、轮胎（不含金属轮圈）、小型硬质塑料球、纸板箱、金属链条、大型塑料桶、纸糊的玩具、松塔、呼啦圈、有盖子的桶、塑料蛋筐、绳梯、塑料瓶、椰子壳、保龄球瓶、鹿的干角、PVC管。

〇食物丰容项——蟋蟀、面包虫（黄粉甲幼虫）、生皮制品（狗咬胶）、整个西瓜、冷冻食品、悬挂食物、藏匿食物、面包、花生酱、果酱、燕麦粥、果冻（Jell-O）、糖浆、玉米薄饼、蜂蜜、冰块、曲奇饼干、起酥面包、水果串、水果、蔬菜、南瓜、花生、嫩玉米笋、葡萄。

〇感知丰容——柠檬皮、柑橘皮、韭黄、鼠尾草、迷迭香、生姜、胡椒粉、肉豆蔻、小茴香（孜然）、甜胡椒、香草精油、草皮卷、狗咬胶、Kong（一种硬质橡胶制成的宠物玩具）、鹿裘皮、稻草、园艺护根、松木刨花、阔叶木刨花、树叶、干土壤、沙子、大块岩石、小块岩石、刷子、树枝、展区设施打乱重摆、能够发出声响的东西、同类动物发出的声音、猎物发出的声音、天敌发出的声音。

2．涉禽

〇玩具/动物可以操控摆弄的丰容项——树桩、树干、轮胎（不含金属轮圈）、小型硬质塑料球、纸板箱、塑料链条、金属链条、大型塑料桶、纸糊的玩具、松塔、有盖子的桶、塑料蛋筐、绳梯、塑料瓶、椰子壳、保龄球瓶、鹿的干角、PVC管。

〇食物丰容项——乳鼠、蟋蟀、面包虫（黄粉甲幼虫）、冷冻食品、藏匿食物、面包、花生酱、果酱、燕麦粥、冰块。

〇感知丰容项——鹿裘皮、稻草、园艺护根、松木刨花、阔叶木刨花、树叶、干土壤、沙子、大块岩石、小块岩石、刷子、树枝、展区设施打乱重摆、能够发出声响的东西、同类动物发出的声音、猎物发出的声音、天敌发出的声音。

3.秃鹫

○玩具/动物可以操控摆弄的丰容项——树桩、树干、轮胎（不含金属轮圈）、小型硬质塑料球、中型硬塑料球、纸板箱、金属链条、大型塑料桶、纸糊的玩具、松塔、呼啦圈、有盖子的桶、塑料蛋筐、绳梯、塑料瓶、椰子壳、保龄球瓶、鹿的干角、PVC管。

○食物丰容项——乳鼠、蟋蟀、面包虫（黄粉甲幼虫）、成年老鼠、生皮制品（狗咬胶）、整个西瓜、冷冻食品、悬挂食物、藏匿食物、面包、花生酱、果酱、燕麦粥、糖浆、蜂蜜、冰块、水果、蔬菜、兔子、鹌鹑、小鸡、南瓜、马肉、骨头、嫩玉米笋、蠕虫。

○感知丰容项——柠檬皮、柑橘皮、羽毛、洋葱粉、韭黄、鼠尾草、迷迭香、芫荽、生姜、胡椒粉、肉豆蔻、小茴香（孜然）、甜胡椒、香草精油、丁香、草皮卷、狗咬胶、Kong、鹿裘皮、稻草、园艺护根、松木刨花、阔叶木刨花、树叶、干土壤、沙子、大块岩石、小块岩石、刷子、树枝、展区设施打乱重摆、能够发出声响的东西、同类动物发出的声音、猎物发出的声音、天敌发出的声音。

三、行为训练

对鸟类开展行为训练的主要目的是对饲养员脱敏。行为训练必须以"友好"的日常操作习惯为基础，鸟类饲养员必须牢记"行为训练发生在每时每刻"这句话，对于敏感的鸟类来说，饲养员任何不恰当的举动都会给它带来压力。

脱敏训练的目的是让鸟类学会在饲养员进入展区时不再感到恐惧，或因为恐惧而在躲避饲养员的过程中受伤；这一阶段训练的期望行为是鸟类保持安静；采用的强化物可能是食物或饲养员慢慢后退或离开。当动物不再惧怕饲养员后，通过不断强化动物的接近行为使它最终学会从饲养员手中取食。到饲养员手中取食并不是自然行为，但却是圈养环境中的"期望行为"，这种行为不仅是进一步行为训练的基础，也是在鸟类与饲养员之间建立信任和维持信任关系的重要途径。当鸟类与饲养员之间建立信任关系后，可以进行目标训练，让鸟类学会服从指令用喙或爪子碰触目标物，这种训练的结果主要用于鸟类称重和鸟类服从指令进入隔离笼。鸟类远比人们的想象聪明得多，只要采用科学的训练方法，可以教会圈养野生鸟类多项合作行为。

鸟类的特有行为示范作为保护教育的一个环节出现是可以接受的行为展示项目，大型鸟类的飞行展示会带给游客震撼的体验，某些鸟类独特的捕食行为（如秘书鸟捉蛇时的典型动作）展示会让人们对动物世界产生好奇和兴趣。动物园中进行的飞行训练，是为鸟类提供一个在较大空间中自由飞行的机会，这对保持动物的飞行能力和身体及精神健康都是有益的。飞行训练往往以食物诱导结合目标训练为主要途径，对于不同飞行动作的训练，可以采用行为捕捉的方式来逐步强化该物种的典型飞行技巧。正强化行为训练方式是动物与饲养员之间信任的累积，这种信任不同于"依赖"或"焦虑"，传统的"熬鹰"式训练手段是对动物福利的巨大损害，严禁在动物园中使用。

关于训练的一个误区是将鸟类的印记行为当做"训练成果"。有些动物园为了开展飞行展示项目，采用人工孵化的方式，使雏鸟对饲养员产生"印记"，并能追随饲养员移动。当这些幼鸟具备飞行能力后，有可能追随饲养员的移动飞行或在飞行中将饲养员认做接近的目标。这种印记行为会随着鸟类的年龄增长而逐渐消退。如果在这段时间内饲养员没有进行正强化训练强化幼鸟的接近行为，则难以保证动物追随饲养员的行为持续。更重要的问题是，由于这种"训练"方法隔离了幼鸟与亲鸟之间的联系，阻断了自然学习的社群环境，不利于幼鸟长大后与同类交流、繁殖等社会行为的表达（如不向同类展现求偶行为）。这样的饲养管理有可能影响动物在野外自主生存能力的延续，对于任何以物种保育为目的的动物园来说，这都是对动物福利的忽视和对动物资源的掠夺。

如果有条件，动物园圈养下的野生动物都应开展一定的正强化行为训练项目，而对于鸟类这种代表了蓝天与自由的动物，出于行为管理目的的训练作为社群和认知丰容项目与其天性并不相违，前提是目标行为符合物种的自然习性，而非传统观念上的"熬鹰""算命""叼钱"那样的表演。正强化行为训练对鸟类来说是一个学习的过程，也是一个保持和锻炼智力的过程；相反，违背自然和科学规律的训练必然有损于动物福利，并使鸟类对饲养员产生恐惧，甚至表现出对人类的攻击行为。

四、群体构建

（一）鸟类群体构建注意事项

单物种群养展示，可以使饲养员将全部精力集中于该物种的环境需求，相对于动物园中有限的环境资源，这种展示方式更容易满足物种需求。多物种混养无疑需要更大、更复杂的展示环境以及更高的行为管理运作要求。除了猛禽等掠食物种，多数鸟类可以进行同物种混群饲养或多物种鸟类混养，设施完善、管理到位的展区甚至可以实现鸟类与爬行动物和哺乳动物的混养。多物种混养展区提高了行为管理难度，但也为动物创造了更丰富的环境刺激，使它们展示出更广谱的社群行为，同时提高了游客参观体验。混养展示仅仅追求面积规模并不能满足每个动物个体的需要，设计建设多物种混合展区的前提仍然是对各物种自然史的深入了解，并为不同物种创造各自的机会和提供资源，例如不同的饮水点、饮水方式；不同的饲料提供位置和方式，甚至相互错开的投喂时间；可以容纳不同体型鸟类的飞行路径或栖息位点；展区中不能形成死角，食物和水源的位置周边必须保留多方向的避让路径；为每个物种提供视觉屏障和发生竞争行为后的躲避、回旋空间；为小体型鸟类设置安全的繁殖空间，免于大型鸟类或混养的爬行动物、哺乳动物对鸟卵和幼雏的威胁……尽管我们可以尽量周到地考虑环境组成元素的设置，但日常对混养鸟类的行为观察必不可少，特别是在繁殖季节，鸟类之间的竞争行为会增加，饲养员需要密切关注每个个体的福利状况，及时采取措施调整群体构成。随着现代动物园展示水平的进步，以生态主题为展示线索的动物展区越来越成为动物园中的展示亮点，将鸟类、爬行动物、小型哺乳动物甚至鱼类混养在具有典型生境特征的主题展区中。这种展示方式的背后，是高水平行为管理在运作——通过科学、复杂的操作体系来维护每只个体的动物福利，将环境的自然演替与人工干预巧妙结合，才能长久地保持展区良性循环，从而支撑整个展示主题。每个动物园在计划将单物种展示更新为混养展示之前，首先要确定自身是否拥有与之相应的行为管理能力，这种管理能力不是"观念转变"或"基建投入"能代替的，需要整个管理团队的知识、技能、合作等综合能力。

需要特别提醒的是，一些曾经作为宠物饲养的中、大型鹦鹉长期单独生活，很难融入动物园同物种的展示群体。这些"孤独"的动物会因为缺乏交流和玩耍的机会而产生精神问题，行为刻板、怪异、攻击饲养员，甚至出现啄食、拔除羽毛等自残行为。在动物园的功能中，这类个体很难在物种保护中发挥作用，同时也会由于怪异的行为和病态的外观在游客中造成负面影响，更可能因为来源不明使动物园形象受损。在接受这类动物时，应慎重考虑，并在有必要的情况下对动物的状态进行说明。即使接收下来，它们也会占用比正常动物更多的资源，因为动物园不得不将这些缺乏社会行为能力的个体进行单独饲养，并需要在这类动物的展示环境中投入更频繁和复杂的日常丰容项目。

将个体或群体引入既有展示群体时，应遵循循序渐进的引见流程。流程需要以完备的展区功能设计为基础：隔离笼、引见笼、相邻的展区等为成功的引入创造条件。实际上每个成功的混养展示笼都由展笼本身和与之配套的多个相邻隔离笼共同组成。出于物种繁育和长久保护的目的，动物园会从其他动物园或野外获得新的鸟类个体，它们原先的生活环境可能与引入的动物园存在巨大的差异。首先需要将它们单独饲养，在隔离笼中创造足够的复杂环境，设置多处栖息位点和视觉屏障供选择；了解原有饲养机构或在野外的饮食构成和取食策略，逐步将饲料转换为动物园可以保障的、合理的配方和供应方式。在这段适应期中，饲养员必须特别注意自己的日常操作行为，避免给动物造成压力。对于饲养在室内环境中的野外捕捉个体，在夜间应提供微光照明，模拟月光的照射条件。很多有经验的饲养员提倡在鸟类的新环境适应期内为它们播放柔和的背景音乐或潺潺的流水声等自然音效，人们相信柔和的音乐或流水声可以"中和"人为环境中的噪声，帮助新引进个体保持平静并有助于加速对环境噪声脱敏。

（二）鸟类串笼和运输

鸟类经过行为训练，可以学会服从饲养员的指令，自愿进入到运输笼箱中。训练鸟类自愿进入笼箱需要一个过程，在转运之前，要先将运输笼安放在展区临近，训练动物逐渐适应。如果时间有限，往往首先将鸟类从较大的展区串到一个较小的空间中，以便于捕捉后放入运输笼。所有鸟类的运输笼都必须符合世界航空运输协会（IATA）的活体动物运输指南中的要求，为它们在笼箱底部铺设防止打滑和脚趾磨损的垫材、认真检查笼箱四壁，以确保没有任何尖锐的凸起。笼箱顶部大多采用细密的金属方格网与麻袋组合的方式，这种箱顶可以保证一定的通风，最主要的目的是防止笼中鸟类受惊后撞伤头部造成死亡。鸟类基础代谢率高于其他动物。如果运输时间过长，则必须在运输笼上预留喂食和喂水的操作口；为了减少鸟类的应激，建议在不影响通风的前提下，将运输笼的透光部分使用深色布料遮挡。

在世界航空运输协会（IATA）不断保持更新的《活体动物运输指南》中，几乎包括了动物园中所有常见鸟类的运输笼箱设计要求和运输过程中鸟类福利保障注意事项，各动物园在进行笼箱设计制作和制定运输计划时，务必认真参考借鉴。

五、日常操作

（一）饲养员与鸟类之间的互动

1. 安全注意事项

饲养员必须了解自己管养的所有鸟类的物种特性、自然史特征以及行为特点，工作中保持动作轻缓的习惯，随时强化动物对饲养员日常操作脱敏。鸟类为了适应飞行进化出一些特殊的生理特征，例如对食物的依赖。为了减轻体重，中小型鸟类不会在体内囤积脂肪，它们的消化道较短，食物在体内停留的时间也很短，随时进食、随时排泄，从而减少体重负担。因此食物能帮助饲养员接近鸟类，这样可以近距离观察动物，或进一步开展其他行为管理措施，如正强化训练、捕捉、兽医诊疗处理等。饲养员与鸟类同处于一个展区内的情况下，行进或移动时要时刻观察动物所在的位置，注意给附近的动物保留退避路径和回旋余地。饲养员必须根据展区设计特点和动物的行为特点来逐步调整日常操作路线和操作内容，以在动物需求和行为管理要求之间达成平衡。例如当饲养员发现操作必经路径附近的某丛灌木下常有雉类藏匿，则应调整操作路线，避开鸟类的藏匿点。不仅是雉类，多数鸟类在躲避时如果受到惊吓，第一个行为反应往往是从藏身之所"冲"出，而这种紧迫的、盲目的、急速的飞撞往往会造成动物损伤。

　　有些鸟类在被"逼迫"到死角时，会攻击饲养员；在发情繁殖季节，鸟类甚至会主动攻击饲养员。了解鸟类的行为习性、行为能力和季节性行为变化规律对饲养员保证动物安全和自身安全同样重要。大型鸟类可能对饲养员造成严重伤害，例如鹤类，它们尖锐的喙像"凿子"一样，而且往往把饲养员的面部当作攻击目标；猛禽的利爪和尖锐的喙都能够对人类造成严重伤害；鹦鹉类的喙就像一把钳子，能撬开坚果，大型鹦鹉的喙可以轻易咬断一个成年人的指骨；大多数游禽的喙和翅膀都是有力的攻击武器，可以猛叩和抽打举止莽撞的饲养员。鸟类行为会随着繁殖季节的到来而发生巨变，即使是那些平时可以到饲养员手上取食的小型鸟类，在繁殖季节也会为保卫巢区而表现出强烈的攻击行为，即使是熟悉的饲养员，过于接近鸟巢，也会受到鸟类的攻击。虽然小型鸟类的攻击伤害力并不强，不足以造成不适，但对动物可能产生的伤害仍应该引起饲养员的关注，不能因为你"没事"而认为动物也"没事"。

2．鸟类伤害事件举例

根据多渠道的信息收集，在动物园中曾经发生的鸟类攻击造成的伤害事件包括：

○ 企鹅——有力的喙造成咬伤。

○ 鹈鹕——用翅膀拍打或用喙啄击眼睛。

○ 天鹅、雁鸭——追逐咬伤。

○ 雕和鹰——翅膀拍击造成伤害，鲜有咬伤报道。

○ 秃鹫——咬伤、利爪抓伤。

○ 孔雀、雉类——飞扑向人类头部并使用有力的爪攻击，雄性的距对饲养员头部、面部造成严重伤害。

○ 冠鹤——善于用喙攻击、用爪子抓和扑翼造成伤害。

○ 鸥——带有锯齿的喙造成咬伤。

○ 巨嘴鸟——咬伤，主要攻击人眼。

○ 鸵鸟——冲撞伤害、蹬踏伤害。

○ 食火鸡——巨大、尖锐的爪猛踢造成严重伤害，甚至划开人腹部。

○ 鹤类——尖利的喙猛烈的攻击，造成面部甚至眼睛的严重损伤。

○ 鸦科鸟类——捕捉时咬伤。

○ 鹦鹉——严重的咬伤。

……

（二）鸟类的捕捉和保定

出于医疗检查、转运、环志和繁殖管理等原因，需要对展区中的鸟类进行捕捉或物理保定，以实施进一步的操作，例如修饰鸟喙或修剪羽毛。鸟类的捕捉和持握、保定是一整套技术性较高的操作，需要在速度和力量两方面达到均衡。鸟类动作灵敏，骨骼纤细，如果饲养员在捕捉或保定过程中用力过大，会导致鸟类过度压迫而受伤；从饲养员接触到鸟类的身体到安全地对它们实施保定之间的这个短暂时段，对鸟类和饲养员来说都是最危险的：一方面鸟类会挣扎受伤，另一方面出于惊恐它们会直接攻击饲养员。对于大型鸟类来说，成功捕捉的前提是确保饲养员的自身安全，必要的工具和防护措施必须准备齐全，例如使用顶端分叉的长木叉抵住鸵鸟的脖颈位置，保持与动物之间足够的安全距离，避免被动物啄伤或踢伤（图14-2）。

饲养员应该认识到鸟类的捕捉和保定、持握是两种不同的操作阶段。捕捉指徒手或采用设施将鸟类控制在一定活动范围内；保定/把持在多数情况下指饲养员用双手使被捕捉后的鸟类保持一定的姿态。对于中型或大型的游禽、涉禽，往往采用徒手捕捉的方式，此时饲养员必须做好自身防护，佩戴护目镜、穿着长袖衣裤，并根据被捕捉个体的危险程度确定是否手持辅助性工具或由多名饲养员协同操作。相比于徒手捕捉，使用捕捉网对多数鸟类更安全、有效。捕捉网可以延伸饲养员的操作距离，如果首先将鸟类从大型展区串入空间较小的隔离笼，则很容易实施捕捉，这也是大型鸟类展示笼舍都应该配备相邻的小型隔离笼舍的原因之一。为了减轻对鸟类的撞击伤害，捕捉网的网圈应采用软质材料包裹（图14-3）。

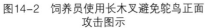

图14-2 饲养员使用长木叉避免鸵鸟正面
攻击图示

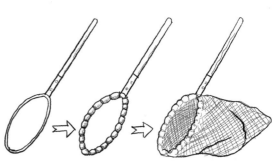

图14-3 鸟类捕捉网网圈软质材料包裹图示

不同类型的鸟必须配备不同规格的捕捉网，捕捉网的材质、网眼规格和特殊设计都应与被捕捉鸟类的体型和行为方式相适应。轻巧的尼龙绳编织网适合捕捉快速飞行的雀形目鸟；而雉类和雁鸭类鸟则必须使用坚固的网圈和细密的尼龙布制作的捕捉网；猛禽需要特殊设计的捕捉网，在接近网圈位置增加一圈扎紧带，同时在捕捉网末端安装拉锁。网的材料需要足够坚固，同时还应避免在保定过程中对羽毛造成损坏。将猛禽扣入网中后，扎紧临近网圈的绑带，限制猛禽在网中的身体朝向和活动范围，减少动物因挣扎造成损伤的机会，并可以安全地进行短途转运；到达指定位置后，将捕捉网末端的拉链拉开，使猛禽保持入网时的同一方向走出捕捉网，这种设计能够有效避免捕捉过程中对猛禽羽毛的损坏（图14-4）。

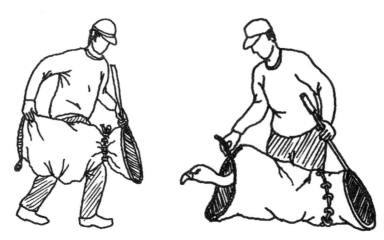

图14-4　猛禽短途转运和捕捉网拉链的使用图示

　　捕捉室内环境中的鸟类，可以采取"突然黑暗法"进行捕捉：遮挡采光位置，在鸟类安静下来后，记住被捕捉个体的栖息位置和接近路径，然后关闭室内照明，使鸟类突然陷入黑暗中，此时多数鸟会待在原地不动，饲养员可以使用捕捉网或徒手捕获鸟类。

　　无论是徒手还是使用捕捉网，捕捉到鸟类并不等于完成了保定。为了保证鸟类和饲养员的安全，应迅速将鸟的双翅紧紧贴附在鸟类躯干上，以避免鸟类挣扎时造成翅膀受损。另一方面，雁鸭、天鹅、企鹅的翅膀具有攻击性，也会对捕捉人员造成伤害。对于那些攻击性强的鸟类，例如鹤类、天鹅等大型鸟类，往往需要首先控制鸟的头部，然后再将鸟的翅膀收拢到身体两侧；涉禽的双腿在挣扎过程中不仅会伤及饲养员，也可能由于不恰当的保定操作受到损伤，最常见的损伤就是两只腿互相挤蹭、蹬踏造成表皮或筋腱甚至关节损伤。为了避免这种损伤，饲养员在保定鸟类双足时应将一根手指放置在鸟类两腿之间以避免挤压挫伤。根据不同的操作需要，对鸟类的保定时间可长可短，如果仅仅是为了识别环志，则可以很快将鸟类放开；如果是修饰鸟喙或鸟爪，或者将鸟转移到其他展区，则需要较长的保定时间。长时间保定鸟类需要将鸟的头用黑布遮住，这样可以减少鸟类感受压力，有助于在短途转运中保持安静（图14-5）。

　　在对保定中的鸟类进行操作时，需要特别注意防止鸟喙的攻击，此时应采取"钳压法"固定鸟类的头部。钳压法指将拇指和中指分别置于鸟类头部的两侧、食指压在鸟类的头顶，同时从三个方向有效控制鸟类头部的活动（图14-6）。

　　钳压法需要同时注意手法和力度，不能用力过大，影响鸟类的呼吸。鸟类在保定过程中，往往处于高度紧张的应激状态，饲养员或兽医必须迅速完成必要的操作，然后将鸟放开。在对鸟类进行捕捉和保定之前，有关操作人员必须明确分工，有效合作，尽量减少鸟类处于应激状态的时间。

图14-5 鸟类短途转运过程中使用黑色
头套罩住动物头部图示

图14-6 鸟类头部钳压法图示

几种鸟类捕捉持握方法图示：

● 企鹅：持握方法（图14-7）

捕捉和持握企鹅，必须佩戴皮革手套，企鹅的喙与所有以鱼类为食的海洋鸟类一样，都具有锯齿状的锐利边缘，足以割开人类的皮肤。捕捉企鹅时应双手握住企鹅，将双翅翅根夹在拇指和其余四指之间，并保持企鹅背朝饲养员，伸直双臂，避免动物的喙和脚爪伤到自己。

● 雉鸡类

从一群雉鸡中捕捉个体时，可以使用捕捉网和脚钩。捕捉网网圈应进行软化处理，以避免捕捉中因应激冲撞伤及动物。脚钩的使用需要足够的技巧，在钩住雉鸡的一只脚后，必须保持动物停在地面上以减少动物挣扎对下肢造成的损伤（图14-8）。从大群中捕捉雉鸡使用脚钩对其他个体造成的压力较小，但有效的捕捉必须以丰富的经验为前提。

● 鹦鹉持握方法

即使是中小体型的鹦鹉，在挣扎时都可能咬伤饲养员，所以在捕捉和把持时必须佩戴防护手套。一只手控制住鹦鹉头部，除了图14-9中使用的环握法以外也可以使用钳压法。另一只手连同爪子、翅膀和尾根一起攥住，保持动物背朝饲养员，伸直双臂，注意不要伤及鹦鹉的尾羽。

图14-7 企鹅持握

图14-8 雉类捕捉

图14-9 鹦鹉持握

● 犀鸟、巨嘴鸟的捕捉

捕捉犀鸟、巨嘴鸟时，往往需要使用捕捉网。
首先将动物驱赶到地面上，然后使用网子扣住。大
型犀鸟在地面上往往主动使用有力的喙攻击饲养
员，饲养员需要蹲在鸟类身体侧面，一只手抓住鸟
喙，另一只手抓住网圈并同时按住动物身体背侧，
缓缓将动物从网中拉出，并迅速将双翅和躯干一起
环抱在臂弯中（图14-10）。

图14-10　犀鸟捕捉

● 鹤类的捕捉和保定（图14-11）

鹤类的捕捉是一项危险的工作，需要有经验的
饲养员操作，特别是处于繁殖期的动物，往往需要多名饲养员协同捕捉。

在给鹤类佩戴环志或检查环志号码时，负责保定动物的饲养员首先应将鹤双翅紧贴
躯干，头朝后夹持于饲养员腋下并用手臂抱紧，另一只手抓住鹤类后肢胫骨，以便佩
戴环志人员在鸟的跗跖部进行操作。

给鹤类进行注射芯片或采血、剪羽处理时，需要将鹤固定于地面，饲养员一手抓住
鹤的头颈部，另一只手按住翅膀，同时跨在动物身上使它无法起身。此时应保证动物下
肢正位蜷缩于腹下，避免侧向蹬踹划伤饲养员皮肤。饲养员需要控制按压的力度，以避
免造成动物骨折。

当需要短途转运或称量体重时，饲养员可以在鹤的双翅翅根栓系绳索，以便提起动
物身体引导动物转移，经验丰富的饲养员往往将鹤类双翅紧贴躯干，然后同时用双手抓
握住鹤类的飞羽和尾羽推动动物转移。

必须强调的是，在捕捉鹤类等长腿、长颈和长喙的鸟类时，饲养员必须佩戴护目
镜，因为这些动物都更倾向于直接攻击饲养员的双眼。

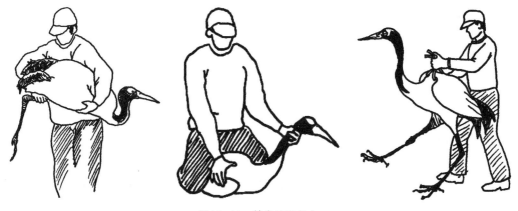

图14-11　鹤类捕捉保定

● 火烈鸟的短途转运

短距离转运火烈鸟时，饲养员一手抓住动物头颈部，另一只手抓住双翅根部将火烈
鸟提离地面，保证动物双脚不能接触地面，以免造成挫伤（图14-12）。

● 天鹅的持握方法和短途运输

天鹅等大型水禽只能通过徒手捕捉，可以将动物驱赶到墙角，然后捉住动物的头颈部和翅膀基部。有经验的饲养员会在天鹅试图啄咬时迅速抓住头部，然后顺势将动物牵引至自己身体一侧，用另一只手臂环抱固定，使天鹅双翅紧贴躯干。操作熟练的饲养员能在控制双翅之后攥住后肢，以便其他人员佩戴环志或读取环志号码（图14-13）。

图14-12 火烈鸟捕捉　　　　　　图14-13 天鹅捕捉和把持图示

徒手保定天鹅是一项费力的任务，难以保持长时间稳定地控制动物。更便捷的方式是将天鹅按在地上，然后骑跨在动物背上，保持天鹅朝向与饲养员方向相背。骑跨时只需限制动物活动，饲养员不能将身体重量压在动物身上，造成压伤。

较长距离转运天鹅，可以将大编织袋底部剪开一个小口，然后将天鹅头颈部从剪口引出，使用胶带缠绕编织袋。编织袋收口时需要将天鹅足部拉出，并紧紧捆扎袋口，使天鹅双翅和躯干紧紧包裹在编织袋内，以保证转运过程中饲养员和动物的安全（图14-14）。

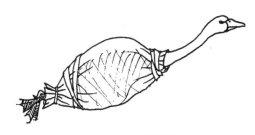

图14-14 天鹅运输

● 雁鸭的徒手保定

雁鸭在动物园中常常被置于开敞的水体区域中展示，为了限制动物的飞行，需要每年换羽后剪去一侧飞羽。剪羽时，负责保定动物的饲养员可以将动物头部夹在腋下，一只手抓住双脚，另一只手抓住待剪羽一侧翅膀的基部，以便操作（图14-15）。

● 大型走禽的捕捉

鸵鸟、鸸鹋、鹤鸵等大型走禽身形硕大，人工捕捉危险重重，但如果在第一时间套住动物头部，双眼不可视物则很容易使它们安静下来。最安全、便捷的给这些大型走禽套上头罩的操作方法就是使用特制的"头罩圈"和采用松紧带扎口的黑色头罩（图14-16）。头罩圈类似于捕捉网，但网圈前部留有开口，圈体按一定距离安装竖立的短柱。黑色头罩开口处由松紧带扎紧，在头罩底部预留一个小开口，套住头部后将动物的喙和鼻孔从小口伸出，开口周边也使用松紧带扎紧，使动物能够正常呼吸，但无法看到周围环境。

图14-15 雁鸭类剪羽
操作保定图示

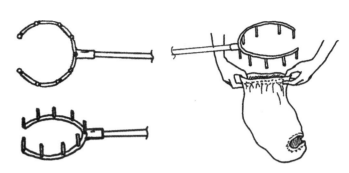

图14-16 头罩圈构造和安装图示

使用前先将头罩开口套在网圈的短柱上使其呈撑开状，捕捉时迅速从动物身体后方将头罩套住动物头部，随着向下扣的动作头罩会从网圈的短柱上脱离留在动物头部。网圈的开口用于从脖颈处撤出，然后操作人员保持安静并暂时远离。待动物安静下来后，再次接近动物，调整头套方向，将动物的喙从头罩上的呼吸孔拉出（图14-17）。此时动物由于双目被罩住，往往能够接受饲养员进一步的操作。

对这类大型走禽的进一步操作，需要多名饲养员共同参与（图14-18）。室内可以将动物推挤到墙角，在空旷的场地内可以将动物压至卧姿，按压过程中必须保证动物双腿正向蜷缩于腹下，以避免动物向侧面蹬腿造成皮肤挫伤或伤及饲养员。

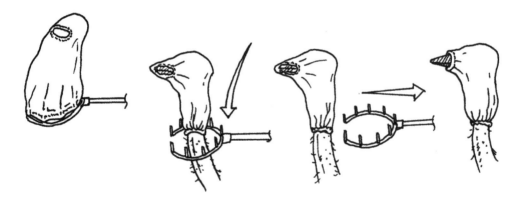

图14-17 头罩圈的应用图示

图14-18 鸵鸟保定方法图示

（三）喙和爪的维护

由于人工圈养环境的复杂性与鸟类自然栖息环境之间存在差异，饲料中可能存在的过多的蛋白质成分，或由于室内紫外光照条件的欠缺等原因，都会导致鸟类的喙和爪过度生长，必须进行修整。偶尔进行的简单修整可以使用人用或犬用的指甲钳，而对于那些需要仔细修整的部位，则建议使用小型手持电动打磨工具。高速旋转的打磨或切割功能可以保证修整的精确度，而且迅速、便捷，有利于减少鸟类承受压力。修整鸟喙或爪子时，需要特别注意不要伤到"血线"，一旦不慎造成出血，则必须由兽医进行紧急处理，以避免持续失血。严重变形或过度生长的鸟喙和鸟爪，单次修整量过多往往会造成更严重的损害，需要分多次进行。

（四）飞行控制

出于提高展示目的，有些动物园会对鸟类采取限制飞行的措施，多数情况下采取剪羽的方式。剪羽指剪除鸟类一侧翅膀的初级飞羽，使鸟类起飞时难以保持平衡。剪羽的优点在于有效、不造成永久伤害，当鸟类加入繁殖项目时，不会影响炫耀及交配行为。每年在换羽后，一旦新长出来的飞羽羽轴内供血停止，应尽快剪除飞羽，以及时控制飞行。新长出的和正在生长中的羽毛称为"血条"，这个阶段是羽毛最脆弱的时期，饲养员应避免在这个阶段捕捉鸟类，更不能对血条进行修剪，否则会引起严重的持续出血。如果由于意外造成了血条出血，应尽快使用老虎钳或手术钳拔除，并由兽医进行止血处理。

断翅是永久去除鸟类飞行能力的方法，只适合应用于鸟类幼雏期。对孵化后3~5天的幼雏进行断翅手术可以将损伤控制在最小，幼雏长大后会逐渐适应断翅手术的结果，且不必经历一年一次的捕捉和剪羽。对成年鸟类做断翅手术成功率低，往往造成严重的后果。限制成年鸟类飞行，只应采用剪羽的方式。

小　结

越来越多的国内动物园热衷于兴建"鸟罩棚"，这种多物种混养方式的鸟类死亡率远远高于单独物种展示方式。鸟类展区的环境自丰容需要行为管理的综合支撑，盲目建造混养罩棚带来的恶果是物种及个体数量极不稳定；为了维持展示效果，动物园不得不频繁地补充动物，这种运行方式与现代动物园的物种保护宗旨相悖，更有甚者不惜获取野外个体填充展区。以往由于鸟类的价格负担不高且容易获得，动物园往往轻视展区建设等基础工作，更谈不上行为管理和物种管理。当我们突然发现在大陆的动物园中找不到一只纯种绿孔雀的时候，仅仅唏嘘无济于事。中国是鸟类资源十分丰富的国家，但很少有动物园致力于本土物种的保护繁育，长此以往，绿孔雀的悲剧也将在其他物种身上重演。另外，猛禽由于处在食物链顶端，对圈养条件要求苛刻，以及国内动物园在这一领域缺少研究，造成它们在人工饲养下的生活状况普遍糟糕，这一类群的物种保护亟待发展。

动物行为管理水平的落后，受到动物园自身认识水平的限制，展示仍然是目前国内大多数动物园的主要追求，鲜有动物园开始以物种保护作为事业的终极目标。然而正是由于基础差，往往取得进步也更加容易，在鸟类的饲养展示和物种保护性繁育方面，有广阔的发展空间，值得所有动物园为之努力。

附录 国内动物园常见展示鸟类自然史信息表

1. 白鹇

背景知识	动物名称	白鹇 *Lophura nycthemera* Silver Pheasant
	保护级别及濒危状况	国家二级；无危（2012）
	分布区域或原产国	原产：广泛分布于中国南部各省，国外在东南亚一些国家有分布。 后被引入美国等地养殖
	野外活动范围（栖息地和领域）	栖息地为各种山地林区。 多位于山体的中、下坡位，偏好森林植被茂密、林下灌木草丛稀少且平坦、距水源较近的地方。夜栖时多选择枝叶茂密、隐蔽性较好的常绿乔木
	自然栖息地温湿度变化范围	适应范围较大
	动物体尺、体重范围	体长：雌性0.55~0.9米（尾长0.24~0.32米）。 雄性0.7~1.2米（尾长0.3~0.75米，不同亚种间有差异）。 体重：雌性1~1.3公斤；雄性1.1~2公斤
	动物寿命（野外、圈养条件下）	
	同一栖息地伴生动物	在一些地区和白颈长尾雉同域分布，有的种群和海南孔雀雉、海南山鹧鸪、黄腹角雉共同觅食
动物的生物学需求	活跃时间	有清晨和下午到傍晚两次活动高峰期，在后一个时段更加活跃
	社群结构	繁殖季：雌鸟单独或雌雄两只共同活动，也有2~3只或更多雌性个体的小群；雄鸟单独生活，或组成2~3个体的小群；雏鸟出生后，由雌鸟或雌雄亲鸟共同带雏生活。 非繁殖季：主要为集群生活，不同性别、年龄的个体结成各种群。也有单独生活的个体。 群内间存在等级关系，体现在集中取食时的顺序上。优势雄鸟和雌鸟的等级最高，其次是成年非优势雄鸟，亚成体雄鸟等级最低。 集群夜栖，按雌性、亚成体和雄性个体的顺序依次上树。一般在不同乔木上5~9米高处的横枝上分散栖息
	社群规模	繁殖期，单独生活及2~3只个体的群体较常见。 非繁殖期，群体内个体多为10只以内，也有十几只的群体
	食性和取食方式	植食性为主，以多种植物的果实和种子为食，昆虫在一些时期也是重要的食物组成。 取食走动的面积较大，在一处搜索的时间较短，采取"少量多样"的策略，一般多用喙搜索和扒取食物。 在取食坚果等表面坚硬的食物时，采取用喙多次对准放置在地面上的食物，垂直啄击的方式，直至其破裂
动物的行为需求	动物主要行为方式和能力	日常以地面行走为主，仅在受惊、快速转移时飞行，夜栖和白天偶尔休息时飞行上下树。 繁殖季追打飞行较多，可达百米远，4~5米高

动物的行为需求	繁殖行为	野外性成熟时间：雌性1年；雄性2年，但3年以才可能繁殖成功。 圈养性成熟时间：2～3年。 一雄多雌制。繁殖期内，占统治地位的优势雄鸟拥有和群内所有雌鸟交配的机会。 雄鸟采用侧面型的求偶炫耀方式：身体一侧朝向雌鸟绕圈走动，同时尾羽成拱状竖起并左右摇摆。有时还有双翅高频率、小幅度振翅的"打蓬"行为。 自然条件下每年3～5月产卵一次。在有草丛、灌丛等遮挡、隐蔽性较好的地面凹陷处筑巢，巢材为干枯的竹叶、树叶。 窝卵数4～8枚，圈养条件下窝卵数较多。 雌鸟孵化，孵化期24天左右。雌鸟在巢受到威胁时有护巢行为
	育幼行为	雌鸟单独或雌、雄鸟一起育雏到雏鸟2～3月龄。 亲鸟带幼龄雏鸟多在灌草较密的地方活动，至一月龄左右，回到林下较空旷的地区。受到威胁时，亲鸟发出警告叫声，雏鸟躲藏到植物丛中。等威胁消失后，亲鸟通过叫声召唤雏鸟重新聚集
	攻击或捕食行为	繁殖季，两只雄鸟相遇后会进行仪式化的争斗：对峙，平行走动，之后示弱方常主动退出。若没有退出者，就会发生激烈打斗，直至一方被驱逐。当一个群体入侵另一群体领域时，会发生集体打斗
	防御行为	受惊时快速向上坡方向奔逃或惊飞上树，有些个体飞走逃跑。 逃避猛禽的对策是钻进灌丛中躲避，遇到兽类则飞上较高的树枝
	主要感官	
	交流沟通方式	叫声：平时较少发出叫声。受惊时报警个体发出长而尖利的叫声，其他部分个体会随之发出同样的报警叫声并迅速逃跑。之后通过叫声联系，重新集群。 雄鸟发情时对雌鸟发出召唤叫声
	自然条件下行为谱和各行为时间比例	主要行为是行走、静站、理羽和觅食；另有求偶炫耀、鸣叫、飞行和打斗等。 优势雄鸟与等级较低的雄鸟相比，理羽时间较少，行走、炫耀和打斗时间多
	圈养条件下行为谱和各行为时间比例	主要行为包括：移动（行走、跑动、低空飞）、取食（啄食、拨动食物等）、休息（站立和卧息）、理羽等。另有鸣叫、饮水、排泄、振翅、打斗、沙浴等行为
	特殊行为	单独或结群在经常活动的区域中沙浴。一般各自有一个沙浴坑，有时2～3只个体在一个坑内
动物的个体档案和记录	健康状况	
	动物个性	
	被哺育方式（人工、自然育幼或野外获得）	
	不良行为	
	年龄、性别	
	特殊事件	

2. 蓝鹇

背景知识	动物名称	蓝鹇 *Lophura swinhoii* Swinhoe's Pheasant
	保护级别及濒危 状况	国家一级；CITES 附录I（2017）；近危（2016）
	分布区域或原产国	原产：中国台湾省特有种，遍布于境内各主要山脉
	野外活动范围 （栖息地和领域）	分布于中高海拔山地林区。 主要栖息于原始阔叶林和针阔混交林，偶尔也在次生林及人工林出现。 海拔范围从200～2500米。 生境多为缓坡带（30°～40°）底层，林冠层郁闭度较高、林下阴暗且下层植被稀疏、落叶层较厚。常在林缘地带和林道进行觅食等活动
	自然栖息地温湿 度变化范围	
	动物体尺、体重 范围	体长：雌性0.55～0.57米（尾长约0.2米）； 雄性0.72～0.77米（尾长约0.4米）。 体重：约1.1公斤（0.7～1.3公斤）
	动物平均寿命（野 外、圈养条件下）	
	同一栖息地伴生 动物	与台湾山鹧鸪分布区重叠
动物的生 物学需求	活跃时间	昼行性。 有清晨（5～6点）和午后（16～17点）两次活动高峰期，有雾、多云和小雨天气时更加活跃，晴朗天气也在午间活动。 晚上7点前停止活动。夜间在2～7米高的树枝上过夜
	社群结构	一般独居。繁殖季雌雄鸟会同行，有时几只个体呈小群一起觅食
	社群规模	小群一般3～4只个体
	食性和取食方式	杂食性。 吃植物的芽、花、新叶、种子和果实、苔藓等；也吃蚯蚓、蚂蚁、蛾、蝗虫以及鞘翅目和鳞翅目的其他昆虫、蛙类。食物中的动、植物种类比例随季节变化而有所不同。 觅食时一般有固定的路径，在地上慢步行走，随时停立抬头观望。结群觅食时，雄鸟会驱赶附近的雌鸟和亚成鸟。 主要用喙啄食地表植物，也常用喙或爪拨开落叶或腐殖土，啄食土中食物。有时伸颈或跳跃取食灌丛高处的食物
动物的行 为需求	动物主要行为方 式和能力	日常以地面行走为主，受惊时会快速奔跑或短距离飞行
	繁殖行为	圈养性成熟时间：2年。 一雄多雌制。雄鸟间通过格斗来争夺地盘和配偶。 雄鸟求偶时头部抬高，双翼呈水平快速扇动，尾羽展开向上耸立，发出特定叫声，慢步或双脚跳跃、快速侧身冲向雌鸟。 繁殖期为每年2月中旬至7月下旬。 在隐蔽性较好、可遮风蔽日的岩石下、石隙间或倒树下的地面或离地不高的树洞里筑巢。巢材为枯叶、杂草的根茎以及蔓藤植物的茎和根，巢内衬垫羽毛和枯叶。 窝卵数平均5枚（4～8枚）。 雌鸟孵化，孵化期25～28天（圈养短2～3天）。雌鸟孵卵时可以几天不外出活动

动物的行为需求	育幼行为	雌鸟承担照顾和喂养雏鸟的工作，带领雏鸟离巢觅食。 如果觉察到危险临近，雌鸟会发出警告叫声，雏鸟立即躲藏到灌丛中，雌鸟则缓步向前，诱开掠食者。 幼鸟到8月龄完全独立
	攻击或捕食行为	
	防御行为	受惊时快跑或飞起，并发出急促叫声，窜入草丛逃避
	主要感官	
	交流沟通方式	叫声：较少鸣叫，主要叫声有以下几种： 平时行走、觅食、呼唤同伴或雏鸟时，发出低沉连续的"咕咕"叫声； 受到惊吓时，发出尖锐、细长的叫声。感觉受到威胁逃走时，叫声粗犷、洪亮、短而急促； 繁殖期，雄鸟发出洪亮的求偶叫声。雌鸟以低沉的叫声回应； 雏鸟与雌鸟同行时，发出细弱的叫声
	自然条件下行为谱和各行为时间比例	
	圈养条件下行为谱和各行为时间比例	主要行为包括：运动（行走、跑动、低空飞）、休息（站立和蹲地休息）、理羽、采食（觅食、取食、捕捉昆虫等）、观望等。另有鸣叫、饮水、排泄、打斗等行为。在栖架上活动和休息的时间较多
	特殊行为	

3. 白腹锦鸡

背景知识	动物名称	白腹锦鸡 *Chrysolophus amherstiae* Lady Amherst's Pheasant
	保护级别及濒危状况	国家二级；无危（2016）
	分布区域或原产国	原产：主要分布于我国西南地区的云南、四川、西藏、贵州和广西等地。 国外分布于缅甸
	野外活动范围（栖息地和领域）	主要栖息于山地阔叶林和针阔混交林，也在针叶林和灌丛中活动。海拔范围1200～3500米。 生境中林冠层郁闭度较大，林下灌丛草本植物较高，偏好在中、下坡位，在较近处有乔木的地方活动。 夜栖地选择坡度较缓、距水源稍远、乔木层和灌木层盖度较大、草本层盖度较小的环境，有较高和粗的乔木作为夜栖树，栖枝上方盖度较大。 成体雄鸟活动区平均面积0.26平方公里；成体雌鸟稍小，平均为0.24平方公里，繁殖期产卵前有较大范围的寻找巢址活动，活动区平均为0.31平方公里；亚成体雄鸟活动面积最小，平均0.15平方公里
	自然栖息地温湿度变化范围	
	动物体尺、体重范围	体长：雌性0.56～0.84米；雄性1.00～1.34米（尾长约占体长的2/3）。 体重：雌性0.49～0.80公斤；雄性0.65～1.00公斤

背景知识	动物平均寿命（野外、圈养条件下）	
	同一栖息地伴生动物	活动区内有环颈雉等其他雉类觅食活动，但从不与之混群或同栖。 在和红腹锦鸡同域分布的一些地区，发现有两种锦鸡的野外杂交个体
动物的生物学需求	活跃时间	昼行性。 有两次活动高峰期，一次是清晨夜栖下树后至上午；另一次是午后3点左右至黄昏上树夜栖之前。中午多在树枝上休息或沙浴。 白天的活动时间随季节和天气变化，与光照密切相关。秋冬季比春夏季活动时间短，阴雨天比晴天活动时间短
	社群结构	平时单独活动为主。 繁殖季雄鸟和雌鸟在同一棵树上夜栖。 育雏期的雌鸟和当年出生的幼鸟一起成家族群活动。 10月后，不同家族的雌鸟、亚成鸟和雄鸟逐渐聚集结群，一起进行觅食等活动，形成越冬群。 雄鸟活动区之间的重叠可达20%~30%，体现了一定程度的资源共享。 繁殖期雄鸟占区后领域性较强。 雌鸟偏好高质量的栖息地，并常在雄鸟领地游走，和雄鸟的活动区有一定重叠；繁殖后期，选择高质量的育雏栖息地，相互间的重叠程度有所增加
	社群规模	家族群包含2~6只个体，2~3只较多。 越冬群有5~20只个体，通常十余只
	食性和取食方式	植食性为主，植物性食物比例超过90%。以多种植物的茎、叶、花、果实、种子、嫩芽等为食，也吃少量农作物。 动物性食物包括昆虫及虫卵、蛹和幼虫及蜗牛、螺等。 取食植物种类随季节发生变化。 干旱季节每天到溪流等处饮水一次
动物的行为需求	动物主要行为方式和能力	日常以地面奔走为主。 飞行距离以10~50米较常见，滑翔可超过150米
	繁殖行为	圈养性成熟时间：雌性一年以上；雄性2年以上。 婚配制度：一雄多雌制（2~4只雌鸟）。 雄鸟采用侧面型炫耀：眼下肉垂膨胀；后枕部披肩展开，朝向雌鸟一侧的披肩向前下方伸展；翅膀下垂，背部倾向雌鸟，显露腰羽；靠雌鸟一侧的尾羽也张开。围绕雌鸟不停转圈，发出求偶叫声。 繁殖季为每年4月到8、9月。 偏好在山坡中、下部混交林中筑巢，巢多位于粗大乔木旁，周围为低于1米的茂密灌草。一般距水源稍远，食物较丰富。雌鸟独自营简陋的地面巢，在浅坑中垫少许枝叶和自身脱落的羽毛。 窝卵数4~9枚（5~7枚较多）。 雌鸟孵化，孵化期21~24天。 孵卵期，雌鸟一般每天离巢一次，每次1~2小时，在巢周边50~150米范围内觅食；雄鸟在巢附近活动，听到雌鸟惊叫会赶来并发出鸣叫
	育幼行为	育雏初期，雌鸟将雏鸟护入腹下，隐蔽在灌丛中或枯枝下夜宿，直到雏鸟具备飞行能力。 遇到危险时，雌鸟鸣叫慢跑，雏鸟就地隐藏，危险过后雌鸟返回召唤雏鸟

动物的行为需求	攻击或捕食行为	占区雄鸟发现其他雄鸟进入领域后，会与之打斗，将其驱逐
	防御行为	遇到危险时迅速反向奔逃、藏匿，或迅速起飞。雌鸟以隐蔽为主，雄鸟以躲避为主
	主要感官	视觉：灵敏。 听觉：灵敏
	交流沟通方式	叫声：通过各种叫声表达情绪、进行个体间的交流和联系。 雄鸟发出特有叫声宣示领地和吸引雌鸟。 结群期间，个体间用叫声相互联系。 雌鸟和雏鸟通过叫声联系。 遇到危险和受到惊吓时发出尖利的惊叫声；遇到敌害时为保卫卵和雏鸟，发出急促的威胁叫声。还有多种针对特定行为和情绪发出的恐惧叫声、攻击叫声、警觉叫声、激动叫声和求偶叫声等
	自然条件下行为谱和各行为时间比例	
	圈养条件下行为谱和各行为时间比例	繁殖季白天的主要行为有休息（40%）、移动（包括行走、奔跑、跳跃等，39%）、觅食（11%）和理羽（5%），另有繁殖、饮水、鸣叫、沙浴和攻击等行为所占比例较小。 繁殖季理羽的频次多于非繁殖季，休息的频次则小于非繁殖季
	特殊行为	

4. 红腹锦鸡

背景知识	动物名称	红腹锦鸡 *Chrysolophus pictus* Golden Pheasant
	保护级别及濒危状况	国家二级；无危（2016）
	分布区域或原产国	原产：中国特有种。分布于我国陕西南部、山西南部、宁夏南部、河南西南部、甘肃东南部、青海东南部、四川的北部、中部和东部、重庆、贵州东部、广西东部、湖北和湖南的西部
	野外活动范围（栖息地和领域）	主要栖息于常绿阔叶林、常绿落叶阔叶混交林和针阔混交林三种山地森林中。海拔范围450~2800米，主要分布于800~1600米之间。 生境中林冠层郁闭度较高，林下较空旷，多为矮树和竹林，常与农田交错。 夜栖地一般距白天的觅食地较近，选择山坡的中、上部。选择相对较细的树（胸径1~5厘米的最多）栖枝通常距地面2~4米，栖位上方的郁闭度较高。 觅食地生境更多样，主要在落叶阔叶林和针阔混交林，还包括灌丛、茶地和农田等。 冬季集群主要分布于次生落叶阔叶林和针阔混交林的林缘灌丛中和溪流交汇的沟口处，地势相对较低。 冬季活动区面积0.06~0.23平方公里，雄鸟平均0.18平方公里，显著大于雌鸟（平均0.09平方公里）。全年来看，由于雌鸟繁殖期产卵前在较大范围内寻找适宜巢址，育雏期带雏鸟活动范围也较大，因此活动区面积（平均0.27平方公里）大于雄鸟活动面积（平均0.11~0.17平方公里）

续表

背景知识	自然栖息地温湿度变化范围	活动的温度范围为-4~19℃
	动物体尺、体重范围	体长: 0.6~1米 (尾长可达0.7米)。 体重: 0.45~0.75公斤
	动物平均寿命 (野外、圈养条件下)	
	同一栖息地伴生动物	活动区内常与环颈雉、竹鸡、白冠长尾雉和勺鸡等其他雉类同域活动,但从不与之混群。 有时和红嘴蓝鹊等鸟类相伴觅食。 在和白腹锦鸡同域分布的一些地区,发现有两种锦鸡的野外杂交个体
动物的生物学需求	活跃时间	昼行性。 早上6、7点开始活动,傍晚19点左右停止活动。一天中有两个活动高峰。白天的活动时间随季节发生变化,与光照强度和温度相关。春季、夏季开始活动时间比冬季提早,停止活动时间推迟。春季相对于光照强度来说活动时间较长。四季中春季活动也最频繁,其后依次是秋季、夏季和冬季
	社群结构	繁殖季成体多为单独活动,其余时间集群比例较高。 育雏期的雌鸟和当年出生的幼鸟一起成家族群活动。在集群的季节,雄雌鸟和幼鸟也各栖在临近几棵树上,很少见到2只在同一棵树上夜栖。 冬季至初春,不同家族的成年雌雄鸟和亚成鸟逐渐聚集形成越冬群,一起进行觅食等活动。每一群体的活动范围相对固定,不同群体内个体间的活动区有重叠。春、夏季分散觅食后,个体间的觅食活动区重叠较少。觅食过程中,成年雄鸟的啄食等级高于亚成体雄鸟和成年雌鸟。 繁殖初期,雄鸟通过鸣叫显示已占据领域,并警告其他个体不能进入,有时会因争夺领域发生激烈争斗
	社群规模	越冬群通常为4~8只个体,也有2、3只或十余只到20只以上的大群
	食性和取食方式	植食性为主,以多种植物的根、茎、叶、花、果实、种子等为食,也吃农作物和蘑菇,动物性食物主要为甲虫、蠕虫、双翅目和鳞翅目昆虫等。 取食种类随季节发生变化:初春主食嫩芽,之后采食叶、茎、花和昆虫;夏季多吃浆果和蘑菇;秋季吃果实和种子;越冬期食物以果实和叶为主。 游荡取食为主,每天8~10点和16~18点的两个时段为觅食高峰。主要在地面游走啄食,其次是趴土啄食,上树采食较少(冬季天气不好时多在树上)。觅食过程中每隔几秒抬头巡视一次
动物的行为需求	动物主要行为方式和能力	日常以地面奔走为主。 可半展翅滑翔,能在密林中自如飞行
	繁殖行为	性成熟时间: 1~2年。 婚配制度: 一雄多雌制 (2~4只雌鸟)。 雄鸟采用侧面型炫耀,有围绕雌鸟的"跑圈"行为,伴随抖翅、翘尾、伸颈、低头等,并发出求偶和炫耀叫声。 繁殖季为每年3~7月。 巢址多选在山坡中部、距林缘或小路较近、隐蔽度较大(灌木、草本较高)的地方,雌鸟就地收集枯枝、树叶和枯草等加上自身的羽毛在地面筑巢。 窝卵数3~9枚(人工条件下10~15枚)。 雌鸟孵化,孵化期22~24天。 孵卵期间不易受干扰,可以不离巢或仅离巢一次

动物的行为需求	育幼行为	育雏完全由雌鸟完成。 雏鸟刚出壳后，雌鸟会在巢中暖雏1天左右。之后带雏鸟离巢活动，寻找到食物后召唤雏鸟来吃。 遇到危险或干扰时，雏鸟会藏于雌鸟腹下。入侵者危及雏鸟安全时，雌鸟会与之争斗或在附近佯装受伤，雏鸟则就地隐藏，危险过后雌鸟才返回召唤雏鸟。 初期带雏鸟在地面夜栖，15日龄后与雏鸟共栖于同一树上的不同枝条。 40日龄后，未观察到雌鸟与雏鸟一起活动和夜栖
	攻击或捕食行为	占区雄鸟发现其他雄鸟进入领域后，会发出叫声，并用喙和爪进行攻击将其驱逐
	防御行为	遇到危险时迅速奔逃或急飞上树隐藏。 群体觅食时，遇到危险一般是雌鸟先发出示警叫声，之后群内个体沿同一路径或四散逃走。雄鸟一般沿直线路线快速奔逃；雌性则一般呈弧形路线四处乱窜，很快隐蔽
	主要感官	视觉：灵敏。 听觉：灵敏
	交流沟通方式	叫声：通过各种叫声表达情绪、进行个体间的交流和联系。 占区叫声：进入发情期后，雄鸟站在夜栖处或地面突出物上，频繁发出特有叫声宣示领地和吸引雌鸟。 结群期间，个体间用叫声相互联系。 雌鸟和雏鸟通过叫声联系。 有多种与特定行为和情绪相关的恐惧叫声、惊叫声、示警叫声、激动叫声和求偶叫声等
	自然条件下行为谱和各行为时间比例	白天大部分时间用于觅食（91%），另有求偶（4%）、打斗（3%）、休息和理羽行为（2%）、沙浴、鸣叫等
	圈养条件下行为谱和各行为时间比例	取食行为所用时间很少
	特殊行为	

5. 白冠长尾雉

背景知识	动物名称	白冠长尾雉 *Syrmaticus reevesii* Reeves's Pheasant
	保护级别及濒危状况	国家二级；濒危（2016）
	分布区域或原产国	原产：中国特有种。 分布于我国云南、贵州、四川、重庆、陕西、甘肃、河南、湖北、湖南、安徽等地
	野外活动范围（栖息地和领域）	主要栖息于常绿阔叶林、落叶阔叶林和针阔混交林等有高大乔木的山地森林中，也分布在竹林、灌丛和杉木、马尾松等人工林中。海拔范围200~2600米。 林冠层郁闭度较大，林下较为空旷（便于长尾羽活动）。不同地区和季节间对栖息地的选择存在差异。

背景知识	野外活动范围（栖息地和领域）	夜栖地通常较固定，位于山脊下部坡度较大的地方，靠近水源，远离林缘，有较多盖度良好的高大乔木。 觅食休息区一般位于山脊附近的混交林内，地势平坦、向阳且干扰较少的地方。倾向于在森林与灌丛、农田、道路等交界的边缘地带活动。 雄鸟的平均活动区面积为5公顷左右，雌鸟平均30公顷左右。雌性在春季的活动区显著大于雄性，夏季差异不大。雄性夏季的活动区显著小于春季
	自然栖息地温湿度变化范围	
	动物体尺、体重范围	体长：雌性0.5~0.8米；雄性可达1.8米，尾长可达1.5米，是尾羽最长的雉类。 体重：雌性0.7~1公斤；雄性1.4~1.7公斤
	动物平均寿命（野外、圈养条件下）	
	同一栖息地伴生动物	在一些地区和勺鸡、血雉等鸟类同域分布，在食物上存在一定的竞争关系。红腹角雉和血雉在觅食生境的选择上有所差异
动物的生物学需求	活跃时间	昼行性。 有两次活动高峰期，一次是夜栖下树后至上午8点左右，有的地区雄性活动高峰比雌性早2个小时；另一次是午后至天黑夜栖上树之前（5点左右）。中午多为休息或沙浴。 白天的活动时间随季节和天气变化，与光照密切相关。天气炎热或雨天时，活动时间会减少很多
	社群结构	单独活动最常见，集群有雌雄混合和同性两只或多只个体共同活动。集群个体相互间有亲缘关系、合作关系（如双雄群）的，会保持比较稳定的群体构成。集群行为存在性别差异和季节性变化。 雄性集群时双雄的方式最多。单独以及三只雄性个体共同活动在全年普遍存在，并占据位置相对稳定的活动区。繁殖季雄鸟占区后具有领域性，驱逐领域内的其他雄鸟。一般多在繁殖后期和越冬期出现两只以上雄鸟集群。 雌鸟除孵卵和育雏期单独活动外，其他时间都有与其他雌性共同活动的倾向。两只以上集群的方式比双雌活动更多；季节性变化较明显：双雌活动在繁殖后期较多，两只以上群体在繁殖季中后期极少出现。雌鸟群体在不同雄性活动区间游荡，在繁殖早期的活动范围可以覆盖2只以上的占区雄鸟的活动区。 雌雄混群在越冬期和繁殖初期较多，雌性成员相对固定、雄性成员不断变换。越冬时多为共同取食形成的临时性群体
	社群规模	集群个体通常为2~13只，其中2~5只群体所占比例接近90%。 三种集群方式的个体数从大到小依次为混合群、雌群（通常4~6只）和雄群
	食性和取食方式	植食性为主，以多种植物的种子、果实、茎芽、嫩叶、块根等为食。食物中也有一定比例的农作物和蚯蚓、蜗牛、螺和昆虫等动物性食物。 食物中的植物种类随季节发生变化。冬季吃农作物的比例较高，其他季节（特别是繁殖季育雏期）吃昆虫和蠕虫等动物性食物比例较高。雏鸟在一月龄内主要以鳞翅目、直翅目等昆虫为食。 常吞食大量砂砾。 用喙啄取地面食物和用爪扒掘土取食。 上下午两次觅食高峰，冬季取食行为所占比例高于夏季

动物的行为需求	动物主要行为方式和能力	日常以地面奔走为主，在林中奔跑极为迅速。飞行快而敏捷，能向上直飞较长距离，从高处向下滑翔速度极快，飞行过程中能以长尾制动降落
	繁殖行为	圈养性成熟时间：1年左右。 通常为单配制，偶尔也有一雄多雌制（2~3只雌鸟）等。 雄鸟采用侧面型炫耀：尾羽张开，颈毛蓬松，两翅松弛，靠近雌鸟一侧翅膀下垂，不断引颈、点头啄地。还有双翅高频率、小幅度振动的"打蓬"行为，其强度可以大致反映出繁殖活动的进程。 繁殖季为每年3月中下旬到6月下旬。 更倾向于选择幼林地筑巢，巢周围相对开阔，常靠近林缘小道，上方多有高草或灌木遮蔽。巢在地面浅坑中，其中没有明显巢材或有少量草茎和落叶。产卵和孵化过程中，雌鸟腹部羽毛会不断脱落、铺垫于巢中。 窝卵数6~9枚。 雌鸟孵化，孵化期24~27天。 雌鸟平均2~3天离巢一次，一般在多云或阴天的午后离巢，沿固定路线到取食地觅食，约1小时后返回。到孵化后期护巢性很强
	育幼行为	雌鸟独自育雏，带雏鸟觅食并保护它们的安全。 雏鸟出壳后2~3小时即可随母鸟离巢活动。小于10日龄的雏鸟活动能力不强，且经常需要钻到雌鸟身下煦暖。 遇到距离较近的敌害时，雌鸟会用"拟伤"行为吸引敌害，保护雏鸟。 随着雏鸟活动能力增强，雌鸟开始引导、带领雏鸟逃避
	攻击或捕食行为	占区雄鸟发现其他雄鸟进入领域后，会与之打斗，将其驱逐
	防御行为	受惊时发出急促叫声，并向林下奔逃，或迅速飞上附近的大树。小于10日龄的雏鸟就地隐蔽
	主要感官	视觉：灵敏。 听觉：灵敏
	交流沟通方式	叫声：不善鸣叫。受惊时发出急促叫声。 雄鸟很少鸣叫，除求偶时发出低鸣呼唤雌鸟，一般以"打蓬"互相联络、宣示领域和吸引异性，夜栖后开始活动前也会在树上"打蓬"。 雌鸟和雏鸟用叫声相互联络
	自然条件下行为谱和各行为时间比例	白天的主要行为是移动（行走、奔跑、飞行）和取食，分别占总频次的41%和33%，其余依次为警戒（张望、受惊逃走9%）、梳理（理毛、拍翅、抖羽等，7%）、休息（躺卧、蹲伏和站立静栖，5%）、对抗（争斗、防御、逃匿等，3%）、育幼（2%）。 雌性个体的警戒行为比例高于雄性
	圈养条件下行为谱和各行为时间比例	
	特殊行为	

6. 红腹角雉

背景知识	动物名称	红腹角雉 *Tragopan temminckii* Temminck's Tragopan
	保护级别及濒危状况	国家二级；附录Ⅲ（尼泊尔种群，2017）；无危（2016）

续表

背景知识	分布区域或原产国	原产：分布于我国西南地区的西藏东南部、云南、贵州、四川、重庆、陕西南部、甘肃南部、湖北西部、湖南和广西北部。 国外分布于印度东北部、缅甸北部及越南西北部
	野外活动范围 （栖息地和领域）	主要分布于各种山地阔叶林，包括常绿阔叶林、常绿落叶混交林、落叶阔叶林和针阔混交林，有时也选择竹林和杜鹃等灌丛生境。海拔范围1000～3500米。 偏好植被茂密、坡度陡峭、距水源较近的地方，常在向阳、多绿色草本植物的林缘地带取食。不同季节的活动范围与繁殖状态和取食的种类相关。冬春季活动范围较广，集中在低山地带的多种类型混交林中；夏秋季吃成熟果实为主，活动范围狭小且固定，雌鸟偏好于距巢较近的区域取食。 午后在阳光照射的灌丛边休息。夜栖时多选择乔木盖度较高、下有茂密竹丛的陡峭上坡位。并选择栖枝上方的盖度较大的乔木，高度3～20米，偶尔也栖于灌丛中。 活动区面积在不同地区和季节的变化范围在7、8公顷到30公顷以上。日活动面积0.2～1.2公顷
	自然栖息地温湿度变化范围	
	动物体尺、体重范围	体长：0.45～0.58米。雄性个体较大。 体重：雌性0.9～1.3公斤；雄性1～1.8公斤
	动物平均寿命（野外、圈养条件下）	
	同一栖息地伴生动物	在一些地区和勺鸡、血雉等鸟类同域分布，在食物上存在一定的竞争关系。红腹角雉和血雉在觅食生境的选择上有所差异
动物的生物学需求	活跃时间	昼行性。 有两次活动高峰期，一次是夜栖下树后至上午8点左右，另一次是夜栖之前的2小时。中午多为休息或沙浴。 冬春季清晨6～7点下树，夏季5点左右下树活动
	社群结构	一般单独生活，有时也集小群活动，从冬季到夏季的集群性增高。幼体的集群性最强，成体、亚成体均有单独活动的情况。 群体构成有多种类型，不同地区有所差异。有的由成体雄性和成体雌性组成的最多；有的主要由成体和亚成体雌鸟（或雄鸟）组成
	社群规模	单独生活及2～10只群体（2只最常见），冬季常聚集为2～5只的小群
	食性和取食方式	植食性为主，以多种植物的果实、种子、芽、叶和花等为食，偶尔吃昆虫。 食物组成在不同地区和季节间存在差异，没有对某一种食物特别依赖。 取食活动全天都有，在活动高峰期取食强度较高，中午强度较低。 取食方式有在地面啄食种子和昆虫、乔灌木上啄食果实、地面刨食（冬季扒开积雪觅食）、跳跃取食和追捕取食
动物的行为需求	动物主要行为方式和能力	日常以地面奔走为主。 夜栖时飞行上下树，受惊时可飞行几十至上百米远
	繁殖行为	野外性成熟时间：3年。 单配制为主，也有一雄多雌制。

动物的行为需求	繁殖行为	雄鸟采用正面型炫耀：头上的肉质角和肉裙膨胀，一般先躲藏在岩石等躲避物后面；随后张开双翅和尾羽，缓慢向雌鸟移动；最后直起身体，扇动翅膀冲向雌鸟。 繁殖期为每年3~7月。 选择植被盖度较高、隐蔽性好的地点筑巢，偏爱上坡位的阴坡生境。大部分巢在树上，也有地面巢。用干枝、枯叶等筑成简陋的巢。 窝卵数3~5枚（4枚较多）。 雌鸟孵化，孵化期27天左右。 在孵化期间，雌鸟常啄取巢边缘的苔藓和草本植物置于巢内，受到扰动时有观察、警戒行为
	育幼行为	雏鸟出壳后，雌鸟不离巢，轻伏在雏鸟身上保温，并为它们理羽。 第3天雏鸟即可离巢飞出，雌鸟在距巢树15~30米的附近地面，用叫声呼唤雏鸟。 离巢后1~2天，雌鸟和雏鸟在巢附近活动。受到惊吓时，雌鸟惊叫并逃走，雏鸟躲藏到草丛、树洞或地洞中。等威胁消失后，雌鸟发出叫声召唤雏鸟重新聚集
	攻击或捕食行为	
	防御行为	受惊时发出急促叫声，通常向下坡方向飞逃，有时快速钻进草灌丛中隐蔽
	主要感官	
	交流沟通方式	叫声：较单调，平时发出一种"哇—哇—"的单声或连续的单声。繁殖期雄鸟下夜栖树前发出响亮叫声。 另有威吓鸣叫和召唤鸣叫
	自然条件下行为谱和各行为时间比例	取食行为占总时间的比例为2/3左右，警戒行为约占总时间的15%~20%，运动（行走、奔跑、飞翔）和休息（站立、蹲伏、卧息、理羽、沙浴）各占10%左右。 集群个体用于取食的时间比例高于单独活动个体，单独活动个体用于警戒的时间比例略高于集群个体
	圈养条件下行为谱和各行为时间比例	
	特殊行为	

7. 蓝马鸡

背景知识	动物名称	蓝马鸡 *Crossoptilon auritum* Blue Eared Pheasant
	保护级别及濒危状况	国家二级；无危（2016）
	分布区域或原产国	原产：中国特有种。分布于内蒙古和宁夏的贺兰山地区、甘肃西北部和南部、青海东部和东北部及四川西北部等地
	野外活动范围（栖息地和领域）	分布于亚高山森林和高山灌丛、草甸生境。海拔范围2000~4000米。 偏好山地针叶林带，栖息地的植被密度高、坡度陡峭、距水源较近、隐蔽度高且距人为干扰较远。

背景知识	野外活动范围（栖息地和领域）	对栖息地利用存在季节性变化：冬季多在林地中，有时到沟谷地带或距居民点较近的林缘附近活动；夏季除了森林，少数个体到灌丛、草甸中活动；秋季栖息于林缘、山脊及沟谷地带，有的逐渐迁入林中。 非繁殖季多选择四周开阔和避风的树上结群夜栖。繁殖季多选择阳坡和高坡位，灌木高度和盖度较高的针叶林作为夜栖地。 沙浴地点在灌丛下或草地及林间空地上，一般位于阳光充足、土质较松软、干燥的阳面。 在同一季节的栖息地比较固定。繁殖期领域性较强，一对雌性独占一个山坡、山脊或沟，严禁其他个体进入，巢间距50~200米。雌鸟孵卵期间，雄鸟在百米范围内活动，核心活动区面积为0.23平方公里，比其他时期都小
	自然栖息地温湿度变化范围	
	动物体尺、体重范围	体长：0.75~1米。雄性体型较大。 体重：1.7~2.1公斤
	动物平均寿命（野外、圈养条件下）	10~15年
	同一栖息地伴生动物	有和血雉、雉鸡、勺鸡、红腹锦鸡等混群现象
动物的生物学需求	活跃时间	昼行性。 一般有两次活动高峰期，一次是夜栖下树后至上午或中午前，另一次是夜栖之前的1~5小时。中间时段多为休息。 不同地区和季节的全天活动时间差异较大，为4~12小时不等，冬季活动时间比春季少2小时左右，夏季比春季长2~3小时。有的地区冬季只有中午到下午的一次活动高峰
	社群结构	非繁殖季集群生活，群体中常有1~2只担任警戒任务。 繁殖季单独或成对活动。配对后，雌雄鸟在同一棵树上夜栖
	社群规模	大群15~30只个体，小群10只左右
	食性和取食方式	植食性为主，以多种植物的种子、叶、芽、嫩茎、花和块根等为食，繁殖季偶尔吃鞘翅目昆虫。 有时会吃小石子用以帮助磨碎坚硬的果实。 食物组成在不同地区和季节间存在差异，随当地植物的生长发生变化。秋季的摄食量最大，夏季最少。 取食行为和整体活动节律基本一致，在两个活动高峰期的强度较高，中午出现低谷。 取食方式为边走边用嘴掘地啄食，冬季有时刨开积雪觅食。觅食范围可达100~200米
动物的行为需求	动物主要行为方式和能力	日常以地面奔走为主。 飞行以滑翔为主。夜栖时飞行上下树，发情时多短距离飞行
	繁殖行为	性成熟时间：1~2年，雄性2年以上。 单配制。配对后雌雄鸟相伴进行觅食和其他活动。 繁殖期为每年4~6月，不同地区有所差异。 选择林下植被盖度较高、隐蔽性好、干扰度较小的灌丛、林缘、林地、草甸等生境中筑巢，偏爱中、上坡位和坡度较大的地点。地面巢多筑于大树根部、倒木下、灌丛下、岩洞内或土坎下的低凹处等。巢内铺细枝、树叶、草叶、树皮、苔藓和自身的腹羽等。

动物的行为需求	繁殖行为	窝卵数5~13枚。 雌鸟孵化,孵化期26天左右。 在孵化期间,雌鸟不轻易离巢,每天离巢1~3次取食。雄鸟在巢附近活动,雌鸟离巢期间也在旁边跟随警戒
	育幼行为	雏鸟出壳后的1~2天,雌鸟不离巢,将雏鸟隐藏在翅下。 雏鸟离巢后随同亲鸟觅食,雌鸟会发出叫声召唤雏鸟。亲鸟随时警戒周围情况,发现有异常立即发出叫声,带领雏鸟躲入附近隐蔽物中。 3~4个月后幼鸟可独立生活
	攻击或捕食行为	求偶期间,雄鸟之间经常发生激烈争斗,互啄导致受伤出血
	防御行为	注意观察周围情况,发现有危险时,会急速向林中跑去,跑上一段后起飞滑翔
	主要感官	视觉:灵敏。 听觉:灵敏
	交流沟通方式	叫声: 雄鸟发情期发出叫声。 繁殖季夜栖和共同觅食时,雄鸟用叫声召唤雌鸟。 雏鸟离巢后用叫声和亲鸟交流
	自然条件下行为谱和各行为时间比例	主要行为有:取食(觅食、进食、饮水、啄沙)、休息(理羽、卧息、沙浴)、移动(行走、奔跑、滑翔)、警戒。 另有攻击、站立、排泄、鸣叫等行为。 冬季:取食行为占40%,休息占28%,移动占19%,警戒占13%。 繁殖季:雄性取食(34%)和警戒行为(30%)比例较高,其次为移动和休息各占10%左右。 雌性取食行为比例最高(53%),其次为移动(12%)、警戒(11%)和休息(9%)等
	圈养条件下行为谱和各行为时间比例	
	特殊行为	

8. 蓝孔雀

背景知识	动物名称	蓝孔雀 *Pavo cristatus* Blue Peafowl
	保护级别及濒危状况	无危(2012)
	分布区域或原产国	原产孟加拉国、不丹、印度、尼泊尔、巴基斯坦、斯里兰卡,后被引入世界各地
	野外活动范围(栖息地和领域)	落叶阔叶林,生境内食物充足,内有高大树木,有灌丛和开阔地。有水源的耕地和人类居住地附近
	自然栖息地温湿度变化范围	5~45℃,能承受一定低温,但寒冷干燥条件下不能很好生存
	动物体尺、体重范围	体长:0.86~2.12米; 体重:2.7~6.0公斤

背景知识	动物平均寿命（野外、圈养条件下）	野外：平均20岁； 圈养：15岁
	同一栖息地伴生动物	
动物的生物学需求	活跃时间	早晨和下午晚些时候为活动高峰期
	社群结构	倾向于独居，也有集群。 在繁殖季，雄性占据面积较小的领域。多为1~2只雄鸟和1~5只雌鸟组成小群。 非繁殖季，雌鸟单独带幼鸟生活；多数雌雄单独生活或组成同性别小群（2~3个体）
	社群规模	多数为独居或5~6只以下的小群，有些夜栖时组个体数量较多的临时混群。
	食性和取食方式	杂食性。主要吃种子、果实、昆虫和蠕虫；也吃小型爬行动物和哺乳动物。需要大量饮水。 食物组成和栖息地相关：在耕地吃各种农作物；在人类居住地吃食物残渣。 干旱的年份更多吃果实。 在地面和树上取食
动物的行为需求	动物主要行为方式和能力	地面走跑为主，被天敌攻击时也主要靠迅速奔跑逃避。 飞行能力不强，起飞较费力，但也能达到一定速度
	繁殖行为	野外性成熟时间：雌性1~3年；雄性2~3年。 圈养性成熟时间：2~3年。 一雄多雌制。繁殖季的开始和雨季相关。 雄性在繁殖期占据面积很小的领域，进行开屏（将尾羽立起呈扇形并抖动）等求偶炫耀行为，有时还出现求偶喂食行为。雄鸟会避免在风大的时候开屏，以便保持平衡。 雌鸟根据雄鸟尾羽上的眼斑及其他外形特征和求偶行为进行挑选，雄鸟的外形特征和它们的求偶炫耀时间及健康状况相关。 自然条件下每年产卵一次（繁殖失败后可多次产卵），在灌丛下的地面用植物枝叶筑巢。 窝卵数3~12枚（一般3~5枚）。 雌鸟孵卵，孵化期27~29天
	育幼行为	雌鸟抚育后代。 雏鸟为早成雏，出生后一周就能飞，只在前7~10周期间依靠雌鸟的照顾。雌鸟教幼鸟觅食、饮水，保护幼鸟（有记录雌鸟能背着幼鸟飞到树上躲避天敌），低温时帮助它们保持体温
	攻击或捕食行为	能捕食包括蛇在内的体型较小的动物。 繁殖季相距较近的成年雄鸟在进行求偶炫耀和保卫领域时，有短距离驱赶和用距猛击其他雄性的行为。在非繁殖季感到威胁时，也会攻击其他动物甚至人类。 雌鸟在繁殖期具有攻击性，体型较大、强壮的雌鸟会驱赶其他雌鸟，独占选定的适宜雄鸟进行交配
	防御行为	展示尾羽来威吓入侵者；飞到树上或进入灌丛中躲避捕食者；用腿上的距进行反击（但效果不大）

动物的行为需求	主要感官	视觉：灵敏。 听觉：灵敏。 触觉
	交流沟通方式	叫声：响亮、刺耳而多样。受到外界威胁惊扰时，会根据威胁对象发出不同类型的警戒叫声。繁殖期成年雄性发出的叫声比视觉信号更重要，影响雌性的选择和繁殖成功率。 视觉信息：雄性的尾羽可以体现其健康状况，是性选择中的重要视觉信号
	自然条件下行为谱和各行为时间比例	主要行为是觅食、静站和行走；另有炫耀、理羽、鸣叫、奔跑、趴卧、飞行和打斗等。早晨在开阔地活动；温度较高时在有植被遮蔽处休息，黄昏时进行沙浴和到水坑饮水；在树上或石头、建筑上集群夜栖。 繁殖期成年雄性静站、求偶炫耀和理羽行为所占比例显著提高，觅食时间减少
	圈养条件下行为谱和各行为时间比例	理羽行为所占的时间比例比在自然条件下高。觅食时间比野外少，能量消耗减少
	特殊行为	通过沙浴去除残破的羽毛和寄生虫

9. 鸸鹋

背景知识	动物名称	鸸鹋 *Dromaius novaehollandiae* Emu
	保护级别及濒危状况	无危（2016）
	分布区域或原产国	仅分布于澳大利亚，几乎遍及澳洲各地。世界各大洲均有驯养繁殖
	野外活动范围（栖息地和领域）	属于喜欢追逐雨水迁徙的"游牧"生活方式，分布在除密林和荒漠之外的各种类型栖息地中。偏好有静水水源的生境（如稀树草原），避开有人类活动干扰的地区。 家域面积5~10平方公里，因经常迁移寻找食物和水源，家域会随之发生变化。繁殖期间的领域面积约为30平方公里
	自然栖息地温湿度变化范围	对温度变化的适应范围较大，喜欢亚热带气候
	动物体尺、体重范围	除鸵鸟以外世界上最大的鸟类。 身高：1.5~1.9米 体重：18~60公斤 雌性平均37公斤；雄性平均32公斤
	动物寿命（野外、圈养条件下）	野外10~20岁，圈养条件下寿命更长
	同一栖息地伴生动物	
动物的生物学需求	活跃时间	昼行性。 夜晚睡觉期间会多次醒来进食或排泄，每次持续10~20分钟，余下睡眠时间约7小时。睡觉时对外界听觉、视觉刺激都非常警觉

动物的生物学需求	社群结构	独居，基本单独或成对生活。在行进搜索食物的过程中有时会组成临时大群。 在繁殖季，配对的雌雄个体具有领域性，其他时间没有领域行为
	社群规模	除雄鸟带后代共同生活的阶段，基本为1~2只个体
	食性和取食方式	杂食性。 吃植物的嫩芽、花、果实和种子，一般不会吃太老的叶和干草；也吃蝗虫、蟋蟀等昆虫和其他小型动物。吃的植物种类随季节发生变化。经常吃农作物。 会吃小石子以帮助消化。身体内能储存大量脂肪，因而可以几周不吃东西。 不常饮水，通常每天一次，但每次会连续饮水约10分钟，一次饮用的量较大
动物的行为需求	动物主要行为方式和能力	奔跑速度很快，最快可达每小时50公里。 会游泳，必要时能横渡河流
	繁殖行为	圈养条件下18~20个月龄性成熟；野外2~3岁。 婚配制度：比较复杂，存在一雌一雄制、一雌多雄制和混交制。 在雌性产卵前，雄性有可能去和其他雌性交配；而一些雌性会守卫雄性、防止它们接近其他雌性。雌性产卵后，雄性负责孵化，大部分雌性会离开巢区，寻找和其他雄性交配的机会。一只雌性在一个繁殖季中最多可产三次卵，属于顺序性的一雌多雄制（sequential polyandry）。 繁殖季于每年12月到次年1月开始，雌雄配对后共同生活约5个月。交配时间受气候影响，一般在较冷的4~6月交配和产卵。 雄鸟选择在食物资源较丰富的环境中筑巢，巢位于岩石、灌丛旁或有茂密草丛的空地上。在巢中需要有良好的视线以便探查四周环境，防止天敌的袭击。它们在地面挖一浅坑，里面填充树皮、枝叶、草和少量羽毛。巢的直径为1~2米，一般巢内填充物与地表齐平，在较寒冷的条件下会厚达7~10厘米，突出到地面以上。 平均窝卵数11枚（5~24枚）。 孵化期48~56天。 在孵化期间，雄鸟基本不离开巢（偶尔在夜间、天敌不会出现时离开），严格防范其他鸸鹋，也不进食、饮水和排泄，每隔数小时翻卵一次。它们靠体内储存的脂肪度过孵化期，体重会减轻1/3~1/2。 繁殖间隔通常为一年
	育幼行为	雄鸟负责养育后代。教幼鸟如何采食，保护它们不让别的鸸鹋接近（甚至包括它们的母亲），不受其他动物侵袭，夜晚睡觉时也将幼鸟护在羽毛下。雄鸟带幼鸟共同生活到约7月龄大。离开亲鸟后幼鸟结群生活到15~18个月，之后开始独自生活和繁殖
	攻击或捕食行为	雌性在争夺交配权时会发生长达数小时的激烈打斗。雄鸟在孵化期和育雏期的攻击性较强。攻击和打斗时会用喙啄用强有力的足踢对方
	防御行为	
	主要感官	视觉：灵敏。 听觉：灵敏。 触觉
	交流沟通方式	叫声：能发出几种很大的叫声，最远可传到2公里之外，是最主要的交流方式。雌雄个体的叫声有区别。 视觉信息：繁殖季开始时，雄性和雌性会共同跳一种特定姿态的"求偶舞"。如果雌性对雄性的表现满意才有交配的机会，否则雌性则会迅速变得有攻击性

动物的行为需求	自然条件下行为谱和各行为时间比例	主要行为有调温、啄食、休息、移动（行走和奔跑）、站立、攻击、沙浴、理羽（清洁身体）和求偶炫耀等
	圈养条件下行为谱和各行为时间比例	主要行为有啄食、站立、移动（行走和奔跑）、求偶炫耀、饮水、吞食石子、攻击、沙浴等
	特殊行为	对外界具有很强的好奇心，有时候会观望和跟踪人类。 喜欢在水中洗浴和沙浴

10. 鸵鸟

	动物名称	鸵鸟 *Struthio camelus* Ostrich
背景知识	保护级别及濒危状况	仅阿尔及利亚、布基纳法索、喀麦隆、中非共和国、乍得、马里、毛里塔尼亚、摩洛哥、尼日尔、尼日利亚、塞内加尔和苏丹的种群被列入CITES I，其他所有种群未列入（2017）；无危（2016）
	分布区域或原产国	分布在非洲中部的赤道以北地带和非洲南部地区。世界各地驯养繁殖较多
	野外活动范围（栖息地和领域）	稀树草原和荒漠草原；半荒漠、荒漠地区。 喜欢开阔地带，避开草较高或林木稠密的区域。生境中要有充足的食物和水源。 繁殖期雄性领域面积2~20平方公里
	自然栖息地温湿度变化范围	行为、生理调温能力很强，能适应50℃以上的高温环境；低温时，也能通过身体姿态的调节等减少身体热量损失
	动物体尺、体重范围	现存体型最大的鸟类。 身高：雌性1.7~2.0米；雄性2.1~2.8米。 体重：雌性90~110公斤；雄性100~130公斤（最高150公斤）
	动物寿命（野外、圈养条件下）	野外：40~45岁； 圈养：50岁
	同一栖息地伴生动物	经常和斑马、羚羊等食草动物共同生活
动物的生物学需求	活跃时间	昼行性，晨昏最活跃，有时在月光较好的夜晚也活动
	社群结构	一般集群生活，也有成对或独居的个体。 雄性在繁殖季具有领域性，保卫领地及其中的雌性群。雌鸟各自有家域，但相互重叠较多，没有领域行为
	社群规模	群体包含个体数范围为5~50只，但十几只的小群较多。繁殖期，雄性领域内的雌性群有2~7只个体。在旱季，上百只个体有时会在水源附近或食物丰富的地方聚集
	食性和取食方式	杂食性。 主要以植物为食，吃一些多肉植物、灌木和草的种子、花、果实、根茎。偶尔也吃蝗虫等昆虫，捕食蜥蜴和啮齿类等小型脊椎动物。 鸵鸟每天大量的时间用来啄食，能准确地啄取植物上想吃的部分。 会吞食一些小石子、沙粒来帮助研磨胃里的食物。 需要每天饮水，但可以从植物中获取水分，因而很多天不喝水也能生存

动物的行为需求	动物主要行为方式和能力	不会飞行，是奔跑速度最快的鸟类。能以50公里每小时的速度长时间奔跑，冲刺时最快时速超过70公里，步幅可达3.5米。 高速奔跑时，展开双翅用于保持平衡和变向
	繁殖行为	2~4岁性成熟，雌性一般比雄性早6个月。 大多为一雄多雌制。成功占据领域和雌性群的雄性可以和多只雌性交配，但只与其中一只雌鸟保持配偶关系。 繁殖季一般在雨季之前，持续5个月左右。不同地区的繁殖时间存在差异。 交配后，雄鸟在沙地挖浅坑（15~60厘米深，直径1~3米）作为公共巢穴，作为配偶的雌鸟首先产卵后，也会有其他雌鸟（平均3只）将卵产在这个巢中。同一只雌鸟有可能在不同雄鸟领域的巢中产卵。 优势雌鸟能分辨巢中自己的卵（11枚左右），孵化前将其他雌鸟产的多余的卵推到巢外，窝中一般保留20~30枚卵。雌雄鸟共同孵卵，作为配偶的雌鸟白天孵卵（有时其他雌鸟也参与），雄鸟夜晚孵卵。孵化期35~45天
	育幼行为	雌雄鸟共同养育后代。亲鸟教幼鸟如何采食，并保护它们不受天敌威胁。 亲鸟抚育幼鸟到约9月龄大。之后一些不同窝出生的幼鸟会结群生活
	攻击或捕食行为	遇到危险时一般会逃跑，但无法逃脱或在繁殖期、特别是保卫领域或后代时，会用强有力的后肢猛踢敌人，攻击人类能造成严重的伤害乃至死亡
	防御行为	感觉到危险来临而来不及逃脱时，会坐到地上，将头颈紧贴地面前伸，并保持一动不动，尽量和周围的环境融为一体
	主要感官	视觉：灵敏。 听觉：灵敏
	交流沟通方式	繁殖期，保卫领域和交配时发出很大的叫声。幼鸟受到惊吓时也会发出叫声
	自然条件下行为谱和各行为时间比例	主要行为有调温、啄食、休息、移动（行走和奔跑）、站立、攻击、沙浴、理羽（清洁身体）和求偶炫耀等
	圈养条件下行为谱和各行为时间比例	主要行为有啄食、站立、移动（行走和奔跑）、求偶炫耀、饮水、吞食石子、攻击、沙浴等
	特殊行为	喜欢在水中洗浴和沙浴

11. 秃鹫

背景知识	动物名称	秃鹫 *Aegypius monachus* Cinereous Vulture
	保护级别及濒危状况	近危（2016）
	分布区域或原产国	在欧洲南部和亚洲中部的大部地区有繁殖，也在亚洲和非洲北部的一些地区越冬。 在我国分布于北方地区到青藏高原东部，华东、华南地区偶尔可见

背景知识	野外活动范围（栖息地和领域）	分布于山地、丘陵地区，喜欢远离人类干扰的边远地带。偏好半开阔的干旱生境（如高山草甸），觅食范围很大，涵盖多种不同地形的生境（草原、疏林、滨岸带等）。在欧洲到中东地区，分布海拔范围是100～2000米；在亚洲则分布在海拔更高的生境，包括海拔800～3800米的山地森林、灌丛，以及海拔3800～4500米的半干旱高山草甸和草原。 巢址通常选择在山地林带上部、树线附近的悬崖峭壁边上。 会飞行几十公里去觅食，进食后再返回巢中
	自然栖息地温湿度变化范围	
	动物体尺、体重范围	大型猛禽。 体长：0.9～1.2米。 翼展：2.5～3.1米。 体重：雌性7.5～14公斤；雄性6.3～11.5公斤
	动物寿命（野外、圈养条件下）	野外：通常20岁； 圈养：最长39岁
	同一栖息地伴生动物	
动物的生物学需求	活跃时间	昼行性
	社群结构	经常独自或成对生活，有时会在取食地聚集成小群
	社群规模	取食时的小群一般有十几只个体
	食性和取食方式	腐食性。 取食的动物尸体种类非常丰富，以中到大型哺乳动物为主。包括各种啮齿类（野兔、旱獭）、有蹄类（牦牛、野驴、盘羊、岩羊、野猪、鹿类等）、食肉动物（狼、狐等），还有鱼、鸟类和爬行动物，也吃家养的牦牛和羊。 偶尔捕食活体动物，主要是家畜和野生羊类的幼仔，以及啮齿类、雏鸟和两栖爬行动物。 食物组成因不同地区动物分布有所差异。 强有力的喙可以将尸体坚韧的皮肉和骨骼撕开，以便进食
动物的行为需求	动物主要行为方式和能力	飞行的海拔高度非常高，曾有近7000米的记录
	繁殖行为	4～5岁性成熟。 婚配制度：单配制，如无意外一对配偶会相伴一生。 繁殖季：每年1～4月孵化（不同地区有差异）。 大多在大树上筑巢，距离地面1.5～12米，偶尔也有将巢直接建在悬崖上的。独自繁殖或有松散的集群，不同秃鹫的巢之间一般保持较大间距。繁殖期间，秃鹫更多地在巢附近的树上栖息以便保卫巢域。 巢材主要由树枝构成，内铺细枝、草、叶、绒毛等。巢直径1.5～2米，深1～3米（悬崖上的巢有可能更宽大）。巢建成后通常会被重复利用多年，配偶每年对旧巢进行修复，巢的体积随着巢材的增加而变大。 窝卵数1枚（极少情况下2枚）。 孵化期50～62天（平均50～56天）。雌雄鸟轮流孵卵。 每年繁殖一次
	育幼行为	雌雄鸟共同养育后代，为雏鸟提供食物。雏鸟到100-120天大时可以离巢，但还要回巢睡觉，并继续由亲鸟喂食。2～3个月后可以独立生活

续表

动物的行为需求	攻击或捕食行为	争夺食物的时候有攻击其他猛禽的记录
	防御行为	
	主要感官	视觉：十分敏锐。 听觉：灵敏
	交流沟通方式	叫声：通常非常安静，但在进食和繁殖期也会发出叫声
	自然条件下行为谱和各行为时间比例	
	圈养条件下行为谱和各行为时间比例	主要行为有警戒（50%~80%）、理羽、走动，另有进食、飞行、跳跃、营巢、卧巢、孵卵、驱逐、交配等行为。不同时期出现的行为和所占比例有所差异
	特殊行为	

第十五章　圈养有蹄动物行为管理 ･･･････････････････････

　　有蹄动物是各个动物园中长盛不衰的饲养展示物种，在这类动物的保护工作中，动物园取得过一些成绩：普氏野马、阿拉伯长角羚都是成功保护的范例。从只有兔子大小的鼷鹿到身高达5米的长颈鹿，从独居的马来貘到上百万个体在非洲草原上组成迁徙大军的角马，从纤弱的瞪羚到宏武的白犀，有蹄动物不同物种之间巨大的差异和各自的适应特征使这类动物成为动物园展出的常青树。"有蹄动物"和"小型哺乳动物"一样，都不是严格的生物学分类，之所以把部分食草动物归为有蹄类，大致是由于它们都拥有特别发达的、用于身体承重的特化的趾甲——蹄。除了这一共性外，绝大多数有蹄动物主要以各种植物为食，当然，不同的物种会通过不同的适应性策略来消化这些不能被高等动物直接吸收的纤维素；几乎所有的有蹄动物都具有相似的身体解剖构造和行为方式用以躲避捕食者。这些因素使有蹄动物在几乎所有的生态类型和动物地理区系中都能占有重要的生态角色，但这并不意味着它们能够很好地适应人工圈养环境。人类大约在9000年前就开始驯养野山羊，并且在后续的几千年中成功地将十余种有蹄动物驯化为家畜，例如马、家牛、猪，甚至后来的驯鹿和羊驼。尽管这类家养动物的饲养经验可以为野生物种提供有价值的参考信息，但对于动物园来说，需要根据每个物种的自然史信息和生物学特征分别制定保证个体福利的行为管理措施。

第一节　有蹄类动物自然史

一、有蹄动物自然史综述

　　尽管体型差异巨大，但有蹄动物最大的共性是进化出善于奔跑的发达四肢。与人类的四肢不同，从外观上看来，多数有蹄动物四肢的关节方向刚好与人类相反，能保证支撑结构的弹性和力量，以及交替运动的灵活性。了解这类动物的身体构造，特别是特殊构造的名称与对应的身体部位，对行为管理非常重要，这是饲养员日常观察、操作所必需的知识，在记录、交流时部位描述用词统一是沟通的基础。有蹄动物身体解剖的另一个共性是头部的防御武器：洞角、骨质角、犀牛角等，还包括野猪的獠牙，这些武器不仅能抵御天敌的攻击和战胜交配竞争对手，同时也会对饲养员造成伤害。有蹄动物的双眼分别位于头部两侧，具有近360度的视野，可以在天敌接近前迅速作出反应，因此饲养员不要试图偷偷接近动物。

　　除了视觉方面的适应，多数有蹄动物具有敏锐的听觉和嗅觉。它们的双耳可以同时或分别转动，收集来自不同方向的声音；灵敏的嗅觉也能让它们提前发现远处上风口掠食者的气味，气味信息还是个体间交流的重要途径，特别是在领地标记或发情信号传递方面，气味信息的作用都不可替代。

有蹄动物以营养成分含量相对较低的植物性饲料为食，为了维持能量需要，多数动物每天的大部分时间都在不停地进食，为此，有蹄动物都拥有容积巨大的消化道，用来储存和消化大量的食物。反刍动物是进化更为成功者，这种特有的消化方式使它们能够尽量缩短暴露于天敌威胁下的时间。在进食阶段它们仅仅简单地吃下食物，并不进行仔细地咀嚼，然后带着满满"一肚子"食物到安全的地方，将吃下的食物反刍到口中重新咀嚼。这类动物"反刍"的过程是饲养员日常行为观察的重点。

生活于热带丛林中的物种往往是独居的，例如貘、㺢㹢狓、斑哥羚羊等；在开阔地域生活的物种多为群居，通过同类集群或与其他物种集群来有效防范天敌的掠食。但这些只是普遍的规律，对每个物种自然史的知识积累必不可少，例如同为生活在丛林中的相似物种巨林猪和红河猪，前者性格孤僻，几乎从不集合成大群，而红河猪却常常以40～50头的规模集群活动。

国内动物园中展示频率较高的有蹄动物自然史信息见附表。

二、物种自然史的特殊性以及与之相应的行为管理操作注意事项

有蹄动物极度敏感易惊，尽管在人工圈养条件下可以逐渐适应动物园内的环境，但对于饲养员的日常操作活动仍然会高度警觉，这是它们在自然界中时刻保持戒备的天性使然，对于那些刚刚引入园区或展区的动物个体来说尤其如此。这类动物视觉、听觉和嗅觉敏锐，突发的噪声或饲养员的突然现身都可能导致动物惊恐逃逸，有时这种躲避行为甚至会导致动物撞伤，甚至死亡。夜间突然出现的亮光，例如手电筒或车灯的惊扰，都可能导致动物惊恐冲撞。曾经有斑马被夜间运送饲草的车辆灯光惊扰后撞断颈椎死亡的案例。日常操作中，饲养员在现身之前应该给展区或兽舍内的动物一个轻柔的声音信号，例如吹口哨、打响指或者咳嗽一声，这些声音信号会减少由于饲养员的突然出现造成动物恐慌。

反刍动物消化道前部膨大成多个腔室，各个空间之间仅通过狭窄的孔径或短途管道相连，这种消化道结构很容易因食入异物而阻塞，每次为动物提供草料时必须仔细捡出捆扎饲草的绳子或其他异物，但最危险的是游客投喂，很多包装袋会被动物误食，进入消化道后不断积累，甚至在瘤胃内部形成重达数公斤异物团，造成动物的营养不良，一旦这些塑料袋阻塞消化道，会直接造成动物死亡。避免游客投喂主要依靠展区隔障面设计，也需要展区管理人员对游客不良行为的提醒。

之所以称之为有蹄动物就是它们拥有特别发达的趾甲（蹄甲），坚韧的蹄甲负责承担身体重量，在运动中应对不同材质的地面。自然环境下，蹄甲的健康通过不停地生长和磨损的共同作用得以保持，但在人工圈养条件下，这两方面的作用往往失去平衡：一方面人工饲料比动物的野外食物含有更多的能量和蛋白质，蹄甲生长速度增加；另一方面，人工环境下动物活动量大幅度减少，减缓了蹄甲的磨损，这种失衡的相互作用导致动物园中有蹄动物蹄甲过度生长。饲养员应该每天观察动物蹄子的角度、走路的姿势，并不断与健康个体进行对比，一旦发现蹄甲的生长已经开始影响活动，必须立即通过合作行为训练、物理保定或化学保定使动物定位，对蹄子进行修整。

有蹄动物头部的防御武器是展示亮点，同时也可能给同一展区的其他个体甚至饲养员造成伤害，必要时可以通过行为训练对犄角或牙齿尖端经常进行修饰，保持尖端钝圆，在特殊情况下，例如合群操作时，有必要将这些尖锐的角、牙前段加上护套，以减少动物个体间和饲养员受到伤害。

第二节　圈养有蹄动物的行为管理

一、圈养环境营造

增加一个功能性空间——缓冲区：由于这类动物敏感、迅捷的行为方式和相对硕大的体型，动物园往往采用室外大型展区的饲养形式。但仅仅由狭小的室内兽舍和开阔的室外运动场两个功能区构成的动物展区并不能满足现代动物园对行为管理的需求。在每个室内兽舍和大展区之间，必须增加一个小型的圈舍，这个功能区也称为"缓冲区"，对开展行为管理起到重要作用。如：无论需要打扫室内兽舍或室外运动场时，都可以将动物暂时放入缓冲区，饲养员不必进入动物活动空间操作，既减少了饲养员的风险，也减小动物应激；动物放入运动场后，当需要在不同时段开展丰容项目时，可以将动物暂时收到缓冲区内，丰容布置完成后再将动物放回运动场。缓冲区占用的面积不大，既方便清洁也便于饲养员近距离观察动物个体状况。

不同的有蹄动物圈舍环境要求存在巨大差异，应从以下几方面进行考虑：

1. 地表垫材

对所有动物园来说，首先都会考虑直接应用本地的自然土壤地面作为有蹄动物的展区基础垫材，但有些情况下这并不能满足多种动物的需要。由于受到本地土壤特性和季节性降雨差异的影响，有必要对展区原有土壤基质进行处理，哪怕仅仅从不同物种蹄子生长——磨损平衡的角度考虑，也必须结合物种自然史调整地面基质。山地有蹄动物的蹄子生长速度较快，如果不能提供适宜的磨损条件则很快会导致过度生长而影响动物行动，同样，完全由粗糙的水泥面构成的展区基底，也可能会对斑马等平原动物的蹄子造成过度磨损。比较稳妥的展区基底处理方式是为动物提供多种选择，例如在展区中同时铺设自然土壤、掺入细碎石粉的夯实土、粗糙岩石基底和混凝土形成组合地面，通过调整不同基底材质与展区功能区域的位置组合、与饲料及水源提供位点的相应变化，保证动物蹄子的适度磨损。

缓冲区地面和室内兽舍地面往往采用硬质基底，通常由表面经过刮擦防滑处理的混凝土建造。这种基底便于清洁，排水通畅，在寒冷季节可以通过增加垫草或其他形式的垫料为动物趴卧提供防寒条件。理想的有蹄动物日常管理方式是在动物园的非开放时间内，例如夜间，有蹄动物都回到室内兽舍或缓冲区，这种安排有助于操作规程的制定：既能够保证动物福利，又可以不干扰游客的参观体验，也便于饲养员安全地从事各项操作。

温带地区动物园中饲养貘、犀牛、河马、长颈鹿等大型有蹄动物，往往需要在冬季进入室内生活，只在阳光充沛且无风的冬日里可进行短暂的、动物自行选择的室外活动，因此对这类动物来说更多的时间是生活在室内硬质地面上的。貘、犀牛、河马的蹄子构造和巨大的体重要求室内地面相对平滑，过于粗糙的硬质地面会造成足底磨损，危及动物生命。有必要为这类动物在室内展区增加小块区域柔软的、符合动物栖息地特点的基底。例如在貘和印度犀室内增加局部生态垫层，以减缓动物长期生活在硬质地面上蹄子承受的压力。长颈鹿室内展区的硬质地面设计是一项系统的工程，现代动物园应将长颈鹿室内地面设计与日常行为管理紧密结合，最常见的组合是在室内铺设经过夯实处理的园艺护根，同时在展区中增加限位训练笼，训练长颈鹿配合饲养员进行蹄子的日常维护。这些操作必须通过合理的日常操作规程进行整合，条件有限的动物园则至少应该通过增加地面肌理的方式，防止展区湿滑引起动物跌倒而造成死亡。

对所有动物活动区基底的共同要求是保证通畅的排水性能。对于室内展区和缓冲区来说，由于场馆较大、地面跨度长，地面坡度应适当加大，以保证日常冲刷和动物大量排尿后地表不会积水；室外展区的排水设计应结合壕沟的应用和展区地形的调整，局部地面积水而导致的深泥坑，雨季动物踩踏出的凹陷干燥后形成"陷阱"，都容易对大多数有蹄动物纤弱的四肢造成损伤，应及时修整平复。对于南方雨季相对集中的动物园，更有必要在展区中设置缓冲区，以保证持续阴雨期间动物外放的同时不会对自然材质基底造成破坏。基底维护和排水设计与地面丰容项目并不矛盾，对许多种有蹄动物来说水池或泥坑都是提高动物福利的必要设施，重要的是要让动物有选择的机会。

寒冷地区的动物园，需要特别注意降雪带来的影响，必须及时清理全部积雪，至少也要在展区内为动物清扫出足够的面积露出土壤地面，如果展区过大，也必须通过局部铺撒干燥的泥土或细沙的方法避免积雪湿滑造成的动物损伤。春季冰雪融化的一段时间内，可以将动物短期限制在缓冲区和室内兽舍中，待地面冰雪消融并足够干燥、坚实后再将动物放入。无论采取哪种日常管理方式，这类动物的蹄子都可能破坏地面的平整，饲养员应使用耙子等工具及时平复展区内的踩踏痕迹，避免在干燥板结后的土壤地面上留下危险的凹陷。大面积的基底维护费时费力，应通过增加缓冲区、通道和隔离空间等功能元素，实现日常对动物活动区域的有效控制，以便及时处理小面积的地面破坏。

2. 隔障设计

有蹄动物善于跳跃、挖掘、爬跨或啃噬隔障基础，所以这类动物的隔障设计必须从物种的自然史信息出发，在保证动物福利的基础上，以实现行为管理和展示效果为追求，选择适合的隔障方式。视觉效果明显的、坚固牢靠的墙体和木桩围栏对有蹄动物来说是"容易被感觉到"的行进限制；木板墙的搭建和拆除相对快捷，可以作为短期的隔障方式，在动物合群或分隔临时展区时最常应用。所谓的"坚固"，指能够承受动物四倍体重的冲击力，显然这样的冲击也会给动物造成损伤，所以在动物可接触的"墙体"隔障表面处理应相对平滑，避免突出的锐角和可能造成动物体表划伤的凸起。饲养员应每天巡视展区隔障面，及时发现和处理可能对动物造成损害的设施破损。在应用干壕沟隔障面时，应尽量减少陡坡的应用，并采用不小于动物体长2倍的放坡距离。在游客参观点前方小范围采用的陡坡边沿应使用倒伏的树干、石块或树桩等材料形成动物可见的"视觉警示带"，以避免动物冲入陡坡。在每处陡坡坡底都应预留动物通道并在陡坡一侧或双侧设置缓坡通道，以保证动物坠入陡坡后可以安全回到展区。食草动物出于本能需要保持开阔视野，并不喜进入低洼的坡底，因此不必担心动物平时会从缓坡道进入壕沟。铺设嶙峋石块，降低趴卧行走的舒适度，平时注意除去杂草，都可以减少坡底对动物的吸引力。参观面应用湿壕沟隔障的展区应在游客一侧增加围栏，以避免动物游泳通过隔离水体而接近游客或从展区逃逸。通过预留局部的缓坡，使湿壕沟的水体与展区之间保持适宜的坡度，以便动物坠入水中后能回到展区内。除了参观面为实现沉浸体验而进行特别的隔障设计以外，有蹄动物最常应用的隔障方式就是围网。通过局部地形的起伏和植被背景设计，几乎会使围网消失在游客的视线中，但这也给动物带来了风险：有些动物会"意识不到"围网隔障的存在而盲目冲撞。解决这个潜在危险的方法是使用本身具有弹性的"勾花网"，并通过特殊的支撑方法减少勾花网安装立柱的数量。为了避免动物对物理隔障的冲撞或减少动物自然行为对一级隔障面的破坏，有些动物园会在一级隔障面内侧加设电网作为二级隔障。这种方式能够创造展区内更自然的展示效果，也能够有较减少动物对隔障的破坏。但必须牢记以下几点：动物接触电网并被电击后有可能过度受惊而造成自身损伤；电网只能作为二级隔障而绝不能用于一级隔障；尽管电网的形式多种多样，但往往越隐蔽的电网对管理来说越不牢靠，需要每天进行检查维护。

3. 视觉屏障

在展区中为动物构建安全区域的装置或设施可以统称为"庇护所"。视觉屏障可以为有蹄动物提供比较隐蔽的私密空间，在动物出现"逃避反应"而盲目冲撞或个体间发生冲突时降低肢体损伤。视觉屏障也包括限制不同体型动物进出的围栏。例如在展区中同时展出体型相差较大的物种时，可以设置一些由围栏或倒伏的天然树干构成的二级隔障，隔障的空隙只允许小体型物种进出，相当于提供了一个躲避大型物种攻击和威胁的空间。另外，种植植物、搭建阻挡相互视线的隔板、营造适当的地形起伏等手段，都可以让动物躲避其他个体或来自游客的视觉压力。使用人工材料搭建的视觉屏障可以给动物带来安全感，但难免会破坏展区整体的"自然风格"，在保证功能的前提下可以通过改善建造工艺来弥补，例如将一段矮墙伪装成曲折的土崖，或者在矮墙顶部设置种植槽栽种本土植物，都有利于营造展区的自然风格；另外，使用倒伏的天然树干根据展区大小、形状和展示物种需求，以及游客的视觉效果等方面的综合需要进行合理的摆布，再结合地面材质进行固定。倒伏树干外观自然、足够坚固，最大的益处在于搭建灵活。不需要土壤和灌溉，甚至可以在硬质混凝土地面上应用；日常维护便捷，不必修剪，还可以根据丰容的需要进行各种功能提升。与此相反，在有蹄动物展区中种植活体植物则需要特别的维护，例如在植物周边使用电网避免动物接近，或在主干包裹金属网防止动物啃食树皮。有些特殊植物适合在有蹄动物展区内种植，例如山楂树，这些植物的共性往往是"多刺、味道苦涩"的。与木本植物相比，草本植物（包括竹子等）具有更快的恢复能力，这类植物的选择性更多、更容易形成接近自然生态类型景观的展示效果，被越来越多的应用。展区内所有植物物种的选择需要经过园艺师确认，不仅要确认无毒无害，园艺师还应该定期检查和维护，剔除可能对动物造成伤害的物种，并根据景观和功能要求持续补充植物数量。

有些"神经质"的食草动物极度依赖植被屏障，例如，中华鬣羚是一种珍稀的山地羚羊，在我国中部山区和东南部山区常见，遗憾的是目前几乎没有任何一家动物园能够成功饲养中华鬣羚，造成这种状态的主要原因就是展区中缺乏遮蔽物。合理的中华鬣羚展区设计应该由大约2/3的密林和1/3的开阔空间组成，动物所需要的喂食器和饮水位点都必须处于密林之内。当动物刚刚到达动物园的检疫适应过渡期间内，应让动物进入室内，并保持检疫环境安静、黑暗，即使在白天的时间也应通过遮光布封闭检疫房的窗户等光源，以形成一个有效的庇护所。动物适应室内环境后，逐渐增加环境光照强度，并让动物有机会自愿进入到室外以密林为主的展区内，即使在开始的几个月时间内动物始终拒绝走出密林来到开阔区域，也不要急于驱赶动物，应逐渐通过食物引诱或与脱敏训练相结合的方式使动物逐渐适应展示环境。

4. 棚屋

棚屋与室内兽舍不同，大多位于运动场内，为长期在室外展示的动物提供安全庇护。棚屋可以部分起到视觉屏障的作用，但更重要的是在不良天气时为动物提供躲避下雨、冷风或日晒、高温的场所。将草架或悬挂草篮置于屋顶下，也能保证饲料不被淋湿而霉变。棚屋的设计应结合物种需要、日常管理需要以及游客参观角度需要，有时棚屋仅仅是一根立柱上面的遮阳棚，有时却需要同时具有屋顶和一面、两面甚至三面墙体围护。棚屋内多采用硬质地面，既便于清理，也能为动物提供蹄子磨损的机会。在寒冷的季节，可以在棚屋地面上铺垫草料，但对于那些耐粗饲的物种，例如斑马和骆驼，可能会进食地面被污染的垫草，对这些物种来说在地面铺垫园艺护根更安全。如果在开放空间设置"悬挂草篮"时需要在上面安装防雨罩保证饲草的干燥，这时防雨罩相当于棚屋。由此可见，棚屋的主要作用是提供物理保护，而视觉屏障的主要作用在于让动物获得安全的感觉。

二、丰容

（一）食物丰容

1. 运行食物丰容项目的营养学依据

绝大多数有蹄动物都以植物为食，只有极少数物种，例如野猪和小羚羊属某些物种的日常食物中会包括动物性成分。植物的营养成分并不能被高等动物直接利用，草食性动物必须依靠微生物对纤维素分解后的产物和微生物本身作为营养来源，所以它们需要在体内为这些微生物创造适宜的"生活和工作"条件，分解纤维素的"工厂"主要是反刍动物的瘤胃和奇蹄动物的盲肠。以草食性动物为应用对象的食物丰容项目，必须考虑到这一点：保证动物体内微生物的需求比它们能吃到丰容饲料更重要。多数情况下，瘤胃消化比盲肠消化对食物养分的分解利用率高，所以同样体型的反刍动物的进食量都比单胃动物少，这是制定丰容项目计划时需要考虑的因素。

新鲜或干燥的草料是保证有蹄动物健康的重要食物组成部分，草料不仅仅为动物提供营养，更具有不可替代的"物理作用"：粗糙的草料提供正常咀嚼的机会，保证动物牙齿健康；大量的、使消化道充满的草料粗纤维，能够为动物体内的微生物创造良好的"生活和工作环境条件"，保证正常消化机能的运转。尽管目前已经开发出能够满足动物营养需要的颗粒饲料，但野生动物物种自然史的发展进程不可能在短时间内对进入人工环境产生的剧烈条件变化作出响应，这也是开展动物食物丰容时需要特别注意的：尽管动物会对颗粒饲料表现出"积极"的态度，但这些饲料的供给必须加以控制，特别是对群体展示的场馆来说更是如此，往往占有统治地位的个体会进食过量的人工饲料，而其他弱势个体则面临营养不足。这里所说的颗粒饲料，并不是指一些动物园根据经验配方自己制作的"颗粒饲料"，而是指由专业厂商提供的全价营养饲料。在全球范围内动物营养专家的共同努力下，目前市场上可以买到多种有蹄动物商品饲料，例如"反刍动物饲料"和"食枝叶动物饲料"等，这类饲料能够保证动物营养的大部分需求，但仍然不能取代植物草料。在应用科学化生产的商品饲料的现代动物园中，草料的比重仍然占到所有饲料的60%~75%。

水果和鲜嫩多汁的蔬菜是多数有蹄动物最喜爱的食物，但在人工圈养条件下，这类高糖、低纤维的饲料不应作为动物营养的主要部分提供给动物，因为大量食入这类食物会改变消化道内微生物的"生活工作环境"而引起动物消化不良，甚至胀气、死亡。切成小块的水果和蔬菜往往都作为丰容饲料或用于行为训练中的强化物。在应用前，饲养员需要与营养主管共同协商，以确定这类"美味饲料"的种类选择和使用量。

即使在夏季，提供鲜嫩青绿饲料的同时仍然需要给它们提供干草，以维持消化道内的物理环境。对有蹄动物来说，一年四季都需要充足的饮水。提供饮水的方式可以使用自动饮水器，但需要动物经过一段时间的学习才能掌握这种设备；另一种方式是能够自动补水的饮水器，在室内可以简单地应用类似抽水马桶控制水位的方式和"连通器"结构，保证动物随时可以饮水，室外应用时则会受到冬季气温的影响。在北方的动物园，建议使用带有电热加温并通过重量感应控制自动补水的饮水槽，以避免室外水槽结冰导致动物无法饮水。大量的人工圈养环境观察记录表明，即使是生活在冰天雪地中的有蹄动物，在冬季也会更倾向于选择温度较高的水源，大量饮用冰水会降低它们的内部温度。

2. 食物丰容的运行方式

植物性饲料是笼统的说法，包括地下根茎、矮草、高草、树叶或鲜嫩枝条，甚至也包括水中的藻类。不同物种的有蹄动物在环境压力下进化出各自的取食策略，包括对食物的搜寻能力和独特的取食行为。为动物创造表达这些典型自然行为的机会是制定丰容项目的主要目标。例如在野猪的展区中，将红薯的块茎埋藏在地表垫材以下，让动物展示特有的"拱地"行为；在长颈羚的展区中，将鲜嫩的树枝打捆后悬挂于3米的高度，长颈羚自然会表达令人印象深刻的站立取食行为（图15-1）。

图15-1　长颈羚羊典型的站立取食行为图示

相比于以草本植物为主要食物的物种，以树叶和嫩枝为食的物种在人工圈养条件下更容易出现口部刻板行为，最明显的是长颈鹿，几乎所有的国内动物园中饲养展示的长颈鹿都有不同程度的口部刻板行为，这种行为的表现多种多样，例如舔舐空气、流涎、咀嚼空气、长时间反复舔舐展区中的金属构件或墙体等。之所以出现这样的行为，主要原因是人工环境下提供的饲料只保证了动物的营养需求，而饲料的提供方式不能满足动物的觅食行为需求造成的。

白犀是典型的啃食地表矮草的物种，所以它们更适合在地面取食，如果把白犀的草架子搭建的过高，则不符合动物的觅食行为。将圆柱形大塑料桶壁上打孔，桶内放置少量颗粒饲料或水果块、蔬菜块茎等丰容食物，白犀通过顶撞使塑料桶在地面滚动，丰容饲料就会从桶壁上的孔中掉落出来被动物食入，这种食物丰容方式在多家动物园已经得到了成功应用（图15-2）。

图15-2 犀牛食物丰容图示

斑马的采食行为与犀牛相似，所以这种取食器也可以在斑马展区中应用。频繁从地表取食虽然符合动物的自然取食行为需要，但人工圈养环境的卫生要求与野外存在很大差异，在面积有限的展区中，多数动物园会将饲料放置于混凝土硬质地面上供动物取食，这种地面更容易清理、消毒，在动物采食过程中还能够对动物的蹄子起到一定的磨损作用。与盛放饲料或草料的硬质地面一样，各种取食器内部、外部也必须每天进行彻底清理。取食器内部剩余的颗粒饲料和水果、蔬菜切块应及时清理干净，否则很容易受潮霉变。

对于群养的有蹄动物展区，在进行饲料丰容时需要特别注意避免统领个体过量进食，或因丰容物数量不足引发个体间的过度攻击行为。在进行丰容项目设计时，必须同时考虑行为管理五个组件之间的协同运作。

（二）行为丰容

让动物展示更多的自然行为是丰容项目运行的主要目的，实践证明在日常动物管理工作中引入适当的丰容项目能够有效减少有蹄动物的刻板行为。尽管与其他类型的动物相比，有蹄动物很少出现自残行为，但频繁的口部刻板行为却在动物园中普遍存在。多数人认为这与人工环境不能为动物提供足够的觅食时间和咀嚼需求有关。有限的场地范围、相对固定的喂食点和喂食时间都大大缩短了动物的觅食时长，颗粒饲料中富含的浓缩营养元素也大幅度减少了动物的进食量，造成咀嚼量不足。但由于目前所能提供的天然饲草远远不能满足动物的营养需要，在饲料中添加浓缩营养物质是必需的。通过丰容项目增加动物的觅食时间和咀嚼量，是减少口部刻板行为最可行的办法。

除了食物丰容项目外，物理环境丰容也能够激发动物更多的自然行为。在展区中单一的土壤地面增加泥坑会使动物表达"泥浴"行为，同时为动物创造了避暑和防止蚊虫叮咬的机会；局部设置干燥的沙土区域，可以让动物表达"沙浴"或"尘土浴"行为，这类行为可以帮助动物清洁体表；展区中应依照动物自然史建造适宜的地形起伏，对那些善于攀爬登高的山地羚羊类来说，高耸的树桩和大块的岩石都能让动物展示出令人惊叹的攀爬行为。

高耸的攀爬结构不仅为动物创造了展示行为的机会，同时也提供了站在"山顶"环视周边环境的视角，结构表面还能为动物提供磨角或蹭痒的机会。展区中的乔木用木板包裹树干，可以减少动物破坏，在树周围埋置粗大树桩，或采用"轮胎树基"的方法埋置树桩，则会形成"可对抗"的丰容物。

与其他动物一样，所有应用于有蹄动物的丰容项目在运行前必须经过安全评估，在评估时需要特别注意丰容物或组件是否会缠住动物角或头部造成动物"缢亡"；多数有蹄动物纤细的四肢也容易嵌入地面或隔障面缝隙造成骨折；有些物种会啃食展区内的木质材料设施，所以在动物可及的啃咬范围内不能使用防腐木，以免残留物造成动物中毒。除了安全方面的考虑，还要特别注意不能因为丰容项目的运行给动物带来过大的压力。有蹄动物天性机敏、谨慎，往往会把任何看起来"很新鲜"的事物当做威胁，所以在放置可能引起动物警觉的丰容物时，位置不能正好在动物必经之路附近。例如不应该把一个颜色鲜艳的大塑料桶喂食器放在进出缓冲区的门口附近，以免给动物造成过多压力，并可能影响饲养员正常的操作流程。为了让动物逐渐适应这些"新鲜事物"，可以先将丰容物先放置在展区周边，让动物看到并逐渐熟悉。当动物不再表现出恐惧时，再将丰容物移入展区之内。坚持这样的操作可以让人工圈养环境中的有蹄动物逐渐适应不断变化的环境因素，并在偶尔的突发事件面前保持足够的平静，例如展区中突然落下一段干树杈，或者突然有游客违反规定闯入展区拾取掉落的物品等。突发事件不可预测，我们能做的只有在日常工作中不断通过丰容项目的运行和脱敏训练来使动物获得掌控环境的自信，以拥有应对突发事件的能力。

（三）动物园中验证有效的丰容项举例

1. 鹿

○ 玩具/动物可以操控摆弄的丰容项——树桩、树干、轮胎（不含金属轮圈）、小型硬质塑料球、中型硬质塑料球、纸板箱、金属链条、大型塑料桶、纸糊的玩具、松塔、空的饲料包装袋、有盖子的桶、椰子壳、保龄球瓶、鹿的干角、PVC管。

○ 食物丰容——冷冻食品、藏匿食物、面包、花生酱、果酱、燕麦粥、玉米薄饼、蜂蜜、冰块、水果串、水果、蔬菜、南瓜、赤杨、枫木、杉木、竹子、柳树、苹果树、梨树、山梅花、山茱萸、松树、花生、嫩玉米笋、葡萄、白杨树、胡颓子。

○ 感知丰容项——柠檬皮、柑橘皮、韭黄、鼠尾草、迷迭香、芫荽、生姜、胡椒粉、肉豆蔻、小茴香（孜然）、甜胡椒、丁香、猫薄荷、草皮卷、鹿裘皮、稻草、园艺护根、松木刨花、阔叶木刨花、树叶、干土壤、沙子、树枝、展区设施打乱重摆、能够发出声响的东西、同类动物发出的声音、猎物发出的声音、天敌发出的声音。

2. 长颈鹿

○ 玩具/动物可以操控摆弄的丰容项——树桩、树干、小型硬质塑料球、纸板箱、大型塑料桶、纸糊的玩具、松塔、空的饲料包装袋、有盖子的桶、塑料蛋筐、塑料瓶、椰子壳、保龄球瓶、鹿的干角、PVC管。

○ 食物丰容项——整个西瓜、冷冻食品、悬挂食物、藏匿食物、面包、花生酱、果酱、燕麦粥、果冻、蜂蜜、冰块、水果串、水果、蔬菜、南瓜、赤杨、枫木、杉木、竹子、柳树、苹果树、梨树、山梅花、山茱萸、松树、嫩玉米笋、葡萄、白杨树、胡颓子、玫瑰。

○ 感知丰容项——柠檬皮、柑橘皮、羽毛、韭黄、鼠尾草、迷迭香、芫荽、生姜、胡椒粉、肉豆蔻、小茴香（孜然）、甜胡椒、丁香、大蒜粉、香水、猫薄荷、草皮卷、狗咬胶、Kong、鹿裘皮、稻草、园艺护根、松木刨花、阔叶木刨花、树叶、干土壤、沙子、小块岩石、刷子、树枝、展区设施打乱重摆。

3．斑马

○玩具/动物可以操控摆弄的丰容项——树桩、树干、轮胎（不含金属轮圈）、小型硬质塑料球、中型硬质塑料球、纸板箱、金属链条、大型塑料桶、纸糊的玩具、松塔、空的饲料包装袋、呼啦圈、有盖子的桶、塑料蛋筐、空垃圾桶、塑料瓶、椰子壳、保龄球瓶、鹿的干角、PVC管。

○食物丰容项——整个西瓜、冷冻食品、悬挂食物、藏匿食物、花生酱、果酱、燕麦粥、果冻、玉米薄饼、蜂蜜、冰块、水果串、水果、蔬菜、南瓜、赤杨、枫木、衫山木、竹子、柳树、苹果树、梨树、山梅花、山茱萸、松树、嫩玉米笋、葡萄、白杨树、胡颓子、玫瑰。

○感知丰容项——芥末籽、柠檬皮、柑橘皮、羽毛、韭黄、鼠尾草、迷迭香、芫荽、生姜、胡椒粉、肉豆蔻、小茴香（孜然）、甜胡椒、大蒜粉、杏仁精油、香水、猫薄荷、草皮卷、Kong、鹿裘皮、稻草、园艺护根、松木刨花、阔叶木刨花、树叶、干土壤、沙子、大块岩石、小块岩石、刷子、树枝、展区设施打乱重摆、能够发出声响的东西、同类动物发出的声音、天敌发出的声音。

三、行为训练

（一）合作行为训练

有蹄动物日常行为训练不仅能够大幅度提高管理效率，同时也是保障动物福利的有效措施。一般来说，共性的训练目标，即期望行为主要围绕两方面：首先是缩减逃逸距离，在动物和饲养员之间建立信任关系，减少日常操作给动物带来的压力；另一方面是合作行为，主要体现在动物个体或整个群体听从指令高效串笼。对于那些具有一定训练基础的动物园，会更加追求动物个体对特殊设施的适应和掌握合作行为，例如训练长颈鹿进入狭小的训练笼，接受饲养员和兽医进行抽血或修整蹄甲的操作。通过查阅大量的关于有蹄动物训练的文献、视频、网站等资料，我们可以进一步了解其他动物园的先进训练技术和手法。实践证明，科学应用训练原理和操作技术，可以教会这类敏感的动物类群接受串笼、进入转运笼、采血、超声波检查、采集精液、蹄甲修整甚至獠牙修饰。实现以上训练目标，也许都会遇到同样的难题：使用哪种刺激才是对动物最有效的强化物？由于有蹄动物的采食策略决定了它们一天中总在不停地进食，对于"常规"食物没有足够的"热情"，换句话说就是只有更新奇、更可口的饲料才有可能发挥强化作用，对有些物种来说，食物所发挥的强化作用甚至不及其他方式的刺激。一般情况下，含有浓缩营养的颗粒饲料、鲜嫩的枝叶、切成小块的水果或其他类型的商品饲料（例如为叶食性灵长动物开发的猴子饼干等）都能够作为强化物。在选择哪种食物用于动物物种或个体之前，兽医和营养师需要与饲养员共同制定食物强化物的种类和数量，例如保证高糖的水果切块不超过安全定量，或者避免使用对动物有毒的食物，例如洋葱对绝大多数有蹄动物来说都是有毒有害的。在这方面广泛参考行业内的文献和参照该物种饲养管理指南能够起到事半功倍的效果。

越来越多的实践表明，对某些物种来说，触觉刺激所发挥的强化作用甚至大于食物强化物。前提是饲养员近距离接触动物、抚摸动物、刷拭动物体表的操作应建立在动物

357

对饲养员的信任之上，否则只会给动物造成压力。抚摸、刷拭、轻轻拍打动物体表等不同形式的触觉强化物对猪科动物、貘科动物和各种犀牛都能发挥显著的强化作用。北京动物园在对几种貘的行为训练过程中，主要使用触觉强化手段，拍打、轻挠动物身体的不同部位，或者用刷子刷拭动物体表，都会很快让动物服从指令，完成期望行为，例如在地面侧躺，允许饲养员检查蹄甲，甚至允许兽医从后肢采血。

对有蹄动物蹄甲的维护是动物饲养管理工作中的重点和难点，尽管通过行为训练可以实现一些大型物种，例如长颈鹿、犀牛等自愿接受蹄甲修饰，但对多数中等或小型有蹄动物修蹄任务仍然建议进行麻醉保定。对麻醉保定的依赖并不意味着日常的行为训练重要性的降低，恰恰相反，在日常行为训练建立起来的信任关系的基础上，预先将动物平和地引入训练笼或相对狭小的操作功能空间，能大幅度减少远距离麻醉注射给动物带来的压力。

大多数有蹄类动物身体硕大，行动敏捷，甚至"莽撞"，近距离接触动物，可能会对饲养员造成伤害。在饲养员与动物之间缺少有效隔障时，建议使用长把刷子或夹子给动物提供强化，尽量拉长人与动物之间的距离。同时必须至少两名饲养员执行训练操作，以防不测。对于大型危险动物的训练，则必须应用"保护性接触训练"技术，根据不同物种体型、解剖特点和期望行为类型设计的训练操作面或训练墙是最有效的防护措施。另一方面，有些天生胆怯的动物会始终拒绝在没有围栏隔离的情况下接近饲养员，围栏的存在，会让这些敏感的物种获得一定程度的安全感。

（二）脱敏训练

有蹄动物成功进化的途径就是通过与捕食者之间保持距离来免于伤害，即使是那些长角的物种，例如羚羊类、鹿类等，它们的角也主要用于求偶争斗而不作为防御天敌的武器，除非捕食者将动物逼入绝境，否则所有有蹄动物都会通过逃跑的方式躲避敌害。这一点是物种的天性，被牢牢写在基因里，并不随着圈养下生活环境的变化而消失。尽管动物园中的有蹄动物会逐渐适应人类的接近，但动物逃逸距离的变化一定是基于个体以往与人类接触的经验所产生的结果，也就是说：动物逃逸距离的变化，是动物基于操作性条件作用途径的学习结果。优秀的饲养员会通过科学应用正强化训练方式在动物和人之间建立信任，并在此基础上根据物种的天性和行为管理的需要进行脱敏训练，逐渐缩短靠近动物的距离。必须认识到，动物这种逐渐容忍饲养员接近的行为变化是后天学习的结果，并不能彻底改变印在基因中的物种生物学特性。长期建立起的信任关系也许瞬间就会由于某些不可预知的刺激而遭到破坏。在日常工作中，饲养员应密切关注动物行为与环境因素之间的联系，审慎检讨个人的操作习惯，预判或减少那些不可控刺激。特别需要注意的是在进入展区操作时，切勿无意间将动物逼到死角，或因行进路径不当导致某一个体与群体隔离，这两种状态都会使动物在压力下做出极端行为，或冲撞围栏，或攻击饲养员。

动物往往对可预见的刺激表现出更大的耐受力，饲养员每次在进入展区或不得不接近动物进行操作时，需要给动物预先提供一个信号，摇晃一下钥匙串发出声音，或者用钥匙轻轻敲打几下兽舍门，或者吹几声口哨、轻声咳嗽几声等，如果需要推车进入展区，最好用清扫工具敲打车身发出特殊的声音，饲养员随后现身或接近动物，重复出现多次后，会有效减少动物突然逃逸引发的伤害。饲养员在动物视野内接近动物也应慎重选择路线，一般采用"之"字形的折返路线逐渐靠近，让动物能从容躲避，多数时候动物会在天性的驱使下选择融入同类群体。

除了日常操作中接近动物时注意言行外，饲养员还应该主动进行脱敏训练，特别是对那些刚刚引入展区、尚未与饲养员建立信任关系的动物个体。以逐渐缩短逃逸距离为目标的脱敏训练，对动物的期望行为是保持安静，当动物在间距逐渐缩短的情况下保持不动时，饲养员适时给予响片或哨音，同时止步，此时"停止接近"这个行为对动物来说就是强化物。为了加速训练进程，饲养员可以紧接着给动物提供食物作为奖励。提供食物后，饲养员应退后、离开训练现场。下次训练时，可以少量缩短与动物之间的距离，然后同样以"停止接近"和"提供食物"结束这一轮的训练。循序渐进的缩短逃逸距离是脱敏训练成功的关键，这种训练过程就是在教授动物：在饲养员接近的情况下保持不动就"对了"。按照计划逐步实施的脱敏训练会迅速在动物与饲养员之间建立信任关系，有必要强调的一点是信任关系不等于动物完全不惧怕饲养员，动物与人"过于亲密"的举动也可能会对饲养员造成伤害。

（三）串笼训练及运输

谨慎的天性使得有蹄动物对陌生物体总是保持警惕，进入转运笼箱的狭小空间对它们来说是严峻的挑战，最佳的转运程序应从行为管理的多个组件同时入手，特别是在设施保证方面应该做到未雨绸缪。在兽舍内与缓冲区之间、缓冲区与展区之间或展区内设置训练通道，让动物平时逐渐适应在狭小空间停留。日常行为训练，特别是目标接触训练能缓解动物的恐惧，在必须实施转运时，从通道的狭小空间内使动物进入转运笼箱会大大提高转运效率。或者在确定需要转运时提前将笼箱放入展区中让动物熟悉，减少压力，在动物进入笼箱后注射镇静剂也能减少因惊恐可能引发的伤害。食物诱导往往在几天内就能达到效果，但这种诱导方式类似于"欺骗"，笼箱突然关闭时的恐惧感会让动物在未来对笼箱产生更大的抗拒。

四、群体构建

多数动物园都认可将有蹄动物组成群体饲养的方式是满足动物福利的需要，也是一种最好的丰容手段。生活在群体中的个体会获得更大的安全感，成员之间的社群互动也能让动物有机会表达更多的自然行为。同一物种群和多个物种混养都会产生类似的效果，越来越多的现代动物园开始采用经过谨慎选择后的多物种混养方式展示有蹄动物，以期全面传达动物所承载的环境信息。世界动物园与水族馆协会会员机构编著的物种饲养管理指南或物种合群建议文件中，提供了大量专业建议，这些建议都来自于动物园成功的有蹄动物混养实践。当然在这些专业资料中也会强调混养带来的风险，并同时提供处理这些风险的对策。综合应用行为管理的五个组件往往是面对这些风险最有效的解决途径。

（一）动物引见

了解物种的群居习性和尽量全面的了解物种各种典型行为表现，是实现成功引见的关键。对大多数有蹄动物来说，雌性更容易被群体接纳；将雄性个体引入群体往往伴随着与原有雄性个体之间的争斗，籍此确定其社会地位，即使它被其他雄性打败，社会地位也会高于群体中的雌性个体；幼年有蹄动物在成熟之前不会参与繁殖资源的竞争，所以更容易融入既有群体；成年个体引入既有群体时易产生攻击行为，目的是确定社会地位，重新建立统治层级架构。具体的引见操作实施，请参阅第九章"群体构建"。

（二）繁殖管理

遵循动物繁殖周期进行合群往往更容易成功，此时动物受到激素的影响，参与繁殖成为所有行为动机中的头等大事，对原有社群关系的搅动被暂时忽略，这些"干扰"都不能影响激素发挥的作用。根据不同物种的孕期，调整繁殖合群的时间，可以有效地将产仔时间集中于幼仔成活率较高的季节。敏锐的观察是及时判断动物进入发情周期的重要途径。雌性动物进入发情期的主要表现是阴门肿胀，有时会流出清亮黏液，这种外生殖器的变化甚至会引起群体中其他雌性个体的"爬跨"行为，进入发情期的雌性个体，鸣叫的频率也会逐渐增加；雄性个体进入发情期的外观表现因物种而异，但也遵循普遍的规律，例如毛色、行为举止、鸣叫声音和频率的变化，特别是在接近处于发情期的雌性个体时，会表现出焦躁不安并更具有竞争性，有时甚至会以饲养员为假想敌发起攻击。随着繁殖季节的结束，往往群体中会建立起新的、稳定的社会关系。

五、操作注意事项及操作日程

各个动物园由于气候条件、圈养设施、展示物种、运行目标上的差异，使得有蹄动物饲养管理有各自的要求。无论是对动物采取"松散"的或"严密"的管理方式，都需要饲养员对自己所管养的动物有充分的了解，并具备与单位运行目标相适应的操作能力。物种保护是动物园的终极运行目标，为了实现这个目标，饲养员需要不断地学习和提高——有蹄动物的物种保护在国内的动物园中还没有引起足够的重视。物种保护必须以提高动物个体的福利为基础，对大多数圈养有蹄动物来说，个体福利状态都有很大的提升空间。

1. 行为观察

有意掩饰自身因病弱或伤痛导致的行为异常，以避免引起掠食者的注意，这是有蹄动物经过长期演化具备的生存策略，这种适应哪怕是经过几代人工繁育，仍然会保持。饲养员必须了解这种物种进化形成的行为特点，通过认真观察尽早发现动物努力掩饰下的行为异常。当动物静止不动时，对环境刺激的反应延迟、目光呆滞、耳朵不能竖立等细微的表现都说明动物的身体或情绪出现了反常，甚至处于崩溃的边缘；在行进过程中表现出轻微的跛行、抬起四肢或蹄子着地的频率不均衡等，这些异常往往表示蹄甲或关节出现了问题；动物的粪便外观、组成成分或粪便量的变化，也是判断消化机能是否出现异常的主要观察点，这在群养有蹄的食物丰容项目评估中非常重要。早期的消化系统异常，往往通过轻微的胀气、笨拙吃力的站立/趴卧姿势表现出来。群体中某个个体患病，则可能招致其他个体的攻击行为，所以饲养员一旦发现某个个体受到群体孤立、欺凌而畏缩不前，需要重点观察它的其他行为表现和粪便状态。

饲养员需要通过对物种自然史信息的不断学习和对饲养个体正常行为表现的了解，保持对动物行为细微变化的敏感，将观察中发现的特殊行为或行为异常等信息进行记录并与同事分享沟通。同行间交流的前提是对行为状态的描述统一和对动物身体部位的称谓统一。有蹄动物解剖学范围内有一些特殊的专有名词，特指动物的某身体部位或结构关系，交流双方的理解应保持一致。

早期发现动物的行为异常是防治动物病患的重要途径，近距离观察有助于确切判断病患程度和部位。传统动物园中饲养员只能通过进入展区接近动物才可能确认患病部位，接近过程带来的压力会阻碍动物的行为表现，影响饲养员的观察判断；另一方面，在展区中接近动物，特别是接近处在群体中的某一个体时，饲养员要时刻关注其他个体的行为表现，保证自身安全。现代动物园依靠科学和技术实现行为管理，饲养员接近动物需要有设施设备提供保障，在动物场馆的各个功能区之间搭建连接通道是最常见的观察设施。对于那些刚刚引入到展区中的个体，初期需要持续检视动物的健康状况，连接通道可以保证必要时将动物限制在狭窄的通道内近距离观察。

2. 饲养员安全

有蹄动物会对饲养员造成各种潜在威胁：角和蹄子是它们防御和攻击的有效武器，有力的四肢也会从不同的方向和角度实施攻击：马属动物善于向后踢、长颈鹿善于向前踢；鹿科动物会竖立起身体，同时抬起两只前蹄快速的交替击打对手；骆驼科动物则几乎可以从各个方向踢腿攻击敌人。有些物种，例如野猪、貘、林麝、獐鹿等，具有突出的獠牙或锋利的犬齿，这些武器可以直接对饲养员造成伤害。即使是那些没有"典型武器"的大型有蹄动物，其体量也足以对饲养员造成挤压伤。作为饲养员，应清醒地认识到动物潜在的威胁，时刻保持高度关注。

进入展区前应该先将动物串出，既避免饲养员受伤也减少动物压力，这是设置缓冲区的意义之一。动物进入隔离空间后，饲养员锁闭串门，锁与串门必须足够坚固，以免动物撞开。饲养员在贴近隔离区隔障进行操作时，也应时刻注意动物所在的位置和状态，间隙较大的隔障只能限定躯干，但动物的角、蹄甚至整个头部都可能越过隔障接近处在另一侧操作的饲养员。有案例表明，剑羚的长角可以对勾花网隔障另一侧1米范围内的目标造成致命伤害。

丰容后的展区环境更复杂，饲养员的操作隐患也会增加，比如难以将动物串出，这时只能在不隔离动物的情况下进入展区进行日常管理操作，必须对动物行为保持严密的关注。进入展区之前判断动物的位置和行为趋势；操作完成后马上锁闭操作门。操作过程中，双方相互的观察、判断和各自的行为举止都会影响对方的行为，饲养员应当预先选择躲避攻击的逃离路线。当动物处于发情期或其他的狂躁状态时，至少需要两名饲养员同时进入，一人负责饲养操作，另一人负责观察动物并保证操作人员的安全。几乎所有有蹄动物都对进入到展区内的人员数量非常敏感：人员越多，动物与人群之间保持的距离越远，因此两名或两名以上的饲养员进入展区会更有效的保证操作安全。当饲养员遇到任何不确定因素或预感到威胁时，一定要寻求同事的帮助。

平时允许饲养员接近的动物个体在经过一次严重的负面刺激以后，可能一段时间内都不再对饲养员的接近表现出"容忍"。这些负面刺激可能包括：受到群体中其他个体的严重攻击，一次狂风暴雨的天气剧变，严重的施工干扰，或者一次不愉快的兽医诊疗处理。除了这些负面刺激以外，季节变化、动物群体社会关系变化和繁殖期激素水平的变化……都会改变动物对饲养员接近自己的容忍程度。雄性有蹄动物，特别是性成熟的雄鹿，在发情期会变得极具攻击性，此时应严禁饲养员单独进入展区进行操作。展区的空间大小和动物社群构成因素同样会影响动物行为，独自生活在狭小空间的动物比那些群体生活在开阔空间的动物更具有攻击性。

操作粗暴或举止莽撞的饲养员常常引起动物惊逃甚至直接引发攻击行为。饲养员在操作时应集中精力、谨慎操作，注重自身的行为举止，这不仅是职业道德和操作规范的要求，也是对自己安全负责的工作方式。当面对动物攻击时，耙子、扫帚、手推车都是饲养员可以运用的防御工具，需要注意的是饲养员的防御有时也会刺激到动物展开更猛烈的攻击。

当动物逐渐习惯于饲养员进入展区后，可能会主动接近饲养员以获得食物或关注。尽管这种接近有利于饲养员近距离观察、接触动物，但仍然不能忽视有蹄动物自身的物种特点。进化结果使得有蹄动物随时都可能因为一些人类不注意的刺激而受到惊吓突然改变行为模式，这种"毫无征兆"的突发行为往往会对饲养员造成伤害。为了避免动物过于接近饲养员，在每次清理展区，特别是清理喂食点附近时不要同时添加饲料，应先完成所有清理任务，然后携带饲料再次进入展区，迅速添加饲料并离开展区，使"饲料供应"与"饲养员出现"的时间重叠尽可能缩短，以避免动物将饲养员长时间停留和食物之间建立关联。

动物园中发生过的有蹄动物伤害事件记录中包括：

○ 野驴——严重的咬伤、踢伤。

○ 斑马——严重的咬伤、踢伤。

○ 貘——严重的咬伤。

○ 犀牛——冲撞伤害、踩踏伤害、犀牛角刺伤、咬伤。

○ 驼科物种——喷射强刺激性的消化道内容物、严重的踢伤和咬伤。

○ 羚牛——利角挑伤，生殖器严重损伤、下肢严重受伤。

○ 牦牛、水牛、野牛——猛烈地冲撞攻击、挑刺和足踢造成严重伤害。

○ 河马——冲撞和严重的咬伤，育幼期的雌性河马的防御性攻击行为会造成致命伤害。

○ 长颈鹿——冲撞伤害、用头部和颈部攻击、严重的踢伤。

○ 野猪——严重的冲撞伤、獠牙刺伤。

○ 各种山羊、绵羊——严重的角撞击伤。

○ 各种羚羊——严重的角刺伤。

○ 多种鹿——严重的角刺伤、前肢拍击伤。

○ ……

3. 卫生清扫

有蹄动物的采食习性决定了展区日常清理的重要性。以粪便为传播途径的各种寄生虫疾病、其他传染病病源会长期存在于展区地面和卫生死角中，这些隐患随时可能因为环境变化、动物身体状况的变化而感染某一个体或造成群发疾病。在取食槽和饮水点周边的粪便必须每天彻底清理，全部展区的粪便清理打扫对那些在地表取食的动物，例如斑马、犀牛等物种来说尤其重要。多数有蹄动物的粪便都呈颗粒状集中散布，使用细齿耙子就能将粪便从展区中清理出去；如果由于清理不及时，粪球被践踏散碎则必须使用扫帚清理展区。使用时应避免造成扬尘，否则将影响饲养员健康并使游客参观体验大打折扣。及时清理粪便需要展区设施保障，最有效的方式是在展区中建立缓冲隔离区，以便将动物串开后饲养员进入展区清理粪便。动物不在展区中，饲养员不仅能够安全从容地清理粪便，还能开展丰容项目。缓冲区的设立，是行为管理五个组件综合应用的基础，在此基础上优化操作规程，才能为动物创造更多表达自然行为的机会，有效提高展示效果。

多数情况下日常对有蹄动物室外展区的清理都不必进行冲刷，冲刷后地面积水会缩短垫材的使用寿命，并可能造成动物滑倒。土质地面积水会造成局部松软、泥泞，动物踩踏后的崎岖地面形成隐患。每次按照消毒规程进行作业时，应将动物转移到缓冲区内，待展区地面干燥后再将动物放入。对于那些粪便不成形的动物，例如河马、貘和犀牛等，展区硬质地面区域需要进行冲刷清理，此时同样需要将动物串到隔离区。在日常行为管理形成规律后，动物的代谢规律也会逐渐随之变化，饲养员应尽快摸索，以便掌握有效的清理时机，避免粪便被踩踏后难以清扫。

4. 畜牲学在动物行为上应用

有蹄动物的天性是通过与掠食者之间保持足够的安全距离，在人工圈养条件下，动物有时会将饲养员当做捕食者，这也许与人类的圆形瞳孔与大多数捕食者的瞳孔形状一致有关。所以当饲养员逐渐接近有蹄动物时，动物会本能地闪躲、后退并保持一定的安全距离。一般情况下，影响动物行为的三种因素分别为动物的解剖学特点、动物天性以及动物既往的行为经验。天宝·贾兰汀（Tample Grandin）在家牛运输中提出了"低应激操作"（Low Stress Handling，简称 LSH）技术来控制动物的行进方向，以保证动物福利的落实。"低应激操作"也称为"温和操作"技术，这项技术不仅可以应用于在日常饲养操作中控制动物的行进方向和进程，同时也适用于有蹄类动物从展区逃逸后平和地将动物引导回到展区。

天宝·贾兰汀分别从影响动物行为的三方面解释了LSH技术应用的原理。在这里可以简单地归纳为几条：

〇 眼睛位于头部两侧，拥有近300°的视角，仅仅在后方存在小角度的视觉盲区。

〇 单眼视觉不能有效判断距离，所以它们会转动头部，尽量将掠食者置于双眼视觉范围内，以便精确地判断距离。

以上两个解剖学特点，使有蹄动物在感到威胁时的行进路线往往是以饲养员为圆心、以安全逃逸距离为半径的圆弧。饲养员应该在逃离区域边缘进行操作，并避开动物身后的盲区。逃离距离取决于三个因素：人员的数量；人员操作素质；动物的遗传性（不同动物对受胁距离的容忍度不同）。

〇 躲避掠食者的天性决定动物的逃避方向，做出向前逃还是向后逃判断的关键点称为"平衡点"，一般位于两肩胛骨连线的延长线上。当掠食者从平衡点之前靠近，则动物向后逃；当掠食者从平衡点之后靠近，则动物向前逃。

○躲避的目的是保持一定的安全距离，当掠食者进入安全距离时，动物开始逃逸；当掠食者处于安全距离以外时，动物保持不动。

想让动物朝着期望方向前进时，饲养员需要位于平衡点后方与动物身体轴线呈45°～60°的范围内，在逃逸距离半径的控制线附近进行操作，动物向前移动时饲养员退出控制线，动物移动速度变缓或停止时饲养员进入控制

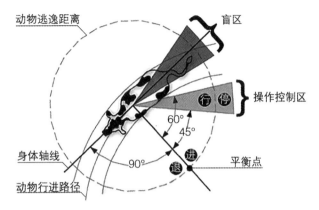

图15-3　LSH技术应用图解说明（仿天宝·贾兰汀）

线。如果饲养员站在了平衡点前方的逃逸半径以内，动物会后退（图15-3）。

当需要将动物驱赶到某个区域时，饲养员可以依据LSH技术原理，用变换自己位置来操控动物行进。

5. 动物保定——物理保定

在某些情况下，还是需要对动物进行保定来实施进一步的操作，例如医疗检查或蹄角修整。无论是化学保定还是物理保定，都会给有蹄类动物带来巨大压力，这种压力甚至可以导致动物损伤、衰竭，甚至死亡。动物的身体状况、饲养员操作的熟练程度和环境噪声、天气条件都会直接影响保定的效果。最基本的原则是饲养员在每个操作环节中都时刻注意自身行为可能对动物造成的压力，减少一切不必要的行为，高效、安静地实施动物保定；在炎热的天气条件下，严禁对有蹄动物进行保定操作。

对于小型有蹄类动物，特别是那些体重小于15公斤的个体，采用徒手捕捉和把持保定的方法更有效，比使用网兜或扣网捕捉可能造成肢体损伤更安全。徒手捕捉的动物体型上限一般为体重不超过45公斤，体型更大的物种或个体需要辅助设施的应用，并且需要娴熟的操作技巧和团队合作。通过LSH技术将动物引入相对狭小的空间，例如缓冲区或室内兽舍中，利用动物沿边缘活动以躲避饲养员的行为特点迅速实施捕捉。成功捕捉到动物后，饲养员应将手放在动物腹股沟的位置使四肢抬离地面，以免挣扎伤及四肢或蹄子。牛科动物的角是牢靠的把持部位，但也不能猛力旋转，以免造成角鞘脱落，对于那些幼年、角鞘生长未成熟的个体，则更应小心谨慎；鹿科动物的角每年会定期更换，在鹿角生长期用力持握会造成未完全骨化的鹿角断裂，临近脱落的鹿角也会因为外力而提前脱落，所以在捕捉鹿科动物时，应结合鹿角的发育阶段决定是否抓握或把持鹿角。

在国内动物园中，岩羊、盘羊、斑羚等有蹄类都是常见物种。这些自然生活在高原山地的物种在动物园的有限环境中几乎都存在蹄甲过度生长的现象。对待这类情况除了应用环境物理丰容加强磨损和控制日粮成分中的蛋白质含量以外，往往还需要借助定期的人工修饰。相对于麻醉保定，采用徒手捕捉和保定的方式对中小型有蹄类动物来说风险更小。在开敞的展区中捕捉动物风险很大，且需要多名饲养员协作完成，捕捉过程对动物个体造成很大的应激。在展区中设置笼道，并根据展示物种的体型，参考畜牧业中

运用的食草动物压缩笼技术,在笼道中设置保定压缩笼可以有效减少保定对动物造成的压力。

对大多数敏感、胆小的有蹄动物来说,群居生活本身足以让它们获得安全感和舒适感,并不需要过多的通过行为训练刻意使它们接近饲养员,与人类保持一定距离才不会在遇到突发状况时动物应激而伤及饲养员。当需要对动物进行体检、修蹄等工作时,可以使用特殊设计的设备、工具等辅助设施来快速完成有效保定。最稳妥、安全的保定措施是使用特殊设计的保定通道,通道内设置一段陷落地板夹道,可以有效、迅速、安全的从群体中对某个个体进行保定。

天宝·贾兰汀对食草动物,特别是家牛的保定和转运进行过详细的论述,并从动物的解剖学特点、天性等方面进行了科学的解释,这些理论值得每一名饲养员认真学习。她对既往行为经验对动物行为的影响也进行了论述,提示我们在动物首次接近某种"危险"的设施、设备时,不要操之过急,以免给动物留下负面经验,影响日后的行为管理。

6. 避免投喂

避免投喂与有蹄动物的健康和行为管理关系尤为紧密,有效避免游客投喂必须依靠合理的隔障设计,保证游客不能将食物直接递给动物可以大大减少游客投喂动物后的感受,所以在游客与动物之间至少需要保持1.5米的隔离距离,如果行政允许还应该执行游客入园检查制度,从源头阻止携带食物。只强调"加强巡视和劝阻"的措施往往收效甚微,但仍有必要,这只能仰赖饲养员的责任心。随意投喂会使动物营养摄入失衡,损害身体健康;对丰容项目失去参与兴趣,自然行为缺少表达机会;被游客的食物强化,正常的行为训练计划难以开展,无法进行科学的日常操作管理,使得行为管理的多个组件难以实施。游客投喂对动物造成的损害不仅是身体方面的,也包括行为和心理方面,必须加以杜绝。

小 结

长期以来,有蹄类动物作为最普遍的饲养类群支撑着动物园的展示规模,但遗憾的是由于对这类动物的认识有限,传统的管理手段过多参照家畜的饲养方式,忽视了作为野生动物特有的以物种自然史以及行为管理为依据建立科学的展示方法和操作规程,致使多数动物的福利状况没有得到保障。这种状况随着近些年大批"野生动物园"的仓促上马而愈演愈烈,新开放的"野生动物园"往往大量引进有蹄类动物,意图实现更加具有"野性"的展示效果,为了追求动物展示的"大场面",盲目地追求多物种混养展示,或将新的个体引入既有群体的过程简单粗暴,都会造成严重的后果。即使在一些历史较长的动物园中,也往往将有蹄类动物等同于"牲口"看待,而不花心思学习了解不同物种的自然史知识和特殊需求,很少有动物园会针对这个类群展开系统的行为管理。这种现状导致的结果就是动物福利水平低下、频繁更新引进、展示效果混乱和游客获得的负面参观体验。在公众日益关注的促进下,动物园必须尽快改变。

附录 国内动物园中常见有蹄类动物物种自然史信息表

1. 白犀

<table>
<tr><td rowspan="9">背景知识</td><td>动物名称</td><td>白犀 Ceratotherium simum
White rhinoceros</td></tr>
<tr><td>保护级别及濒危状况</td><td>近危（2011）；仅指名亚种的南非和斯威士兰种群为CITES附录Ⅱ，其余种群均为附录Ⅰ（2017）</td></tr>
<tr><td>分布区域或原产国</td><td>指名亚种（南方亚种）主要分布在南非；北方亚种濒临灭绝</td></tr>
<tr><td>野外活动范围（栖息地和领域）</td><td>栖息于开阔的疏林草原，避开茂密林地。喜欢地势平坦、湿度适中、有水源的生境。
领域面积因地区、生境条件、种群密度、性别、季节等因素差异较大。雌性领域面积一般大于雄性。环境较差的地区面积较大。
雌性领域面积可达10~69平方公里；雄性11~50平方公里。个体大部分时间都在领域的核心区域内活动，雌性领域核心区的面积为3~10平方公里；雄性0.8~4.2平方公里。
稳定水源经常位于多个领域的边缘。旱季水分缺乏，雄性会沿固定路径前往水源地</td></tr>
<tr><td>自然栖息地温湿度变化范围</td><td></td></tr>
<tr><td>动物体尺、体重范围</td><td>体长：3.4~4.2米。
体重：雄性2000~2300公斤；雌性1600~1700公斤</td></tr>
<tr><td>动物寿命（野外、圈养条件）</td><td>野外：40~50岁</td></tr>
<tr><td>同一栖息地伴生动物</td><td>牛羚、水牛、斑马等食草动物</td></tr>
<tr><td rowspan="4">动物的生物学需求</td><td>活跃时间</td><td>全天活动，活跃时间约占50%。晨昏较活跃，中午通常在高草丛中等遮蔽处休息，夜间休息和觅食交替进行。
休息时间随季节和天气发生变化，天热时白天休息时间可长达8小时</td></tr>
<tr><td>社群结构</td><td>雌性带幼仔共同生活，一般在第一次产仔地附近建立固定领域。
未成年个体组成群体（没有幼仔的雌性有时也会加入），它们的活动区域不固定，通常会扩散到出生地之外。这些群体有时汇合成大群，共同休息和觅食。
成年雄性个体通常独居。优势雄性占据领域后，允许雌性和亚成体雄性进入，驱赶入侵的成年雄性。成年雄性的优势、从属地位会发生转换，平均占据一块领地的时间超过五年。在环境条件不利时，有些雄性会暂时离开自己的领域，之后返回；有些会更换领域。
繁殖期，配偶共同生活1~3周，如果其间雌性想离开，雄性会追逐和阻止。雄性还通过排泄物、用角在植物和地面刮蹭来标记领域，雌性没有领域行为。
雄性个体的领域之间一般不重叠，雌性之间及雄性和雌性个体的领域重叠较多</td></tr>
<tr><td>社群规模</td><td>2只（雌性带幼仔），最多十几只个体</td></tr>
</table>

动物的生物学需求	食性和取食方式	草食性。 用宽大、呈方形的上唇取食贴近地面的矮草。旱季时会更多地吃较高的草。 主要在晨昏觅食。食物较丰富时，觅食活动减少。 几乎每天都要饮水，旱季需要走数公里去水源地，可以3~4天饮水一次
动物的行为需求	动物主要行为方式和能力	走的时速为每小时3~3.8公里。 小跑的时速可达29公里/小时，能维持数公里。 雄性被激怒时，短期最快速度可达50公里/小时
	繁殖行为	雌性6~7岁开始繁殖；雄性10~12岁（圈养条件下雌雄4~5岁即可繁殖）。 全年繁殖，旱季早期（5~7月）较多。 妊娠期16~18个月。 每胎产仔1只。 两胎间隔2~3年
	育幼行为	雌性提前寻找好有茂密灌丛或高草的僻静处产仔。 幼仔1~2岁断奶。 遇到危险时，母兽会保护幼仔的安全。母兽和幼仔共同生活到下一胎出生后将其赶走。但在密度较低的群体中，雌性亚成体可能会再次回来共同生活
	攻击或捕食行为	个体间真正的争斗很少，遇到威胁或保卫领域时，主要的攻击性行为包括：用角刺和顶撞、用头颈和身体挤压、驱赶等。 对其他物种的攻击性较小
	防御行为	遇到威胁时，雄性通常会先摆出头部压低、耳向后的姿态，并在地面摩擦角，发出喷鼻声等
	主要感官	嗅觉：非常灵敏，能闻到800米外人类的味道。 视觉：较差，对活动物体更敏感。 听觉：灵敏。 触觉
	交流沟通方式	气味：雄性用粪便和尿液在领域边缘进行标记。 可能用气味标记和追踪行走路径。 叫声：通过各种叫声保卫领域、进行联系、表达威胁、驱赶、恐惧、警戒等。发情期雌雄个体、母兽和幼仔间也均通过叫声交流和联系
	自然条件下行为谱和各行为时间比例	睡眠时间10小时左右，其他主要行为是觅食和休息。 幼体及亚成体有个体和群体玩耍行为，包括用角争斗和追逐
	圈养条件下行为谱和各行为时间比例	
	特殊行为	喜欢在沼泽中泥浴，以降低体温和驱除身体上的寄生虫

2. 白长角羚

背景知识	动物名称	白长角羚 *Oryx dammah* Scimitar-horned oryx

续表

背景知识	保护级别及濒危状况	野外灭绝（2016）；CITES I（2017）
	分布区域或原产国	曾广泛分布于非洲北部，特别是撒哈拉的干旱地区。现在被认为已经在野外灭绝
	野外活动范围（栖息地和领域）	干旱草原、荒漠和半荒漠地区
	自然栖息地温湿度变化范围	有很多适应炎热干旱气候的生理特征，如特殊的肾脏减少尿液中水分的流失，升高体温最高可到46.5℃，使得在这个气温以下的散热过程不会因出汗而失水
	动物体尺、体重范围	体长：1.6~1.75米。 体重：180~200公斤
	动物寿命（野外、圈养条件）	可达20岁
	同一栖息地伴生动物	
动物的生物学需求	活跃时间	昼行性。 寒冷的清晨和夜晚，在树下或灌丛下休息，或卧栖在用蹄子挖出的土坑中
	社群结构	一般生活于较小或较大的混群中，很少有独居个体。食物较稀缺且集中分布时，群体规模会更大。 群体内雄性存在社会等级。通常由头羊带领群体迁移
	社群规模	群体一般10~40只个体，曾有上千只的大群迁移
	食性和取食方式	植食性。 吃草类、多肉植物、豆科植物的荚果、植物的叶、根和芽，水分缺乏的时候也吃果实。 适应干旱环境，可以从富含水分的植物中获取水，因而能数周、甚至数月不饮水。 在降雨后会行进数公里寻找新萌芽的植物
动物的行为需求	动物主要行为方式和能力	慢走、快走和小跑
	繁殖行为	性成熟年龄雌性为11~30个月，雄性为10~30个月。 机会主义的繁殖者，在环境适宜的时候更多地繁殖。3~10月是繁殖高峰。 妊娠期240~255天。 每胎1只。 每年繁殖一次
	育幼行为	怀孕的雌羊离开群体一周准备产仔。 幼仔出生后数小时即可随羊群活动。母羊喂奶时会离开群体几小时，对幼仔的照顾较少。 3.5个月开始断奶，14周左右可独立生活
	攻击或捕食行为	雄性个体间会互相用头顶撞争斗，有时导致受伤，但一般不会很严重
	防御行为	

	主要感官	嗅觉； 视觉； 听觉； 触觉
动物的行为需求	交流沟通方式	肢体行为和气味： 从属个体会向优势个体做出低头姿态。 雄羊发情时嗅舔雌羊嘴、脸及阴部，舔接雌羊的尿液
	自然条件下行为谱和各行为时间比例	
	圈养条件下行为谱和各行为时间比例	有玩耍行为
	特殊行为	

3. 河马

	动物名称	河马 *Hippopotamus amphibius* Common Hippopotamus
背景知识	保护级别及濒危状况	易危（2008）；CITES附录Ⅱ（2017）
	分布区域或原产国	分布在非洲中南部（撒哈拉以南非洲）
	野外活动范围（栖息地和领域）	河马为半水栖生活。栖息于草原或草地–灌丛生境，常在河流、湖泊等水域中活动。在河流下游和河口及能提供稳定水源的水库中数量较多，也能在沼泽中生活，但在旱季需要有稳定的水源。 河马需要在水中调节体温和保护皮肤，生活的水域水深要有2米左右，以便其全身能浸泡在水中。生境内需要充足的草类食物和淡水供应。如果食物短缺或水源枯竭，能迁移数十公里来寻找新的适宜栖息地。 优势公河马在水域中占据交配领域，领域大小在不同地区差异很大（有的地区沿河岸50～100米，有的沿湖岸250～500米），与种群密度和干旱程度、雌性繁殖周期等有关
	自然栖息地温湿度变化范围	
	动物体尺、体重范围	体长：雌性2.9～4.3米；雄性3.0～5.1米。 体重：雄性平均1500公斤左右。 雌性平均超过1300公斤
	动物寿命（野外、圈养条件）	40～50岁左右，圈养最长记录61岁
	同一栖息地伴生动物	和水牛、疣猪、水羚等多种羚羊在同一地区觅食。 埃及雁、鸬鹚等鸟类停歇在河马头背上，其中牛背鹭等还吃河马身上的寄生虫、水生生物和被惊飞的昆虫。 一些龟类也停歇在河马身上

续表

动物的生物学需求	活跃时间	夜行性。 白天大部分时间浸泡在浅水中（偶尔在泥沼里）睡觉和休息，只将眼睛和鼻孔露出水面。黄昏时上岸，夜间觅食。 活动规律与食物资源、天气等相关。食物稀缺时，早上返回水域前还要多采食数小时；食物资源丰富时，夜晚也会在陆地上的灌丛中睡觉，或在水域休息后再回来继续采食。天气较冷时主要待在水中，或在近岸的地方取食。外界干扰多时，在水中的时间也较长
	社群结构	集群生活，群体内包括优势地位的公河马、母河马及后代（最多带四只），也有一些从属地位的亚成体。但只有母子关系是稳定的，其他成员会发生变化。除了母河马带着幼仔外，其他个体都是单独上岸觅食。 成年雄性在水域中占据一定领域，河马在陆地上没有领域性。 成年公河马间为争夺交配权会发生激烈的争斗，获胜者占据领域、控制群体。失败者被迫退出，在栖息地的边缘地带独自生活或组成"单身汉"小群。通常体型大的个体有一定优势。占据领域的时间从几个月到几年不等，最长有20～30年——贯穿了公河马的整个成年期。 个体各自有较固定的家域，不一定仅限于特定领域内。雄性个体的家域之间一般不重叠，雄性和雌性个体的家域重叠较多
	社群规模	2～50只，多为10～15只，也可能在水源缺乏时达到百只以上
	食性和取食方式	食草为主，也吃嫩枝叶和芦苇。生活方式以静止不动为主，代谢率较低，因而食物组成较单一，并可以几周不进食。对植物种类没有选择性，但会选择植被质量相对较高的地方取食。 夜晚沿固定路径上岸觅食，持续时间约5～6小时。一般都在生活水域附近（1～3公里范围内）的陆地觅食，然后再回到原来的水域中。但在食物匮乏时，也会行走数公里去寻找食物，之后就近找水域休息。 进食时头部左右摆动，用角质化的宽大嘴唇拔起植株。种群密度较高时，对草本植被有一定破坏作用
动物的行为需求	动物主要行为方式和能力	在水域中并不是真正的游泳，而是在水底站立或走动，还能多次跳跃露出水面后再潜入水底。 成年河马潜水的平均时间不到2分钟，最长可达5、6分钟。2月龄大的幼仔可潜水约30秒。 在陆地一般缓慢行走，在逃跑或攻击时，短期冲刺速度超过30公里/小时。 尽管体重大但行动敏捷，如果基底牢固，可以爬上陡峭的河岸
	繁殖行为	性成熟：3～4岁（圈养）；雄性6～13岁，雌性7～15岁（野生）。 一夫多妻制，只有占据领域的雄性才可能有交配权。 全年繁殖，但2～8月份（旱季）较多。 在水中交配。 妊娠期227～240天。 每胎产仔1只。 两胎间隔1年
	育幼行为	母河马产仔前离开群体，上岸或在浅水中生产（如果受到干扰会在较深水域），不让其他河马接近幼仔。14天后再重新加入群体。 母河马将幼仔留在灌丛下或水中，独自去觅食，定期回来哺乳。幼仔从1月龄时开始吃植物，到5月龄大量进食。快1岁时断奶。环境条件较差时，哺育时间会延长。 母子间联系非常紧密，母河马经常舔舐、爱抚、清洁幼仔，幼仔有时爬到母河马背上晒阳和休息。母河马产仔前后的攻击性很强，遇到公河马攻击等威胁时，会保护幼仔的安全。

动物的行为需求	育幼行为	幼河马会跟随母河马生活几年。 遇到外界威胁时，群体中的公河马也会保护母河马和幼仔的安全
	攻击或捕食行为	成年公河马间会发生"头对头"的领域争斗，包括用下颚和上面的獠牙互相撞击、推顶、刺和撕咬等。有时能导致严重受伤乃至死亡。旱季资源短缺、群体密度大时，攻击行为更频繁。 河马对其他动物和人类的攻击性也很强
	防御行为	遇到外界侵扰时，整个群体会潜入水中好几分钟，只有头顶露出水面
	主要感官	嗅觉：非常灵敏。 视觉：灵敏。 听觉：灵敏。 触觉
	交流沟通方式	肢体语言：相邻领域的个体间，一般先通过一些仪式化的行为和没有身体接触的争斗来确认边界和保卫领域。其中包括：表达威胁："打哈欠"、呼气、摇头、猛扑、追逐等；张嘴面对入侵者；并排站在水中，边缓慢摆动尾边排泄。表达从属：低头、俯卧、后撤和逃跑等。 气味：个体间通过气味识别，在水下嗅闻尿液感知雌雄个体的繁殖状态。 雄性用粪便和尿液标记领域。通常在夜晚上岸准备去觅食或白天浮出水面后，在去进食的路上或沿岸边排泄，形成很高的粪堆。在遇到其他公河马等威胁领域时，还会一边排泄，一边快速甩动尾巴把排泄物拨向四周。 叫声：河马最常用的交流方式。通过叫声进行联系、保卫领域、表达威胁、警告等。交配时雄性也发出叫声。 在陆地上和水中都能发出叫声，在陆地上相对安静。声音可同时在水面上下传播，最远可达1.6公里以上
	自然条件下行为谱和各行为时间比例	
	圈养条件下行为谱和各行为时间比例	
	特殊行为	

4. 黑尾牛羚

背景知识	动物名称	黑尾牛羚 *Connochaetes taurinus* Blue Wildebeest
	保护级别及濒危状况	无危（2016）
	分布区域或原产国	广泛分布于非洲南部和东部地区
	野外活动范围（栖息地和领域）	主要分布在热带稀树草原生境，特别是合欢稀树草原。 一些群体经常处于迁徙过程中，雨季时遍布各种干旱生境；旱季时则在降雨量较高、有永久水源的生境，如河岸边的短草草原。

续表

背景知识	野外活动范围（栖息地和领域）	喜欢排水良好、含水量适中、质地坚固的土壤，避免湿地和渍水土壤。成年雄性领域面积0.01~0.016平方公里，这些个体间一般相距100~140米。 定居群体的家域面积约为1~1.5平方公里。在旱季、雨季和迁徙过程中分别占据不同的家域。雨季时群体为了更好地进行繁殖，占据的家域最小
	自然栖息地温湿度变化范围	
	动物体尺、体重范围	体长：雌性1.7~2.3米；雄性1.8~2.4米。 体重：雌性165~219公斤；雄性232~295公斤
	动物寿命（野外、圈养条件）	野外：平均20岁。 圈养：平均21岁（最高纪录24岁）
	同一栖息地伴生动物	经常和普通斑马混群，取食很多相同的草类。与瞪羚、转角牛羚、水羚等多种食草有蹄类分布有很大重叠，食物种类接近
动物的生物学需求	活跃时间	一般为昼行性，清晨和下午晚些时候较活跃，中午温度较高的时段用来休息。有时在月光较好的夜晚也会觅食
	社群结构	集群生活，具有一定领域性。 雌性和它们的幼仔组成10~1000只的群；年轻的雄性组成小的"单身汉"群；成年雄性一般独居，在雌性群间游荡。 夜晚时集群休息，除了母子彼此接触外，其他个体间最小间距1~2米。 定居时，集群是固定的；迁徙时，数千只不同性别、年龄的个体组成相对松散的混群，成员会发生变化，只有母子间的关系是稳定的。 决定定居还是迁徙的主要因素是生境中的食物和水，当这二者不能满足需求后，有的群体会迁徙很长距离，去寻找更好的栖息地。 成年雄性具有领域性。一般到4~5岁占据领域并获得繁殖机会，并在领域中巡视，驱赶其他入侵的雄性个体，将它们限定在条件较差的边缘地区。占据领域的时间从几周到几年不等
	社群规模	10只到数千只
	食性和取食方式	主要以快速生长的草类为食，当草较少时，也吃灌木和树的叶子。不同种群的取食偏好取决于季节和不同地区食物的可获得性。 至少需要1~2天饮水一次，但也能适应干旱环境，从富含水分的植物根茎中获取水
动物的行为需求	动物主要行为方式和能力	奔跑时速可达每小时80公里
	繁殖行为	雌性2岁性成熟，雄性3~4岁。 一夫多妻制和混交制。 季节性繁殖，时间由最适气候、食物条件决定。发情期为每年4~6月，是雨季之后草本植物长势良好的时期。大部分幼仔的出生集中在雨季之前的2~3周时间内，同步出生还可以减小捕食者的威胁。 妊娠期7~9个月。 每胎1只。 每年繁殖一次
	育幼行为	雌性在群体中产下幼仔。幼仔出生后数分钟即可站立，在最初几个月的大部分时间都紧紧跟随母牛羚活动。母牛羚保护幼仔不被天敌捕食，雄性也协助保护群体的安全。 4~8个月开始断奶，有的直到1岁才断奶。8个月左右开始离开母牛羚，和同年龄个体组成小群

	攻击或捕食行为	雄性为争夺领域和配偶，会发出吼叫、用足刨地面、用角相互顶撞进行打斗，但争斗一般不会很激烈，持续十几秒到5分钟
	防御行为	遇到威胁时会迅速跑出一段距离，之后再回来，并会重复多次
	主要感官	嗅觉； 视觉； 听觉； 触觉
动物的行为需求	交流沟通方式	气味：母牛羚和幼仔间凭借气味相互识别。 成年雄性用尿液、粪便，以及眶前腺、足腺的分泌物在树木枝干和地面上标记领域。 迁徙过程中，能嗅闻前面个体的足腺分泌物跟上大群。 气味和肢体接触：在其他个体背上摩擦面部和眶前腺；互相嗅闻、摩擦鼻子和颈部。 肢体语言：雄性占据领域时会做出一些仪式化行为，包括：身体竖直姿态站在高处、用角摩擦和撞击树木、用角撞地、用蹄刨地面、打滚及躺下等。 叫声：争夺领域时会发出吼叫。母子间通过叫声相互识别和联系。 叫声传播距离可达2公里
	自然条件下行为谱和各行为时间比例	幼仔有互相追逐、用头顶撞和跳跃等玩耍行为
	圈养条件下行为谱和各行为时间比例	超过50%的时间用于卧息，其次为进食、反刍、移动（主要是走动，其次为跑）和站立（警戒、等待等），另有排便和社群行为等。 有踱步等刻板行为
	特殊行为	喜欢在沙土中打滚

5. 羚牛

	动物名称	羚牛 *Budorcas taxicolor* Takin
	保护级别及濒危状况	易危（2008）；CITES II（2017）
	分布区域或原产国	中国中南部（甘肃南部、四川西部、陕西南部、西藏东南部、云南西北部），不丹、印度和缅甸北部
背景知识	野外活动范围（栖息地和领域）	在不同地区和季节的主要分布生境有：亚高山针叶林、针阔混交林、常绿阔叶林、落叶阔叶林、竹林、灌丛、高山草甸等。 一般分布的海拔范围在1500～3700米之间。有的种群在春、秋季沿海拔梯度进行迁移，冬季下到中、低海拔地区（最低可到1000米的谷底森林），夏季转移到高海拔地区觅食（最高到4000米的高山草甸）。食物的可利用性、温度、天敌和繁殖是这种季节性迁移的主要原因。 冬季选择向阳温暖、坡度较平缓、食物水源充足、有竹丛等隐蔽条件的生境。 秦岭羚牛的年活动范围在35～98平方公里之间，年平均家域约56平方公里。四川羚牛的年平均面积为15平方公里左右。个体家域存在季节性变化，春季和夏季面积较大。个体间、年际间变化也较大

续表

背景知识	自然栖息地温湿度变化范围	
	动物体尺、体重范围	体长：1.7~2.2米。 体重：150~400公斤。 雄性体型大于雌性
	动物寿命（野外、圈养条件）	野外：16~18岁。 圈养：可达20岁以上
	同一栖息地伴生动物	
动物的生物学需求	活跃时间	通常在清晨和黄昏活动最频繁，其他大多数时间都在植被庇荫处休息，有时也会在夜间活动。阴天时可能全天都较活跃
	社群结构	集群生活，具有一定领域性。 雌性（有时也有雄性配偶）和它们的幼仔及其他亚成体组成群体。年轻个体也会组成群。独居个体一般为成年雄性，在雌性群间游荡，偶见独居的成年雌性。 不同规模和结构群体有时会集结成大群，共同迁徙、采食和夜间休息。这些群体相对松散，群内成员会经常发生变化，只有母子间的关系是稳定的。 不同羚牛群体的家域具有一定重叠性，能共同分享分布区内的食物资源，但不会在同一时间、同一地点一起采食。 成年雄性在繁殖期具有领域性。一般到4~5岁占据领域，并在领域中巡视，占据领域的时间从几周到几年不等。雄性通过争斗确立等级地位；雌性也具等级序位，一般随着年龄增长提高
	社群规模	几只到几十只，最多上百只
	食性和取食方式	以禾本科草类、其他草类、灌木和树的枝叶芽、树皮、竹笋为食。采食种类随季节变化。 会沿固定路径有规律地去盐渍地舔食盐碱，并停留数天，母牛舔盐现象更常见。在休息地和采食地之间也有固定的往返路径。 通常在行走过程中取食，几乎会吃掉所有能获得的植物。取食高处食物时会用后肢站立，前肢搭在树干、悬崖上，骑在树干上，或用前肢、头部把树枝压弯、压断；前肢跪地、探头取食位置较低的食物；还会用头将树干撞断，采食上面的枝叶。 取食时用上下唇扯断，或用牙咬断植物枝叶，啃食树皮。 大群会分散成多个小群集群采食。 多在晨昏进行采食，中午一般卧息和反刍
动物的行为需求	动物主要行为方式和能力	平时行动迟缓，需要时可以短距离内迅速移动。 奔跑能力强，能在陡峭的山坡上迅速敏捷地攀爬、跳跃以躲避敌害
	繁殖行为	2.5~5.5岁性成熟。 一夫多妻制和混交制。 繁殖期，群体中的雄牛通过争斗确立了优势地位，拥有优先交配权；当其他发情的雄性独牛进入牛群时，会与原有的优势雄性发生争斗，争夺交配权。 季节性繁殖，每年夏末发情，1~4月产仔。 妊娠期200~240天。 每胎1只（极少情况下2只）。 每年繁殖一次

动物的行为需求	育幼行为	母羚牛常选择上坡位、向阳、有遮蔽，温暖且食物丰富的环境产仔。 幼仔出生后几天即可跟随母羚牛活动。母羚牛通过嗅、舔、摩擦等方式与幼仔进行接触，母子间关系较密切。一周后母羚牛对幼仔的关注度降低。 幼仔9个月开始断奶
	攻击或捕食行为	被逼入绝境时，会用角猛烈地进行攻击。也可能在近距离遇到人类无法摆脱时进行威吓和攻击，造成致命的伤害。 繁殖期，雄性羚牛间先进行仪式化的格斗，包括对峙，喷鼻，用身体、角擦泥和树枝。如果双方都不退让，会发生打斗，用头撞击或用角顶对方身体。野外很少发生打斗行为
	防御行为	发现异常情况后会进入警觉状态：站立不动，四处张望并注意捕捉周围的声音，有时嗅闻周围气味。发现威胁因素后，发出喷鼻声或转身跑动等突发性动作，向同伴发出警告信息。 遇到人类接近时，一般先发出喷鼻声进行威吓，之后主要采取主动逃跑的策略。大群羚牛会分小群逃跑
	主要感官	嗅觉：顺风时也很灵敏 视觉：灵敏，对活动物体十分敏感。 听觉：最为灵敏。 触觉
	交流沟通方式	叫声：在密林中采食和移动时，通过叫声相互联系，告之同伴位置和移动的方向。受惊时，会发出威胁或提示同伴注意周围危险的警告声。雄性发情时发出低沉的吼叫。 气味：发情期的雄牛嗅闻雌牛阴部分泌物和尿液中所含性激素的气味，以判断雌牛的发情状态
	自然条件下行为谱和各行为时间比例	日常行为包括移动、休息、警戒、采食、反刍、修饰、发声、排泄等，另有发情交配、争斗、驱赶、玩要等社会行为。 雄性羚牛繁殖期日间行为主要有采食（60%）、休息（14%）、警戒（10%）和移动（7%）等
	圈养条件下行为谱和各行为时间比例	主要行为是休息（40%以上）、采食（30%左右）、反刍（夏季11%，冬季25%）和运动（6%~7%）
	特殊行为	在寒冷的冬季，有时爬到高地晒阳取暖

6. 岩羊

背景知识	动物名称	岩羊 *Pseudois nayaur* Bharal
	保护级别及濒危状况	无危（2014）；CITES III（巴基斯坦种群，2017）
	分布区域或原产国	分布在中国青藏高原、四川、甘肃、宁夏和内蒙古，向南到不丹、缅甸北部、尼泊尔、印度北部和巴基斯坦北部
	野外活动范围（栖息地和领域）	栖息于海拔范围2500~5500米的高山草甸和林线以上灌丛区的开阔草坡；海拔1500~3000米的山地疏林草原、灌丛和林地等。 一般所在的坡度较缓，但距裸岩或悬崖较近，以便逃脱捕食者的追击。 无树或乔木密度较低，接近水源，远离人为干扰

背景知识	自然栖息地温湿度变化范围	岩羊适应性较强，能忍受从炎热到寒冷大风的各种极端环境条件。喜欢清洁干燥的环境
	动物体尺、体重范围	体长：1.04~1.65米。 体重：雌性32~55公斤；雄性52~75公斤
	动物寿命（野外、圈养条件）	野外：一般4~11岁。 圈养：平均15岁
	同一栖息地伴生动物	
动物的生物学需求	活跃时间	一天中交替休息和觅食，有的在晨昏或中午前后更活跃，夜晚一般在夜栖地休息
	社群结构	独居，也有生活于较小或较大的集群中。 群体大小和季节、栖息地条件、捕食压力及干扰等有关。群体成员会经常发生变化。 群体有单纯的雄性群、雌性群、雌性和幼体及亚成体的群，也有各种性别、年龄混合的家族群
	社群规模	独居，小群体5~30只个体，大集群最多可达400只
	食性和取食方式	以禾本科和其他草本植物、地衣、苔藓等为食。食物中禾本科草本植物的比例有较大幅度的季节性变化（夏季多，冬季少）；另外还随着海拔升高而下降，其他草本植物、灌木枝叶和地衣的比例相应增加。 去溪流等固定水源饮水，冬季主要靠啃食积雪补充水分。 啃食含盐分多的泥土补盐
动物的行为需求	动物主要行为方式和能力	奔跑、攀登和跳跃能力强，原地跳跃至少1.5米高以上
	繁殖行为	1.5岁性成熟，5岁以上的优势雄性占据大部分的交配机会。 季节性繁殖。10月到第二年1月交配，5~7月产仔。不同海拔地区开始繁殖时间有差异，与妊娠期所需高质量食物和获得性有关。 妊娠期160天。 每胎1只（很少2只）。 每年繁殖一次
	育幼行为	有几只雌性暂时照顾多个幼体大群的"幼儿园"现象。 幼仔出生后十几天即可随羊群活动，6个月开始断奶
	攻击或捕食行为	雄性间在争夺舔盐地点或配偶时，有展示身体侧面和用角互相冲撞、驱赶等行为。 雌性个体间偶尔也有撕咬等攻击性行为出现
	防御行为	羊群在休息或觅食时，有一只健壮雄羊在高处警戒，发现天敌或人接近时，就发出尖锐的警告"哨音"，并带领羊群逃走
	主要感官	嗅觉：灵敏。 视觉：灵敏。 听觉：灵敏。 触觉
	交流沟通方式	叫声：遇到威胁发出警戒叫声；繁殖期发出求偶叫声。 气味：雄羊发情期嗅闻雌羊阴部，舔接雌羊的尿液。 肢体行为

动物的行为需求	自然条件下行为谱和各行为时间比例	白天的主要行为有取食（60%左右）、休息（20%左右）、运动和站立（均在10%以下），另有饮水、排便、嗅闻、警戒、发声和繁殖行为等
	圈养条件下行为谱和各行为时间比例	
	特殊行为	

7. 双峰驼

	动物名称	双峰驼 *Camelus bactrianus* Bactrian camel
背景知识	保护级别及濒危状况	国家一级；极危（2008）
	分布区域或原产国	仅分布在中亚的几个狭小区域，主要包括中国新疆塔克拉玛干沙漠东部、阿尔金山北麓、青海和甘肃西北部，蒙古的阿尔泰戈壁
	野外活动范围（栖息地和领域）	生活在干旱的山地、荒漠和半荒漠地区。分布区内地势较为平坦开阔，植被稀疏，以耐旱的灌丛为主，盖度很低，围绕零星散布的水源生长。极端干旱条件下的水和食物资源匮乏，双峰驼的栖息地与水源和作为食物的植被直接相关，被无植物的裸地和沙丘等分割成不连续的"岛屿"。它们常沿固定路线，在水源和觅食地之间不断移动，以便充分利用有限资源。 卧息地一般首选有柔软细沙作为铺垫的地方，同时要有可取食的植被，能避风高大灌丛也是选择因素之一。 存在季节性迁移，秋冬季一般在海拔较低（避风、较温暖、水源食物丰富）的地区活动，春夏季则沿山谷迁往海拔较高的凉爽地带。 没有固定的领域和领域行为，临时家域的面积为50～150平方公里且年际间变化很大
	自然栖息地温湿度变化范围	年均日温差14℃左右，年均温差35℃以上，各地区极端最高温基本都在40℃以上（地表可达70℃以上），极端最低温低于零下28℃。气候极端干燥。 会根据气温调整活动时间，避开高温时段
	动物体尺、体重范围	头体长：3.2～3.5米。 体重：450～680公斤
	动物寿命（野外、圈养条件）	野外：平均30岁。 圈养：最高35岁
	同一栖息地伴生动物	
动物的生物学需求	活跃时间	昼行性，夏季时晨昏较活跃
	社群结构	大部分时间集小群生活，群体中包括成体及幼体或亚成体。 也有单独活动的雄性成体
	社群规模	群体包含的个体数为2～15（平均4～6）

续表

动物的生物学需求	食性和取食方式	杂食性，但主要吃多种荒漠植物，能吃盐生、多刺和苦味植物。食谱很广，对植物的选择与其在生境中的分布、丰富程度和所含养分及水分密切相关，也会随季节变化，以最大限度地利用不同类型的食物资源。在食物缺乏时，可以吃鱼、骨头和肉，甚至吃鞋和帆布等纺织品。 驼峰中贮藏的脂肪使它们能在没有食物的条件下生存很多天。 可以从植物中摄取水分，也能饮用含盐分的水。体内能贮存大量的水，并通过提高体温减少出汗和排尿等水分损失，因而能够数周不用饮水，很好地适应了干旱的荒漠环境。 觅食时比较专注，偶尔抬头四处观望。一般边移动边取食。仅咬取灌木的上部分枝叶，可以避免过度啃食对植物的影响。 冬季会挖掘雪层，寻找下面的食物。 遇到水源时，能短时间内大量饮水，补充体内贮藏
动物的行为需求	动物主要行为方式和能力	适合在较为松软和平坦的地面上行走。 奔跑速度超过40公里/小时，短时间冲刺速度可达65公里/小时。 擅长游泳
	繁殖行为	自然条件下雄性平均5岁（3~8岁），雌性5岁（3~5岁）达到性成熟。 圈养条件下雄性5岁，雌性4岁达到性成熟，营养状况差的会延长一年以上。 一雄多雌的婚配制度，在繁殖期争斗中获胜的雄性可以和多只雌性交配。 季节性繁殖。1~2月交配（有些地区晚至3、4月份，或持续时间更长）。 妊娠期400天左右。 每胎1~2只幼仔（多为1只）。 每两年繁殖一次
	育幼行为	母驼产仔后，给幼仔喂奶并有护幼行为，与幼仔保持很近的距离。 幼仔到2岁（圈养条件下1岁）断奶。 幼仔和母驼共同生活3~5年，至性成熟后分开
	攻击或捕食行为	雄性在繁殖期有吐唾沫、喷鼻和互咬、试图将对方推倒等争斗行为。激烈的打斗会导致受伤乃至死亡。 发情期的雄性对人也具攻击性
	防御行为	发现危险时，先静止不动，观察后确定逃跑路线，迅速集群逃跑。在有的地区会选择平坦、松软地面，并沿坡度下降方向逃跑
	主要感官	嗅觉：非常灵敏，可闻到数公里之外的气味。 视觉：非常灵敏，是感知周围环境的主要途径。 听觉：灵敏。 触觉
	交流沟通方式	叫声：会发出多种叫声。 气味：雄性头后的枕腺在发情期会分泌性外激素，头后仰将分泌物涂擦在身体上，散发的气味能激发雌性发情和引诱发情的雌性。 雌性在繁殖期的分泌物也会引发雄性发情
	自然条件下行为谱和各行为时间比例	白天的大部分时间用于觅食和反刍（分别为6~8小时）
	圈养条件下行为谱和各行为时间比例	主要行为包括：采食、休息、警戒、运动（走、跑和跳跃），这四种行为所占时间比例最多（采食不到30%，其他三种分别为20%左右）；反刍（主要发生在夜间）、排泄、调温等行为所占比例很低（总计不到10%）
	特殊行为	

第十六章 大象行为管理 ··································

大象是进化的奇迹。

根据世界动物园水族馆协会的调查报告，大象是动物园中最引人瞩目的展示物种。然而多数情况下人们只是被大象的伟岸震撼到了而已，实际上我们对大象的认识和了解还远远不足以让我们能够保障大象在人工圈养条件下的生活福利。

人类豢养大象的历史超过4000年，多年以来，对大象采取的管理方法多种多样，不过这些方法有些值得借鉴，而有些则只能产生负面作用。任何有志成为大象饲养员的人，都应该从学习大象自然史知识开始，幸运的话，有可能经过两年的"见习期"的学徒而成为正式的大象饲养员。随着对大象的不断深入了解，动物园行业内逐渐达成了一致：以负强化或惩罚为主的传统行为训练管理手段驯养的大象不仅是痛苦的，更是危险的；只有通过综合运用行为管理的五个组件，特别是采用以"保护性接触行为训练"为主要特色的正强化行为训练手段，在饲养员与动物之间建立起信任关系，才能提高动物福利、保证操作安全。

第一节 大象自然史

一、大象自然史概述

"大象"是现生三种长鼻目动物的统称，它们分别是两种非洲象和一种亚洲象。非洲象包括非洲草原象（Loxodonta africana）和非洲丛林象（Loxodonta cyclotis），以往被当做两个亚种，后独立成种；亚洲象（Elephas maximus）只有一种，按不同分布地和其他自然史特征分为四个亚种：印度亚种、斯里兰卡亚种、婆罗洲亚种和苏门答腊亚种。非洲象与亚洲象很早就开始了各自独立的进化，尽管两类大象看起来差不多，但它们之间的差别其实和我们人类与大猩猩之间的关系差不多。以往受限于对大象自然史认知不足，很多传统动物园将非洲象和亚洲象饲养在同一个建筑空间内，尽管两类动物没有身体上的接触，但视线、气味、声音的互相影响仍然会给彼此造成压力，是一种必须改变的饲养管理方式。

非洲象和亚洲象都是群居动物，社会结构复杂。如果将这种复杂的结构简要总结一下的话，就是大象社群都是"母系氏族社会"，母亲、成年的女儿和幼年大象形成了稳定的基本社群结构，首领是一只最年长的雌象。雄性个体接近成年后会离开象群，并与其他离群的公象组成关系紧密或松散的单身汉群。

非洲草原象是陆地现生体型最大的动物，身高可达4米；亚洲象身高可达3.6米。雄象体型远远大于雌象，随着年龄的增长，大象的体型也不断增长，也就是说，大象一生都在不停地生长。非洲象的耳朵比亚洲象大，形状如非洲大陆版图。两类大象都通过耳朵保持个体间行为、声音方面的交流，也都会通过扇动耳朵降低体温。象牙是特化的上门齿，一生都在不停地生长，必须通过适度的磨损保持功能。雄性、雌性非洲象都具有外显的象牙，而亚洲象只有雄性大象具有外显的象牙，雌性大象象牙往往被上唇覆盖，很少外显。两类大象中，都有少数不具备外显象牙的雄性个体。

象鼻是鼻子和上唇合并延伸形成的，象鼻灵巧、有力，具有多重功能：呼吸、探究环境、与同伴沟通、捡拾、推搡、载物、饮水或者给大象提供淋浴或泥浴，甚至"尘土浴"。象鼻对维持大象的生命至关重要，象鼻的前端都具有类似"手指"的凸起，非洲象有上下两个，亚洲象只有上面一个。这些凸起能够像人类的手指一样完成多项精细动作。一旦象鼻受损，大象的生活将陷入困境，但多数情况下它们能够逐渐克服残障，逐渐使用余存的象鼻实现大部分功能。

大象的足底都呈圆盘状，且足部周长大于腿围。足底是具有缓冲作用的坚韧肉垫，可以缓冲趾甲的受力。这层肉垫不停生长，大象必须通过适当的运动量保持正常磨损，这一点与大象趾甲一致。人工圈养条件下的大象活动量受限，人工辅助维持大象足底健康至关重要。大象的脚趾数量会有个体差异，但一般情况下，亚洲象前足5趾，后足4趾；非洲草原象前足4趾，后足3趾；非洲丛林象前足5趾，后足4趾。

二、在动物园中，大象对设施和管理手段的要求是最高的

大象饲养操作工作中，安全是重中之重。

大象可能是动物园中管理难度最大的物种。关于大象管理规范的制定和执行一直是判断动物园能否符合行业标准的依据。在不断修订的饲养管理标准中，对确保大象福利和操作安全的有关内容不断加强。目前，所有的标准中都强调了大象保定/行为约束设备（ERD）的必要性。这类设备包括通道系统、保定笼和"L"形大象训练墙。只有在这些设施基础得到保证以后，才可能在为大象提供应有照顾的同时保障饲养员的安全。

目前国内动物园中的大象行为管理，多数仍然采用传统训练方式，这种管理方式存在多种隐患。尽快通过设施改善和加强饲养员的行为管理能力。完善现有设施、开展保护性接触行为训练，是所有动物园都应该尽早开展的工作。

第二节　大象行为管理

一、圈养环境

笼养下大象的福利很大程度依赖于场地面积大小和设备情况，以及象群的个体组成和所制定的丰容策略。大象是社会性很强的动物，所以动物园必须尽可能将适当数量和年龄结构的象成群饲养，合适的一群大象生活中必须保持和其他个体的沟通，从中学习生活和交流的技巧、礼仪；它们也需要充足的活动场地与同伴互动，这也是保持日常活动量的必要条件。位于不同气候条件下的动物园都要为大象创造适宜的小气候环境。随着行为管理技术不断应用于大象日常管理领域，各动物园必须为容置大象、饲养员实践行为管理操作，特别是开展正强化行为训练提供安全的设施设备保障。成年公象更具有破坏性，也更危险，各个动物园如果需要建立自我维持繁育的大象群体，需要提供单独饲养成年公象的设施。这些设施可以保证平时公象与象群隔离，并在雌象发情期可以

方便、安全的与雌象合笼；同时，公象饲养环境中必须配备具有隔离和保定作用的保定笼，以便饲养员可以在保证安全的前提下实施对公象的行为管理。受到睾酮分泌水平季节性升高的影响，成年公象会进入危险的"狂躁期"，处于狂躁期的个体行为反常，极具破坏性和攻击性，拒绝服从饲养员的指令，行为古怪、反复无常。在这一时期，如果没有足够安全的设施设备保障，则饲养员将随时面临致命的危险。

（一）室内兽舍

温带地区的动物园，都必须为大象提供室内兽舍。在寒冷季节，室内温度不能低于16℃，对于年幼、病弱或行动障碍个体，必须提供一个室温不低于21℃的单独室内高温空间。室内环境可以设计成单独和成群两种形式兼具的饲养围栏，室内空间的设计不仅要考虑到目前机构所容纳的个体数量、饲养方式，还要考虑未来的发展趋势，例如大象繁育后个体数量的增加，以及逐渐幼象成熟后合群饲养的技术应用，以及游客对群养展示大象的参观需求。对于单独饲养的成年公象，兽舍面积不得低于80平方米；单独饲养的雌象或幼年公象，兽舍面积不少于40平方米。由四头雌象组成的象群，室内兽舍面积不得小于200平方米，每增加一头两岁以上的雌象，围栏面积需增加80平方米；正在哺育幼象的雌象，母子生活空间不得少于60平方米，饲养空间围护隔障必须经过特殊设计，以保证幼象安全。以上数据只是象的驻留空间，长期室内饲养时还需要增加多个功能性空间，如沙池、水池、泥浴池、丰容屋等，这些功能区将作为公共空间供所有个体轮流使用，因此实际的室内兽舍会比数据涉及面积增加很多。

室内兽舍的地面大多采用混凝土铺装，这种地面适于日常环境卫生的维护，但对于冬季必须长期生活于这种地面的北方动物园的大象来说，单一的坚硬地面不利于大象健康。水泥地面的排水性能非常重要，否则对室内环境的卫生清理和给动物提供饮水、淋浴都会造成地面积水。如果积水不能迅速排干，则大象不得不站立在潮湿的地面上，这种状态容易对大象来说不仅不舒适，更可能造成足部感染，严重的感染最终将危及大象生命。有研究表明，每天在水泥地面站立4小时的大象比站立2小时的足部发病率提高50%。一只成年大象每天排出的尿液量可达50公升，由于大象室内兽舍地面面积大，为了保证排水通畅，最起码的地表坡度是3%，在地面施工工艺难以保证足够平整的情况下，坡度应保持在4%。地表排水明沟的深度不少于20厘米，排水沟应位于大象不能接触到的位置，沟截面形状与动物园使用的清洁工具契合，以便于高效清理沟内的粪便、食物残留。为了提高大象在室内生活的福利，有些动物园开始给大象提供橡胶地板或"沙盒"地面垫材，对这两种软质材料的应用目前还处于探索阶段。有记录表明，那些年老或有关节炎的雌象不再倒卧在水平地面上睡觉，而可以在人工或大象自己建造的沙土斜坡上休息，对它们的身体和心理都很有好处。以前人们普遍认为大象是站着睡觉的，如果长时间躺着会使心脏受迫，但资料显示在夜间休息时，大象是会躺倒睡觉的，甚至会进入深度睡眠，通过沙堆或土堆形成的坡度，大象侧躺可以缓解头部和肩部的压力，包括对腿和膝关节的压力。沙质地面与混凝土地面相比能给大象提供不同的丰容环境，例如深埋食物、挖洞、堆土堆、用象鼻沙浴，或使用沙子玩耍。为数不多的雌象在沙地上分娩生产的实例都是成功的，新生小象在出生后6分钟就能恢复体力，自己站立。沙土地面使雌象生产过程中排出的羊水很快下渗，这样地面就不会很滑，新生的小象很快就可以站起来。如果新生小象出生后，尝试站立的过程中总是滑倒摔跤，会引起雌象的焦虑和紧张，由此会导致很严重的后果；而在沙地上雌象帮助小象站立要容易得多。

与大象自然栖息地热带、亚热带地区相比，温带地区的自然光照周期不能保证大象的需要，因此室内笼舍必须提供人工辅助照明，模拟自然栖息地的光周期规律。大象在夜间也会保持一定的活动量，所以室内夜间也应该提供模拟星光或月光的照明强度，不能一片漆黑，影响大象在夜间的活动。需要注意的是，在提供辅助照明和保持夜间光线条件之间需要存在光照强度过渡期，即通过定时器控制渐弱或渐强，以避免突然的光照变化使大象受惊。研究表明，在18：00～24：00和6：00～7：00时，大象最活跃，它们通常在群体内进行社交活动和采食。观察表明，大象夜间的采食量占全天食量的50%以上。

在冬季的北方动物园，白天室内空间尽管可以从屋顶采光和侧窗获得自然照明，但往往不足以提供足够的亮度。为了保证大象对光照强度的需要和饲养员的操作安全需要，在白天也要补充照明，并通过延长人工照明时间补充自然光照时间的不足。

室内通风条件对保证大象的健康非常重要，良好的通风设计可以迅速排出室内异味和降低室内空气湿度。在维持室内温度的前提下，为了保证室内空气质量，每小时建筑内空气交换不应少于4次。

室内兽舍不仅为大象提供避风挡雨的舒适环境，同时也是实施行为管理操作相对集中的区域。在这个区域中应该安装闭路监控系统，以便饲养员和兽医以及饲养主管及时了解动物的状况。在室内环境与室外展区之间应该设置能够起到隔离保定作用的分配通道，并在通道内安置体重秤，便于掌握动物体重变化数据。大象体重秤的量程应不少于7吨。保定笼用于在日常操作中或紧急状态下实现对危险个体的隔离；在保定笼上方，有些动物园还预留了安装吊装机的设施，以备救护大象时将动物吊升，吊装机的荷载同样不能少于7吨。对于饲养成年公象的动物园，必须配备保定笼；同时也强烈建议所有的动物园都为大象展区安装保定笼，即使该动物园中只饲养相对驯服母象。在日常饲养过程中，应通过脱敏训练等方式让动物能够每天自愿进入或经过保定笼。保定笼的两端应设置推拉门，并保证动物在两侧推拉门都关闭的情况下保持镇定。保定笼四周都必须为饲养员实施各项操作提供足够的空间，以保证饲养员的操作安全，如果保定笼的栏杆形式允许大象将鼻子全部探出，则饲养员的操作区域宽度至少为4米。有些动物园在保定笼的一侧隔障安装了位置调整结构，以期实现在应急状态下限定笼内大象的位置。这种可移动的侧壁可以通过人力或电力机械提供动力，结构复杂、坚固，需要专业设计师和有应用经验的饲养员协同设计建造。

大象室内兽舍的围栏，必须预留转运空间和转运通道、转运门，这些位置能够保证大型拖车和起重机接近，以便在室内展区或室外展区实现动物个体转运。

（二）室外笼舍

大象的室外活动场占地面积的设计标准其实只有四个字："越大越好"。

只有大规模的展区，才能为大象创造更多的选择机会和保证一定的运动量。室外展区不仅需要一个供整个象群活动的区域，还需要为成年公象建造单独的大型活动场，保证在平时与象群隔离时也能有足够的活动面积。在大型展区周边还应建造几个小型隔离圈舍，以便于进行个体引见、病患动物隔离、弱势个体远离群体内攻击或供雌象育幼的特殊隔障围护的空间。幼年象体型小，一般情况下用于限制成年象的隔障措施往往间隙较大，这些大间隙可能给幼象逃逸造成机会，或者造成幼象身体嵌塞。

每个大象个体，起码需要拥有500平方米的活动空间，以保证能在群体中选择感到安全舒适的位置。活动场地应具有一定坡度，以保证排水通畅，但坡度不能太大，所有用于隔障的壕沟坡面面积都不能计算在大象展区以内，因为这部分区域面积大象不能使用。室外展区地面必须采用自然材质地面，草地、土壤地面、沙质土壤的组合运用会为动物创造更多的选择。环境单一的大象很容易显得臃肿、肥胖，尽管体重在适度的范围内，但体型松垮。通过挖掘地面的动作，大象的肩部，颈部、腿和脚部的肌肉都得到了增强，可以使大象看起来更健硕，无疑对大象的健康也更有益。在大象取食的位置可以铺装混凝土地面，以便于进行食物残渣的清理。除了足够大的面积以外，以下设施设备亦必须到位：

○ 遮阴设施：人工遮阴棚或受到保护的大型乔木树荫。

○ 大型固定或可以移动的木桩，用于动物蹭痒或搬运、对抗。

○ 水资源：例如水池、淋浴或人造瀑布、泥浴池。

○ 视觉屏障：例如人工堆砌的矮墙或土丘，以保证弱势个体免于群体中强势个体的目光压力；同时也能为大象提供选择远离游客参观视线的机会。

○ 高处悬挂位点：将食物或玩具悬挂于高处符合大象的采食策略，并能够给游客带来更丰富的参观体验，这种悬挂位点必须足够坚固，一般情况下会结合遮阴棚立柱、展示背景墙或训练墙等设施组合应用。

室外展区中的电网仅能作为二级隔障，而且多数情况下都用于保护展区内的植被不被大象破坏。拥有8000伏高压和3.5焦耳功率的电刺激对大象来说是一种严厉的惩罚，能有效避免大象"越界"，但只可用于保护植被和防止大象掉入壕沟。

大象的聪明和力量，往往超乎人们的想象，通过行为管理措施提高圈养大象的福利，对饲养员来说不仅是技术能力的展现，更是一种智慧挑战。

二、丰容

1. 环境丰容

大象的丰容物品一般体量巨大或需要一端固定在地面上，因此在展区最初设计中就应该包含丰容装置和设施，而不是在投入使用以后再添加。应该在展区中为大象提供各种展示自然行为的机会，这些行为包括：行走、奔跑、旋转、试图达到（指极力够东西时的动作）、拉伸、攀登、弯曲、挖掘、推挤、牵拉、抬举等。

水资源对大象非常重要。水池、瀑布、喷淋设施、尘土浴和泥坑都是重要的环境丰容内容，可以使大象在炎热的天气里享受淋浴降温、泥土浴皮肤护理，防止太阳暴晒和蚊虫叮咬。如果是人工水池，那么水池的入口必须是缓坡，一般坡度不大于30°，表面为防滑面，岸上应设置阻挡物，使大象不能接近水池垂直侧壁的部分，避免当池中没有水时对动物构成危险。水池的大小应该能够容纳象群中所有个体共同洗浴，深度至少应该保证每只大象侧躺时水能淹没身体。在圈养下有限的环境中，游泳可以使大象获得更充沛的精力，值得注意的现象是，一旦大象身上被雨淋湿，或是被饲养员用喷淋或高压水

图16-1 新鲜的土堆给大象带来多种刺激和享受

枪淋浴后，它们很可能会进入水池游泳。

在大象展区中定期更新松软的土堆是一种重要的环境丰容手段（图16-1）。大象体重巨大，很快会使有限的室外展示环境中的自然土壤板结，而土堆不仅能提供大象所需的地表起伏，同时也能为它们带来多重体感刺激，并创造尘土浴的机会。

2. 食物丰容

喂食器的设计需要方便添加饲料和进行清理，使饲养员不进入围栏也可以进行操作。在高处放一些干草和枝叶是一种有效的保持大象自然取食行为的饲料提供方式。围栏内外都要设饮水器，饮水器每天都应该清洗。冬季室内区的饮水应是温水，并对大象饮水量进行监测。非洲象主要取食木本植物，使用象牙获取和处理食物，食物构成随季节变化较大，但大多以粗放食物为主，多数由树皮、树枝构成；亚洲象主要以草本植物为食，多使用蹄子从地表将草连根踢出再用鼻子卷入空中，和非洲象相比，亚洲象的食物更精细，对新鲜饲料需求更大。

无论哪种大象，将食物悬挂于高处，例如将干草塞在悬挂于高处的市政排水用大型硬质橡胶波纹管中，不仅更符合动物的自然取食行为需求，同时也会鼓励大象运用头颈部的肌肉，并有益于保持大象的体型（图16-2）。

图16-2 将食物悬挂于高处图示

　　3．经过动物园验证有效的丰容项举例

　　（1）玩具/动物可以操控摆弄的丰容项——树桩、树干、不含金属的轮胎、纸板箱、金属链条、大型塑料桶、纸糊的玩具、松塔、空的饲料包装袋、呼啦圈、蹦极绳索、空垃圾桶、椰子壳、鹿的干角、PVC管子。

　　（2）食物丰容项——整个西瓜、冷冻食品、悬挂食物、藏匿食物、面包、花生酱、果酱、燕麦粥、果冻、糖浆、玉米薄饼、蜂蜜、冰块、曲奇饼干、起酥面包、水果串、水果、蔬菜、南瓜、赤杨、枫木、杉木、竹子、柳树、苹果树、梨树、山梅花、山茱萸、松树、花生、苹果、葡萄、白杨树、胡颓子、玫瑰。

　　（3）感知丰容项——柠檬皮、柑橘皮、韭黄、鼠尾草、迷迭香、芫荽、生姜、胡椒粉、肉豆蔻、小茴香（孜然）、甜胡椒、丁香、大蒜粉、杏仁精油、香水、猫薄荷、草皮卷、鹿裘皮、稻草、松木刨花、阔叶木刨花、树叶、尘土、沙子、刷子、树枝、重新摆布展区内设施、能够发出声响的东西、同类动物发出的声音。

　　三、行为训练

　　1．保护性接触行为训练必要的设施——大象训练墙

　　大象饲养管理和行为训练经历了一个连续的、循序渐进的发展过程。从最初饲养员和大象直接接触的饲养训练方式，到饲养员与大象之间隔着栏杆完全不接触的操作方式，到目前发展为上述两种方式的结合——以保护性接触为主要特点的新型行为管理方式。无论采用哪种饲养管理方式，饲养员的操作安全都是最基本的决策出发点。对于成年公象或脾气暴躁的母象，禁止饲养员与大象直接接触，必须通过保护性接触的方式为大象提供照顾。所谓的保护性接触就是通过特殊设计的操作隔障面实现饲养员与大象身体部位的有限接触，大象听从指令从预留的隔障窗口伸出鼻子、象牙、四肢或耳朵，饲养员在训练墙另一侧进行检查、修复或治疗操作。在操作过程中，大象的攻击范围受到限制，不会伤害到饲养员。保护性接触方式作为一种目前最先进的行为管理方式，应该被所有饲养展示大象的国内动物园用做主要管理手段。即使是温顺、驯服的个体，也有必要建立大象训练墙，以备在特殊情况下使用。

　　训练墙可以实现多种方式的正强化行为训练，其发挥的作用远远不限于耳部采血和蹄甲修饰，最重要的作用在于能够以一种安全的方式，在大象和饲养员之间建立信任关系。

　　2．大象训练墙的设计

　　"L"形大象训练墙由两部分结构相同的"I"形训练墙组合而成，以直角拐角立柱为轴，左右对称。其中一侧的"I"形训练墙示意图如图16-3所示。

　　（1）可以调整位置的竖栏杆，便于耳部采血。

　　（2）可以调整位置的水平栏杆，部分拆卸后形成操作开口，修饰大象前蹄。

　　（3）水平栏杆，便于目标棒的使用。

　　（4）间距40公分的上下贯通栏杆，可以作为饲养员逃生通道。

　　（5）水平栏杆间距20厘米。

　　（6）最下面一层水平栏杆与地面之间距离为17厘米。

　　（7）黑色部位表示训练墙立柱埋入混凝土基础的部分，为50厘米。

　　（8）可以调整位置的水平栏杆，部分拆卸后形成操作开口，修饰大象后蹄。

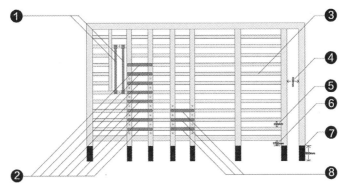

图16-3　图示说明

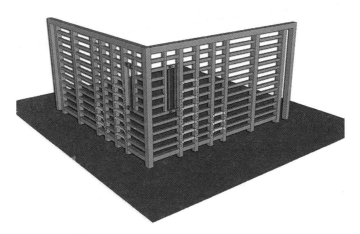

图16-4　"L"形大象训练墙图示

将两片"I"形训练墙以直角对称组合，就形成了"L"形大象训练墙，组合后的形式如图16-4所示。

非洲象和亚洲象体型略有差异，应用于非洲象成年雄象的训练墙高度为4米，单侧墙体长度为7米；应用于亚洲象成年雄象的训练墙高度为3.6米，单侧墙体长度为6米。

3. 大象训练墙的应用

由于"L"形结构允许两名饲养员从两个方向同时为大象提供目标物，因此可以将大象的身体定位于四种不同的位置。在这四种位置状态下，可以分别对大象的双耳和四肢进行操作。四种位置对应的操作部位如图16-5所示。

由两名饲养员从不同的位置和方向为大象提供目标，这种操作手法能够快速实现身体定位，减少学习难度，避免给动物造成挫折感。这一优势是单一的"I"形训练墙所不具备的。

4. 训练内容及目标行为

"与大象为伴，危险重重"，大象拥有占绝对优势的体型和力量，能够瞬间把鼻子和身体的任何部位变成致命武器，尽管多年来大多数人都认为大象是"温柔的巨人"，但事实上在动物园中，大象杀死的饲养员比任何其他凶猛动物都多。绝对的力量、惊人的智

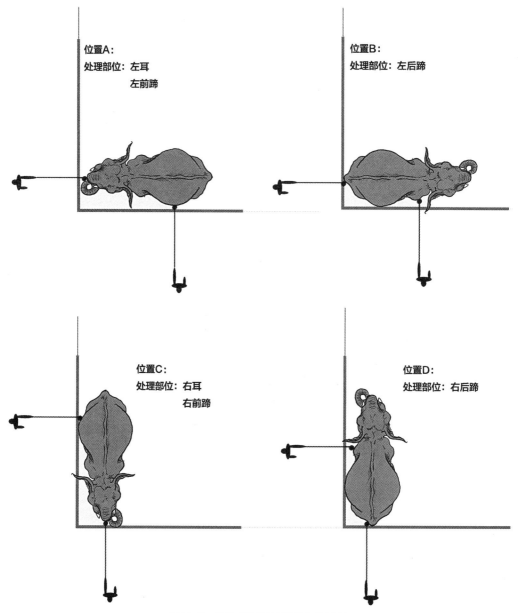

位置A：
处理部位：左耳
　　　　左前蹄

位置B：
处理部位：左后蹄

位置C：
处理部位：右耳
　　　　右前蹄

位置D：
处理部位：右后蹄

图16-5　"L"形训练墙操作部位图示

慧和灵巧的操控能力，使大象与三种大型类人猿一样，成为动物园行业中公认的"头等危险动物"。在这些危险动物当中，有过传统训练经历，例如曾经或正在担任马戏表演的大象，是最危险的个体。这些大象在传统训练过程中不断承受的负强化和惩罚，往往使它们恐惧人类，当这种恐惧积累到冲破行为限制的阈值时，将转化为致命的攻击。

　　动物园中对所有动物开展的现代行为训练必须是正强化行为训练。大象饲养员必须深刻掌握行为训练原理和技术应用术语，并对大象自然史信息、典型行为含义和个体信息了如指掌。大象非常聪明，一旦饲养员开始科学应用正强化行为训练，它们能很快领会指令，并学会很多新的行为。任何一个饲养展示大象的动物园，都必须建立基于正强化的大象行为训练工作程序，这种现代行为训练方式以大象和饲养员之间建立信任为基础，实现对大象的全面照顾。

成功的大象训练，有助于提高日常饲养管理水平，有利于兽医诊疗操作的执行，有利于科学研究和保护教育工作的提升，有利于丰富游客参观体验以使动物园获得更广泛的支持，这一切的基础，都应从一些最基本的训练内容开始。在大象训练工作中，最基础，同时也是最重要的指令和期望行为包括以下几方面：

○"定位"——几乎对所有动物来说，教授它们这种站在原地保持静止不动的行为都不容易。大象应该学会在各个指定位置或姿态保持安静，以便于饲养员完成日常操作或兽医检视、医疗处理的实施。这个行为的国际通用指令是语音指令——英文单词"Steady"，即保持静止不动的意思，建议所有的饲养员都使用这种通用指令，以便于业内交流沟通。

○"来"——当饲养员需要动物接近时，发出这个指令。大象需要在听到指令后从展区的某个位置迅速靠近饲养员，这个指令对群养的大象训练非常重要，能够将某个个体迅速与群体分离，所以这个指令往往和个体的呼名合并使用。通用指令为个体呼名+"Come"语音指令。

○"张嘴"——这个指令往往是年幼大象最早学习的行为，通过这种简单的指令+动作的组合，再加上及时强化，能够迅速在幼年大象和饲养员之间建立信任。对于成年以后的大象，这个行为能够协助饲养员进行口腔内部检查或保证口服药的摄入，是一项非常重要的学习内容。这个行为的通用指令是"Open"语音指令。

○"脚"——大象的蹄子需要频繁的日常护理，这就需要大象能够听从饲养员的指令，将脚定位到便于修饰位置，一般情况下需要结合训练墙使用。这个行为的通用指令为"Foot"语音指令，并结合目标棒提示动物抬哪只脚摆放到位。在进行这个行为训练之前，往往先通过"Steady"指令使大象身体调整到合适的位置和朝向。

○"倚靠"——指大象听从饲养员的指令，将身体正面、侧面或臀部紧紧倚靠在训练墙的操作隔障上，多数情况需要的是身体侧面倚靠，即大象身体轴线方向与饲养员朝向垂直。这种位置便于饲养员对大象进行检查或身体刷拭。"L"形训练墙可以让饲养员从两个方向对大象进行操作，通过"倚靠"行为训练，便于实施对大象所有身体部位的检查。如果训练场所不是"L"形训练墙，则需要语音指令"Lean in"和手势指令结合，例如伸出手臂或使用目标棒引导大象的身体朝向。

5. 行为训练所需工具和设施

大象的行为训练，必须依靠必要的设施设备和工具。目前国内动物园中开展的大象行为训练多数都以传统训练方法为主，即使那些正在开始推广现代行为训练方法的动物园，也保留有部分传统训练的方法和工具应用。从传统训练方法向现代训练方法的转变，需要一个过程，对以下内容的了解和掌握有助于缩短这个过程。

（1）保定笼

保定笼是最重要的基础设施，拥有大象馆的动物园，必须选择适当的位置建造大象保定笼。将保定笼建在大象每天必须经过的路径当中有利于动物尽快熟悉保定笼，并通过训练对保定操作程序脱敏。在保定笼中可以实施对动物的多种操作，例如从耳朵或足部采血、体表检查、组织采样、身体刷拭、淋浴等。大象训练墙实质上也是一种通过控制动物位置和姿势来完成目标行为的设施，"L"形训练墙正好是保定笼结构的一半，便于饲养员调整大象的位置和朝向，与保定笼不同的是训练墙对动物来说是"开放"的，即动物可以选择是否接近训练墙接受训练，所以在训练墙接受训练的动物承受的压力更少，更容易与饲养员之间建立信任关系。

（2）象钩

在传统训练中，象钩是必备的工具，时至今日国内动物园中仍然几乎每个象馆都有配备。每一位大象训练员必须清楚地认识到，象钩之所以能让大象做出顺从动作，是训练原理中的负强化和惩罚作用在影响动物行为，这是正强化训练中有严格条件限制才允许使用的训练手段，不能作为常态训练方法，基于恐惧达到的训练成果是极其危险的，大象随时可能陷入精神崩溃而不顾一切地向人类发动攻击，同时也严重降低动物福利。传统象钩由金属制造，顶端尖锐，弯钩内侧是利刃，能够轻易对大象造成伤害。在从传统训练向现代训练转型过程中，如果出于某些项目或个体因素考虑需要用到象钩，也应使用改良过的象钩，它是由玻璃钢、塑料或木头制成，没有尖刺和利刃，不会对大象造成伤害，但能够发挥引导大象动作的作用。在使用改良象钩时，训练员应注意掌控力度和密切观察动物的行为反应，一旦动物顺从象钩用力的方向表达了正确的行为或行为趋向，应立即解除象钩上的力道，并马上给予正强化。通过一段时间的象钩肢体引导和口令的协同应用，大象会很快对语音指令作出正确反应。在动物能够听从语音指令后，不应再使用象钩作为行为引导工具。

训练员必须明白，对于有过负面经历的大象来说，使用象钩进行肢体引导的操作是一种嫌恶刺激，即使使用改良象钩，这仍然是一种消极的训练方式，在正强化训练中，应鼓励训练员从一开始就放弃使用任何形式的象钩，那些认为有必要使用象钩的训练项目，在制定训练计划时必须包含逐步取消象钩的过程进度表。

（3）目标棒

目标棒可以有效指导动物的大幅度行为或精细动作，与象钩给动物带来的嫌恶刺激不同，目标棒是一种中性刺激，不会对动物造成伤害。大象体型巨大，往往需要两个目标棒同时应用才能保证迅速的让大象学会目标行为。目标棒在大象身上发挥的作用与其他动物一致，都是有效的行为训练工具，应用目标棒时，期望行为往往通过奖励"接近"实现，而使用象钩时，期望行为往往通过"远离"嫌恶刺激实现，所以大象对目标棒的使用更容易接受。事实上，也许只有通过具有保护性接触功能的训练墙使用目标棒，才能实现对成年公象或其他攻击性强的个体进行行为训练，这种训练方式由于不提供嫌恶刺激，会很快在危险个体和饲养员之间建立信任，而传统训练方式对危险个体束手无策。目标棒的制作材料，由于大象可能会夺走或吞噬目标棒，因此目标棒的制作通常以长竹竿作为可靠的材料选择。

（4）脚链

在特殊情况下，允许圈养大象在某些时候使用脚链，例如某些危险个体或某些危险时期需要进行足部护理、单独饲喂、兽医诊疗操作、运输、个体引见、安全分娩、科学检测等。脚链的使用必须是作为行为管理中的一个环节，目的是为了实现对动物个体来说更重要的行为管理措施，以保障个体最大的福利。在确定使用脚链控制动物行动之前必须进行利弊权衡，并尽量缩短使用脚链的时间。在动物接受医疗处理、经历运输或其他情况需要长时间栓系脚链时，必须在铁链上加套一层消防水龙带或皮革护套，以减少脚链对大象的压迫。无论是脚链或"U"形脚镣，在平时都应进行脱敏训练，帮助大象减轻反感和不适。每个动物园必须制定有必要使用脚链的相关条件和注意事项，严禁无故、长期给大象佩戴脚链。

（5）修脚工具

绝大多数情况下，被圈养的大象普遍运动不足，这会导致足垫和指甲磨损不均匀，对甲床造成不可逆的损伤，造成跛行。由于大象体型特殊，需要专门的护理工具。足部护理的标准工具包括用于去除足垫和修剪指甲的大刀、用于修剪受感染区域的小刀片以及用来完成打磨指甲的锉刀。

足部护理通常是在大象躺在地上，或者是用脚撑在护栏、墙壁或其他凸起表面上站立的时候进行的。足部护理包括：

○ 记录和评估大象圈舍的状况和清洁度：建筑、排水、基质、遮阴、废物清除、卫生、脚链的位置、状况以及跛行步态；

○ 四只脚的照片文件；

○ 大象足部健康的视觉检查和评估；

○ 完成足垫、指甲和角质层修剪的情况；

○ 针对大象的物种特定需求进行个性化的指导；

○ 大象经历严重的足部健康问题的后续复查；

○ 所有者报告，包括评估、照片文件和改善足部护理的建议。

6. 大象行为训练改进方向

目前国内动物园中的大多数亚洲象都经历过传统方式的行为训练，表达合作行为往往基于对饲养员的恐惧。饲养员与这些动物个体之间建立友善的合作关系需要一个过程，在这个过程中饲养员应不断加强学习，努力采用正强化手段获得大象的信任。

对大象开展行为训练，目的只有一个：提高圈养大象的福利。美国动物园水族馆协会列出的大象行为训练标准，明确地说明了这一点，这些行为包括：

（1）大象能够接受日常的全面身体检查以及适当的皮肤和足部护理，并在必要时接受足部X光检查。大象的足部护理包括趾甲和足底的检查和修饰，这对保持大象健康和活力至关重要。皮肤检查的同时应该刷拭或刮擦大象皮肤，这种操作本身也属于"信任强化物"的一类，是动物的自然需求。除了在训练过程中检查、护理大象的体表以外，还应该通过丰容项目的运行，例如为大象提供粗大的木桩供其"搔痒"或者提供适合的地表垫材，例如尘土、泥池让它们有机会进行自我保养。

（2）大象必须通过训练允许饲养员对身体采样，采样内容包括采血、收集粪便、尿液、唾液、象鼻清洗、皮肤活检组织和发情季节的分泌物。

（3）大象必须通过训练学会接受注射、口服药物和饲养员对伤口的处理。

（4）大象必须通过训练学会平和地进入保定笼，并在保定笼内静立。如果动物园中不具备保定笼，则大象应该学会听从饲养员的指令"固定"于某个位置。

（5）大象必须能够接受常规称重。

（6）大象必须学会接受直肠或生殖道超声波探棒检查，雄性大象学会接受人工采精操作。

以上列出的这些目标行为，对目前国内大多数动物园来说，还有很大的难度。究其原因主要有两方面：设施保障不力，饲养员对正强化行为训练的理论和实践的掌握欠缺。随着国内动物园中新引进的大象越来越多，特别是非洲象在未来将逐渐进入成年，大象的动物福利问题会引起更广泛的关注。各动物园应从现在开始改善设施，并培训饲养员具备应有的行为管理技能，未雨绸缪。

四、群体构建

1. 大象合群的重要性

对于笼养大象来说，彼此之间的社会互动可能是持续时间最长久的环境丰容的形式，这一点与灵长类动物一致。家庭群体对于幼年象今后的社会关系形成很重要，所以必须强调群体中雌性首领对幼象们学习的重要性。不同体型的大象通过玩耍游戏可以了解彼此之间的实力差别，随后就能够与之进行适度的接触和交往。圈养的雌象如果有机会目睹其他雌象生产分娩过程，将会增加它们以后产子的成功率。圈养大象出现的许多问题都与繁殖和具有攻击性有关，攻击一般出现在大象之间或大象与饲养员之间，攻击的原因很可能与大象不佳的社交能力有关，年轻的公象群体需要成年象的教导。象群承受力取决于群体中每个个体的自然天性，一般情况下，5～10只的群体数量对大多数动物园比较适合。如果大象个体数量超过了动物园的承载能力，可以将2～3只能够和谐相处的雌象转移到其他地方饲养。

2. 成功合群的保障

大象是群居动物，饲养员必须有能力构建并维持大象群体的稳定和个体间的和谐关系。动物个体引见、幼崽护理、将个体从群体中隔离出来等技术性操作都是饲养员必备的技能。实现和谐群体关系的前提是保障每个个体的福利，饲养员必须通过综合运用行为管理的五个组件保证动物身体和精神的健康。大象是非常聪明的动物，必须为它们提供全面的环境刺激，并为它们表达自然行为创造多种机会。个体自然行为的充分表达是形成和谐群体关系的基础和保障，这一点饲养员必须牢记。当群体中出现过度的竞争行为时，饲养员应该从提高个体福利入手解决群体问题。

象群以家庭单位作为基本社会组成单位，为了模拟野外象群的社群结构，动物园必须努力建立一个有稳定关系的雌象群体，饲养一群至少四只两岁以上、能和睦相处的雌象。动物园必须保证象群成员每天至少16小时的时间待在一起。如果没有特殊情况，不应限制群体中的雌象在一起的时间。饲养设施中应包含具有分割区域的功能性设备，在需要时能将展区分割出小块区域临时饲养某些个体，但不能让常在一起的雌象彼此分开的时间过长。与所有动物的群体构建一致，行为观察是保证维持和谐群体关系的关键。大象个体之间的友好行为表现为互相用象鼻轻柔接触或象鼻交叉、用象鼻碰触对方嘴巴或身体其他部位；攻击行为常表现为向外鼓起耳朵扇动、高举头部、向对手猛冲、大幅度甩动头部和象鼻，甚至向对方或无目的的投掷东西；当大象感到焦虑或压力，甚至恐惧时，会表现为使用象鼻大力吸气、身体晃动摇摆、快速扇动耳朵或围着一个圆周奔跑。

3. 公象的管理

公象的管理问题在国内动物园里渐渐显现，通常是由于繁殖的公象数量超过了饲养设备的承受能力，这个问题在今后将日趋严重。雄性大象由于性情反复无常，体型、力量巨大，维持社会关系的操作更复杂，所以在饲养公象时，设施设备方面需要提前做好准备，规划空间的预留。自然环境中公象一般在母象群中长大，在青春期前后，它们会自己离开或是被母象赶出象群。圈养条件的限制会导致公象会过早的出现狂暴行为倾向，而且行为表现与野外有很大区别。研究证明，圈养条件下在没有成年雄象时，群体中年轻雄象的性成熟年龄会提前；圈养下亚洲雄象6岁可以成功繁殖后代，非洲雄象8岁能繁殖后代。而野外的雄象很可能到25岁才真正"成年"，并获得繁殖后代的机会。

对于非洲象的雄象，人们都倾向于让它们白天与群体在一起，或是当象群被放到室外时，与象群待在一起；而对于亚洲雄象却很少采用这样的管理方式，往往只允许与发情的母象混群。雄象是否与象群混群或混群多长时间，不能轻率地作决定，需要考虑雄象脾气和群体中的雌象和幼象，因为一旦出现错误，很难将把它们分开。处于狂躁期的亚洲雄象对饲养员会有攻击行为，圈养下很难管理，亚洲象外展区内不能有"潜在武器"，狂躁期的雄象会向围栏外投掷物品，伤及其他动物、饲养员和游客。

狂躁期的雄象首先表现为食欲降低，持续时间不定，可能从数周到数月不等；狂躁出现的时间与季节变化关系不大，但群体中具有统领地位的公象的狂躁期往往与雌象发情期同步。处于狂躁期的雄象表现为尿液滴漏、颞腺肿胀，并分泌出大量具有强烈味道的黏稠油状液体，一直停留在面颊两侧。这个时期的大象是最危险的。

4. 动物繁殖

雄象一旦处于狂躁期就很难管理，所以动物园应该为雄象群准备不同情况下使用的笼舍，使群体中的雄象在需要时，与雌象和其他雄象分开饲养，但一直把雄象与象群隔离饲养，直到为了繁殖再合群是不可取的。通过使用后证明，大象饲养场饲养设备越灵活，越便于对大象的繁殖管理。有条件的动物园会单独建雄象兽舍，以便于将雄象与象群分开饲养。这样做是为了减少室内饲养时雄象对群体的攻击性，更好地管理雄象。处于狂躁期的雄象，易怒，不合作，而且不易接近，这时将雄象与雌象群和参观游客隔离，更便于管理。另外，隔离饲养狂躁期的雄象也可以降低群体中雌象的焦虑感，这种焦虑感会使它们对群体中的其他雄性个体产生压力或敌意。

在象群中长大对幼象的学习和社会化很重要，所以人工育幼的小象应该尽快回到象群里。群体中的雌象需要学习如何照顾幼象，幼象的存在对于群体中的所有成员都有好处。在管理方式允许的条件下，应该尽早对幼象进行行为训练。年轻的雌象会很快参与群体生活，而且会参与养育幼象。雄性幼象更独立，有竞争性，有破坏性，爱冒险，爱与其他象较量，通常更粗暴，更"不守规矩"。雌象应该始终与她的母亲和其他雌象待在一起，而雄象到了不再顺从或不再被其他个体容忍时，一般在3~8岁之间应从象群中转移。在此期间需要密切关注幼年雄象的行为表现，及时采取隔离措施。

五、操作注意事项

1. 制定操作规程

每个饲养展示大象的动物园都应制定书面的操作规程，该操作规程必须得到单位领导、业务主管以及兽医、营养师和饲养员的一致认同。并起码以每年一次的频率由大象管护团队的所有成员共同评估、修订和更新。操作规程中必须包括对大象养护设施设备的要求、日常行为管理工作程序、操作技术以及安全要素。新饲养员，即使还处于见习期的饲养员，也应该与所有正式饲养员一样，每人拥有一份纸质的操作规程，以便于结合规程观察学习操作实践的全部要义。当该规程调整后，每个饲养员必须及时更新手中的旧版本文件，以便于符合最新调整的操作要求。

用于饲养大象的设施设备必须符合最高标准的安全需求，美国动物园水族馆协会已经制定出了大象饲养展示设施的安全标准，并同时配备了安全评估指导文件。每个动物园都应该每两年评估一次大象馆内的设施安全，并将评估结果记录在案。对于设施设备的日常维护和改造升级，都应该保留相关的会议记录和施工设计资料，并详细记录改造施工过程和完成状态，以及改造后的应用性评估。

2．大象主管及责任范围

每一个饲养展示大象的动物园都应该配备一名大象主管，这名主管负责制定日常清扫、饲喂、丰容和行为训练的工作日程和检查评估。同时他也要担负本园与外界专家顾问的联系任务，以便在动物园中的大象出现问题时能够及时联络相应专家来解决问题。对于大象主管来说，最重要的职责就是保证每一名饲养员，特别是饲养员中的新手能够理解大象饲养操作规程，并能够按照规程安全高效地完成行为管理操作任务。饲养主管还应定期组织兽医、饲养员、营养师、保护教育部门、经营部门、安全保障部门和基建部门的有关人员组织大象相关工作的研讨会，研讨会应形成详细的会议纪要，该纪要不仅是提高大象饲养管理水平的依据，同时也是在遇到问题时必不可少的参照。大象主管有责任定期将会议纪要提供给外界专家，以征求更广泛深入的意见、建议。

3．对大象饲养员的要求

大象饲养员，应该是动物园饲养员中最优秀的成员，即使如此，在对一头大象进行操作时，也必须保证至少由两名饲养员同时操作。动物园应特别为大象饲养员提供学习、培训机会，以不断提高他们的工作能力，并在此基础上定期对每一名饲养员进行评估。评估内容包括实践操作能力、动物行为训练理论知识的掌握以及对大象自然史的认识程度等。

动物园领导应重视并尊重大象饲养员提出的合理要求，并提供必要的设施设备和操作保障。在所有的现代动物园中，都已经制定了特别的"大象管理体系"，相比上面提到的"大象饲养管理规程"，内容更全面、更系统，更符合个体福利需求和物种保护的需要。在新型管理体系的指导下，所有拥有大象的动物园都应成为集饲养、展示、研究、教育职能于一身的大象保护中心。

小　结

本章中的内容，仅仅为刚入行的大象饲养员提供了最基础的参考资料，大象的日常行为管理，是动物园中最具挑战的工作。所有的大象饲养员，都应该具备以下素质：

〇 与同行之间的交流能力——由于目前先进的大象行为管理技术、理论和实践经验都源自西方发达国家的现代动物园，饲养员要想掌握这一工作领域的最新进展，必须具备与国外同行交流沟通的能力。同时，在自己所处的动物园中，大象饲养员也应具备与周边同事的良好沟通能力，充分表达自己的意图并理解和尊重同事的建议，共同努力将大象行为管理推向新的高度，毕竟任何一个饲养员，仅仅依靠个人的力量不可能进行真正意义上的大象行为管理。

〇 对操作性条件作用训练原理的认识和实际运用能力——在日常训练过程中，尊重科学原理的作用，不应该因自己的情绪或兴趣干扰训练进程。

〇 卓越的问题解决能力——饲养员有能力在严谨、科学的思维指导下，通过交流、沟通和尝试，综合运用行为管理的五个组件解决动物个体福利问题或群体行为问题。

〇 教育能力——动物园的重要职能之一就是保护教育，每个饲养员都应该具备面对游客进行现场解说等形式的教育能力。当饲养员在游客面前展示训练过程时，游客会了解动物园为提高动物福利作出的努力，并在更大范围内支持动物园的综合保护工作。

〇 积极的工作态度——大象饲养员与其他动物饲养员一样，工作水平和产生的效果很难通过规章制度进行限定。大象饲养员更是如此，这些自然进化的奇迹更需要饲养员的关爱。对这些巨人的关爱，实际上更多地体现在细节方面，而对工作细节的把握，往往基于工作态度。

〇 学习能力——以上所有能力的基础就是学习能力。作为一名合格的大象饲养员，应该了解并掌握《大象饲养管理指南》中描述的知识和操作技能，这一指南可以通过www.elephanttag.org获得。

所有动物园必须认同笼养象群中需要保持一定数量的社会家庭单位，这不仅仅只为了福利和教育，而且也是为了保护。保护大象这一物种不仅只为了保存该物种的基因多样性，同时需要为大象提供和保护它们学习"象群文化"和自然行为的环境。同大型类人猿一样，大象行为不仅仅来源于本能，也需通过后天学习，为了真正地"保护"而不仅仅是"保存"，笼养象群中许多自然学习的行为和文化要素是应该尽可能被维持下去。

第十七章　圈养食肉动物行为管理 ·······················

　　食肉动物，特别是大型食肉动物，例如虎、师、豹、熊等物种，从很早开始就作为"人类征服自然"的象征出现在皇家园囿继而后来的动物园中，现今几乎所有的动物园都会有这类动物的饲养展出。从20世纪80、90年代开始，现代动物园对待这些猛兽的态度发生了变化，饲养展示不再为了彰显人类的"无敌"，而是转向引导游客了解食肉动物在自然生态中的重要作用，并开始致力于多个物种的野外保护。目前国内仍有一些动物园采用不合理的饲养展示方式对待这些自然进化的奇迹，将它们作为"娱乐"的工具，但在世界范围内，很多动物园都已经开始重拾物种自然史，将物种需求与行为管理手段结合，迅速提高人工圈养下食肉动物的福利状态、不断丰富展示内容，逐步将展示信息传递的方向确定为物种保护和保护教育。

第一节　食肉动物自然史

　　食肉动物是哺乳纲、食肉目动物的通俗称谓，接近300个物种。这些物种之间的体型、身体构造、行为能力等方面差异巨大，不同环境塑造的多个物种分布于除南极洲和澳洲大陆以外的所有陆地范围（澳洲大陆现存的澳洲野犬在大约3500~4000年前跟随早期移民进入澳洲大陆，并非澳洲本土物种）。陆地环境存在多少种生态类型，食肉动物就相应地形成了多少适应性特征。例如生活在南美热带雨林中的美洲虎和生活在非洲干旱草原的猎豹、鬣狗；从生活在北极冰原上的北极熊到生活在高海拔峻峭山岭的雪豹等。尽管我们将这类动物统称为"食肉动物"，也只能代表其中大多数物种的采食习性和食物构成。食肉动物为了适应各自的生活环境，发展出多种采食策略和消化能力，最极端的例子是大熊猫，环境变化造成的压力迫使它们几乎全部以竹子为食。尽管大熊猫已经成为"素食者"，但它们身上仍然具备那些食肉动物的共有特征：食肉动物主要以捕获其他动物为食，为此它们都进化出锐利的爪子和锋利的牙齿；为了在捕猎时准确判断与猎物之间的距离，食肉动物的双眼都位于头部前侧，这种视野重叠形成的双目视觉能够使食肉动物更迅速、准确地锁定攻击目标并进行追捕、猎杀。粪、尿标记物是食肉动物之间重要的沟通媒介，在标识领地和发情信息交流方面，动物的气味标记所发挥的作用都是不可替代的，因此这类动物的嗅觉非常敏锐，在人工圈养条件应结合这一特点调整不同阶段的清洁强度和开展气味丰容项目。

　　小型脊椎动物、鸟类和不同体型的哺乳动物都是食肉动物的捕猎对象，为此不同物种的食肉动物都进化出特异的捕猎技能，这些技能包括追踪、潜伏、集体围猎、攀爬、跳跃、游泳、挖掘等。对于它们来说，将食物吃到口中仅仅是一系列捕猎行为中的一个组成部分，而包括追踪、追逐、杀死猎物、处理尸体等完整过程的觅食行为才能充分释放动物的觅食内驱力，使动物获得强化，保证它们的精神健康。多数食肉动物也是"机会主义者"，它们不会放过任何的"划算"的进食机会，有时候它们也会进食腐肉、浆果或块茎，特别是多数熊科动物，基本上已经进化为杂食食性。在自然界中，无论动物选择哪种食物为食，都必须付出劳作，并保持获得食物的技能。这些技能的行为表达，是动物园中食肉动物的展示亮点。

不同物种的食肉动物之间差异巨大，仅仅从外观上就能明显看出来，并且多数雄性个体体型都大于雌性，应结合其各自的物种特点来制定人工圈养条件下的行为管理措施。

猫科动物是食肉动物中进化的最成功的族群之一，在不同的生态环境中，猫科动物无论大小都是高效的猎杀机器。除了美洲狮和非洲狮等少数物种外，绝大多数猫科动物体表都具有斑纹或斑点，这些保护色能够帮助猫科动物隐藏于被捕食者的视野内。除了猎豹，从体型娇小的兔狲到健硕的东北虎都具有可以"缩回"的利爪，与犬科动物相比，猫科动物头部更短、更圆，双眼都位于头部前侧，双目视觉范围更大，这种解剖特点意味着猫科动物更善于对距离的判断，从而实现有效的伏击或突袭，而不善于长距离追击猎物。这方面犬科动物更具有优势，犬科动物吻部更长，因而嗅觉更加敏锐，同时眼睛的位置使它们具有更开阔的视野，竖立的、能够调整方向的耳朵能够收集细微的声音信号，这些解剖特征再加上它们细长的四肢，都使犬科动物成为优秀的长途奔袭追踪者。熊科动物身形硕大，尽管它们与犬科动物的感官能力相似，但显然不具备长途奔袭的能力，于是它们除了捕食其他动物以外，更多地表现为杂食性。为了发现更多的食物，熊科动物进化出灵敏的嗅觉、高超的攀爬技巧和挖掘能力。在动物园中，这些行为能力如果不经由综合应用的行为管理措施表达，则会演变成令人头痛的"破坏性"。

主要分布于非洲的鬣狗科动物，是食肉动物中比较特殊的类群。在鬣狗群体中，成年雌性个体担任首领，整个群体组织严密、行动高效。成群捕猎的鬣狗甚至可以击退狮子，或者捕猎长颈鹿、非洲水牛等大型食草动物。它们同时具有惊人的咬合力和消化能力，猎物的骨头和蹄子都会被咬碎、吞下，并被彻底消化。成年鬣狗一次可以吞下接近15公斤的食物，鉴于它们的体型，鬣狗是不折不扣的"大胃王"。

绝大多数鼬科动物都是比较纯粹的肉食者，它们的捕猎范围广泛，偶尔也会进食植物。各种獴是鼬科动物中的大家族，它们的特点是大多具有肛腺和完全不能伸缩的爪子。尽管这类动物以能够捕猎毒蛇而著称，但事实上獴的取食范围非常广泛，从无脊椎动物到小型脊椎动物、鸟卵或浆果，都是它们的食物。浣熊的爪子弯曲、短小，并可以在一定幅度内伸缩，它们往往除了在头部和尾部具有显著的色斑以外，全身都呈单一的毛色。浣熊都是攀爬好手，它们的攀爬能力往往出人意料。蜜熊的尾巴甚至可以缠绕住枝条，以保证动物在复杂、细弱的树丛中行动；南美浣熊的尾巴更是卓越的平衡器，让它们可以具备"走钢丝"的能力。灵猫科动物也许是食肉动物中最神秘的一类了，目前对灵猫科动物的野外信息和人工圈养资料都比较缺乏。曾经在国内动物园中常见的大灵猫和小灵猫几乎绝迹，西方国家动物园中的代表物种是斑獛和熊狸。

即使是同一物种，不同经历的动物个体同样需要制定不同的行为管理策略，野外捕获的个体、人工环境下出生的个体、人工育幼的个体等，都会表达出不同的需求。作为以物种保护为最终目的的动物园，必须充分了解综合保护的意义所在，在保留物种基因纯洁的基础上尽量保留动物的自然行为能力。人工育幼的动物都会对人类存在过度的信任和依赖，这并非动物的自然行为，必须加以抑制。

国内动物园中常见食肉动物自然史信息表见本章附录。

第二节　圈养食肉动物行为管理

一、圈养环境

由于食肉动物大家族中包括的物种之间的体型和行为差异巨大，动物园中的人工圈养和展示环境的大小与结构必须结合物种自身的特点进行设计建造，不同物种的适宜温度范围、光照条件、地表铺垫物和展区隔障需求各异。动物物种自然史信息是进行展区设计的基础参照资料，例如云豹几乎完全营树栖生活，北方地区饲养展示云豹必须提供室内保温环境；而北极熊需要开阔的陆地和大量的水体活动范围，温带地区饲养展示北极熊必须在夏季提供低温室内活动空间等。鉴于不同物种解剖特征、行为特点的差异，各物种食肉动物展区地面垫层材质和展区设计模式各有不同。多数情况下自然材质，例如砾石、草地、土壤、沙土或园艺护根可以单独或与混凝土地面相结合应用于动物展区地表。自然材质和人工材质的组合应用目的在于同时满足物种自然史需求和饲养员开展行为管理操作的需要。

在大型食肉动物的饲养展示过程中，安全问题至关重要。展区功能空间的设计建造是动物、饲养员以及游客安全的必要保障。大型食肉动物的展区必须包括室内空间和室外空间的组合，同时必须具备隔离区域以保证饲养员的操作安全和动物的需求。展区隔障形式、强度在保证无法逃逸的前提下还要保证动物的安全，隔障面的孔隙设计应避免导致动物的牙齿或趾爪嵌塞，同时也应避免动物对在临近隔障面操作的饲养员造成伤害。在所有物种的室外展区或隔离区中都应设置遮阴棚，为了保证热带或寒带物种的温度需求，温带地区建设的动物园应为动物提供可以调节温度的室内生活环境或展示空间。所有的食肉动物展区中，都应配置隔离空间，这个区域应处于游客参观视线以外，并允许饲养员近距离观察动物或开展行为训练。这个空间也可以作为串间，将动物从展区隔离，以保证饲养员安全进入主展区进行操作。尽管目前越来越多的动物园将动物行为管理的实际操作作为展示内容转移到前台，例如在老虎的展示面增加行为训练窗口，以丰富游客的参观体验并将动物园在提供动物福利方面的努力展示给游客，但这个训练窗口不能替代在隔离空间中设置的更安全便捷的操作面。隔离空间不仅为饲养员提供了近距离观察动物的机会，也使饲养员能在接近动物的情况下开展更多的行为管理措施。食肉动物的进食习性与有蹄类动物不同，它们都会抓住机会迅速大量进食，这期间也需要远离游客参观目光压力，在隔离空间中提供主要食物，更符合动物的自然需求，同时还可以近距离观察进食状况来评估动物的健康水平。

夜间将大型食肉动物收回室内兽舍是必要的安全保障措施，相比开敞的室外展区，在发生极端天气现象或地震等自然灾害情况时室内兽舍更加安全、可控。那些善于攀爬的物种，例如豹子或美洲虎，室外展区需要封顶，这不仅是出于安全的考虑，同时也为动物提供了高处的栖息环境，以减少面对游客参观时承受的视觉压力。不封顶的室外展

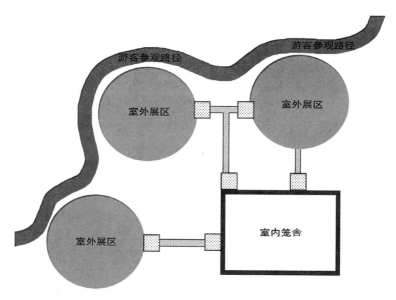

图17-1　笼道、缓冲区和串门构成的分配通道系统模式图

区周围隔障应在顶部设置45°内倾反扣，以避免动物攀爬逃逸。电网不能用于一级隔障，仅能作为避免动物接近一级隔障面的二级防护。对于那些善于挖掘的物种，隔障面必须埋入深至地表1米以下，再向展区内部水平延伸1.2米的距离。很多动物园在展示面采用夹胶玻璃幕墙或壕沟作为隔障，应用这类隔障时，必须考虑到动物的行为能力，以保证足够的垂直或水平隔离距离。

由笼道、缓冲区和串门构成的分配通道系统（图17-1）对所有食肉类动物，特别是大型食肉动物的管理控制会起到不可替代的作用，在分配通道和生活空间连接处还应该设置相对狭小的缓冲区，以实现对动物位置的有效安置和日常行为训练。饲养员进入展区的操作门应置于二层防护笼之内，以避免动物逃逸；展区周边，在游客能接近笼舍的范围内同样应该设定隔离围栏，避免游客直接接触展区隔障，此隔离距离不小于1.5米。

在所有的食肉动物室外展区中都应该种植植物，尽管这个类群的动物都是"食肉"的，但多多少少也会在不同的情况下摄入少量植物，因此所有种植在展区中的、动物能够接触到的植物都必须是无毒无害的。乔木、灌丛或是高大的草本植物形成的阴影区域都是食肉动物钟爱的场所，乔木的树干还为动物提供了磨爪子的机会，如果出于对活体树干保护的目的，可以使用天然木材板条维护树干。即使是在人们印象中不善于攀爬的物种，例如老虎、狮子甚至猎豹，也同样需要展区内的高点，以便于它们检视周边的领地。这种高点可以是粗大的横放在展区内的树干，也可以是人工搭建的栖架平台，最理想的设计是选择合适的高大乔木树种，经过长期修剪形成多个横向粗大分叉，作为动物"登高望远"的天然平台。树木、灌丛、倒伏的粗大树桩本身也是展区内的天然庇护所，为动物提供躲避游客视线或展区内其他个体的视线压力的机会。

需要保证给所有的食肉动物提供清洁的饮用水，与展示环境中的水体组件不同，饮用水往往单独盛放于清洁的容器中。每种动物饮水量不尽相同，天气和活动量都会影响动物对饮水的需求，尽管有些动物主要通过从新鲜的食物中获得水分，但仍然有必要为所有物种和个体提供便捷的饮水设施。对于那些"习惯于"在水盆或水盘中排便的物种，需要每天清洗水具。温带地区冬季寒冷，位于室外的水盆会由于结冰而影响动物饮水，此时需要提供带有保温功能的水盆。在采用这类电加热水盆时，必须将水盆进行稳妥的固定，并将电缆进行隐藏或采用金属套管进行防护，以免动物破坏。

二、丰容

（一）食肉动物丰容概述

相比自然环境，人工圈养环境单一、固化，这一点不利于圈养食肉动物的身心健康。尽管动物园根据各物种自身特点所制定的丰容措施存在差异，但丰容必然会对每个物种和个体产生积极作用，动物与环境因素、与饲养员之间保持良性互动，有利于动物的身体、心理和精神健康。丰容策略的制定，必须以物种自然史特征和动物个体行为特征和脾气秉性为依据。绝大多数食肉动物会对环境中出现的新鲜刺激保持探究的兴趣和勇气，如果表现出"麻木"、"默然"甚至恐惧，则是精神健康受损的表现。不同物种具有不同的行为特点，例如猫科动物会对展区中出现的新鲜物体充满好奇，并表达探究行为，几乎所有捕猎能力较强的物种都对可移动的物体更感兴趣，例如通过牵引或遥控模型车牵动一块毛皮迅速移动，或者随风摇曳的羽毛等；那些能够产生"对抗"效应的物体更能激发动物的兴趣和捕食行为，例如不倒翁立杆、水中的浮球、粗大的浮木、浮筒或强力弹簧牵引的充满草料的麻袋等。有些物种对味觉刺激更敏感，例如多种犬科动物、熊科动物和多种小型食肉动物。参考不同物种的《饲养管理指南》会获得从物种自然史知识到成功丰容项目建议的多种有益信息，这些他人取得的成功经验在与本动物园实际条件结合后产生的"调整方案"往往比"冥思苦想"获得的丰容点子更有效。每个动物园和每个动物个体都有其特殊的安全考虑，在设计和执行丰容计划时，安全评估必不可少。

也许无论我们怎么努力，也无法满足圈养野生食肉动物对环境的需求，但起码我们应该为它们提供更多的、经常性变化的环境因素。对大多数中小型食肉动物来说，在动物展区中提供自然材质的垫材就是一项"通用"的环境丰容手段。这些材质包括土壤、沙土、木屑或落叶等。这些材质在地面构成了一个"丰容平台"，在这个平台中散播食物、隐藏新鲜的气味源、预埋管道、种植植物等措施都会给动物提供丰富多变的、可持续的刺激。

事实上食肉动物觅食行为的表达是一个结合了觅食内驱力释放和获得食物强化的完整过程，所以饲养员在提供食物时，应尽可能采取与动物自然取食行为相符的方式。将"给动物喂食"转换为"让动物觅食"的食物丰容项目。所有的现代动物园已经达成的一致认识，食物不仅提供营养需求，也提供保持自然行为能力的机会。

圈养条件下必须通过丰容项目让动物在进食过程中消耗适当的能量，使肌肉得到锻炼。肉类食物营养丰富，多数食肉动物在自然状态下并不能保证每天都能猎捕到食物，但一旦捕获食物后它们都会"狼吞虎咽"，显然这种获取食物的方式很难在动物园中实现，动物园需要以自然史为依据，制定出合理的食物构成和适宜的食物提供策略。对于那些中型或大型的猫科动物，每周往往会安排1～2天的"绝食"时间以避免营养过剩，并保持动物的活力。在"绝食"期间并非完全不提供食物，而是仅仅为动物提供"难以获得的"或者营养成分较少的食物。最常使用的绝食期食物包括带有少量鲜肉附着的骨头，或者分散藏匿的肉碎，或商品宠物饲料，例如猫粮或狗粮。这类食物能够为动物提供表达觅食行为的机会，但不会引起营养过剩。少量的猫粮和狗粮适用于多数中小型食肉动物的食物丰容项目运行，这类食物更便于分散隐藏，而且在短期内不会变质。越来越多的动物园开始采用饲料公司提供的肉碎混合饲料来替代原有的解冻鲜肉，混合肉碎中已经添加了动物所需要的各种营养成分，而这些成分往往在解冻肉中含量不足。混合肉碎更容易进一步加工、分解，能够满足更多食肉动物食物丰容项目的设计需要。

含有动物骨骼、毛发和内脏的整个或部分尸体对绝大多数食肉动物来说都是最钟爱、同时也是最重要的食物，这类食物不仅能够提供全面的营养成分，同时也能刺激动物表达处理食物的觅食行为，对维持动物的身心健康非常重要。在展示区给动物提供尸体饲料时，动物会表达更多的觅食行为，有效提高游客的参观体验，但必须将饲用尸体进行拆解，以避免引起游客的反感。展区中投喂的动物尸体所起到的作用不应该以营养供给为主，而是主要用于刺激动物表达自然行为。大块的、以营养供给为目的的食物应该在远离游客视线的隔离区投喂。

为了使食肉动物表达更多的觅食行为，动物园中往往会增加食物的供给次数和分散的食物隐藏点，这种食物丰容策略大大提高了展示效果；为了使动物更积极地参与到行为训练中，饲养员也往往采用动物最喜爱的食物作为强化物，这是现代动物园中开展行为管理的必要措施。尽量通过丰容项目和行为训练让动物在进食中消耗了适当的能量，使肌肉得到了一定锻炼，但也必须意识到动物园中的食物提供往往会引起营养过剩，导致动物过度肥胖。对动物体重的日常监测是保证动物健康的重要措施，小型食肉动物往往采用训练动物进入"串笼"进行称重的方式，中型或大型的食肉动物往往采用行为训练的手段让动物到地秤上称量。最便捷的日常记录体重方式是在动物生活区域中间设置分配通道，在通道中的一段设置地秤，并在称量区域两端设置限定动物活动范围的推拉门。由于动物每天都必须通过这条通道进入展区或回到室内笼舍，经过初期的脱敏训练，动物会很快适应称重操作。除了获得体重记录以外，对于不同的动物个体还需要根据体尺、年龄、性别和生理周期进行外观评价，这种外观评测需要一定经验的观察技巧。观察重点是体表是否呈现肌肉线条、腹部是否存在赘肉下垂、脊柱是否平直等。

（二）动物园实践验证有效的丰容项目举例

1. 豹猫

○ 玩具/动物可以操控摆弄的丰容项——树桩、树干、不含金属的轮胎、小型硬质塑料球、中型硬质塑料球、大型硬质塑料球、纸板箱、塑料链条、金属链条、大型塑料桶、衣物、绳索、聚乙烯填充的毛绒动物玩具、纸糊的玩具、松塔、空的饲料包装袋、呼啦圈、有盖子的桶、塑料蛋筐、空垃圾桶、塑料瓶、椰子壳、保龄球瓶、鹿的干角、PVC管子。

○ 食物丰容——乳鼠、蟋蟀、面包虫（黄粉甲幼虫）、成年老鼠、生皮制品（狗咬胶）、整个西瓜、冷冻食品、悬挂食物、藏匿食物、面包、花生酱、果酱、燕麦粥、果冻、糖浆、蜂蜜、冰块、水果串、水果、蔬菜、兔子、鹌鹑、小鸡、鸽子、南瓜、马肉、骨头、赤杨、枫木、杉木、竹子、柳树、苹果树、梨树、山梅花、山茱萸、松树、生鲜白条鸡、烹饪鸡肉、花生、苹果、嫩玉米笋、葡萄、白杨树、胡颓子、玫瑰、蠕虫。

○ 感知丰容——啤酒酵母、芥末籽、柠檬皮、柑橘皮、羽毛、洋葱粉、韭黄、鼠尾草、迷迭香、芫荽、生姜、胡椒粉、肉豆蔻、小茴香（孜然）、甜胡椒、香草精油、丁香、大蒜粉、杏仁精油、香水、猫薄荷、草皮卷、狗咬胶、Kong、鹿裘皮、稻草、园艺护根（树皮块）、松木刨花、阔叶木刨花、树叶、土壤（尘土）、沙子、大块岩石、小块岩石、刷子、树枝、重新摆布设施（栖架）、能够发出声响的东西、同类动物发出的声音、猎物发出的声音、天敌发出的声音。

2. 狼

○ 玩具/动物可以操控摆弄的丰容项——树桩、树干、小型硬质塑料球、纸板箱、金属链条、大型塑料桶、衣物、绳索、纸糊的玩具、松塔、空的饲料包装袋、呼啦圈、有盖子的桶、塑料蛋筐、蹦极绳索、椰子壳、保龄球瓶、鹿的干角、PVC管子。

○ 食物丰容项——乳鼠、蟋蟀、面包虫（黄粉甲幼虫）、成年老鼠、生皮制品（狗咬胶）、整个西瓜、冷冻食品、藏匿食物、面包、花生酱、果酱、燕麦粥、果冻、糖浆、蜂蜜、冰块、水果串、水果、蔬菜、兔子、鹌鹑、小鸡、鸽子、南瓜、冰激凌、骨头、赤杨、枫木、衫山木、竹子、柳树、苹果树、梨树、山梅花、山茱萸、生鲜白条鸡、烹饪鸡肉、苹果、嫩玉米笋、葡萄、白杨树、胡颓子、玫瑰、蠕虫。

○ 感知丰容项——啤酒酵母、芥末籽、柠檬皮、柑橘皮、羽毛、洋葱粉、韭黄、鼠尾草、迷迭香、芫荽、生姜、胡椒粉、肉豆蔻、小茴香（孜然）、甜胡椒、香草精油、丁香、大蒜粉、杏仁精油、香水、猫薄荷、草皮卷、狗咬胶、Kong、鹿裘皮、稻草、园艺护根（树皮块）、松木刨花、阔叶木刨花、树叶、土壤（尘土）、沙子、大块岩石、小块岩石、刷子、树枝、重新摆布设施（栖架）、能够发出声响的东西、同类动物发出的声音、猎物发出的声音、天敌发出的声音。

3. 黑熊

○ 玩具/动物可以操控摆弄的丰容项——树桩、树干、中型硬质塑料球、纸板箱、金属链条、大型塑料桶、绳索、麻袋、纸糊的玩具、松塔、空的饲料包装袋、呼啦圈、有盖子的桶、塑料蛋筐、塑料瓶、椰子壳、保龄球瓶、鹿的干角、PVC管子。

○ 食物丰容项——蟋蟀、整个西瓜、冷冻食品、悬挂食物、藏匿食物、面包、花生酱、果酱、燕麦粥、果冻、糖浆、玉米薄饼、蜂蜜、冰块、曲奇饼干、起酥面包、水果串、水果、蔬菜、南瓜、赤杨、枫木、杉木、竹子、柳树、苹果树、梨树、山梅花、山茱萸、松树、苹果、嫩玉米笋、葡萄、白杨树、胡颓子、玫瑰。

○ 感知丰容项——柠檬皮、柑橘皮、羽毛、韭黄、鼠尾草、迷迭香、芫荽、生姜、胡椒粉、肉豆蔻、小茴香（孜然）、甜胡椒、丁香、大蒜粉、香水、猫薄荷、草皮卷、Kong、鹿裘皮、稻草、园艺护根（树皮块）、松木刨花、阔叶木刨花、树叶、土壤（尘土）、沙子、小块岩石、刷子、树枝、重新摆布设施（栖架）、能够发出声响的东西、同类动物发出的声音、猎物发出的声音。

4. 猞猁

○ 玩具/动物可以操控摆弄的丰容项——树桩、树干、不含金属的轮胎、小型硬质塑料球、中型硬质塑料球、纸板箱、塑料链条、金属链条、大型塑料桶、绳索、麻袋、聚乙烯填充的毛绒动物玩具、纸糊的玩具、松塔、空的饲料包装袋、呼啦圈、有盖子的桶、塑料蛋筐、空垃圾桶、塑料瓶、椰子壳、保龄球瓶、鹿的干角、PVC管子。

○ 食物丰容项——乳鼠、蟋蟀、成年老鼠、生皮制品（狗咬胶）、整个西瓜、冷冻食品、悬挂食物、藏匿食物、面包、花生酱、果酱、燕麦粥、果冻、糖浆、蜂蜜、冰块、水果串、水果、蔬菜、兔子、鹌鹑、小鸡、鸽子、南瓜、马肉、骨头、赤杨、枫木、衫木、竹子、柳树、苹果树、梨树、山梅花、山茱萸、松树、生鲜白条鸡、烹饪鸡肉、苹果、嫩玉米笋、葡萄、白杨树、胡颓子、玫瑰。

○ 感知丰容项——柠檬皮、柑橘皮、羽毛、韭黄、鼠尾草、迷迭香、芫荽、生姜、胡椒粉、肉豆蔻、小茴香（孜然）、甜胡椒、丁香、大蒜粉、香水、猫薄荷、草皮卷、狗咬胶、Kong、鹿裘皮、稻草、园艺护根（树皮块）、松木刨花、阔叶木刨花、树叶、土壤（尘土）、沙子、大块岩石、小块岩石、刷子、树枝、重新摆布设施（栖架）、能够发出声响的东西、同类动物发出的声音、猎物发出的声音、天敌发出的声音。

三、行为训练

现代行为训练的应用，改变了传统动物园"操控"食肉动物，特别是控制大型危险食肉动物的手段。通过科学手段教授动物学会"合作行为"不仅能够提高日常管理的效率，也能大大促进动物医疗水平的提高。动物自愿参与而不是强烈的负向应激的情况下，所获得的采集时机和血液样品更能满足日常检视和诊疗操作的要求。开展食肉动物行为训练之前，首先需要明确目标行为，并根据目标行为和兽舍条件进行训练操作面的改进，并留出足够的操作空间。目前最常用于行为训练的操作面是坚固的方格网，这种通透的隔障面能够保证训练过程中饲养员对动物位置和行为状态的实时观察，并保证饲养员与动物之间的必要互动，例如目标棒的使用、食物强化物的提供和动物看到饲养员的手势、听到指令和获得次级强化。在设计训练操作面隔障时，需要保证实现目标行为的特殊要求，例如如果目标行为为将老虎尾巴拉出并进行采血，则需要在训练操作面底部与地面之间预留大约5公分的狭缝；如果需要对动物进行B超检查，则需要在操作面的适当位置预留操作门洞，以保证超声波探头直接接触动物身体。在给动物提供食物强化物时，为了保证训练过程的持续，往往需要将鲜肉切成小块或将肉糜攥成小团提供给动物，这种通过隔障面直接给动物提供食物的强化物提供方式难以保证安全，因为此时饲养员的手指难免紧贴隔障面。一种有效的解决方法是用木棍挑着肉团或用镊子夹取肉块递给动物，或者在隔障面上预留喂食槽。从应用这两种方式的实践效果来看，预留喂食槽明显具有优势：

○ 适用于肉糜小团和小肉块。

○ 有效缩短条件强化物与初级强化物之间的时滞。

○ 对饲养员和动物来说更安全。

○ 喂食槽本身也成为"目标"，便于实施定位训练。

越来越多的动物园开始将日常正强化行为训练作为动物展示中的亮点，并将这些训练位点安置于游客参观区。为了保证良好的展示效果和安全需要，训练操作展示面往往由方格网（钢绞线轧花编织网）和玻璃幕墙门共同组成。在不进行行为训练展示时，关闭玻璃幕墙门，训练展示时打开。执行训练操作的饲养员与游客之间需要设置栏杆，栏杆内不仅需要为饲养员提供足够的操作空间，同时也应考虑到训练展示讲解人员的位置需求。

四、群体构建

（一）食肉动物的繁殖管理

多数中型、大型食肉动物都是独居动物，只有少数物种，例如犬科动物和狮子营群居生活。仅仅出于对动物自然史特性的尊重和正确传达保护教育信息的需求，也应该依照动物的社会生活属性考虑食肉动物的种群构建问题。目前国内大量存在的以群居饲养展示方式示人的"熊园"、"虎园"，所追求的仅仅是商业噱头，与物种保护无关。关于食肉动物个体引见的注意事项请参照上卷第九章的内容，这里仅对食肉动物引见依据之一的繁殖生物学进行简要介绍。

在每种食肉动物的饲养管理指南中都介绍了该物种的繁殖生物学特征，尽管各种食肉动物之间繁殖生物学存在较大差异，但仍有一些共性。一般情况下食肉动物每年繁殖一次，也有少数小型物种每年繁殖多次。大型食肉动物，例如熊和大型猫科动物在每次繁殖之间存在繁殖间歇，一般为2～3年，在这段时间内雌性动物会照顾幼崽的生长。许多食肉动物，例如鼬科动物、犬科动物和部分猫科动物的发情具有明显的季节性，雌性动物发情期不会超过每年中特定的四个月，同样，雄性动物也只有在这个阶段，即雌性动物接受交配期才会产生精液。有些猫科动物和鼬科动物存在交配刺激排卵的特点，即雌性只在接受雄性交配后才会排卵。食肉动物怀孕期一般在50～115天范围内，生产幼崽的数量在1～13只之间。熊科动物和鼬科动物的受精卵存在"延迟着床"，即受精卵在发育到胚泡阶段时暂时进入休眠状态，并不立即着床。这段休眠时间从几周到几个月不等，这个特性给判断动物的生产日期造成了困难，有些物种中的不同个体孕期可能相差半年之久。

（二）动物运输

出于多种原因，食肉动物可能在动物园不同展区之间、展区与兽医院之间甚至是动物园之间进行转运。良好的日常行为训练基础会减少动物进入运输笼箱时承受的压力。由于必须符合远途运输，特别是航空运输的特殊要求，食肉动物的运输笼箱往往比日常使用的转运隔离笼更加复杂。按照国际航空运输协会（IATA）的要求，在运输途中必须保证动物的基本福利要求、押运搬抬笼箱的操作安全和运输过程中不会对运输工具造成污染。不仅如此，IATA还提供了几乎能够包括动物园中所有常见物种或相似动物的运输笼箱制作规范，除了笼箱尺寸的要求，也特别提出了保证动物福利的具体措施，所有动物园都应认真参考这项标准，由于IATA每隔一段时间会对运输标准进行调整改进，所以各个动物园应及时了解最新版本中的运输笼箱制作要求。在一般情况下，展区中应保有一个用于进行日常串笼训练的转运笼，转运笼与运输笼箱不同，往往更轻便、更便于观察动物，最主要的是便于在相对狭小的操作空间内进行搬运。动物在日常会接受对转运笼的脱敏训练，在需要对动物进行转运时，首先将动物串入转运笼，然后再将动物串入运输笼箱。这种操作过程可以大大减少动物承受的压力，并能有效保证串笼操作的安全。在将动物从转运笼串入运输笼的过程中，必须将两个笼子紧密固定，以免因为动物冲撞形成缝隙造成对操作人员的伤害甚至逃逸。

五、操作注意事项及操作日程

多数食肉动物在晨昏和夜间更加活跃，这一特点与游客参观时段之间存在矛盾，动物园应尽量在这个时段多开展丰容项目以保证动物展示自然行为，以及结合操作日程进行综合调整。

（一）行为观察

无论是为了捕猎或者避免被捕猎，食肉动物都会对各种环境刺激保持高度警惕。圈养下动物对环境刺激的反应也是判断动物福利水平的参照。能够引起动物产生生理反应的刺激称为应激物或应激源。在应激源出现或应激水平增加/减弱的过程中，往往会引起动物肾上腺素分泌水平的变化。食肉动物在自然界中同样会面临各种应激源，在人工圈养环境中我们将这些应激源划分为"正向应激"和"负向应激"。例如将动物引入一个新展区，或者在展区中引入一项新的丰容项目，此时引起动物兴趣的新鲜刺激被列入"正向应激"；负强化操作方式、捕获、麻醉动物，或者将动物保定后进行兽医治疗处理，此时动物所承受的是"负向应激"。无论是正向或负向应激，都会引发动物的行为反应，所以在观察动物行为时，首先需要辨别动物当时所处的应激性质。正向应激往往引发动物的探究行为，多数情况下这种探究行为是捕猎的前奏；当动物处于负向应激状态时，动物往往表达躲避或攻击行为。大多数大型食肉动物会直接选择攻击，而小型动物往往选择逃避，但如果将小型动物"逼入困境"，则它们会表达更激烈的攻击行为。了解这些基础知识，有利于饲养员在日常操作中观察分析动物的行为表现，这不仅是判断行为管理措施是否有效的依据，也是重要的安全保障途径。

（二）保定设施设计与动物捕捉

控制动物位于固定的位置或保持一定的姿势对食肉动物的转运、日常检查或病患处理至关重要。了解每个物种的行为特征、攻击能力，特别是了解待保定个体的实际情况和"脾气秉性"是制定保定计划的依据。食肉动物的保定措施分为三类：物理保定、化学保定和捕捉控制。对于超过一定年龄的中型、大型食肉动物，例如熊、大型猫科动物和鬣狗，往往采用"保定笼"。精心设计的保定笼可以实现空间压缩，安全地将动物限定于某个位置和某种姿势状态，这也是保定笼区别于转运笼的特点。在展区改造中安放保定笼只能将保定笼安放于临近兽舍的位置，保定笼与兽舍之间通过一道或双层串门相连。更局促的展区甚至不能保证这一点，此时就需要将动物预先串入转运笼，然后再将动物从转运笼串入保定笼。更先进的设计是在动物室内兽舍和室外展区之间的分配通道中设计安装保定笼，保定笼与分配通道连接处安装双层串门，一层属于保定笼，一层属于分配通道，以实现保定笼的可移动性。这种设计使保定笼位于动物每天的必经通道中，便于饲养员在日常操作中训练动物对保定笼脱敏。保证这些操作高效执行的基础都是日常饲养管理操作中动物与饲养员之间的信任关系。

　　实践证明在展区设计合理的前提下，有些食肉动物即使在成年以后仍然能够允许饲养员的直接接触，例如猎豹、小型猫科动物、鬣狼和雪貂，但即使在这种情况下，饲养员不得不与动物直接接触时都必须做好防御措施，例如随身佩戴防护挡板或木棍；对于那些危险物种或个体，应严禁饲养员与动物直接接触。在极端特殊情况下，当饲养员不得不进入展区控制危险动物或阻止攻击行为时，必须手持盾牌、棍棒，随身佩戴辣椒水喷剂甚至防暴电棒。

　　对于一些中小型食肉动物，或者幼年食肉动物，为了保证日常检查和病患处理的便捷，可以采用捕捉控制的方式。捕捉动物往往需要两个阶段，首先将动物控制在一定的狭小空间内，例如转运笼或用捕捉网扣住，然后再用双手直接控制动物。此时的动物往往迫于压力而表现更强的攻击行为，所以饲养员必须佩戴加厚的皮革手套，电焊工所使用的防护手套基本上可以满足安全要求。

　　几种常见的捕捉手法和说明如下：

　　1. 幼熊的捕捉和短途转运

　　当幼熊生长到一定阶段，往往需要转移到其他展区。在捕捉幼熊时，饲养员可以使用长杆套索套在幼熊颈部，攥住长杆，一手抓起幼熊的一条后肢，以避免幼熊蜷缩身体或扭动身体而挣脱套索。饲养员通过套索控制幼熊的身体方向，可以进行短距离转运（图17-2）。

　　2. 狐狸的捕捉和短途转运

　　捕捉狐狸时，往往需要两名以上的饲养员协同操作。首先由一名饲养员使用扫帚在狐狸身前逗引狐狸抬起一只前脚，另一名饲养员手持长杆套索套住狐狸的颈部和一侧前肢，收紧套索后迅速抓住狐狸的一侧后肢，与长杆一起攥住。这种方式可以有效地保定狐狸，并可以实现安全的短途转运（图17-3）。

图17-2　幼熊保定及短途转运方式图示

图17-3　狐狸的捕捉和短途转运图示

尽管与消化道结构复杂的食草动物相比，食肉动物药物麻醉的风险较小，但并不意味着食肉动物的麻醉操作更简单，麻醉保定同样需要日常行为训练作为保障：首先将动物引入串笼或保定笼中，可以保证在注射麻醉药物时减少对动物造成的压力，同时也能保证注射麻醉药物的准确剂量。由此可见，通过日常行为训练建立起来的动物与饲养员之间的相互信任关系对特殊情况下操作实践的重要性。

（三）动物繁育过程中的日程调整

食肉动物幼崽出生时都处于很低的发育水平，这一点与有蹄类动物差别很大。刚出生的幼崽几乎不具备视力和听力，需要雌兽的精心照顾才可能存活。在人工饲养条件下，提高食肉动物幼崽成活率是一个长期存在的挑战。生产雌兽往往由于各种刺激，有些是饲养员无法确定的刺激而抛弃幼崽甚至杀死幼崽。因此在雌性动物进入产期时，应调整日常操作内容，减少对雌性动物的干扰，并保持雌兽生产环境的安静，避免不确定因素对雌兽的影响。在雌兽的生产环境，例如产箱或产窝中提前安放监视器可以在不打搅雌兽的情况下观察动物，以判断动物是否表现出正常的哺乳、育幼行为及检测幼崽的发育情况。在日常管理中，饲养员通过正强化行为训练与动物之间建立起来的信任关系，可以有效降低当熟悉的饲养员出现时雌性动物所承受的压力，但即使如此，饲养员也应尽量减少可能对雌性动物造成压力的操作程序。保证幼崽受到雌性动物的精心照顾不仅能够提高成活率，更重要的意义在于幼崽可以从母亲那里学习到更多的生存技能。尽管人工育幼食肉动物幼崽已经不是技术难题，但人工哺育长大的食肉动物幼崽由于失去从母亲或同胞兄弟姐妹那里学习自然行为技能的机会或对人类产生过度依赖，往往具有严重的行为问题或精神缺陷，这种动物心理方面的不健全，会对个体自然行为展示和物种繁育造成严重的威胁。

小　结

食肉动物在自然环境中的生态角色往往比其他类别的动物更复杂，所拥有的适应性进化特征更丰富。如何在动物园人工圈养环境条件下保留食肉动物的这些天性，是行为管理的目标。从动物物种自然史信息出发，结合动物个体经历和本机构设施设备条件、展示安排等因素，每个饲养员都应该能够制定出独特的、可行的行为管理方案，所有的行为管理组件应用的目的，都是为了提高动物福利。尽管不同饲养员制定的管理策略都具有不同的特点，但这些策略中往往体现出以下共性：

○ 食肉动物展区的空间大小和功能区划分必须同时满足动物需求和饲养管理操作需求。

○ 食肉动物丰容的主要目的在于为动物提供释放觅食内驱力的机会。

○ 动物行为训练的主要目的是建立动物与饲养员之间的信任。

○ 保持食肉动物的展示活力，需要灵活的操作日程。

附录　动物园中常见食肉动物自然史信息表

1. 豹

背景知识	动物名称	豹 *Panthera pardus* Leopard
	保护级别及濒危状况	CITES I（2017）；易危（2016，其中远东、阿拉伯、爪哇亚种极危；波斯和斯里兰卡亚种濒危）；国家 I 级
	分布区域或原产国	是世界上分布最广的大型猫科动物。在非洲南部和中部广泛分布，在东非、西非和亚洲的分布范围缩小，在北非、中东和俄罗斯只有少量残存。在中国广于东部、中部和南部，东北地区的亚种远东豹（P.p. orientalis）濒临灭绝
	野外活动范围（栖息地和领域）	适应能力非常强。除了真正的开阔沙漠，几乎可见于所有生境中，其中在森林、稀树草原的种群密度最大，在灌木林、半荒漠和岩石丘陵中也很常见。在海拔超过5000米和极端干旱地区内的河谷等地都有分布。有时也在种植园甚至市郊等人类聚居地出没。 黑化型个体（黑豹）分布很广，在亚洲热带的湿润森林最常见。 栖息地需具备有利于隐蔽的植被和地形，以及足够的体型适中的猎物。喜欢郁闭度较低的林冠层。 具有领域性。不同类型生境的领域面积差异很大，主要和猎物及竞争者数量等有关。已知领域面积从6平方公里到2000多平方公里。干旱栖息地的领域面积要大于各种林地和稀树草原。 在各类栖息地中，雄性的家域通常为雌性的2~6倍
	自然栖息地温湿度变化范围	俄罗斯北方森林冬季平均温度低于-30℃；荒漠夏季温度超过70℃
	动物体尺、体重范围	体长：雌性0.95~1.23米；雄性0.91~1.91米。 体重：雌性平均17~43公斤；雄性20~90公斤
	动物寿命（野外、圈养条件）	野外：10~12岁。 圈养：21~23岁
	同一栖息地伴生动物	有时和虎、狮、豺、鬣狗等其他大型食肉类动物生活在同一栖息地中，和雪豹的分布区也有少量重叠。 豹更多地选择和这些动物错开捕猎时间或采取不同的捕食策略。如果对大型猎物的竞争较强，则更多的捕捉体型较小的猎物，以缓解种间竞争压力
动物的生物学需求	活跃时间	夜行性，主要在夜间和晨昏活动。白天经常在地面、遮蔽处或树上休息。 在热带雨林，昼夜均可活动。活跃时间也随季节变化。 在距人类活动区域较近和有虎分布的地方，白天活动更少
	社群结构	独居，除短暂的交配期，大多数时间很少成对生活，常见群体由雌豹和幼仔组成。 具有领域性。成年豹保卫领域的核心区域，禁止其他同性个体进入，但在边缘区域容忍其他个体活动。通过相互躲避、轮流使用重叠区域来避免冲突。 一个雄豹的领域经常和一个以上的雌豹领域有重叠，雌豹领域间的重叠高于雄豹之间。领域间的重叠度随季节发生变化。 很少为了领域发生争斗，但一旦发生很可能造成致命后果。 雌性后代通常会继承母豹的一块地盘，而雄豹则会扩散到更远的区域

续表

动物的生物学需求	社群规模	独居或雌性及幼仔组成的群体
	食性和取食方式	捕食性食肉动物。 机会主义的捕食者，摄食种类极其广泛，从节肢动物到体重为自身2～3倍的大型猎物。但捕食最多的为体重中等的有蹄类动物，包括羚羊、鹿类、野猪和疣猪等，以及野牛、牛羚等大型猎物的幼仔。啮齿类、兔类、小型食肉动物、大型鸟类和灵长类等也是它们的重要猎物。 在与人类较近的地方，捕食家犬等家畜，有食人记录。 有时捡食腐肉和尸体。 捕获猎物后将其拖到隐蔽的进食地点，一般是附近的树上，有时用树叶和泥土遮盖，防止被其他动物抢走。偶尔在岩洞、地洞和岩隙中储存食物。 在进食前通常先拔光猎物的毛，从下腹和后腿开始吃
动物的行为需求	动物主要行为方式和能力	奔跑时速可达每小时60公里。 爬树技巧很高，可以头朝下下树。 擅长游泳。 跳跃垂直高度可达3米，水平距离6米
	繁殖行为	两性均在24～28月龄达到性成熟（圈养的一般较早），雌豹在2～3岁开始繁殖，雄豹为3～4岁。 混交制，两性均可和多个异性交配。 热带地区全年繁殖（但在雨季较多），其他地区有季节性，不同地区差异较大（从冬季到7月）。 发情期7～14天（圈养条件）。 妊娠期90～106天。 每胎产仔通常2只（1～4只），罕见6只（圈养）。 两胎间隔1～3年（不同地区间差异较大）
	育幼行为	雌豹独自抚养幼仔。有的将幼仔产在树根、岩石附近的茂密植被中或洞穴、空树干内，经常转移幼仔的位置。 幼仔8～10周龄开始断奶，通常4月龄前完全断奶。 1.5岁左右开始独立生活
	攻击或捕食行为	主要在夜间和晨昏捕食，阴天时偶尔在白天捕食，但较少成功。 是杰出的伏击型猎手。在稠密的植被中压低身体埋伏，等待猎物出现，然后悄悄接近至最近4、5米，再发动最后的突袭，一般追击10米以内即可成功捕获猎物。通常一次追击不成功就放弃。 处理猎物时，对大型猎物是咬住喉部使之窒息而亡，对小型猎物则咬碎头骨或脖子直接杀死
	防御行为	
	主要感官	视觉：适合夜间捕猎。 听觉：听力敏锐。 触觉： 嗅觉：比犬科动物差，主要用于通信而不是捕猎
	交流沟通方式	气味：雌雄豹均通过气味来标记领域和吸引异性交配。雄性的标记行为更多，通常在领域边缘常走的路径、路口进行标记。 主要是将尿液和肛腺分泌物喷射在灌丛、草丛、树干和低枝上，有时喷射到树干和地面留下的抓挠痕迹上。抓挠树干也能直接由趾间腺留下分泌物。

动物的行为需求	交流沟通方式	视觉信息：在树上或其他物体上留下抓痕进行标记。 声音：通过特有叫声来宣告领域和体现繁殖状态，声音传播距离可达3公里，这种叫声在晨昏活动高峰时最多。 遇到其他个体时表达不同情绪。 母豹和幼仔间的交流沟通
	自然条件下行为谱和各行为时间比例	
	圈养条件下行为谱和各行为时间比例	休息所占时间比例超过50%排在第一位，其次是观望和运动（走、跑、跳跃、攀爬）各占20%左右。另有摄食、排泄、理毛（修饰）、玩耍（幼体较多）、嗅闻、标记、站立等行为。 刻板行为包括踱步、原地转圈、后腿站立、摇头等
	特殊行为	

2. 豺

背景知识	动物名称	豺 *Cuon alpinus* Dhole
	保护级别及濒危状况	CITES Ⅱ（2017）；濒危（2015）
	分布区域或原产国	分布于中亚、南亚和东亚。在中国仅西南、西北地区有少量分布
	野外活动范围（栖息地和领域）	可见于除沙漠外的各种类型栖息地中，多种类型森林、森林-草原-灌丛交错带、温带草原和高山草甸中都有分布。海拔范围从海平面到5300米。避免开阔的栖息地、农区和牧区。 栖息地内需要有充足的猎物（有蹄类为主）、水源、较少的人类干扰和其他食肉动物（主要是虎）。 群体占据边界明确的家域，领域面积12~84平方公里，大小由栖息地中可利用的食物和水源决定
	自然栖息地温湿度变化范围	
	动物体尺、体重范围	体长：0.8~1.13米。 体重：10~21公斤
	动物寿命（野外、圈养条件）	圈养：可达15~16岁
	同一栖息地伴生动物	在一些地区和虎、豹同域分布。主要通过选择具有不同类型的猎物来减少竞争压力，如虎捕食体型更大的猎物，豹更多地捕捉树栖猎物。虎和豹是豺的天敌，但也有豺的群体杀死虎和豹的记录。由于体型的差距，豺一般会躲避虎，遇到豹时攻击性更强
动物的生物学需求	活跃时间	主要为昼行性，晨昏活动，偶尔也在夜间活动
	社群结构	群居，成体及后代组成群体。由于有更多的雌豺扩散出去，一般雄性的数量多于雌性。群体中存在等级制度，包括一对优势配偶。 领域行为不显著，群体领域间重叠较大
	社群规模	群体一般有5~12个个体，也有发现30~40只的群

续表

动物的生物学需求	食性和取食方式	肉食性。 捕食种类广泛，但以大、中型有蹄类为主，包括水鹿、野猪、野牛、盘羊等，也捕食啮齿类和兔类，偶尔捕捉灵长类。可捕杀自身体型10倍的猎物。取食的种类会随猎物的季节性变化而发生变化。 偶尔捕食家畜，食腐，抢夺其他食肉动物的猎物。 捕获猎物后进食的速度非常快，成年个体一小时内能吃掉4公斤肉。进食过程中和进食后喜欢饮水。 有吃果实等植物性食物的记录
动物的行为需求	动物主要行为方式和能力	地面活动。奔跑速度近50公里/小时。 攀爬、跳跃能力很强。 游泳能力较强
	繁殖行为	两性均1岁左右达到性成熟。 一般为一夫一妻制，通常只有优势配偶繁殖。但偶尔也有多只雌性参加繁殖，次级雄性有时也会与优势雌性交配。 季节性繁殖，繁殖期从秋末（或冬季）到第二年春季。 妊娠期60～63天。 每胎产仔4～12只（通常4～6只）。 每年繁殖一次
	育幼行为	母豺将幼仔产在自己或其他动物挖掘的巢穴中，巢穴多在河岸边、灌丛下或岩石中，隐蔽性较好。 群体中的其他成员也会协助抚育，包括保卫巢穴及为母豺和幼仔提供食物。捕到的猎物会让幼体先吃。 幼仔大约2个月开始断奶，70～80天离开巢穴，到6个月大时可以和群体一起捕猎
	攻击或捕食行为	通常在白天和晨昏觅食，结群合作捕猎，能连续数小时追踪猎物。有时会把猎物驱赶到水里以方便捕捉。 对较大的猎物集体围攻，一般从臀部开始攻击，再撕开腹部，有时攻击猎物的眼睛；对较小的猎物则抓到后直接咬死。 很少攻击人
	防御行为	
	主要感官	通过嗅觉、视觉搜索和追踪猎物
	交流沟通方式	气味：用尿液、粪便和肛腺分泌物标记领域；抓挠和在地面及其他物体上摩擦身体。 声音：群体内成员间通过叫声进行交流，用叫声表达威胁、警告、从属等
	自然条件下行为谱和各行为时间比例	主要行为有运动（走、跑等）和休息（躺、坐、站等），各占40%左右；另有社会行为、进食和气味标记等
	圈养条件下行为谱和各行为时间比例	圈养条件下社会行为更多
	特殊行为	

3. 大熊猫

背景知识	动物名称	大熊猫 *Ailuropoda melanoleuca* Giant panda
	保护级别及濒危状况	CITES Ⅰ（2017）；易危（2016）
	分布区域或原产国	我国特有种，仅分布在四川北、中、南部，甘肃南部和陕西南部
	野外活动范围（栖息地和领域）	栖息于山地森林（针阔混交林较多），其中竹子密度中等，有较茂密的高大乔木。海拔范围1200～4100米，冬季有时下降到低海拔地区。 偏好坡度较缓、未受砍伐等人类活动影响的原始森林。 家域面积约为3～30平方公里，雄性略大，面积主要由竹子的质量和数量决定，随食物的季节性变化而改变
	自然栖息地温湿度变化范围	湿度70%～90%，年平均气温8℃左右。会随季节变化，选择温度适宜的生境
	动物体尺、体重范围	体长：1.5～1.8米。 体重：雌性70～100公斤；雄性85～125公斤
	动物寿命（野外、圈养条件）	野外：10～15岁（最长一般20岁）。 圈养：26～30岁
	同一栖息地伴生动物	竹鼠、小熊猫、金丝猴、羚牛、亚洲黑熊等
动物的生物学需求	活跃时间	夜行性，晨昏较活跃；有的地区下午较活跃
	社群结构	独居，可能没有领域行为。 雄性大熊猫更多是分散利用巢域，与其他雌性的巢域重叠较多。雌性一般有集中利用的小块核心区域，并限制其他同性个体的进入。 与大多数兽类不同，大熊猫为雌性亚成体扩散，而雄性在出生地附近定居
	社群规模	母熊猫带幼仔共同生活一段时间
	食性和取食方式	是熊类中食性最特化的种类，食物的99%以上为竹子。 取食竹子种类超过60种，在不同季节前往不同海拔地区取食各种类的新笋。 能摄食竹子全株，但更喜欢蛋白质含量较高的竹叶和竹笋。 偶尔取食其他食物（尤其是竹子大规模开花枯死时），包括其他植物、树皮、果实、农作物、小型哺乳动物、鱼类和昆虫。 偶尔捡食腐肉和人类垃圾。 地面摄食，通常坐在茂密的竹林内，用前肢抓握竹枝进食。会剥掉外皮等不易消化的部位
动物的行为需求	动物主要行为方式和能力	一般在地面活动，擅长攀爬，会游泳
	繁殖行为	4.5～6岁性成熟，一般6岁以上开始繁殖。 婚配制度为一夫多妻制，雄性为争夺交配权会发生打斗。 季节性繁殖，3～5月交配，8～11月产仔。 有延迟着床现象（一般延迟1.5～4个月左右）。 妊娠期在野外平均146天，但变化幅度较大；圈养条件下84～160天。 每胎1～2只（极少3只），但母熊猫通常只抚养一只幼仔。 两胎间隔2～3年

续表

动物的行为需求	育幼行为	母熊准备生产时活动性降低。选择树洞或石洞产仔，之前衔入树枝、竹枝叶和苔藓等材料铺垫成浅盘状巢。在抚养过程中有更换洞穴的行为。 幼仔刚出生的最初几周，母熊猫几乎不进食和排泄，寸步不离地照顾幼仔。给幼仔喂奶、搂抱以保持体温并帮助排泄。 幼熊猫从8~9月龄开始断奶，和母熊猫共同生活到1.5岁左右
	攻击或捕食行为	雄性打斗时相互扭打、撕咬、用前肢拍击。 偶见捕食竹鼠和鸟类
	防御行为	爬到树上躲避天敌的袭击
	主要感官	嗅觉：非常灵敏。 视觉：较差。 听觉：非常灵敏。 触觉
	交流沟通方式	叫声：遇到其他个体、进行打斗时及繁殖期间会发出不同的叫声。 雌雄个体均发出特有叫声以表明其繁殖状态。繁殖期的叫声有利于两性的配偶选择和避开潜在竞争者。 不同类型的叫声表达友好、警告、恐惧、威胁、自身苦恼等。 幼仔主要通过叫声和母熊猫联系，其次为触觉。 肢体行为：同种个体相遇时，有低头、摆头行为，有时伴随吼叫等。 气味：两性都有标记行为，包括抓啃树皮、抓地、打滚和在地面、石头及树干上摩擦肛周腺或排尿。根据留下的气味识别个体及其性别、年龄、繁殖状态
	自然条件下行为谱和各行为时间比例	50%~55%的时间用于进食，40%左右的时间休息，2%的时间移动，另有标记、修饰等行为
	圈养条件下行为谱和各行为时间比例	睡眠时间占40%，进食占25%，休息占21%，移动占13%，另有玩耍、探究、嗅闻、修饰、标记和社会行为等。幼熊猫的玩耍行为较多。 刻板行为包括：摆头、踱步、旋转、摇摆和站立转身等
	特殊行为	不冬眠

4. 东北虎

背景知识	动物名称	东北虎*Panthera tigris altaica* Siberian tiger
	保护级别及濒危状况	CITES Ⅰ（2017）；濒危（2015）
	分布区域或原产国	中国东北部和俄罗斯远东地区
	野外活动范围（栖息地和领域）	红松落叶混交林和温带落叶混交林。 茂密的植被、丰富的大型有蹄类和水源是影响其栖息地选择的重要因素，通常会避开开阔地和有人为干扰的区域。 具有领域性，领域面积与其中猎物的密度相关。在俄罗斯，雌虎的领域面积可达数百平方公里（在幼虎非常小的时候活动区域较小），雄虎最高超过2000平方公里（和雌虎数量有关）

背景知识	自然栖息地温湿度变化范围	在中国东北地区气温变化幅度大，季节性较强，从1月平均-19.1℃到7月平均21.2℃
	动物体尺、体重范围	体长：雌性1.6～2.4米；雄性1.8～3.7米。 体重：雌性平均118（100～167）公斤；雄性平均176（180～306）公斤
	动物寿命（野外、圈养条件）	野外：一般8～10岁，雌性最长16岁，雄性12岁。 圈养：20～26岁
	同一栖息地伴生动物	和熊、狼、东北豹等其他大型食肉类动物生活在同一栖息地中。有攻击乃至捕食亚洲黑熊和棕熊的记录；也有熊杀死雌虎和幼虎的报道
动物的生物学需求	活跃时间	主要在夜间和晨昏，也有白天活动。 受捕猎对象和温度影响。温度较高时不活跃，经常将身体浸入阴凉地方的水体中调温。 人类行为会影响虎的日常行为节律和活动方式
	社群结构	一般都是独居，很少成对生活，常见群体由雌虎和幼仔组成（但在圈养条件下可能体现更强的社会性，能成小群体共同生活）。 具有领域性，会发出咆哮警告入侵者，如果没有效果，会吼叫并进行短距离的攻击性驱赶。 雄虎与一只或多只雌虎的领域有重叠，雌虎的领域间几乎没有重叠。食物较少地区，雄虎的领域重叠较大（但不同个体一般不在同一时间、同一地点出现）。 雌虎通常在出生地附近定居（扩散距离14公里，最长72公里）；雄虎则会离开出生地，独自进行长距离迁徙（扩散距离103公里，最长195公里），其间寻找配偶
	社群规模	雌虎及幼虎组成的群体
	食性和取食方式	捕食性食肉动物。 猎物种类繁杂，但最主要的为大型有蹄类动物（马鹿、野猪、狍子和梅花鹿等），通常不超过5种。 捕杀熊、狼等其他食肉动物，但不会都吃掉。 捕食家犬等家畜，有食人记录。 捡食腐肉，也掠夺其他食肉动物捕获的猎物。通常在吃之前把猎物转移到隐蔽处，可以拖走比体重大几倍的猎物。每次吃掉尸体的大部分可食部位（一般不吃内脏、皮和骨骼）。 暂时离开猎物时，常常用树叶、草等遮盖
动物的行为需求	动物主要行为方式和能力	能远距离行走。有积雪时会尽量选择雪层较薄的路线行走。 一般能全速跑9～24米追击猎物。 跳跃能力强，可跳5～8米远，2～3米高。 由于有可伸缩的爪和强劲的四肢，会爬树，但成体不常爬树。 擅长游泳，可以很容易地跨越6～8公里的河流
	繁殖行为	雌虎在3岁达到性成熟，雄虎为4～5岁。 繁殖有一定季节性，4～6月是高峰期，半数以上幼仔出生在7～8月，冬季生产较少。 妊娠期90～105天。 每胎产仔2～4只，偶尔能到6只。 两胎间隔2～3年
	育幼行为	雌虎独自抚养幼虎，将幼仔产在隐蔽的洞穴中，外出寻找猎物。 幼虎留在母虎身边17～24个月，其中雌性幼虎的时间更长，之后建立的领域也相距很近。而雄虎则会独自扩散到更远的区域

续表

动物的行为需求	攻击或捕食行为	觅食主要发生在夜间和晨昏（有人类干扰时在夜间捕猎较多）。 可以花几天时间搜寻大型猎物。觅食范围很大，可达每晚15～30公里。 采取埋伏的捕食策略，喜欢潜伏在植被较密的地方，利用岩石、灌丛等作隐蔽物接近猎物。移动到附近后全速追击。之后突然跳到猎物身上并用前肢抓住。对小型猎物是咬住头颈部直接把它们杀死，对大型猎物则咬住喉咙使其窒息。 雌虎为保护幼虎会与雄虎乃至大象发生打斗。虎在保卫领域时的打斗常常很激烈，有时导致受伤
	防御行为	
	主要感官	视觉：适合夜间捕猎。 听觉：听力敏锐。 嗅觉：比犬科动物差，主要用于通信而不是捕猎。 触觉
	交流沟通方式	气味：雌雄虎均会用尿液、粪便在草丛、树上或岩石上进行领域标记（特别是边缘地区）。通过爪刨地、在草地上滚和树干上蹭等方式用肛腺等的分泌物来标记领域。 视觉信息：在气味标记附近的地面留下刨痕，在树上或其他物体上留下抓痕进行标记。 虎在受到攻击威胁时，会做出耳朵向后平伸、向后咧开嘴、露出犬齿的表情。 虎在嗅闻标记物的气味时做出舌头悬在门齿上，使鼻子起皱、露出上犬齿的表情。 声音：通过发出多种类型的叫声来表达不同的意图和情绪。吼叫声可以传到3公里之外
	自然条件下行为谱和各行为时间比例	东北虎的活动区面积较大、喜欢隐居且行为易受人为干扰，因此不容易获取自然条件下的行为数据
	圈养条件下行为谱和各行为时间比例	睡眠所占时间比例约50%排在第一位，其次是休息和运动各占20%左右，另有摄食、排泄、理毛（修饰）、玩耍、嗅闻、站立、调温等行为。圈养条件下东北虎用于休息的时间要多于在半散放环境中，而其他行为所占比例较少，运动行为比较单调。 幼虎运动时间和卧息时间最多，其次是睡眠、站立和玩耍，其他行为最少。 人类饲养行为和其他活动会影响虎的日常行为节律和活动方式
	特殊行为	

5. 狼

背景知识	动物名称	狼 *Canis lupus* Gray wolf
	保护级别及濒危状况	不丹、印度、尼泊尔和巴基斯坦种群CITES Ⅰ，其他地区CITES Ⅱ（2017）；无危（2010）
	分布区域或原产国	在加拿大和阿拉斯加、俄罗斯和中亚广泛分布，亚洲西南部、中东、欧洲西部和北部零散分布
	野外活动范围（栖息地和领域）	荒漠、开阔平原、干旱草原、山地、沼泽、森林（雨林中没有）和北极苔原等多种栖息地类型。能适应栖息地的改变，但很少出现在人类干扰严重的农区和牧区。

续表

背景知识	野外活动范围（栖息地和领域）	领域面积变化很大，平均69～2600平方公里，和领域内猎物密度有一定关系。冬季或纬度升高时，领域面积会有所增加。有的狼群在追踪迁徙的有蹄类时，领域面积高达数万平方公里
	自然栖息地温湿度变化范围	最低–56℃，最高50℃
	动物体尺、体重范围	现存最大的犬科动物。 体长：雌性0.87～1.17米；雄性1～1.3米。 体重：雌性平均31（18～55）公斤；雄性平均41（20～80）公斤
	动物寿命（野外、圈养条件）	野外：平均5～6岁（最长纪录13岁）。 圈养：平均13.7岁（最长纪录20岁）
	同一栖息地伴生动物	
动物的生物学需求	活跃时间	主要在夜间活动。 繁殖期白天和幼崽在巢穴中，黄昏时离开觅食
	社群结构	具有高度社会性和领域性。 群居生活，狼群核心为一对占主导地位的成年繁殖配偶和它们的成年后代。因年龄和攻击行为差异形成优势等级序列。狼群的首领通常是繁殖雄性，带领群体进行迁移和捕猎等活动。捕获猎物后，按等级序列决定进食顺序，繁殖配偶先吃。 大部分后代最终会扩散出去，和其他没有血缘关系的成体组成新的群体。已经建立的群体偶尔会接纳无血缘关系的外来个体。也存在一定比例的单只活动个体。 狼群占据长期固定的领域，通过巡视、发出叫声等保卫领域，也经常发生追击和激烈的搏斗，但不保卫跟踪有蹄类时的大领域
	社群规模	通常2～15只个体，最多超过40只。群体大小由后代扩散情况决定，而扩散受食物数量的影响。在食物丰富的年份，扩散个体相应减少，会形成多代个体组成的大型群体
	食性和取食方式	捕食性食肉动物。 主要食物为大、中型有蹄动物，如麝牛、北美野牛、马鹿、狍子、盘羊和野猪。 食物随地区和季节不同有显出差异。在难以捕获有蹄动物的季节，会更多地捕食河狸、旱獭等啮齿动物和鸟类、鱼类等，甚至吃果实，食物多样性较高。 捕杀比自己体型更小的食肉动物以及一些熊类的幼仔。抢夺其他食肉动物捕杀的猎物。 随机捕食家畜，在其他猎物更难捕捉时较严重。 极少主动攻击人类。 食腐，捡食垃圾。 一次最多能吃10公斤食物。一些狼有藏食行为
动物的行为需求	动物主要行为方式和能力	奔跑能力强，速度最高可达64千米/小时，耐力惊人，能连续追逐8千米。一天的移动距离可能达到72公里。一般在夜间进行大范围转移。 善于长距离游泳
	繁殖行为	圈养条件下1岁左右到达性成熟，在野外为2～3岁。 一夫一妻制（也有例外）。雌性选择配偶后，没有意外会终生相伴。狼群中通常只有雌性首领进行繁殖，在食物丰富时会有多只雌性繁殖。

动物的行为需求	繁殖行为	季节性繁殖。一般1~4月交配（但交配时间会随纬度发生变化），发情期持续1~2周。幼仔3~6月出生。 妊娠期60~75天（通常63天左右）。 每胎产仔1~13只，通常4~7只。 两胎通常间隔12个月，极少情况下一年产2胎
	育幼行为	为养育幼仔建造巢穴。巢址选择在远离领域边缘且距离水源较近、有植被、岩石等遮蔽的地方，有时把旱獭等其他动物的巢穴加以修整后利用。很多狼群成员会参与挖掘建造，常常在幼仔出生前几个月就造好。巢穴经常会被重复使用。 所有群体成员会给巢内的雌狼和幼仔喂食，并保卫幼仔不被天敌捕食，但照顾和保护幼仔更多的由繁殖雌性承担。 幼仔8~10周龄断奶。 幼仔4~6月龄后永久性离开洞穴，随群体行动，学习社群行为和捕猎技巧。4~10月龄开始参与捕猎。通常11~24月龄开始扩散
	攻击或捕食行为	高度随机的"游牧式"捕食。每天在领域中搜寻、追踪猎物的移动距离可达50千米，嗅觉对搜索也起到很大作用。 没有捕猎活动高峰，在受到保护的地区会更多地在白天捕猎。 群体捕猎，高度合作，在追逐猎物时交替领跑或埋伏出击，共同杀死大型猎物。群体狩猎的成功率较高。 较多捕杀幼体和老年等失去活动能力的个体，但单只狼也具有猎杀健康成体的能力。 在接近猎物的过程中尽量隐藏自己，一般在距猎物10~200米时开始发动攻击，扑咬猎物
	防御行为	
	主要感官	嗅觉：非常灵敏。 视觉：眼睛能敏锐地追踪活动对象，昏暗环境下有夜视能力。 听觉：非常灵敏。 触觉
	交流沟通方式	通过气味辨认群体中的成员。 个体间通过肢体语言（包括摇尾、舔舐、摩擦和露出肚皮等友好行为，示威和打斗行为）、面部表情和叫声进行交流，并确定在群体里的等级地位。 标记行为：用气味、抓痕和叫声标记领域。沿着固定路径，在树干、灌丛、石头、雪堆上留下尿液、粪便或用爪在地面留下抓痕和气味。一般由占主导地位的雄性在领域边缘进行气味标记，气味可以持续2~3周。 叫声：可以传播很远距离，有召集狼群、发动捕猎、回应临近狼群的叫声和保护领域等作用
	自然条件下行为谱和各行为时间比例	秋冬季大部分时间用于睡眠、休息和迁移（跑和走），少量时间用于觅食。另有站立扫视（观察周围环境）、理毛、嚎叫和挖掘等行为，幼体有玩耍行为。春夏为繁殖期，活动范围较小
	圈养条件下行为谱和各行为时间比例	和自然条件相比，主动迁移运动和搜索觅食行为显著减少，站立扫视行为也较少；睡眠和休息等静止类行为增加。 存在一定比例的刻板行为（踱步、转圈等）
	特殊行为	

6．马来熊

<table>
<tr><td rowspan="8">背景知识</td><td>动物名称</td><td>马来熊 Helarctos malayanus
Sun bear</td></tr>
<tr><td>保护级别及濒危状况</td><td>CITES I（2017）；易危（2016）</td></tr>
<tr><td>分布区域或原产国</td><td>分布在东南亚、南亚一带，从孟加拉到马来西亚、苏门答腊和婆罗洲</td></tr>
<tr><td>野外活动范围（栖息地和领域）</td><td>最适宜的栖息地为热带茂密的低地干旱和湿润森林，以及山地常绿林和沼泽森林。也利用茂密森林边缘附近的红树林和人工林。
分布的海拔范围从海平面到2800米。
不同地区家域面积有所差异，从几平方公里到20平方公里不等</td></tr>
<tr><td>自然栖息地温湿度变化范围</td><td></td></tr>
<tr><td>动物体尺、体重范围</td><td>体长：1~1.4米，雄性比雌性大10%~20%
体重：雌性25~50公斤；雄性34~80公斤</td></tr>
<tr><td>动物寿命（野外、圈养条件）</td><td>圈养：平均20岁左右（最长纪录24~25岁）</td></tr>
<tr><td>同一栖息地伴生动物</td><td></td></tr>
<tr><td rowspan="4">动物的生物学需求</td><td>活跃时间</td><td>很多为夜行性，在没有人类干扰的区域则更多为白天活动，早晨和下午较活跃</td></tr>
<tr><td>社群结构</td><td>一般独居生活，可能没有很强的领域行为。
家域之间有重叠，大的家域内有各自独占的小型核心区域</td></tr>
<tr><td>社群规模</td><td>单独生活，除了母熊带幼仔，偶尔在果实成熟的树下短暂聚集</td></tr>
<tr><td>食性和取食方式</td><td>是机会主义的杂食性动物，主要食物是昆虫、蜂蜜和果实。
取食蚁类、蜜蜂等100多种昆虫的成虫、幼虫和卵；食用果实超过40种，其中榕树的果实最为重要。
偶尔捕食蚯蚓等其他无脊椎动物和小型爬行动物、啮齿动物及鸟卵。
盗食果园的果实和作物，捡食人类垃圾。
高度树栖。能够敏捷地爬到树上采食果实和昆虫巢，用强壮的爪子刨开虫巢，用舌头舔食昆虫和蜂蜜、蜂蜡、巢脂等</td></tr>
<tr><td rowspan="3">动物的行为需求</td><td>动物主要行为方式和能力</td><td>前肢强大，爪较大，爬树能力强</td></tr>
<tr><td>繁殖行为</td><td>野外资料缺乏。
2~3岁达到性成熟。雌性开始繁殖年龄为3岁，雄性可能略晚。
唯一全年可繁殖的熊类。
圈养条件下，妊娠期一般为95~97天，有延迟着床现象，妊娠期可达174~240天。
每胎通常1~2只（绝大多数1只）</td></tr>
<tr><td>育幼行为</td><td>母熊在树洞、空心树干内或板状根之间产仔。哺乳到18个月左右。
幼仔在前两个月需要母熊舔舐刺激排尿和排便。
幼熊和母熊在一起生活直到性成熟</td></tr>
<tr><td></td><td>攻击或捕食行为</td><td></td></tr>
</table>

动物的行为需求	防御行为	有用后足站立以便更好地观察或嗅探远处物体的行为
	主要感官	嗅觉：非常灵敏，是觅食的主要手段。 视觉：较差。 听觉：比较灵敏。 触觉
	交流沟通方式	叫声：觅食时抽动鼻子并发出低沉的叫声，偶尔会大声吼叫和短促的咆哮。 标记行为：在树干上留下爪痕和气味。通过气味寻找潜在配偶
	自然条件下行为谱和各行为时间比例	白天的大多数时间用于觅食，中午高温时段和夜晚休息
	圈养条件下行为谱和各行为时间比例	一天中的大部分时间用于睡眠。 白天的活动中，休息（包括静止）和移动（行走、奔跑、攀爬）的时间最多，另有理毛、进食、饮水、嗅闻、挖掘、玩耍和攻击等。一些熊的社会性比野外个体强。 刻板行为包括：摆头、踱步、转圈、吸吮、舔舐、啃咬笼舍、异食等
	特殊行为	不冬眠。 在中空的倒木、树洞、树根下和倒木下的洞中休息，也会用树枝在树上修建大型巢台作为休息场所

7. 美洲豹

背景知识	动物名称	美洲豹 *Panthera onca* Jaguar
	保护级别及濒危状况	CITES I（2017）；近危（2016）
	分布区域或原产国	分布在墨西哥、中美洲和南美洲北部和中部的大部分地区
	野外活动范围（栖息地和领域）	能在干旱开阔稀树草原、荒漠等多种栖息地类型中生活，但更喜欢热带、亚热带的低地森林。通常分布海拔在2000米以下（偶尔到3000米以上）。 喜水，在多水的栖息地中生活自如，如洪泛区的稀树草原、沼泽、河边灌丛以及红树林等。除了水源外，栖息地内还要有茂密的植被和充足的猎物。 具有领域性。领域面积、位置的变化与猎物分布及水域的季节性变化有关，不同地区间也存在差异。已知领域面积从几平方公里到上千平方公里。在沼泽等被水淹没的栖息地，雨季时洪水限制了猎物的活动范围，领域面积会相应缩小。 在各类栖息地中，雄性的家域通常比雌性的大
	自然栖息地温湿度变化范围	
	动物体尺、体重范围	体长：1.1～2.7米。 体重：36～158公斤
	动物寿命（野外、圈养条件）	野外：资料缺乏，有记录11～12岁，一般认为不超过15～16岁。 圈养：22～28岁

背景知识	同一栖息地伴生动物	在森林和稀树草原的生境中，和美洲狮分布有重叠，但美洲狮可能喜欢更干旱些的生境。 在两种动物共同活动的区域，对一些猎物的捕食存在竞争，它们通过错开活动时间和空间来缓解种间竞争压力
动物的生物学需求	活跃时间	夜行性，主要在晨昏和夜间活动。白天经常在浓密植被的遮蔽处、洞穴中或树上休息，有时也活动。 活动方式与猎物的丰富度及人类活动有很大关系
	社群结构	独居，只有繁殖期雌雄个体会短期在一起活动。 可能只保卫领域中非常小的核心区域，禁止其他个体进入。年轻雄性在建立领域前有一段游荡期。 一些种群中成体的巢域高度重叠，可能和水域及猎物分布的季节性变化相关。一些在沼泽分布的种群，雌性在雨季建立大型排他领域，在旱季则重叠严重，但雄性在雨季和旱季的巢域重叠度都很高。 成体间很少发生激烈冲突，但也有因争斗致死的记录。 独立生活后，雌性后代留在出生地附近，而雄性则扩散到更远的地区
	社群规模	雌性及幼仔组成的群体
	食性和取食方式	食肉动物。 食物种类繁多，已记录到的超过85种。 喜欢捕食鹿类、水豚和西猯等体型较大的猎物。也能依赖犰狳、豚鼠、浣熊等数量丰富的小型猎物为生，偶尔捕食貘和南美泽鹿等更大型的猎物。爬行动物在食物中占的比例很大，吃得最多的是凯门鳄，还有淡水龟鳖、海龟、大型蟒蛇和鬣蜥等。也有捕食鱼类、大型鸟类、有袋类和树懒的记录。 在畜牧业为主的地区，随机捕食牛为主的家畜。 很少伤人，主动攻击人类的案例极为罕见。 经常捡食腐肉和家牛尸体。 将捕到的猎物拖到隐蔽的地点再进食
动物的行为需求	动物主要行为方式和能力	游泳能力强，能横渡大河，在洪水季节常常沿水路迁移。 爬树能力强
	繁殖行为	混交制。 两性均在2~3岁左右达到性成熟，雌豹在3~3.5岁开始繁殖。 全年繁殖，但交配更多集中在12月到来年3月，产仔更多在雨季猎物丰富的时候。 发情期6~17天。 妊娠期91~111天。 每胎产仔1~4只（通常2只）。 每两年繁殖一次
	育幼行为	母豹独自抚养幼仔，将幼仔藏有茂密植被遮盖的洞穴内、倒木或河堤下的巢穴中。 幼仔10周龄开始断奶，通常5月龄左右完全断奶，开始随母豹捕猎。 1.5~2岁左右开始独立生活
	攻击或捕食行为	机会主义的捕食者，主要在夜间和晨昏在地面捕食，有时会在树上捕猎，也经常下水捕食凯门鳄和水豚。 一般采取伏击的捕食策略，很少追逐猎物，通常在灌丛中等待出击的机会。 其上下颌的咬合力非常强，尖利的牙齿可以穿透龟甲和其他爬行动物厚重的表皮。

续表

动物的行为需求	攻击或捕食行为	处理猎物时，对大型猎物是咬住喉部使之窒息而亡，对小型猎物是咬碎头骨直接杀死
	防御行为	
	主要感官	视觉：适合夜间捕猎。 听觉：听力敏锐。 触觉。 嗅觉：比犬科动物差，主要用于通信而不是捕猎
	交流沟通方式	气味：通过尿液、粪便、摩擦头部，抓挠树干、地面对领域进行气味标记。 视觉信息：在树干或其他物体上留下抓痕进行标记。 声音：个体间主要通过叫声进行交流，有保卫领域和吸引配偶的作用。 繁殖期，雌性经常在清晨或深夜发出叫声吸引雄性，雄性用特定的叫声进行回应后，到雌性的领域寻求交配机会
	自然条件下行为谱和各行为时间比例	
	圈养条件下行为谱和各行为时间比例	主要行为包括休息、行走、摄食、排泄、理毛、玩耍、嗅闻、摩擦和打滚等
	特殊行为	旱季经常到水中缓解炎热

8. 孟加拉虎

背景知识	动物名称	孟加拉虎 *Panthera tigris tigris* Bengal tiger
	保护级别及濒危状况	CITES I（2017）；濒危（2015）
	分布区域或原产国	主要分布在印度，孟加拉、尼泊尔和不丹也有分布。中国境内可能只在西藏的墨脱有最后一个定居的小种群
	野外活动范围（栖息地和领域）	热带、亚热带和温带的森林、森林–草地交错区、红树林及山麓沼泽草地等。 栖息地内要有充足的食物、水源和隐蔽处，并且较为僻静。 雄虎夏季领域面积可达200平方公里，冬季可达110平方公里，雌虎领域面积为10~51平方公里。 雌虎和雄虎已经占据的领域均不稳定，经常转移到质量更好的生境，或随之前占据者的转移而发生变化
	自然栖息地温湿度变化范围	11~34℃，相对湿度较高
	动物体尺、体重范围	体长：雌性2.4~2.65米；雄性2.7~3.1米（包括尾长）。 体重：雌性100~160公斤；雄性180~258公斤
	动物寿命（野外、圈养条件）	见东北虎
	同一栖息地伴生动物	

续表

动物的生物学需求	活跃时间	见东北虎
	社群结构	一般都是独居，常见群体由雌虎和幼仔组成，偶尔在食物充足时聚集。雄虎的领域内包含多只雌虎的领域，以便保持和这些雌虎交配的机会。相邻的雌虎领域有部分重叠；雄虎的领域之间没有重叠
	社群规模	雌虎及幼虎组成的群体
	食性和取食方式	捕食性食肉动物。 猎物种类主要为鹿类、野牛、羚羊、野猪等大型有蹄类动物，也捕食一些中小型哺乳动物、捕食性动物和家畜。 有时也攻击犀牛和幼象，一些在沼泽湿地生活的孟加拉虎捕食鱼类。 在受伤、年龄增长虚弱或食物匮乏时会食人。 通常把捕获的猎物转移到隐蔽处再食用，有时拖动距离可达好几百米。 能一次吃掉18～40公斤肉，之后几天不进食
动物的行为需求	动物主要行为方式和能力	见东北虎
	繁殖行为	雌虎3～4岁开始繁殖，雄虎4～5岁。 全年可繁殖，但大多数幼仔在12月和4月出生。 发情期持续3～6天，间隔3～9周。 妊娠期3～4个月。 每胎产仔1～4只。 两胎间隔2～3年，雌虎在幼虎离开后即可再次发情
	育幼行为	雌虎将幼仔产在较高的草丛、稠密的灌丛或洞穴等隐蔽处。 幼虎留在母虎身边到2～3岁，开始脱离家庭群体，寻找建立自己领域的区域。雄性幼虎扩散、离开母虎领域的距离比雌性幼虎要远
	攻击或捕食行为	喜好夜间捕食。 捕猎时从后方或侧面尽可能地接近猎物，扑咬其颈部来杀死猎物
	防御行为	
	主要感官	见东北虎
	交流沟通方式	见东北虎
	自然条件下行为谱和各行为时间比例	
	圈养条件下行为谱和各行为时间比例	主要行为有睡眠、走动、卧息，另有摄食、排泄、理毛（修饰）、玩耍（幼体较多）、嗅闻和站立等。 非繁殖期卧息是最主要的行为，所占时间比例约为40%～50%，其次是睡眠（约为20%～30%）和走动（15%左右），摄食和其他行为最少（5%左右）。 发情交配期雌虎卧息时间最多，睡眠时间减少到20%以下。哺乳期母虎哺乳时间最多（近30%），走动增多；其他行为减少，特别是睡眠时间减少到10%以下
	特殊行为	

9. 猞猁

背景知识	动物名称	猞猁 *Lynx lynx* Eurasian lynx
	保护级别及濒危状况	CITES II（2017）；无危（2015）
	分布区域或原产国	欧洲、中亚北部，欧洲东部和西部有孤立种群。 在中国广泛分布于东北和西北各省，并延伸至云南北部
	野外活动范围（栖息地和领域）	主要栖息于茂密的北方森林中，也出现在寒冷的半荒漠、苔原、干草原、有隐蔽条件的山区和开阔林地。 栖息地内要有充足的猎物分布，积雪厚度在40~50厘米以下。在喜马拉雅地区，分布海拔可达4700米。 具有领域性，但由于领域面积往往过大，无法阻止其他个体进入（除非是雌性抚育幼仔时，占据面积较小的领域）。从南到北的栖息地内猎物数量逐渐减少，领域面积随之增加（变化范围在几十到3000平方公里之间）。雌性领域面积大于雌性
	自然栖息地温湿度变化范围	
	动物体尺、体重范围	体长：0.7~1.3米。 体重：18~38公斤
	动物寿命（野外、圈养条件）	野外：平均5岁，最长纪录17岁。 圈养：最长纪录24岁
	同一栖息地伴生动物	狼、棕熊、狼獾。一般由于食性和捕食方式的不同，竞争压力不大。但在食物较缺乏的地区，猞猁可能被狼或狼獾捕杀
动物的生物学需求	活跃时间	夜行性，有的地区在清晨和夜晚较活跃。白天多在树上、茂密的灌丛或高草下休息，偶尔活动
	社群结构	独居，只有雌性抚育后代时有紧密的联系。 雄性领域的重叠度大于雌性，常与多个雌性及后代的领域重叠。雌性与雌性后代的领域重叠较多，与其他成年雌性的重叠较小
	社群规模	雌性和后代组成小群
	食性和取食方式	肉食性。 在大部分地区，狍子、麝及马鹿、北山羊、野猪的幼仔等中小型有蹄类是最主要的猎物。春节和夏季有蹄类动物不足时，更多的捕杀野兔、旱獭、小型啮齿动物和鸟类。冬季积雪较厚时，能捕杀成年驯鹿、马鹿等体型较大的有蹄类。有时也主动搜索和捕杀狐狸。 捕食家畜，捡食腐肉和尸体。 捕获猎物后拖到隐蔽处进食。有时储存大型动物尸体，会用地面的枯枝落叶覆盖储存的食物
动物的行为需求	动物主要行为方式和能力	主要在地面活动，每天可以行进多达10公里。 擅长游泳，但经常避开水。 善于爬树，跳跃能力强，距离可达2米以上
	繁殖行为	雌性2岁左右，雄性3岁达到性成熟。 季节性繁殖，2~4月交配，5~6月生产。 妊娠期67~74天。 每胎产仔1~5只（通常2~3只）。 雄性每年繁殖一次。雌性如果前一次繁殖失败，会每年繁殖一次；如果之前繁殖成功，则三年左右繁殖一次

动物的行为需求	育幼行为	雌性独立抚育后代。将幼仔藏在树洞或岩石裂隙的巢穴中。 幼仔4个月大开始断奶，可以行走后随母兽学习捕猎技巧。 9~11月龄开始独立生活，在母兽生产下一胎前扩散
	攻击或捕食行为	采取伏击的捕食策略，在茂密的植被下埋伏，之后偷偷追踪接近，最后突然扑向猎物，咬断喉部或咬住口鼻使其窒息而亡。 捕猎时善于利用森林中的小径、倒木和裸露的岩石。冬天借助较深的积雪能捕杀体型较大的有蹄类
	防御行为	
	主要感官	视觉和听觉敏锐，可以定位猎物和潜在配偶
	交流沟通方式	气味：用尿液、粪便和腺体分泌物标记领域。 声音：叫声较低沉，不常被听见。 触觉：个体间有互相摩擦、舔舐等肢体接触。 视觉信息
	自然条件下行为谱和各行为时间比例	白天大部分时间用于休息，但在食物缺乏或繁殖期会增加活动量。 监测到的部分行为有：取食、标记、威胁、探查和嗅闻、玩耍等
	圈养条件下行为谱和各行为时间比例	玩耍行为包括：玩树枝、较小的原木、石头和食物等
	特殊行为	

10. 狮

背景知识	动物名称	狮*Panthera leo* Lion
	保护级别及濒危状况	亚洲狮（P.l.persica）CITES I，其他亚种CITES II（2017）；易危（2015）
	分布区域或原产国	撒哈拉以南非洲的大部分地区，主要在保护区及周边地区呈片状分布。最大的种群在东非和南非，另在印度的国家森林公园有少量个体
	野外活动范围（栖息地和领域）	在非洲除荒漠腹地和赤道热带雨林外都有分布，最喜好生境是稀树草原。在印度的生境是干旱落叶灌木林和干旱柚木林。 领域内需要有充足的水源、猎物和供幼狮隐藏的地方，领域的位置和面积会随这些因素的改变而发生变化。不同地点和不同时期狮群的领域面积存在较大差异，从几十平方公里到数百乃至几千平方公里。一些游荡时期的狮群可在一万多平方公里范围内活动
	自然栖息地温湿度变化范围	白天能忍受一定室外高温（不要超过30℃），会根据太阳和气温变化调整休息位置，温度较高时转移到树荫下和石头上休息
	动物体尺、体重范围	现生第二大猫科动物。 体长：雌性1.6~1.9米；雄性1.7~2.5米。 体重：雌性110~180公斤；雄性150~272公斤
	动物寿命（野外、圈养条件）	野外：平均14~15岁（雄性12~13岁，雌性一般寿命较长，可达19岁）。 圈养：20~25岁（最长纪录30岁）
	同一栖息地伴生动物	和斑鬣狗占据同样的捕猎生态位，有相互竞争的关系。抢夺猎豹、豹和非洲野犬的猎物，猎杀它们的幼仔乃至成体。在水中有被尼罗鳄威胁的可能

动物的生物学需求	活跃时间	主要在夜间和晨昏，也在白天活动。当栖息地可隐蔽的植被较少或人类干扰多时，会更多地在夜间活动。 社群行为、理毛和排泄等集中在清晨和日落后，捕猎和进食多发生在夜间
	社群结构	是唯一真正群居的猫科动物。 狮群成员包括1~20头（通常3~11头）有血缘关系的雌狮、它们的后代和1~9头（通常2~4头）和雌狮没有血缘关系的外来雄狮。成员很少会全部集合在一起，经常有小群个体进出领域，呈现动态组合的模式。 其中雌狮是最稳定的成员，通常终生生活在狮群中，偶尔会为避免和有血缘关系、新接管狮群的雄狮交配而离开。 2~4岁的年轻雄狮则离开狮群游荡2~3年，通常由有血缘关系的个体组成高度合作、维持终生的雄狮团队，再着手建立自己的狮群。新的雄狮接管狮群后，会赶走或杀死与自己没有血缘关系的幼狮，促使雌狮再次发情。雄狮团队统治狮群的时间一般为2~4年。 相邻狮群的领域边缘经常有重叠，但中心区域是各自独占的。 雄狮和雌狮都会保卫狮群的领域，巡视并一起发出吼叫进行警告，阻止陌生个体入侵。但雄狮团队的保卫行为更积极、巡视面积更广，有时会驱赶入侵者
	社群规模	狮群大小和栖息地面积和其中的食物多少有直接联系。干旱地区的狮群较小，一般10头以下，优质栖息地中能达到45~50头
	食性和取食方式	捕食性食肉动物。 偏好大、中型食草动物，食物主要由当地数量最多的3~5种有蹄类动物组成。不同狮群有着自己的食物偏好。 在大型猎物迁徙的地区，非洲狮在食物匮乏的时期只能捕捉疣猪等多种小型猎物，还会吃鸵鸟蛋。 捕食无人看管的家畜，偶尔食人。 经常掠夺其他食肉动物捕杀的猎物。 食物中有一定比例的腐食。 几乎吃猎物的所有部位（除了消化器官、角和牙），如果一次捕杀的猎物吃不完，会休息几小时后继续进食。在猎物足够多的情况下，一次吃的食物能支持间隔很多天再捕食。 喜欢每天饮水，但也能依靠从新鲜尸体中获取的水分存活
动物的行为需求	动物主要行为方式和能力	行走速度3~4公里/小时；奔跑速度较快（瞬间速度可达60~80公里/小时），但不能持久（一般不超过100~200米）。 会爬树，常常在树上休息和躲避蚊蝇，有时也借此搜寻猎物和躲避有威胁的动物
	繁殖行为	雌狮在30~36月龄可以怀孕，通常42~48月龄首次生产；雄狮在26~29月龄性成熟，但很少在4岁前繁殖。 一雄多雌制。 全年可繁殖，但雨季最多。发情期平均4~5天，通常在2~3天内多次交配（每天20~40次）。交配期间常常不进食。 雄狮的鬃毛更长、浓密和颜色深体现其身体状况良好及繁殖竞争上的优势，是雌狮进行配偶选择时的重要特征。雄狮在追求雌狮时可能发生严重冲突，导致严重受伤乃至死亡。 妊娠期98~115天（平均110天）。 每胎产仔1~6只，通常2~4只。 两胎间隔20~24个月

续表

动物的行为需求	育幼行为	狮群中的雌狮经常同步生产，共同照顾狮群中的幼仔，关系较近的几只雌狮甚至会共同哺育幼狮。雌狮将幼仔产在隐蔽的灌丛或洞穴中，会多次转移幼狮的隐藏地点。雄狮保护幼狮不受外来雄狮的威胁，并允许幼狮吃剩下的猎物。 幼狮6～8周龄后开始断奶，直到8月龄完全断奶。 18月龄开始独立狩猎，雄性通常2岁后离开狮群
	攻击或捕食行为	机会主义的捕食者，几乎能捕食遇到的一切动物。主要在夜间捕猎。 由于奔跑速度较快但不能持久，一般先隐藏在和体色接近的干草丛中，然后偷偷靠近猎物，突然发动攻击，以期在短距离内追上猎物，咬住头颈部使其窒息而死。 经常进行集体捕猎，多只个体合作进行跟踪、驱赶和埋伏。能捕获体型较大和危险的猎物，捕食成功率比单独捕食高一倍。雌狮是集体捕猎的主力，雄狮也具有很强的捕猎能力，能捕杀体重更大的猎物。 在驱赶入侵者时偶尔发生激烈的打斗。雄狮有时试图抢夺雌狮捕获的小型猎物。尽管体型较小，雌狮也会对雄狮进行反击
	防御行为	经常在比较高的地方（如白蚁丘和土丘）上休息，以便关注捕猎的机会和警惕陌生的闯入者，在树上躲避有威胁的动物
	主要感官	视觉；听觉；触觉；嗅觉
	交流沟通方式	叫声：狮群成员间用不同类型的叫声进行相互交流、保卫领域和向别的狮群发出警告。雌狮用短促的叫声召唤幼仔。雄狮的叫声更大和低沉，可以传到几十公里之外。 视觉信息：尿液标记的同时，后腿在地面留下抓痕标记。雌狮处于发情期时，雄狮标记行为较多。 气味：用尿液标记领域，其中定居的雄性较多，雌性也偶尔标记。口鼻部在草丛、灌丛等植物上摩擦，留下自己的气味。 触觉：狮群的成员之间在表示友好的打招呼时有相互摩擦头部、互相舔头颈部和尾缠绕等行为。哺乳期的雌狮也通过舔舐等肢体接触和幼狮进行交流
	自然条件下行为谱和各行为时间比例	每天大部分的时间（约20～21小时）用来睡觉和休息，以保存体力和能量。每天走时间约2小时，采食50分钟。 幼狮有体现学习捕猎过程的玩耍行为。雌性和三岁以下年轻雄性也会加入一起玩耍
	圈养条件下行为谱和各行为时间比例	和野外相比，休息时间减少（每天约10～15小时），短距离移动增加，和笼舍面积大小、环境单一程度及外界人类干扰有关
	特殊行为	

11. 亚洲黑熊

背景知识	动物名称	亚洲黑熊*Ursus thibetanus* Asiatic Black Bear
	保护级别及濒危状况	CITES I（2017）；易危（2015）
	分布区域或原产国	从南亚的伊朗东南部起的一条狭长分布区域，经中亚、东南亚到俄罗斯远东地区和朝鲜、日本，在中国中南部和东北地区有广泛分布

背景知识	野外活动范围（栖息地和领域）	主要生活在热带和温带山地、丘陵地带的阔叶林、混交林及干旱多刺森林中。夏季一般栖息于海拔3000多米的地方，冬季向下迁移到1000多米的低海拔地区。喜欢植被茂密的生境，避免开阔地带，但利用林区内的开阔高山草甸。 不同地区家域面积有所差异，从几十到上百平方公里不等，和食物条件有一定关系，食物越丰富则面积越小。雌性（特别是带着幼仔的）个体在繁殖期的活动范围小于雄性
	自然栖息地温湿度变化范围	
	动物体尺、体重范围	体长：雌性1.1～1.5米；雄性1.2～1.9米。 体重：雌性40～140公斤；雄性60～200公斤
	动物寿命（野外、圈养条件）	野外：平均25岁。 圈养：平均33岁（最长纪录39岁）
	同一栖息地伴生动物	
动物的生物学需求	活跃时间	主要在白天活动，晨昏较活跃。 不同地区有所差异，在离人类活动区域较近的地方多为夜行性，会根据食物情况调整觅食时间
	社群结构	一般独居生活，可能无领域行为
	社群规模	母熊带幼仔共同生活
	食性和取食方式	以植物性食物为主，在食物中占80%～90%以上。也会吃无脊椎动物、小型脊椎动物和腐肉。 食性存在季节性变化和地区差异。春季以青草、树叶、竹笋、苔藓和地衣为主；到了夏季以浆果等果实为主，也吃嫩芽和动物；秋季取食橡实等坚果；冬季不冬眠地区以坚果和果实为食。 取食人工林树皮下的形成层和农田中的农作物。 能捕食，但大多数肉食可能为捡食尸体。 极少攻击人类。 在秋季会增加觅食时间，提高进食量，为度过冬季贮存充足的脂肪。在人类活动较多区域，多在夜间摄食以避免和人接触
动物的行为需求	动物主要行为方式和能力	游泳能力强。 前肢力量大，擅长攀爬岩石和树木。 平时四足跑走，打斗时可以用后肢站立，用前肢击打
	繁殖行为	缺乏黑熊的野外繁殖资料，多为圈养条件下的观察数据。 婚配制度为混交制。 圈养条件下3～4岁性成熟，6岁以上、体型较大的雄性繁殖机会更多。 可能是季节性繁殖，在不同地区时间有所差异。在俄罗斯5～7月交配，12月到翌年3月产仔；在巴基斯坦是10月交配，翌年2月产仔。 有延迟着床现象（一般延迟2个月左右）。 妊娠期7～8个月（野外）或6～7个月（圈养条件下）。 每胎1～4只（2只常见）。 两胎间隔2～3年
	育幼行为	母熊在树洞或山洞中产下幼仔，照顾26～32个月。幼熊2～3岁后开始独立生活

动物的行为需求	攻击或捕食行为	
	防御行为	爬到树上躲避虎等天敌的袭击
	主要感官	嗅觉：非常灵敏。 视觉：较差。 听觉：非常灵敏。 触觉
	交流沟通方式	叫声：遇到其他个体、进行打斗和交配时会发出不同的叫声，还通过叫声表达警告、愤怒、威胁等。幼熊通过叫声和母熊联系。 肢体行为：通过在其他个体面前展示特定行为来体现其地位，如冲向对方表明支配地位，离开、坐下或躺下表明从属地位。 气味：通过尿液、粪便和抓树干留下气味与其他个体交流
	自然条件下行为谱和各行为时间比例	亚洲黑熊在自然条件下的行为较难观察。 每日活跃时间随年度和季节不同有所差异和波动。大部分活跃时间用于觅食，因此主要由食物条件决定。 亚成体雄性随着年龄增长，不活跃时间显著上升。成年雌性抚育幼熊时活跃时间比单独生活时所占比例大。 经常在树上进行休息、晒阳、取食和避敌等。不同地区的黑熊在树上度过的时间比例有百分之十几到50%
	圈养条件下行为谱和各行为时间比例	移动（行走、奔跑、攀爬）、静止（站立、坐、卧）、进食和饮水，探索（嗅闻、挖掘等），另有修饰、排泄、筑巢、其他社会行为、性行为和育幼行为，幼熊的玩耍行为较多。 刻板行为包括：摆头、踱步、转圈和站立转身
	特殊行为	分布区北部的黑熊在洞穴中冬眠，在俄罗斯的冬眠期是10月到翌年5月。在温度较高地区，部分个体可能不冬眠。几乎所有的怀孕母熊都冬眠

12. 棕熊

背景知识	动物名称	*棕熊Ursus arctos* Brown bear
	保护级别及濒危状况	中国、不丹、墨西哥和蒙古种群CITES I，其他所有种群CITES II（2017）；无危（2008）
	分布区域或原产国	是世界上分布最广泛的熊类。分布带从北美洲西部、俄罗斯远东地区、亚洲北部到北欧。在西欧和中亚西南部存在一些隔离种群。在中国西北部、西南部和东北部的一些地区有分布
	野外活动范围（栖息地和领域）	在熊类中占据的栖息地类型最为广泛，包括各种类型的温带森林、草甸、草原、苔原、半荒漠和沿海栖息地，分布的海拔范围从海平面到5000米。 大部分棕熊喜好植被分散分布或开敞、半开敞的生境。栖息地中要有较茂密的植被以便在白天为棕熊提供遮蔽。 不同地区家域面积有所差异，从几十到上千平方公里不等，主要由其中的食物条件决定，食物越丰富则面积越小
	自然栖息地温湿度变化范围	

续表

背景知识	动物体尺、体重范围	体长：雌性1.4～2.28米；雄性1.6～2.8米。 体重：雌性55～227公斤；雄性135～725公斤
	动物寿命（野外、圈养条件）	野外：25～30岁，雄性一般25岁，雌性最长纪录37岁。 圈养：平均33岁（最长纪录48岁）
	同一栖息地伴生动物	
动物的生物学需求	活跃时间	多为夜行性，晨昏较活跃。活跃时间有时随年龄和季节发生变化
	社群结构	一般独居生活，无典型领域行为。 在群体中，因年龄和体型形成层次分明的优势等级结构，从属个体要避让优势个体，从而能起到隔离不同个体、确定进食和交配次序的作用。 成体家域较稳定。雌性多在出生地附近定居，而雄性会扩散到更远的地区。雌性的家域面积小于雄性。两性在繁殖季的家域面积都大于非繁殖季。母熊带幼仔时期的家域面积大于独居时。家域面积还与食物资源的可获得性相关。 家域之间重叠较大
	社群规模	繁殖季母熊带幼仔共同生活
	食性和取食方式	高度杂食性，食物种类在熊类中最多，包括各种无脊椎动物、鱼类、鸟类（鸟卵）、兽类、植物性食物和蘑菇。 食性存在季节性变化和地区差异：春季和初夏以青草、树芽和野菜等植物为主，也捕杀有蹄类的新生幼仔；夏季和初秋以浆果等果实为主，植物的根和球茎作为补充；秋季的重要食物是坚果和无脊椎动物，鲑鱼是沿海地区种群的关键食物；冬季肉食为主，捕杀和捡食有蹄类。 在冬眠期的秋季育肥期（特别是自然食物不足的情况下），会捕杀家畜、取食农作物、袭击人工蜂巢。随机腐食。 偶尔捕杀人类，一般是为了保卫食物或幼仔。 为取食最丰富的食物，在不同栖息地和海拔间移动。主要单独觅食，但在食物富集的地点会季节性地聚集成大型群体。有储存食物（特别是大型动物尸体）的习性，用土和植物掩埋食物，常常卧在食物边上休息
动物的行为需求	动物主要行为方式和能力	平时行走速度较慢，但奔跑时速可达50公里。 会游泳，能在水中捕鱼。 幼年棕熊爬树能力较强
	繁殖行为	达到性成熟年龄雌性3.5岁，雄性5～5.5岁，最早开始繁殖年龄分别为4～8岁和5～8岁。 婚配制度为混交制，和同一配偶在一起的时间从数天到几个星期不等。 成年雄性有时会杀死母熊和其他雄性的幼仔，以便和母熊交配，也有的仅仅是将其当做食物。 季节性繁殖，在不同地区时间有所差异。4月（欧亚大陆）或5月（北美）至7月交配，翌年1～3月产仔。 有延迟着床现象（一般延迟4～5个月左右直到冬眠）。 妊娠期210～255天。 每胎通常1～3只。 两胎间隔平均3.5年（2～6年）
	育幼行为	母熊在树洞或山洞中产下幼仔，哺乳到18个月。母熊独自抚养和保护幼熊到2～3岁，教幼熊觅食、捕猎和捕鱼技巧，如何选择冬眠地点等。之后幼熊开始独立生活。 有时有领养或交换出巢幼仔现象

动物的行为需求	攻击或捕食行为	打斗时，用爪互相拍击胸部和肩部，撕咬头部和颈部
	防御行为	幼熊会爬到树上躲避陌生成年雄性和其他天敌
	主要感官	嗅觉：非常灵敏。 视觉：较差。 听觉：比较灵敏（和人类一样）。 触觉
	交流沟通方式	主要方式为气味和叫声。 叫声：觅食时发出低吟声。 肢体行为：个体间通过展示特定行为来体现其支配或从属的地位。如优势个体采取正向面对、脖子前伸、鼻子卷起、露出獠牙的姿态接近；从属个体则以侧向面对回应，并低头、坐下或躺下。 气味：通过尿液、粪便和抓挠、摩擦树干等留下气味，来标记领域和表明繁殖状态
	自然条件下行为谱和各行为时间比例	主要活跃时间用于觅食和进食，其次为移动和休息，另有警戒和社会行为等。以肉食为主的熊和植食为主的个体相比，用于进食的时间较少，而移动和休息的时间较多。 成年雌性抚育幼熊时，活跃时间比单独生活时所占比例大。 藏棕熊（U. a. pruinosus）白天活动时，采食（挖掘鼠兔洞穴及腐食）的时间比例超过50%，游荡时间约占30%，另有休息行为
	圈养条件下行为谱和各行为时间比例	静止（站立、坐、卧）和睡眠的时间最多，其次是进食和移动（行走、奔跑、攀爬），另有修饰、筑巢、饮水和其他社会行为等。幼熊的玩耍行为较多。 刻板行为包括：摆头、踱步、转圈、啃咬笼舍等
	特殊行为	冬眠的具体时间由地理位置、气候和个体状况决定。在分布区北部，冬眠6~7个月（10~12月开始冬眠，到翌年3~5月恢复活动）；在南部和一些食物丰富的地区，冬眠期则非常短或根本没有。 选择有遮蔽的斜坡上挖掘洞穴，洞穴常常每年冬眠时重复利用

第十八章　圈养灵长动物行为管理　·······················

作为同一个大家族中的成员，正是由于与人类的相似性，灵长动物始终是动物园中备受关注的展示物种。人们在动物园中观看灵长动物时，习惯性的会将它们拟人化，用人类的思维去臆想动物的行为表达，然而在多数情况下这些臆想都是错误的。让灵长动物更多的表达自然行为，并向游客解释这些行为真正的生物学意义，引导游客对动物的尊重，是动物园的展示追求；同样，只有在真正了解灵长动物自然史的基础上，保育人员才有可能为它们创造合理的生活环境，并采用能够满足动物福利的行为管理手段来照顾这些可爱的动物。灵长动物的确是人类的近亲，然而，它们又与我们之间存在太多的差异，以往动物园中过多以拟人化的"爱与亲情"代替了对物种自身社会需求，忽视了社群生活在个体成长中发挥的作用，正说明保育机构本身对它们的演化策略缺少了解，这不利于物种长久的存续，有悖于动物园的保护职能。

第一节　灵长动物自然史

灵长动物共有16科，超过500种，从体重只有30克的贝氏倭狐猴到重达200公斤的大猩猩，各物种之间的外表、行为方式、社群结构、取食策略、环境需求差异巨大。在动物园中，常常依据大致的共性特征将灵长动物划分为"低等猴类"和"猿猴类"，低等猴类包括狐猴、蜂猴等；猿猴类种类众多，从地域上又分为"新大陆猴"和"旧大陆猴"，新大陆猴包括多种中、南美洲热带小型猴类和卷尾猴等，旧大陆猴包括猕猴类、长臂猿和大型类人猿等。这种分类习惯与"有蹄类动物"和"食肉动物"类似，都是从传统管理习惯出发的分类方式，与生物学分类系统之间存在很大差异。

一、灵长动物基础解剖学及社群需求

所有灵长动物都起源于热带丛林，尽管现生灵长动物的分布区域和生活环境扩展到了温带地区甚至干燥的荒原，但所有类群或多或少保持了树栖的适应性特征。这些身体构造特征和环境适应性主要体现为：

○ 前肢与躯干的肩带连接方式更灵活，允许前肢向各个方向伸展。

○ 绝大多数都保留五指/趾，拇指/趾对生，前肢、后肢都具有抓握能力，更适于树栖生活的行动需要。

○ 扁平的趾甲代替了原有的尖爪，指/趾端平整，密布触觉神经末端，除了保持更可靠的抓握性以外，也大大提高了灵长动物的探究能力。

○ 除了部分低等猴类，灵长动物普遍吻凸缩短，面颊更趋向于扁平，双眼位于同一平面，有更广阔的立体成像角度，提高了对距离的判断能力和对色彩的辨别能力，更适应复杂环

境中的生活。

○ 更发达的大脑，特别是主导运动的小脑和决定智力水平的大脑皮质高度发达。

○ 位于胸部的一对乳房。

○ 绝大多数情况下，每胎一仔。

○ 拥有保持躯干直立、仅依靠后肢站立或行动的能力，前肢被解放出来从事更复杂的活动。

○ 社会性强，个体在群体中生活和学习的时间延长，即使是少数非群居灵长动物，幼体与母亲共同生活和学习的周期也明显比其他动物类群更长。

从以上动物特征可以看出，在动物园中同时满足灵长动物的物理环境需求和社会环境需求是动物福利的最基本的保障途径。行为管理的五个组件必须协同发挥作用，单独依靠或强调某个行为管理组件，无法满足动物的福利需求。

不同的灵长类物种，尽管存在解剖学和社会性需求的某些共性，但各物种之间仍然存在巨大差异。这些差异体现在分布范围和栖息地生态特征、动物生理特征、生活习性、取食策略、运动方式、社会行为、繁殖行为等诸多方面。这些最基础的自然史资料都是在人工圈养环境中实施行为管理的重要依据。对灵长动物的科学研究已经为动物园开展动物展示和保育工作提供了大量依据，认真学习和借鉴相关领域的研究成果是成功制定行为管理措施的保证。

二、物种自然史信息的特殊性以及与之相应的行为管理操作注意事项

鉴于灵长动物高度发达的智力和复杂的社会及环境需求，这类动物的饲养员必须具备应有的知识和技能，并通过不断学习、交流来提高行为管理操作水平：依照动物自然史信息制定行为管理手段；了解动物的基础解剖学知识；了解动物个体行为特征和社会行为需求，并基于这些知识为动物创造合理的生活展示环境；为动物表达更多、更全面的自然行为创造条件；能够与动物建立信任关系，但不会以占据等级地位的角色为动物提供照顾，以免干扰原有的自然社群结构；能够通过行为观察判断行为管理措施是否能够满足动物需求，并及时发现动物个体的异常和群体中的关系变化；具备较高的行为训练水平，并通过正强化行为训练保持动物群体关系的稳定和日常操作的效率；按照种群管理要求协调繁殖，并有能力对繁育后代提供照顾，保持其自然社会属性。作为合格的灵长动物饲养员，应该通过行为管理五个组件的综合运用来表达对动物的爱；这种"爱"的结果不是动物对饲养员的依赖，而是信任。

基于动物自然史信息和生物学特性的差异，在人工圈养条件下必须依据动物自身特性制定相应的管理措施，例如：

1. 猕猴

○ "猴山"是国内动物园惯用的猕猴饲养展示方式，难以实现行为管理措施，建议改变传统的"坑式"展览，使动物视线平行或高于游客视线，减少压力，同时避免360°无死角式参观。

○ 在展区中增加功能性空间，例如隔离间、非展示笼舍、动物分配通道等，避免在操作中饲养员与动物直接接触。

○ 控制繁育，以利于保持群体关系的稳定和基因多样性。

〇 通过科学的引见途径，容易形成大规模的猕猴群体，但将雌性猕猴个体引入既有群体非常困难。应该允许适度的攻击行为，但也需顾及个体福利。"和谐取食"训练对保持群体稳定和照顾动物个体福利都至关重要。

〇 必须采取所有必要措施杜绝游客与动物之间的直接或间接接触，特别需要避免游客随意投喂动物，人类所携带的多数疾病都可能传染给灵长动物。

2．环尾狐猴

尽管环尾狐猴被认为是"最适合在动物园中生活的灵长动物"，但在日常操作中仍然需要了解如下内容：

〇 环尾狐猴相对于其他种类的狐猴，更倾向于在地面活动，所以地表垫材丰容更加重要。

〇 与其他灵长动物相比，环尾狐猴生产双胞胎的比例更高，需要对繁殖母兽施以更多的关注。

〇 雌性环尾狐猴每年的受孕期很短，往往不超过24小时，这也导致发情交配期群体中的攻击行为明显上升。

〇 雌性个体很难引入一个既有群体；单一雄性展示群体往往更能维持群体的稳定，获得较好的展示效果。

〇 可以与其他狐猴类或其他物种动物混养，以获得更丰富的展示效果。

〇 环尾狐猴生性恐水，采用水体隔障时必须在临近展区的水体下安置安全护栏，以保证动物不慎落水后回到陆地。

3．叶猴类

〇 叶猴类包括分布于非洲的疣猴和分布于亚洲的叶猴、仰鼻猴类，尽管这些物种之间外观差异巨大，但它们都以树叶为主要食物，并采用与食草动物相似的营养代谢方式，这一特点决定了这类灵长动物日常行为管理的特殊性。

〇 尽管可以采用特种饲料公司出品的"叶食性猴类"商品饲料作为人工圈养条件下的补充饲料，但这种富含纤维的"饼干"并不能满足动物的营养代谢需求，在日常的饲料中必须包括大量的、种类丰富的新鲜树叶；北方地区难以保证新鲜树叶的常年供应，所以不建议饲养展示叶猴类。

〇 常年提供新鲜树叶的动物园需要特别注意青绿饲料的季节特点，例如秋季多数枝条的皮层加厚，韧性变强，长纤维的树皮被动物食入后容易导致梗阻，此时应将树枝截成小段再提供给动物。

〇 对这类动物最大的威胁是游客投喂的高糖食物，富含碳水化合物或油脂的食物会迅速破坏动物消化道内的菌群结构，导致消化不良甚至死亡。必须采取一切必要措施阻止游客投喂，在关乎动物生死的问题上，动物园必须作出明智的选择。

4．赤猴

〇 赤猴是所有灵长动物中最适于陆地生活的物种，它们拥有快速的奔跑能力，短途时速接近60公里，这一点决定了赤猴的展区中对地面面积和地表丰容应予以更多重视。

○ 赤猴的生活环境与其他灵长动物相比更开阔、干燥，展区应建造足够的坡度以保证良好的排水性能，同时提供充足的饮水条件。

○ 赤猴展区中应布置几处高出地面1~2米的高位栖息点，以满足动物的行为需要；这些高位点是群体中的"哨兵"位置，也是雄性统领彰显社群地位的场所，它们往往在高处展示自己蓝色的阴囊。

○ 赤猴比较安静、平和。个体间的"亲密程度"相对较低，应确保为所有个体提供单独庇护所。拥有可靠庇护所的个体对其他个体甚至其他物种的个体都更"友善"，在动物园中常常作为"混养展区"设计的必选物种，例如在法国保瓦尔（BEAUVAL ZOO）动物园中，一群赤猴与一群低地大猩猩已经和谐共处了多年。

5. 阿拉伯狒狒

○ 在自然界雄性阿拉伯狒狒会在成年前离开一段时间后回到群体并一直留在出生群体中，雌性个体在接近性成熟时（3.5岁之前）会转移至其他群体，国内动物园中目前普遍采取的群体管理手段是在雄性幼体成熟前将它们转移，而保留多数雌性后代。这种群体构建方式需要马上改正。

○ 拥有多个雄性的狒狒群体尽管攻击行为频频发生，但一般不会造成严重的后果，即大多数攻击行为仅仅是维持群体间社会关系的"仪式"；即使动物之间发生打斗，如果造成的创伤不严重，则不必进行干预。饲养管理中只需注意观察，对群体中发生的攻击行为"零容忍"既难以实现，也不利于群体关系的稳定。

○ 雌性动物发情期会表现出明显的性皮肿，这种正常生理现象往往会在游客中造成误解，需要动物园进行有针对性的保护教育说明，同时也应考虑是否群体结构不当，雌性动物发情后难以获得交配机会，而导致了性皮肿的加剧和长期持续。

○ 阿拉伯狒狒是广谱的杂食动物，但食物多以粗放的植物性来源为主，饲料中过量的高糖食物，例如水果，会导致动物罹患糖尿病。

○ 由于在自然界食物分散、养分贫瘠，阿拉伯狒狒需要花费大量时间在广阔的范围内觅食，这种觅食行为与动物园中活动空间有限的矛盾必须通过复杂的环境丰容手段加以缓解，有必要通过操作日程的调整，将每天的食物丰容环节分成多次提供给动物。

6. 山魈

○ 尽管与狒狒外观相似，但山魈主要生活在丛林中，在它们的展区中需要更多的栖架和视觉遮挡，同时也应提供更多的庇护所，并在庇护所之间保持多条逃逸路径，以保证弱势个体免于统领个体的严重攻击。

○ 通常情况下，一雄多雌的群体结构有利于保持群体稳定和幼仔成活率。

○ 雄性统领对幼年雄性个体造成的压力极大，尽管很少观察到攻击行为，但成年雄性表示威慑力的"频频点头"行为常常使幼年雄性个体心惊胆战；如果展示环境处于游客视线之下，即使是统领雄性个体也常表现出紧张的情绪，如做出"若无其事"地环顾四周、有意避开游客视线、"打哈欠"露出犬齿等行为。

○ 紧张情绪会导致个体间攻击行为的加剧，甚至出现自残行为，在展区内搭建可以躲避游客和统领个体视线压力的视觉屏障至关重要。

7. 僧帽猴

○ 僧帽猴拥有很高的智商，甚至可以通过学习掌握使用工具的能力，在动物园中为它们创造复杂、多变的展示环境至关重要，特别是地表垫层的使用，应该尽量满足动物探究行为的需要。

○ 动物生活环境中尽量增加"可移动"物品的数量，结合不同的展区设计，为动物提供晃动树枝、不固定的喂食器等，让动物拥有更多的操控机会。在不使用玻璃幕墙的展区地面垫材中，应多为动物提供不同大小的石块。

○ 有些动物的自然行为不符合游客或饲养员的"审美标准"。例如有些个体会用双手接住尿液后在四肢涂抹，这是一种自然行为，是动物"保持个性"的途径，不应加以阻止，应该以适当的保护教育内容减轻游客的不适感。

○ 僧帽猴的群体构建比其他灵长类动物更容易，但也要密切观察合群后动物的个体表现。

○ 僧帽猴具有超强的学习能力，日常行为训练是维持动物学习能力的重要手段。

8. 松鼠猴

○ 尽管松鼠猴显得"娇小可爱"，但这些小家伙远远不是人们想象中那么"友善"，它们对群体变化十分敏感，无论是雌性个体还是雄性个体，都很难融入既有群体。

○ 在同时拥有多个雄性的群体内，平时和谐相处的社群关系在繁殖期则变得岌岌可危，雄性间的争斗和攻击行为往往造成严重后果。

○ 松鼠猴携带的疱疹病毒对别的灵长物种可能是致命的，所以不能将它们与其他灵长动物混养，更不应允许游客与这类动物直接接触。

9. 蜘蛛猴

○ 雌性蜘蛛猴的外生殖器往往引起对个体性别的误判。

○ 环境的复杂性对蜘蛛猴非常重要，它们之所以进化出具有抓握能力的尾巴就是对复杂树栖环境的适应，所以为了保持动物特有的行为表达机会，蜘蛛猴的饲养展示环境往往需要纵横密布交错的绳索和栖架。

○ 安置取食器的位置与上方栖架或绳索的高度差需要经过实践观察不断调整，以便动物表达"五肢并用"的典型行为模式。

○ 蜘蛛猴在人工圈养条件下寿命很长，有超过50岁的个体记录，保持人工圈养群体的稳定性对这类动物非常重要，这种群体稳定性包括大的群体中存在明确的等级和雌性个体组成的亚群体。

10. 长臂猿

○ 多数长臂猿营家族小群体生活，由一对成年配偶和幼年后代组成，当幼仔逐渐长大后，成年雄性会驱逐雄性幼体、成年雌性驱逐接近成年的雌性后代；饲养员应密切关注长臂猿群体社会行为的变化，及时将接近成年的幼体转移。

○ 长臂猿的人工育幼个体成年后会表达多种异常行为，难以回到同类群体中，失去繁殖机会，应尽量避免人工育幼。

○ 在人工圈养条件下，没有血缘关系的同性成年个体不能合群混养。

○ 长臂猿食性与叶猴类相似，同样需要采取严格措施避免游客投喂。

○ 历史上由于认识的局限，白颊长臂猿与黄颊长臂猿曾出现过杂交，各动物园必须尽早甄别杂交个体，将它们从繁育计划中剔除，同时调节血统，最大限度地保持纯种个体间后代的基因多样性。

○ 部分动物园采用水体环绕的"孤岛"式展出长臂猿，这种方式既不利于行为管理，又频频出现动物溺水死亡的案例，应尽快取缔；同样，那些基于"好看"的追求而放弃封闭顶网并采用电网作为隔障措施的开敞展区同样可能带来安全隐患，也应尽早改变。采用不锈钢绳网进行顶部封闭的展区，能够最大限度地提高动物园中的土地利用率，为动物创造更丰富的环境刺激。

11. 黑猩猩

○ 大型类人猿拥有与人类相近的智力水平，同样灵活的"双手"，和比人类强悍多倍的力量，这些特点使它们成为动物园中危险等级最高的动物，黑猩猩是代表物种。

○ 电网不能作为展区一级隔障。在群体争斗剧烈时，某些个体会全然不顾电网电击而从展区逃逸，曾经出现过一只黑猩猩扯断12根电网从展区逃逸的事故。

○ 采用水体隔障的展区可以避免动物逃逸，但同时也会导致动物溺亡，曾经出现过水深不足40公分的隔障即造成黑猩猩溺亡的惨剧。

○ 群体生活对黑猩猩来说是最迫切的福利需求，这一点与所有群居灵长动物一致。黑猩猩的群体构建需要饲养员敏锐的观察能力、行为解读能力，也需要科学合理的"操作功能区"设计；非展示功能区域不能含有观察死角，通过观察行为和行为趋势分析才能实施黑猩猩的"合群"；即使是白天在展区中和谐相处的个体，夜间也应该在相互隔离的笼舍中休息。

○ 尽量避免黑猩猩的人工育幼，即使不得已通过人工辅育，幼体存活后也应该尽早帮助幼体回到原有群体。人工育幼个体成年后产生行为问题，使其无法参与物种繁育。

○ 黑猩猩具有高度发达的智商，黑猩猩的饲养员在管理中常常会感到挫败。饲养员需要手、脑都"更勤快"，不断学习并与同行保持密切交流。

第二节　圈养灵长动物行为管理

一、圈养环境

（一）物理环境营造

灵长动物起源于热带丛林，在丰富、多变、危机四伏的生境中繁衍进化，它们的行为灵活复杂、智力发达，善于应对环境挑战，也善于处理社群关系来维持处身的社群地位。物理环境应综合考虑物种的生理、心理及行为需求。多数灵长动物适应树栖生活，善于攀爬、跳跃、悠荡甚至游泳。人工环境必须为动物表达特有的自然行为创造机会。

同时，对不同物种应根据行为特点进行展区设计，既要保证动物充分表达自然行为，也要剔除环境因素中的潜在伤害，例如水体隔障可能导致狐猴、长臂猿和黑猩猩溺亡。灵长动物行动灵活，智力发达，会寻找一切机会从展区逃逸，为了保证动物福利，提高动物园内有限土地资源的利用率，现代动物园往往摒弃了曾经"时髦"的开敞展区，转而选择不锈钢绳网封顶设计。这种"传统"的展示方式由于使用了新型材料，例如采用钝化处理深色不锈钢绳网封顶，增加沉浸设计元素，在保证动物福利的同时提高游客参观体验。

对灵长类动物来说，展区设计的关键因素并非占地面积，而是动物"可利用空间"的大小。在游客看来"赏心悦目"的壕沟隔离开敞式展区对动物来说并无受益。真正起到动物福利保障作用的区域包括展区中动物可利用空间、便于实现行为管理操作的后台、非展示室外笼舍，以及连接各个功能区的分配通道。现代动物园的展示设计，必须满足动物自身的福利需求，同时满足行为管理策略的实施。必要的隔离空间、行为训练场地、操作面、展区复杂性、丰容项目的推进等因素都应在展区设计之初充分考虑。只有符合上述两方面需求的展区，才能保证动物福利的状态，使动物健康、活跃、更多的表达自然行为，这些才是丰富游客参观体验、有效传达保护教育信息的牢固支撑。在灵长动物展区设计发展过程中，曾经在两个极端都走过弯路，从最原始的铁笼展示，到过度注重展区景观、装饰背景，隔障用地侵占动物使用面积。这两种极端都在于把人类的喜好凌驾于动物福利之上，不符合现代动物园的发展方向。

通过"集邮册"的展示方式来追求更多的展出物种和片面追求展示环境都是不可取的，现代动物园展示的主要内容是"动物与环境的互动"，这里所说的环境因素包括展区内的物理设施、丰容项目、饲养员和同展区中的其他个体。理解了现代动物园的展示发展进程，就能够做到在"好看"和"实用"之间做出正确取舍。使用不锈钢绳网封顶的展区，最大限度地提高了灵长类动物对垂直维度的利用率，更符合动物表达自然行为的需求，具有开敞展区所不具备的多项优势。

灵长动物展区设计必须保证足够的动物使用空间，制造足够的环境复杂度，提供充足的栖架和空中路径以及庇护所，绝大多数灵长动物的展区都应为群体设计，而不能仅仅考虑单只动物或一对动物的需求。因此，为了维护个体福利，必须配备足够的隔离空间，以便在对某个个体进行特殊医疗处理或短期隔离提供条件。展区内应为群体中的每个个体提供展示自然行为的条件，并配备足够的饮水点和食物投放位置，以保证弱势个体的基本需求。对灵长动物来说，对利用高处空间的需求非常重要，它们对游客的视线敏感，处于游客视线以下或与游客视线平行都会感到不安，只有在位于游客视线以上的位置时动物才会感到安全。展区高处的栖息位置应该保证让动物在不同的高度进行选择，这也是统领个体显示自身社群地位的保证。除了在垂直方向为动物创造更"泰然"的栖息位置以外，也应该在游客参观面设置视觉屏障，从而使动物，特别是那些没有"资格"在高处活动的弱势个体有躲避游客视线压力的机会。对有些物种来说，例如狨猴类和蜂猴类，它们几乎从不在展的下半部分活动。这类动物需要在展区高处提供食物和饮水点，出于同样的考虑，展区内的局部加热点也应该位于展区顶部，并在加热点下面搭建复杂的栖架，使动物可以通过与加热点之间的距离变换来选择不同的温度梯度。室内展区全光谱灯具的安置方法与局部加热点一致，以形成UVB照射强度变化梯度。

（二）气候环境营造

多数灵长动物分布于热带、暖温带地区，温带地区动物园饲养展示的灵长动物在寒冷季节需要在室内生活。室内展区的复杂程度与室外要求一致，为了保证基本福利需求，至少应从以下四个方面考虑：

1. 湿度

尽管动物可以短期忍受较低的湿度，但一般情况下灵长动物室内相对湿度应控制在30%～70%之间，多数物种更倾向于选择50%的环境湿度。湿度过低会导致皮肤干燥、被毛不整。年老和年幼个体，特别是哺乳期雌性和幼崽需要更高的环境湿度。增加湿度的途径可以选择喷淋或自然材质的吸水垫材，降低湿度则主要依靠通风设备和局部加热点，从整体或局部降低湿度。

2. 通风

通风设计必须结合动物园所在地的气候条件和展示物种的温度需求。根据室内空气中有害气体的检测数值确定通风量，采用新风系统来处理通风量和温度控制之间的矛盾，在非极端天气条件下，最环保的通风方式是通过建筑结构设计实现的自然通风。在建筑高点设置出风口，底部设计入风口，根据天气条件进行通风量的调节。

3. 温度

对于多数灵长动物来说，18～28℃都是能够接受的温度范围。栖息地不同的物种对环境温度的需求差别较大，分布于热带雨林中的小型灵长动物需要较高的环境温度。多数中型或大型的灵长动物即使在冬季也会选择短暂的室外活动，在进出室外的串门需要进行双层保温门设计。室内空间除了维持基础的整体环境温度，也有必要设置多处加热位点，根据动物的行为特点可以安置在地表、屋顶或侧壁，为动物创造选择机会。另外需要注意的是高温避暑设施，当室外温度达到32℃时，应该为动物提供足够的遮阴，避免暴露于阳光直射下，或者提供喷淋系统进行局部降温。

4. 光照

多数动物园所在区域与动物原生地之间的光照条件差异较大，特别是北方地区，一年中有几个月时间不得不将动物饲养在室内。室内的光照条件应该从光照强度、光周期变化以及自然光光谱组成等方面模拟动物原产地的光照条件。对于大多数日行性灵长动物来说，每天的光照时间不应少于12小时，动物园需要借助定时器等控制设施保证充足的光照时间。模拟自然光中的光谱组成需要采用全光谱透光玻璃或全光谱灯具，这些设施已经在一些动物园成功应用。尽管如此，有机会直接暴露于阳光中对保持动物的骨质健康非常重要，哪怕每天仅有15分钟处于阳光直射下，对维持动物健康也能起到人工光源不能替代的作用。

（三）灵长动物展示设计新趋势

绝大多数灵长动物都分布于热带或亚热带生境中，而在我国北方地区，室外灵长动物展区每年都会有很长一段闲置期，大多数欧洲动物园也面临同样的问题。为了提高城市动物园中有限的场地资源利用率，同时也为了给灵长类动物营造更多的福利，一种更灵活的展示空间建造方式应运而生。这种新型展区的特点是：在夏季，通过可移动屋顶或可调节悬窗使室内环境与室外环境一致；在气温较低的季节，屋顶或悬窗封闭，保证内部温度满足动物正常活动的需求。这种展示环境设计颠覆了传统灵长动物展区由室内、室外展区共同组成的典型设计格局，将原有的室内外展区合并为一个可操控气候条件的大型温室。目前这种展示理念已经在德国汉堡哈根贝克动物园中的猩猩展区得到成功应用，相信在大多数场地资源有限的城市动物园中会不断发展和完善。

二、丰容

（一）食物丰容

1. 食物丰容的依据——灵长动物的营养需求

灵长动物分布于非洲、亚洲和南美洲的丛林、稀树草原和部分阔叶林山地中，丰富的植被是灵长动物主要的食物来源，而灵长动物在维持植被的更迭演替过程中也发挥着重要作用，多种植物依靠灵长动物散播种子，使基因得以扩散。多数灵长动物也在丛林之中或附近活动，主要是觅食、休息和躲避天敌。不同的灵长物种采取各自的觅食策略，蜂猴、夜行性的狐猴和蹠猴类主要捕食昆虫；南美丛林中的热带小型灵长类动物，如狨类、夜猴类更喜欢取食树汁和树胶；狒狒等主要取食草根和细小的种子；疣猴、叶猴、仰鼻猴主要采食新鲜的树叶；大猩猩几乎是纯粹的素食者，它们以植物的鲜嫩、多汁部位为食；蜘蛛猴、长尾猴、长臂猿和猩猩主要以果实为食；僧帽猴、黑猩猩的食谱更加复杂，往往同时具有动物和植物成分。无论哪个物种、采用何种取食策略，有一点是相同的，即所有物种都必须经过长时间的觅食过程才会获得足够的食物，在圈养环境中灵长动物食物丰容最主要的目的就是延长觅食时间，增加获得食物的难度。保持动物的劳作取食习性，创造克服困难的取食机会，有利于保证动物的身体健康和精神健康。

2. 食物丰容的运行

灵长动物的食物丰容也许是各个动物园最早开展的丰容实践领域。从最初的分散投喂，到应用各种各样的"益智取食器"，再到目前将食物丰容视为行为管理工作丰容组件的一个重要内容，历经半个多世纪。多年以来动物园同行们在这个领域积累的经验也许是最多的。对任何一名饲养员来说，在制定丰容计划前，尽可能多的收集别人已经取得的成功经验。除此之外，还需要调整操作日程，在一天中不止一次的将动物群体召回室内兽舍或其他缓冲隔离区，以便进入展区进行丰容操作。实现这一点不仅需要展区设施的保证，也需要日常行为训练以实现高效的动物群体转移。从以上描述中，可以看出只有协同应用行为管理的各个组件，才有可能实现最理想的效果，为动物提供最好的照顾。

（二）环境丰容——垫材应用与植被

以往灵长动物环境丰容大多致力于搭建复杂的栖架，较少致力于展区地表垫材的丰富。应该在所有展区中提供自然材质的地表垫材，特别是面积有限的室内展区，经过良好排水设计的生态垫层不仅能够模拟动物生境中的自然风貌，更重要的是垫材能够为动物带来更多展示自然行为的机会。当群体中有新生个体出生时，自然材质的垫材本身也是一种缓冲层，幼年动物的行动能力处于循序渐进的发育进程中，经常会出现从高处坠落的情况，坚硬的混凝土地面容易对坠落的幼崽造成伤害。生态垫层的应用取决于基础排水设计、垫层选择材质、垫层厚度、日常维护、真菌抑制剂的选择等多方面，反而对展示动物物种没有特别的要求，这就意味着科学应用的生态垫层几乎适用于所有的灵长动物。实践证明：生态垫层不仅为动物创造福利，也能减少室内有害气体的浓度，甚至缩短了饲养员每天打扫卫生的时间，从整体清扫、冲刷改为有针对性的捡拾、清除，提高了效率，腾出时间开发丰容项目或进行日常行为训练。

西方现代动物园从20世纪60年代开始在灵长动物室内展区应用深层木屑垫层，20世纪70年代开始先后发表了多篇应用报告和与之相关的动物行为丰容研究论文。近半个世纪以来，生态垫层已经成功地应用于几乎所有种类的灵长动物室内展区。地表自然材质不仅为动物提供了更舒适、柔软和温暖的栖息条件，同时也是灵长动物食物丰容的最重要的运行平台。根据不同物种的采食特点，调整日常饲料组成和操作日程，改变原有的饲料提供时间点和方式，将部分饲料分散隐藏于生态垫层中，这种简单的食物丰容方式恰恰符合动物在自然状态下每天的行为模式，额外的好处是游客总能看到活跃的动物。有研究表明：生态垫层与饲料丰容和操作日程的综合应用，可以保证动物在游客参观时段内有超过70%的时间展示自然觅食行为。

关于灵长动物展区中的植被应用一直存在争议。矛盾主要在于：一方面展区中的植被不仅能够提供遮阴、栖息位点，同时也可能成为动物的食物，在景观效果上，展区内的植被令人工环境看起来更加自然。但另一方面，几乎所有的灵长类动物都会取食植物的新鲜嫩芽或树叶，使展区植物的存活非常困难。采用特殊形式的电网，例如伪装成藤蔓的"电藤"缠绕树干是近些年应用比较成功的做法，特别是大型类人猿展区中保证高大乔木的存活起到重要作用。当然所有展区内的植被都应该是全株无毒的，通过提供带有树叶的嫩枝作为丰容饲料，也可以缓解动物对展区植被的破坏。美国凤凰城动物园在这方面另辟蹊径，取得了令人瞩目的成就。他们的做法是在园区内所有能够种植的地方都栽种动物可食的植物种类，摒弃了仅仅能够发挥景观作用而对动物无益的植物种类。充足的新鲜植物供给降低了展区内植被被动物摧残的程度，成功地解决了这个矛盾。但需要注意的是，可食的植物种类也可能对动物造成危害，秋季植物临近休眠，树皮变得坚韧，疣猴、叶猴和金丝猴都可能因为食入长长的坚韧植物纤维而导致梗阻甚至死亡，应尽量提供嫩枝。

灵长动物发达的智力和灵活的肢体控制能力，对丰容项目的运行来说具有两面性：首先它们会对所有新鲜的丰容项目作出积极的反应，使饲养员很容易获得成就感。但很快另一方面就会表现出来：它们太聪明了，会对"难度较低"或"已经不新鲜"的丰容项目失去兴趣，这种特点迫使饲养员要不断学习、思考并拿出"新花样"来。越聪明的个体，丰容失效的时间越短，对饲养员来说，第一是迎接挑战，不断思考变换新的丰容项目，有压力正是动物福利得到提升的表现，是对饲养员工作的肯定；第二，必须认识到对灵长动物的初级丰容阶段，也就是说处于学习借鉴阶段的丰容工作还不能满足动物的需求。想要持久有效的开展丰容，必须经过评估和建立项目库以及日常运行表的应用。

灵长动物的丰容，在《动物园设计》和《图解动物与设计》中都进行过初级论述，与那两本书不同的是，在未来的工作中应该强调丰容作为行为管理组件之一，如何与其他组件一同发挥作用。

（三）经过动物园运行的成功丰容项举例

1. 黑猩猩

〇玩具/动物可以操控摆弄的丰容项——纸板箱、衣物、麻袋、聚乙烯填充的毛绒动物玩具、纸糊的玩具、松塔、空的饲料包装袋、呼啦圈、塑料瓶、椰子壳。

○ 食物丰容项——整个西瓜、冷冻食品、悬挂食物、藏匿食物、面包、花生酱、果酱、燕麦粥、果冻、糖浆、玉米薄饼、蜂蜜、冰块、曲奇饼干、起酥面包、水果串、水果、蔬菜、南瓜、冰激凌、赤杨、枫木、杉木、竹子、柳树、苹果树、梨树、山梅花、山茱萸、松树、烹饪鸡肉、花生、苹果、嫩玉米笋、葡萄、白杨树、胡颓子、玫瑰。

○ 感知丰容项——啤酒酵母、柠檬皮、柑橘皮、羽毛、韭黄、鼠尾草、迷迭香、芫荽、生姜、胡椒粉、肉豆蔻、小茴香（孜然）、甜胡椒、香草精油、丁香、大蒜粉、杏仁精油、香水、猫薄荷、草皮卷、狗咬胶、Kong、鹿裘皮、稻草、园艺护根（树皮块）、松木刨花、阔叶木刨花、树叶、土壤（尘土）、沙子、刷子、树枝、重新摆布设施（栖架）、同类动物发出的声音。

2. 长臂猿

○ 玩具/动物可以操控摆弄的丰容项——树桩、树干、不含金属的轮胎、小型硬质塑料球、纸板箱、金属链条、大型塑料桶、衣物、绳索、麻袋、聚乙烯填充的毛绒动物玩具、纸糊的玩具、松塔、空的饲料包装袋、呼啦圈、有盖子的桶、塑料蛋筐、蹦极绳索、绳梯、塑料瓶、椰子壳、保龄球瓶、鹿的干角、PVC管子。

○ 食物丰容项——蟋蟀、面包虫（黄粉甲幼虫）、生皮制品（狗咬胶）、整个西瓜、冷冻食品、悬挂食物、藏匿食物、面包、花生酱、果酱、燕麦粥、果冻、糖浆、蜂蜜、冰块、曲奇饼干、起酥面包、水果串、水果、蔬菜、南瓜、赤杨、枫木、杉木、竹子、柳树、苹果树、梨树、山梅花、松树、花生、苹果、嫩玉米笋、葡萄、白杨树、胡颓子、玫瑰、蠕虫。

○ 感知丰容项——啤酒酵母、芥末籽、柠檬皮、柑橘皮、羽毛、洋葱粉、韭黄、鼠尾草、迷迭香、芫荽、生姜、胡椒粉、肉豆蔻、小茴香（孜然）、甜胡椒、香草精油、丁香、大蒜粉、杏仁精油、香水、猫薄荷、草皮卷、狗咬胶、中空硬橡胶宠物玩具、鹿裘皮、稻草、园艺护根（树皮块）、松木刨花、阔叶木刨花、树叶、土壤（尘土）、沙子、刷子、树枝、重新摆布设施（栖架）、能够发出声响的东西、同类动物发出的声音、天敌发出的声音。

3. 松鼠猴

○ 玩具/动物可以操控摆弄的丰容项——树桩、树干、小型硬质塑料球、纸板箱、塑料链条、金属链条、大型塑料桶、衣物、绳索、麻袋、聚乙烯填充的毛绒动物玩具、纸糊的玩具、松塔、空的饲料包装袋、呼啦圈、有盖子的桶、塑料蛋筐、网球、蹦极绳索、绳梯、塑料瓶、椰子壳、保龄球瓶、PVC管子。

○ 食物丰容项——蟋蟀、面包虫（黄粉甲幼虫）、生皮制品（狗咬胶）、冷冻食品、悬挂食物、藏匿食物、面包、花生酱、果酱、燕麦粥、果冻、糖浆、玉米薄饼、蜂蜜、冰块、曲奇饼干、起酥面包、水果串、水果、蔬菜、南瓜、赤杨、枫木、杉木、竹子、柳树、苹果树、梨树、山梅花、山茱萸、松树、花生、苹果、嫩玉米笋、葡萄、白杨树、胡颓子、玫瑰、蠕虫。

○ 感知丰容项——啤酒酵母、芥末籽、柠檬皮、柑橘皮、羽毛、洋葱粉、韭黄、鼠尾草、迷迭香、芫荽、生姜、胡椒粉、肉豆蔻、小茴香（孜然）、甜胡椒、香草精油、丁香、大蒜粉、杏仁精油、香水、猫薄荷、草皮卷、狗咬胶、Kong、鹿裘皮、稻草、园艺护根（树皮块）、松木刨花、阔叶木刨花、树叶、土壤（尘土）、沙子、小块岩石、刷子、树枝、重新摆布设施（栖架）、能够发出声响的东西、同类动物发出的声音、猎物发出的声音、天敌发出的声音。

三、行为训练

相比较其他类型的动物来说，灵长类动物的行为训练内容更关注于平衡社群结构："和谐取食训练"针对维持群体稳定、减少过度攻击行为以及保证所有个体基本福利；训练动物"集体行动"是保障日常操作效率的重要途径，例如"集体串笼"等；动物个体能否与群体中其他成员保持紧密距离、行动一致是检验群体关系的重要指标，也是饲养员日常行为管理水平的体现。

（一）串笼训练

大概没有什么能比动物拒绝转移到"应该"去的地方更让饲养员恼火了。动物出现串笼问题有多种原因："目的地"比现在所处的环境更"无趣"，在那里有过不好的经历；饲养员在以往可能错误地强化了非期望行为，例如动物待在原地不动或坐在串门门口时，饲养员为了促使动物通过串门而给动物提供了可口的食物；动物因为食物诱惑通过串门后饲养员迅速、猛烈地关闭了串门，使动物感到中了"圈套"；动物群体内的社群关系也会影响串笼效率，如果统领动物守住门口，则多数社会等级较低的个体往往止步不前，极端情况下，因为受到群体压力，个别动物福利状态较差的个体会选择待在原地。当遇到串笼问题时，饲养员首先要分析出现问题的原因，并通过综合运用行为管理的多个组件协同解决这一问题。

通过设施设计和改造，加宽让动物感到压抑或行动不便的串门或通道、扩大隔离区域的空间大小、调节设施设备运行的平顺度、增加操控灵敏度、减少设备噪声、改善室内空间的照明等都会有利于串笼问题的解决。

采取丰容措施，让所有生活空间对动物来说都是有趣、安全、丰富而充满刺激的，实现这一点主要从物理环境丰容和食物丰容入手，为动物活动空间增加足够的视觉屏障或庇护所，在展区和室内兽舍都进行食物丰容，例如分散隐藏食物、提供具有挑战的喂食器等。

改善群体中的社群关系，降低过度的攻击行为，使弱势个体的基本福利需求得到保证；根据动物串笼的实际情况调整操作日程，避免由于急躁情绪而采取粗暴操作给动物增加更多压力。

行为训练能够更直接地解决串笼问题，第一步是让动物对饲养员的操作和以往的恐怖记忆脱敏，在进行脱敏训练时，不要更换饲养员，而且不要在训练中增加动物的压力，决不能把动物"置于绝境"以图加速训练的进程，一定要在动物"有退路"的情况下进行训练，避免产生新的恐惧。结合脱敏训练的进展，再遵循以下这些原则，会有效解决串笼问题。

○ 建立特殊的串笼指令，声音信号往往比肢体信号更有效。

○ 合理设计训练步骤，不要让动物感到困惑。

○ 当动物整体全部通过串门再给予强化。

○ 一开始可以使用食物诱导的方式"告诉"动物什么是你的期望行为。

○ 食物诱导和诱惑不同，诱惑等同于"诱捕"，诱导动物通过之后串门不能马上关闭，以免造成动物恐惧。

○ 训练过程中使用连续强化程式，巩固动物的期望行为。

○ 在不得不采用负强化手段时，当动物完成期望行为时马上给予强度较大的正强化；努力控制负面刺激，将恶劣影响降到最低。

尽管通过行为管理五个组件可以有效减少串笼问题，但在有些情况下，特别是群体饲养展示的灵长类动物日常操作中，仍然会时常出现串笼问题。面对这种问题饲养员切忌急躁，否则只能起到相反的效果。

（二）和谐取食训练

和谐取食训练也许是维持灵长动物稳定社群关系的最重要的技术性操作。

当我们看到某个动物群体中，统领动物几乎霸占了所有食物时，我们的第一抉择可能是趁着统领动物"不备"时，偷偷给那些吃不到食物的弱势个体投点吃的，但这种"善心"往往导致弱势动物遭受更严重的攻击。统领个体一旦发现饲养员的操作举动"动摇"了自己的统治地位后，会对饲养员失去信任，同时会对些"被饲养员特别照顾"的个体拳脚相加，结果就是弱势个体不仅没有得到食物，反而遭受更大的暴力，并表现出更多的屈从和恐惧。

和谐取食训练并不是抹杀统领个体的权威，而是在承认它的统治权的前提下，强化它允许从属个体接受食物这一期望行为。由于统领动物在允许从属动物接受食物时能够得到强化，因此会变得不再焦虑，并更具有容忍和耐心；同时，由于遭受统领个体攻击的频率降低，从属动物也会表现出更多信心，更加积极地参与群体活动。

和谐取食训练需要至少两名，甚至更多的饲养员共同执行。利用展区地形条件，饲养员之间首先拉开距离进行训练，随着训练进展，饲养员之间的距离，也就是统领个体与从属个体之间的距离可以不断缩短。如果展区条件有限，可以在后台利用物理隔离使动物在不能彼此接触的条件下进行和谐取食训练。总之，进行这种训练的前提是科学合理的展区设计，以保证足够的动物活动空间和饲养员训练操作位点。

（三）轻柔碰触和亲近训练

轻柔接触对于个体间友好互动、群体对新引入个体的接纳、交配和维持群体关系都起到重要作用。这是一种个体间互动行为，发生这个行为的前提是个体间没有恐惧、彼此信任。如果雄性首领日常对从属个体表现出频繁的攻击行为，则在它们之间很难发生轻柔接触行为，可能仅仅是首领个体接近从属个体都会引起后者的恐惧，这种恐惧甚至会影响交配，不成功的交配又会导致更激烈的攻击行为和更多的恐惧。

轻柔碰触和亲近训练主要通过目标训练指导雄性统领个体的手逐渐靠近雌性从属个体，同时强化雌性个体的定位，也就是说这种训练方式需要同时由两名饲养员进行操作，并分别对统领动物和从属个体的期望行为进行强化。温柔的接触往往不会引起追赶、屈从和攻击行为升级，而做到这一点的前提首先需要在动物和饲养员之间建立信任关系。

四、种群构建

灵长动物大多是高度社会性的群居动物，即集群生活的形式对每个个体都具有不可替代的作用。尽管各物种之间群体的规模、性别比例、婚配制度和社会结构之间存在巨大差异，但必须认识到在人工圈养条件下，为灵长动物提供符合自然史规律的社群生活条件，是最大的福利。

灵长动物的社群组成与婚配制度相关，可以大致划分为以下类型：

● 独居

成年个体单独生活，雄性动物会短暂与领地范围临近的成年雌性交配，雌性单独抚育幼崽，并可能和幼崽在一起生活数年。这类动物主要包括鼠狐猴、跗猴和猩猩。

● 一雄一雌制

由一对繁殖成体和它们的未成年后代组成的群体，这类动物都是严格的树栖种类，并具有严格的领域范围；在群体中，成年个体往往更不能容忍逐渐长大的同性后代的存在。常见物种为长臂猿、大狐猴等。

● 多雄一雌制

这种社群构成比较罕见，群体由一只成年雌性、多只成年雄性和它们的未成年后代组成，动物园中常见的代表物种是南美小型猴类，例如狨猴类。

● 一雄多雌制

群体由单独的繁殖雄性个体和多个成年雌性个体以及它们的未成年后代组成，尽管唯一的成年雄性统领着一群雌性个体，但事实上雌性构成了群体的核心。这种构成与非洲狮相似，同时也是灵长类动物中最普遍的社群结构类型，僧帽猴、长尾猴、叶猴和大猩猩的社群结构都属于此类。

● 多雌-多雄结构

群体由多个成年雄性个体和多个雌性个体以及它们的后代构成。这种群体中存在多个层级的统治关系，并且这种复杂的关系会受到动物发情、交配甚至食物资源短缺的多种因素影响，这些因素往往导致群体中攻击行为剧增。一些叶猴、松鼠猴、疣猴、猕猴和狒狒的社群构成符合这种类型。

● 分分合合式

群体规模和构成随着季节变化、生活条件变化（例如盛果期到来）和繁殖周期变化而改变，动物个体会选择进入或离开群体，群体构成时而紧密，时而松散，主要受环境条件变化影响。蜘蛛猴和黑猩猩群体属于这种类型。这种群体特征使得圈养条件下将来自不同族群、不同性别、不同年龄段的黑猩猩合群成为可能，但前提是必须以科学方式进行合理的展区设施设计，具备实时观察动物行为的条件，以及饲养员对动物行为充分、准确地把握等。

在灵长动物群体中，亲密行为，例如互相理毛不仅可以帮助对方清洁体表，更重要的作用在于巩固社会关系，即通过理毛和接受理毛确认个体之间的等级关系。提供或接受理毛服务这种社会行为出现的频次和对象，往往是判断灵长动物群体中社群等级的重要行为指标。竞争行为，包括表示攻击或臣服的互动行为也是常见的社群行为，在形成较稳固的群体等级关系后将逐渐减少，但不会消失，这也是统领动物维持统治地位的手段。占有统治地位的动物表现为占据舒适的休息位点、强占食物资源，与更高等级的异性交配，然而这些"特权"往往必须通过竞争行为来彰显和巩固。在人工圈养条件下，了解展示群体的社会结构和等级关系至关重要，任何可能引发等级关系改变的措施往往都会导致攻击行为增加。所以，在进行类似操作之前，必须保证群体中的每个个体都能够有机会免除过度攻击行为的损害，也就是说，进行群体管理的前提是满足群体中每个个体的基本福利需求。

五、操作注意事项及操作日程

（一）行为观察

提高灵长动物的日常行为管理水平，在展区和设施设计得到保障的前提下，饲养员必须具备较高的理论知识和实践经验。很多现代动物园或动物园组织编辑整理了多个灵长类物种的饲养管理指南，可以通过与同行的交流、参考物种谱系册或访问动物园或动物园协会的网站获得。行为管理最重要的目的是让群居性动物尽可能在群体中生活，并保障每个个体的福利需求。这需要对动物行为的观察、分析和趋势预测能力。即使是同一物种，不同成长经历的个体或在社群中地位不同的个体行为也不同。饲养员的职责就是了解动物健康状况，从每个个体的行为表现和其他迹象判断动物的健康状态，这些迹象包括：

O 粪便量和质的变化。

O 短期内体重增加/减少，或体重长期偏离正常范围。

O 取食偏好改变，食物或水摄入量的变化，流涎，取食、咀嚼和吞咽显得勉强、吃力。

O 活跃程度降低、没精打采，与群体多数成员分离，对环境刺激不敏感，倾向于寻找、接近热源。

O 行为方式发生改变，例如"步态改变"或整体呈现的姿势变化；无法顺利通过或到达笼舍内的功能途径或位点，例如空中栖架或取食点、饮水点。

O 与群体成员之间的距离增加，减少参与日常集体活动。

O 自我伤害，例如拔掉自己的被毛或者其他形式的自残行为。

O 刻板行为或其他形式的重复性行为。

通过以上行为判断动物个体福利状态的依据不仅是观察到这些异常，还应了解这些异常行为的变化量及变化趋势，做到这一点必须通过日常的观察积累才有可能在第一时间获得可靠的信息。在对每个个体日常行为表现清晰了解的基础上，才能洞察变量的出现，及时发现潜在的问题，在第一时间主动采取行为管理措施，避免动物福利遭受更大损害。对群养灵长动物饲养员来说，需要更多的关注社群行为。可以简单地将社群行为分成三类：竞争行为、服从行为和示好行为，这种分类并非科学严谨的行为分类方式，但便于饲养员掌握，并有利于通过行为管理干预手段使动物群体维持正常的社群关系。

竞争行为主要包括威胁和直接攻击，不同物种的威胁方式有所区别，但主要表现为打哈欠时露出犬齿、毛发竖立炸开、紧盯对方、晃动隔障或栖架、横冲直撞或丢东西等。黑猩猩表现为双足摆荡、跺脚、捶击隔障或串门发出巨大声响或摇晃上身、手臂等；猕猴类动物可能表现为急速地点头；卷尾猴表现为在树枝上弹跳、摇晃树枝，急速点头或耸肩、弯拱躯干，这一点在松鼠猴身上表现明显；叶猴类的典型威胁行为表现为舔舌头等。灵长动物也常常通过叫声表示威胁，包括尖叫或低声的急速叫声或含混的咕噜声。直接攻击行为比较明显，包括追逐、抓咬、击打、拖拽、跳到对方身上或者紧紧抓握等。

服从行为紧跟竞争行为出现，并往往意味着攻击行为的结束。表示服从的一方往往把尾部展示给攻击的一方，黑猩猩会展示手臂或手腕以示服从，长尾猴头部低垂表示顺从。

示好行为表现为个体间的接近、跟随、梳理毛发、玩耍、轻柔的触碰、咂嘴和检查生殖器等，黑猩猩表达的更直接，包括拥抱、亲嘴、低语和抚摸等行为，山魈示好的行为是一种与人类接近的"微笑"表情。

上面这些简要介绍仅仅是一些粗略的简单提示，饲养员需要对自己管理的物种自然史知识进行深入的学习，不断通过实践提高自身的行为观察能力。

（二）动物捕捉和保定

当群体中表现的攻击行为严重危及个体福利，或进行种群调整时，需要果断捕捉个体，并隔离或转移。与直接采取捕捉行动相比，通过合理设计的展区设施和日常行为训练基础更容易在控制动物时减少个体承受的压力。日常的正强化行为训练可以使动物学习领会合作行为，在需要转移动物时听从饲养员的指令进入隔离笼，通过灵活的构建方式（例如双层串门和螺杆固定）可以将隔离笼连同动物一起移动。

尽管日常行为训练可以解决大部分动物位置控制问题，但饲养员必须意识到掌握紧急捕捉方法和技术的重要性。灵长动物的群体关系同时受到内在和外在两方面因素的影响，是一种动态稳定的群体关系，有可能因为某些环境刺激而发生巨变，当群体中出现严重的攻击伤害行为或某些个体由于群体压力无法得到基本的福利保障时，饲养员必须果断进入展区直接捕捉动物。当然这种直接接触只能应用于中小型灵长动物，严禁饲养员在动物清醒的状态下接近大型灵长动物。

以猕猴为例，捕捉和持握灵长动物的要领如下：

捕捉猕猴时，应首先将动物串入一间没有栖架或其他设施的笼舍，以便饲养员提高捕捉效率并减少动物或人员受伤的风险。

第一步：使用捕捉网扣住猕猴后，将捕捉网连同猕猴一起置于地面；饲养员用一只脚踩住网口，并将网内的猕猴挤到捕捉网底部。当网内猕猴的活动受到限制时，饲养员从网子外面准确抓住猕猴的颈部，限制动物回头，但不可太用力以免造成动物窒息（图18-1）。

第二步：饲养员移开踩住捕捉网的脚，一只手抓住猕猴的颈部，另一只手伸入捕捉网代替网子外面的手抓住颈部同一位置，限制动物转头（图18-2）。

第三步：将网子外面的手伸入网中，逐一抓握住猕猴上肢，并将猕猴双臂抓握于身体背部。抓牢后，将抓握动物颈部的手松开，将猕猴与捕捉网脱离（图18-3）。

第四步：保持将猕猴双臂抓握于背部，伸直双臂，即可以进行下一步操作，例如转入转运笼箱或短距离徒手保定转运（图18-4）。

（三）"一切以群养为追求"

灵长类动物的社群关系受到内部、外部因素的影响。一方是内在因素，例如动物进入发情期、统领地位更迭、新个体出生、幼年个体逐渐成长接近性成熟等；另一方面，在人工饲养条件下需要基于种群健康存续而将某些个体移出或引入等。

图18-1　捕捉猕猴第一步

图18-2　捕捉猕猴第二步

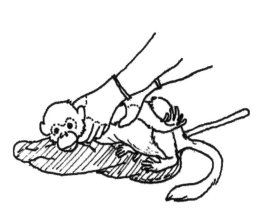

图18-3　捕捉猕猴第三步

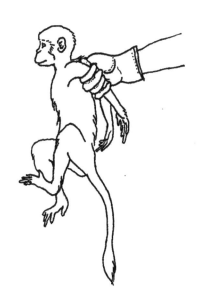

图18-4　捕捉猕猴第四步

对群居性灵长动物来说，最重要的福利就是能生活在群体中。行为管理工作的核心就是让每个个体都能融入群体并找到自己的位置，制定合理、变通的操作规程，通过密切的行为观察，在群体出现动荡时相应增加丰容频次、调整食物提供时间，加强和谐取食训练，适度允许群体中存在竞争，甚至攻击行为，使群体在维持总体状态稳定和保证弱势个体福利之间寻求平衡。

（四）饲养员安全

三种大型类人猿是业内公认的最危险的动物，它们拥有智慧、灵活的操控能力和远远超过人类的力量。事实上所有的灵长类动物都是危险的，随着行为管理的运行，设施的功能性加强，相应的串门、锁具等设备也成倍增加，对于饲养灵长动物来说，门锁的安全需要特别加以防范。丰容项目进入日常操作规程后，饲养员在制作丰容物或进入展区放置时，都可能带来安全隐患。在对大中型灵长动物开展行为训练时，如果用手将食物直接递给动物，必须在操作面隔障完备情况下进行，否则应采用抛掷或使用工具夹取食物。

除了操作安全注意事项以外，灵长动物饲养员还应注重防止疾病在人与动物之间传播，饲养员和动物都应定期接受体检。动物可以将B病毒、疱疹病毒等传染给人类，人类的呼吸道疾病和某些病毒也可能造成动物感染，最常见的就是结核和感冒。在饲养员患病期间应尽量减少和动物的接触，或采取必要的措施，例如佩戴口罩，注重双手的清洗和消毒。

小　结

灵长动物是最受欢迎的展示物种，但同时也必须认识到这些聪明的动物在人工圈养环境下可能会面临更多的压力。作为饲养员，有责任通过不断的学习了解动物的自然史知识，观察、了解动物习性，识别动物行为或叫声的意义，判断自然行为和刻板行为，不断缩小动物需求与圈养环境条件之间的差距。饲养员必须有爱心、有耐心、有同理心，时刻注重自身行为可能对动物造成的不利影响，尊重动物，综合应用行为管理的五个组件，尽最大可能提高动物福利。尊重动物，体现在对动物个体的尊重，更体现于对动物社群关系的尊重。饲养员对动物的爱并不是体现在人与动物之间的"亲密关系"上，而是表现在为动物创造良好的群居环境和对动物自然需求的尊重。动物园的终极使命是物种保护：不仅保护物种的基因，还要保护动物的自然行为能力、同种个体间正常的社会沟通交往能力，使它们保持生存技能，以增加野外种群存续为目的，为动物在未来能够回归自然做好准备。

附录　动物园中常见灵长动物自然史信息表

1. 环尾狐猴

背景知识	动物名称	环尾狐猴 *Lemur catta* Ring-tailed lemur
	保护级别及濒危状况	CITES附录Ⅰ（2017）；濒危（2014）
	分布区域或原产国	仅分布在非洲马达加斯加的南部和西南部
	野外活动范围（栖息地和领域）	主要生活在沿河和沿海的长廊林、干旱多刺灌丛、干旱落叶林、山地湿润森林、林线以上的高海拔灌丛和岩石植被等多种生境中。 家域面积为0.06~0.35平方公里，每天的活动距离可达1000米。家域在不同地区和食物条件下差异很大，食物稀少时面积更大，群体在一区域活动3~4天后会转移到另一区域，平均行进距离为1公里
	自然栖息地温湿度变化范围	-12~48℃
	动物体尺、体重范围	体长：0.39~0.46米。 体重：平均2.2公斤
	动物寿命（野外、圈养条件）	野外：雌性最长可达16~20岁。 圈养：最长可达27~33岁
	同一栖息地伴生动物	
动物的生物学需求	活跃时间	昼行性。 从清晨到黄昏的大部分时间都在行进间觅食
	社群结构	群居生活。 多雄多雌群，群体高度社会化，成员间有着复杂的相互关系。群体过大或资源匮乏时会发生分裂。 雌、雄性个体各自有独立的等级序列，绝大多数情况下，雌性个体都比雄性的等级地位高，取食也具有优先权。 雌性是群体的核心，一直留在出生群中，但不一定继承母亲的地位。雄性在3~5岁时离开出生的群体，每2~5年会更换群体（平均3.5年，年轻个体更换更频繁）。 雄性在非繁殖季（12月到翌年5月）很少迁移。雄性的等级地位与年龄相关，老年个体、未离开出生地的年轻个体及刚进入新群体的雄性地位较低。地位高的成年雄性个体与雌性接触更多。 各群体有领域行为，但家域间重叠很多。不同群体相遇时为争夺资源会有冲突发生
	社群规模	群体包含5~27个体（平均13~15只，一般很少超过30只）
	食性和取食方式	杂食性。 机会主义的觅食者，取食种类丰富，主要吃各种植物的果实、花、叶、茎、树皮及树液等植物汁液。 也吃朽木、泥土、蛛网、节肢动物和小型爬行动物、鸟类等。 在树上取食树叶嫩芽，在地面搜寻掉落的果实。 有固定的水源地，也常舔食草上的露水。 在树上取食时，常用后肢抓住树枝，用前肢捧食

续表

动物的行为需求	动物主要行为方式和能力	半地栖，约33%的时间在地面活动，其余大部分时间在中层和上层林冠活动，有时也在灌丛出现。 群体行进时，70%的时间在地面。 在树木和岩石上跳跃能力强，会用后肢直立行走
	繁殖行为	性成熟：2.5~3岁。 婚配制度：一雄多雌制或混交制。 雄性在繁殖季在群体间迁移，还通过争斗以获得更多的交配机会。等级地位高的雄性能和更多雌性繁殖。 雌性一般在群体内繁殖，但有时也和群外雄性交配。雌性为争夺生存空间和资源也会发生争斗。3~4岁的雌性繁殖成功率更高。 季节性繁殖，原产地每年4~6月交配,8~9月产仔，在北半球9~12月繁殖。 妊娠期4~4.5个月。 每胎产仔1~2只（通常1只）。 每年繁殖一次
	育幼行为	雌性承担全部育幼责任，给幼仔哺乳、喂食、理毛、保护它们并教授各种生活技能。群体中的其他雌性有时也会帮助照顾幼仔。 幼仔在出生后的前两周攀附在母猴腹部，之后由其背负着行走。 幼仔8周开始断奶，到5个月完全断奶，6个月后可以独立生活。 雄性3~5岁离开出生的群体，而雌性个体则不会离开
	攻击或捕食行为	群体间发生冲突时，通常是雌性参与争斗。雄性在繁殖季为争夺雌猴进行打斗。雌性在繁殖和育幼期间会驱赶甚至追打雄性。 受到威胁时，能后肢站立，跳起扑到对方身上，用爪和牙进行攻击。 雄性在争斗时除抓咬外，还会用尾巴摩擦前臂腕部上的腺体，散发臭气来驱赶对方
	防御行为	
	主要感官	嗅觉：灵敏。 视觉：灵敏。 听觉：灵敏
	交流沟通方式	视觉信号和肢体语言： 活动时，黑白相间的环尾经常翘起，可以在茂密的植被中作为联络的视觉信号。 发生冲突前，个体会相互对持，凝视对方。 用缩回嘴唇表达服从姿态。 声音： 有一系列复杂叫声。在群体觅食时通过叫声保持联络，在捕食者出现时发出警告叫声。用叫声表达各种情绪。 肢体接触： 在母猴和幼仔、配偶之间非常重要，包括理毛和玩耍等。 气味： 雌雄成体均会用生殖腺、肛门腺摩擦树干等来标记领域。雌性有用尿液在领域边缘处（特别是其他群体常出现的地方）标记的行为。雄性还会用前臂处的腺体标记。 气味能体现个体的年龄、性别、生殖状况及社会等级等，便于群体内成员和群体间的信息交流
	自然条件下行为谱和各行为时间比例	主要行为有休息（包括晒阳和理毛，约占50%左右）、觅食（25%~31%）、行进（13%~19%）等

动物的行为需求	圈养条件下行为谱和各行为时间比例	主要行为有觅食、静坐、休息或睡眠、晒阳、运动（走或跑，攀爬）、理毛（自己梳理或给其他个体梳理）、撕咬、击打、追逐、标记、玩耍、饮水、排泄、探究、呼叫等。 刻板行为包括：踱步、翻跟头、过度梳理及自伤。 休息行为所占时间比例最高，其次为理毛和觅食。 圈养个体的休息（占1/3～3/4）和理毛行为所占时间比野外个体更多，攻击性行为较少
	特殊行为	早晨（特别是冬季），有伸展肢体的晒阳行为

2. 赤猴

背景知识	动物名称	赤猴 *Erythrocebus patas* Patas monkey
	保护级别及濒危状况	CITES附录 II（2017）；无危（2008）
	分布区域或原产国	广泛分布在撒哈拉以南非洲、从塞内加尔以西到东非的大部分地区
	野外活动范围（栖息地和领域）	主要分布在干旱的开阔生境中，包括草原、稀树草原、有高草的干旱林地、有茂密灌丛的禾草草原等，甚至出现在撒哈拉沙漠边缘。水是限制其分布的首要因素，特别是旱季更多地在水源附近活动。 在一些地区习惯伴人生活。 分布海拔可达2000米以上。 家域面积最大可达52平方公里，随群体包含的个体数量上升（23～32平方公里），但每天行进的距离和群体大小关系不大（1.4～7.5公里）。全雄群每天活动距离7.3公里（多雌群体4.7公里），家域面积为多雌群体的两倍
	自然栖息地温湿度变化范围	月平均最大变化范围9～32℃
	动物体尺、体重范围	体长：0.5～0.7米。 体重：7～13公斤
	动物寿命（野外、圈养条件下）	野外：较圈养低很多，很多个体不足10岁。 圈养：最长可达24岁
	同一栖息地伴生动物	和东非狒狒、红绿疣猴分布有重叠，有一定竞争关系，有时候和疣猴一起行进和玩耍
动物的生物学需求	活跃时间	昼行性。 从早晨开始边行走边觅食，下午行走的速度较快，夜晚分散到不同的树上休息（也会多只个体在同一棵较大的树上）
	社群结构	群居生活。通常为一雄多雌群，由多只成年雌性和牠们的后代组成，一年中的绝大多数时候，群体中只有一只成年雄性。 雌性一直留在出生群中，雄性在性成熟后离开出生的群体，加入全雄群或独居生活。繁殖季时会有多只雄性进入群体中。 群体内雌性间的等级关系在野外环境中不是很显著和稳定，会受食物资源的影响发生变化。水果等集中，但有限的食物资源会带来更多的冲动，形成更稳定的优势等级；昆虫等分散的食物资源则相反。雌性个体发生冲突后，往往会通过理毛行为进行和解（等级最高的雌猴和解行为最少）。

动物的生物学需求	社群结构	多雌群中的单个雄性驻留时间平均不到6个月，繁殖季时经常会被新入侵的雄性取代。新的雄性个体留在群里后一般不驱赶其他入群的从属雄性。但繁殖季结束时，驻留在群中的这只雄性会把其他雄性驱逐出去，仍保持一雄多雌的群体结构。 家域间重叠较多。不同群体会尽量避免相遇，但在争夺水源地或保卫其他资源时可能发生冲突。在冲突中，雌性和幼体表现得更为积极，有时会奔跑长达3公里来驱逐其他群体；而雄性一般仅仅发出警告叫声，但在繁殖季也会进行驱逐
	社群规模	群体通常包含10~40只个体（最少5只，最多可达六七十只）。 全雄群包含2~15只个体。 个体数会随时间发生变化
	食性和取食方式	杂食性。 主要吃各种昆虫（蚁类等）、果实、种子和花，也吃叶、块茎、树胶、壁虎、鸟卵和幼鸟等。 可能的话需要每天饮水。 在行进中觅食，搜寻草丛中和树上的各种食物
动物的行为需求	动物主要行为方式和能力	地栖为主，夜间在树上睡觉。 灵长类中奔跑速度最快的种类，时速可达55公里
	繁殖行为	性成熟：雌性3岁左右，雄性4~4.5岁。 婚配制度：一雄多雌制和混交制。 一雄多雌群中的雄性和多个雌性繁殖，群外雄性的繁殖机会很少。雄性间争夺配偶的竞争十分激烈。 在野外为季节性繁殖，不同地区繁殖时间有所差异，受食物条件影响。在一些地区是在夏季的6~9月交配，产仔则是在冬季的11月到翌年3月（多在12月和1月）。圈养条件下繁殖没有季节性。 雌性卵巢周期在圈养条件下为平均30~33天。 妊娠期估计为170天左右。 每胎产仔1只。 每年繁殖一次
	育幼行为	雌性承担全部育幼责任，给幼仔哺乳、喂食、理毛和保护它们。群体中的其他雌性或别的群的雌性个体有时会抢夺幼仔。 幼仔出生后由母猴背负着行走。 幼仔3个月开始断奶，5个月后和母猴的接触逐渐减少，7个月后开始独自运动和觅食，一年左右到母猴下一次生产时完全断奶。 雄性性成熟后离开出生的群体，而雌性个体则不会离开
	攻击或捕食行为	
	防御行为	在树上时会观察、搜索周围环境中的捕食者，发现后发出警告叫声。 遇到捕食者接近时，即从树上下到地面，根据捕食者的种类和当时的情形，选择迅速逃跑、驱逐或者围攻。 很少连续在同一区域过夜休息
	主要感官	嗅觉：灵敏。 视觉：灵敏。 听觉：灵敏
	交流沟通方式	视觉信号和肢体语言： 有张嘴露出犬齿、凝视、摇动树枝、垂直跳跃等行为威胁入侵者。雄性蓝色阴囊的展示可能在竞争交配权中也有一定作用。

动物的行为需求	交流沟通方式	声音： 通常较安静，很少发出叫声，避免在开阔生境中被捕食者发现。 在驱逐入侵者前发出叫声以示威胁，在捕食者出现时发出警告叫声。 个体间、特别是母子之间也会通过叫声交流和联系。 肢体接触： 等级地位低的个体更多地为地位高的个体理毛。通过相互理毛行为缓和冲突，增进个体间的情感交流。 气味： 繁殖期群体内成员和群体间通过气味进行信息交流
	自然条件下行为谱和各行为时间比例	主要行为有休息（40%）和行走（25%），行走中有一半多的时间用于觅食（占总时间的14%）
	圈养条件下行为谱和各行为时间比例	主要行为有取食、静坐、休息或睡眠、晒阳、运动（走、跑、跳、攀爬）、理毛（自己梳理或给其他个体梳理）、威吓、攻击、玩耍、饮水、排泄等。 休息行为所占时间比例最高（约50%~60%），其次为行走、取食和其他运动
	特殊行为	

3. 阿拉伯狒狒

	动物名称	阿拉伯狒狒 *Papio hamadryas* Hamadryas baboon
背景知识	保护级别及濒危状况	CITES附录II（2017）；无危（2008）
	分布区域或原产国	分布在红海沿岸，非洲的埃塞俄比亚和索马里，亚洲的沙特阿拉伯和也门
	野外活动范围（栖息地和领域）	生活在多种类型的栖息地中：半荒漠、草原、稀树草原、高山草甸，在埃塞俄比亚的农田中也有分布。最高分布海拔可达3000米。 栖息地内的年降水量很少，要有水源和用于休息的岩石或崖壁。 家域面积随栖息地质量和休息地位置而变化，已有记录为28~40平方公里
	自然栖息地温湿度变化范围	
	动物体尺、体重范围	体长：雌性：0.5~0.65米；雄性0.7~0.95米。 体重：雌性7~15公斤；雄性13~24公斤
	动物寿命（野外、圈养条件）	野外：一般20岁左右。 圈养：可达30岁以上
	同一栖息地伴生动物	和东非狒狒、草原狒狒在一些地区分布有重叠，有杂交现象
动物的生物学需求	活跃时间	昼行性。 清晨睡醒后，有30分钟至3小时的社群行为（相互理毛、追逐、幼体玩耍等）。白天以小群为单位分散，进行觅食等活动。干旱季节时，会在午后重新集结于水源地。黄昏前回到大群的固定休息地，夜间睡觉

动物的生物学需求	社群结构	集群生活，是高度社会性的动物，具有复杂的重层社群结构。雄性阿拉伯狒狒是各层社群组织的核心和领导者。 最基础的社群结构为一雄多雌繁殖单元，由一只作为首领的成年雄性和1~9只成年雌性及其后代组成。雄性只和单元内的雌性交配，并通过恐吓和攻击行为控制它们。 由2~3个具有亲缘关系的繁殖单元组成族群。族群内的成员共同觅食，成员间的社会交往也比族群间更频繁。如果发生首领的更替，雌性个体可能会被驱逐到其他的繁殖单元或族群中去。 2~3个族群组成社群。社群内的个体组成比较稳定，雌雄个体一般不会扩散出社群。社群内各个单元的首领"协商"决定中午饮水的水源和夜间休息的地点。 不同社群间有争斗，而在同一个族群或社群中出生、有亲缘关系的雄性个体通常会保持紧密的联系，共同抵御其他社群中的雄性。繁殖单元内的雌性个体间也有很多交往行为。 由在同一个岩石或崖壁上休息的多个族群组成种群或"队"。队的形成可能没有更多的社群组织上的意义，只是由于生境内适宜的休息地点有限
	社群规模	每个繁殖单位一般包含2~23只个体，平均7只左右。 每个社群通常包含30~90只个体。 每个种群包含100只以上个体
	食性和取食方式	杂食性，植食为主。 能充分利用所在栖息地内的食物资源，食物种类多样。主要包括：果实（浆果和坚果）、草籽、树胶、植物的花、根茎、叶、芽；小型脊椎动物、卵和昆虫等。 偶尔捕食野兔和羚羊，在一些地方也吃农作物和城市垃圾。 食物组成在不同地区间存在差异，也随季节发生变化，在雨季更多的吃花和嫩叶。 可以从食物中获取一部分所需水分，适应缺水状态的能力较强。 每天需要行进几公里到十几公里距离进行觅食
动物的行为需求	动物主要行为方式和能力	主要在地面活动，擅长攀爬岩石。 四肢着地行走和奔跑。 能很好地游泳
	繁殖行为	性成熟：雄性4.8~6.8岁，雌性4~5岁。 婚配制度：一雄多雌制。在繁殖单元内进行繁殖。 由于雄性首领对雌性的控制，大多数雌性只能和首领交配。但有些亚成体雄性会和繁殖单元一起觅食及休息，寻求和雌性交配的机会，以及通过竞争成为首领的机会。雄性的另一种繁殖策略是"收养"幼年雌性，控制和照顾它们。待其性成熟后，培养成自己的配偶并建立繁殖单元。 全年可繁殖，繁殖时间由雌性的发情期决定。雌性发情周期在野外平均39天，圈养条件下42天。 妊娠期170~173天。 每胎产仔1只。 雄性的繁殖单元内如果有可繁殖雌性，就可以连续繁殖。雌性可每年生产，但通常每两年产仔一次
	育幼行为	雌性承担主要的育幼责任，给幼仔哺乳和理毛。哺乳期6~15个月（平均8个月），时间长短由母体条件、环境因子和社群状况决定。 雄性保护繁殖单元内的幼仔，使它们不受其他成年雄性和捕食者的威胁，还经常和幼仔玩耍。成年雄性收养幼年雌性后，也会给予它们类似父母的照顾。

	育幼行为	幼仔能独立生活后仍会和母猴一起生活一段时间。雌性1.5~3.5岁离开繁殖单元，雄性2~3岁左右离开到成年后再返回出生的族群
	攻击或捕食行为	在繁殖单元内，雄性为争夺雌性的控制权会发生争斗，通常相互攻击的回合较多，但很少有个体受伤。 雄性首领用凝视、大声吼叫、轻击头部或咬颈部等行为控制雌性，不让它们远离。其中咬颈部是攻击性最强的行为，但也很少造成伤害。 繁殖单元的首领和单元外的雄性偶有打斗发生。 繁殖单元内的雌性之间也有扬眉凝视、尖叫、拍击地面和相互击打等攻击行为。通常有雄性旁观，而首领会控制这样的争斗
	防御行为	
	主要感官	嗅觉：较灵敏。 视觉：较灵敏。 听觉：较灵敏
动物的行为需求	交流沟通方式	视觉信号和肢体语言： 雌性或幼体通过向成年雄性展示臀部的行为以示其从属地位。 凝视（同时咧嘴）和点头行为表达对入侵者的威胁恐吓，发生冲突前也会抬起眉毛互相凝视以示威胁。 声音： 优势个体通过碟牙（Teeth chattering，下颚快速运动，使上下牙不断碰击发出轻微的嗒嗒声）和咂嘴发出声音，表达对其他个体从属行为的回应。 优势雄性向其他雄性或天敌发出威胁叫声。 除了婴猴，都会发出有节奏的咕噜声，向其他个体表达亲近或安慰。 除成年雄性外，个体在遇到突然的惊扰时发出警告的尖叫。在表达痛苦或屈服时也会发出尖叫。 婴猴在母猴离开后发出"哼哼"声。 肢体接触：同一繁殖单元内的个体通常会在休息地点相互理毛。雌性及它们的后代为首领理毛，雌性也会为自己和其他雌性的后代理毛。成年雄性给"收养"的幼年雌性理毛。理毛行为有发展和维持社群关系的作用。 另有安抚和拥抱等行为
	自然条件下行为谱和各行为时间比例	白天约有57%的时间用于行进和觅食，约43%的时间用于休息和理毛
	圈养条件下行为谱和各行为时间比例	主要行为包括：休息（31%）、运动（走、跑、攀爬等，30%）、取食（27%）和理毛（4%）。 个体间交往行为占3%，包括相互理毛、追逐、爬跨、交配、对峙、恐吓攻击等。 其他行为包括玩耍（摔跤、追逐、撕咬）、饮水、排泄、探究、嗅闻、呈臀、呼叫等
	特殊行为	圈养个体有涂抹粪便的行为

4. 东非狒狒

背景知识	动物名称	东非狒狒 *Papio anubis* Olive baboon

续表

背景知识	保护级别及濒危状况	CITES附录 II（2017）；无危（2008）
	分布区域或原产国	是分布范围最广的狒狒，生活在撒哈拉以南非洲中部的广大地区
	野外活动范围（栖息地和领域）	主要栖息于热带的疏林地、岩石山地、稀树草原和草地等开阔生境。也能在一些植被高度破碎化或次生植被的生境中生存。 分布的海拔范围从海平面到3850米。 生活在不同生境中的群体的家域大小差异很大，从不到1平方公里到40平方公里以上不等。旱季食物资源和水源对活动范围的影响很大
	自然栖息地温湿度变化范围	
	动物体尺、体重范围	体长：0.48~0.76米。 体重：14~25公斤
	动物寿命（野外、圈养条件）	野外：比圈养短（约20岁）。 圈养：最长超过40岁
	同一栖息地伴生动物	和阿拉伯狒狒、草原狒狒在一些地区分布有重叠，有杂交现象
动物的生物学需求	活跃时间	昼行性。 清晨经常在休息地的树上或岩石上晒阳。白天集群进行觅食等活动。黄昏时回到休息地睡觉。 环境温度、食物状况等影响活动的时间分配，一些社群行为会随着温度升高而减少
	社群结构	群居生活，具有高度社会性，社群结构复杂。 群体通常由几只雄性个体、很多雌性个体和它们的后代组成。 所有雄性个体都要在成年后（大部分在成年之前）离开出生的群体，在新的群体中，雄性通过相互间的争斗确立自己的等级地位。具有优势等级地位的个体有更好的繁殖和获取食物的机会。有时雄性个体也会采取和其他雄性结成"联盟"，或和雌性保持友好关系的策略，以获得更多的繁殖机会。 雌性个体成年后也不离开出生的群体，和亲属们保持着比与群体内其他个体更亲近的稳定关系，在大群内形成了小的群体。雌性间的等级关系也很稳定，可以世袭传递给后代。 群体不具领域性，不同群体的领域之间重叠较大
	社群规模	不同地区的群体包含个体数为12~150只（通常20~60只），群体大小由环境条件和食物的丰富度决定
	食性和取食方式	杂食性，取食种类十分多样，能够适应食物条件较差的干旱生境。 食物主要包括：果实、树胶、草、植物的种子、花、根茎、叶、芽；小型脊椎动物（鱼、蛙、蜥蜴、龟鳖、鸟类等）、卵和昆虫等。 有时也会捕食小型啮齿类、野兔和其他灵长类，能捕食的体型最大的猎物为小型羚羊。 食物组成在不同生境间存在差异，也随季节发生变化。在开阔生境主要取食草本植物，在林地则吃果实为主。旱季吃树脂或树胶作为食物缺乏时的补充。 白天的很大一部分时间用于觅食，从地面、树上和地下尽可能多地搜寻食物，取食遇到的所有可以吃的东西。 有着擅长挖掘的前肢，可以从地下获取植物的根茎等作为食物

动物的行为 为需求	动物主要行为方 式和能力	主要在地面活动，擅长攀爬岩石。 四肢着地行走和奔跑。 能很好地游泳
	繁殖行为	性成熟：雄性6.5～8岁，雌性7～10岁。 性成熟时间受食物条件影响，差异较大。 婚配制度：混交制。 全年可繁殖，繁殖时间由雌性的发情期决定。有些种群的繁殖高峰发生在雨季开始、食物丰富期之前。 雌性的发情周期为31～35天，每个周期中有15～20天处于发情期。 妊娠期180天左右。 每胎产仔1只。 雌性每隔12～34个月繁殖一次。由于哺育后代的消耗很大，雌性需要较长时间恢复。等级地位高的雌性个体繁殖间隔较短
	育幼行为	雌性承担主要的育幼责任，给幼仔哺乳、理毛并和它们玩耍。有时群体中包括亚成体在内的其他雌性会参与照顾幼体。 雄性也有照顾幼仔的行为，包括分享食物和保护它们的安全。但有时雄性是用幼仔来缓和与其他雄性的冲突，减少来自高等级雄性的威胁，这一行为有可能对幼仔有危害。 幼仔在出生后的前几个月，完全依靠母猴生活，在1岁之前基本都由母猴背负行走。 幼仔300～420天开始断奶
	攻击或捕食行为	亚成体和成体都能独立捕捉小型猎物，抓住后迅速吃掉。较大的猎物大多由成年雄性捕杀，处理食物所需的时间较长。 结群捕猎时雌性和雄性通常都会参与
	防御行为	雄性成体和亚成体（有时雌性成体也加入）会结群抵抗豹等天敌的攻击
	主要感官	嗅觉：较灵敏。 视觉：较灵敏。 听觉：较灵敏
	交流沟通方式	视觉信号和肢体语言： 雌性处于发情期时，生殖器附近的性皮肿胀，向雄性表明排卵状态，并提高对异性的吸引力。 表达从属地位的行为有：静蹲、翘尾、雌性和幼体向雄性展示臀部等。 通常表达威胁的行为有：凝视、扬眉、磨牙、打呵欠（展露犬齿）等。 用于互相打招呼的行为有：吐舌、拍击前爪、摇头等。 声音： 优势个体通过碟牙和咂嘴发出声音，以示对其他个体的安抚。 用各种叫声在社群内进行交流，表达焦虑、警告、不适、恐惧、对抗等多种情绪。 婴猴和幼体会发出特有叫声。 肢体接触：个体间有相互理毛的行为，理毛除了有清洁毛发的功能，还可以维持和加强社群关系。 另有仪式化的爬跨和互相触碰鼻子等表达友好的"打招呼"行为。 气味：雌性在发情期时，分泌的脂肪酸有信息素的作用，能提高性吸引力
	自然条件下行为 谱和各行为时间 比例	主要行为有觅食、行进、理毛、社群行为（相互理毛、玩耍和追逐、威胁、撕咬、打斗等种内争斗行为）、警戒、休息等。 觅食行为在白天所占的时间比例最高，在不同地区，约占20%～50%，雌性比雄性所用时间更多。其次为行进行为，约占20%左右。 雄性警戒行为所用时间比雌性稍多

续表

动物的行为需求	圈养条件下行为谱和各行为时间比例	
	特殊行为	

5. 山魈

	动物名称	山魈 *Mandrillus sphinx* Mandrill
背景知识	保护级别及濒危状况	CITES附录I（2017）；易危（2008）
	分布区域或原产国	分布在非洲西北部的喀麦隆、赤道新几内亚、加蓬和刚果几国的狭小区域内
	野外活动范围（栖息地和领域）	主要生活在热带雨林中，在茂密的山地次生林、稀树草原中的森林斑块、河岸林、洪溢林和种植园中也有分布。 通常避开开阔生境，偶尔短距离穿越。偏好河岸边、成熟的林型，避免有较密的林下和草本植被的林地。 群体的家域可达几十平方公里，每年的活动范围会发生一些变化
	自然栖息地温湿度变化范围	
	动物体尺、体重范围	猴科中体型最大的灵长类。 体长：0.61～0.76米。 体重：雌性平均11.5公斤；雄性平均25公斤，最高可达54公斤
	动物寿命（野外、圈养条件）	野外：可能为12～14岁。 圈养：可达31岁
	同一栖息地伴生动物	经常和其他灵长类混群行进，以减少被捕食的风险。 羚羊、野猪等有蹄类也在山魈群内觅食
动物的生物学需求	活跃时间	昼行性。 通常仅于清晨和午后在固定地点觅食，其余大部分时间都是在行进间觅食。 圈养环境下，在上午和下午有两次活动高峰（与投喂时间相关），中午时间多在休息
	社群结构	群居生活。 群体主要由成年雌性和它们还未独立生活的后代组成，群内也有一些雄性亚成体。 成年雄性通常独居，每年的繁殖期会有少量个体进入群体生活一段时间（2天到6月）。进入的雄性数量与群内可交配的雌性数量有关。 大群有时会临时分成若干小群。小群的大小和成员组成较灵活，其组成受成熟果实丰富度的影响，一般维持几天到几周的时间。 大群和小群都没有明确的首领。 各群体的家域间重叠很少。不同群体间的个体间有冲突发生
	社群规模	群体内的平均个体数超过600只（一般在400～850只范围内）
	食性和取食方式	杂食性。 机会主义的觅食者，取食种类丰富，主要吃各种果实、种子和昆虫。

动物的生物学需求	食性和取食方式	偶尔捕食小型哺乳动物、爬行动物、甲壳类或鱼。 所吃果实和种子的种类受食物丰富度的影响，随季节发生变化。在果实缺乏的旱季，也会去农田中取食薯类等农作物。 大部分时间在地面觅食，搜索枯枝落叶层里掉落的种子、真菌、无脊椎动物和小型脊椎动物。也在树上吃果实和种子。 有力的牙齿和咬肌能咬开坚硬的果实和种子。 圈养条件下以蹲坐、走动和站立采食为主，也有在躺卧、跑动和攀爬中采食的
动物的行为需求	动物主要行为方式和能力	半地栖，白天主要在地面活动，夜晚在树上睡觉。 攀爬较敏捷，但跳跃和平衡能力不强
	繁殖行为	性成熟：雄性6.5~10岁，雌性4~8岁产第一胎。 性成熟时间受食物条件影响，差异较大。 婚配制度：一雄多雌制。雄性在整个繁殖季保卫群体中可繁殖的雌性。 全年可繁殖，繁殖时间主要由食物的丰富度决定，一般在7~10月间，也有的地区从5月底到11月初持续5~6个月。 雌性的发情周期为30天左右。 妊娠期180天左右。 每胎产仔1只（圈养有2只记录）。 通常每两年繁殖一次
	育幼行为	雌性承担育幼责任，给幼仔哺乳、理毛并保护它们。 群体内和幼仔有亲缘关系的雌性个体，有时也会背负幼仔、给它们理毛或一起玩耍。 幼仔在出生后的前几个月，完全依靠母猴生活，到出生后的3~5个月，基本都攀附在母猴腹部。 幼仔2岁左右开始断奶。 亚成体雄性约6~9岁离开出生的群体，独居生活；而雌性个体则不会离开
	攻击或捕食行为	为争夺配偶，雄性间会发生激烈争斗
	防御行为	遇到危险时结群从地面迅速逃走
	主要感官	嗅觉：较灵敏。 视觉：较灵敏。 听觉：较灵敏
	交流沟通方式	视觉信号和肢体语言： 雌性在发情期时，生殖器附近的性皮红肿，向雄性表明处于排卵期，并提高对异性的吸引力。 用呈臀行为表达从属地位。 通常表达威胁的行为有：凝视、扬眉、磨牙、打呵欠（展露犬齿）、点头、拍击地面等。 用于互相打招呼的行为有：吐舌、拍击前爪、摇头等。 声音： 雌性经常发出尖叫，用来保持群体内的相互联系，特别在行进过程中。这种尖叫在开阔生境中可以传到1公里之外，在森林中的传播距离也有600米。 觅食时用叫声保持联系。 雌性在争夺食物等情况下，会发出对抗叫声。 雄性遇到可交配的雌性时会持续发出低沉的咕噜声，用碟牙表达对雌性的友好。

动物的行为需求	交流沟通方式	雄性间出现冲突时，会发出频率更高、声音更大的咕噜声以示威，能减少直接冲突；没有雌性或独居则不发出叫声。 遇到惊扰时，群体中一些个体会发出警戒叫声。 肢体接触： 相互理毛：多发生在对坐休息时，经常是等级较低的个体为等级高的个体理毛，或同时相互理毛，有时伴有拥抱。理毛除了有清洁毛发的功能，还可以维持和加强社群关系。 气味： 雌雄成体均有用胸部腺体在地面或物体上摩擦进行标记的行为，可能有保卫家域的作用
	自然条件下行为谱和各行为时间比例	
	圈养条件下行为谱和各行为时间比例	主要行为有取食、休息、运动（走动、跑动和攀爬）、理毛、玩耍、饮水、排泄、探究、呼叫等；社群行为包括相互理毛、爬跨、交配、追逐、对峙等。 频次所占比例最高的三种行为为休息行为（34%）、运动行为（33%）和取食行为（23%）。运动行为中攀爬最多，占总运动频次的近50%
	特殊行为	有涂抹粪便行为：排便后将其涂抹开，从中捡食未消化的果核等

6. 黑猩猩

背景知识	动物名称	黑猩猩 *Pan troglodytes* Common chimpanzee
	保护级别及濒危状况	CITES附录I（2017）；濒危（2016）
	分布区域或原产国	广泛分布在中非赤道附近的热带森林带，从塞内加尔南部到坦桑尼亚和乌干达西部、刚果河以北地区
	野外活动范围（栖息地和领域）	对环境的适应性很强，分布在湿润低地森林、沼泽林、常绿热带雨林、山麓森林和山地森林、干燥森林等多种森林生境中，其中最偏好的是成熟林。在干旱的稀树草原、森林–稀树草原交错带及农田中也有分布。 分布的海拔范围从海平面到近3000米不等。 生境中的个体数量与结有可作为食物的新鲜果实的大树密度有关。会选择特定生境类型作为夜栖地，常位于最近的取食地附近，偏好植被密度高的地方，选择在一定高度（多为10～20米）的树木（经常是采食的树）上营巢。有些种群在地面营巢，在温度较高的开阔生境中有时也会选择在洞穴中休息。 每天平均行进距离在1.9～4.6公里之间。不同地区家域面积变化较大（5～50平方公里），在食物较分散的稀树草原地区可达上百平方公里。 活动范围与个体的身体状况、食物的可获得性、周边其他群体的竞争情况及群体大小、群内雌性繁殖情况等有关。 雄性的活动范围比雌性更大，经常在家域的边缘地带巡视。雌性在非发情期（特别是带着幼仔时）主要在核心区域活动，发情期则会和雄性一起行进到更远的地方。雄性会为群内繁殖雌性守卫更大的领域以保证更多的资源供给

背景知识	自然栖息地温湿度变化范围	月平均最大变化范围9～32℃
	动物体尺、体重范围	头体长：0.63～0.94米。 站立高：雄性可达1.7米，雌性1.3米。 体重：雄性34～70公斤，雌性26～50公斤（圈养个体体重更高）
	动物寿命（野外、圈养条件）	40～60岁
	同一栖息地伴生动物	除了捕猎外，很少和其他物种有接触。但有和其他灵长类相互理毛和玩耍的记录。有时会被狒狒和疣猴袭击
	活跃时间	昼行性。 白天活跃时间10～13个小时。 夜晚在树上用树枝搭建巢穴。除母猴带着需要哺乳的幼仔外，其余个体都分别在单独的树上夜栖
动物的生物学需求	社群结构	群居生活，群体高度社会化且有着令人惊叹的复杂文化。黑猩猩智商很高，能够区分个体并有长期记忆。 多雄多雌群，分分合合的社群组织类型。社群成员在觅食和行进中会分散组合成临时性的小群。这些小群的大小经常随食物的分布和可获得性、雌性的繁殖状态及成员间的关系变化而发生变化。雄性始终留在出生的社群内，大部分雌性在第一次生育前都会迁移到其他一个或几个社群中生活，也有小部分留在原社群中。 雄性有着严格的线性等级制度，等级关系一般与年龄和战斗力有关（中年＞青年＞老年）。群体内父子关系不确定，因此没有父子间等级地位的世袭。等级地位高的个体更具攻击性，雄性激素水平也更高。等级地位最高的雄性可以抢夺地位低个体的食物和取食位置，还可能获得更多的交配机会和更高繁殖成功率。雄性间的争斗通常是为了竞争交配权。经常会有两只或以上亲和度较高的雄性结成联盟，在竞争中相互协作。雄性有时对雌性也有攻击行为（特别是在发情期）。 雌性个体中一般年龄越大的等级地位越高。雌性间的公开争斗很少，主要是在觅食区域受到威胁时（如迁移之后）会发生冲突，甚至会对其他雌性个体及其后代进行猛烈攻击。 总体看，成年雄性间的亲和度比雌性要高。雄性会维持更多的社会关系，而雌性则维持少量但较牢固的社会关系。 相邻群体家域的重叠度非常大。雄性个体的领域性很强，巡视领地时遇到入侵者会发出叫声，并进行猛烈的驱逐、攻击甚至残杀。有时还会进入相邻群体的领域范围进行搜索和攻击
	社群规模	群体包含15～150只（通常20～60只）个体。 小群
	食性和取食方式	杂食性。 其中成熟果实的果肉是最重要和最喜好的食物，在大多数种群中占食物组成的约60%。嫩树叶和树髓是主要的补充食物（特别是在成熟果实较少的季节）。 也吃少量的未成熟果实、种子、花、芽、树皮、树液、木头以及蜂蜜、昆虫、鸟卵和脊椎动物等。 食物组成在不同季节会发生变化，在不同地区的种群间也存在差异。雄性通常比雌性吃更多的肉类，而雌性比雄性取食昆虫更多。 捕食疣猴等多种灵长类、有蹄类、啮齿类和鸟类等。

动物的生物学需求	食性和取食方式	有时候会吃泥土，可能和补充矿物质有关。 大量时间用于行进中觅食和进食。有两个活动高峰，一般从清晨开始，到中午活动频率降低，下午晚些时候到夜栖前是第二次高峰。在一天中喜欢先吃果实，后吃树叶等营养价值较低的食物。 除了有时分吃捕获猎物的肉之外，很少和其他个体分享或直接给后代食物。 会制作工具来获取食物：用树枝、草茎"钓"取白蚁等；用石头、树棍等击碎坚果的硬壳以便取食；咀嚼树叶或苔藓，将其作为"海绵"来吸取饮用水喝
动物的行为需求	动物主要行为方式和能力	半地栖。 大部分行进、休息和理毛行为在地面进行。在地面主要用四肢跖行，仅在搬运食物、玩耍、威胁等极少数情况下才会用后足行走。 在树上取食水果和休息。在树上的移动主要通过垂直爬树干和在树枝间攀爬行走，很少臂荡
	繁殖行为	性成熟：雌性13岁，首次生育14~15岁左右（圈养个体10~11岁）；雄性15岁左右。 婚配制度：混交制。 雄性更倾向于和年龄较大的雌性交配。高社会等级的雄性（独自或结盟）经常会阻止其他雄性接近雌性或干扰它们和雌性的交配。也有雄性和雌性配对后将其带离群体几天或几周。 雌性通常和群体内几乎所有雄性都交配，和雌性保持友好关系的雄性可能更容易获得交配的机会。也有高等级地位雌性骚扰低等级地位雌性交配的现象。 繁殖没有严格的季节性，全年均可。但不同地区繁殖高峰有所差异，受降雨等气候条件和高质量食物资源等影响。 雌性卵巢周期平均35~36天左右。 妊娠期为230天左右（202~261天）。 每胎产仔1只（偶尔2只）。 繁殖间隔为5~6年
	育幼行为	雌性承担大部分育幼责任，包括背负幼仔，保护、喂食、保暖、理毛，和它们玩耍，让幼仔学习各种复杂的行为。在一些群体中，2~4岁左右的幼仔会观察、学习母亲使用工具的方法，并自己进行练习。 幼仔在1岁前都不会离开母猴，到2岁可以独立活动，在3~4岁断奶前完全依靠母猴生活。黑猩猩直到成年前都会和母亲同行，并非常依赖它们的支持，之后也保持着一定的联系。 兄弟姐妹间的关系也很密切，兄弟间经常在群体内结盟，年纪大的会背负年纪小的，并和它们玩耍。 成年雄性不直接照顾幼体，但会参与巡视和驱逐陌生个体等保护活动
	攻击或捕食行为	捕猎主要由成年雄性完成，雌性和亚成体偶尔也会参与。会相互协作，共同在树上捕猎小型灵长类。 在群体内部的直接争斗并不多，但也有导致成年雄性致死的攻击和杀婴记录。相邻群体间则经常发生猛烈的打斗和袭击，造成雄性个体受伤乃至死亡，还有幼体被其他群体雄性杀死和吃掉。 除了直接攻击（包括打、拍、踢、咬、拖拽、踩踏等）外，攻击性的行为还包括各种威胁
	防御行为	
	主要感官	嗅觉：灵敏。 视觉：灵敏。

动物的行为需求	主要感官	听觉：灵敏。 触觉
	交流沟通方式	视觉信号和肢体语言： 威胁的姿态有针对特定个体的，也有展示自身力量和体型的，包括竖起毛、后足站立、举起前肢、拖动树枝、拍打胸口、拍打地面、扔石头等。其中竖毛是显示兴奋或惊恐的重要自主反应。 表情：用全张露齿（露出上下牙，颚部张开）、全闭露齿（露上下牙，颚部闭合）、嗷嘴和横向嗷嘴等表达不同程度的兴奋、恐惧或激怒情绪。玩耍时常用嬉脸（play face）表达高兴。闭唇是显示威吓时的表情。 雌性在发情周期中有10~12天左右时间，生殖器附近的性皮肿胀，向群体内的雄性显示发情状态。 声音： 能发出多种类型的叫声，向群体内其他成员传达恐惧、兴奋、迷惑、喜悦、警告、烦躁等特定情绪。 等级地位低的个体在受到等级地位高个体威胁或攻击时，会发出急速的哼声。 发现食物时，发出进食叫声呼唤其他群体成员。 玩耍时经常发出类似笑声的叫声。 理毛时发出咂嘴和磕牙的声音。 在驱逐入侵者前发出急速哼声以示威胁。 遇到较大威胁时，发出大声地嚎叫表示惊恐。 叫声还有个体识别的作用，朋友和家庭成员间在视线范围外也能通过叫声彼此找到。 肢体接触： 理毛是重要的社群行为，可以作为联盟的手段在竞争中获取支持，还有缓和冲突、缓解压力和安抚的作用。拥抱、轻拍、轻咬、亲吻、握手等肢体安抚行为常和理毛伴随出现，有助于巩固社群关系。 理毛行为与个体的等级地位有一定关系，但通常是相互的。雄性个体的理毛伙伴更多，是雌性的四倍。在野外，雌性一般只有关系近的亲属间相互理毛；但圈养的雌性常常会有亲近的同性伙伴互相理毛。雄性对雌性的理毛经常是表示友好的求偶行为。 社群玩耍行为中有摔跤、挠痒等肢体接触。 气味： 在野外，黑猩猩可能会通过个体散发的特有气味来追踪走失的家庭成员。 雄性个体有嗅闻雌性肿胀性皮的行为，气味可能有助于它们判断雌性的排卵期
	自然条件下行为谱和各行为时间比例	白天平均约55%的时间用于觅食，约25%的时间休息，行进约14%，理毛约6%
	圈养条件下行为谱和各行为时间比例	与野外环境中的个体相比，普遍缺乏觅食、捕猎、探索、领域行为、在树上的移动和一些社群行为。 白天有近一半时间用于休息或睡觉，其次为观察和探究、活动（跑和走）、进食（各占10%左右），另有理毛（为自己或替其他个体梳理）、攀爬、争斗、性行为、玩耍等行为所占比例较小。 有重复呕吐、重复摄食、食粪、拔毛、呆坐、踱步、摇晃、攻击他人、打哈欠等刻板行为
	特殊行为	社群玩耍行为有多个个体参与，通常较夸张并伴随"嬉脸"表情。主要行为包括：挠痒、摔跤、追逐、跳跃（包括单足跳）、撞头、击掌、打滚、拖拽、手捏、用嘴叼物体（树枝、树叶堆等）

第十九章　圈养小型哺乳动物行为管理　· · · · · · · · · · · · · · · · ·

　　小型哺乳动物是恐龙时代晚期最成功的进化类群，它们甚至促进了爬行类陆地霸主的灭绝。恐龙灭绝后，原始小型哺乳动物面对巨大的生态缺位开始"放肆"的进化、发展，并逐渐占领了陆地上和海洋中的每个角落。现存的哺乳动物超过5000余种，它们以各自的方式适应了不同环境的需要，并在各自的生境中扮演重要的角色。从体重仅有2克的小型蝙蝠到重达120吨的蓝鲸之间的体型反差也许正是不同种哺乳动物生存策略差异的体现。"小型哺乳动物"并不是一个严谨的科学分类的定义，在动物园行业内，人们只是将大多数体长小于50公分的哺乳动物归到了这一类。尽管体型不大，成员却占据了哺乳动物家庭成员中的绝大多数——翼手目、啮齿目动物几乎都属于小型哺乳动物；大多数的食肉目动物和灵长目动物，甚至少数有蹄类动物的体长都不足50公分。

　　在动物园的展示和繁育种群计划中，小型哺乳动物一直没有得到足够的重视，造成这种状况的原因主要有两方面：首先是人们对这类动物特殊的生态角色和隐秘的活动方式没有足够的了解，特别是在红外线夜视监测技术应用于野生动物生态研究领域之前，绝大多数小型哺乳动物在人们眼中都是神秘的、未知的；另一方面，传统动物园中生硬、单调的动物展示环境也不能满足这类特殊动物的需求，即使它们能够在恶劣的展示环境中存活，也不会表达具有物种特点的自然行为，最终由于"展示效果不佳"而被移出物种收集计划。显然这两种原因目前都已经不存在了：先进的野外调查设备和技术的应用已经大大扩展了人们对这类动物的了解；同时，更重要的一点是：大多数传统动物园都在向现代动物园转变——在现代动物园中单一的物种展示已经被多个物种混居的生态主题展示所替代，甚至将参观者也拉进生态环境氛围中，形成了沉浸展示方式。在这些生态主题展示中，小型哺乳动物逐渐成为动物园的展示明星：一方面，这类动物以往很少在动物园中展出，特别是当这些小家伙被展示设计包装成某个重要的生态角色后，会吸引更多的关注；另一方面，现代动物园的动物生活和展示空间设计越来越遵从动物自然史需求和行为管理的需要，在这样的展示环境中，小型哺乳动物更可能表达出自然行为，甚至克服恐惧出现在游客面前。当游客有机会在近距离观察这些神秘的小动物的自然行为时，那种屏息凝神、甚至是完全私密的参观感受无疑是动物园中最难忘的参观体验。参观体验是心灵感悟的前提，也是动物园传达保护教育信息的基础。

第一节　小型哺乳动物自然史

一、综述

　　"小型哺乳动物"的适应性表达可以用"灿烂"来形容，它们几乎征服了陆地上的每个角落，从树冠层、地表、水中、地下，甚至空中都有它们活跃的身影。除了都符合哺乳动物基本的分类特征和较小的体型以外，很难再像其他动物类群那样总结出共性的特点，这无疑为给这类动物提供生活和展示条件带来了更多的难题。尽管如此，通过对这类动物的长期饲养管理经验总结，还是能够找到一些共性：

（1）小型哺乳动物都非常敏感，为了适应不同的环境它们都特化出许多大型哺乳动物所不具备的感官能力。多数小型哺乳动物在各自的生境中都处于食物链的中间环节，这就意味着它们必须同时在寻找食物和躲避天敌方面都拥有足够的能力。一旦意识到危险，逃跑和躲避是它们最常应用的策略。少数小型哺乳动物会进化出特殊的能力，例如"假死"、"蜷缩成一团"或者"释放毒气"，但绝大多数会选择逃跑或躲避。这就要求在人工圈养条件下为它们创造足够的逃逸路径和躲避空间。

（2）小型哺乳动物中的多数种类会更倾向于夜间或在清晨、黄昏时段活动，这种行为节律显然也源于其在生态链中的位置；生活在热带干燥环境中的小型哺乳动物往往不能抵御白天的高温，所以会选择在夜间活动。在动物园中展示小型哺乳动物，需要为它们创造不同的光照强度，因为即使可以将照度控制在一定范围，但多数夜行性动物仍然会更倾向于隐身在环境中较为幽暗的地点。

（3）尽管体型很小，多数小型哺乳动物都具有明确的"领地"，强烈的领地意识使它们往往具有极强的攻击性，这种攻击行为不仅表现在与其他物种之间，也表现在同种个体之间。合理的群体构建对这类动物至关重要，不仅如此，进行日常操作的饲养员也必须注意防范来自这些小动物的突然攻击。

（4）由于体型较小，大多数小型哺乳动物需要一定的环境温度变化梯度以辅助进行体温控制，尽管它们可以通过竖立毛发来减少热量的损失或钻入地下躲避酷暑，但这些能力只能在有限范围内保持生理活动所需要的正常体温范围。在小型哺乳动物的展示环境中营造温度梯度非常重要。

（5）小型哺乳动物涉及最广泛的动物类群，不同动物之间的差异巨大，特别是物种之间食性的差异。这类动物中既有食谱单一的鳞甲目动物，也有几乎什么都吃的浣熊；既有几乎纯素食的啮齿类动物也包括纯肉食的鼬科动物。对不同种动物食性的了解和饲料提供的区别，不仅有助于保证动物的营养需求，对不同物种动物的混养展示也具有重要意义。

（6）多数小型哺乳动物都具有特化的自然行为，例如善于挖掘的啮齿类动物、能够主动飞翔的翼手目动物、善于游泳的水獭、善于攀爬跳跃的小型灵长类动物等。这些典型的自然行为是小型哺乳动物展示中的亮点，但让动物更多的表达该物种特有的自然行为，需要综合运用行为管理的五个组件。

需要特别强调的是，在为每一种小型哺乳动物创造展示环境和制定操作日程之前，必须对该物种的特殊自然史信息进行充分的了解，上述归纳的几点"共性"并不能直接应用于具体物种的饲养繁育工作中。

动物园中常见物种自然史信息表见本章附录。

二、物种自然史信息的特殊性以及与之相应的行为管理操作注意事项

小型哺乳动物的特性决定了对它们的日常饲养管理操作与大型动物不同，尽管对于不同的物种采取的行为管理措施之间存在差异，但行为管理的目的是一致的：保障动物福利，为鼓励它们表达更多的自然行为创造机会。

　　绝大多数陆生小型哺乳动物都具有营巢行为，或挖掘复杂的地下迷宫，或搭建精巧的庇护所，这就要求动物园在人工环境中提供符合动物自然史需求的地表垫材。日常管理也应建立在以自然垫材或生态垫层的物理环境基础上，不仅如此，饲养员还应该为它们提供充足的、适宜的巢材，保证这些小动物有可能为自己建造一个舒适的家。北京动物园中饲养的斑刺豚鼠，从水泥地面转移到木块生态垫层后的第二天就出现了营巢行为：由于斑刺豚鼠是典型的独居动物，生活在同一个室内空间的一对斑刺豚鼠仍然会选择各自的树洞并都用木块将洞口封堵起来，在最初的一周内只有在夜间出来觅食时才打开洞口。每天觅食、活动后它们都会回到树洞内，并将洞口封堵起来。由于为两只动物个体都提供了可靠的庇护所和营巢材料，它们逐渐开始适应了展示环境，逐渐摆脱了对环境刺激的恐惧，开始在白天游客参观期间越来越频繁地出现在游客视线之内。

　　对于那些倾向于在夜间活动，或主要生活在幽暗隐蔽环境中的小型哺乳动物，动物个体之间或不同物种之间的信息沟通依靠气味和声音信号的作用往往大于视觉信号。小型哺乳动物非常"在乎"自己的生存领地，往往在交配季节以外决不允许其他个体的入侵。它们对各自领地最明确的标识手段往往通过气味信息。人工饲养环境中，适当保留动物的气味标记会减少由于日常展区清理给动物带来的压力，并避免彻底破坏不同动物个体之间通过气味标记建立起来的相互关系，例如社群等级关系。业内推荐的操作方法是在日常对展区进行清理打扫时，保留大约1/4的展区面积不进行打扫，从而保留那些必要的气味信号，减少对动物个体和个体间关系的干扰。

　　动物的气味标记中所包含的信息远远超出人类的感受，往往包括物种信息、动物个体信息，例如性别、年龄、所处的繁殖周期的具体阶段、领地标记甚至统领与从属关系等。如果使用不恰当的清理或消毒药剂完全"删除"了这些重要信息，会使动物频繁处于"被引入陌生环境"的状态，造成巨大的压力。北京动物园曾经成功繁殖过鼠狐猴，在众多的饲养要点中，我们认为最重要的一点就是不使用具有强烈气味的清洁和消毒药剂处理笼舍环境：在将动物转移出展区后，用沸水浇烫栖架，外加紫外线照射和阳光暴晒的方法消毒，在动物的展示环境中保留足够的熟悉气味，同时不增加干扰性的气味信息，为动物的成功合群和交流、繁殖创造了条件。

　　小型哺乳动物都具有敏锐的感觉器官。饲养员在展区中或者在工作区域中的举动或行为习惯都会对动物产生影响，就像我们在上卷丰容一章中所强调的：关心动物，应该从自身改变做起：大声喧哗、手机铃声、没有必要的操作噪声、过于浓烈的香水味道等都可能导致动物处于慢性应激状态。

第二节　圈养小型哺乳动物的行为管理

一、圈养环境

1. 光照

小型哺乳动物展区的光线设计需要兼顾游客和动物的需要。如果是在室内环境中展出，特别是那些模拟某种生态环境的主题展区，便于维护环境且又可靠的展示方式是温室展示。保证展示效果的最基本光照要求是游客所处活动范围的光照强度略低于动物活动区域，但不能太暗以免造成游客参观的不便。按照正常昼夜节律展示的动物，屋顶采用能够允许紫外线UVB通过的全透光玻璃。饲养员要负责维持采光玻璃的清洁，以保证白天室内能够接受全光谱阳光照射。如果受到条件限制，可以增加全光谱灯泡补充照明，以保证长期在室内生活的动物的健康；按照相反昼夜节律展示的"夜行动物馆"在游客参观时段模拟夜间光线，不适用全透光玻璃，必须在室内安装全光谱灯泡，并在夜间补充紫外线，模拟阳光照射。饲养员不仅需要维持全光谱灯泡的清洁，还应该定期检测灯泡紫外线UVB照射强度，确保及时更换。由于动物园对全光谱灯的使用方式与产品检测方式之间存在差异，灯泡的紫外线有效照射持续时间远远不能达到产品标称的时限，因此尽管全光谱灯泡都有使用时限规定，但日常监测必不可少。

2. 庇护所

由于小型哺乳动物大多处于食物链中的中间环节，在自然界中它们都会选择安全的庇护所。在人工饲养展示条件下，必须在展区中提供这样的条件。有些物种甚至会在一生的不同阶段或不同的生理阶段选择不同的庇护所，更有一些小型动物会同时需要不止一个"只属于自己"的庇护所。在确定展示物种之后，首先应结合动物自然史信息考虑为动物提供庇护所。对于那些善于挖掘或建造庇护所的物种要在展区建设之初就考虑周全。在动物园中常见的案例包括：在雨季，集中的降水量和排水不畅的展区内细尾獴建造的地下通道坍塌，造成动物损失；或者猪獾在展区挖掘出一条通道，然后从展区逃逸。这些事故都可以在展区设计和建设过程中采用科学的方法有效避免。如果展区中同时生活着多个动物个体，必须保证提供的庇护所数量超过动物的需求，以避免争夺导致过度攻击行为；对于那些具有营巢行为的物种，需要提供充足的巢材。在人工展示环境中，很难完全模拟自然条件为动物提供天然庇护所，但通过周密的观察、研究和交流，可以实现同样的功能，在这方面，先进动物园有大量的参考资料和庇护所搭建技巧值得参考。

3. 湿度和温度

小型哺乳动物分布广泛，从湿热的雨林到干燥的荒漠，无论在酷暑或是严寒，都有小型哺乳动物活跃的身影。在为每种动物营造生活展示环境时，必须考虑到该物种在自然界中的适宜温、湿度范围。越来越多的"生态主题展区"可以采用综合手段来营造适宜的大环境，例如"亚马逊洪泛雨林"展区，就可以在保证通风和光照条件的前提下营造一个与典型生境相符的整体展示环境，并在展区中按照不同物种的需求设置不同的湿度和温度梯度。在不同的展区中，需要根据当地气候特点和建筑内部小气候控制水平采取必要的增加或降低湿度、温度的措施。即使是同一物种，在不同的生理阶段也会对温、湿度的需求存在差异。例如分布于温带的小型哺乳动物的幼年个体往往需要较高的环境温度；成年树懒的环境适宜相对湿度可能在65%左右，但处于哺乳期的雌性树懒和幼崽的生活环境相对湿度的需求则会增加到80%左右，较高的环境湿度有利于母体泌乳和幼崽的体重维持及增长。

4. 展区隔障、串门和动物活动范围控制

小型哺乳动物展区应采用不锈钢或经过热镀锌处理的金属材料作为隔障的主要功能构件。近些年来不锈钢编织网（绳网）被越来越多地用于小型哺乳动物的展区隔障。不锈钢绳网不仅坚固、抗腐蚀和便于施工，更大意义在于安装灵活，由于摆脱了对支撑框架的依赖，可以将小型灵长类动物的活动范围与作为展示背景的种植区灵活结合，从而创造出更自然的展示效果。在应用绳网隔障的展区，需要在串门的位置周围使用耐腐蚀的硬质方格网，以保证串门和饲养员操作门的安装和运行牢靠。在控制动物的活动范围方面，不能忽略动物的挖掘能力，更不能为了避免动物挖掘而只提供混凝土地面。在自然材质的展区地表以下安装不锈钢方格网，或采用深度大于50公分、排水性能良好的混凝土斜槽为动物提供必要的自然材质地面垫料，可以兼顾动物福利要求和行为管理需要。

5. 垫料的选择和维护

动物园应根据物种需求为不同的小型哺乳动物提供适宜的垫料，仅仅出于卫生消毒效率的考虑而采用单一的混凝土地面的做法已经被现代动物园所摒弃。常用的自然材质垫料有沙土、土壤、碎石、园艺护根、木块、稻草、刨花、落叶或水池等。无论采用哪种自然材质垫料，展区的排水设计都是成功维持展区卫生的关键。对垫料的卫生清理和定期消毒需要兽医与饲养主管的紧密沟通和协作，包括消毒药剂的选择、消毒周期和日常清理强度都需要在保证环境卫生标准的同时避免给动物造成过多压力。"生态垫层"的设计建造模式已经成为一种标准展区设计建造模式，然而目前在国内动物园中仅有少数几家开始应用，在垫材提供和维护方面还有巨大的应用前景和探索空间。

6. 巢材

自然垫料并不等同于巢材。某些生活在干燥荒漠生境中的啮齿类动物，例如三趾跳鼠的展区完全可以采用干燥的细沙作为地表垫材，但仅为动物提供细沙并不能为动物创造完整的自然行为表达的条件，更不能满足动物的繁殖需求。尽管跳鼠的活动空间都是干燥的沙土，但在每个个体挖掘的地下巢穴中它们都会收集纤细的干草作为巢材，以满足保温和繁殖的需要。不仅如此，为展区中的三趾跳鼠提供适合的巢材后，它们就会展示出典型的营巢行为，例如仔细地将地下巢穴的入口封闭等。这些典型的自然行为是所有动物展示中的真正亮点。纤细的干草、稻草、羽毛、干燥的树叶、刨花或动物自己啃咬形成的木屑等都可能被小型哺乳动物用于筑巢，营巢材料不会增加饲养员日常打理展区的工作量，绝大多数动物都会保持巢材的卫生。这些带有动物自身气味标记物的环境因素会增加动物的安全感，在将动物引入新的展示环境时，提前将动物熟悉的巢材放入新环境，有助于降低动物因对新环境的陌生而感受的压力；不同个体进行繁殖引见或合群时，提前熟悉对方巢材所承载的信息也有助于合群的成功。

7. 环境丰容

以上列出的条目都属于环境丰容的范围，但以展示物种生境为出发点的环境建造的内容远不止这些。水池、栖架和其他能够激发动物活力的设施必不可少。我们一再强调评估动物福利状态的依据是动物能否有机会和有能力表达自然行为，因此我们为动物建造的环境必须以创造动物表达自然行为的机会为依据。以水獭为例，该物种在水中的活动本身是一种自然行为，同时也是展示亮点。展区中水体的水质不仅影响动物的健康，同时也影响游客的参观感受。在展区中的水池或水体剖面展示设计，必须考虑到水质维护的必要设施和技术手段的应用，水体过滤和循环，展区中模拟自然生境营造的叠水景观需要景观专业人员参与设计和建造。饲养员有责任按照操作说明维持展区水体系统的日常运行和定期检测水质。小型哺乳动物展区中的水体系统的建造和维持与水族馆中应用的设施设备和技术要求类似，为了维持系统的正常运转，有必要对饲养员进行操作培训，并需要定期安排专业技术人员进行设备检查。

树栖小型哺乳动物展区中的栖架是必不可少的基础性丰容设施，展区中栖架的安装需要考虑到展区基底的垫材对木材造成的损害。通常采用在自然材质上铺垫大型石块或者给具有支撑作用的栖架安装不锈钢支脚的方法保证栖架的牢固。栖架的材料尽量选择物种生境中的自然材质，为了保证自然材质的使用寿命，可以采用不锈钢螺杆连接栖架的各个组成部分，这样可以实现定期部分或全部将栖架从展区拆除到便于操作的条件下进行彻底消毒和维护，以免在对栖架进行清理消毒时破坏展区中其他的环境元素，例如植被庇护所或干扰动物在展区中留下的气味标记。

事实上展示环境的营造和环境丰容之间没有界限，这也是圈养野生动物行为管理理论的特点之一：行为管理各个组件之间存在差异，但更深入的对该理论的认识是了解各组件之间的联系。

二、丰容

（一）运行食物丰容项目的营养学依据

1. 提供"丰容饲料"类型的注意事项

小型哺乳类动物并不是生物学意义上的分类类群，仅仅是由于动物体型的特点被归为一类，这类动物的食物构成复杂食性千差万别。在制定食物丰容计划时，必须与饲料营养主管预先协商，保证基础饲料供应能够满足动物的营养支撑。例如在动物园中常见的南美洲热带小型灵长类动物最常见的营养问题是维生素D缺乏症，传统的饲料供应难以保证维生素需求，多数现代动物园会采用大型特种饲料供应公司（例如马祖瑞）提供的特种"热带小型猴类商品饲料"，这类在权威动物营养专家参与下研发生产的饲料能够为动物提供更全面的营养需求。另一方面，热带小猴的日粮中还需要多种富含维生素C的新鲜饲料，这类饲料往往成为"丰容饲料"的主要组成部分。特别需要注意的是控制含糖量较高的水果类饲料量，尽管这类饲料会取得较好的"丰容展示效果"，但长期应用会损害动物的身体健康。

2. 根据展示物种的社群特点提供饲料

群居动物的饲料提供方式与饲养单独个体不同：在群居动物需要保证每个个体都能够有机会获得足够的饲料。丰容饲料的量和位点都应足够多和分散，以避免在群体中引发过度的攻击行为。那些处于统领地位的个体往往会霸占过量的饲料资源。在这种情况下必须应用"和谐取食"的行为训练方法保证群体中每个个体的福利。

3. 有害生物防控

将食物分散隐藏于地表垫层材质中是对很多小型哺乳动物都适用的食物丰容方式，在这种情况下需要特别注意有害生物防控：老鼠、蟑螂是需要严格防治的有害生物。有时候进入展区中的麻雀、乌鸦或喜鹊都会"偷取"饲料，这种情况在室外展区中非常常见。北京动物园横斑獴展区中总会有大量的"外来食客"分享本应属于展示动物的窝头、肉末、鸡蛋，乌鸦不仅会抢夺横斑獴的饲料，有时甚至还会叼走刚出生的幼崽。这样的问题有两种解决方式：（1）从笼舍设计上解决。使用细网眼的不锈钢绳网封闭展区，使野鸟不能进入。（2）从取食器设计上解决。对于大型的开敞展区，如果封闭顶网有困难，可以采用针对不同物种取食特点的取食器提供饲料或进行食物丰容，或改变饲料投喂的局部小环境，使飞鸟难以盗取食物。北京动物园细尾獴展区中，为了避免飞鸟盗取食物，在投喂饲料的小区域上面盖上了一层方格网，细尾獴可以钻入方格网下面取食饲料，而乌鸦、喜鹊等体型较大的野鸟则无法进入方格网偷取食物。葡萄珠和肉末是乌鸦和喜鹊、麻雀最钟爱的食物，北京动物园南美浣熊展区的封闭顶网有效阻止了乌鸦和喜鹊的进入，但麻雀可以飞入展区。每次饲养员给南美浣熊提供葡萄和肉末、熟鸡蛋后，总有几十只麻雀与展示动物分享食物。应同时根据展示物种的取食能力优势和有害物种的能力短板来设计取食器，以保证展示物种的营养需求。

4. 饲料投喂方式必须依照物种自然史特征

物种不同，取食行为不同，食物投放方式不同。以地面觅食为主的物种会很快适应从放在地表的饲料盘中取食；穴居物种往往会将饲料拖进洞穴或狭小的空间中进食；树栖物种，例如小型狐猴类或树懒，更愿意取食悬挂在树枝高处的食物。食性不同，投放食物的时间分配不同。有些小型哺乳类动物，特别是以植物性饲料为主的物种，在自然界中会花费大量的时间、长距离大范围的搜寻食物，对于这类物种，饲养员需要调整日常操作日程，尽量将饲料分成多次提供给动物，并同时设计应用适当的取食器，来延长动物的取食时间。

5. 水的提供

与进食一样，小型哺乳动物饮水的方式也大不相同。在自然界中那些生活在干旱地区的物种几乎观察不到饮水，即便如此，在人工圈养条件下，无论任何物种，都要为它们提供随时可及的饮水机会。有些物种，例如某些猄类可能只会舔舐叶子或岩石表面的露珠或细小水流，而从不在水盆中饮水；还有些物种，例如蜂猴，只饮用位于栖架高处水盘中的水，而对放置在展区地面的水盘置之不理。无论采用哪种提供方式，都需要保证水质清洁和随时提供，多数小型哺乳动物在夜间和晨昏时段更加活跃，而这些时段往往不在饲养员的工作区间之内，需要设置饮水罐。饮水供应系统需要单独的设计，有时位于室外展区的饮水盆需要加热系统以保证冬季不会冻结。为了满足动物的饮水需要，有必要引入专业设计师进行设计和操作指导。

6. 动物营养需求的季节性变化

温带地区分布的小型哺乳动物，特别是啮齿类动物，往往通过调整活动节律来适应气候的季节性变化，与之相应的，它们也会在食物需求方面表现出季节性差异。例如北方常见的松鼠，在室外展区中生活的松鼠在冬季来临之前需要更多的高能饲料来囤积脂肪；随着温度的下降，它们逐步降低代谢率，甚至会进入冬眠状态。在动物处于休眠状态时，也必须在动物周边放置一些干燥的饲料，以备动物偶尔苏醒后少量进食；在提供少量食物的同时，也应为动物提供饮水的机会和条件，这一点对保证动物顺利经过休眠阶段非常重要。

(二) 丰容效果的评估——行为观察注意事项

相对于大型哺乳动物来说，小型哺乳动物要求饲养员具有更卓越的行为观察能力。这类动物体型更小、行动更迅速，而且更隐蔽。群养的物种的个体识别是一件艰巨的任务，除了对每个个体外观或动作特征的熟悉以外，往往还需要通过"身份识别芯片"、局部毛发染色或文身等技术手段来进行准确的个体识别。无论哪种识别途径，都需要饲养员有机会近距离观察或接触动物个体，所以在展区中设计建造狭小的动物通道，并能够实现在通道中控制动物的位置是必要的前提。这项任务不仅需要设计建设方面的考虑，也需要饲养员对动物进行正强化行为训练，以教会动物掌握某种合作行为。即使是那些饲养展出单独个体的小型哺乳动物展区，也要求饲养员花更多的心思来观察动物。独居的小型哺乳动物由于缺乏群居物种的"协作报警"作为躲避天敌的有效手段，所以它们往往在更多的时间都躲在庇护所内，甚至其中大部分物种只会在夜间或晨昏出来活动。饲养员白天只能利用动物接近饲料或进食的短暂机会对动物进行行为观察。当动物偶尔从庇护所出来在展区中寻觅时，饲养员应抓住时机进行观察，以判断展示环境是否能够为动物创造表达自然行为的机会。北京动物园饲养展示的斑刺豚鼠就是典型的难以观察的物种，它们往往在白天或者展示环境较亮时选择隐藏于树洞之内。直到转移至较暗的展示环境中后，饲养员才有机会见到它们的活动。大约一周后它们逐渐适应了新环境，开始更多地在白天游客参观时段内出现在游客面前。在胆怯的小型哺乳动物适应新展区之前，饲养员有必要暂时调整作息时间，以便于在没有游客干扰的时间段观察动物的行为，例如定期值守夜班或在清晨和傍晚观察动物行为。行为观察不仅是判断丰容项目执行效果的依据，也是日常判断动物福利状态的可靠指标。对于那些刚刚进入新的展示环境或处于合群初期的动物个体，需要饲养员进行多时段的、更密集的行为观察，以避免动物福利受到损害。

（三）丰容指导思路

每个动物园都应该为其展示的小型哺乳动物制定正式的丰容项目库和日常运行表。项目库中的丰容项和提供方式必须结合物种的自然史需要和物种典型自然行为表达的需要。特别需要注意的是丰容材料的安全性：人工合成乳胶可能对小型猫科动物或犬科动物来说是危险的；棉质绳索也容易引起这两类动物的肠扭转或梗阻；啮齿类动物展区中需要提供无毒的树枝，以促进动物的啃咬行为和保持牙齿健康。尤其对小型哺乳动物来说，丰容物的功能比外观更重要。人工材料的管道、铺垫物、取食器等都有助于保证物种自然行为的表达。饲养员需要广泛收集其他动物园成功的丰容案例，在本园中试运行、评估、改进之后列入丰容项目库。

每一个丰容项目在正式应用之前都需要进行评估，饲养员的密切观察、与兽医和营养师的密切合作、广泛参考业内同行的经验和教训都有助于保证丰容的安全运行。葡萄干是一种常见的丰容食物，有时也被用做训练中的食物强化物，但需要注意葡萄干对有些物种来说存在危险：过量食入葡萄干可能会引致臼齿嵌塞，损害动物牙齿。在上卷中强调的丰容安全注意事项在制定和运行小型哺乳动物的丰容项目过程中需要特别注意，这类动物肢体细弱、敏感，如果丰容项目中存在尺寸危险的圈套或缝隙，很容易给动物个体造成损害。强调这一点并非挫败饲养员开展丰容项目的热情，而是鼓励饲养员在开展丰容项目之前进行更细致、周密的风险评估。

（四）经过动物园实践的成功丰容项目示例

1. 水獭

○玩具/动物可以操控摆弄的丰容项——小型硬质塑料球、纸板箱、金属链条、大型塑料桶、绳索、麻袋、纸糊的玩具、松塔、空的饲料包装袋、有盖子的桶、塑料蛋筐、椰子壳、保龄球瓶、鹿的干角、PVC管子。

○ 食物丰容项——乳鼠、蟋蟀、面包虫（黄粉甲幼虫）、成年老鼠、生皮制品（狗咬胶）、整个西瓜、冷冻食品、藏匿食物、面包、花生酱、果酱、燕麦粥、果冻、蜂蜜、冰块、曲奇饼干、起酥面包、水果串、水果、蔬菜、兔子、鹌鹑、小鸡、鸽子、南瓜、马肉、骨头、赤杨、枫木、山木、竹子、柳树、苹果树、梨树、山梅花、山茱萸、松树、生鲜白条鸡、烹饪鸡肉、花生、苹果、嫩玉米笋、葡萄、白杨树、胡颓子、玫瑰、蠕虫。

○ 感知丰容项——啤酒酵母、芥末籽、柠檬皮、柑橘皮、羽毛、泡泡浴（肥皂泡）、洋葱粉、韭黄、鼠尾草、迷迭香、芫荽、生姜、胡椒粉、肉豆蔻、小茴香（孜然）、甜胡椒、香草精油、丁香、大蒜粉、杏仁精油、香水、猫薄荷、草皮卷、鹿裘皮、稻草、园艺护根（树皮块）、松木刨花、阔叶木刨花、树叶、土壤（尘土）、沙子、树枝、重新摆布设施（栖架）、能够发出声响的东西、同类动物发出的声音、猎物发出的声音、天敌发出的声音。

2. 狨

○ 玩具/动物可以操控摆弄的丰容项——树桩、树干、不含金属的轮胎、小型硬质塑料球、中型硬质塑料球、大型硬质塑料球、纸板箱、塑料链条、金属链条、大型塑料桶、衣物、聚乙烯填充的毛绒动物玩具、纸糊的玩具、松塔、空的饲料包装袋、呼啦圈、有盖子的桶、塑料蛋筐、网球、蹦极绳索、绳梯、空垃圾桶、塑料瓶、椰子壳、保龄球瓶、PVC管子。

○ 食物丰容项——蟋蟀、面包虫（黄粉甲幼虫）、生皮制品（狗咬胶）、整个西瓜、冷冻食品、悬挂食物、藏匿食物、面包、花生酱、果酱、燕麦粥、果冻、糖浆、蜂蜜、冰块、水果串、水果、蔬菜、南瓜、赤杨、枫木、杉木、竹子、柳树、苹果树、梨树、山梅花、山茱萸、松树、苹果、嫩玉米笋、葡萄、白杨树、胡颓子、玫瑰。

○ 感知丰容项——啤酒酵母、芥末籽、柠檬皮、柑橘皮、羽毛、韭黄、鼠尾草、迷迭香、芫荽、生姜、胡椒粉、肉豆蔻、小茴香（孜然）、甜胡椒、香草精油、丁香、大蒜粉、杏仁精油、香水、猫薄荷、草皮卷、Kong、鹿裘皮、稻草、园艺护根（树皮块）、松木刨花、阔叶木刨花、树叶、土壤（尘土）、沙子、大块岩石、小块岩石、刷子、树枝、重新摆布设施（栖架）、能够发出声响的东西、同类动物发出的声音。

三、行为训练

（一）合作行为

1. 日常管理合作行为

（1）建立信任——操作注意事项

绝大多数小型哺乳动物都处于食物链中的某个中间环节，防范天敌是它们共有的生存之道。敏感、胆怯是这类动物共有的特征，这种进化形成的适应性行为给饲养员带来了不少麻烦：与小型哺乳动物之间建立信任通常要比大型动物困难，特别是那些刚刚接触饲养员的陌生个体，几乎不可能在短期内建立信任关系，任何一个不经意的动作都可能被小型哺乳动物看做威胁。在训练过程中，饲养员切记毛手毛脚，所有的动作都应该预先计划，从容不迫。在这个过程中还应注意保持动作舒缓、安静，以减少给动物造成误解。饲养员应准备充足的食物强化物，保持对动物完成期望行为的持续强化，即使由于动物紧张造成食物掉落，饲养员也不要突然弯腰捡取食物，这种行为往往会被小动物当做天敌的捕猎行为而迅速逃避。在目标训练过程中，饲养员需要密切注意动物的目光方向和注意力所在，预先判断动物的行为趋势，并保证动物同时具有接近目标物或逃离的路径。有些物种具有颊囊，当它们获得食物奖励后可能会迅速将食物储存在颊囊中而不是马上开始咀嚼。这些物种可能会突然终止参与训练过程，对于那些群养个体来说尤其如此。总之，将食物强化物处理的更小、缩短每次强化之间的时间间隔有助于在饲养员和小型哺乳动物之间建立信任。

一旦饲养员与自己所管养的动物之间建立起信任，则应注意这种信任关系的保持。如果由于某些原因需要进行动物捕捉，最好请其他饲养员进行捕捉操作，以免对已经建立起来的信任关系造成破坏。

（2）串笼训练

操作性条件作用会对所有脊椎动物起作用，特别能够有效应用于具有较高智力水平的哺乳动物。其他类群的动物行为更多受到"天性"或"本能"的驱动，哺乳动物则具有更强的后天学习能力。即使那些由亲兽哺育长大的个体，也会经科学的行为训练过程掌握多种合作行为。多数情况下，让动物自愿进入转运笼、引见笼或麻醉笼都是进一步操作的前提，例如称量体重、体表检查、麻醉检查或与其他个体进行合群。所有小型哺乳动物都应在日常饲养过程中加入行为训练的操作，即使是那些以往被认为"神经质"或"特别胆怯"的物种。通过科学的训练，普遍认为高度神经质的塔斯马尼亚兔豚鼠也可以主动进入转运笼，同样，多种热带小型灵长类动物经过训练也可以平顺地进入转运笼、引见笼或麻醉箱。

2. 医疗合作训练

动物经过训练主动进入隔离笼或麻醉笼这类限制性空间，将为兽医诊疗工作提供极大的便利，同时也能保证诊断结果的准确。由于在人工圈养条件下小型哺乳动物的活动量相比野外都会不同幅度的减少，而同时充足的营养供给往往导致动物超重，爪子、牙齿、蹄子等部位过度生长等。鉴于这类动物的敏感性，在对体表进行修饰时最好先将动物串入麻醉笼（麻醉箱），然后通过呼吸麻醉让动物在应激较弱的情况下实施削磨蹄子、爪子或打磨牙齿的医疗手段。但无疑预先采取防范措施是更有效的保证动物健康的途径，例如在啮齿类动物展区中放置坚硬的木质材料，以保证动物"啃咬、磨牙"的需求；善于挖掘的物种需要在可挖掘的土壤中掺入砂石颗粒，保持基底材质的紧实程度，都会有助于动物爪子的正常磨损。

（二）项目动物

在许多保护教育项目中，都会使用"项目动物"，而小型哺乳动物是比较适合的物种选择之一。这些作为项目动物的个体日常的生活条件应当与其他个体相同，唯一不同之处在于饲养员会对这些项目动物个体进行更多的脱敏训练，并特别训练动物表达其典型的、具有教育意义的自然行为。脱敏训练让动物逐渐适应与饲养员或保护教育工作者甚至接受教育的公众的身体接触，并对众人的围观或嘈杂的环境脱敏。项目动物不是"教具"，是共同参与保护教育程序的重要成员，它们的福利水平必须得到充分的考虑。这些动物福利的保障措施包括严格规定公众与项目动物的接触方式和定期对项目动物进行体检。"二指原则"对大多数项目动物来说是相对安全和较小压力的接触方式。这一原则规定参与保护教育项目的受众只能通过"伸出食指和中指，同时保持其他手指蜷缩"的手势轻微的接触动物身体，以感受动物体表特征。在保护教育项目设计中，每次允许受众接触项目动物，都必须传达足够的教育信息，并避免过于频繁的让受众接触项目动物。

四、群体构建

（一）社群管理

1. 行为观察的重要意义

小型哺乳动物的群体构建是这类动物人工圈养实践中公认的难题：已经在一段时间内保持"和谐共处"的动物群体关系可能在瞬间"毫无征兆"的破裂，这一点往往给饲养员带来巨大的挫败感。群体中很快能形成相对稳定的等级关系，饲养员在饲养一个群体时，首先需要准确识别个体，然后进一步通过行为观察了解等级制度下各成员间的地位关系，这是群体管理工作的基础，可以使饲养员在日常操作中减少犯错。比如，如果先给等级低的个体提供了食物，则它很容易受到统领个体的攻击，造成群体关系的波动，甚至波及其他个体。又比如，在进行行为训练时，某些个体不愿参与训练，原因往往是它们在群体中处于弱势地位，害怕遭到首领攻击的恐惧感远大于获得实物强化的动力。在处理群体问题个案时，由于针对的物种不同、展区环境不同、操作流程不同，饲养员专业水平不同，很难从文献资料中获得实践应用知识或技能。在这种情况下，动物是最好的老师：观察群体成员进食顺序是判断统领位置顺序的重要途径。如果发生改变，则意味着群体中社会地位的变化。例如，某个原来处于弱势地位的个体抢先接近食物时，可能表明统领个体此时处于病弱状态，需要进行特别的关注。总之，"行为不会撒谎"，密切观察动物行为是建设和维持群养动物社群关系的法宝。

2. 可移动巢箱

小型哺乳动物的社群管理中，串引或隔离动物不仅仅意味着让整群动物从一个兽舍进入另一个兽舍。在对个体进行健康检查、兽医诊疗或社群成员调整时，都需要将某只特定个体从群体中转移出来，这时动物串门（串引）和隔离多指让动物进入展区一侧的可移动的隔离笼或麻醉笼（箱），或者进入展区内的可封闭巢箱，然后将动物连同巢箱一起移出展区。由于这种可移动巢箱平时就放在动物活动区域里，这个动物熟悉的小空间可以减少陌生环境造成的压力，作为引入陌生展区或与新个体合群引见，都能给动物带来安慰。即群体构建中的个体引入环节，引入个体会连同一个自己熟悉的小环境（巢箱）一起转移。这种合群技巧正在获得越来越广泛的应用，前提是需要在巢箱设计建造方面花费更多的心思。

3. 不同物种的混养

（1）多物种混养的益处和复杂性

在动物园中，许多物种必须单独饲养，同时，选择适合的物种进行混养也有着诸多益处。多物种混养所形成的展示效果能更完整地表达生态主题所承载的保护信息，也是最能引起游客驻足的展示内容。合理的混种群养能为展示个体带来更多环境刺激，并引发更多的自然行为，对动物园来说，也意味着节省了宝贵的空间。不同物种的混养展示在实践中需要面对更多的挑战。北京动物园的美洲动物展区曾经实验二趾树懒和斑刺豚鼠的混养，但很快饲养员就发现二趾树懒的鼻子被斑刺豚鼠咬破了，于是只能将这两个物种分开。随着对动物行为的观察理解，饲养员逐渐认识到造成斑刺豚鼠和二趾树懒之间冲突的原因是树懒在下地排便时，正好闯入了展区中唯一能够给斑刺豚鼠储藏食物的区域，而且当时也没有为斑刺豚鼠准备充足的庇护所，斑刺豚鼠在一天中的大部分时间段处于紧张状态，这种长期环境压力往往导致动物的攻击行为。在认识到这一点后，饲养员增加了混养展区中可以被斑刺豚鼠用做庇护所的树洞，在地面铺设了更多的木块垫材，也为斑刺豚鼠藏匿食物提供了更多的位置选择，经过这样的调整，二趾树懒和斑刺豚鼠之间没有再发生冲突，不仅如此，经过饲养员的精心布置和物种选择，目前在这个展区中同时展示的物种包括：二趾树懒一家三口、一对巴西夜猴、一只美洲鬣蜥、一对斑刺豚鼠、两只巴西红耳龟和一只美洲牛蛙。

多物种混养往往不会一帆风顺，也许有些动物白天"相安无事"，夜间就会发生激烈的冲突；也许不同物种之间的压力始终没有通过攻击行为表达出来，而是以一种长期慢性应激的状态持续，渐渐造成弱势物种或个体的营养不良甚至衰竭。动物福利针对个体，任何以牺牲某些个体福利为代价的多物种混养展示都是不能被接受的，这就要求饲养员在合群的初期保持对动物的持续观察，并坚持在合群后定期对动物个体进行健康状况的监测，特别是动物的体重变化趋势。在一些特殊的生理阶段，例如动物处于发情阶段或分娩哺乳阶段，个体行为都会产生变化，需要饲养员密切观察，在必要情况下及时将它们从混养展区暂时转移。

（2）动物引见

小型哺乳动物的体型特点使"引见笼"的应用更加便捷，所以这类动物同种个体间或不同物种之间的引见都推荐使用"引见笼"。引见笼根据不同物种的特点需要分别设计，总的设计原则有两点：保证引见笼中动物个体与展区中原有动物个体之间不可能发生过度的肢体接触和攻击行为，保证引见笼中动物个体与展区中原有动物个体之间的必要的信息交流途径。在被引入个体处于引见笼中的时段内，饲养员需要密切观察该个体和展区中原有个体之间的互动行为，并判断合群的可行性，在必要的情况下，有必要邀请更有经验的饲养专家协助进行合笼操作指导。对相关物种的自然行为的认识和了解是判断合群时机的关键，当它们表现出足够的"和平行为信号"后，即可以打开引见笼的隔门。

（二）繁殖管理

1. 性别判定

许多种小型哺乳动物性别难以从外观判断，特别是幼年个体或处于非繁殖期的个体。捕捉保定尽管可以观察特定部位，例如外生殖器，但显然这种操作容易造成应激，而且动物在挣扎状态下饲养员也很难准确判断性别。一种"透明底"性别鉴定串笼在鉴别动物性别方面能够发挥重要作用（图19-1）。简单地说，这种串笼前后都具有提拉门，笼顶盖具有提手，

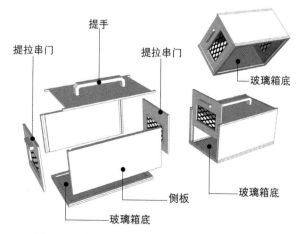

图19-1　小型哺乳动物透明底性别鉴定串笼图示

以便动物进入串笼后饲养员将串笼高高提起。此时另一名饲养员即可以透过箱底的玻璃观察动物，使用手电筒会使判断结果更准确。这种方式由于不对动物的四肢进行限制，而且玻璃箱底很滑，往往动物会撑开四肢努力保持平衡，显露出外生殖器。需要注意的是在提起串笼时，应尽量保持串笼水平，以减少笼内动物承受的压力。

2. 行为观察

繁殖管理的基础是饲养员熟悉饲养物种和个体的行为表现，特别是那些与繁殖相关的行为，例如判断动物进入发情季节、出现交配行为、怀孕期间的特殊行为、营巢行为或进食量增加、舔舐乳头、分娩和哺育后代等行为，还需要掌握将幼体重新引入展区内群体的操作技巧。小型哺乳动物的幼崽也分为早成和晚成两种类型，早成幼崽出生后即双眼睁开、被覆毛发，已经掌握了初级的活动能力，例如小型有蹄类动物和食蚁兽幼崽；晚成幼崽更加常见，如猫科动物和鼬科动物幼崽，出生时皮肤裸露，几乎没有毛发，眼睛还没有睁开，除了努力吸吮乳汁以外几乎不具备其他的活动能力。在对初生幼仔进行体检时，对于早成幼崽的体检需要在确定幼崽和母体之间建立了稳固的联系后，幼崽能够相对安静地接受饲养员把持和抚摸后再进行，而对于那些晚成幼崽则不建议过早地进行初生体检。初生体检必然会对母体和幼崽造成压力，在这个过程中饲养员需要特别注意避免来自母兽的攻击，往往雌性个体在哺乳期间会具有较平时更强烈的攻击防卫行为，甚至对那些相对熟悉，或者已经建立了信任关系的饲养员也可能发动攻击。另一方面，不恰当的或者过早的进行幼崽初生体检，也会造成母体放弃幼崽甚至咬死幼崽的悲剧发生。对繁殖母兽的行为和生理状态的判断基于物种生物学知识和个体日常行为观察，在判定动物怀孕后必须尽早为动物准备繁殖条件，或者是将怀孕母兽隔离到安静的产房，或者将展区中其他动物个体暂时转移，并在展区中为繁殖母兽搭建产箱或提供其他形式的生产、哺育空间。动物繁殖条件的准备，必须依照动物自然史知识，同时也应考虑到动物园展示计划安排，在必要情况下，可以临时封闭展区，以便为动物创造较少干扰的生产环境。在这段时间内，需要保护教育部门和公关部门进行说明和配合。保持母兽在原有展区生产的操作方法比较有利于繁殖成功。如果在生产前将母兽转移到"产房"中，转移过程和进入陌生环境都会使母兽承受过多压力，甚至造成流产或弃子。

3. 群体管理

不同社群结构的物种繁殖策略相差很多，独居的、群居的、小家族群的、大群的等各自会采取独特的繁殖策略，有些在野外状态下自然形成大种群的物种在人工圈养环境中，能维持稳定关系的种群数量会大幅度降低，例如细尾獴。细尾獴群体中只有雄性首领的雌性配偶才有"权利"产生后代，而其他雌性个体产生的幼崽都将被首领配偶杀死；即使是首领配偶的雌性后代，到一定的年龄时也会被驱逐。如果人工圈养环境条件有限，这些被驱逐的雌性个体会长期处于被攻击状态。在这种情况下，饲养员需要进行个体识别，掌握准确的个体信息并建立谱系，以便及时将部分个体移出，并根据谱系资料组成新的展示、繁殖群体。对于那些没有繁殖需求的群养物种，可以采用繁殖控制措施，以维系长期、稳定、和谐的社群关系。

五、日常操作

1. 操作注意事项

饲养员对待动物的态度、操作习惯与掌握的专业技能同样重要，小型哺乳动物对周边一切都十分敏感，有些纤弱、敏感的物种可能会因为一个突发的噪声（例如饲养员不慎将金属饲料盆掉落到地上）而盲目冲撞，造成损伤甚至死亡；有些物种会毫无征兆的对饲养员发动攻击，特别是在动物进食、发情状态下或哺育幼崽时更容易发生攻击行为。作为小型哺乳动物的饲养员，在任何时候都必须高度集中注意力，以免由于过失给动物和自身带来伤害。

为了免于天敌掠食，小型哺乳动物通常会保持安静的状态，个体之间的交流主要通过气味和体表外观的可视变化。饲养员必须熟知物种外观变化所传达的信息：身体的姿态、毛发的状态、双耳的移动方式和朝向、口部动作等信号往往是动物感到恐惧、即将发起攻击、逃逸或身体健康状态的直观表达，饲养员应根据身体信号所表达的意义及时调整操作动作或程序。

迅速逃逸几乎是所有小型哺乳动物面临危险时最有效的防御手段，日常饲养员的操作难免引起动物逃逸。饲养员必须为动物创造逃逸机会：或者为动物提供可以躲藏的庇护所，或者饲养员调整自己的位置，为动物留出逃逸路径。树栖物种在搭建栖架时注意避免"盲端"，即动物爬到栖架一端后无路可逃了，应该在不同分叉之间形成逃逸回路。多数草食性小型哺乳动物的逃逸距离很长，当展区面积有限时，饲养员除了注重自身的操作行为外，应该主动采取脱敏训练措施，逐步缩短动物逃逸距离。

当小型哺乳动物感觉到陷入绝境时，极易主动攻击并对饲养员造成伤害。已知的伤害记录包括：

〇 负鼠——尽管多数情况下在被捕捉时会"假死"，但随时可能迅速攻击饲养员，造成咬伤。

〇 鼩鼱——体型娇小，却往往主动攻击人，造成咬伤。

〇 刺猬——把持姿势不当会遭受刺伤，且其尖锐的牙齿也能造成咬伤。

〇 翼手目动物——牙齿尖锐，会造成咬伤。

〇 树懒——尽管平时行动缓慢，但发动攻击时会使用上臂和利爪迅速挥动造成严重划伤，近距离接触也可能导致咬伤。

〇 大食蚁兽——发动攻击时会竖立身体，使用上肢及利爪迅速攻击并造成严重伤害。

〇 啮齿目动物——造成严重的咬伤，其有力、尖锐的门齿会洞穿厚皮革。

〇 豪猪——动物迅速向饲养员方向后退，身体后部的长长的尖刺会刺穿皮靴，造成严重地刺伤。

〇 鼬科动物——身体灵活，难以把持，会造成严重的咬伤。

〇 蜜熊——锋利的爪子和尖锐的牙齿都能造成伤害。

……

2. 动物捕捉和持握

捕捉和转运小型哺乳动物最安全的方式是通过串笼训练让动物自愿的进入转运空间，在某些情况下则需要采用直接捕捉或持握的方式进行转移或检查。捕捉动物需要高超的技能，特别是捕捉网的使用：在相对狭小、复杂的展区中挥舞捕捉网捕捉迅速移动的动物，不仅需要速度和方向的控制，还要避免对动物造成伤害，这类动物往往四肢纤弱，不能承受在捕捉过程中受到的大力撞击。所以在对这类动物进行捕捉时，兽医应做好医疗急救的准备，不仅是因为动物可能受到伤害，处于应激状态下的动物也可能攻击实施捕捉的饲养员。进入展区捕捉动物时，由一名经验丰富的饲养员进入展区实施捕捉，其他饲养员负责控制展区操作门，并在成功捕捉动物后进入展区协助持握动物或协助将动物转移到笼箱内。每种动物的持握技巧都不相同，这些经验也往往只能从实践中获取，参考各物种的饲养管理指南有助于预先掌握要领，但总的原则是重视捕捉人员自身安全以及切勿伤害到动物，负责持握动物的饲养员需要控制动物，不能伤害到参与捕捉的协同人员或兽医。这是一项需要所有参与人员都高度集中注意力的团队协作行为，在实施捕捉之前除了对捕捉工具和笼箱的检查，更重要的是明确团队分工，让每个参与捕捉的饲养员或兽医都明白自己在什么时候做什么，对于那些应急处理所需要的药品、器械的位置和使用方式，需要所有参与者熟知。

（1）小熊猫的捕捉

一些小型哺乳动物的特点是身体灵活，富有攻击性，但都不善于跳跃，最典型的代表物种就是小熊猫。使用"盆扣法"捕捉小熊猫远远比使用捕捉网更安全、更有效，同时给动物和人员造成伤害的危险也更低。使用直径大于50厘米、深度30厘米左右的半透明塑料脸盆，在盆底外侧安装一个把手，同时再准备一块大于脸盆盆口面积的木板或硬质塑料板就可以方便的捕捉小熊猫了。首先将小熊猫驱赶到平地上，使用脸盆扣住小熊猫，然后将木板贴着地面插到脸盆底下，插木板时需要透过半透明的脸盆关注小熊猫的位置，确保在不伤害动物的前提下将小熊猫夹在脸盆内的空间和木板之间。由于脸盆内壁和木板都是光滑平整的，不会对动物的趾爪和牙齿造成伤害。双手紧紧按住脸盆和木板，即可进行短途转运或将小熊猫放入压缩笼（图19-2）。

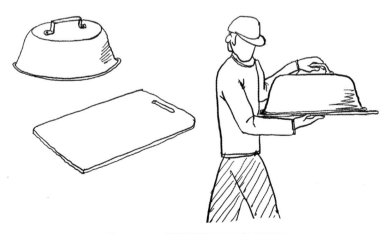

图19-2　小熊猫捕捉工具及转运图示

（2）鼬科动物的捕捉和保定

狗獾和猪獾都是凶猛的鼬科动物，它们颈部粗壮、四肢有力，捕捉和转运应尽量采用笼箱。必须采取徒手捕捉时，应使用长把套索套住动物头颈部，另一只手抓住动物尾巴将动物提离地面进行短途转运或装笼（图19-3）。

（3）蜂猴的捕捉和把持

尽管蜂猴平时行动缓慢，但当遇到威胁时也会用尖锐的牙齿反击。捕捉蜂猴的关键在于控制其头部的转动。第一步是用一只手同时攥住蜂猴的颈部和一侧上肢，使蜂猴不能转动头部，同时另一只手攥住动物后肢和躯干的结合部，拉直动物身体，使动物无法蜷缩身体而导致饲养员的手进入到动物啃咬范围之内。捕捉蜂猴必须佩戴厚皮革手套，并注意抓握动物的力度，避免对动物造成强烈应激（图19-4）。

（4）大食蚁兽窄箱固定法

大食蚁兽几乎不可能进行徒手捕捉和保定，必须使用特殊设计的窄箱固定笼进行保定。固定笼一侧为方格网，另一侧箱壁为有多个开孔的木板。笼箱宽度应略大于食蚁兽身体宽度，以保证动物进入后无法调转身体方向。当大食蚁兽进入展箱后，饲养员从木板一侧向方格网一侧伸出木棒，通过不断增加木棒的数量和调整木棒的位置，将大食蚁兽保定于窄箱中。窄箱前面是可以提起的串门，当需要大食蚁兽进入某个特定空间时，拉起串门，抽出木棒或调整木棒位置，使大食蚁兽安全进入特定空间（图19-5）。

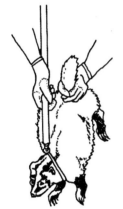

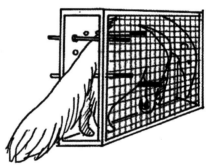

图19-3　獾保定方法图示　　图19-4　蜂猴捕捉和把持图示　　图19-5　大食蚁兽的窄箱固定图示

通过资料学习掌握动物的解剖学构造，以及日常对动物行为方式的观察，对动物的捕捉和持握具有重要的意义。参考相似物种、利用麻醉检查时熟悉动物身体构造，甚至在解剖动物时了解物种内部结构等都是难得的学习机会。关于动物的所有事件，饲养员都有必要掌握。

在动物的捕捉和持握过程中，除了安全防护以外，还应注意避免疾病在人与动物之间的传播，特别是对于那些小型灵长类动物。"感冒疮"或"唇疱疹"病毒在人类疾病中常见且不会造成大碍，却会严重感染南美热带小型猴类，甚至引起动物死亡，在接触这类动物时，应佩戴橡胶手套和口罩，以免疾病的传播。

3．动物馆展示时间安排

在缺少管理措施的动物园中，动物只能生活在光秃秃的混凝土地面的笼舍中，被迫处于游客的视线之内，几乎不存在展示时间安排的问题。

通过行为管理组件的综合运行，既能保证动物福利，也可以让敏感害羞的小型哺乳动物在游客参观时间主动现身。经过模拟自然生境营造的展示环境会为动物提供充足的庇护所，与人们想象的相反：拥有足够的可靠庇护所的小动物并不会整天躲藏在庇护所中，而是更倾向于"大胆的出现在游客视线之内"并表达自然行为。同时，展示亮点应结合行为管理操作日程安排，在给动物提供食物、执行丰容项目或行为训练项目的时间段都是能够使游客获得令人兴奋的参观体验的机会。这些时间段经过一段时间的运行后可以相对固定下来，并在动物园入口作出明显提示以便于游客安排、选择参观时间。

夜行动物展区多实行"昼夜颠倒"照明策略，白天游客参观时段内模拟夜间光照条件，这种幽暗的展示环境能够让游客了解动物神秘的夜间活动。需要注意的是这种展示策略必须保证模拟自然光光照的时间不少于12小时，有些专家会推荐14个小时的人工模拟照明，这种模拟不仅表现在光照强度方面，同时也需要通过全光谱灯泡为动物提供紫外线光源。白天与黑夜的照明必须通过定时器和照度控制集成电路的双重控制来实现渐变过渡。

小　结

小型哺乳动物的饲养和展示是一项充满挑战的工作，以前人们对它们的了解不足。有些本土物种在引起人们重视之前已经因为栖息地破坏而处于濒危的境地。中国分布的小型哺乳动物由于生物学和自然史信息欠缺，造成了这类物种在动物园饲养繁育困难。饲养员需要依靠观察动物行为，同时广泛参考来源可靠的信息，如其他动物园相同或相近物种的饲养管理经验，综合提高饲养水平。

小型哺乳动物在动物园行业发展过程中受到重视的时间较晚，对这类动物的认识仍然处于初级阶段，对国内动物园来说更是如此。在我国，很多小型哺乳动物以"养殖"的名义被大量猎捕，动物园的饲养管理经验甚至大部分直接来自于养殖场，而并非来自野外生态信息和先进动物园的饲养管理经验。随着野外环境的丧失，小型哺乳动物陷入濒危的困境，这类在食物链中占有重要位置的物种的消失无疑会加速整个生态系统的崩溃。这种濒危状况已经在动物园中逐渐显现出来：根据中国动物园协会近些年的调查统计结果，那些在中国曾经广泛分布、数量众多的、在各个动物园中常见小型哺乳动物已经逐渐销声匿迹，其中具有代表性的例如中华穿山甲、小灵猫、兔狲、云猫、小爪水獭、红白鼯鼠等，作为自然保护联盟中的一个组织机构，任何一个动物园都有责任和义务发挥物种保护的作用，特别是对本土物种的保护。

附录 动物园中常见物种自然史信息表

1. 狗獾

<table>
<tr><td rowspan="8">背景知识</td><td>动物名称</td><td>狗獾 Meles leucurus
Asian badger</td></tr>
<tr><td>保护级别及濒危状况</td><td>无危（2015）</td></tr>
<tr><td>分布区域或原产国</td><td>分布在哈萨克斯坦、韩国、朝鲜、俄罗斯东部和中国。在中国大部分地区广泛分布</td></tr>
<tr><td>野外活动范围（栖息地和领域）</td><td>分布于多种类型栖息地中，包括落叶林、针叶林、混交林、竹林、灌丛、草原和半荒漠地区等，有时在农田和郊野地区也有分布。海拔范围从海平面到3000米，在一些地区最高可达4000米。
偏好茂密又有开阔地的阔叶林，喜欢干扰小、食物充足的栖息地。生活的地方一般距水源较近，如在草原通常在溪谷、湖泊附近；在林区选择积雪易融化的南坡。经常到水边饮水和洗澡。偏好排水良好、易于挖掘的土壤。洞口附近有很好的灌丛植被等遮蔽，如出现异物可能会放弃使用。
在洞穴附近400～500米范围内较活跃。领域性较强，会驱赶外来个体，保卫主洞穴在内的核心区域</td></tr>
<tr><td>自然栖息地温湿度变化范围</td><td></td></tr>
<tr><td>动物体尺、体重范围</td><td>体长：0.5～0.7米。
体重：3.5～9公斤</td></tr>
<tr><td>动物寿命（野外、圈养条件）</td><td>野外：一般不到10岁。
圈养：16岁</td></tr>
<tr><td>同一栖息地伴生动物</td><td></td></tr>
<tr><td rowspan="4">动物的生物学需求</td><td>活跃时间</td><td>主要为夜行性。出洞活动受温度影响很大，气温降低时会减少活动时间。
有些地区夜间活动存在两个高峰时段</td></tr>
<tr><td>社群结构</td><td>群居，集体生活在地下的獾洞中。獾洞结构复杂，有多个出入口和巢室，由通道相互连接。相邻巢域有所重叠。
在食物较缺乏的地区，则主要独居生活</td></tr>
<tr><td>社群规模</td><td>群体2～23只个体，一般5～8只</td></tr>
<tr><td>食性和取食方式</td><td>杂食性。
机会主义的捕食者，取食种类主要由当地食物的丰富度决定。在大部分地区，主要食物是土壤中的无脊椎动物（特别是蚯蚓）和昆虫，还吃小型兽类（鼠类、野兔、鼹鼠、鼩鼱、刺猬等）、小型爬行动物、蛙类、鸟类，植物性的食物包括坚果、浆果、种子、根茎等。
也有报道捕食家畜幼体和家禽。
秋季为储存脂肪大量进食，每天取食时间在整个活动时间中所占比例最大，冬季取食时间最短，所占比例最小</td></tr>
<tr><td>动物的行为需求</td><td>动物主要行为方式和能力</td><td>地面活动。</td></tr>
</table>

动物的行为需求	繁殖行为	雌性13~14个月达到性成熟；雄性12~15个月。 全年可繁殖，但春季较多。 存在延迟着床，幼仔一般在每年1月中旬到3月中旬出生。 每胎产仔1~5只。 每年繁殖一次
	育幼行为	以雌性为主。幼仔开始外出活动后很长一段时间内受到母獾照料，先由母獾出洞巡视返回后才紧随其出洞，回洞通常也较早
	攻击或捕食行为	
	防御行为	
	主要感官	视觉：有夜视功能。 嗅觉：非常灵敏
	交流沟通方式	气味：用尿液、粪便和肛腺分泌物标记领域；抓挠和在地面及其他物体上摩擦身体。 声音：群体内成员间可能会通过叫声进行。 触觉
	自然条件下行为谱和各行为时间比例	出洞后的主要行为（发生频次由多至少）有：警戒、玩耍（两个个体之间）、挖洞、理毛、衔草（把干草衔回洞穴）、卧息、蹲坐、哺乳、进食和快速跑回洞穴
	圈养条件下行为谱和各行为时间比例	取食和挖洞行为最多，其他行为有警戒、移动等，玩耍、社会行为较少
	特殊行为	在北方地区的冬季，会连续几个月在洞穴中冬眠。成体和当年出生的幼仔在一个獾洞中，其他亚成体在另外的洞中
动物的个体档案和记录	健康状况	
	动物个性	
	被哺育方式（人工、自然育幼或野外获得）	
	不良行为	
	年龄、性别	
	特殊事件	

2. 猪獾

背景知识	动物名称	猪獾 *Arctonyx collaris* Hog badger
	保护级别及濒危状况	易危（2015）
	分布区域或原产国	主要分布在中亚和东南亚。在中国区广泛分布于西南部、中部和东部
	野外活动范围（栖息地和领域）	栖息地类型有草地、低地和丘陵森林、竹林、常绿林、半常绿林、落叶林和热带雨林。在中国主要分布于从低地森林到海拔3500米的高山森林中。

背景知识	野外活动范围（栖息地和领域）	出现在村庄附近和森林附近的种植园中。 穴居，在山丘上挖洞或在石洞、树洞中生活。洞穴多在阳坡，距水源较近，洞口植被较茂密，隐蔽性好。洞内有干草。 家域面积可能较小
	自然栖息地温湿度变化范围	
	动物体尺、体重范围	体长：0.55～1.04米。 体重：7～15公斤
	动物寿命（野外、圈养条件）	圈养：7～14岁
	同一栖息地伴生动物	
动物的生物学需求	活跃时间	主要为夜行性，晨昏较活跃。有的地区白天也活动
	社群结构	独居
	社群规模	
	食性和取食方式	杂食性。 机会主义的捕食者，取食种类主要由当地食物的丰富度决定，会随季节变化。主要食物有蚯蚓（最喜欢的食物）、蜗牛和昆虫，偶尔吃小型脊椎动物，植物性的食物主要是块茎，还吃果实和根等。在一些地区也吃农作物。 在地面觅食。用长鼻吻、牙和前掌爪挖掘地面，以获取植物根茎。用前肢攀爬到灌木枝上摘食果实。 雨后觅食较活跃
动物的行为需求	动物主要行为方式和能力	地面活动
	繁殖行为	雌性2～3个月达到性成熟；雄性12个月（参考鼬科其他物种）。 每年4～9月繁殖。 妊娠期5～9.5个月。 每胎产仔2～6只。 每年繁殖一次
	育幼行为	以雌性为主。 幼仔4月龄开始断奶。母獾带幼仔在洞口附近300～500米范围内觅食活动
	攻击或捕食行为	雄獾会为争夺配偶发生激烈格斗
	防御行为	
	主要感官	视觉； 听觉； 触觉； 嗅觉：用于搜索食物
	交流沟通方式	气味：用肛腺分泌物对领域进行气味标记；雌雄个体间联系。 声音：发出叫声
	自然条件下行为谱和各行为时间比例	

动物的行为需求	圈养条件下行为谱和各行为时间比例	
	特殊行为	温度较低地区的冬季，用草和树枝等堵塞洞口，在洞穴中休眠。 有换毛现象，夏季的毛短而稀疏，冬季长而浓厚

3. 浣熊

背景知识	动物名称	浣熊 *Procyon lotor* Raccoon
	保护级别及濒危状况	无危（2015）
	分布区域或原产国	原产从加拿大中部和南部，经美国到南美洲北部。 被引入到亚洲和欧洲的一些国家
	野外活动范围（栖息地和领域）	生活在几乎所有类型的栖息地中，更偏爱湿润的森林生境，喜欢距水源较近和树洞多的地方。避免开阔和有不好攀爬的树木的生境，以便遇到危险时向上攀爬躲避。 会在树上筑巢，也利用树洞、岩石的裂隙和其他哺乳动物的洞穴等作为巢穴。 能生活在人类定居点附近，在废弃的建筑、谷仓内筑巢。 活动范围通常1~3公里，最高可达10公里。巢域面积主要随栖息地食物的丰富程度变化。平均巢域面积在原野最大（25.6平方公里），其次为乡村（0.5~3平方公里），市区最小（0.05~0.8平方公里）。成体的巢域面积是亚成体的两倍以上。雄性占据的巢域更大，在繁殖季还会扩充领域，以获得和更多雌性交配的机会
	自然栖息地温湿度变化范围	适应能力很强
	动物体尺、体重范围	体长：0.51~0.73米。 体重：2.5~6.2公斤
	动物寿命（野外、圈养条件）	野外：12.5岁（最长不到15岁）。 圈养：17岁（最长21岁）
	同一栖息地伴生动物	
动物的生物学需求	活跃时间	夜行性，一般夜晚和晨昏较活跃
	社群结构	自然环境中主要为独居，保卫巢域，阻止同性个体进入。 食物极丰富的条件下，相邻雌性个体（通常有血缘关系）占据排列紧密的小型巢域，巢域之间高度重叠，有时共同进食或休息。没有血缘关系的雄性组成3~4只个体的松散群体，禁止其他雄性进入。 有的雄性会在繁殖期和雌性共同生活一段时间
	社群规模	雄性小群3~4只
	食性和取食方式	高度杂食性，随机捕食，几乎取食一切可作为食物的生物。 食物因生境差异和季节变化而不同。主要食物种类有各种果实和坚果、水生甲壳动物、昆虫、鱼类、两栖动物、鸟卵和小型哺乳类等。

续表

动物的生物学需求	食性和取食方式	很多种群高度依赖人类食物，包括谷物等农作物、宠物食物和垃圾。偶尔捕杀家禽。 如果食物足够丰富，个体会形成对特定食物的偏好。 一般单独觅食，在食物富集地点（如垃圾堆）聚集成群。主要靠嗅觉发现食物，用敏捷的前足捕捉和处理食物
动物的行为需求	动物主要行为方式和能力	在地面活动以慢走为主，但最高时速也可达每小时约24公里。雄性每天的活动距离和季节相关，在秋、冬、春三个季节较长；雌性在和幼仔共同生活的夏季距离更长。 攀爬能力强，可以从10米多高的地方跳下来。 游泳能力也很强，但一般不愿意下水
	繁殖行为	婚配制度为混交制。 雌性1岁性成熟，雄性为2岁。 季节性繁殖，大部分种群1~3月交配，4~6月产仔。北方种群一般比南方繁殖的早。在繁殖季，有的雄性个体会暂时和雌性在洞穴中共同生活一个月，直到幼仔出生。 妊娠期54~70天。 每胎1~8只（平均2~5只，4只较常见）。 两胎间隔1年
	育幼行为	母兽在巢穴（主要为树洞）中产下幼仔，一周内基本不离开幼仔。幼仔70天后开始断奶，17~18周龄基本独立生活，经常和母兽一起觅食和待在洞中。第一年冬季和母兽在洞内共同越冬，到第二年春天完全独立。但雌性后代洞穴常常离得很近，而雄性则扩散的较远（20公里以上）
	攻击或捕食行为	
	防御行为	
	主要感官	嗅觉：非常灵敏，主要靠嗅觉发现食物。 视觉：能很好地夜视。 听觉：非常灵敏。 触觉：非常灵敏，前爪可以灵活地处理猎物和进行攀爬，并能感知和识别物体，在水下更敏感
	交流沟通方式	叫声：母兽和幼仔间通过叫声联系沟通和识别个体。在遇到威胁及同种个体间进行接触时也会发出不同叫声。 肢体行为。 气味：用尿液和粪便等进行气味标记，以建立领域和识别个体
	自然条件下行为谱和各行为时间比例	
	圈养条件下行为谱和各行为时间比例	冬季浣熊的主要行为是休息（近70%），其次为移动、摄食和玩耍行为
	特殊行为	在野外，浣熊常把食物在水里浸过后，再用前爪捡起检查，并去掉不吃的部分，看起来就像在水里清洗食物。圈养条件下，浣熊的这种行为更显著。 不冬眠，但北方种群在冬季天气寒冷或下雪难觅食物时，会在树洞、地洞或地面巢穴中休息很长一段时间

4. 豹猫

背景知识	动物名称	豹猫 *Prionailurus bengalensis* Leopard cat
	保护级别及濒危状况	孟加拉、印度和泰国种群CITES I，其他地区CITES II（2013）；无危（2015）
	分布区域或原产国	是亚洲分布最广泛的小型猫科动物，分布在亚洲的热带、亚热带和温带地区。在中国，除北部、西部干旱地区的中部腹地外，广布于各地
	野外活动范围（栖息地和领域）	栖息在海拔3000米以下的各种类型森林中，包括低地热带雨林到寒温带森林，以及矮树林和灌丛、草原等其他生境。在茂密的次生林和森林边缘地带更常见，避开积雪较厚的地区及干旱、开阔的草原，栖息地内需有茂密的掩盖。 能利用具有隐蔽条件的人为改变的栖息地，如人工林、采伐迹地、农田和附近的村庄。偏好距水源较近的栖息地。 领域性不强。家域面积1.4~37.1平方公里。雄性的家域通常比雌性的大（但在有些种群里，两性的家域面积差别很小）。有的地区在雨季家域面积比在旱季大
	自然栖息地温湿度变化范围	
	动物体尺、体重范围	不同地区体型存在巨大差异。 体长：雌性38.8~65.5厘米；雄性43~75厘米。 体重：雌性0.55~4.5公斤；雄性0.74~7.1公斤
	动物寿命（野外、圈养条件）	野外：平均4岁。 圈养：最长纪录15岁
	同一栖息地伴生动物	
动物的生物学需求	活跃时间	通常是夜行性，但不同个体间活跃时间差异很大：有的晨昏活跃，有些个体在白天也很活跃，没有明显的活动高峰
	社群结构	独居。在繁殖交配期间，也有成对活动或结成小群的现象。 一个雄性家域与多个雌性家域重叠。同性个体家域的边缘地带重叠严重，核心区域基本没有重叠（有的地区重叠严重）
	社群规模	偶尔在繁殖期组成2~3只个体的小群
	食性和取食方式	捕食多种小型脊椎动物，以小型啮齿类（特别是鼠类和松鼠）为主，还吃鸟类、蛇和蜥蜴、蝙蝠、灵长类，体型较大的猎物有野兔和有蹄类的幼仔等。有时在浅水里捕捉鱼类、两栖类、淡水蟹等无脊椎动物。 偶尔也吃腐肉和草本植物，捕食家禽
动物的行为需求	动物主要行为方式和能力	主要在地面休息。 游泳能力强。 擅长爬树
	繁殖行为	18~24个月达到性成熟（圈养条件8~12个月）。 在较寒冷的高纬度地区，繁殖具有季节性（1~3月繁殖）；其他地区全年可繁殖。 妊娠期60~70天。 每胎产仔1~4只（2~3只较多）。 在野外每年繁殖一次（如果第一次繁殖失败，雌性可在4~5个月后再次怀孕）；圈养条件下一年可繁殖两次

动物的行为需求	育幼行为	雌性抚育后代，雄性可能提供帮助。通常将幼仔藏在树洞、灌木丛、顶部有岩石的小型洞穴中、巨大的树根下或岩石之间。 幼仔4周大的时候开始吃肉
	攻击或捕食行为	采取伏击的捕食策略。依靠视觉、声音和气味进行捕猎。能在水中和树上捕食
	防御行为	
	主要感官	视觉：适合夜间捕猎。 听觉：听力敏锐
	交流沟通方式	气味：用尿液、粪便标记领域，个体间进行交流。 声音：通常较安静，也发出叫声。 视觉信息
	自然条件下行为谱和各行为时间比例	
	圈养条件下行为谱和各行为时间比例	
	特殊行为	

5. 小熊猫

背景知识	动物名称	小熊猫 *Ailurus fulgens* Red panda
	保护级别及濒危状况	CITES I（2013）；濒危（2015）
	分布区域或原产国	主要分布区在我国西南部，延伸到缅甸北部、不丹、尼泊尔和印度
	野外活动范围（栖息地和领域）	主要生境为海拔范围1500～4800米、林下有茂密竹林的温带森林，包括常绿阔叶林、常绿混交林和针叶林。活动范围会随季节发生变化。 喜好在近山谷的竹林中活动，乔木层较茂密，具有倒木和树桩的陡坡，一般距水源较近。 家域面积雄性约为1.3～9.6平方公里，雌性1～2平方公里，面积主要与食物条件和繁殖状态有关
	自然栖息地温湿度变化范围	气温10～25℃（夏季主要在温度低于20℃环境中，冬季不低于0℃）
	动物体尺、体重范围	体长：0.51～0.73米。 体重：2.5～6.2公斤
	动物寿命（野外、圈养条件）	野外：8～10岁（最长14岁）。 圈养：平均13.4岁
	同一栖息地伴生动物	大熊猫、金丝猴、羚牛、亚洲黑熊等
动物的生物学需求	活跃时间	夜行性，一般夜晚和晨昏较活跃。 活跃时间受温度及是否有幼仔等影响

动物的生物学需求	社群结构	独居，除繁殖季外，成体间很少接触。 小群体可能由雌性和较大幼仔组成。 成体建立稳定巢域，巢域普遍高度重叠
	社群规模	小群为2~5只
	食性和取食方式	几乎全部取食竹类。喜食细小竹子的叶、嫩芽和春笋。 夏末和秋季取食果实和真菌。 偶尔取食小型脊椎动物、卵、植物的花、浆果和种子。 觅食没有规律，长时间进食后一般要休息一段时间。 经常要借助灌木枝条、倒木等够取竹子。进食时采取坐、站或躺的姿势，用前肢抓握竹枝进食。也直接啃食食物
动物的行为需求	动物主要行为方式和能力	树栖，白天多在树上休息。攀爬能力强，尾起到平衡的作用。遇到危险时可以迅速爬上高大树木和在树枝间移动。 在地面觅食时会行走、跳跃或小跑
	繁殖行为	18个月左右可以开始繁殖。 婚配制度为混交制。 季节性繁殖，1~3月交配，5~7月产仔。 妊娠期3~5个月左右。 每胎1~4只（平均2只，圈养条件下罕见5只）， 两胎间隔1年
	育幼行为	母兽在生产前花费几周时间收集枝叶、杂草等材料为筑巢做准备。在树洞或岩石缝隙中筑巢后生产。 母兽生下幼仔就立即对其进行清洁。在最初的一周内，大部分时间和幼仔在一起。此后会更多离巢，每隔数小时回来照顾幼仔，包括哺乳、理毛和清洁巢。 幼仔90天左右开始离巢活动，从3~5月龄左右开始断奶，和母兽共同生活到第二年的幼仔出生时
	攻击或捕食行为	
	防御行为	到树上躲避天敌的袭击，还会用后肢站立并举起前爪自卫
	主要感官	嗅觉：非常灵敏。 视觉：较差。 听觉：非常灵敏。 触觉
	交流沟通方式	叫声：两性在繁殖期间会发出叫声。另有表达威胁的叫声等。 幼仔也会通过叫声和母兽联系。 肢体行为：同种个体相遇时，有背部和尾呈拱形、上下点头、摆头等行为，有时伴随吼叫。 气味：两性都有标记行为：巡视领域时在地面、石头及树干上摩擦被腹部和肛周腺，排放尿液来圈定领域。 通过嗅闻、舔舐标记物、嗅阴等行为接收气味信息，识别个体及其性别和发情程度等。雄性是发情信息的主要发送者，雌性主要为接受者。 在幼仔出生后的初期，母兽主要通过嗅觉和触觉与幼仔联系，后期视觉和听觉通信增多
	自然条件下行为谱和各行为时间比例	睡眠和休息的时间一般在50%以上，其余大部分时间用于觅食。另有标记、修饰等行为

续表

动物的行为需求	圈养条件下行为谱和各行为时间比例	主要行为有休息、取食、移动和攀爬，另有修饰、探究、标记、饮水、玩耍、社群行为等。 刻板行为包括：踱步、直立、绕圈、咬围栏、咬自己的肢体或尾等
	特殊行为	休息时通过改变身体姿态来调节体温：温度低时蜷缩身体并用尾盖住面部；温度高则伸展身体和四肢

6. 花面狸

背景知识	动物名称	花面狸 *Paguma larvata* Masked palm civet
	保护级别及濒危状况	印度种群CITES III（2017）；无危（2015）
	分布区域或原产国	广泛分布于中国的南部、东部和中部，延伸到新加坡、印度尼西亚、老挝、缅甸、越南、孟加拉、巴基斯坦和印度等国，并被引入到日本
	野外活动范围（栖息地和领域）	栖息在多种森林栖息地中，包括热带雨林、常绿林、落叶林和混交林等。能利用退化的林地和具有隐蔽条件的人工林。 也经常出现在农田等人类活动区附近。 适应能力较强。根据生境特征，可将岩洞、树洞、土洞、乱石堆或柴草堆作为巢穴。选择较陡的阳坡，巢穴周围植被茂密，隐蔽度较高，食物丰富，夏季则距水源更近。 家域面积0.64~5.9平方公里，个体间差异很大，雄性个体的家域一般较大
	自然栖息地温湿度变化范围	
	动物体尺、体重范围	不同地区体型存在巨大差异。 体长：0.5~0.87米。 体重：3~7公斤
	动物寿命（野外、圈养条件）	野外：平均10岁。 圈养：平均15岁
	同一栖息地伴生动物	
动物的生物学需求	活跃时间	夜行性，晨昏和夜间较活跃。白天通常在树上的洞穴中睡觉，有时也活动。活动时间和取食的食物（如捕食啮齿类主要在夜间）及天敌情况相关联。 活跃时间长短受温度影响很大
	社群结构	独居。有时也结成小的家族群。 领域间有一定重叠，有专用的小型核心区
	社群规模	2~10只的小家族群
	食性和取食方式	杂食性。主要食物是果实、小型啮齿类和昆虫等无脊椎动物，也吃鸟类和两栖爬行动物等，偶尔捕食家禽。取食种类有季节性变化，如在中国中部6~10月以果实为主，11月到翌年5月份则主要捕食啮齿类动物和鸟类。 主要在夜间单独觅食，但在垃圾堆等食物集中地也会成群取食。 在树上和地面都能觅食

动物的行为需求	动物主要行为方式和能力	树栖，有时也在地面活动
	繁殖行为	1～2岁左右性成熟。 既有季节性繁殖，也可全年繁殖。 妊娠期70～90天。 每胎产仔1～5只（2～3只较多）。 每年繁殖1～2次
	育幼行为	雌性在巢穴中抚育幼仔。一个多月后，幼仔活动量达到成体水平，母兽带幼仔在巢外活动和觅食
	攻击或捕食行为	雄性个体间在争夺配偶时发生撕咬打斗（圈养条件下）
	防御行为	遇到天敌威胁时，由肛腺释放恶臭分泌物以防被捕食
	主要感官	视觉：有夜视能力。 听觉：灵敏。 触觉。 嗅觉：灵敏
	交流沟通方式	气味：用肛腺分泌物进行气味标记。 触觉：个体间有互相舔毛和其他表达友好的肢体接触。 声音：发出叫声
	自然条件下行为谱和各行为时间比例	白天大约80%的时间用于睡觉，夜间50%的时间活跃。 主要行为有休息、走动、觅食、排泄、理毛等
	圈养条件下行为谱和各行为时间比例	主要行为包括休息（侧卧、蹲等）、理毛、嗅闻、标记、交配、打斗、互相理毛、肢体接触等社会行为
	特殊行为	在一些分布区，冬季在巢穴中休眠，活动减少

参考文献

［1］ David J. Mellor, Susan Hunt, Markus Gusset.关爱野生动物：世界动物园和水族馆福利策略［M］. WAZA, 2015.

［2］ Geoff Hosey, Vicky Melfi, Sheila Pankhurst. Zoo Animals Behaviour, Management, and Welfare ［M］. Oxford University Press, 2009.

［3］ 张恩权，李晓阳. 图解动物园设计［M］. 北京：中国建筑工业出版社，2015.

［4］ Dennis Coon, John O. Mitterer 著. 心理学导论——思想与行为的认识之路（第11版）［M］. 北京：中国轻工业出版社，2007.

［5］ 尚玉昌. 动物行为学［M］. 北京：北京大学出版社，2005.

［6］（英）约翰 科德，张敬. 中国雉类及繁育技术［M］. 北京：中国社会出版社，2016.

［7］ Raymond G. Miltenberger 行为矫正——原理与方法［M］. 北京：中国轻工业出版社，2004.

［8］ Paul Martin, Patrick Basteson Measuring Behaviour［M］. Cambridge University Press, 2007.

［9］ Govindasamy Agoramoorthy. Wildlife Welfare in Zoos［M］. Lambert Academic Publishing, 2011.

［10］ 姚梅林. 学习心理学：学习与行为的基本规律［M］. 北京：北京师范大学出版社，2010.

［11］ David J. Shepherdson, Jill D. Mellen, Michael Hutchins. Second Nature［M］. 美：Smithsonian Institution Press, 1998.

［12］ Paul A. Rees. An Introduction to Zoo Biology and Management［M］. A John Wiley & Sons, Ltd., Publication, 2011.

［13］ Robert J. Young. Environmental Enrichment for Captive Animals［M］. Blackwell Science Ltd, 2003.

［14］ David A. Field. Guidelines for Environmental Enrichment［M］. ABWAK (The Association of British Wild Animal Keepers), 1998.

［15］（美）天宝·葛兰汀，凯瑟琳·约翰逊. 我们为什么不说话——以自闭者的奥秘解码动物行为之谜［M］. 马白亮 译. 上海：华东师范大学出版社，2008.

［16］ Devra G. Kleiman, Mary E. Allen, Katerina V. Thompson, Susan Limpkin, Holly Harris. Wild mammals in captivity: principles and techniques［M］. The University of Chicago Press, 1996.

［17］ Mark D. Irwin, John B. Stoner, Aaron M. Cobaugh. Zookeeping: an introduction to the science and technology［M］. The University of Chicago Press, 2013.

［18］ KenRamirez. Animal Training: Successful Animal Management Through Positive Reinforcement［M］. Shedd Aquarium Press, 1999.

［19］ Kenneth J. Polakowski. Zoo Design: The Reality of Wild Illusions［M］. 美：The University of Michigan School of Natural Resources, 1987.

［20］ 凯伦·布莱尔. 别毙了那只狗［M］. 台湾：商周出版，2012.

［21］ 世界自然保护联盟（IUCN）物种存续委员会（SSC）猫科动物专家组.中国猫科动物［M］. 北京：中国林业出版社，2014.

［22］ Luke Hunter, Priscilla Barrett. Carnivores of the World［M］. 美：Princeton University Press, 2011.

［23］（英）卢克·亨特，普瑞希拉·巴瑞特（插图）. 世界陆生食肉动物大百科［M］. 长沙：湖南科学技术出版社，2014.

［24］ 赵尔宓. 中国蛇类［M］. 合肥：安徽科技出版社，2006.

［25］ Andrew T. Smith，谢炎. 中国兽类野外手册［M］. 长沙：湖南教育出版社，2009.

［26］ 汪松，谢炎，王家骏. 世界哺乳动物名典［M］. 长沙：湖南教育出版社，2001.

［27］ José R. Castelló . Bovids of the World［M］. Princeton University Press, 2016.

［28］ Indraneil Das. A Field Guide to the Reptiles of South-East Asia［M］. Bloomsbury Publishing Plc, 2010.

［29］ 郑光美. 中国雉类［M］. 北京：高等教育出版社，2015.

［30］ Jonathan Kingdon, David Happold, Thomas Butynski, Michael Hoffmann, Meredith Happold, Jan Kalina. Mammals of Africa［M］. Bloomsbury Publishing Plc, 2013.

后　记

　　和中国经济迅速发展形成鲜明反差的，是国内自然保护意识和实践的严重滞后。同样，在中国境内已经存在并不断涌现的几百家动物园作为物种保护机构所发挥的作用亦乏善可陈。当世界动物园和水族馆协会（WAZA）不断强调动物园在自然保护行动中的领军作用的同时，国内的动物园还未对园内的圈养野生动物福利状况予以足够的重视。就像科学研究、种群规划等多方面工作一样，提高动物的福利也是一项技术性工作，在与国外先进动物园交流过程中，我们都能感受到他们对各种技术的无私分享，但我们所获得的技术如果要在国内动物园中应用和推广，还需要其他多方面的保障，例如基础设施建设、员工技术操作水平、全园意识统一等，这些基础性的工作必须、也只能依靠动物园自身不断努力加以改善，否则我们会陷入更尴尬的局面：一方面我们可以获得多项先进技术，但另一方面这些技术在国内动物园中却没有实施的条件。这种局面会直接导致我们无法融入全球动物园这个大系统，游离于全球动物园保护网络之外的后果是中国的动物园不可能在更广的范围和更可靠的支撑的孤立状态下完成物种保护的核心使命。野生动物是全人类的财富，必须通过全球动物园的通力合作才能达到物种保护的目标，而融入这一全球保护体系的前提，就是努力提高每个圈养野生动物的福利。

　　《如何展示一只牛蛙》（How to Exhibit a Bullfrog: A Bed-Time story for Zoo Men，William G. Conway., 1968 ）发表至今已经整整半个世纪，在这段时间中欧美动物园所取得的每项进步都与这部动物园行业经典之作密不可分，但遗憾的是这篇文章在国内动物园中并没有产生共鸣。不断学习是各行各业持续进步的保障，当然动物园也不例外。我们编写的这本书仅仅是整理了部分现代动物园中已经成熟应用多年的照顾圈养野生动物的实践手段，我们相信随着广泛的相关行业技术和意识不断引入动物园中，动物园会发展得更快、更好，真正成为自然保护事业的领军，实现物种保护的核心使命。